伝承 戦艦大和

上

原 勝洋 編

潮書房光人社

海底に眠る大和

広島県呉市は、平成28年（2016年）5月10日から27日にかけて、戦艦大和の沈没地点である男女群島の南約176キロの東シナ海で、潜水調査を行なった。掲載のカラー写真は無人潜水探査機がとらえた水深350メートルの海底に眠る大和の姿である。〔カラー口絵／資料提供：大和ミュージアム〕

このページの写真は、船体前部に副砲として搭載されていた三年式60口径15.5センチ三連装砲。船体から砲塔ごと脱落し、逆さまになっている。手前に延びる3本の砲身のうち、中央の砲身は裂けてしまっている。

前部１番主砲塔基部。重量約 2500 トンの 46 センチ三連装砲の主砲塔を支えて旋回させるローラーパスが取り付けられている。主砲塔自体は沈没時に抜け落ちてしまっている。

大和の艦尾両舷に搭載されていた射出機（呉式２号５型改）と旋回盤。船体から外れ横倒しになっている。画面奥が射出機の後端。

射出機の先端近くのアップ。独特のトラス構造がわかる。大和型は零式水上観測機６機搭載が定数だったが、実際には２，３機しか搭載していなかったといわれる。

全力公試運転 （昭和16年10月30日）

宿毛湾沖標柱間で全力公試運転中の大和。このときの基準排水量は、69304トン、151700軸馬力、速力は27.3ノットだった。呉工廠で起工され、昭和16年12月16日に完成した。

上の写真と同じときの写真。右舷に回頭し、いままさに標柱間に入ろうとしている。史上最大の45口径46センチ砲を9門搭載し、世界最強を誇った大和型のネーム・シップ。

トラック泊地の大和。昭和17年2月12日に連合艦隊旗艦となり、ミッドウェー海戦に参加後、米軍のガ島反攻にともない8月28日にトラックに進出した〔写真提供／坂上隆〕。

昭和18年5月、トラック泊地に停泊中の大和(左)と武蔵。戦艦史上最大、最強の2巨艦が一堂に会した姿をとらえた貴重な写真。武蔵甲板上には日除け天幕が張られている。

比島沖海戦 （昭和19年10月23日～26日）

比島沖海戦における大和——米軍機の執拗なる爆撃を回避するため、左回頭中。主砲をはじめ、副砲、高角砲、機銃座などの様子がよくわかる。

フィリピン中部・ミンドロ島の東岸のタブラス海峡付近。左端が大和、その右後方が武蔵。長門、羽黒らと共に輪型陣を組み対空戦闘を行なう。

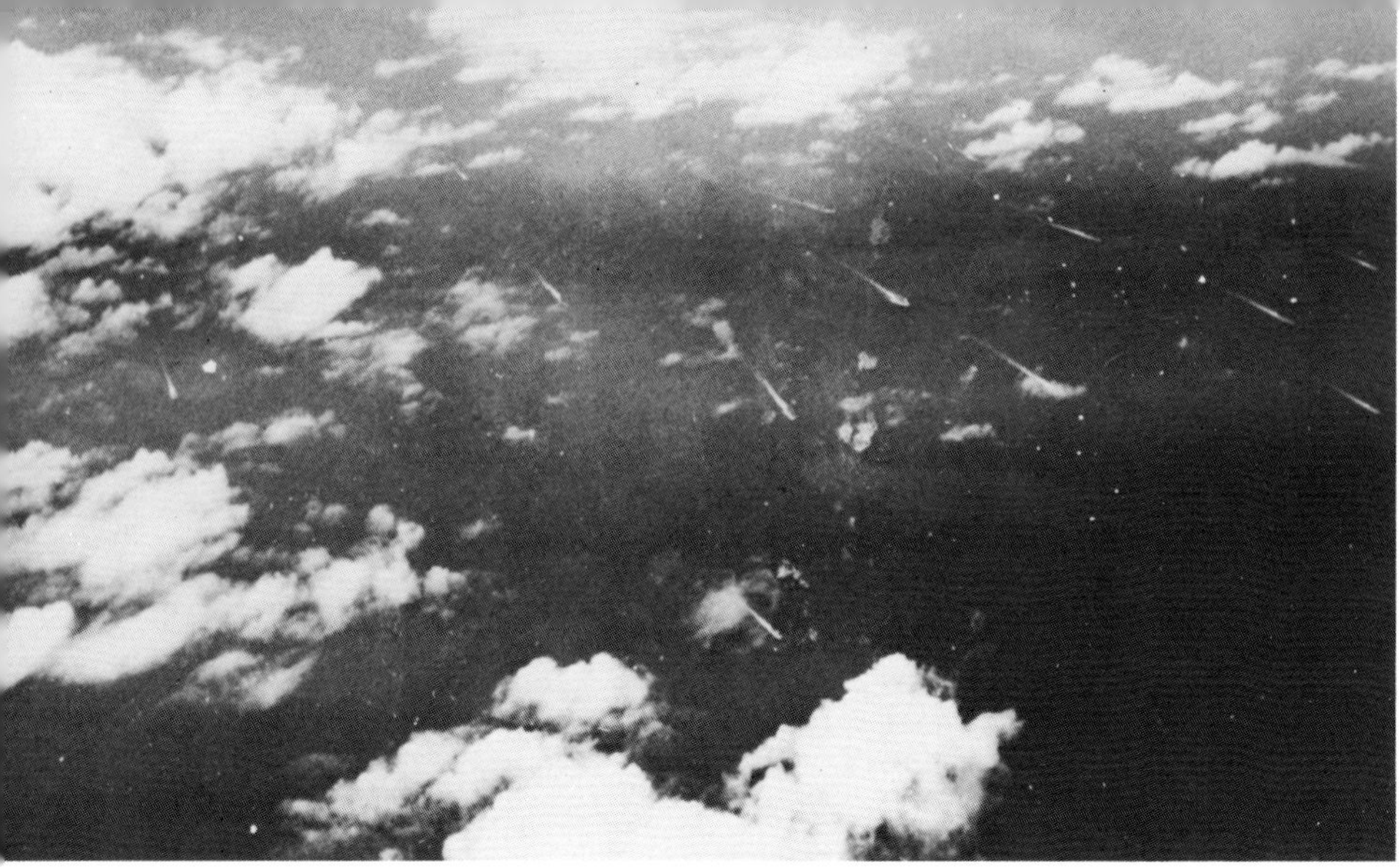

昭和19年10月23日、日本艦隊は中部フィリピンのパラワン諸島の西岸に沿って北東に航行していった。日本艦隊を発見したのは、くしくも「八木アンテナ」によるものだった。

空母ハンコック所属機の後部座席から撮影された大和(右)と重巡羽黒。大和は、さかんに対空弾を打ち上げている。

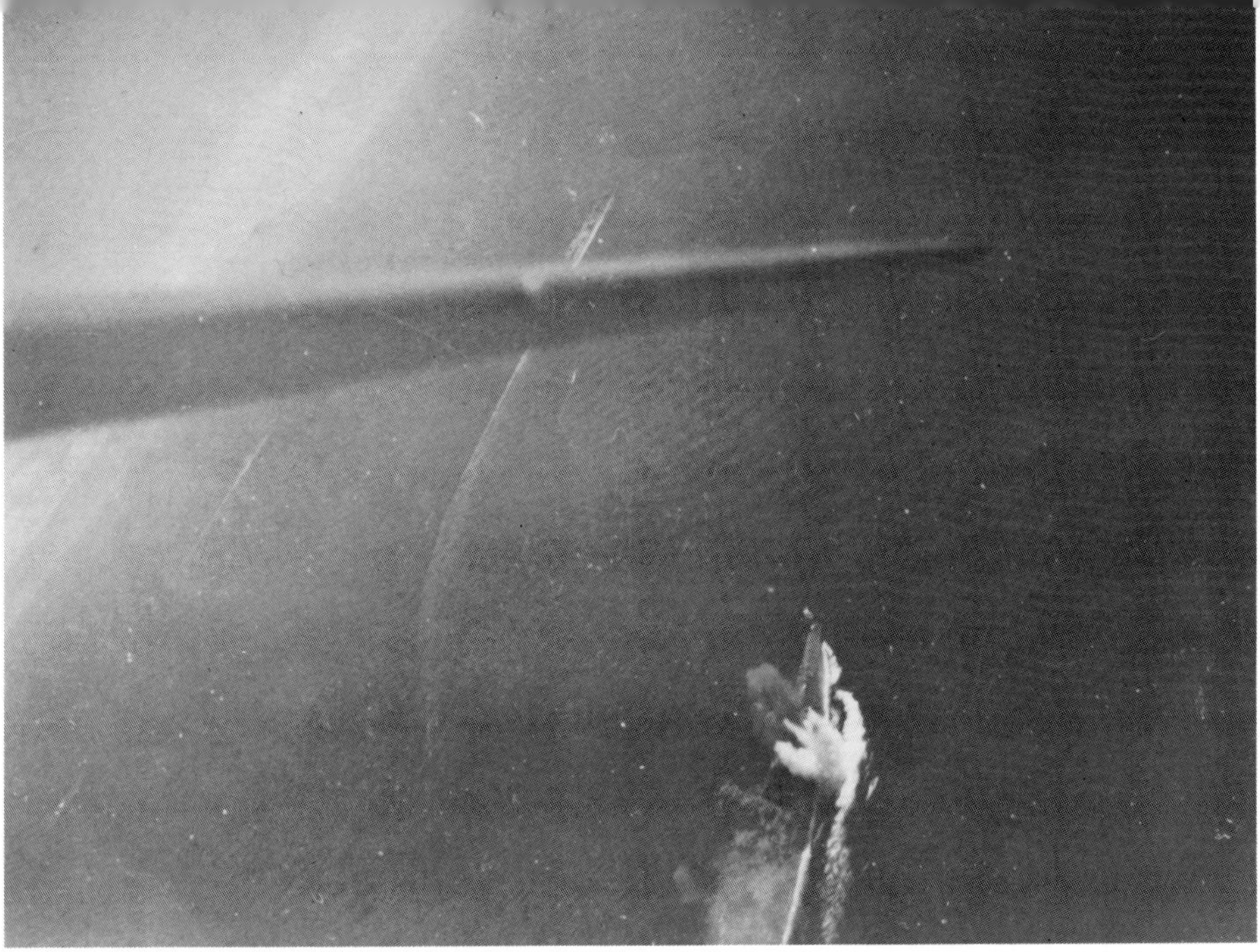

武蔵の艦首右舷で炸裂する直撃弾と至近弾の水柱。機銃群の激しい対空砲火から急上昇で回避する際に、攻撃機の後部座席から撮影された。画面上部にあるのは撮影機の尾翼。

集中攻撃をうける武蔵を写した連続写真。９機の急降下爆撃機により、半徹甲爆弾18発が投下され、多数の水柱につつまれて、大和型特有のシーアのある前甲板しか見えない。

艦の周囲には対空砲による砲煙がただよい、艦首右前方に至近弾をうける大和。回避運動をいくども繰りかえしていたためか、大和のちかくには護衛艦の姿が見あたらない。

2日前の空襲で左舷の錨鎖室に被害をうけ、心もち艦首を下げながらも全速力で進撃中の大和。前部に約3000トンの浸水があった。左後方では長門が回避運動を行なっている。

呉軍港空襲 （昭和20年３月19日）

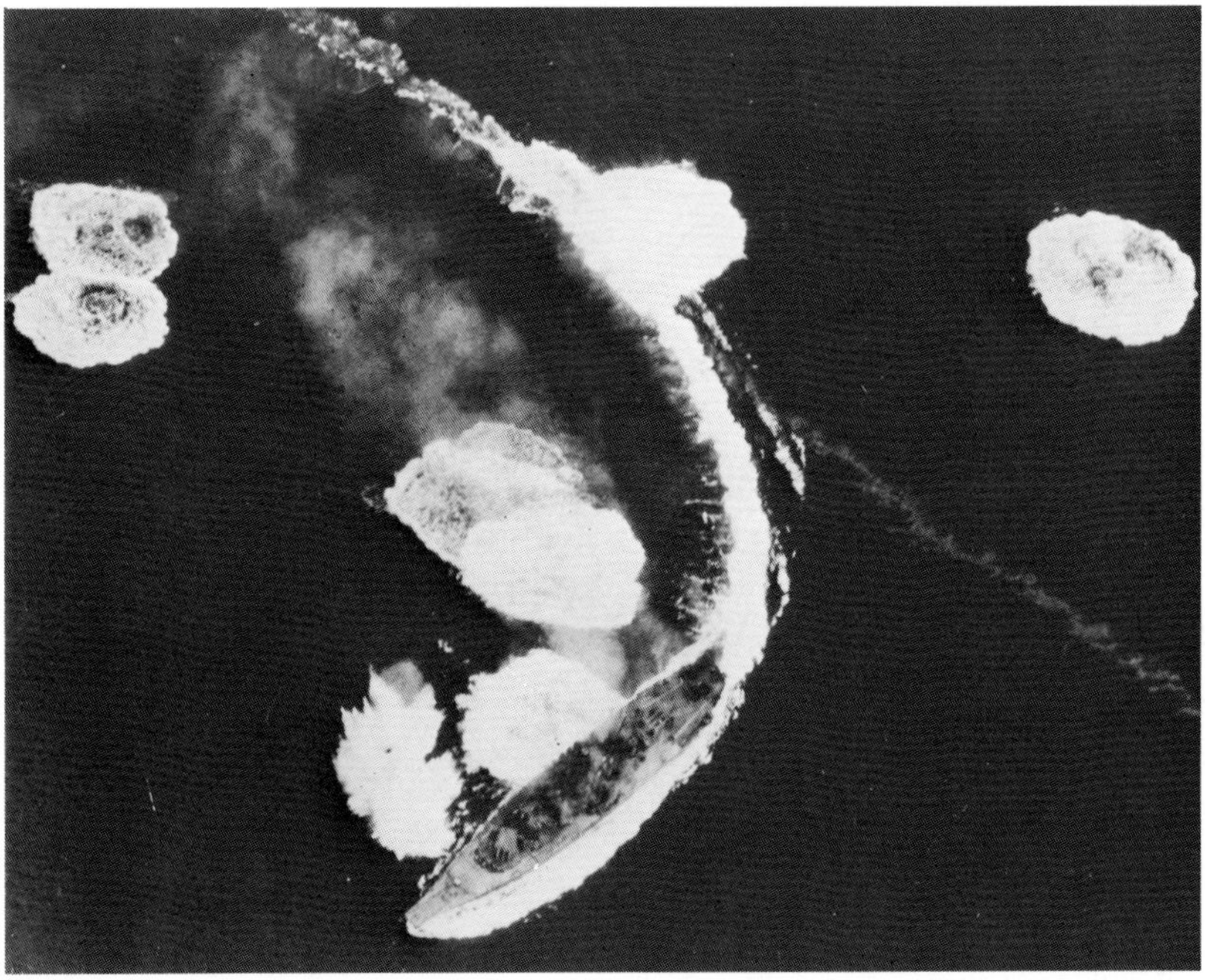

広島湾の沖合いで米軍機の攻撃をうける大和——たくみな操艦により雷爆撃をかわし、被害はうけなかった。

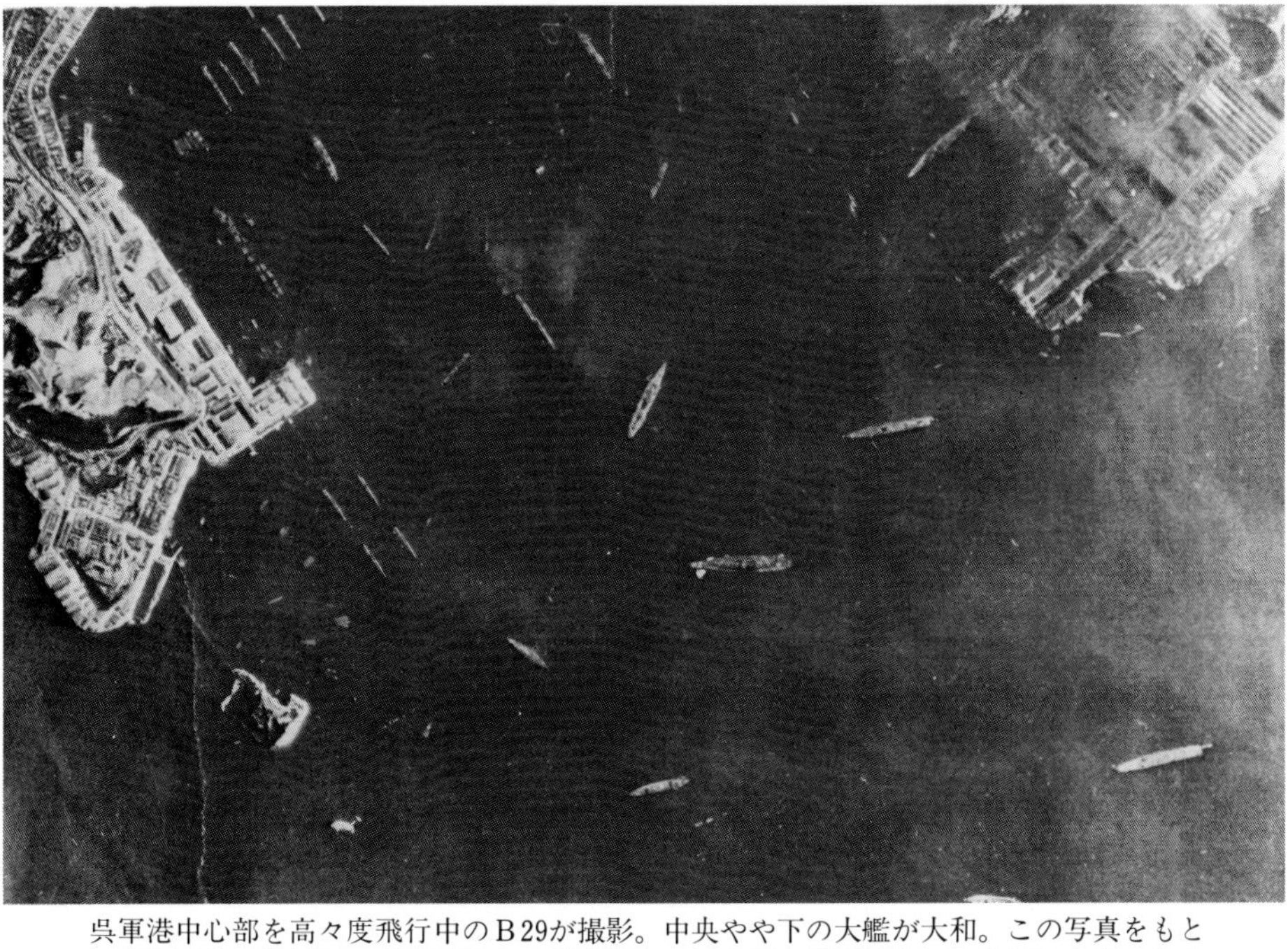

呉軍港中心部を高々度飛行中のＢ29が撮影。中央やや下の大艦が大和。この写真をもとに昭和20年３月19日、米空母機が大挙来襲し、日本軍の艦艇は激しい攻撃にさらされた。

上部構造物

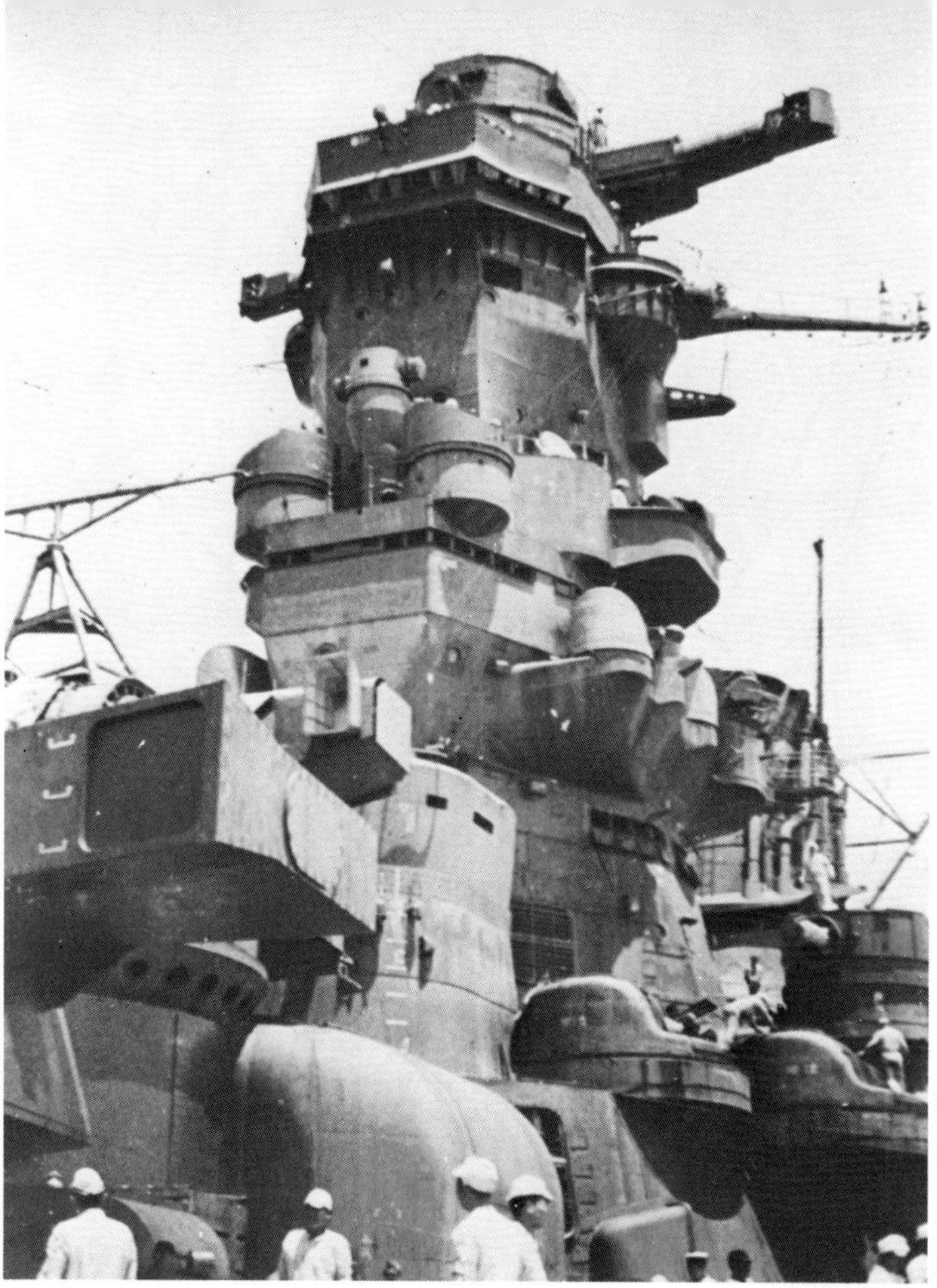

大和型戦艦の二番艦・武蔵。主砲の射程距離が42キロにおよぶため、海面上約40メートルの高所に15メートル測距儀を置き、さらに測的設備や砲戦指揮施設をもうけた〔撮影／堀内康雄技術少佐：写真保管者／福井静夫〕。

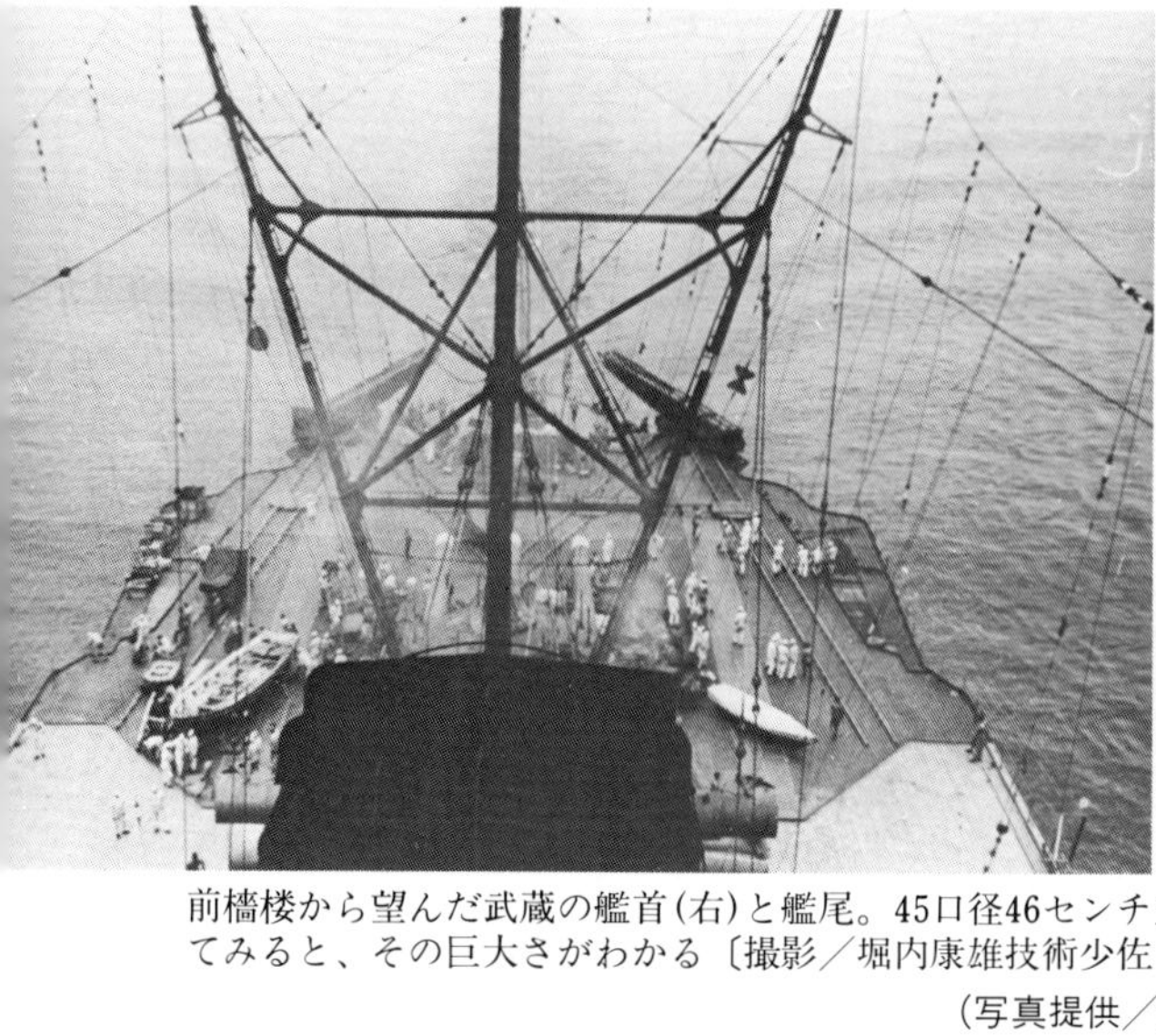

前檣楼から望んだ武蔵の艦首(右)と艦尾。45口径46センチ主砲の大きさを人間とくらべてみると、その巨大さがわかる〔撮影／堀内康雄技術少佐：写真保管者／福井静夫〕。

(写真提供／雑誌「丸」編集部・U.S. Navy)

はじめに

一九九二年四月二十七日の新聞紙上で、スクリューのない世界初の超電導電磁推進実験船がドックに着水したと公表された。

スクリューに代わる推進力の秘密は、船体左右下部に一基ずつ取りつけられた超伝導電磁推進装置から後方に勢いよく海水を噴射させることにあった。

推進装置はフレミングの「左手の法則」を応用したもので、内部には、超伝導コイルを巻いた六本の海水用管があり、その管内の電極に電流を流して磁場を作用させ、管に取り入れた海水を後方に押し出して推進力を得るようになっていた。

この「未来の高速船」の名前は、「ヤマト1」だった。

「ヤマト」と言うと現在の大半の人は、大ヒットしたアニメ映画の「宇宙戦艦ヤマト」や人気長編劇画「沈黙の艦隊」の原子力潜水艦「やまと」を想い起こすだろう。

以前、「やまと」とは、日本帝国海軍の象徴で、不沈艦と言われた最強の超弩級戦艦を示したものだった。

戦艦大和は、日本海軍のメンツを守るため沖縄に向け進撃し、途中、米空母搭載の雷・爆撃機の集中攻撃によって撃沈された。

この時の最期が、桜の花の散り際に似て、日本人の心を引きつけるのだろうか。世代が変わっても、その時代の流れの中に、いつも大和があった。

戦艦大和が九州の坊ノ岬の沖合で爆裂し、海底に無残な姿で横たわること四八年が過ぎた。だが、大和は、われわれを四八年前の過去に連れ戻すのではなく、過去の教訓を語りながら、いつの時代においても話題となり、刻々と未来に向かって変化しつづけ、現在の最先端にまで現われる。戦艦大和は、まさに主役である。

未来の高速船「ヤマト1」は二〇一〇年の実用化に向け、第二、第三の「ヤマト」につながっていくという。戦艦大和も今後、永く日本人の中で語り伝えられていくことだろう。

本書は、月刊誌「丸」に収められた大和に関する論考を集め構成したものである。大和との宿命的な出合いから生まれたこれらの論考は、次の世代に伝承するエネルギーとなって人々の心に残るにちがいない。

編者　原　勝洋

伝承 戦艦大和〈上〉——目次

第五章　大和を動かした人々……341

写真提供／雑誌「丸」編集部・米海軍歴史センター・米国立公文書館

伝承 戦艦大和〈上〉

第一章　大和を知らない世代へ

超戦艦「大和」なぞの船体構造全解明

詳細イラスト解剖図により巨艦の〝極密〟部分の真実に迫る――多賀一史

戦艦大和は、日本海軍造艦技術（造船・造兵・造機・その他あらゆる産業技術の統合）の到達した一つの巨大なピークであった。また、世界の戦艦建造の歴史のうえでも、二度と登場しないであろう名艦だった。

大和が沈没して三八年、いまだに大和は多くの人々の注目をあつめ、研究がつづけられている。

今回のイラスト特集は、現在までに明らかになったディテールを再現したもので、今後さらに訂正をくわえることにより、真の大和の姿にいっそう近づくことと思う。

イラスト化にあたっては、昭和十九年十月、捷号作戦時の兵装を基準にしたが、内部を見せるために略した部分もある。

大和は、日本国防の切り札として昭和十二年に基本計画が完成した。四六センチ三連装砲三基の戦力は当時、いや今日でさえ、これをこえる戦艦はあらわれていない。

しかし、武蔵は昭和十九年十月二十四日午後七時三五分、シブヤン海（フィリピン）に沈み、大和も二十年四月七日午後二時二三分、大爆発を起こして沈んでしまった。

さらに二十年の八月十五日、日本にとって初めての敗戦は、大和資料の焼却という悲劇をもたらした。こうして一時、大和の姿は、この世から消え去ってしまった。

戦後の混乱がやや落ち着きはじめた昭和二十五年、中央公論社の雑誌「自然」に、故海軍技術大佐松本喜太郎氏

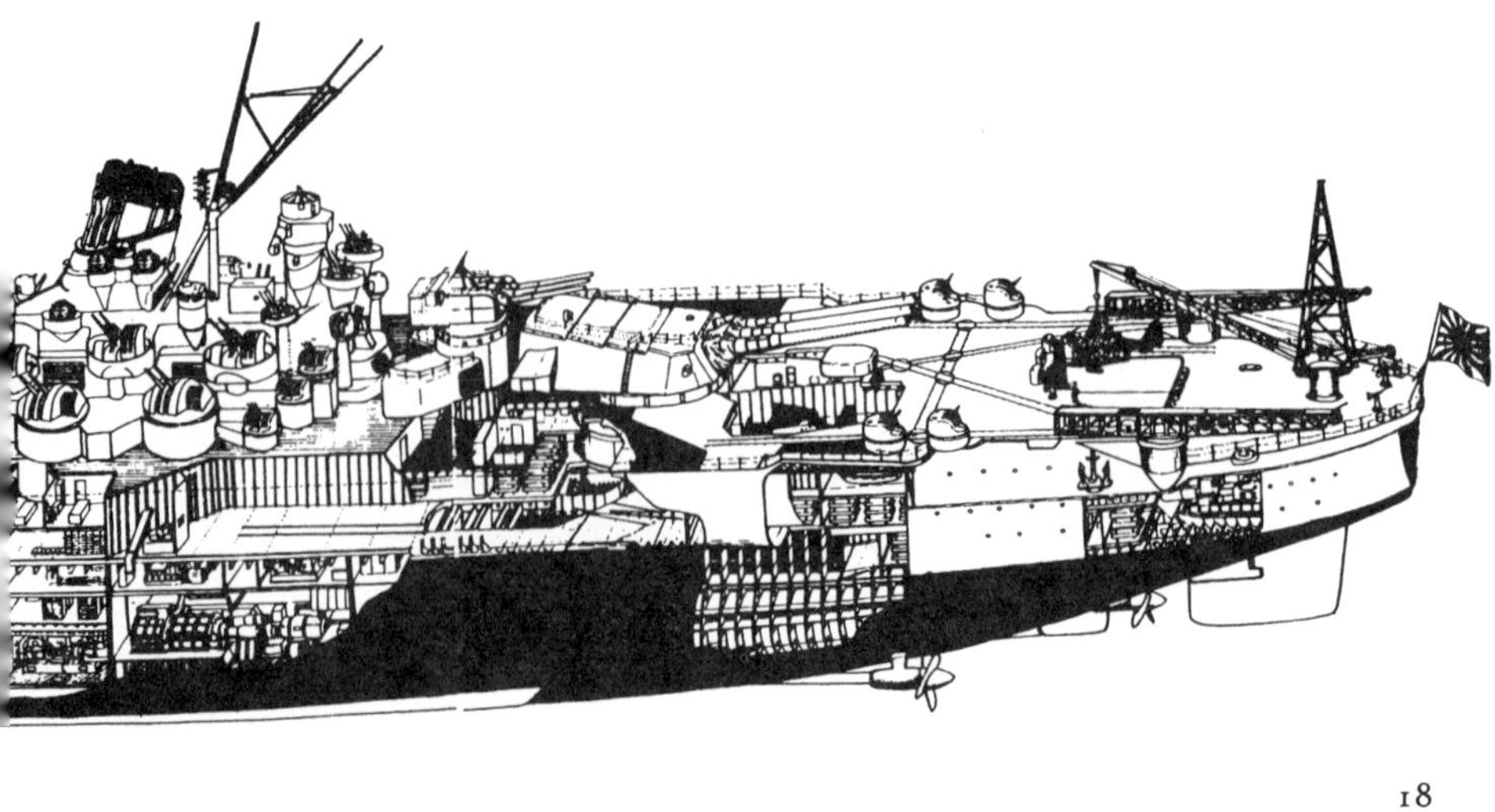

の戦艦大和・武蔵に関する技術と建造の記録が連載され、連合国軍の事実上の占領下にあった日本人に、大きな自信をとりもどすキッカケとなった。

　それ以後、大和に関する研究はつづけられたが、資料の欠損のために、今日でもその完全な姿を知り得ない。

　しかし、今回、可能なかぎり正確を期してまとめられたイラストを中心に、大和の真実にせまってみたいと思う。

〔後部〕

　後方からながめていってみよう。大和の艦尾は、他の日本戦艦にくらべて多くの特長をもっている。まず、艦尾最後端①は、水面上が垂直の平面となっている。これは前記した松本喜太郎氏の著書でも明らかなように、かなり大規模なものであった。

　これは、船型に関係のないところは、一メートルでも短くしようとした努力のあらわれであろう。平時であれば、ここは金色燦然たる「やまと」の艦名鈑がとりつけられたであろうが、昭和十六年五月九日、「軍務一機密第三〇九号、新造軍艦艦名文字鈑ニ関スル件」として次の命令がくだされた。

　――軍艦艦尾ニ標記ノ艦名ハ当分ノ間コレヲ廃止……文字鈑モ当分ノ間製造セザルコトニ定メラレ候……既ニ製造済ノモノハ所管鎮守府ノ海軍工廠ニ保管シオクコト……。

　これにもとづき、「やまと」の艦名鈑は、呉海軍工廠の倉庫に保管されたと思われる。おそらくは終戦後、他のスクラップとともに再生されてしまったのであろう。あるいは、日本のどこかに眠っているのかも知れない。

　艦尾部で目をひくのは、航空装備である。大和は計画時より航空機搭載がきまっていた日本でただ一つの例で、このために、他の戦艦とくらべて合理的にまとまっている。

　このなかで最近の大和研究上、最大の収穫のひとつに数えられるものに、飛行機揚収用ジブクレーン②がある。このクレーンは以前より議論百出、実態の不明なままであったが、一昨年、日本海軍艦艇模型保存会が、石川島播

〔戦艦大和解剖図〕（昭和19年10月、捷号作戦時を示す）

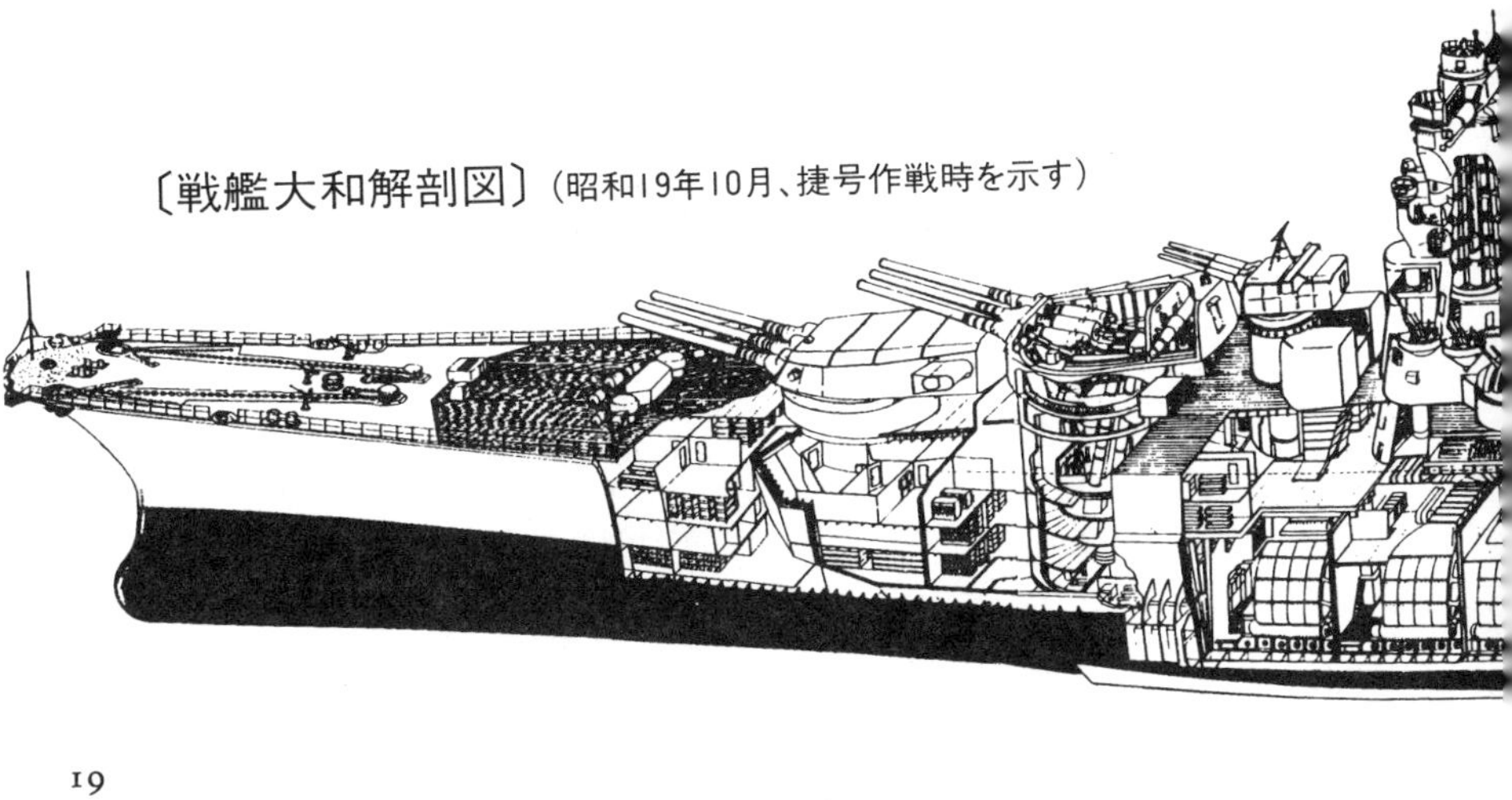

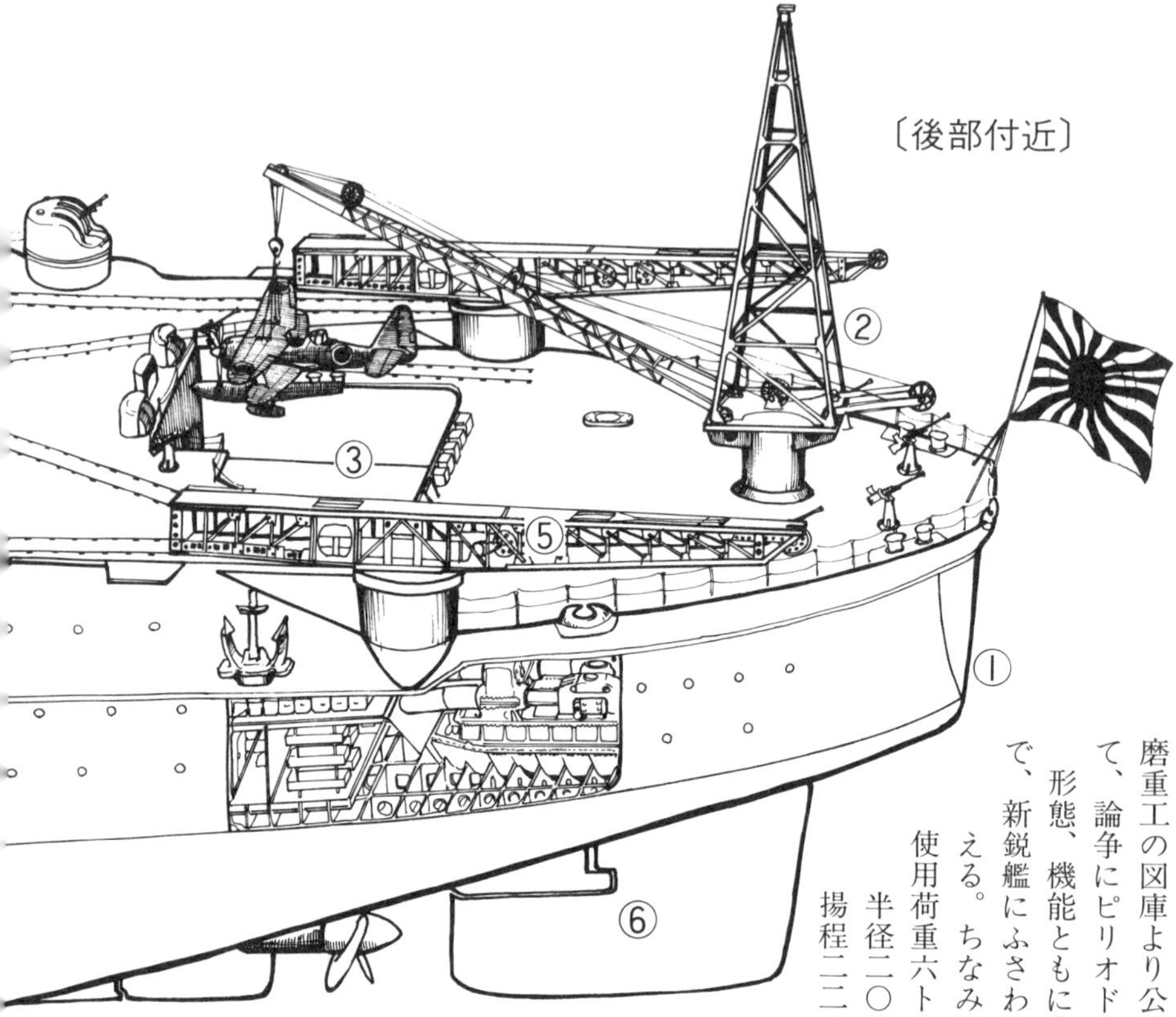

磨重工の図庫より公式図を発見して、論争にピリオドを打った。

　形態、機能ともに合理的なもので、新鋭艦にふさわしいものといえる。ちなみに主要目は、
　使用荷重六トン、最大使用半径二〇メートル、全揚程二二メートル、旋回角度三〇〇度、捲き上げ速度（六トン）一五メートル／分。

　このクレーンは、飛行機の揚収のほかに、物質のつみこみ、通船の揚収にも使用できた。

　搭載機はこのクレーンにより、艦内格納庫につうじるレセス③（凹部）に降ろされるわけであるが、以前はこの場所にエレベーターがあり、航空母艦のように飛行機の昇降ができると考えられていたことがあった。

　現実には大きな開口部があり、床が格納庫甲板につながっている。そして、ここまでクレーンで降ろしたあとは、運搬車により格納庫内に搬入される。

　この飛行機搬入レセスと格納庫のあいだには、巨大な防水扉があった。格納庫内④は内部で内火艇格納庫甲板とつうじていて、かなり広いスペースがある。

　搭載機は計画では七機であったが、この飛行機を発射させるのが、後部にある二基のカタパルト⑤であった。

　これは呉式二号五型という火薬発射式のカタパルトで、日本の海軍でもっとも成功したタイプである。日本のほとんどの巡洋艦、戦艦に使用されたものである。

　大和のカタパルトは後方にむけて装備されているが、これは運用上の使いやすさにしたがったまでで、発射時に

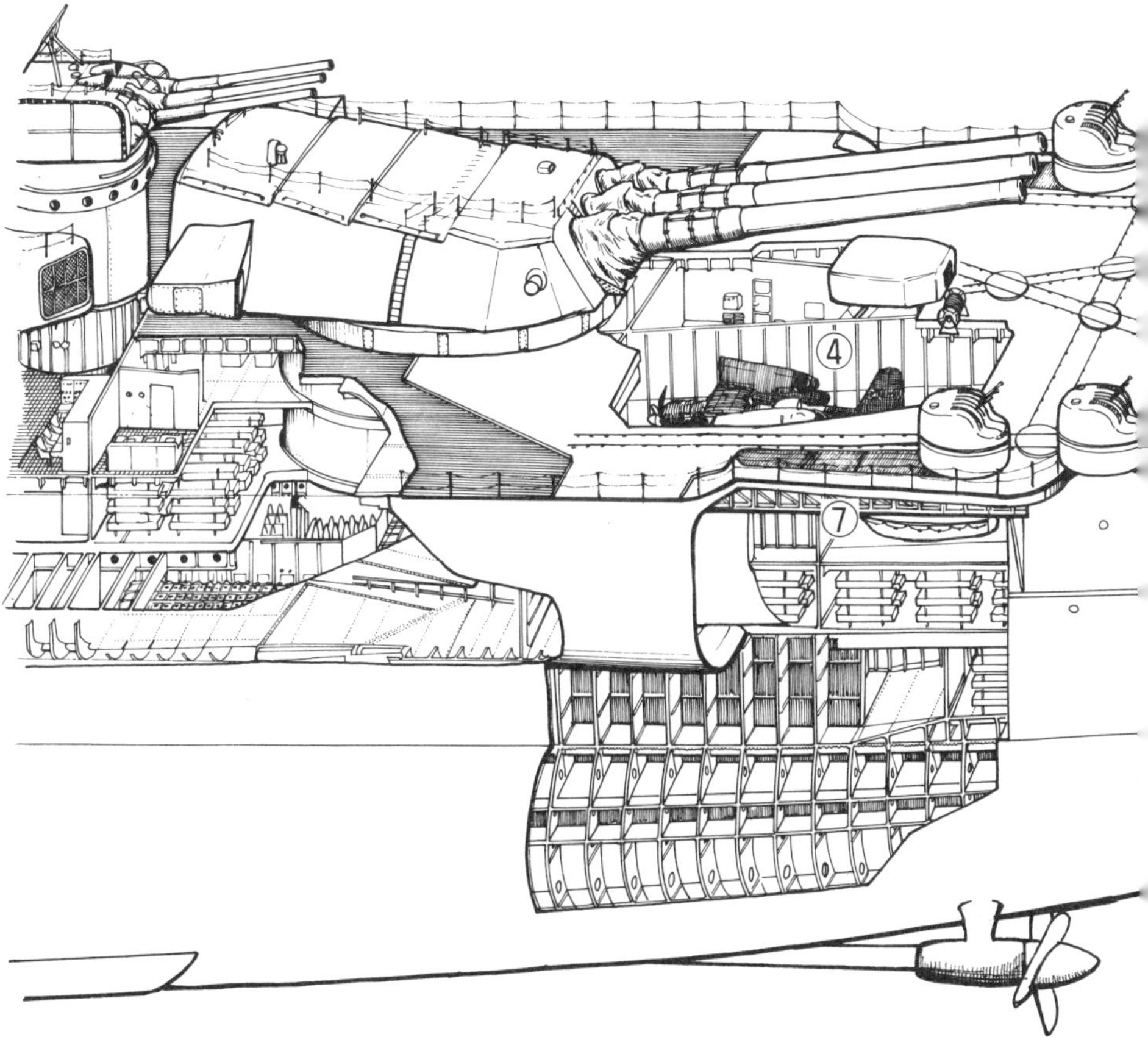

は風上にむけて発射するので実用上、問題はない。ただ、このように定位置がうしろむきというのは、日本の水上艦艇のなかでは大和のみであり、特異なものであった。

さて、大和型の特長のひとつに主副二枚の舵⑥がある。主力艦の運命が、一国の運命を決めるとさえ考えられていた時代では、戦艦の防御にはあらゆるアイデアが盛りこまれた。

とくにフネでは、舵の被害により戦力を失うケースが考えられたために、万一にそなえて副舵を装備したのである。しかし、これはあまり成功せず、副舵のみではほとんど操舵できなかったようであった。

このため、最後の沖縄特攻時には、巨大な応急舵をつくり、これを搭載して出撃した。

艦尾部で忘れてならないものに、内火艇揚収クレーン⑦と内火艇格納庫⑧がある。大和型はその四六センチ主砲の爆風をさけるために、甲板上の装備品を極端にすくなくした。

内火艇も飛行機同様に艦内格納とな

ったわけであるが、この揚収装置には関係者は頭を痛めた。結局、艦尾に張り出した部分と、内火艇格納庫のあいだに一直線にホイストクレーン（天井走行クレーン）を装置し、海面から吊り上げた内火艇をそのまま格納庫までひきこめるようになっていた。

開口部には防水扉があり、航海中はとじられていた。大和にはじめて乗り組んだ人々は、その巨大な船体にもおどろいたが、こういった未来的（当時から見て）な新装備にも目を丸くしたものである。

〔中央部〕

戦艦とは何か、というならば、それは敵の戦艦を自艦の主

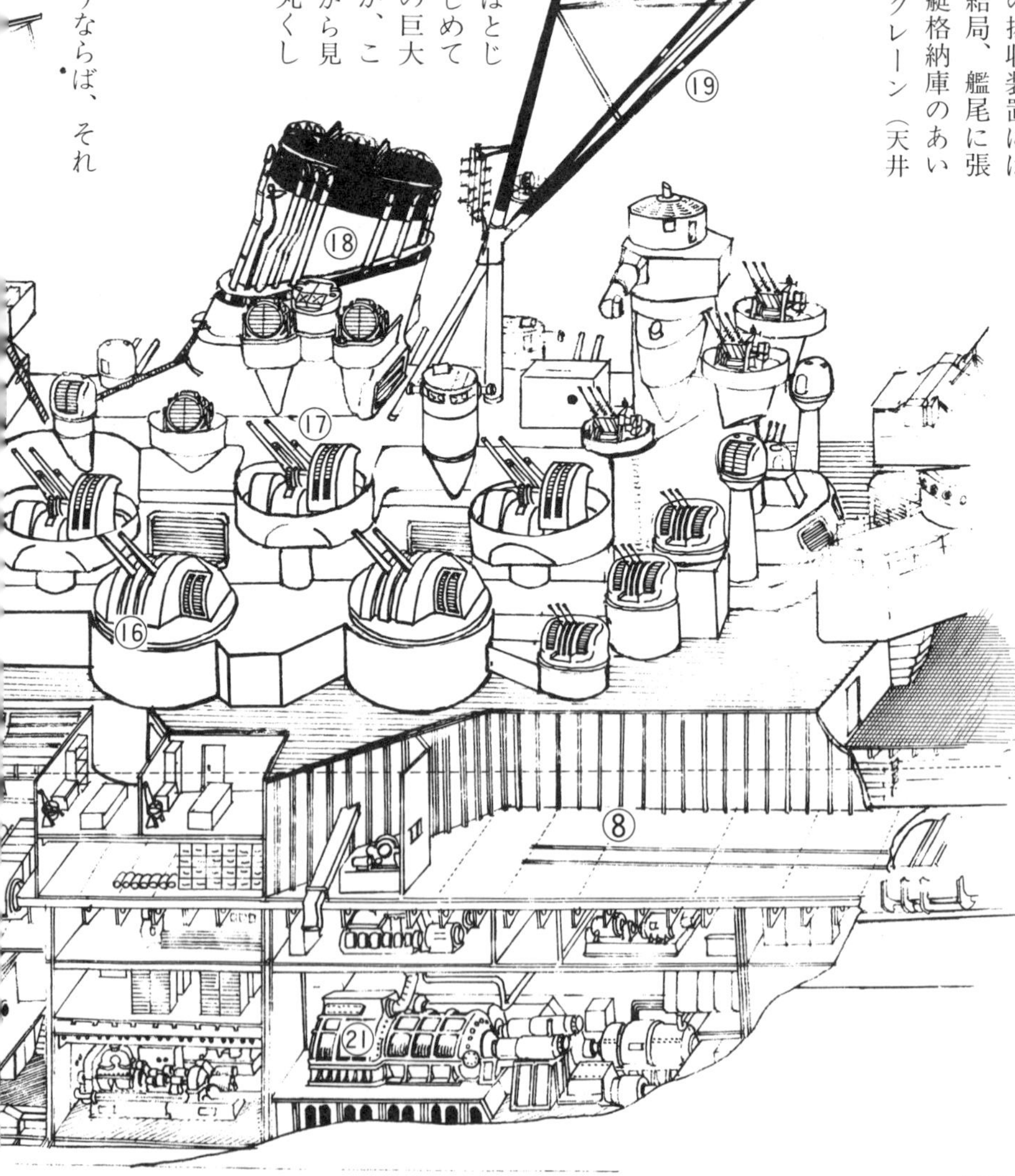

砲で撃沈するための軍艦、というのがいちばん正しい答えであろう。

この艦橋を中心にした中央部には、この目的のためのすべてが凝縮している。敵を見つけ、測り、理想の位置に進出し、そして大和型のみに可能である四六センチ砲弾九発の斉射を送るための装備である。

大和は、その主砲が世界最大の戦艦主砲であったため、当然、その測的能力もこれにともなって増大した。

前橋トップに装備された測距儀⑨は、基線長一五メートルという艦載測距儀としては、その主砲とともに世界最大のものであった。

これは日本光学の製品で、昭和十年より研究と試作をはじめた。そして大和用製作にあたっては、当面、二隻分のみの製作のために新工場を建設したほどの巨大なものであった。

これは試作光三九式一五メートル測距儀といわれ、測定方式は分離像合致

〔中央部付近〕

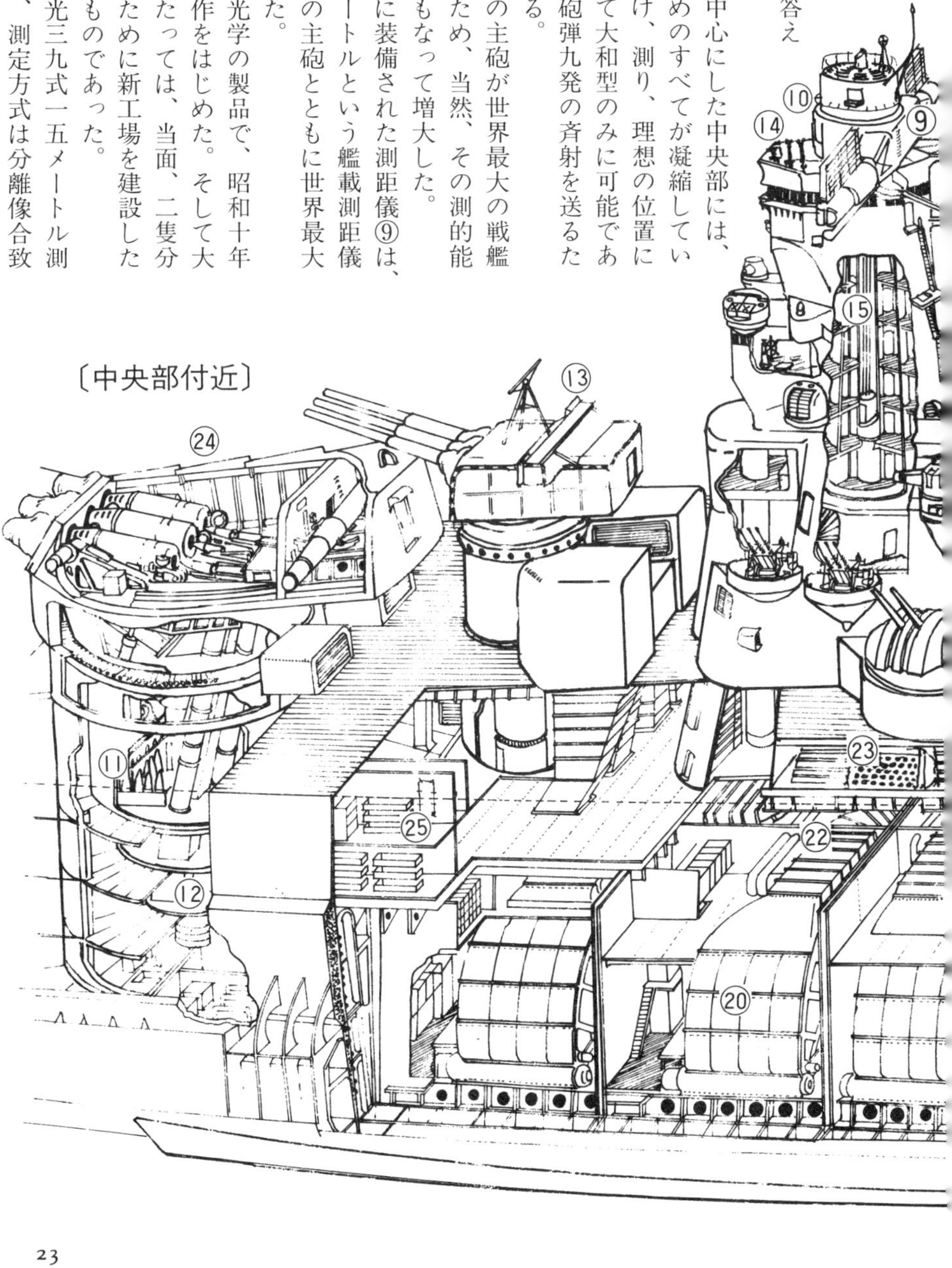

式二本と倒像立体視式一本の三重測距儀となり、約四万メートル先の敵艦のマストを測定できるようになった。

　この測距儀の上にのっているのは九八式方位盤照準装置⑩であり、これに対応する射撃コンピューターは九八式射撃盤であった。

　この射撃コントロールシステムは、最後の主力艦改装となった比叡に搭載してテストし、良好な結果を得ていた。これを大和に装備したものであった。

　このシステムがあってはじめて、主砲の四六センチ砲弾が威力を発揮できるわけだ。この九八式射撃盤は、日本海軍の最後にして最大の射撃コンピューターで、その能力は、測距離五万メートル、射距離四万メートル、敵速四〇ノット、自艦速力三五ノットまで対応できた。

　ただ作戦海面は、北緯五五度、南緯二〇度以内であるように調定されていた。これは四万メートルの砲戦距離になると、地球の自転速度も計算にいれられるためであった（地球の自転速度は、赤道がもっとも速い）。


測距儀の上には二号二型電探が装備され、見張りに使われたが、射撃レーダーとして使えるほどの精度はなかった。

　これらの射撃装置にこそ、文字どおり海上における世界最大の砲弾だった。この砲弾⑪は九一式徹甲弾といい、

外径　四五八ミリ
全長　一・九五三メートル
重量　一四六〇キロ
炸薬　三三・八五キロ

であった。この一・四トンの砲弾が九発、秒速七八〇メートルで砲口を飛び出し、敵艦をおそうのである。この弾丸の発射には、一発三三〇キロの発射火薬が使用された。

　弾薬庫⑫には各砲約一〇〇発の弾丸と、火薬庫には同量の火薬が格納されていた。合計すると主砲砲弾と主砲の発射薬だけで一六〇〇トン以上になる。おそるべき破壊力をひめた船だったわけである。

　この主砲にたいし大和型最大の弱点となったのが副砲の一五・五センチ砲⑬であった。この副砲は本質的には最上型巡洋艦の主砲のままであり、したがって防御も一五・五センチ砲を基準に設計されているのだ。この問題が計画中、なんの問題ともされず、艦隊にはいってから指摘された、という事実はおそるべきボーンヘッドといわなくてはなるまい。場合によっては敵の重巡洋艦にさえ撃沈される可能性があったということである。現実にはこの副砲に敵弾が命中したことはなく、このアキレス腱はぶじにすんだが危険なことであった。

　大和型のすべての戦力をコントロールする前檣⑭は日本戦艦ではじめての塔式で、十分な強度をもっていた。中心部にはエレベーター⑮があり、羅針艦橋まで直通でいけた。このエレベーターは三人乗れたが、三人乗るとラッシュアワーの電車のようになるので、通常二人乗りとしていた。ただしこれを使用できるのは一部のみで、若手の士官などは兵士といっしょにラッタルをかけあがった。

　しかしなにごとにも例外があるように、このエレベーターがつかえる兵が

左舷後方から見た大和型の前檣楼。昭和17年９月撮影

いた。それは艦橋両サイドの一三ミリ連装機銃の銃手で、戦闘配置の号令がかかると弾薬箱をかかえてエレベーターで銃座にかけつけたものであった。

艦橋の内部は世界最大の戦艦にしてはコンパクトであったが、士官室を艦橋下にあつめたほか、羅針艦橋の下に作戦室をおき、羅針艦橋から下の作戦図をパノラマ鏡でみながら指揮がとれるようにしてあったりで、スペースを合理的につかい、小さいながら機能的な艦橋となっていた。

大和の改装がおこなわれたのは昭和十九年の一月で、最大の改装点は二、三番副砲の撤去と一二・七センチ連装高角砲⑯の増備であった。この高角砲は当初の計画では新造時についていたのとおなじ対爆風シールドのついたものを搭載の予定であったが、製造がまにあわず、シールドつきのものは爆風の強い新設砲座にうつし、それまでの砲座にはシールドなし⑰のものが設置された。これにともない七、八番探照灯が撤去され、高射装置が追加された。

大和型で、デザインのうえで旧来のスタイルを大幅にやぶったものに、煙突⑱とマスト⑲がある。これは全長を極力みじかくする、という大命題と、重防御の主要部を小さくまとめる、という二つの縮小指向の結果で、重巡洋艦のように罐室の上に艦橋がのりこんできたため、艦橋と煙突が非常に近づいてしまった。このままでは排煙と熱気で一五メートル測距儀に悪影響をあたえるため、煙突を後方にまげたためにできたかたちであった。

マストはさらに空中線の長さを十分にとるためこれまた後方にのばされ、結局、全体として巡洋艦をおもわせるシルエットになった。このマストについても、それまで前方一本の主柱を後方から二本のステイでささえているような形とされていたが、これもレイテ沖海戦中の大和を米軍が撮影した写真により、前方に二本のステイ、後方に垂直の主柱と訂正されている。

これらの主要部の徹底的な集中は、前記のように自艦の砲弾と同一の弾丸の命中にたえる、との防御の原則にしたがって設計するため、艦全体にたいする重防御をあきらめ、主要部に徹底した重防御をおこなうとしたためであった。この防御計画および設計は十分な成功をおさめ、この主要部に関するかぎり、戦争全期にわたって一度も重

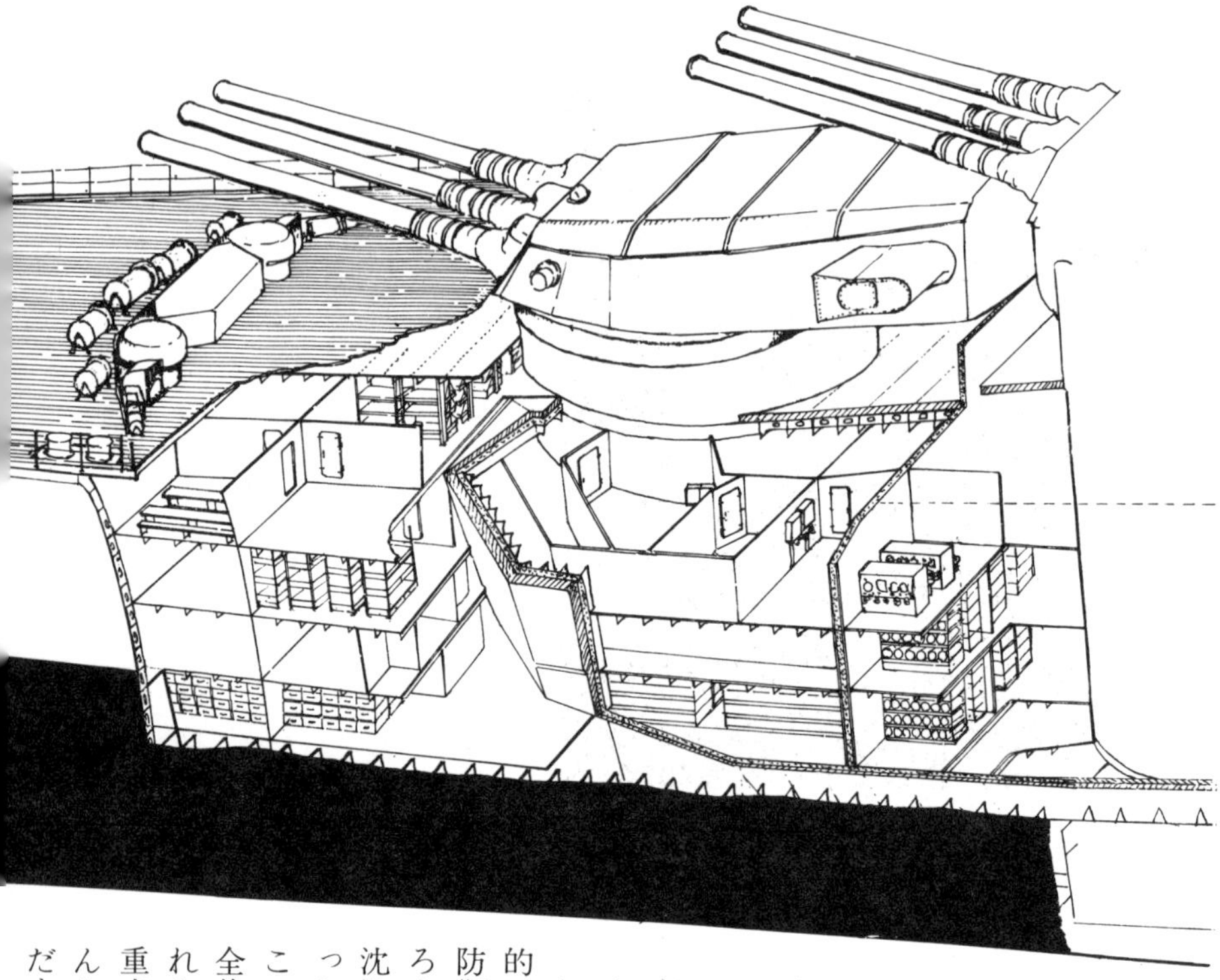

大なダメージをうけたことはなかった。

　しかし、これにはんし、主要部重防御のしわよせをされた前部と後部は、比較的軽度の防御ですまされることとなり、結果的にはこれらの防御の弱いところを攻められて沈没するにいたったのであった。この中ていどの全体防御か、それとも集中的な重点防御かはかんたんに結論をだすことはできない。今後も研究の要のあるテーマであろう。

　大和型の動力系については慎重な研究のあとに通常型のロ号艦本式ボイラー⑳一二基と艦本式タービン㉑四基（一五万軸馬力）におちついたが、原案では主機のうち半分をディーゼル・エンジンとして航続距離の増大をはかっていた。

　この主力艦の主機をディーゼル化してゆくという方針は大和型の発案前よりあって、昭和八年に起工した潜水母艦大鯨に一一号一〇型ディーゼルを装備して実用実験をおこなったが、はじめてのことでもあり故障が続出し、これをみた当局者は大型ディーゼル機関にたいし不安を感じ、次期主力艦（大和型）に採用するのは時期がはやいと判断、技術的に自信のあったタービン一本でゆくことにした。

　このため設計最終段階でそうとうの混乱があったが、時期的なおくれをださずに訂正ができた。これに関してディーゼル担当者からは非常な不満の声が聞かれたが、よりベターな道をえら

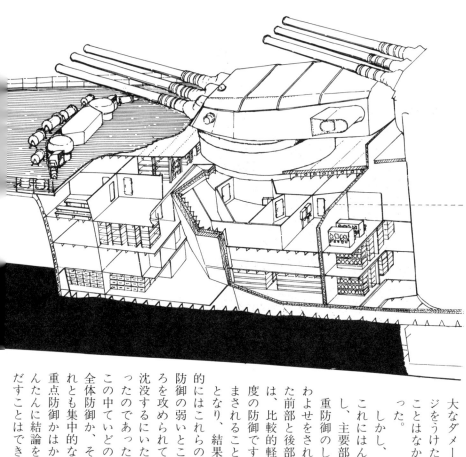

〔前部付近〕

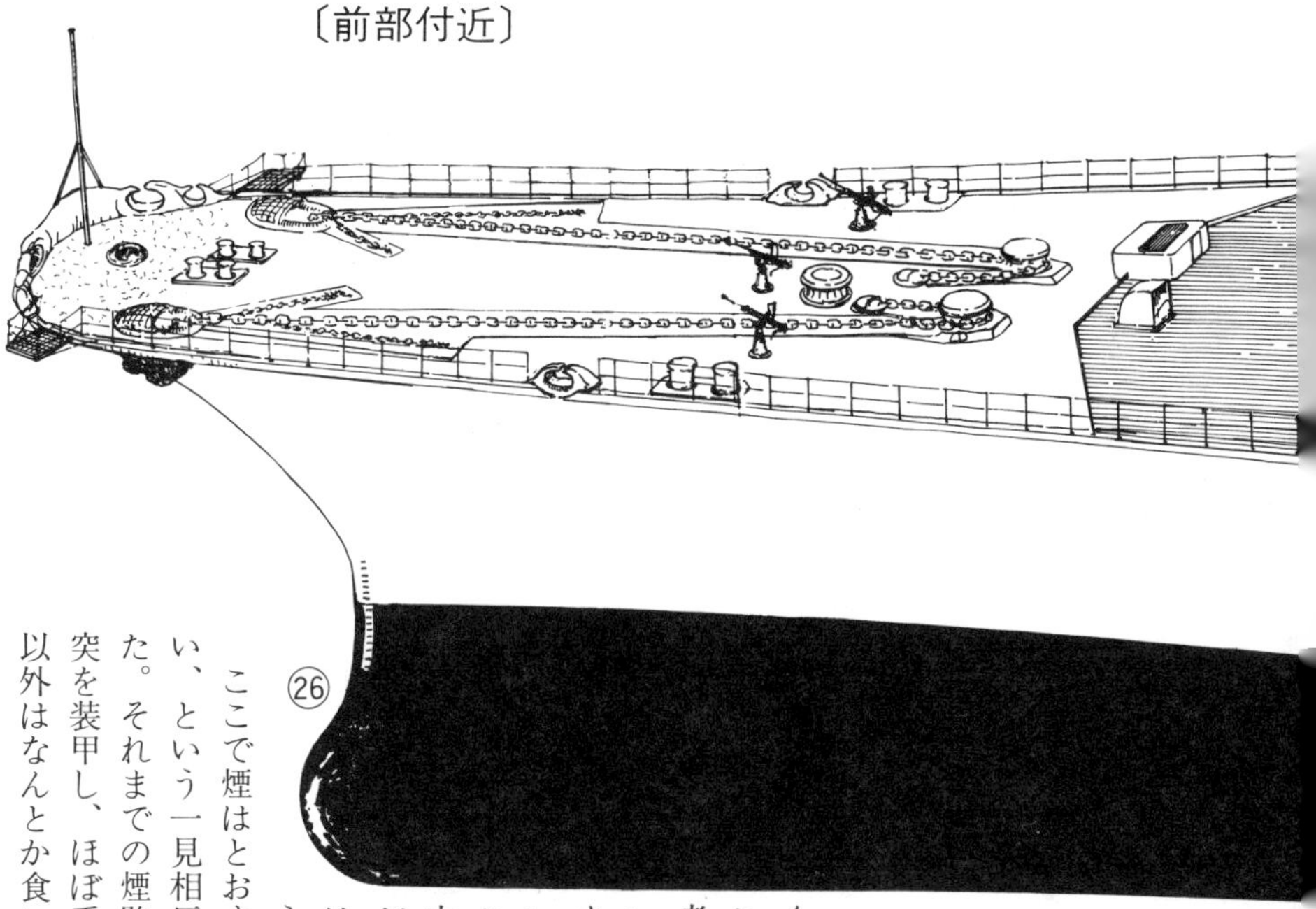

んだわけであり、健全な判断であったといえよう。

巨大なボイラーを有するタービン艦にとって排煙は不可欠の問題で、いきおい巨大な煙路㉒を艦上にひらく結果となってゆく。これは防御計画担当者にとっては頭の痛いところであった。なにしろどんなに厚い甲鈑で主要部をかこっても、その真ん中に大きな穴(煙路)がひらいているのでは防御全体が意味をうしなうのである。

ここで煙はとおすが、弾はとおさない、という一見相反する注文がだされた。それまでの煙路防御といえば、煙突を装甲し、ほぼ垂直に落下する敵弾以外はなんとか食いとめようとしたものであった。まだ砲戦距離がみじかかったころは、砲弾は横から飛んできたのでこれもよかったが、砲戦距離が三万メートルを越えるようになると、砲弾はほとんど垂直に落下してくるようになり、さらに航空機よりの攻撃がくわわったために煙路の防御は重大な問題になった。

これを解決したのが大和型で採用されたハチの巣甲鈑㉓で、その名のとおり多数の穴をあけた極厚の甲鈑であった。これにより大和型は水平防御についても万全の対応ができたのだった。

これらの装甲鈑は、最大四一センチ厚にもたっし、その防御重量は全重量の三四・四パーセントにもなり、長門の三〇・六パーセントを大きくうわまわっていた。

こういった直接的防御のほかに、間接防御として艦内をこまかい区画に分割することにより被害の極限をはかった。この防御区画は一一四七個であったが、これについてはいま一歩の細分化が必要ではなかったかと思われる。

それは長門の区画が一〇八九個あっ

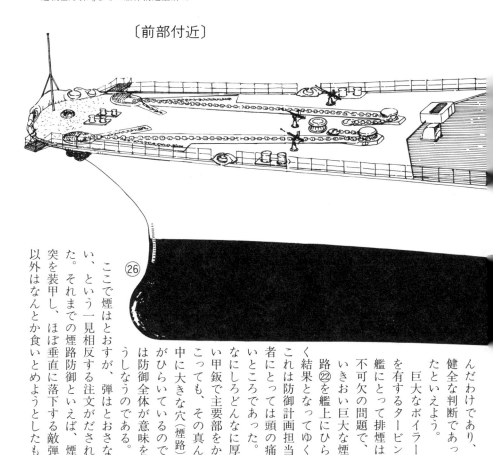

たことをかんがえると、大和としては不十分であったといわれてもやむをえないであろう。事実、大和、武蔵はともに、これら非防御区画の浸水が致命傷になったとかんがえられるからである。

さて、大和の神髄ともいうべき四六センチ砲㉔であるが、新戦艦の主砲を四〇センチにするか、四六センチにするかは重大な問題であり、関係者のもっとも研究したところだった。

万一、仮想敵国（とうじは米国）の戦艦の装甲をうちやぶれないようでは意味がなくなる。そこで、あらゆる状況でアメリカ戦艦を撃破するには四六センチ砲が必要との結論にたっしたのであった。このことはどうじに全戦艦数ではつねに劣勢である日本海軍にとって、局地優勢だけはぜったいに確保しなくてはならない使命であり、このためにもアメリカ戦艦を圧倒する四六センチ砲は必要だったわけである。

日本海軍にとって、アメリカとの総力戦ではすでに勝利のチャンスなどなく、戦闘の主導権を保って各個撃破することだけが勝利のチャンスだったわけである。このチャンスというのも予備兵力のない日本海軍にとっては〝全勝〟しなくてはいけないというシビアーな条件つきだったのであり、

「自分は無傷で、相手を沈める」

というムシのよいかんがえはこのような状況からうまれ、アウトレンジ戦法として日本海軍のなかに定着していったのである。これはのちに太平洋戦争にまでも尾を引いて、おもいきった作戦のできない日本海軍の体質をつくっていたようである。

この四六センチ砲は、海軍造兵技術の全力をあげて呉海軍工廠で製造され、十分な能力を発揮した。その要目はつぎのとおりである。

口　　径　四六センチ
腔　　長　四五口径
最大迎角　プラス四五度、マイナス五度
初　　速　七八〇メートル／秒
発射速度　約四〇秒
最大射程　四一四〇〇メートル
砲身重量　一六五トン（一門）
砲塔重量　二七七〇トン（一基）
前楯甲鈑　六五〇ミリ

これだけみてもいかに巨大な砲であったかわかるだろう。この砲と砲弾こそ日本をまもる砦であるとかんがえられていたのである。

最大の砲、最強の防御を最大の船体につみこんだ戦艦大和は、多くの人びとの苦心のすえに完成した。しかし、軍艦はそれだけではじつは〝鉄の箱〟にすぎず、なんの戦力にもならないのだ。ここに三〇〇〇人近い人間が乗り組んではじめて戦力になる。しかも乗組員は戦闘時にベストコンディションでなくてはならない。

それまで日本の軍艦は居住性についてはあまり重視せず、戦闘力の発揮に重点をおいていたため、長期の戦闘航海では兵員の体力の消耗が深刻な問題となった。しかし現実には〝耐える〟教育でこれをカバーしていたわけである。

大和型ではこれにたいし、居住性の向上をはかり、兵員もそれまでのようにハンモックではなく、寝台㉕で寝る

ようになった。

さらに対毒ガス戦を想定して、完全に外気を遮断しての戦闘が可能なように設計されたために、艦内ぜんぶがエアコンディショニングされていたのであった。

南方において大和をおとずれた他艦の兵士たちはこれらの設備におどろき「大和ホテル」の名をつけてよんでいた。

なかば感心しつつ、なかば反感もあったようである。

〔前部〕

大和型の前部にとりたてていうほどの特別な装備はないが、一つ船型上の最大特長である球状艦首㉖がある。この球状艦首の理論は、球状艦首の先端でおこした波と、水面でおこした艦首波とを相互に干渉させて打ち消しあうようなかたちにするものと、船体の縦横比を大きくするものであり、日本の軍艦のなかではもっとも大胆な設計となっていた。本艦の場合、艦首吃水線部より三メートルも突出していた。この球状艦首の効果は大きく、抵抗は約八パーセント減少した。

日本のもつすべての技術を投入し、連合艦隊の旗艦として西太平洋の平和をまもるかなめとして建造された大和および武蔵は、そのねがいとはうらはらに太平洋戦争のために建造されたようなかたちになり、平和の海をしることなく戦い、沈んでしまったのであった。

付／まぼろしの『搭載機プラン』を探査する

大和型の搭載水偵を探る

日本の軍艦の中で、大和型ほど多くの人びとの興味をひきつづけているフネはないだろう。研究書も何点か刊行されてその大要はすべて判明しているともいえる。しかし、いま一歩深く調べようとすると、突然ナゾだらけになるのも大和型なのである。

このナゾのひとつに大和型戦艦の搭載水偵の問題がある。これまでの戦艦で建造時から飛行機搭載を予定されていたものはなく、文字通り取ってつけたような航空装備であったのにたいし、大和型は計画時から飛行機の搭載が決定されていたことでも、画期的なことだったのである。

では、大和は計画的にどのような水偵を積む予定だったのであろうか——筆者は現在のところ公刊された図書の中でこの件についてふれたものをみたことがない。そこでいくつかの公刊資料をもとに推理してみることにした。

まず、戦艦大和型についてのバイブルともいうべき故松本喜太郎大佐の著書『戦艦大和・武蔵設計と建造』を調べてみると、一四四ページに水偵六機とあり、同書一五三ページでは水偵および観測機六機となっている。ともに機種の説明はない。この本のなかで飛行機に言及しているのは、爆圧対策のところで「飛行機の格納ももちろん艦内にした」という一言のみであり要領をえない。

松本氏には何度も会いながら、この件について質問するのを忘れたのは真に残念なことだった。しかし、一六二ページに飛行機搭載状況の予想図が一枚あり、これによって複葉水偵、単フロートおよび双フロートの混載が予想されていたことが推定できた。

つぎに、牧野茂編『海軍造船技術概要』第一分冊には、「特ニ艦載飛行機ハ観測機七機アッタガ、全部後部ノ最上甲板下ニ格納シ空母ノ格納庫ノ如キ状況トナリ……」との記述があり、観測機七機の数が出ている。

福井静夫著『日本の軍艦』には、「水偵および観測機七機」とあり、なんと三種の資料に四種の異なる記載があることになる。これらの各数字は大和型の多数の途中計画値の混入と思われるが、いずれにせよナゾは深まるばかりである。

前記のように、公表されているデータは統一がなく機種も判然としない。もちろん造船官にとって飛行機は担当外であろうが、図にする以上、予定機種と機数を知らなくては格納庫の寸法も決定できないはずである。そこで松本氏の図を再度調べると、翼を折り畳んだ形とフロートの数から九四式三座水偵と十試水上観測機（後の零式観測機）のように判断できる。おそらく計画当初はこの二種の水偵を仮搭載機として計画をまとめたものと思われる。これらの計画がまとめられたのは昭和十二年三月ごろのことであった。

私が試みた〝ナゾ解き〟

しかし、海軍当局はこのときすでに水偵問題について新たな研究に入っていた。それは戦艦のライフサイクルと飛行機のライフサイクルのギャップである。計画時の最新鋭機も、大和完成のころにはすで旧式機と化すことは明白だからである。

さて昭和十二年三月、海軍は愛知、川西にたいし十二式三座水偵の試作を命令した。そして、約三ヵ月後の六月にはおなじく愛知、川西、さらに中島にたいし今後は十二試の二座水偵の試作を命じたのである。この十二試の両水偵の特長は、いずれも非常に近代的な設計であり、海軍の要求はそれまでの水偵とは変わったものであった。それは、従来、水偵の格納時の全幅は約五メートルほどにおさえていたのにたいし、十二試の両機は約七・五メートルの幅にされていたのだ。

この寸法では従来の巡洋艦などの格納庫には入らない場合が出てくる。全体にこの十二試水偵の要求性能は高度なもので、設計者を苦しめたという。二座水偵でさえ過荷重で六時間の飛行ができ、過荷重でカタパルト発射をして、なおかつ発射時の高度低下は二メートル以内、さらに驚くべきことに二五〇キロ爆弾を装着して六〇度の急降下が可能というのだから、ぜいたくといわねばならない。このような過酷な要求の前に川西は設計初期に中止、愛知は安定性不足で不採用、中島も全体によくまとまったが操縦性の面で不採

零式水上観測機。カタパルトにより射出され、弾着観測などに活躍した

用となり、全機中止となってしまった。

三座水偵の方は愛知の機体が採用され、昭和十五年に制式となり零式水上偵察機として生産にはいった。

さて、十二試水偵の話に手間どったが、筆者の推理では、この十二試の二座と三座の水偵こそ〝大和型用〟に開発されたものではないか――ということなのである。それは十二試の発令時期が大和基本計画完成直後であることの他に、全幅を七・五メートル以内に折り畳めるようにされていたことからも推定できるのである。

この寸法は大和型の飛行機格納庫へ通じるレセスの寸法から割り出されたものと考えられるからであり、もしも他の飛行機搭載艦の格納庫の寸法からはまったく考えられない大きさなのである。大和型の飛行機レセスの寸法は、搭載作業時約五〇センチのクリアランスを取ってある。もしも大和計画時の水偵にあわせて設計するならば、幅は六メートルで充分なのである。

昭和十六年十二月、大和が竣工したとき、前記のように十二試の二座水偵は失敗のため存在せず、三座水偵は巡洋艦に搭載して使用し、戦艦は弾着観測機のみを搭載するようになってしまっていた。つまり大和用に発注した二種の水偵は、大和には搭載される機会を失ってしまったわけである。このため十二試よりも二年も古い十試(昭和十年試作開始)で、多くのトラブルに手をやきながら五年目にやっと制式機となった零式観測機を常用することになった。けっきょく大和は、この零式観測機を搭載して太平洋戦争を戦ったのであった。

一隻の軍艦の設計は、他の兵器の設計に影響をあたえ、ひとつの兵器の寸法、重量などは、つぎの軍艦の設計に影響をあたえる。こうしてたがいに少しずつ進歩してきたのが兵器と船の結合である軍艦なのであろう。こういった目でそれぞれの兵器の進歩を見るとき、いままで単独に考えられてきた一つ一つの兵器が大きな流れの中の一部として見えてくる。そして消え去った兵器たちもそれぞれの意味を持ってい

たことがわかるのである。
最後にこれらの結論をもとに、大和型の計画飛行機と数を考えてみたい。これは機種的には水偵と観測機、機数は七機であろう。つまり、福井静夫氏の『日本の軍艦』の記述が最後の計画であり、他のものは過渡的計画の混入と考えられる。

（昭和五十八年九月号収載。筆者は艦艇研究家）

艤装員が語る戦艦大和への回顧

全力を傾注し、世界一の戦艦を完成させた男たち——宮田栄造

まるで埋立地のような上甲板

昭和十五年十一月、私は練習艦八雲の副長を命じられた。とうじ私はそれまでの過労からか、少し神経衰弱ぎみとなって治療していたが、いっこうによくならず、体力も、めにみえておとろえていた。

そんなある日、大和艤装員長の宮里大佐が八雲をおとずれて、大和艤装員を引きうけてくれと頼まれたが、健康上の理由で、これを固く辞退した。

しかし一週間後、「呉鎮守府付」の正式転勤命令が私の手もとにとどいた。宮里大佐も、ふたたび八雲に来て、懇願された。その熱意にうごかされて、私はついに呉工廠入りを決意し、ドックで建造中の巨艦大和に第一歩をしるした。もし健康体だったら、世界に誇る大戦艦を艤装することはこのうえない光栄だったろうが、病弱のため、かえって責任の重大さに心のなかはくらかった。

大和には、艤装員長以下四名がすでに任務についていて、私は五番めに運用長として着任したのである。

われわれは、いままでの経験を存分に生かして、りっぱな艦に仕上げるために、大和にその全力を傾注した。

私が乗艦したとき大和は、ようやく外まわりだけが荒々しく出来上がり、上甲板は広々とした、まるで埋立地のように、いたるところ鉄材などが散乱し、足のふみ場もないほどだった。それまで何度か、遠くから大和をみていたが、まさかこんなバカでかいものとは予想もしていなかった。

艤装員事務所は、大和のすぐそばの工廠作業場の一室があてられていた。この大戦艦の事務所とは思われないほど、オソマツなところで、これもまた私にとって意外だった。

毎朝出勤後は、ただちに艤装員会議がひらかれて、各科との打ち合わせを

行なう。終わって青写真を片手に懐中電灯をブラさげて艦内に入るのだが、白煙がたちこめ、まるで炭鉱の坑道を行くがごとく、下層の甲板では、どちらが艦首やら右舷やら、ときには出入口さえわからなくなってしまうほどである。

昭和16年９月、呉工廠において艤装中の大和。昼夜兼行で完成を急いだ

豊後水道を圧する大和の初航走

大和の艤装は着々とすすんだ。翌年十月には、試験の域にたっし、二六〇〇人におよぶ乗員の吊床の位置の決定、格納所の整備もできていた。まもなく檣楼もでき上がり、待望の四六センチ三連装主砲三基もとりつけられ、ここに大和はその威容をそなえうるにいたったのである。

はじめの計画では、十二月一日に工事を完了する予定だったが、急に軍側より、その完成期日を十一月十五日ごろと変更され、昼夜の別なき突貫工事がつづけられた。

しかし〝やればできる〟の意気にもえる艤装員たちは、世界一の大戦艦完成を目標に、だれひとりとして不平をいうものもでず、寝食をわすれて工事に没頭したのである。

公試日程もすでに決まり、(第一回は十一月はじめ、豊後水道で施行するので）それに全力を集中した。

しかし、かんじんの艦橋諸装置計器類が、ぜんぜん取り付けられておらず、まことに心細い思いをしたが、関係者の必死の努力で、ついに出港前日になって取り付けられ、愁眉をひらいた。

第一回公試運転日の朝はあけた。関係者およそ二〇〇〇人が緊張した顔で乗艦し、それぞれの持ち場についた。艦内のあちこちから、試動の号令が鳴りひびいている。

かくて出渠の時刻がきた。大和の曳き出しにつかう、港務部の曳船五隻がはき出す黒煙は、いさましく天に冲する。

やがて艦長の口から〝出港用意〟の号令が命令されて、艦尾にあざやかな日の丸をなびかせて、ついに大和はす

建造中の霧島。艦中央部より
艦尾方向をのぞむ――中甲板
防御甲鈑の装着もかなり進捗

べるように海上に、その英姿を浮かべたのである。

私は、前部作業指揮官として、艦首の最前端にあって、指揮をとっていたが、この歴史的一瞬に感きわまって、体がこわばる思いがした。

堂々たる〝浮かべる城〟の威容

まもなく、檣楼のヤードに、赤い速力標が左右に上がった。機関が始動しはじめたのだ。艦尾海面を見ると、白くアワ立って流れているが、大和はいっこうに動くようすがみられない。息づまる一瞬だ。

ややあって大和は、静かに動きはじめた。曳船をはなしたころには、速力もつきはじめてきた。小麗女島を右にして大まわりし、広島湾に艦首がむけられた。

威風あたりを圧し、まさに〝浮かべる城〟の形容もピッタリと、大和は、いよいよ豊後水道に入った。

まず右転、反転、速力の変換と予定どおり試運転は順調にすすめられた。夕刻には、すべての試験をすべて終了し、大分県佐伯湾に入港し港の奥深く投錨したのである。港口には、護衛艦が入口をふさぎ、警戒体制をとっている。

翌日の早朝、ふたたび豊後水道に出た大和は、全力公試運転をおこなった。

結果は、多少、計画にたっしなかったが、そのほかはきわめて良好な成績をおさめた。

かくて十一月十五日の、最後の公試を終えた大和には、軍艦旗がひるがえり、連合艦隊附属として、ひきつづき呉で最後の仕上げを急いだ。私はこのときの感激を、いまなお忘れることができない。

（昭和三十九年二月号収載。筆者は大和運用長）

大和が初めて全力航走をした時

建艦秘話／公試運転の日をしのぶ担当官の全告白――広幡増弥

おっかなビックリで赴任

私が大和の建造に関係したのは、この艦が呉海軍工廠で、昭和十二年十一月に起工されてから、約一年半をへた昭和十四年の春であった。

とうじ海軍技術少佐として横須賀海軍工廠にあった私のもとに艦政本部から呼び出しがかかって、造船官として最高の地位である第四部長から、大和の造形艤装を担当するようにとの内命をうけたときにはじまる。

とうじすでに、大和は厳重な秘密裡に呉の造船ドックで建造されつつあって、第一号艦と称され、たとえ海軍の造船官であっても、これに関係している人以外はまったくうかがい知ることはできなかった。

私としても、これに関係できることはひじょうに名誉なことであるが、陸奥、長門いらい約二〇年ぶりの戦艦建造であり、経験者はほとんど皆無といった状態なので、その責任を果たしうるかどうか、すくなからず不安があった。

しかし呉には、この艦の基本計画のとうじから参加していた牧野茂造船中佐、また、現物建造にかけては右に出るものがない、西島亮二造船少佐がいた。

西島氏はとうじ船殻の工場長として、大和の船殻を担当していたが、もともと造船艤装工事の権威者である。

その西島氏がうしろダテになって、なんでも相談にのってくれるということで呉に着任したしだいである。

まさに密室の中の大工場

このころ大和は、艦底工事をほぼ終えて、下甲板、中甲板を組み立て中であった。建造の造船船渠は周囲をトタン塀《べい》と、しゅろ縄ですっかりおおわれていて外からは一べつもできない。中にはいるためには全員が、ちょうどむかしの、一高生徒がつけていたようなバッジに似たマークをつけ、べつに定期券のような証明書を、一人ひとり守衛に提供してはいるといったぐあいであった。

このころの船の建造法としては、艤装工事は主として、進水後にそそがれるという状態であったが、この艦は甲板まで厚い甲鉄をはってしまうので、あとでは仕事ができない場所、また物をいれることができなくなってしまう場所が多いので、船殻工事と艤装工事を同時にしなければならず、この点はなかなかの配慮が必要であった。

私はこれまで、巡洋艦とか駆逐艦の新造にそうとう関係してきたが、この艦ぐらい幹部、工員ともにはりきってやった仕事に出くわしたことはない。これは、この艦に作業できるということが、私と同様に名誉と責任を十分に自覚した結果と思う。毎日毎日が実に愉快で、いやな気分に出あったこともなく、張り合いがあり、思うとおりに仕事ができた。

すべて隠密だった進水式

この大和の進水は昭和十五年の夏だったと記憶するが、当日は呉市内で、陸戦隊の市街戦訓練が行なわれ、あとになってみれば、この演習がみごとカムフラージュの役目をはたしたのであった。

進水式には伏見宮が御名代として見えて、見物人のない極秘のなかで厳粛に行なわれた。

この艦は、造船船渠内での進水であるので、われわれ造船屋の心配は、この数日まえに行なわれた浮上のときであったが、これが計算どおりみごとに浮上し、進水式当日は、たんに儀式として、第一号艦を「大和」と命名す、という命名書が読み上げられ、艦首と陸とをむすんである綱が切られて、港務部の手でしずかにドックから引き出しが行なわれただけである。進水台から滑りこむさいの、あの華やかさはまったくなかった。

昭和16年10月20日、全力予行運転中の大和。27.46ノットで驀進する雄姿

荒天下にも不動の巨人

船はもともと、水がはいらなければ沈むものではないのはわかりきったことである。とくに軍艦となると攻撃を受けるので重要な部分を守るために甲鉄をはりめぐらすとともに、水の浸入を防止するために多くの区画を設けるが、大和は数百の防水区画にしきられている。

この目的をはたすためには、すでに作業が終わった一区画ごとに水をはるとか、空気をふきこんでしらべて、一ヵ所のわずかな漏水《ろうすい》箇所といえども見のがすことはゆるされなかった。

また、上の方も気密区画となっている室が多く、これまた苦労のタネであった。この仕事は現場工事としては、実にジミで困難なものであって、このために一ヵ年以上もかかっている。

試運転は昭和十六年の九月からはじまった。

これまでの艦は試運転のころには、まだまだ工事がのこっていて、運転中に多くの工員たちがドンドン、カンカンと仕事をしたものである。

ところが、大和は各部の工事もほとんど終了し、各機械の試験も終わっていたので、試運転とうじは、ほぼ完成にちかい状態にあったので、きわめて順調に公試運転がすすめられた。

第一回の予行運転は瀬戸内海で行なわれたが、運転が終わって呉に入港し、浮標に繋留《けいりゅう》したおり、ときの艤装員長・故宮里大佐（工廠での運転は艤装員の手で行なわれた）は、目に涙をためて私の手をしっかりにぎられた。こんな大きな艦の運転をみずからやりとげたことに特別の感激をされたのであろう。

そのときの全力運転のさい、ひどい時化にみまわれた日があった。運転場所は豊後水道をでて四国の宿毛沖であったが、このとき警戒艇として出動していた駆潜艇三隻は、赤腹がみえるほど難航して、ついに大和について来ることができず、とちゅうから、引きかえしたことがあった。さすが七万トンの大艦は、一番砲塔がどんどん波で洗われているなかを、いささかも速力をおとさず、ガブリもみせず、実にたのもしい感があった。

ちょうど、九州の佐伯湾外に仮泊したときであった。とうじの連合艦隊の陸奥、長門以下、戦艦、巡洋艦、駆逐艦、潜水艦の多数と出会い、甲板からさかんに帽子をふられたことがある。その情景が、昨日のように目にうかんでくる。

〝美しき〟うらばなし

これまでの戦艦といえば、艦尾に司令長官室や艦長室があるのがふつうであるが、大和の場合は中央部におかれていた。

公室は工廠の手でつくるとどうも美的観念にとぼしいので、とうじの造船部長であった庭田造船少将の提案で、同型二番艦をつくっている長崎三菱造船所に一括注文をだして、その室にふさわしい調度品を用意した。このため、実に美しい室ができ上がった。

話は余談になるが、こういう公室、つまり司令長官公室、艦長公室にかざる絵は、とうじの一流画家に依頼したいというので、たまたま私の父が画家と交際がふかかったので、父といっしょに各所にたのんで歩いた。

長官公室の絵は横山大観氏と河合玉堂氏にたのんだ。河合さんはすぐにも快諾されたが、どういうものがいいかということになり、畝傍山に橿原神宮をおねがいしたところ、いやな顔をされた。

理由は、畝傍は海軍にとってエンギがわるいからというのである（むかしフランスに注文した畝傍という軍艦が、わが国に回航の途上、台湾沖で遭難して消息をたち、全員行方不明になった）。

しかし、大和という名が出せなかったので、奈良県にちなんだ絵ということにして、春日神社に三笠山を描いてもらった。

横山大観氏は金の下地に朝日の昇る富士山で、百号ぐらいの絵を描いてくれた。二番艦の武蔵にも江戸城と富士山が描かれたように思う。

これらの絵は、出撃のさいに陸揚されていらい行方不明である。

大和は、太平洋戦争のためにできた

上空から見た大和型戦艦。前檣頂部が白いのは連合艦隊所属艦をしめす

ような艦となった。公試運転の最後の日に士官室において開戦の歴史的発表があり、そして最後の戦いとなった沖縄戦に出撃し、ついに沈没して果てた。わずか二ヵ年余の生命であった。

（昭和三十八年五月号収載。筆者は海軍技術大佐）

砲術家が語る大和四六センチ巨砲の砲戦戦法

〝戦艦対戦艦〟の決戦場面をむかえて大和の主砲はいかにして戦うのか——黛　治夫

理想にちかい主砲砲塔

昭和九年十月、軍令部は四六センチ砲八門以上の案を、海軍省に提出したことは、松本喜太郎技術大佐の著書などに記されている。その軍令部の主務者は、松田千秋中佐（のちに第四航空戦隊〈伊勢・日向〉の司令官として、レイテ海戦に参加した。海軍少将）だった。松田中佐は、私の尊敬する砲戦術の先輩である。

ある日、砲術学校戦術科の意見をもとめられた。私は、

「術力で劣勢をおぎなう日本の戦艦にはできるだけ、攻撃威力の大きい兵器がよい。集中、先制の好機をとらえても、敵の防御力にたいする、わが攻撃力が小さければ決定的効果をあげるのに長時間を要する。その間に、敵は増援兵力を参加させるから、好機はむなしく去ってしまう。荒木又右衛門が、多数を斬りたおしたのは、よく切れる刀をもちいたからで、もし竹刀だったとすれば、何人も殺さないうちに疲れはてて、敵は新手をくわえて又右衛門の敗けとなったであろう。四六センチ砲は竹刀にたいする日本刀である」

とのべた。

軍令部は、もちろんパナマ運河の幅とか、アメリカが四六センチ砲を建造するときの所要日数などを考えており、とうじの砲術界としては、だれ一人反対するものはなかったと思える。軍備全体として、航空機により多くの努力をそそぐべきであるとか、対潜艦艇をたくさん造っておけばよかったとか、貨物船を十分に造るのが有利だったとか、種々の意見を戦後耳にするが、職を賭して大戦艦の建造に反対したという事実はまだ知らない。

大和の主砲は、日本海軍ではじめての大口径砲の三連装である。個々の砲塔はドイツや、アメリカで以前から採用してきた方式のものである。長門までの砲塔は、イギリス式であって防御上に大きい欠点があった。

イギリス式は、火にたいし危ない装

戦闘射撃中の長門。全速力で航行しつつ40センチ主砲の斉射を行なった

薬と、重いが比較的に安全な弾丸とをいっしょにエレベーターにいれて揚げるので、スピードが出ない。そのうえ弾丸を弾室におしこむとき、装薬はエレベーターのなかに待っている。この揚がる時間、待っている時間が、二十何秒かになるが、もし敵弾が砲室に侵入し、炸裂すれば装薬に引火することが多い。そうなると、せまい砲室のガス圧力は高まり、砲員は全滅する。しかし砲室の後方の壁は吹きやぶられ、ガスは外にのがれ、火薬庫には達しないことになっており、砲室には散水装置があるが、二門分の装薬が一時に燃焼すれば、火薬庫に火が侵入し、一艦の運命をきめることになるおそれがある。大和の主砲では、重いけれども安全な弾丸は、砲尾にあらかじめ待機させるようにし、装薬とはべつべつに揚げられる。

天下一品の連続発射

そして発射とどうじに自動的に尾栓がひらいて、すぐ水圧のランマーで装填される。その間に、装薬は防焔になっているエレベーターで、火薬庫から砲尾まで急速に揚げられ、すかさずランマーで、薬室に押しこめられ、尾栓がしまる。火薬の揚がる危険時間は、イギリス式よりずっと短いから大いに安全である。

また、発射して尾栓がひらかれるまえに、弾丸は砲尾に揚げられて待機しているので、装填秒時は短くなった。大和の主砲では、長門の主砲装填秒時が、三五秒内外なのにくらべ、二〇秒から二五秒内外であり、それだけ発射速度を大きくできるわけである。

砲煙防止の好砲列

つぎは砲塔の配置である。

三連装砲塔を三基として、それをぜんぶ艦橋のまえに集めるか、大和のように、まえに二基、うしろに一基と分散するかは、砲術上からも重要な問題である。

大和のほうが砲戦指揮上の利益が多い。たとえば、四六センチ砲九門を斉発すると、無煙火薬とは名ばかりで、濃いウィスキー色の大きい煙が、三原山の噴火のように砲口から飛びだす。そのうえ、九門ぶんの砲口のガス圧力が合成して、艦橋や、射撃指揮所を襲う。このため、敵艦の視認、照準、発射、号令などすべて一時中絶することになる。
六門なら妨害は約三分の二になる。ガス圧力は大差ないとしても、視認を妨害する砲煙の幅が小さくなることは、弾着観測や、測距や、照準発射をさまたげる時間を短くし、きわどいときにさいしても遠近の観測を可能にするなど、利益が多大である。このために大和・武蔵のみでなく、アメリカのアイオワやミズーリも、おなじ砲列をとっている。

一五分で敵艦を海底へ

主砲測距儀は、他の海軍に例がないほど、強力になっていた。一五メートルが四本、一〇メートルが一本なのだから、不足のいいようがない。

一本の一五メートル測距儀といっても、両眼でステレオスコピックに、すなわち、立体視的に測距する光学装置が二組、単眼でおこなう合致式で測距する装置を一組もっていて、合計三人の測距手が同時に測距する。

全艦では、一五人がどうじに測距するから、射距離三万メートルにおける測距の誤差は、三〇〇メートル内外であろう。これは長門の二万メートル測距誤差に相当する。

このように測距能力はよくなったけれども、弾丸は富士山よりも高い上空を飛ぶので、風力の影響により、初弾から命中することの公算は小さい。多くの場合、左右は遠近観測をゆるさないほど偏位して、弾着する。

しかも発射後、約五〇数秒で弾着し、数秒間は観測に要するから、発射後約一分ののち第二発を発射する。ふつう九門の斉射をする。初弾後二分して、はじめて遠近が判定され、三分で三発目の斉射弾が弾着する。

これは夾叉《きょうさ》弾となることが多かろう。夾叉弾とは、一度に発射した斉射弾が、敵艦の遠方向と、近方向に弾着することである。

不運のときは、第三弾も第二弾とおなじ方位のことがあり、第二弾と反対の方位のこともある。また夾叉しても命中しないこともある。九発では三〇〇メートルから四〇〇メートルぐらいの散布界となろう。三〇〇メートルの間に九発が落ちるので、遠近方向の各弾の間隔は平均四〇メートルである。

ところが、ミズーリ型戦艦は、高さ一〇メートル、幅三三メートル、水中有効距離は一〇〇口径（四六メートル）とすると、命中界は九六メートル（落角三一度二〇分とする）であるから、毎回の夾叉弾では一発か二発の命中弾があろう。

戦争まえの統計から、私が計算した第一命中弾所要時間は、大和級では約五分である。もし観測機を使い、順調に観測し、通信ができれば、第二発から夾叉する可能性が多く、第一命中弾は三分ぐらいとなろう。しかし戦場では、煙や敵機の妨害とか、錯誤などが生じやすく、三万メートルにおける命中率は、五パーセントぐらいとみるのが適当である。

五パーセントの命中率として、効力を期待する本射（効力射）をつづけたら、どんな結果になるだろうか？　一門の射撃速度は、斉射間隔を四〇秒とすれば、毎分一・五発、一艦で一三・

五発、出弾率を八〇パーセントと仮定すれば（照準が間にあわなかったり、装塡が間にあわなかったりするので、毎回九発でるとはかぎらない）、一艦主砲の射撃速度は一一発、毎分の命中速度は〇・五五発、ミズーリは四六センチ砲弾九発で、撃破（戦闘力ゼロとなる）されるとすれば、撃破速度は、六・一パーセント、撃破時間は一六・五分間である。

すなわち一〇分間で、勢力半減となる。この間における命中弾は、五発ないし六発で、そのうち三分の一は水中弾となり甚大な侵水を生じさせ、運がよければ火薬庫の爆発により、轟沈させうるであろう。また多くの場合、罐や主機械の損害で落後するであろう。

不発におわった分火戦法

こういうていどの撃破速度を発揮できる大和が、戦術的に機動して、敵の一分力たる高速戦艦部隊を攻撃中、敵は主力の方向に大和、武蔵、高速戦艦金剛型四隻を誘致しようとして退却する。また敵の主力は、これを応援しようとして、急速進出してくる。

緒戦期では荒ごなしを主旨とし、敵の落後艦（多くは戦力の発揮が十分ではない）を、長く追わないのが常法である。

おなじ戦隊内の敵艦に目標変換をするには、目測で数百メートルの修正を行なうだけで、初弾から、命中を期しうるであろう。しかるに、新たに出てきた敵に対して目標を変換するには、前にのべたごとく、三万メートルでは第一命中弾をうるのに、五分も時間を空費しなければならない。

そこで砲術学校戦術科流の意見をのべてみれば、前方の六門で、旧目標の敵戦隊に本射を続行し、後方の三門で新しく出現した目標に試射を行なう。そして命中弾を観測するまで、三万メートルでは約六分、二万五〇〇〇メートルでは約四・五分を要する。その間、前方の六門では、旧目標に対し、三ないし四発の命中弾をうる。これは戦艦戦闘力の三三パーセントないし四五パーセントに相当する。

後方の三門で試射を終了すれば、まえの六門は、これとおなじ目標に変換し、統一指揮を再開する。こういう分火のできるような指揮通信のスイッチを要望したが、中央では実施しなかった。

これを要するに、海軍では射撃術は発達していたが、砲戦術においては、まだ不十分な領域があり、軍令部の参謀や、艦政本部の技術士官の兵術思想が、技術面を砲戦術の要求までたかめることを困難にしていたようだ。

技術が複雑になり、連合艦隊司令部の戦法実行上の要求を、具体的に技術界に理解されるには、関係当事者（用兵、技術）が、きわめて密接な連絡をとらなくてはならなかったのである。また陸上における用兵の研究機関たる海軍大学校も、新進の中、少佐級教官を配し、いたずらに象牙の塔にこもることなく、常時から戦術と技術の調和をはかるべきであったろう。

海軍砲術学校が射撃術のみに没頭し、戦術の研究陣が劣弱であったことも、大和の欠陥にしめされたといえよう。

しかし右のような欠点があったとしても、もしミズーリ級と大和級とが対戦したとすれば、短時間に勝負はついたはずである。昼間煙幕を展張し、レーダー射撃をおこなった場合でも、艦隊戦闘は、わが方の敗北とはかぎらない。

引き分けになるか、煙幕を利用するわが魚雷攻撃が決戦の端緒となったかもしれない。

〝道楽息子〟副砲の使いみち

第一次大戦の副砲は、水雷部隊の防御用であった。しかし太平洋戦争では、あらゆる砲が対空活動を要求された。昭和十三年、海軍砲術学校防空部として提案した三式弾は、大口径砲で発射する対空焼夷榴散弾である。大口夷砲でさえ対空射撃を必要とする時代に、対水雷戦隊砲戦を主とし、対空砲戦にはあらゆる点で高角砲におとる一五・五センチ砲は不適当であった。

海軍砲術学校防空部は、高山繁治教官の研究により、一五・五センチ砲を廃し、一〇センチ高角砲をもってかえるべき意見を防空委員会に提出した。昭和十三年の夏のことである。

とうじ艦政本部では、砲術界の先輩新葉亭造大佐が、「すでに高等技術会議で決定されているから、副砲の変更は問題にならない。将来、航空兵力の増強により防空は自分の砲のみでおこなうことは、考えないでもよいようになるのだ」と説明された。

一歩ゆずって、副砲を原計画どおり一二門とし、主戦側に九門を集中したとしても、駆逐艦に命中する弾丸の大部分はたんに両舷にアナを一つずつあけ、数十メートルさきにいって炸裂しただけであろう。

約三分の一の弾丸は水中弾とし、艦内要部に炸裂したであろう。

これは徹甲弾（最上級巡洋艦の主砲とし、敵巡洋艦とわたりあいその装甲鈑をつらぬいて艦内に炸裂させる弾丸）だからである。

私は大和の艤装中、呉海軍工廠砲熕実験部と相談して、二段作用信管にあらためることをはかった。これは海面なり、外鈑なり、煙突なりで第一段が発動し、つぎの衝動で炸裂させようとするものである。

べんりだった配員番号

艦内の行事、兵員の勤務などの規定、慣例は、極端にいうと、ネルソン時代に適するような、旧式なものさえのこっていた。「総員起こし」のラッパと号令で起き、ハンモックをくくって、甲板士官（ふつう中、少尉）が、当直将校に、「配置よろし」と報告するのを待って、「総員釣床おさめ」と号令する規定であった。

艦内の釣床係の配置をみてまわるのには、二〇分も要するのである。それよりもほとんど釣床などなくなって、ベッドに寝るものが大部分だった。一艦に、二五〇〇人の兵員が生活する大和では、夜中に番兵が、ある兵を起こすことは、たいへんむずかしい。

これまで、兵員には配員番号というものがあり、はじめの数字は分隊、終わりの数字は四進法になっていた。そして釣床のフックのそばに小さい文字で、その番号が記されてあった。大和では住居各区の番号、それが艦首から艦尾へ、また右舷から左舷へと、就寝番号をあたえていた。

そして、二列目は二〇代というように、一定の法則によれば、若い兵でもすぐ必要な人を呼び起こせるようにした。

この配員番号により、哨戒中に必要な人員をよびあつめるのに、きわめて便利であった。

また、下の甲板からトップまで通じているエレベーターの使用順位を決定したり、機密保持、とくに艦の幅（これにより主砲口径が判断される）を、ホースからの吐水や、探照灯による眩惑照射で、秘匿する部署を判定したり、艤装中おこなった直接的、間接的な大和の戦力発揮の対策や、機密保持の対策など、たくさんあるが、それは後日の機会にゆずりたい。

（昭和三十八年五月号収載。筆者は海軍砲術学校教頭・利根艦長）

大和型主砲射撃指揮装置全メカニズム

必殺の砲弾を命中させる複雑な射撃システムを解明する――石橋孝夫

革新的な方位盤射撃方式

海上の艦船に、火薬の力による大砲が搭載されたのは、遠く十五世紀にさかのぼる。

その大砲が、射撃術とともに急速に進歩をみせたのは、十九世紀に入ってからである。とくに、十九世紀後半になり、近代的な戦艦が出現するとともに、その搭載する大口径砲が、海上における最強の兵器としての地位を確立した。

いわゆる〝大艦巨砲主義〟で、これが各国海軍における兵力の一般的尺度とされ、この第二次世界大戦までつづくのである。

近代における艦船の射撃術として、まず日清戦争では、距離約三〇〇〇メートル付近で砲火を交わしている。このとき、各砲はそれぞれ独立に砲側で照準発射をし、弾着を見ながら照準を修正している。

これが日露戦争となると、いくぶん様子は変わってくる。まず交戦距離が五〇〇〇メートル前後にのび、さらに艦橋からの測距儀による測定距離の伝達、一般的な射撃指揮が実施されている。

しかしながら、射撃は依然として、

それぞれの砲側照準によるもので、実質的にはこれまでと同じような、比較的低い位置からの砲側照準にたよっていたわけである。

このような射撃方法を根本的に変えたのは、一九〇五年に英国のスコットが考案した方位盤射撃方式である。

これは従来のような各個の砲側照準による射撃にたいし、艦の高所に装備した方位盤により照準をおこなうものである。

各砲は、この方位盤よりあたえられたデータをもとに砲を旋回、俯仰し、弾薬の装填を完了すれば、方位盤の引金により、いっせいに発射するシステムになっている。これにより命中弾は大幅に増大し、かつ砲戦距離も延長した。

日本海軍では、大正五年に最初の試作方位盤を巡洋戦艦榛名に装備して、その効用を確認した。そして、それ以後、大正中期までに、主力艦のすべてにその装備を実施した。

もちろん、方位盤射撃といっても、初期のものは幼稚なもので、機構的にもかんたんなものであった。

だが、対米艦隊決戦を日本海軍の戦備戦略の中核としたこともあって、その中心兵力たる戦艦の性能向上、とくに砲戦能力の向上改善には、異常な努力がはらわれた。

なかでも、日本戦艦の頂点に立つ大和型は、その砲戦能力においても、あらゆる意味で、日本海軍の最高水準をいくものを有していたといってもよいであろう。

ここでは、この大和型戦艦を例にとって、その主砲射撃システムの全貌を明らかにしてみよう。

複雑な射撃諸元の条件

一般に、海上における艦船を標的とする艦船同士の砲撃は、陸上における静止状態のばあいとは大きく異なっている。

艦はまず、たがいにある速力で移動しあっており、かつ絶えず動揺にさらされているわけである。そんな状態で砲を射ち合うわけであるから、射撃にあたっては、多数の複雑な条件が加味されなければならない。

専門的には、これを射撃諸元と称しているが、これにはつぎのようなものがある。

1、標的の進行方向（的針）
2、標的の速力（的速）
3、標的の方位（的方位）
4、標的との距離（距離）
5、標的に対する自艦の上下動揺角（縦動揺）
6、標的に対する自艦の左右動揺角（左右動揺）
7、自艦の針路（自針）
8、自艦の速力（自速）
9、当日の空気湿度（湿度）
10、当日の空気温度（温度）
11、該当海面の地球の自転速度
12、使用弾丸の種類（弾種）
13、使用装薬の種類（薬種）
14、使用装薬の量（薬量）
15、使用装薬の温度（薬温）
16、使用装薬の経年変化（薬齢）
17、風の方向（風向）
18、風の速度（風速）

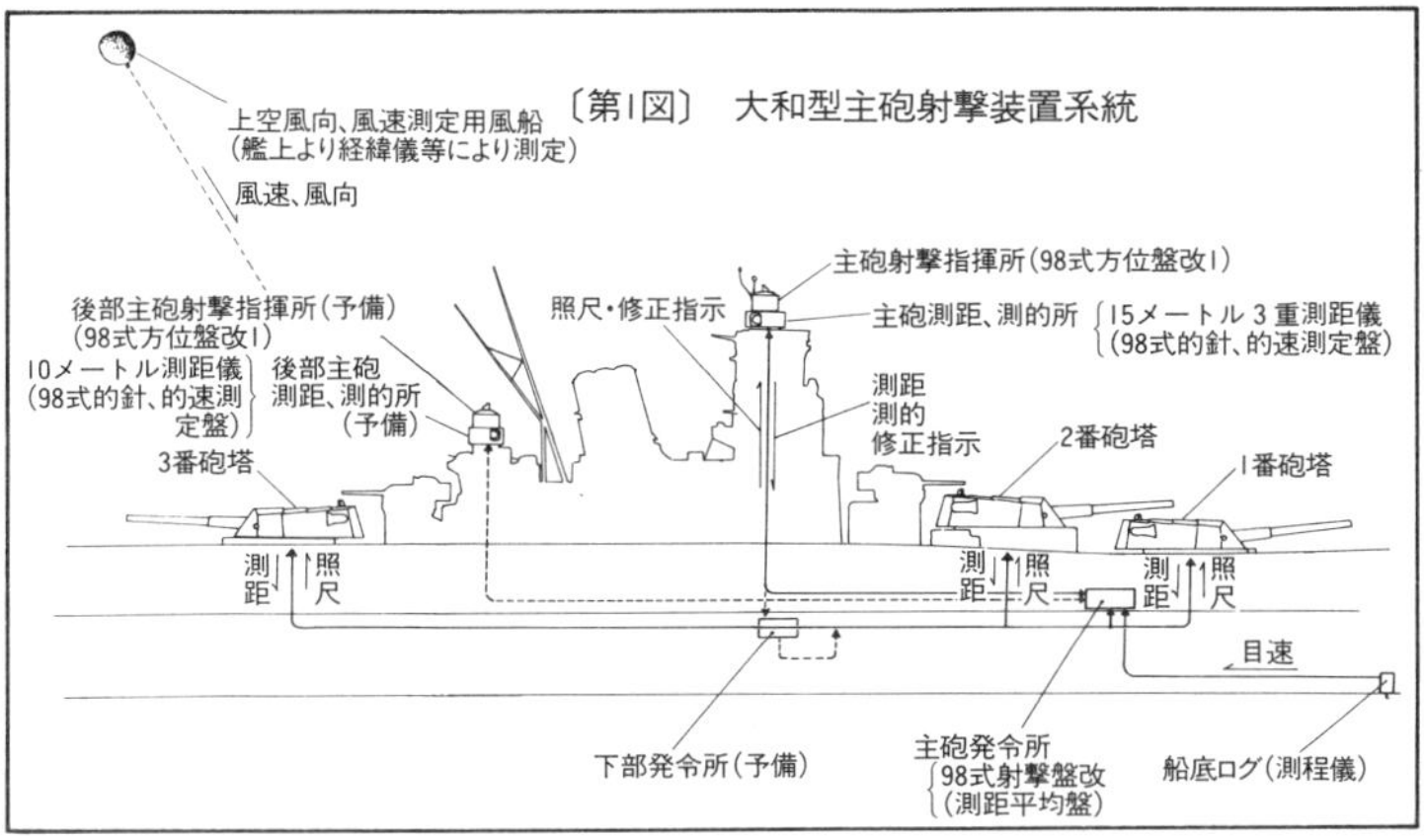

〔第1図〕　大和型主砲射撃装置系統

19、砲身の既発射弾類（砲齢）
20、砲塔の相互の高さの相違（潜差）
21、砲塔の位置と照準装置との距離（集中角）

大和型の場合、以上の諸元は、つぎのようにして得られる。

まず、1、2の的針と的速は主砲測距、測的所に装備された九八式的針、的速測定盤により、また、3、5、6の方位、上下動揺、左右動揺は、前檣楼トップの主砲射撃指揮所に装備された九八式改一方位盤照準装置により、さらに4の距離は、主砲測距所の一五メートル三重測距儀および各砲塔の一五メートル測距儀によって得られる。

これらは、いずれも標的である敵艦の発見、視認により、その諸元を観測・測定するもので、射撃諸元における最も重要な要素であることはいうまでもない。

したがって、観測の精度（誤差を小さくすること）と、迅速な操作が要求されるわけである。

これにたいし、7以下の諸元の一部は、あらかじめ設定しておくことも可能である（当日修正量という）。

7の自針は、ジャイロ・コンパス（羅針儀）で、8の自速は、艦尾に装備されたログと称される測程儀で測定される。

9、10の湿度、温度、17、18の風向、風速も艦上の各機器で測定される。とくに上空の風向、風速は艦上よりゴム風船を放って、それを経緯儀などで観測して、データを得るものである。

12～16、19などは、いずれも砲塔部において装塡される弾丸、装薬の種類による初速差から生じる、射程距離の変化を考慮しているわけである。

砲齢も、おなじく砲身内の摩耗による初速の変化を加算したもので、これらは膅外および膅内弾道表により定められた設定をおこなうものである。

四〇秒で可能な斉射

さて、以上の射撃諸元は、電気的信号、または電話器、伝声管などによる情報として、発令所におかれた射撃盤と称する、今日でいうコンピューターにインプット（入力）される。

大和型の場合、九八式改一射撃盤と測定平均盤が発令所におかれた。発令所は防御上、前檣楼下部水線下の区画にあり、情報を伝達する電纜類なども防御上、甲板などで防御された通信筒で結ばれている。

射撃盤は、入力された諸元を計算機構により、必要な修正をくわえて、最終的に各砲塔に設定すべき旋回角度、俯仰角度を指示する。

そして、これを受けた砲塔側では、自動的に受信器に指示された指針に合うように砲塔を旋回し、砲身の俯仰をおこなう。

むろん、指示された弾丸、装薬の装塡も、同時におこなわれる。

トップの方位盤照準装置は指揮官、射手、旋回手、左右動揺手の四名で操作される。

照準用の望遠鏡は潜望鏡式として、トップのプリズムをとおして光線をとり入れており、指揮官はべつにパノラマ眼鏡により、方位盤の旋回とはちがった全周旋回可能な眼鏡で、状況の観測が可能である。

旋回手は、照準鏡の縦線に標的をあわせ、射手は照準鏡の横線に標的を合致させる。

左右動揺手は、おなじく照準鏡の横線に標的と直角方向の水平線を一致させるように、それぞれハンドルを操作する。

こうして、三者の照準が合ったところで射手が引金をひくと、全砲の発射がおこなわれる。

発射にさいしては、当然のことながら、各砲の装塡が完了し、発信器の指示どおりに砲の旋回・俯仰が完了していることが必要である。

大和型の方位盤射撃の場合、各砲塔側では旋回手、右砲俯仰手、中砲俯仰手、左砲俯仰手の四名で砲塔の旋回、各砲の俯仰をおこなっている。

装塡速度は四〇秒を要する。すなわち四〇秒間隔で斉射が可能なわけだが、じっさいには各砲で装塡速度、旋回速度、俯仰速度にバラつきがあり、全弾がいっせいに発射されるとはかぎらない。

これを〝出弾率〟と称している。

出弾率のひくい砲は、操作員の練度に関係するか、または機構上の支障に

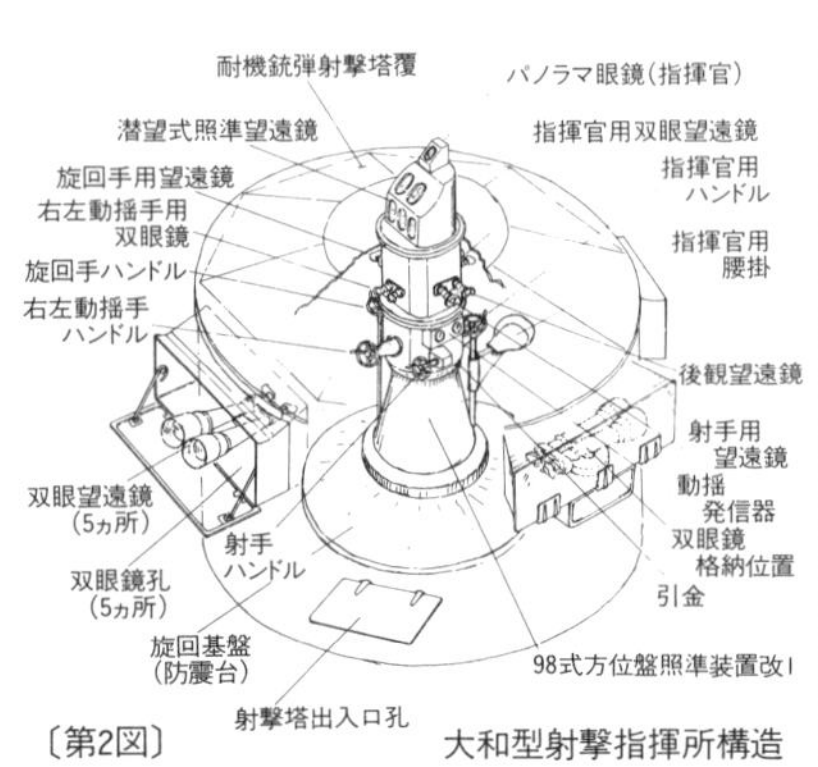

〔第2図〕 大和型射撃指揮所構造

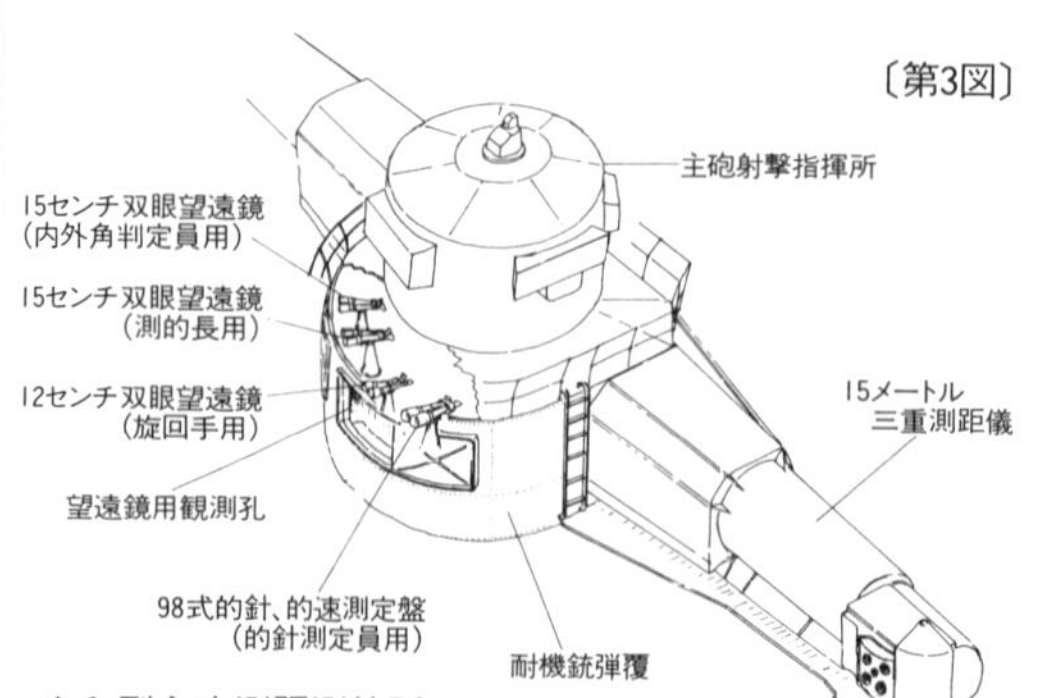

〔第3図〕 大和型主砲測距測的所

よるものと見なされる。

通常、砲術長の「射ち方はじめ」の命令で、射手が照準をあわせて引金をひくまでに、数十秒の間があり、最初の斉射を初弾という。

初弾が標的を夾叉すれば（計算上は夾叉するはずであるが）、照準が正確であったことを示すことになる。

武蔵の前檣楼――砲塔側壁から円筒状に突出しているのが潜望式照準鏡

しかし、じっさいには、標的にたいして左右および遠近のずれをもって弾着するのが通例である（つまり当たらない）。

これを指揮官が艦上より観測しながら、「右へ三（一〇〇〇メートルつき三メートル右へ修正の意味）」とか「下げ八〇〇（照尺距離を八〇〇メートル下げるの意味）」などの修正を命じて、次弾の発射をおこなう。

弾着が標的を夾叉するまでを〝試射〟と称しており、いったん標的を夾叉したら、修正をくわえずに急速発射をおこなう。これを〝本射〟という。

夾射とは一斉射の九弾が標的をはさんで着弾したことをいうもので、確率上、夾叉弾を得れば、何発かは命中したものと見なされる。

ただし、艦上からの弾着観測は、じっさいには遠距離になるほど困難がともなう。

そのため、日本では昭和初年より水偵による弾着観測を併用するのが一般的な方法となった。

大和型では零式水観六機を搭載しており、機によって測的、弾着観測、方向距離測定などの任務を分担している。こうして、艦上からの測的、測距離測定を修正する補助的な役割をはたしたのである。

また、同型艦による戦隊を編成している場合は、弾着観測を混乱させないために、試射の時間的ずれや、染料による弾着水柱の着色など、自艦の弾着を識別できる手段を用いている。

なお、連装または三連装砲の場合、斉射弾の散布界（弾着面積）が大きくなるが、これは同時に発射された砲弾が、飛行中におたがいに干渉しあって散布界を大きくしていることをつきとめ、発射のタイミングをわずかずつずらすことで飛行中の干渉をなくして、散布界を小さくすることをはかった。

これが九八式発砲遅延装置として、開戦前に戦艦や重巡などの主力艦に装備されることになった。

大和型にも、もちろん装備された。

発射タイミングのずれは、〇・〇三秒

であった。

方位盤が故障したら？

以上の射撃方式は、方位盤射撃と称する射法である。だが万一、方位盤が故障または被弾により損傷破壊された場合にはどうするのか。

この場合は、各砲塔の砲側照準で発砲をつづけるほかはない。

このため、大和型の各主砲塔には一五メートル測距儀、旋回照準望遠鏡、俯仰照準望遠鏡（左右）、動揺観測望遠鏡などがすえつけられている。

これらの照準鏡は、いずれも爆風を考慮して、潜望鏡式とされている。

照準のやり方は方位盤と同様で、動揺手、旋回手、照準手（俯仰）の三者により照準線にあわせて発射されるもので、測距儀により測定した照尺を掌尺手が設定して、俯仰を決めるものである。

いずれにしても、日本海軍の主砲射撃能力は、開戦時においては、一部に米海軍を数倍に凌駕する命中率を得る自信があった、といわれている。

事実、戦技や訓練においては、きわめて高い命中率を得ていたようである。

しかし、はたして実戦において、それがそのまま通用したかとなると、多分に疑問があるところであろう。

大戦中の対水上戦闘において、日本戦艦、重巡の射撃術は、残念ながら、これを実証したものはほとんどなかったといってもよいくらいである。

全般に、戦艦の主砲射撃方式は、米国においてもほぼこれと同様のものであったといわれている（全体に日本ほど大げさなものは見られなかったが）。

ただし、大戦中期以降は、射撃用レーダーを実用化し、これに従来の光学式機器を併用したので、より的確な射撃が可能となった。

また、射撃盤などの計算機能も大幅に電子化をすすめて、計算速度のスピードアップと自動化をはかっている。

このへんが、終戦時まで艦載射撃用レーダーの実用化に成功しなかった日本との大きなちがいであろう。

射撃盤の機構にしても、日本はあいかわらず機械的なものを主体にしており、これまた大戦前の水準をこえることはできなかったのである。

（昭和五十五年一月号収載。筆者は艦艇研究家）

超戦艦「大和」主砲兵装極秘資料

稀有の資料が明かす砲熕兵装の〝軍事機密〟部分——大谷豊吉

灰じんに帰した記録と図面

英国で戦艦金剛を建造していらい、わずか三五年で、自力で大和のような巨艦巨砲を造りえたことは、まことに驚異というべきであろう。

大和は全長二六三メートル、全幅三八・九メートル、吃水一〇・四メートル、総トン数約七万トン有余、船体防御甲帯の厚さ四一〇ミリ、速力二七ノットという世界一の優秀最強の巨艦であった。

昭和二十年四月六日、生きて帰らぬ悲壮な決意の片道燃料で沖縄作戦に出撃したが、翌七日、九州南西方海面で米艦載機の集中的な雷・爆撃をうけ、三千有余名の将士とともに、ついに海底深くに没し去った。

当時、本艦の防空火器増強の艤装に関係していた筆者としては、哀悼の念あらたなるものがある。

時代は流れて、その移り変わりは急激である。終戦当時は、国敗れて海軍なく、ましてや今後、軍艦や兵器のことについて語り合い、また、これを文章にして発表するなど夢想だにしなかった。

上長の命令により、多年にわたる貴重な研究記録や図面を、惜しくも灰にせざるをえなかった。

しかしながら、戦後、海上自衛隊が発足し、また復古調というのか、書物に映画に、新聞に大和が大きくとりあげられるようになった。これらは主として造艦、または戦闘の経過などについてである。

死児の齢を数える愚をあえておかすつもりで、ここにまだ世に発表されたことのない大和の砲熕兵装について書き残しておくことは、歴史の一コマとして、ムダではあるまいと考えたのである。

おぼろな記憶をたどっていくのであるから、一部には間違っているところもあるかもしれず、また説明しにくい部分もあり、完全なものとはいえないかもしれない。

これらは主として、終戦の年の暮れ近く、英米の海軍技術調査団の質問に答えるために、その当時調べたものであるが、そのあとの調査で判明したことも付け加えられている。

兵装の位置

本艦に装備した砲熕兵器の要目は第

（表１）　砲熕兵器要目表（一艦分）

	砲名称	基数	初　速 (m/秒)	仰角 (度)	射程 (m) 高　度	射程 (m) 最　大	弾丸飛行 (秒)	発射速度 (発/分)	搭載弾数 (発)
主　砲	45口径46cm砲	3連装×3基（9門）	780	43	11,900	42,000	90	1.8	900
副　砲	60口径15.5cm砲	3連装×3基（6門）	950	45	9,500	26,500	89	5	900
				75	18,000	—	50		
高角砲	40口径12.7cm砲	2連装×12基（24門）	780	45	6,000	—	63	16	7,200
				80	9,200	14,000	27		
機　銃	96式25mm機銃	3連装×46基（138梃）	900	45	2,800	—	45	220	180,000
				80	5,000	6,800	27		
機　銃	〃	単装×4基　（4梃）	900	〃	〃	〃	〃	〃	上を分割
機　銃	93式13mm機銃	連装×2基　（4梃）	800	〃	4,500	—	25	450	3,000

内訳／砲種	重量（一艦分／t）							—大約を示す—		
	砲　身	砲架砲塔	弾	丸	装薬	火薬缶	揚弾薬塔	指揮装置	その他		合計
主　砲	1,485	6,045	1,460kg	1,300t	324	162t	—	150t	1,100t		10,566t
副　砲	100	220	55.9	50	23	9	—	25	145		572
高角砲	96	267	23.0	245t		—	30t	30	5		673
機　銃	18	107	250	166		—	40	40	10		381
合　計	1,699	6,639	—	2,108		171	70	245	1,260		12,192
備　考			（一発）	（一艦分）							

1表に示したとおりである。

大は主砲の四六センチ三連装三基から、小は二五ミリ三連装機銃一五〇梃、それに空と海の敵に対して、迅速な発射速度を利用する副砲および高角砲を合わせて、実に一八三門を装備している。

この重量は、一万二二〇〇トンにおよび、艦の総重量の約一七パーセントに当たる。

利用しうる場所をくまなく利用しつくして装備された火器は、実に前人未踏のものである。

くわうるに、最善の実験と研究の過程をへて設計、建造された大和は、おなじ艦隊陣との対戦であるならば、その優秀な砲火により、充分にその威力を発揮し、いかなる強敵にも屈することのない不沈艦と豪語された。

しかし、味方航空機の援護なき艦隊陣は、蝟集してきた敵機の包囲攻撃には対抗しえず、あたら海のモクズと消え去ってしまった。その急速な航空機の発達を予測できなかったことが、しばしば大和を無用の長物と呼ばせ、その時代錯誤が指摘されるところであろう。

五〇センチ砲も計画された

大和に搭載した主砲とほぼ同じ大きさのものは、日本海軍ではすでに大正五年、極秘裡に五年式三六センチ砲として、一八インチ砲一門が計画されている。

このときは、呉市の南方・倉橋島の東南端にある発射場において、各種の貴重な実験、研究がおこなわれた。

その前例によって、大和の机上計画では、より巨大な二〇インチ砲（五〇センチ砲）さえ考えられた。

これは当時、大艦巨砲主義を標榜して、列国が建艦競争にしのぎをけずっていたが、アメリカ海岸では両洋作戦をおこなう場合、パナマ運河（幅三三メートル）の通過に制限されて、その当時の最大口径四〇センチ砲以上のものを搭載することはムリと判断して、それを上まわる砲が目標とされたためであろう。

ともあれ、この主砲から射ち出す弾丸の一発の重量は約一・五トン、全長約二メートルにおよぶ。

また、この弾丸を発射するのに要する装薬（無煙火薬）は、一発分約六嚢からなり、その重量三三〇キロ。これをつみ重ねた高さは、約二メートル三〇センチに達する。

弾丸とその命中界／砲身

第4図のように、弾丸、装薬ともに標準の日本人よりはるかに大きい。

この第4図に示す弾丸は、九一式徹甲弾（弾種はこのほかに、弾頭に信管をつけた対航空機用として、零式通常弾および三式通常弾がある。弾丸飛行の諸元を可及的同一にするため重量、重心点、外形などは徹甲弾とほぼ同一である）と呼ばれる。

この九一式徹甲弾は、第一次世界大戦の戦訓により、水中弾の効力大なることを認め、大正十一年に廃棄処分された戦艦土佐の射撃実験によって、これを立証した。

さらに大正末期から、特型弾として二〇センチ弾丸について、基礎的な実験、研究が進められ、十分なる成果を確認のうえで、九一式徹甲弾として制式に採用されたものである。

以後、その他の一五・五センチ、三六センチ、四〇センチおよび四六センチ弾丸にいたるまで、この二〇センチ制式弾とほぼ相似形につくられた。

これらは、日本海軍の独自の実験、研究から生まれたものである。

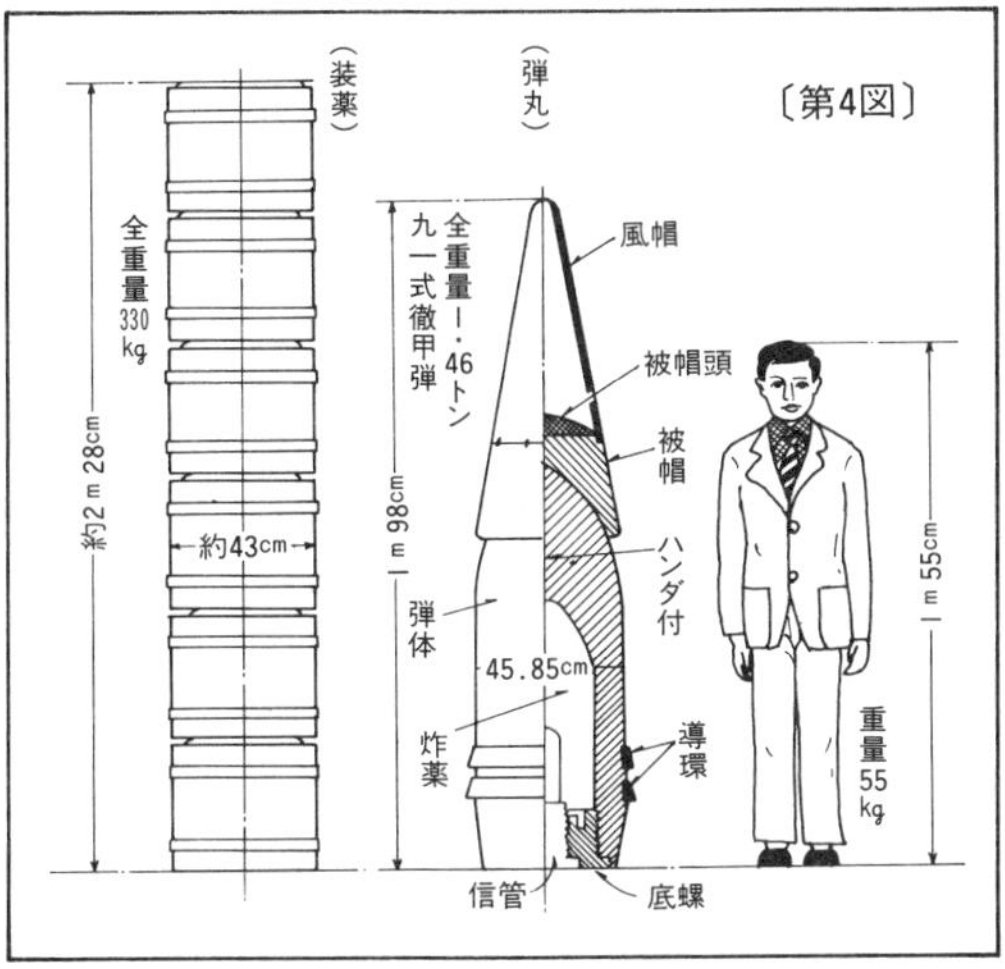

〔第4図〕

第5図①のごとく、砲弾の落角が小さい場合は、敵艦船の手前に落下（ふつう、これを近弾と呼ぶ）して、海面に激突するや、風帽と被帽頭はこの衝撃により離脱して、弾丸は截頭弾となって水中を直進する（水面に石を投げると、三〜四回はねて飛ぶように、いわゆる跳弾は、一般の尖鋭弾にも同じ作動をなし、進路が定めがたい欠点がある）。

そして、敵艦船の防御鈑のうすい部分を突き破って、艦の内臓において炸裂するという、攻撃効果の増大をねらった延時信管を装着してある。

また、厚甲鈑の直撃、あるいは防御甲鈑、砲塔屋根鈑などのように、撃角の大または小（④、②および③）なる場合でも、よく甲板に吻入して、反跳することなく、貫徹しうるすぐれた能力をもつ。

なお、この場合でも延時信管の作動により、甲鈑の表面において炸裂することなく、貫徹後に炸裂してその効果を大ならしめるものである。

弾丸の命中界とは、ある目標に命中しうる幅のことをいう。左右の命中界は、目標そのものの幅をさし、前後、すなわち射線方向の命中界は、第5図のごとく、目標の高さと弾丸の落角と、目標の前後方向の幅で決定される。

すなわち、第5図において、hcotα＋Bであるが、水中弾が有効には

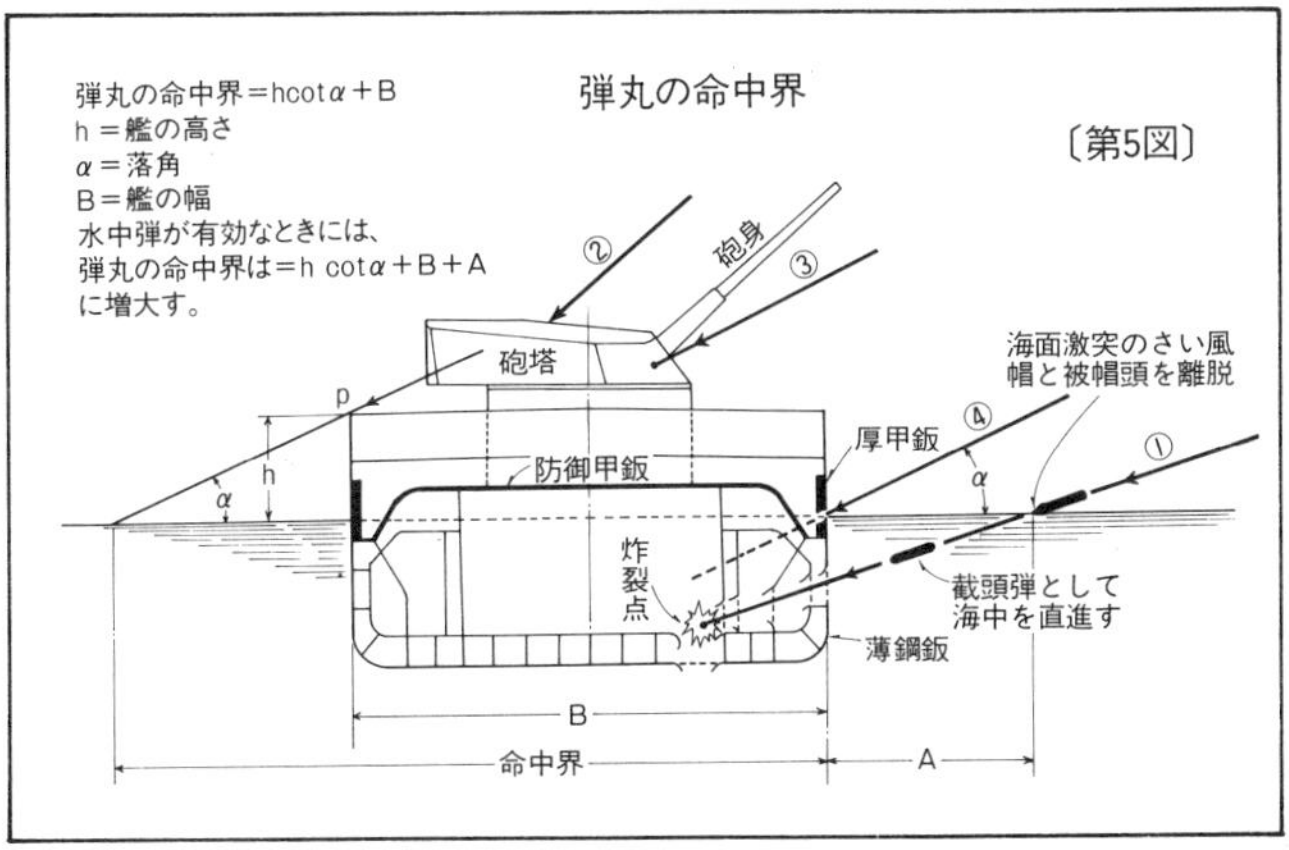

弾丸の命中界
〔第5図〕

たらくときは、命中界はさらに増大して、hcotα+B+Aとなる。

ぎゃくに、弾丸が第5図P点（反対舷）以上に船体をはなれた位置に着達した場合（ふつう、これを遠弾と呼ぶ）には、弾丸はその効力を発揮しないことが明らかである。

なお、この弾丸は、一門の大砲から一分間に約二発の間隔で、迅速に連続発射することができる。

この弾丸を発射する砲身および閉鎖機については、図面がないので、大体の要領を示すことにする。

砲身の大きさは、第6図に示すように、弾丸の通過する孔の直径dを口径という。長さは、その口径のある倍数を四五口径とか五〇口径という。そして、その長さのはかり方は、火門管頭（第6図の口径〈nd〉のOの部分）から砲口までの長さをあらわす。

この四六センチ砲においては、四五口径（四五口径×四六センチ=二〇・七メートル）のもので、これに火門管頭から砲底までくわえると、全長約二二メートルとなる。

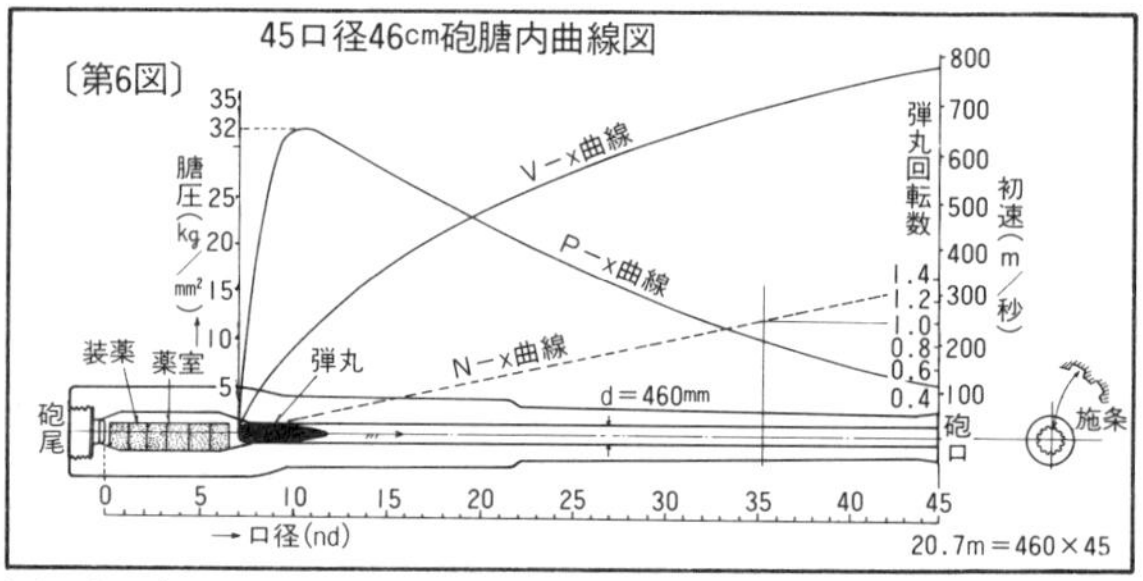

一門の重量は一六五トンである。

図には示していないが、その内部は一本の円筒状をなし、これに発射の圧力に耐えうるように、桶《おけ》のタガのように、長方形の鋼線で周囲をいくえにもはりめぐらし、さらにその上を鋼筒でつつんである。

弾丸の通過する砲身の内部には、旋条といって約五〇ほどの溝がある。

この溝は口径の二八倍のところで、ちょうど弾丸が一回転する割り合いの右ねじ溝と考えればよい。

そして、弾丸は、装薬に火がついて動きはじめるや、底部にある導環は、この溝にはまりながら前進して砲口をとび出し、この惰性を保持しつつ、空中を飛んでいくのである。

第6図には、三つの曲線が示してある。

そのひとつはV―X曲線で、弾丸が動きはじめるや、前進速度はしだいに増し、砲口において毎秒七八〇メートル（これを初速という）にたっする――これは初速曲線をあらわす。

つぎはP―X曲線で、薬室において装薬が燃焼して生じるガス圧力が、弾丸の進行につれてどのように変化するかを示すもので、これを膅圧といい、

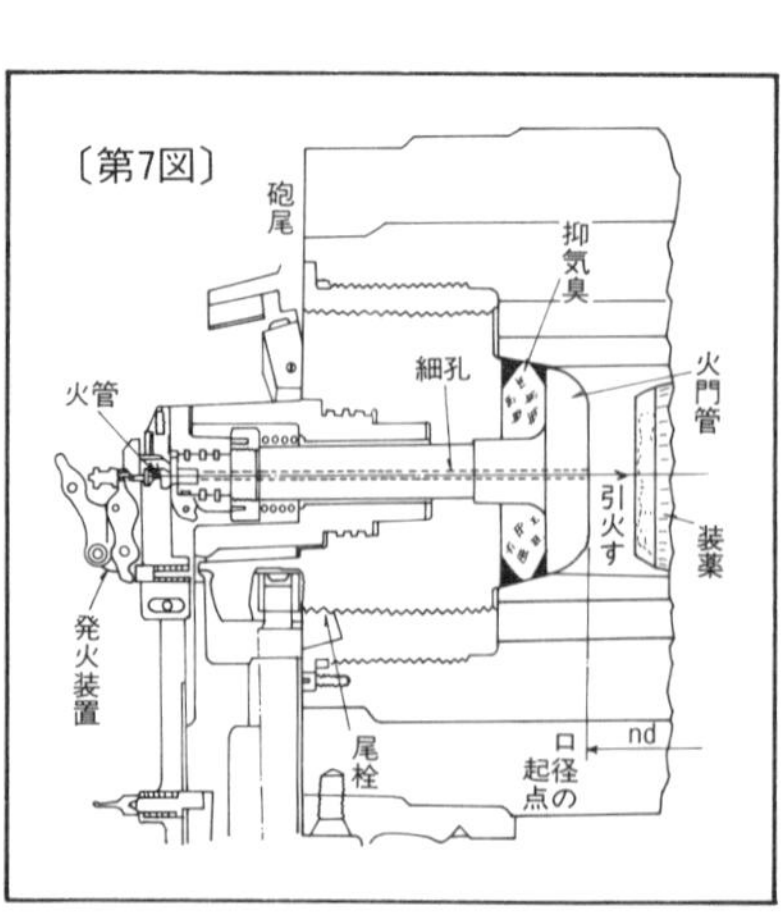

最高毎平方ミリにつき三二キロを示す。この圧力は、大気圧の約三三〇〇倍に当たる。

第三はN―X曲線（直線）で、弾丸が二八口径につき一回転の割り合いで前進する状況を示す。この場合、弾丸は砲口をはなれるまでに約一・四回転し、また空中に出てからは、この回転を弾道の終点までほとんど減少することなく、毎秒六〇回転で飛んでゆく。

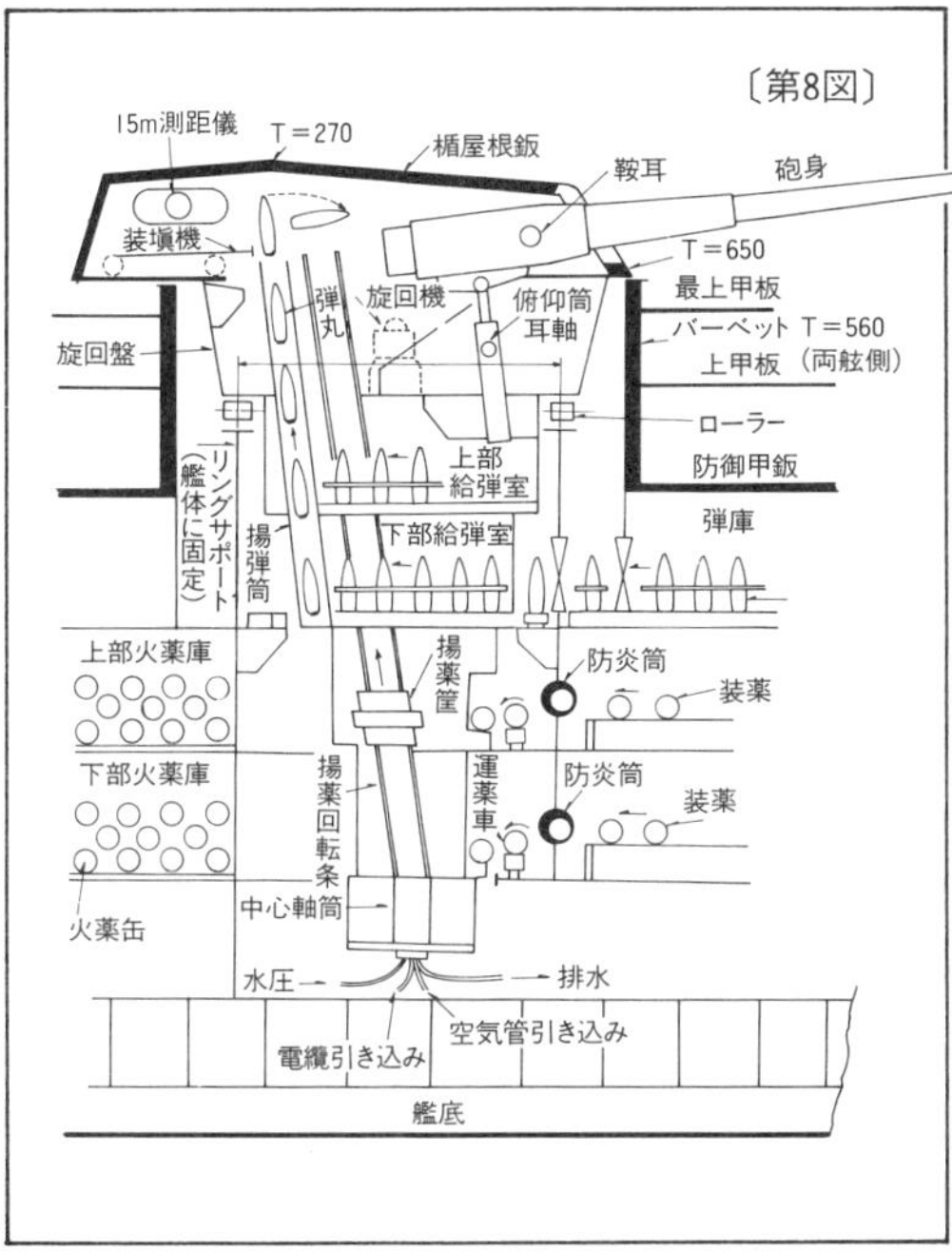

〔第8図〕

七層にわかれる砲塔内部

砲身の底部には、第7図（大和のものと異なる）のごとく、火門管、抑気具、尾栓および発火装置などがある。

抑気具は、発射ガスが砲尾に逸出するのを防ぐ。尾栓は、発射の圧力を支えるもの。また、発火装置は、電気的または撃発によって火管を作動せしめて、この火炎により、火門管の細孔より装薬に点火するものである。これらは、従来の大砲と同じ型式のものである。

砲塔全装置の内部構造は、第8図に示すように、艦底から上方に七段になっている。弾丸は従来、全部を弾庫内に横づみ方式をとっていたのにたいし、全数の約三分の二の一八〇発（一門の定数一〇〇発、一砲塔三〇〇発）を、砲塔旋回部にある上下二段の給弾室にタテおきに格納し、残りの一二〇発は、第9図のように、船体部の弾庫内にタテおきに格納した。

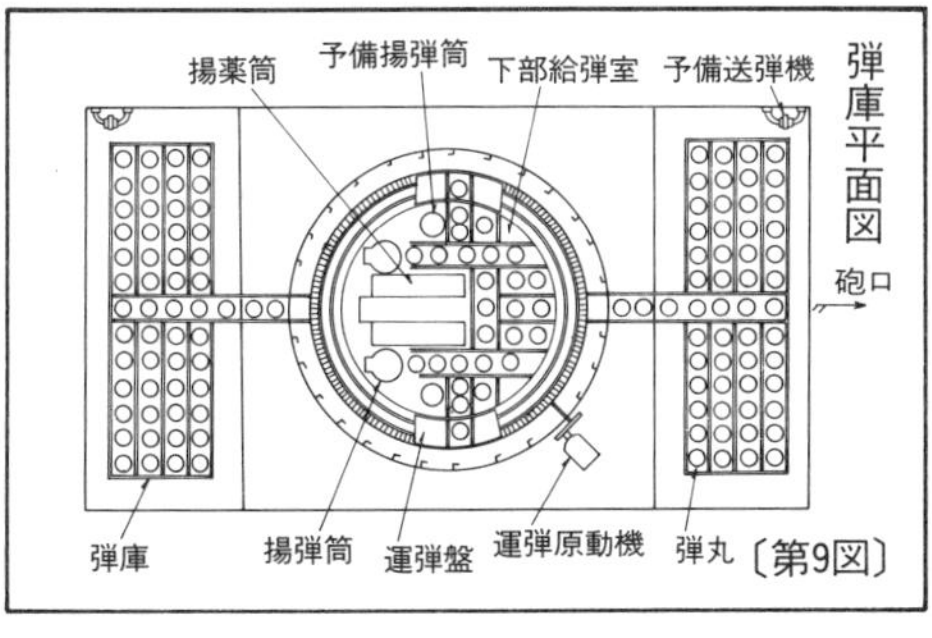

〔第9図〕

旋回盤

旋回盤は、上方に砲身または楯をのせ、下方に給弾室を接続している砲塔の主要部分で、これは高張力の鋼鈑をおなじ強度の材料で鋲《びょう》づけしたタライに似た形状のものであり、第10図にこれをしめした。

旋回盤の上方楯内は砲室といい、こ

（表２）　94式46センチ三連装砲塔要目表

項目			要目
砲装備法			三連装砲塔３基
砲腔長／砲口径			45口径／46cm
砲の最大俯仰角			－５　＋45
砲架(17)	砲架様式		砲　鞍　式
	推進機		初圧90kg／cm²空気式（２）
	駐退機		油圧式（甘油使用）（２）
	尾栓開閉機		斜盤式水力原動機（100）
装塡	装塡様式		＋３°　固定装塡
	弾丸装塡		載弾盤を砲底まで水力で送り鏈鎚式装塡を行なう
	装塡原動機	弾丸	水力円筒
		装薬	水力円筒（弾丸用と別）
砲俯仰	俯仰様式		各砲単独に俯仰す
	俯仰筒		水力円筒（３）
	制限装置		水量節約のため砲鞍部支点位置を移動す
揚弾薬	揚弾	様式	各砲一弾ずつ縦揚げす
		動力	水力円筒で押上桿を移動す
	弾丸移動		給弾室および弾庫内弾丸の移動は一弾ずつ横送す
	揚薬	様式	各砲とも一発分ずつ横揚げ
		動力	水力円筒にて巻揚げ機を起動
	予備装置		弾丸および装薬とも別個の水力円筒にて縦揚げす
照準器	種類		俯仰、旋回とも両側連動式
	望遠鏡		10cm特殊望遠鏡（３）
	俯仰		＋10°　－10°（右130左160）
砲塔測距離	基線長		15m（１）
	俯仰		＋10°　－10°（右130左160）
給気電動機			2.5HP（３基）
排気電動機			５　HP（３基）
砲塔旋回	旋回様式		左右２個の旋回機と油圧起動装置をそなえる
	原動機		斜盤式500HP（２基）
	起動装置		電動機100HP、特20番整動機各２基をそなえる

項目			要目
寸法	楯鈑厚	前鈑	650mm
		側鈑	250mm
		後鈑	190mm
		屋根鈑	270mm
		輥輪盤直径	12,274mm
	輥輪中心より腔軸迄高さ		5,250mm
	旋回中心より鞍耳中心迄		3,250mm
	砲身間隔		3,050mm
	砲身退却長		1,430mm
	バーベット内圧		
速度	俯仰		８度／秒
	旋回		180秒／一旋回
	揚弾薬		弾薬共6秒/一発
	発射		1.8発／分
重量	砲塔旋回部	砲身（閉鎖機とも）	495t（３門）
		俯仰部（上を除く）	228t（３門）
		旋回盤	350t
		水圧機構	647t
		楯	790t
		合計	2,510t
	弾丸（一発）		1,460kg
	装薬（一発）		330kg
常装薬初速			780m
最大射程			42,000m
弾丸飛行秒時			90秒

◇備考
旋回盤下方に給弾室上下２段あり。
弾丸約180発を縦おきに格納し、べつに船体部弾庫内に約120発格納す。
弾庫および給弾室とも、弾丸は縦おきのまま、水圧筒にて一弾ずつ横送りす。
給弾室下方に給薬室上下２段あり。
船体部上下２段の火薬庫より給薬室をへて、揚薬筐により砲尾に給薬す。

こは砲操作の重要な諸装置のある場所で、これを攻撃からまもるためにつぎのような厚さの特殊甲鈑でおおわれている。

すなわち前鈑六五〇ミリ、側鈑二五〇ミリ、後鈑一九〇ミリ、屋根鈑二七〇ミリで、その一砲塔分の重量は二五一〇トンである。このうち前鈑がもっとも厚くなっているのは、砲が俯仰角するのに必要な大きさの穴があいているのと、撃速の大きい直撃弾をうけやすいためである。屋根鈑は、遠距離弾または爆弾が落下してきたとき、直撃にちかい角度でふせぐことになるため側鈑より厚くしてある。

長門や陸奥以前の主力艦では、照準望遠鏡の穴が屋根鈑に大きくあいていたが、長門、陸奥、大和および武蔵とも潜望鏡式の望遠鏡を装備して穴の径を小さくし、プリズムによって砲塔内部から外部の状勢を知るようにしてある。

なお、砲塔後部には基線長一五メートルの測距儀が装備してあり、前檣楼上の測距儀とともに、防御甲板下にある射撃盤に測距離を発進するようになっている。

旋回盤の前方上部（第10図参照）には、耳軸により砲鞍を支持する鋳鋼製耳軸支基（第11図）が、一門の砲に左右二個を旋回盤架構に鋲づけしてある。

砲身は砲鞍に抱かれ、発射により砲はこの砲鞍内部を前後に移動し、砲は砲鞍に抱かれたまま鞍耳を軸として上下に俯仰する。

なお、主砲の発射のさいの緩衝装置としては、甘油を媒体とする駐退機二個、また一部緩衝の役をはたしながら、砲退却の極限よりもとの位置に復座させるために圧さく空気を使用する空気推進機二個が、それぞれ一門についている。

発砲による反動力は、このような駐退機および空気推進機がその大部分を吸収する。このほか、砲身と砲鞍とのあいだの摩擦などによって吸収されるとともに鞍耳を軸として旋回盤下部のローラーをつたわり、それがさらに下部にあるリングサポートをへて船体部に吸収されるようになっている。

しかし、本艦の九門の主砲を一斉に同一舷において同方向にむけて発砲したときには、一門の九倍、すなわち八〇〇〇トンの反動力が生じ、船体その他に弱い部分があればまがり、または破損するから、これらは艦の完成引き渡しまえにおこなう砲熕公試発射のときに発見して修復する。

なお、本砲の俯仰装置は、第12図にしめすようにこれまでの主力艦のものとは一部ことなり、移動水圧筒をもうけて、主水圧筒の動程を周囲の機構に制限されて大きくすることのできないのをおぎなったものである。

本砲塔の旋回部重量は、一砲塔あたり約二七七〇トンあり、これをリングサポート上のローラー（第13図参照）四八個にささえられ、三分間で一旋回（三六〇度）する。これに要する五〇〇馬力の水力原動機が左右に二基装備され、一基はつねに予備としていっぽうの故障のときにつかうようになっている。

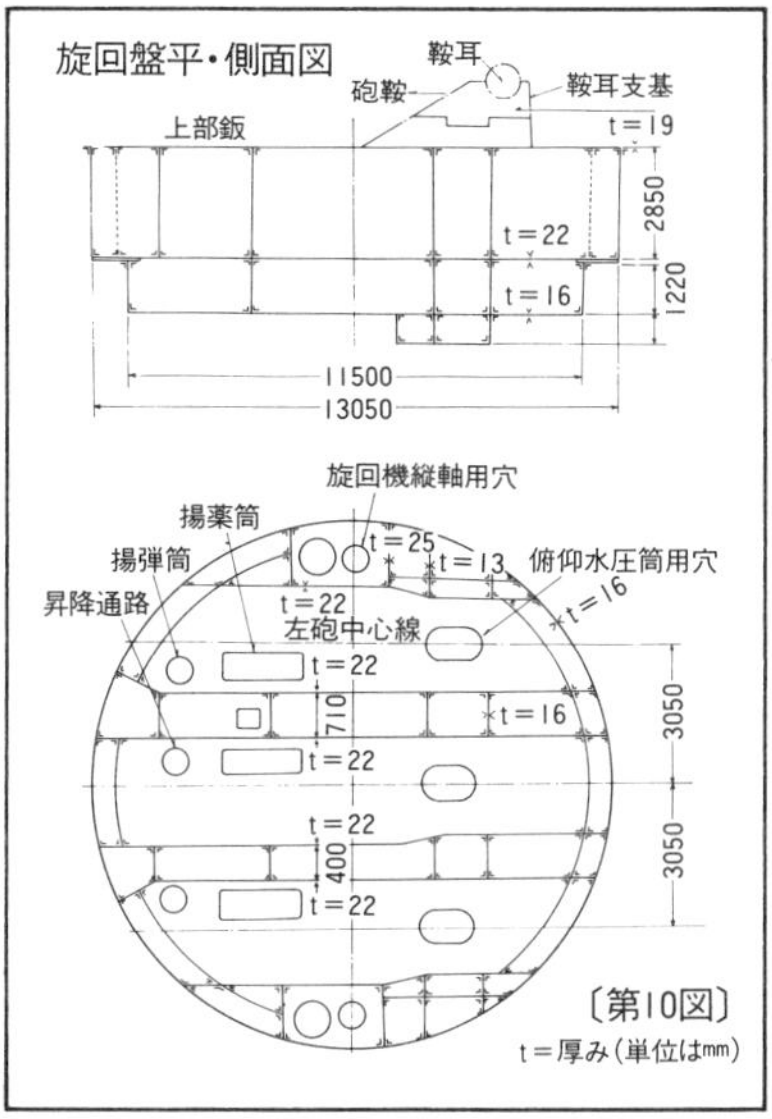

〔第10図〕
t＝厚み（単位はmm）

本砲塔の旋回機は、第14図にしめすようにほかの主力艦のウォームとウォーム歯車および摩擦円鈑式の減速装置（第15図）をもちいず、平歯車による段落減速様式と逆転止装置を採用している。

また、旋回用ピニオンおよびラックの寸法は、第14図に一部をしめしてあるが、いかに巨大な砲塔であるかを知ることができる。

弾丸・装薬の装塡

弾庫および給弾室とも、弾丸は立てたまま水圧筒にて第16図の要領で一弾ずつ横へ送るようになっている。弾庫内の弾丸は、運弾盤に横送したのち、さらに砲塔内の給弾室にうつして揚弾

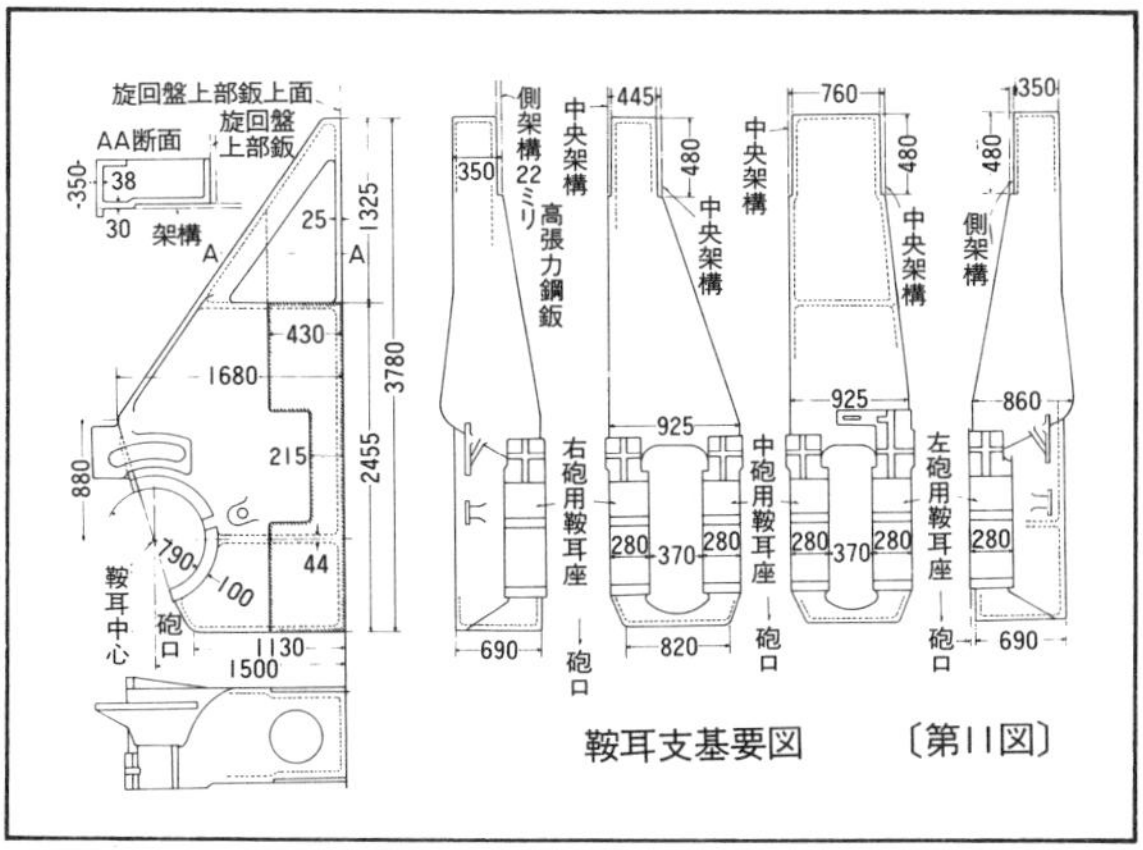

鞍耳支基要図　〔第11図〕

筒におくり、第17図Aのようにーピッチずつ上方にせりあげ、頂上においてBのように弾丸のむきをかえ、換装台にころがしておとす。

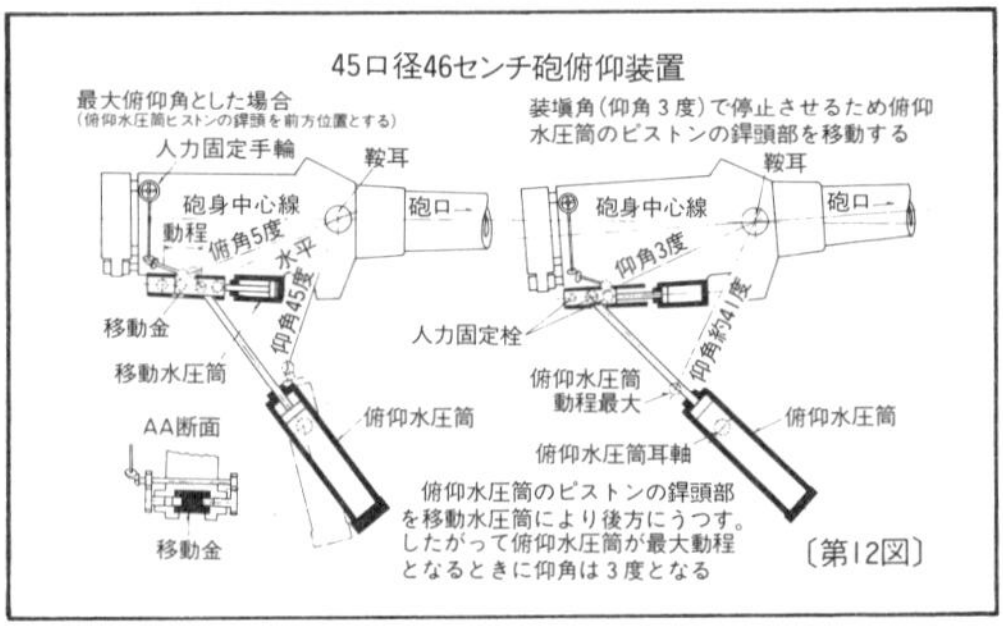

〔第12図〕

こうして発射まえの用意がよければ第18図の弾丸装塡機で砲身内へ装塡する。この場合、砲身はつねに仰角三度に固定するものであって、第12図のように仰角三度に固定栓を挿入するのである。

弾丸装塡について第18図の弾丸Ⓐは、第17図の揚弾筒より縦にしたままあげ、さきにのべたように換装筒で横向きに弾丸のむきをかえ、さらに換装台から装塡盤に横むきのままころがして移動する。

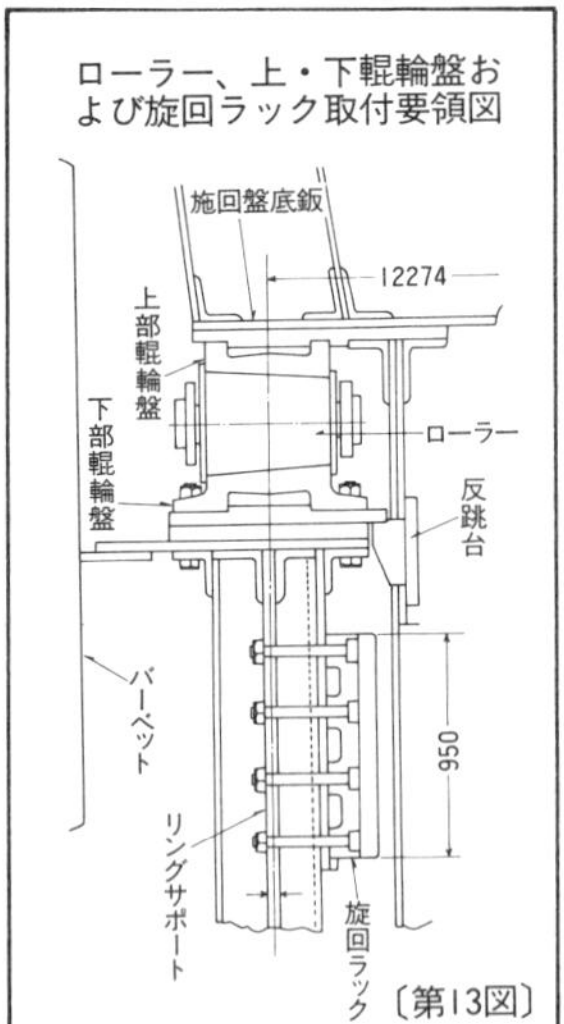

〔第13図〕

装塡盤にうつった弾丸（第18図Ⓐ）は、前進水圧筒で装塡盤などとともに砲尾まで前進させたのち、装塡水圧筒に連結するラックの移動により、これにかみあえる鎖車を回転させる。

さらに装塡頭がさきについているチェーンは、装塡のときひとつの直鉀となって弾丸底部を押し、砲身内へ突入して旋条起端部に近い弾室に弾丸を圧入する。この装塡圧力は、砲が最大仰角となっても弾丸の自重により落下することがないように弾丸底部に、近くにつきだす導環を圧入するのである。

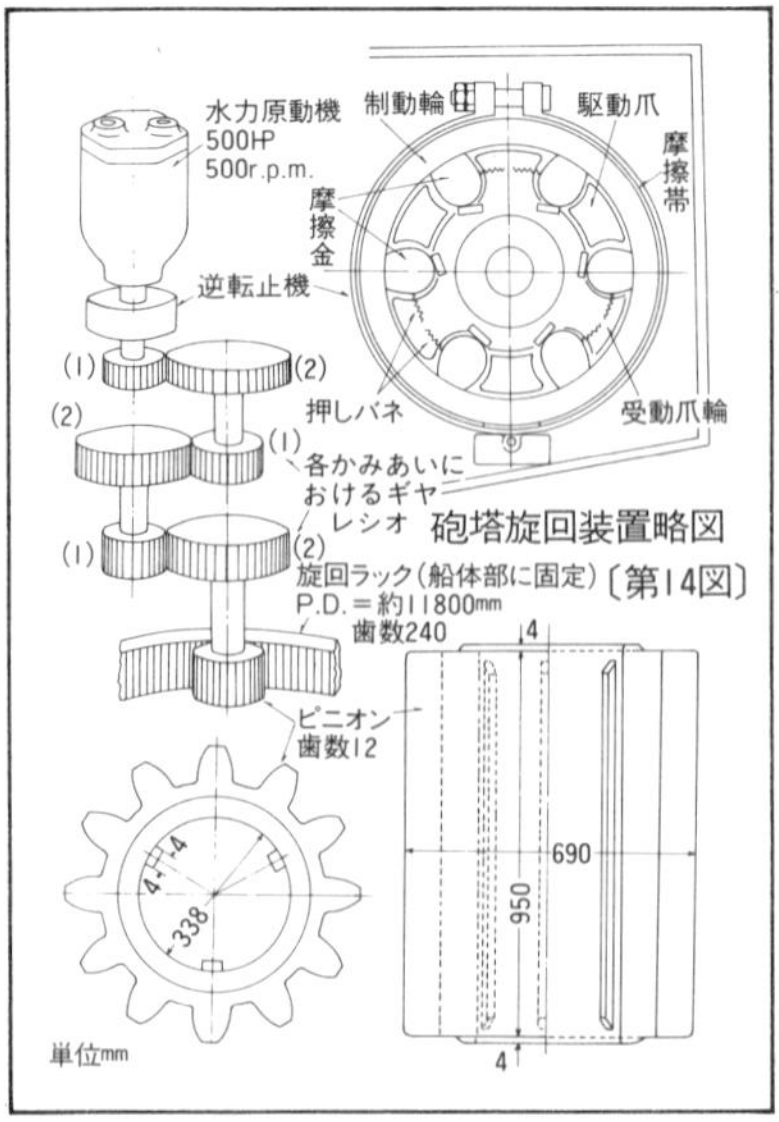

砲塔旋回装置略図〔第14図〕

弾丸装塡をおわれば装塡盤は伸縮筒により装塡前の定位置にもどり、次弾装塡の準備をおこなうのである。

装薬（発射用無煙火薬）は、火薬庫内において第19図のように軽合金製の円筒型火薬缶一缶に二囊または三囊（一発分六囊、重量は一囊五五キログラムで合計三三〇キログラム）を収容し、装薬のとりだしを容易にするため前方に五度の傾斜をもたせ、六、七段をつみかさねて、必要に応じて火薬缶からひきだし、給薬室の防炎筒まで一嚢ずつコンベアではこび、第20図のように運薬盤にうつすのである。

　さらに上部の薬盤のみ装薬をのせたままななめに移動し、装薬挿入水圧筒のピストンの移動は、その鋲頭のラックにかみあうピニオンの回転により、装填頭をもって砲塔旋回部の揚薬箱に縦におくるようになっている。

　装薬を挿入する揚薬箱は、防炎扉をとじ、起動挺を「揚げ」にとれば、起動弁より揚薬水圧筒に圧力水の導入となり、揚薬箱は第21図のように砲室上部につりあげることとなるのである。

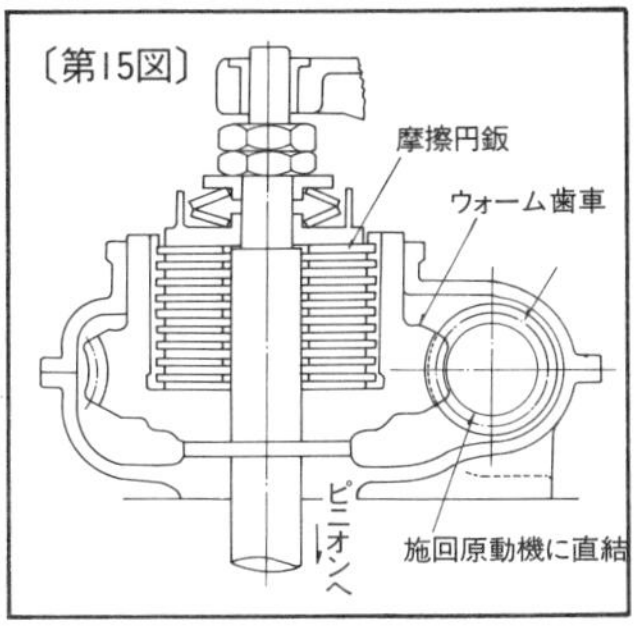

　ここにおいて、装薬を収容する防炎筒（揚薬箱の一部）は、Sを軸として矢の方向（砲尾にむかい）に移動しながら砲尾にむいて前進すれば、装薬装填機（第22図）は防炎筒の反対側において砲身の中心にむかい移動して装薬を装填する。

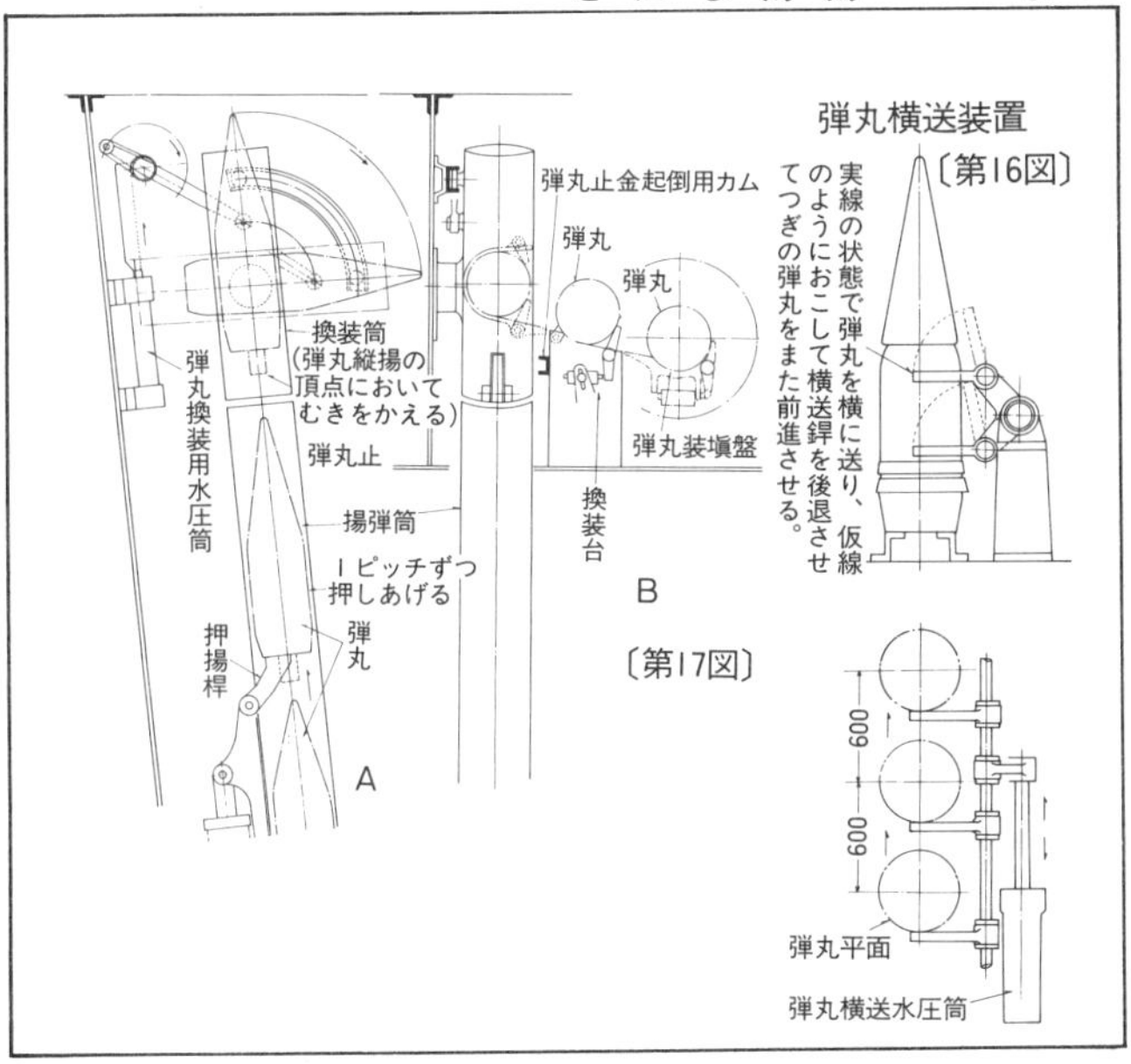

弾丸横送装置
〔第16図〕
実線の状態で弾丸を横に送り、仮線のようにおこして横送鋲を後退させてつぎの弾丸をまた前進させる。

　装薬装填機も弾薬装填機とおなじくチェーンをつかい、装填のときは装填頭を先頭にして、ひとつの直鋲としてすすみ、もどすときは第22図をみてわかるように、円弧のなかにおさまり、場所をせまくてもすむように、きわめ

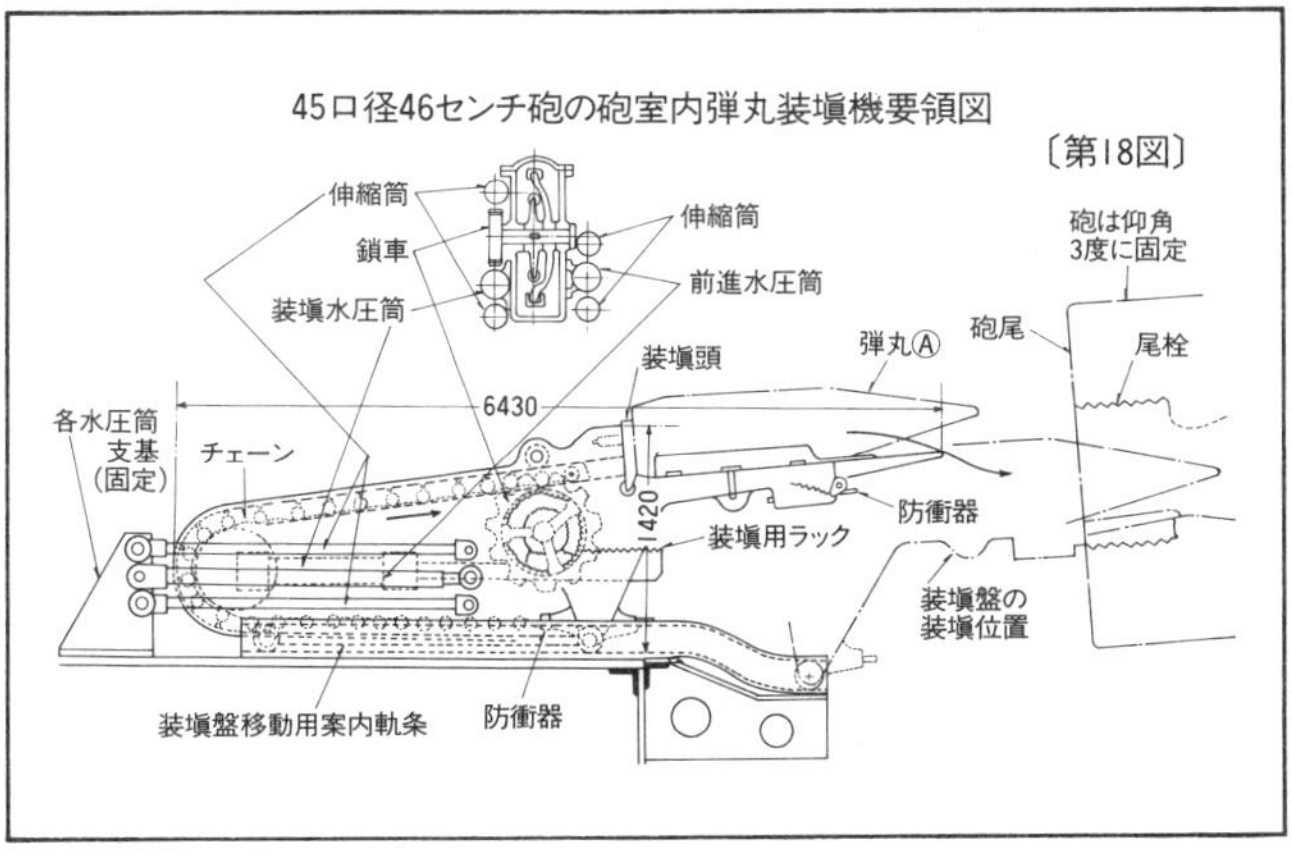

45口径46センチ砲の砲室内弾丸装填機要領図
〔第18図〕

て制限したものである。こうして弾丸およぴ装薬の装塡がおわれば尾栓をとじる。

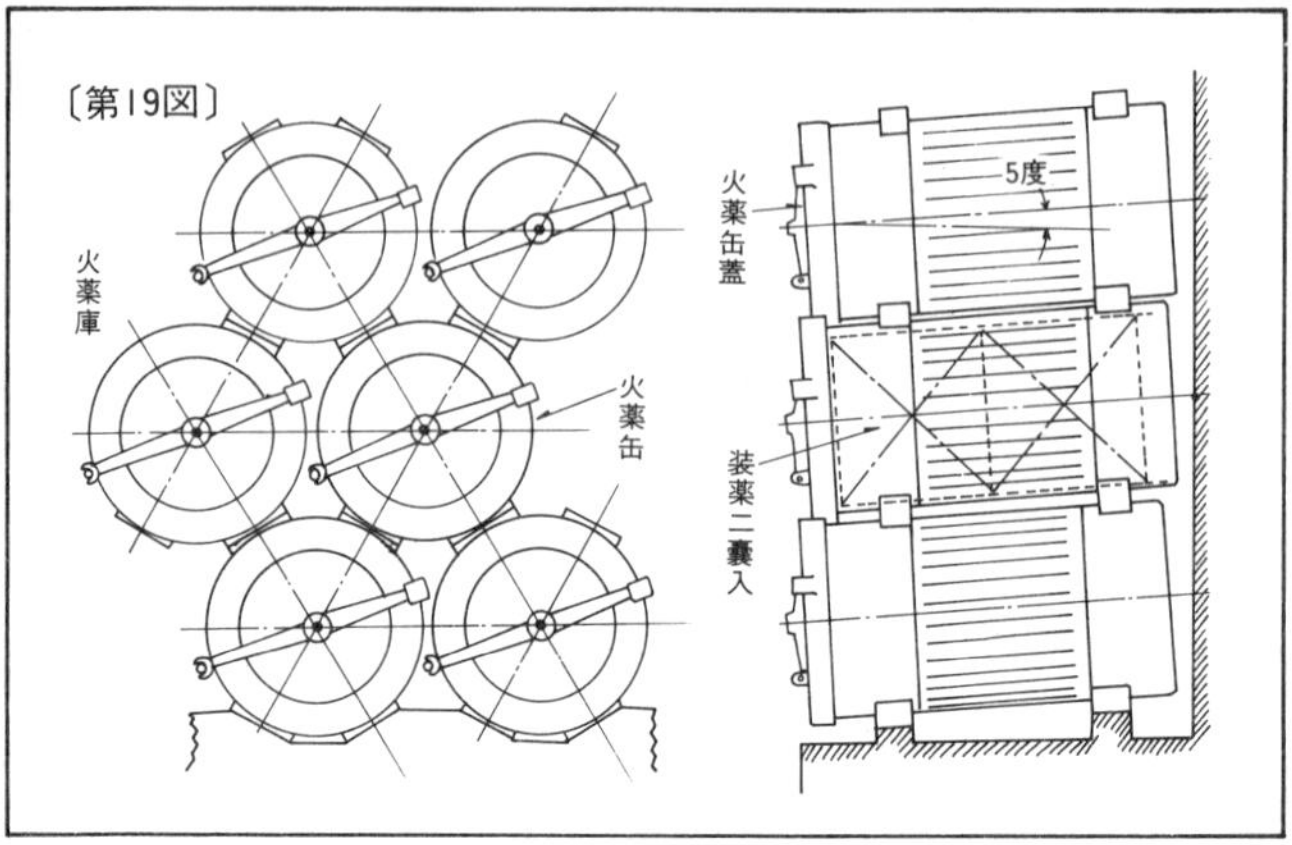

〔第19図〕

命中精度向上の秘密

一九〇四年の日露戦争では、主な艦砲はすべて無煙火薬を装薬とし、弾丸の炸薬は破裂力と火炎発生能力の絶大な爆薬となった。

弾底信管は徹甲弾用として遅働弾底信管がつかわれはじめた。

また、命中率をよくするためには照尺距離を適良に決定しなければならない。

そこで、バー・エンド・ストラウド式(武式)測距儀は日清、日露戦争とうじの一・五メートル基線は、長門においては一〇メートルになり、さらに大和では一五メートル基線長に改良されたのであった。

このため、太平洋戦争においては決戦距離二万五〇〇〇メートルで、初弾から命中する場合がおおくなった。

そしてこくこく自動的にただしい照尺距離を算定発信する射撃指揮兵器、一艦の全主砲をマストの頂上で照準し、ひとつの引金で斉射をおこなう方位盤射撃装置も一九一五年に国産され、発射速度と命中率をいちじるしく向上させた。

さらに、毎斉射の弾着中心を観測して報告する飛行機の射撃参加は、命中率をさらにあげたので、おおいに重要視されたことを付記しておく。

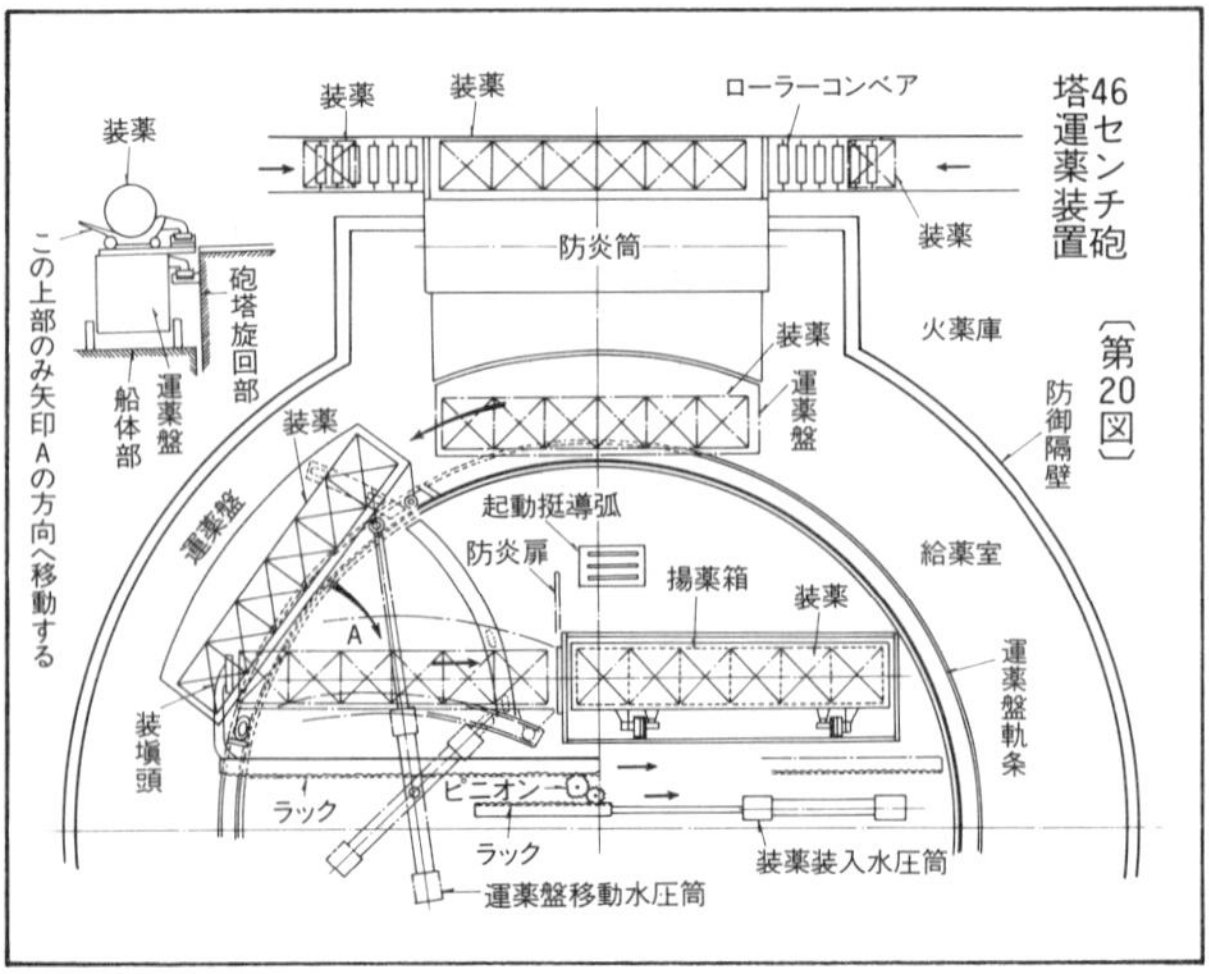

46センチ砲塔運薬装置〔第20図〕

発射

このように日本海軍の大口径砲塔は、

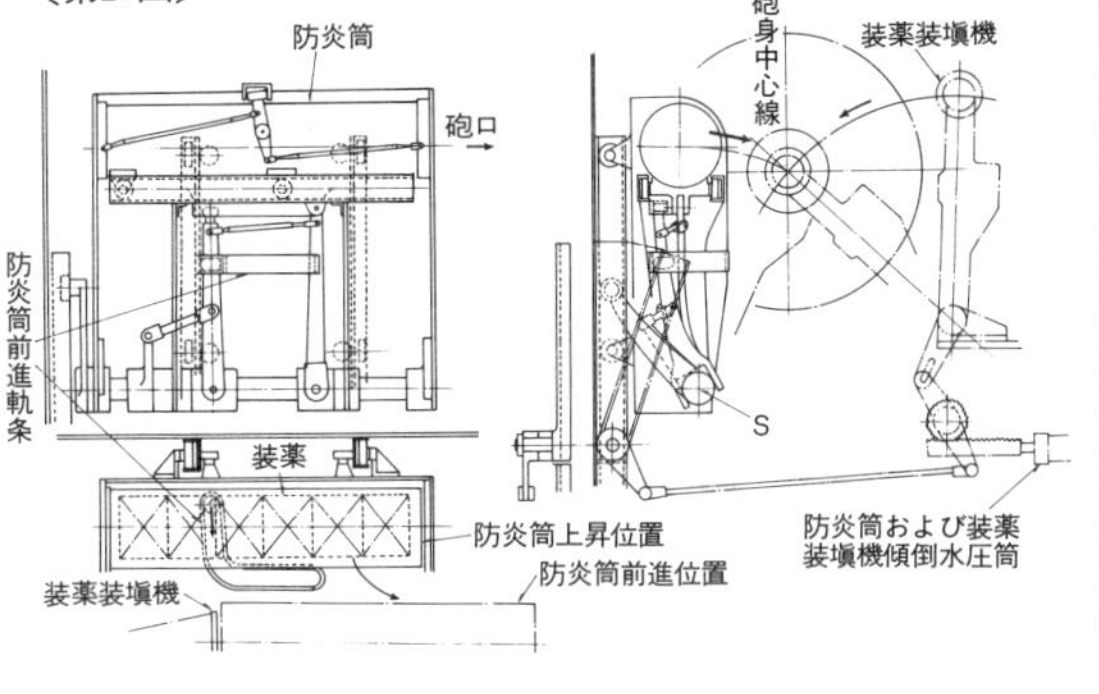

〔第21図〕 45口径46センチ砲の揚薬箱要領図

明治の末期に英国ビッカース社で建造した軍艦金剛の砲塔をモデルにし、幾多の研究の結果を加味されて、そののちの建造にかかる砲塔はすべてそのようになっていた。だが、三六センチ砲塔および四〇センチ砲塔においてもこの装薬装塡は、金剛にならって一発（四嚢）を二回に装塡していたのである。

しかし、長門、陸奥の四〇センチの砲塔は、加賀、土佐など未成艦の砲塔を近代化して搭載し、装塡回数を一回としたもので、本艦主砲の装薬装塡が一回であることは、長門、陸奥の砲塔に刺激され、分秒をおしむ兵戦において、その得るところは、大きいとおもう。

弾丸および装薬を装塡したあとの砲身内の状況は第6図に示すとおりである。

弾丸および装薬の装塡をおわり、尾栓を閉鎖すれば、これで発射用意は完了し、砲は任意の角度に俯仰しうる態勢をとる。

こうして檣楼上の方位盤照準装置の指導によって電気的に火薬に点火すれば、火薬ガスの圧力が一定の強さ、すなわち弾丸底部の導環が砲の旋条にかみあう強さにたっすれば、弾丸はこの旋条のミゾにそって砲身内部を二八口径（約一三メートル）前進して一回転のわりあいで右回転をつづけ、毎秒七八〇メートルの音速よりもはやい初速で砲口を飛びだし、わずか九〇秒のあいだに四万一四〇〇メートルの遠距離の目標にむかって無心に突進するのである。

大戦中、比島沖海戦で、この主砲砲弾で米空母「ガンビアベイ」を砲撃したはなしをきいたときには、一発必中の日本海軍伝統ともいうべき猛訓練による成果であり、ゆかいに感じたものであった。

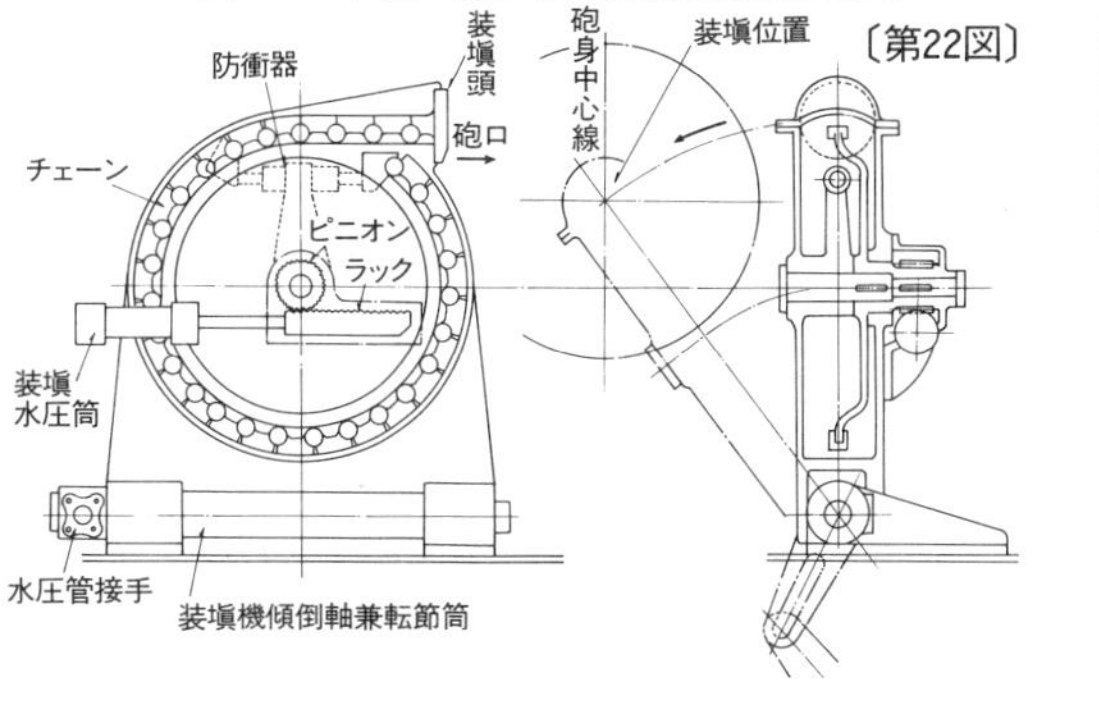

45口径46センチ砲の砲室内装薬装塡機要領図 〔第22図〕

砲塔の動力源

——これまでにのべてきた砲塔内外の諸種の機構をうごかす動力として、その安全性と使用が簡単な水圧力をつかう。

この水圧力は、普通、毎一平方センチにつき七〇キログラム（一平方インチにつき一〇〇〇ポンド）が標準とされている。動力用水としては、水一トンに旋盤油五リットルをまぜたものをもちいる。

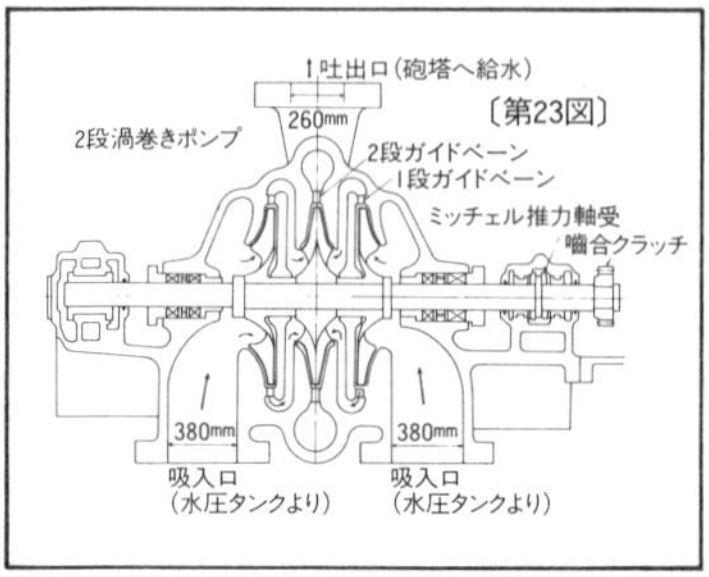

また、砲塔内外には諸装置をうごかす水圧筒および原動機がある。その水圧筒、原動機に水圧力を送る起動弁、起動弁をうごかす起動挺が、それぞれ各要所にある。その間を幾条かの水圧管や排水管が行動にじゃまにならないように装備されている。

これら砲塔の動力源は、これまでの主力艦は六五〇馬力で、二列二回膨張曲肱式スチーム・ポンプ四台～五台または四五〇馬力のもの一台を搭載していた。

しかし、第24図のように、ブラウン・ボベリー社の七〇〇馬力のタービン・ポンプをモデルとして呉海軍工廠で、毎時四〇〇トン（一〇四〇馬力）の吐水量のタービン・ポンプをつくって戦艦「比叡」に搭載し、各種の研究をへて第23図にしめしたように四基を本艦の防御甲板下にすえつけた。

これにより一砲塔に一基のわりあてとなり一基を予備とした。これらのポンプふきんには、容積約一〇〇トンの水タンクがある。砲塔とポンプ間は、リング・メインという数本の管（その中には第23図にみる直径二六〇ミリの吐出口もふくま

（表3）ブラウン・ボベリー社タービン・ポンプ

		常時	過負荷
吐出量	ℓ/sec	75	106
吐出圧力	kg/cm²	70	70
回転数	毎分	4400	4400
蒸気圧力	kg/cm²	13	13
真空(タービン排気側)	〃	0.1	0.1
蒸気消費量	kg/h	6800	6800
馬力		700	700

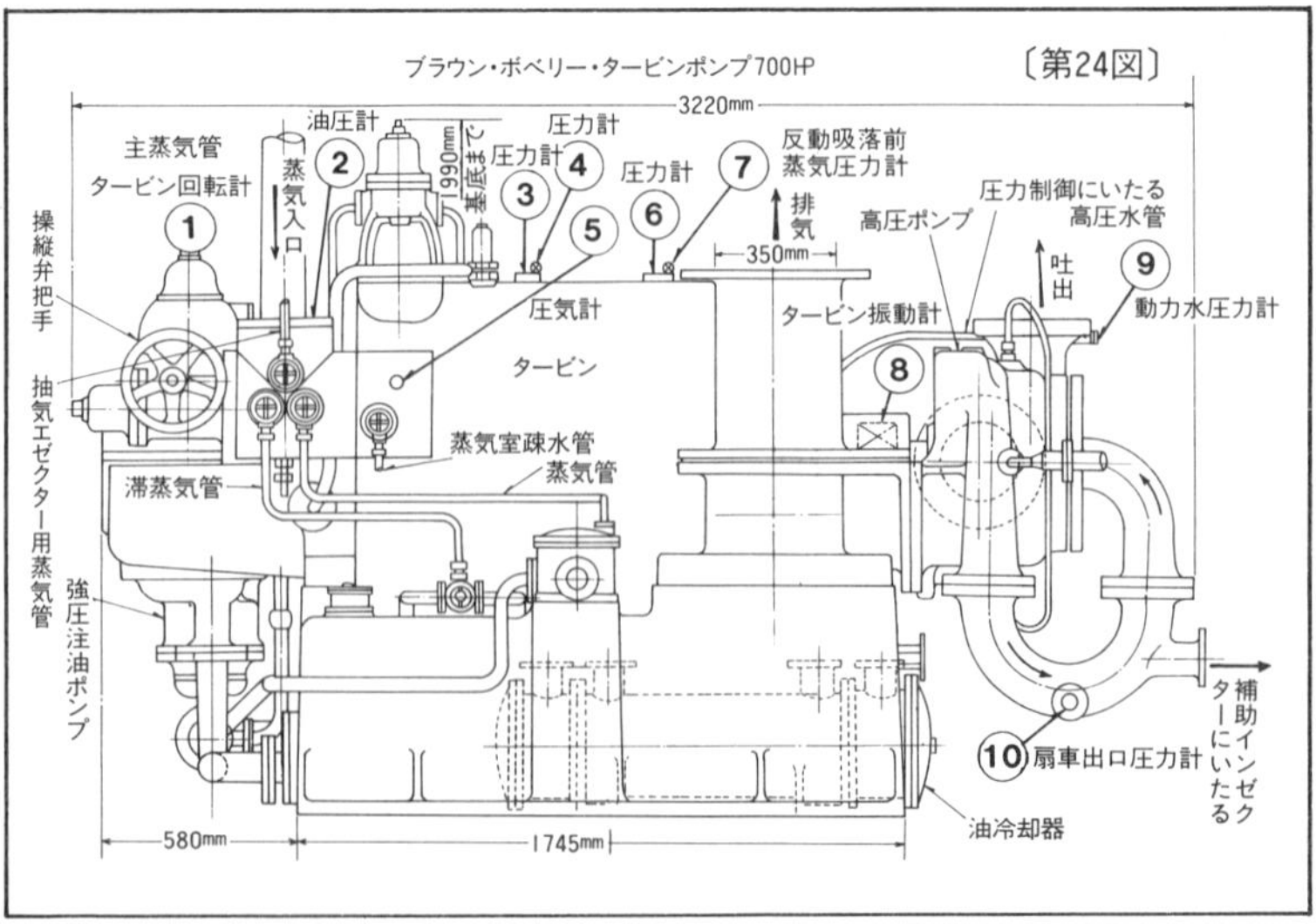

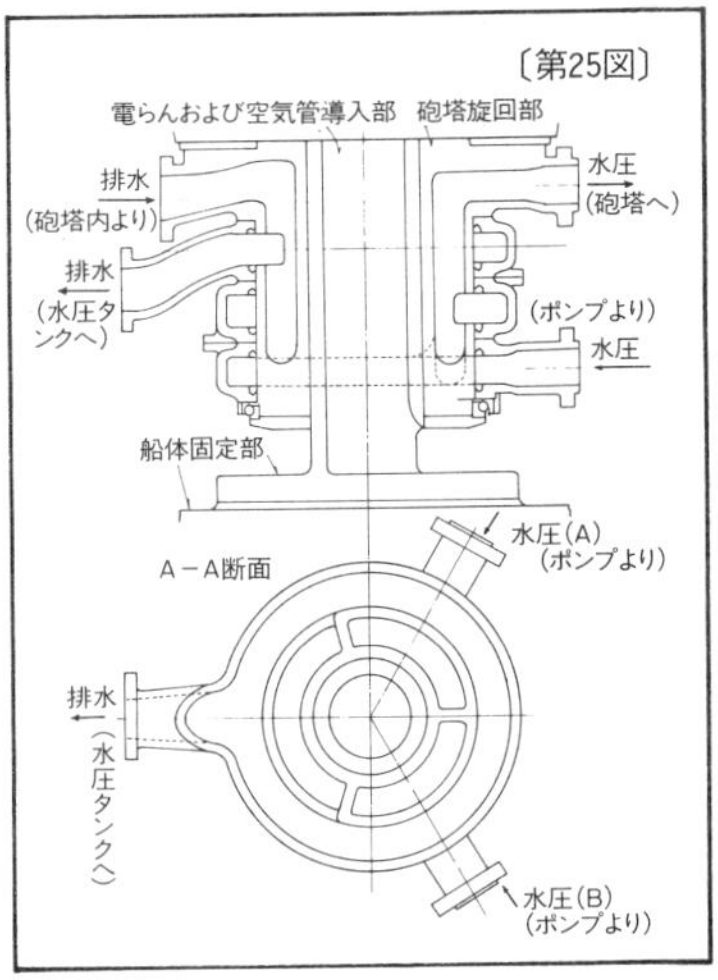

〔第25図〕

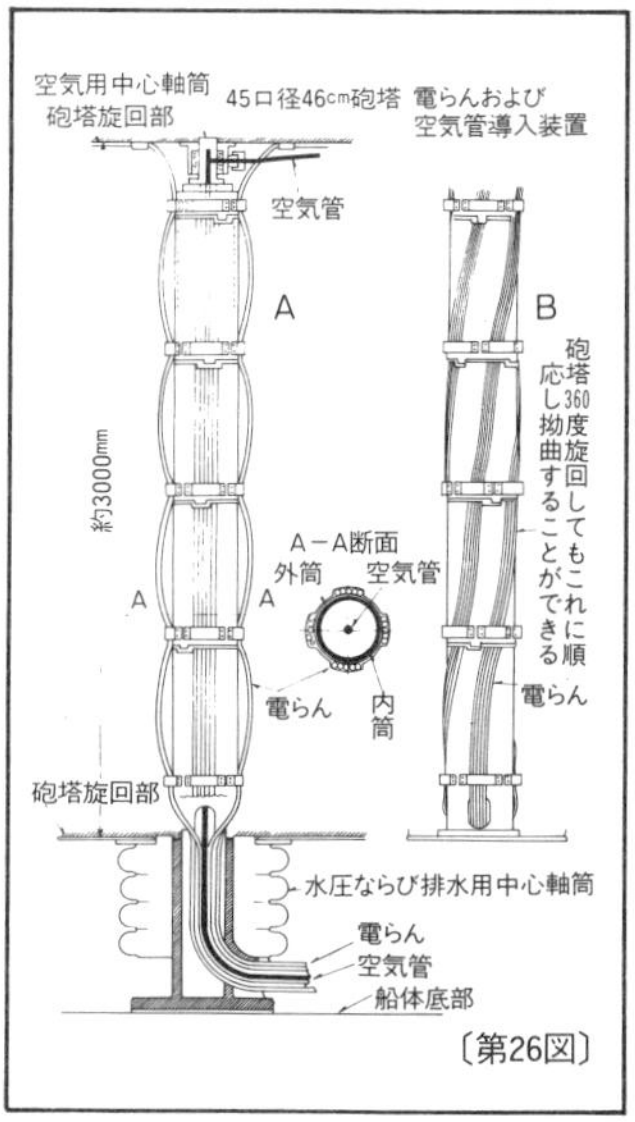

〔第26図〕

れる）が連結され、動脈または静脈のかたちをなして水圧力を送っている。

使用した水の排水は、タンクに還送するようになっている。もし、リング・メインのある箇所に故障を生じた場合、応急処置で供給の通路をきりかえて、戦闘に支障のおこらないよう計算してある。

なお、これまでの主力艦の砲塔外の水圧管は、マンガン、ブロンズ管をもちい、排水管には銅管をもちいていた。しかし、本艦には管径大となるため銅内張の鋼管を水圧管としてもちいた。

以上で主砲にたいする主要部につき、その概要をのべたが、このほかに弾丸を発射したとき、砲身内部に発生する火炎ガスが砲口に噴きだすのを押さえるため、砲塔内に、三〇〇キロ／毎一平方センチの圧縮空気の容器（気蓄器）を多数そなえる膅中噴気装置がある。そのほか、砲塔内の火災防止のための散水装置、清浄な空気を供給して兵員たちが、生き生きと作業できるように取りつけられた給排気装置、不幸にも砲塔内で火災がおこったとき、その被害を最小限にくいとめるための防災装置がある。

また、砲塔が局限旋回したときにもちうる防衝器が、船体部に左右二個が取り

（表４）　タービン・ポンプ要目表

型式	２段渦巻きポンプ	回転数(毎分)	3700～4000
吸入口径	380×2	吐出口径	260mm
吐出圧力	70kg/cm²	吐出量	1100m³/h
軸馬力	4800馬力	タービン馬力	5000HP
水馬力	2850馬力	ポンプ効率	75%
注油方式	強圧注油	蒸気圧力	25kg/cm²
排気圧力	真空680mm	吸入口には圧力増進器を装備	

（表５）砲熕部の建造に使用された大型機械

用途	機械種類	製造所	製造または購買年月	購買または製造価格(円)
砲身加工用	旋盤	唐津	大正５．９	56,800
	〃	英ハルス	〃 ２．６	77,532
	〃	独シースデフリース	〃 ８．12	346,255
	〃	独ワグナー	昭和13．９	425,728
	〃	〃	〃	425,728
	中グリ盤	英ハルス	明治41．２	33,686
	〃	〃	〃	91,309
	〃	唐津	昭和９．７	430,414
	〃	英アームストロング	明治41．１	70,484
	〃	芝浦	昭和９．３	312,041
	〃	英アームストロング	明治41．１	69,253
	旋条盤	呉工廠	昭和15．３	224,461
砲架	旋盤	独ワグナー	昭和13．10	154,670
	〃	〃	〃	154,670
砲塔組立用	竪旋盤	呉工廠	大正７．11	117,920
	〃	〃	昭和15．11	610,270
	天井走行起電機	石川島	〃 13．３	212,680
	〃	独デマグ	〃 14．３	298,396
	ピット	呉施設部	〃 ６．３	233,378
	〃	〃	〃	244,977
	〃	〃	〃 13．３	322,081
	起重機船	起重機(英)	大正12．６	2617,506

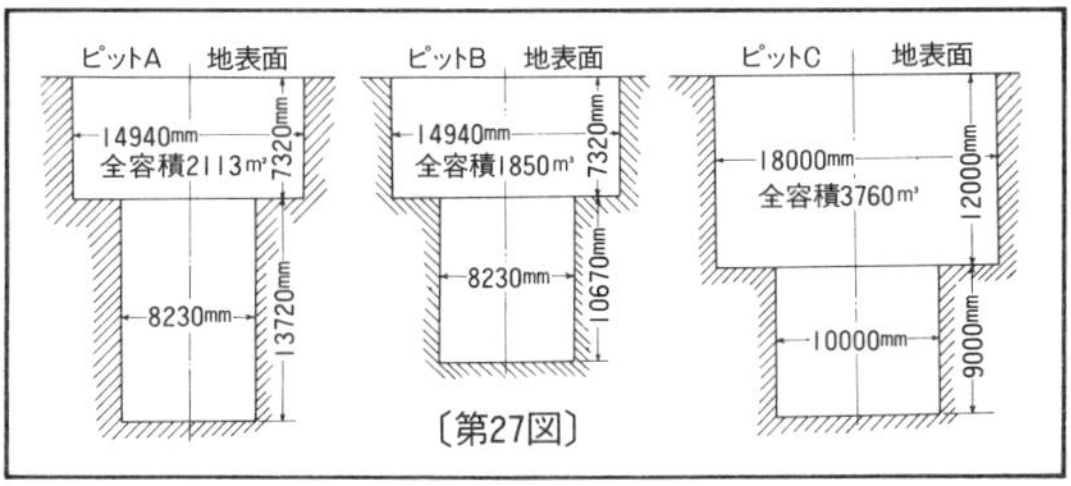

〔第27図〕

つけてある。

動力または通信電纜および圧力水の導入などは、第25図および第26図にしめす。第26図にしめした電纜は、約三メートルの高さの間に五個の締付環がある。

第26図をみていただければわかるように、A図は砲塔静止の場合をあらわし、砲塔が旋回するとB図のように締付環も同時に旋回し、電纜にムリな湾曲をおこさないように長さに余裕をもたせてある。

また第25図は、中心軸筒をしめし、砲塔の旋回に関係なく、つねに水圧を取り入れ、排水を水圧タンクに送りかえすこともできる。また、これらはこれまでの主力艦に採用する型式とほぼ似たものである。

一目でわかるタマの飛距離

(1)四六センチ砲の砲身、砲架および砲塔は、基本計画を海軍艦政本部第一部（東京）でおこない、製造図を呉海軍工廠砲熕部で設計した。礎材は主として製鋼部（ただし、鋼板は八幡製鉄所〝現新日鉄〟製造のもの）でつくり、砲熕部で仕上げ組み立てたものである。

これらの工事にもちいた砲熕部の大型機械のおもなものをあげると、第5表のとおりである。

しかし、この大型機械も終戦後、SP（Special Purpose＝特殊用途機械）として二度と使われないようにこわされ、また軍政部（米軍）の命令によって日本側でスクラップ化された。そのうち、わずかではあるが、一部分を取りのぞいて民間工場において使われているものもある。

(2)亀ヶ首発射場に残っていた四六センチ砲の砲身と、砲身を抱いて俯仰する砲架の各二基は、ほかの砲熕兵器とともに、終戦の翌年である昭和二十一年一月、米海軍の参考品としてアメリカへ持ち帰った。

(3)砲熕部砲塔工場（組立工場にして、現在バブコック日立呉工場）にあるピット（地下に掘った穴）は、大小あわせて一一個ある。これらは砲塔および砲架の陸上試験にもちいたもので、四六センチ砲の組み立てにもちいたものは第27図のように三個ある。これに水を満たしたとすると、一個は三七六〇トン、一個は二〇三二トンを必要とする。

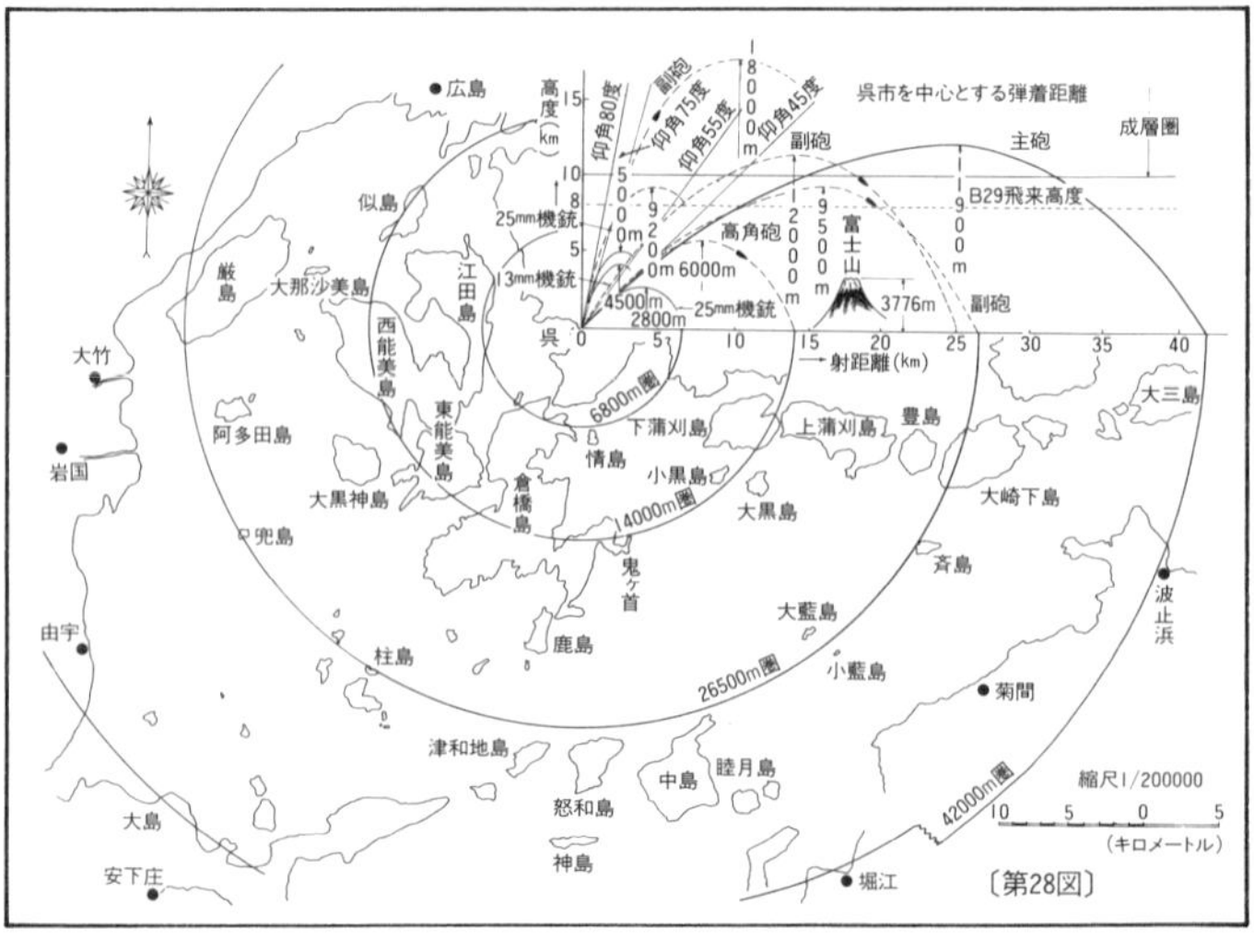

〔第28図〕

(4)戦後、NBC呉造船所(現、石川島播磨重工呉造船所)が、大型タンカーを建造したが、そのとき、新聞ダネになったのが、大和をつくった例のドックであった。

ドックの長さ三〇二メートル、幅四二メートル、深さ一〇メートルである。これに満水したとすると、水の重量が約一二万九〇〇〇トン、また大和が入渠してなお余裕綽々であった。また駆逐艦数隻をともに入渠できた第四ドックは、長さ三三八メートル、幅四四メートル、深さ一六・八メートル。これに満水すれば、約二五万二〇〇〇トンの水量を必要とする。

(5)第28図は、呉市を中心として大和搭載の各砲の弾着距離圏をしめしたものである。主砲を最大仰角四五度で発射したとすると、最大距離圏には愛媛県の波止浜、堀江が入り、松山もちかくにある。

山口県では由宇または安下庄もちかく、岩国などはこの圏内にある。さらにこの場合、航空機を目標とすると、高度は一万一九〇〇メートルに及び、対空射撃用の三式通常弾には、内部に約一四〇〇個の小弾を内蔵しており、これが空中で炸裂すれば、この小弾は火の球となって四散する。そして、敵航空機を焼きつくすほどの威力をもっている。

また、これをおなじ目的で使用される零式通常弾は、内部に多量の炸薬を内蔵し、炸薬により敵航空機に大きな損害をあたえることができる。

(6)軍用としてもちいられる火薬をその性能から分類すると、つぎのようになる。

火薬(発射薬)、黒色火薬、無煙火薬(砲身内にて弾丸発射にもちいる)、爆薬(爆破薬)、TNT、ピクリン酸(弾丸に装塡し弾丸を爆破する)。

(昭和五十四年十一月号収載)
(筆者は呉海軍工廠設計員)

戦艦大和世界一物語

大艦巨砲時代の最後を飾る名戦艦を全資料で解剖――一ノ木高二

最近流行したTVコマーシャルに「大きいことはイイことだ!」というのがあった。舌切りスズメの昔話を持ちだすまでもなく、もともと、人間なんてものは欲張りにできているから、大きいことには、何かと魅力を感じるようである。

もっとも、最近のせちがらい世の中では、うっかり大きいことばかりに気をとられていると、あげ底のミヤゲ物をつかまされたりするから、油断はできない。

チョコレートにかぎらず、船の場合も最近は二〇万トン、三〇万トンなど、ウルトラ・マンモス・タンカーがぞくぞく建造されており、まさに大きいことはイイことだを、地でいっているありさまである。

タンカーの場合はともかく、かつての海上の王者戦艦ともなると、大きさはその戦闘能力をあらわす一つのバロメーターであるが、それはあくまでも一つの目安であって、すべてではない。

すなわち、「大男、総身にチエがまわりかね」または、「サンショは小粒でもピリリッとからい」というように、女性のバストやヒップをくらべるように簡単ではない。もっともそこに、世界一という最大級の形容詞がつくと、またいろいろ話のネタとして価値も出てくるわけで、最近、新聞の海外トピックス欄をにぎわしたニューヨーク、ウォール街に出現したウルトラ・スーパー・バストの美女なども、この好例である。

どうも話が、横道にそれて恐縮であるが、ここでは女性のバストの世界一について述べるわけではなく、かつての帝国海軍の象徴であった戦艦大和、武蔵がいかに世界一？　の存在であったかを論じる、きわめてカタイお話である。

必殺のパンチを秘めた超大主砲

戦艦を正確に定義することは、なかなか難しい問題であるが、いずれにしろ、まず第一に着目しなければならないのはその艦がもつ攻撃兵器、すなわち戦艦の場合は大砲である。

戦艦はその搭載する主砲をもって、相手を破壊、撃滅することを最大級の目的とした艦で、他の要素はすべて、この大砲をささえるプラットフォーム（台）としての役割をしているにすぎない。

したがって戦艦設計の第一歩は、まず採用する主砲を決定することで、スタートするわけである。

戦艦大和型の発端は、昭和九年十月に軍令部から海軍省に、四六センチ砲を搭載する新型戦艦の設計研究が、要求されたことにはじまる。

それまでの歴史がしめすように、戦艦の主砲の口径は、近代にはいってから増大の一途をたどり、それにともなって艦型の増大、装甲甲鈑の強化などがおこなわれてきた。わが国の例をみても、三笠の三〇センチ砲、金剛の三六センチ砲、陸奥の四〇センチ砲と発展してきた。

軍令部がここに要求した四六センチ砲は、わが海軍にとっては、けっしてはじめてのものでなく、すでに大正末期に計画した、八八艦隊の第十三〜十六番艦に採用を決定していた。しかし、結局は建造されなかったが、設計そのものは完了していたのである。

さらに他国の例では、英海軍が第一次大戦中に建造した大型軽巡艦フュリアスが、四六センチ砲の単装砲塔二基を前後に装備しており、後に空母に改装されたさいに、同砲の一部はモニターに搭載され、実戦に参加している。

もっとも、大和型に装備された四六センチ四五口径砲は、フュリアスの三五口径砲とは問題にならないほど、強大なものである。とうじはもちろん、後においても、これ以上の砲を搭載した艦は現われず、今日までの歴史上、海上の艦船が搭載したもっとも破壊力のある砲である。

ここに大和が戦艦として世界一と称すべき、最大の理由があるのである。

ケタはずれの大きさを誇る

とうじ軍令部が、このような四六センチ砲搭載艦を要求した裏には、昭和十一年の無条約時代をむかえるにあたり、米英などでも当然、新戦艦の建造に着手するはずであり、過去の建艦競争の過程をみると、つねに日米において、主砲の口径の記録の更新がおこなわれている。

46センチ砲に用いる九一式徹甲弾

そこで、いっきょに米艦を陵駕すべく、さらに量ではとても対抗できないことなどを考慮して、このような超大型の巨砲装備艦を計画したもので、まさにとうじの艦隊思想である大艦巨砲主義の神髄でもあった。

さらに日本海軍では、米海軍がパナマ運河航行の便をすてても、四六センチ砲艦を建造した場合には、またその上をゆく五〇センチ砲艦の建造をも予定していたほどであった。

しかし、大和型と同期の米戦艦ノースカロライナ型は三万五〇〇〇トン、四〇センチ砲三連三基、速力二七ノットで、とても相手ではなく、英国のキング・ジョージ五世型、イタリアのリットリオ型、ドイツのビスマルク型、仏国のリシュリー型を見ても、主砲の口径はいずれも四〇センチ以下で、とても同一レベルで比較できる相手ではなかった。

米国が次いで建造したアイオワ型（四万五〇〇〇トン）、建造を中止したモンタナ型（五万八〇〇〇トン）も、ともに四〇センチ砲（五〇口径砲）で、日本海軍が心配したような事態はおこらなかった。米国が、大和型が四六センチ砲を搭載していたことを知ったのは、戦後になってからであった。

こうした事態を考えると、大艦巨砲の熱にうかされた日本海軍が、一人相撲をとっていたような感がなきにしもないが、とにかく初期の目的は、十分にたっしたのであった。

口径を知られることをおそれて、九四式四〇センチ砲と秘称された大和型の四六センチ砲は一四六〇キロの砲弾を最大四万一四〇〇メートル（東京～大船間）のかなたまで打ちこみ、射程二万メートルで、厚さ五七センチの垂直甲鈑を打ち抜くというすさまじい砲で、砲身一門の重量が一六五トン、砲塔一基の重さが、なんと二七七〇トンにもたっした。これは、秋月型駆逐艦とおなじ重さである。

このような大口径砲の採用により、艦型は必然的に大型化をよぎなくされたが、無定見な排水量の増大は、設計者のもっとも嫌うところであった。

その意味からも、本艦は艦型をできるだけ防御をちいさくすることに努力がはらわれ、とくに全長は、防心区画の関係により、非常にきりつめて設計されたといわれている。

したがって本艦の全長は、排水量の小さいアイオワ型より短く、外形からはそれほどの大型艦に見えないところにも、特色の一つがあった。

一方、その主砲に対応して防御の方も完全な対四六センチ砲防御がほどこされ、直接付与、間接防御ともに、非常に高度な設計がおこなわれていた。

四六センチ砲弾にたいし、二～三万メートルの戦闘距離で十分にたえ、水中防御は、片舷に魚雷二発をうけても戦闘を継続でき、さらに艦底には機雷防御として、三重底とするなど、いたれりつくせりであった。

もちろん戦艦とて、時代の変遷とともに、その性格を少しずつかえつつあり、対空兵装などもその一つで、大和型はこの点に関しては、あまり世界一だといばれるものではなかった。

とくに米英の新戦艦が、副砲と高角砲を統一していたことはあきらかに大きな先見の明であり、見ならうべき点であった。しかし、戦艦の対空兵装に大きなウエイトを置かざるを得ないということ自体、航空機の恐威をはっきりみとめた証拠で、それならばさらに一歩考えを進めると、それはあきらかに、戦艦の否定という矛盾にぶつかるはずであった。

ともあれ、このようにして第一艦大和は、昭和十六年十二月に、二番艦武蔵は、翌十七年八月にそれぞれ無事完成した。計画ではさらに三、四番艦の完成が予定されていたが、結局は三番艦信濃は空母に変更され、四番艦の建造は中止された。

大和、武蔵はともに、設計どおりのみごとな出来ばえで、戦艦としては、まさに世界に類のない、おそるべき強大な戦闘能力をもった艦であった。

そして日本海軍がはじめに予想したとおり、太平洋において、日米戦艦群による艦隊決闘がおこなわれたとしたら、決戦艦群は文字通り、超遠距離より飛来する四六センチ砲弾に粉砕されたであろう。

しかし実際には、アブのような飛行機の影にビクビクおびえながら逃げまわり、最後はアブに刺し殺されるはめになるのであった。

〝無用の長物〟になった大戦艦

〝万里の長城〟〝ピラミッド〟および〝戦艦大和、武蔵〟を、世界の三大無用の長物というような毒舌もある。

第二次世界大戦が、航空機を主兵器として戦われた戦争であったことは、いまさら言を待たないが、海軍においても艦隊航空戦力、すなわち空母集団を中核とした機動部隊が戦局を左右する存在として、つねに第一線に要求されるようになった。

その結果、戦艦はその地位を空母に

ゆずり、機動部隊の護衛、陸上砲撃などの任務にかろうじて、昔日の面影をのこすのみとなった。

それは、戦艦などの主力艦同士の水上決戦によって雌雄を決する、いわゆる大艦巨砲主義がきわめて時代おくれ

昭和18年初頭、トラック泊地に停泊中の大和と武蔵。左奥に見えるのが大和

の思想になってしまったことを証明している。

艦隊航空戦力の整備強化に、もっとも力を入れたのは、皮肉にもわが海軍で、昭和十六年末、太平洋戦争開戦のときの勢力は米英海軍を抜いて、世界最強の存在であった。そして開戦劈頭の真珠湾攻撃で、それを実証したのであった。

すでにとうじから一部の航空関係者によって批判されていたように、大和、武蔵の建造などは中止して、空母をはじめとする艦隊航空力の強化に力をそそぐべきであったという意見は、たしかに今日から見ても、結果論的な要素が大きいとはいえ、それはきわめて先見の明にとんだ、革新的な判断といえよう。

もしかりにあの時点で、日本海軍が、艦隊航空力というものに強い認識をもち、その建設に大和、武蔵建造ほどの力をそそいだならば、戦局の推移も、大和、武蔵が存在した時とは、いくぶんなりとも違ったものになったであろうことは、容易に想像できる。

しかしながら、昭和九年の計画時、さらには昭和十二年の起工時にさかのぼっても、とうじの海軍思想として、大艦巨砲主義が大きく根をおろしていたのは日本のみではなく、列強海軍全般に言えることであった。

戦艦というものが、まだ艦隊の中核として最重要視されていた時代であり、これを先見の明を欠いたと批判することは、酷といわざるを得ないという論もまた、成りたつであろう。

たしかに、おなじ誤りを米海軍もしてきたわけであるが、しかしそこは、持てる国のこと、大戦中に米国が完成させた戦艦は、じつに八隻、さらに空母にいたっては、エセックス級正規空母を約二ダース、他に七〇隻もの改造空母を戦線に送りだした実力は、とても日本が逆立ちしても、およぶところではなかった。

したがって、持てる国にとってはささいな誤りも、日本海軍にとっては、致命的なミスとなって、後のちまで大きくひびくことになるのである。

〝めかけの子〟と〝虎の子〟

めかけの子ではないが、とにかくできてしまったものはしかたない、たとえ時代にとり残された戦艦といえども、まったく活躍する場がなかったわけではなかった。

とにかく大砲と魚雷にかけては、文句なしに世界一なのである。飛行機さえいなければ、怖いものなしである。そしてこのおそるべき威力を発揮するチャンスは、太平洋戦争において、すくなくとも二度はあったのである。

その第一のチャンスは、昭和十七年八月から同年末にかけて、ガダルカナル島攻防をめぐって、ソロモン方面で日米海軍が激突した一連の海戦である。

昭和十七年八月八日、第一次ソロモン海戦、鳥海以下重巡四隻を主力とした第八艦隊は、敵重巡四隻を撃沈。

同年十月十二日、サボ島沖夜戦、古鷹、吹雪、敵の奇襲攻撃で沈没、米駆一隻を撃沈。

同年十一月十三日、第三次ソロモン海戦、戦艦比叡、駆二隻沈没、敵巡三隻と駆四隻を沈める。

同年十一月十五日、おなじく夜間、霧島以下の艦隊は再度、米艦隊と砲火をまじえ、霧島、綾波沈没、敵駆三隻を葬る。

同年十一月三十日、ルンガ沖夜戦、田中頼三少将ひきいる駆八隻、米巡一隻を撃沈、三隻を大破させる。高波沈没。

ガダルカナル島沖のサボ島周辺においてくりひろげられた、これら一連の猛烈な夜戦は、後に同海面をアイアンボトル（鉄海底）と言わしめたほど、おおくの日米艦艇を海底に送りこんだのである。

これら列記した主要海戦だけでも、日本海軍は戦艦二隻、重巡一隻、駆逐艦五隻を失い、敵の巡洋艦八隻、駆逐艦八隻を撃沈している。

この間でもとくに注目しなければならないのは、霧島を失った第三次ソロモン海戦における戦艦群の夜戦である。

相手の米艦隊は、米機動部隊より分派された新鋭戦艦ワシントンとサウス・ダコタ、それに駆逐艦四隻であった。二隻とも三万五〇〇〇トン、四〇センチ砲三連三基をそなえた新型戦艦で、サウス・ダコタは、三月に就役したばかりである。

ワシントンのレーダーは、真夜中に北西方向に日本艦隊をキャッチした。零時一六分、距離約一万七〇〇〇メートルで砲火をひらいた。

日本側もこれに応戦し、綾波が捨身の探照灯照射をサウス・ダコタにあびせ、霧島はこの目標を好打する。

しかしこの間、暗闇のなかからワシントンは霧島をキャッチし、四〇センチ砲弾九発、一二・七センチ砲弾四〇発を命中させた。サウス・ダコタは損傷をうけたが、致命傷とはならず、それにたいし霧島は、上部の構造物をめちゃくちゃに破壊されて航行不能となり、船体はまだ十分たえられる状態でありながら、ついに、自沈のやむなきにいたった。

この場面に大和が登場して悪い理由は、なにもなかった。しかも相手は、宿敵ノースカロライナ型戦艦とあっては、絶好のまた唯一のチャンスといってよかったのである。

とうじの一連の海戦は、たしかに白昼堂々と戦うといった本格的な艦隊決戦ではなかった。大半の海戦が夜半、しかも短時間の間に相手と接触、交戦して離脱するという遭遇戦であってみれば、大和の出撃を考慮しなかった理由もわからないではないが、とうじの戦局を冷静に分析し、将来をうらなった場合、もはや戦艦をつかう場面はないはずであった。

とうじはまだ、レーダーも高性能のものは米国にもなく、夜戦においてひけ目を感じるほどではなかった。敵の制空圏下の戦闘とはいっても、まだ余裕があり、ともかくまだ水上艦艇同士の戦闘が期待できるということだけでもなによりであった。

しかしこの時、大和はトラックから動こうともせず、第一線の兵士からは大和ホテルなどと呼ばれて、その好機を逃がしてしまった。

十七年末にトラックに進出した武蔵もまた同様で、その出番はなかなかまわってこず、乗員は陸上で土方仕事をしてヒマをつぶすありさまであった。

結局、戦局もすすみ、昭和十八年もなかばになると、もう大和、武蔵などが出撃する場面はなかった。しかも、緒戦にあれほど威力をふるった日本海軍空母陣が、つぎつぎに弱体化し、その傾向はますます増大していたのである。

かくて巨艦は出撃せず

しかし戦いの女神は、千載一遇ともいえるチャンスを、再度、戦艦大和にあたえてくれたのであった。この第二の機会こそ、昭和十九年十月二十四日の、サマール沖海戦である。

レイテ沖海戦の一部として、オトリの小沢艦隊に、ハルゼーが牽制された留守をついて、レイテに突入すべくサマール沖にたっした大和以下の栗田艦隊が、米護衛空母群を相手に戦ったこの海戦こそ、大和が水上艦艇を相手にその巨砲を轟かす唯一のチャンスであり、空前絶後のことであった。

しかし、今度も通信連絡の不手際と状況の把握に失敗し、あと一歩で敵を撃滅できる機会を、あっさりと放棄して、栗田艦隊は反転してしまった。

とうじレイテ湾の奥には、前日のスリガオ海峡の戦いで砲弾の大半を消耗しつくした、オルデンドルフ少将麾下の旧戦艦群メリーランド、ペンシルバニアなどが、悲壮な決意のもとに湾の入口にむかいつつあり、麾下の駆逐艦もまた魚雷をほとんどつかいつくしていた。

これほどみごとにおぜん立てされた獲物を、みすみす見逃すとは、いかにも運がない。まさに世界一の不運艦とでもいえそうである。

太平洋戦争を通じて、大和、武蔵が戦局の進展に何らかの寄与をしたかといえば、まったくといってよいほど何もないのである。

長期の年月、莫大な費用、多くの労力、そして研究開発に要した多大な努力を思うとき、これらの結晶ともいえる戦艦が、戦場において、まったくの無用の長物化してしまったことは、悲

ドイツの戦艦ビスマルク(上)と高速をほこった日本の戦艦霧島

劇であるといってよかった。そして戦争中、この両艦を出しおしみして、みすみす投入できるチャンスを見逃した用兵者にも責任の一部はあろう。

いずれにしろ、第二次大戦を戦艦という観点より見た場合、大和、武蔵のような超大型艦が、日本海軍に生まれたこと自体が不幸であったような気もしないではない。どちらかというと、広大な太平洋においてよりもヨーロッパ方面において、戦艦がより活発に、また本来の姿のままで活動したように思える。

とくに、ドイツ海軍の二大戦艦、ビスマルクとティルピッツは大和、武蔵とおなじく沈没したとはいえ、相手にはらわせた代償を考えた場合、その死はけっして無駄死ではなかった。

ただ惜しまれるのは、ドイツ海軍がビスマルク、ティルピッツを建造したさい、日本が大和、武蔵を超大型戦艦に仕上げたように、通常の発展過程を度外視するほどの戦闘力をもりこむことをしなかった点で、もしビスマルクが大和ほどの艦であったら、英海軍に、一泡も二泡も吹かせることができたかもしれない。

特攻「大和」その無意味なる死

二七四〇名、これは戦艦大和が、昭和二十年四月七日一四時二三分、九州坊ノ岬沖、北緯三〇度二二分、東経一二八度四分の海上において、米艦載機の攻撃により、海中に没したさいの同乗戦没者数である。生存者は副長以下二七六名。

これより先、昭和十九年十月二十四日、武蔵もシブヤン海において米機動部隊の艦載機の大規模な猛攻をうけ、その姿を消していた。

午前一〇時半ごろよりはじまった空襲は六波、のべ一五〇機にもおよび、命中魚雷二〇本、命中弾一七発、至近弾二〇発以上という、おそるべき数にのぼったのである。

致命傷となったのは、午後二時四五分頃よりはじまった第六波攻撃で、約七五機の大群が来襲、この攻撃のみで魚雷六、命中弾一〇、至近弾一一という集中攻撃をうけ、ついに航行不能となり、七時三〇分、転覆沈没したのである。

攻撃開始いらい、じつに九時間三〇分あまりの戦闘の末、その姿を南海の夕闇に没したのであった。乗員二四〇〇余名のうち生存者は約半数の一二〇〇余名であった。

世界一ということに、とくにこだわるつもりはないが、この武蔵の被害記録は、まさに世界一といえよう。

これほどの集中攻撃をうけた例、さらに攻撃終了後約五時間も浮上していた例はまったくなく、その強靭な防御力の一端をはっきりと示したものであった。

もともと本艦型の防御は、遠距離よりの大口径砲弾、すなわち対戦艦戦闘を目標に考慮されたものであって、これほどの集中攻撃を航空機によりこうむるとは、もちろん予測されるところではなかった。

大戦中の戦訓から、対空兵装は当然、新造時よりは格段に強化されてはいたが、その数はともかく、質的には指揮装置の劣性や、機銃口径のちいさいことなどから予期した効果を発揮することができなかった。

そのうえ、味方戦闘機の掩護もまったくなかったため、ほとんど一方的にちかい攻撃といってよかった。

しかし武蔵の場合は、日本海軍が米軍のレイテ上陸を阻止するため、米海軍に最後の決戦をいどんだ、捷号作戦中の損失であった。

勝算はすくない作戦であったが、けっして特攻作戦ではなく、その巨砲を、米上陸艦船にむけることができるかもしれないという、いくばくかの希望はあった。

しかも、武蔵に敵の攻撃を集中させることにより、大和以下の主力部隊は、翌朝にはサマール島沖にたっし、運よく米艦艇と交戦する機会を得たのであったから、武蔵の死はまったくの無駄死ではなかったのである。

予想どおりの悲惨な最期

しかし、大和の場合は別である。これはまったく生還を期しがたい特攻作戦であり、その目的を遂行できる確率は、一パーセントにもみたないものであった。

〔第29図〕

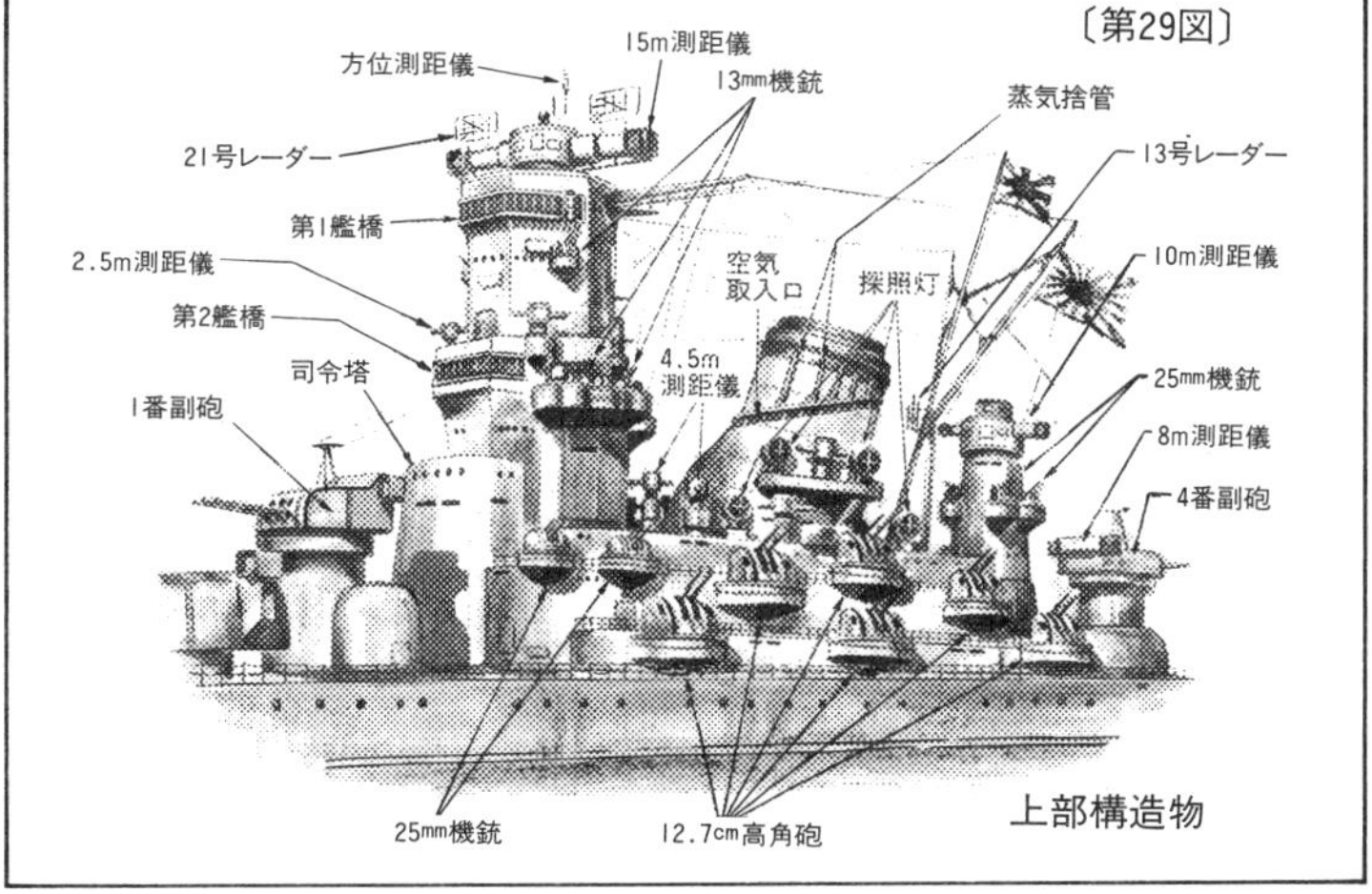

上部構造物

昭和二十年四月一日、米軍の沖縄上陸にこたえて、海軍は基地航空隊の航空兵力をもって、大規模な特攻作戦を実施するにいたった。

前年の捷号作戦いらい、内地に帰投

し、内海にあった大和以下の第二艦隊は、巡洋艦、駆逐艦のおおくを失っており、もはや均衡のとれた艦隊ではなかった。

しかも燃料が極端に欠乏して、行動の自由さえも思うにまかせない状態にあった。

それでも大和以下軽巡矢矧、駆逐艦九隻は、たびかさなる空襲にもたえて健在であり、その用法についてはいろいろ考慮はされていた。

米軍沖縄上陸の報は、航空部隊の特攻作戦とともに、大和以下の水上艦艇による沖縄突入という、特攻作戦を決意させるにいたった。

夜陰に乗じて内海を突破、米軍の沖縄泊地に突入して、その巨砲で米艦船を撃沈し、最後は海岸にのりあげて砲台となるというこの作戦の骨子は、米軍の厳重な警戒網と制空権下の一昼夜の航行を考えれば、成功する確率はゼロにひとしく、きわめて無謀なものであった。

しかし、特攻という名のもとに、幾多の反対論を押しきって、実施されたのである。

燃料は片道分しかつみこまれず、大和は四〇〇〇トン（満載六二〇〇トン）を供給されて、矢矧以下駆逐艦九隻とともに、四月六日午後三時、徳山沖を出撃した。

出撃後まもなく敵潜の接触をうけ、さらに翌朝、敵偵察機の接触をうけて大和隊の行動はつつぬけとなった。

運命の時間、一二時半をすこしすぎて、第一波の米艦載機一〇〇機が来襲し、ひきつづき第二波の攻撃をうけ、二時二三分、左に大きく傾斜して沈没した。

命中魚雷一〇本、爆弾六発余は武蔵の場合の半分であるが、左舷に集中されたため、効果的であった。

当日は雲低く、視界がきかず、一二・七センチ連装高角砲一二基、二五ミリ機銃約一五〇門をもった大和の撃墜機はわずかに三機であった。

ほかに矢矧、浜風、磯風、朝霜、霞の五隻が沈没、四時三九分、作戦中止の電報が発せられ、残存艦は各艦の生存者の救助のうえ帰投、ここにみごとに計画された自殺行は、予期したとおりに終了した。

大和を海底に葬ったのはミッチャー提督麾下の第五八機動部隊、合計三八六機の艦載機の群れであった。

かくして、きわめて秘密裏に全海軍の期待をになって計画、建造された大和、武蔵の二大巨艦は、予期しない時代の流れとともに戦乱にまきこまれ、艦齢わずか二、三年で、その姿を没してしまった。

今日、その名は他の日本艦艇にくらべると、いちじるしく知れわたっており、名機零戦とともに、プラモデルの好材料とされている。

また映画、小説にまでとりあげられ、その巨大さは、きわめて誇大に吹聴される傾向がないでもない。

しかし、その外観的な世界一のみにばかり気を取られて、その内側に秘められた本質は、忘れられがちである。大和、武蔵がのこした苦い教訓は、今日の日本社会においても、立派に通用するといえよう。

（昭和四十四年一月号収載。筆者は艦艇研究家）

大和は戦艦発達の頂点だった

各国が誇った戦艦の攻防力を徹底的に比較する——大浜啓一

排水量は攻防力の総和

第二次大戦に就役中だった各国戦艦は八〇隻にのぼった。このうち、開戦の年、一九三九年以後に完成したもの約三〇隻、残り五〇隻はそれ以前に建造されたもので、艦齢二五年に達するものもあった。

排水量からみると、前者はいずれも三万五〇〇〇トン以上の巨艦ぞろいであるが、これは、一九三六年に軍縮条約の廃棄と同時に、各国が高速の重防艦を起工したからである。

なかでも異彩を放っているのは、日本の大和、武蔵およびドイツのビスマルク、ティルピッツである。まもなく米国と英国は、これに対抗するため四万五〇〇〇トン級の建造をはじめ、大戦艦時代の幕があがった。

排水量が攻防威力の総和であることは常識であるから、戦艦を比較する一番近道は、そのトン数を見ることである。しかし、それは一般論であって、トン数が一〇〇〇トン多い戦艦の方が強いというような素朴な結論を意味するものではない。

そこで、八〇隻の戦艦を大きくグループに分けると第7表のようになる。なお、B級の中には、排水量の関係でフッドを入れてあるが、これはいわば張り出し大関の格付と見てよかろう。

四六センチ砲の威力

戦艦の歴史は結局、大砲と装甲の果てしのない競争であった。ワシントン会議で主砲が四一センチ（一六インチ）に押さえられ、排水量が三万五千トンに制限されて、この競争は一時足踏みをしていた。

巨砲重防主義の本尊は米海軍であるが、日本も攻撃重視という点では米国に劣らなかった。英国は口径よりも発射速度に重きをおいており、四一センチ砲はロドネー、ネルソンの二艦だけである。キング・ジョージ五世級は三六センチに引き下げ、バンガードで三八センチにもどっている。

フランス、イタリアおよびドイツも

（表6）第二次大戦参加戦艦一覧

	日本	米国	英国	ドイツ	フランス	イタリア	計
参加	12	25	21	4	10	8	80
喪失	11	6	5	4	6	3	35
撃沈	10	6	5	3	0	2	26

三八センチ組である。大砲の威力（魚雷もそうであるが）は、その口径の自乗に比例するから、命中弾だけを考えれば大きいほど有利な理屈であるが、実際では必ずしもこのとおりにはゆかない場合が多い。

射程が大きいから敵を寄せつけずに一方的に撃破できるという理論も、必ずしも注文どおりうまくゆくかどうか分からない。

とにかく、米国海軍はパナマ運河通航の関係で四万五〇〇〇トン以上の戦艦は造れないだろうが、四六センチを積んだ艦を造る可能性もありそうだったので、日本海軍で空前の四六センチ主砲艦が実現したわけだった。

八〇隻にのぼる各国の戦艦がどんな主砲を積んでいたかは第8表のとおりであり、じつに九種類に達している。

主砲はふつう一艦六門から一二門まであり、日本と米国は三連装三砲塔艦が多いが、英国は連装四砲塔艦が圧倒的に多い。

八〇隻の全砲数はじつに七四四門という巨大な数である。

このうち大和、武蔵の主砲一八門はだんぜん他を引き離してその威力を誇り得るものであった。大艦巨砲主義の頂点であったわけだ。その後の情勢の変化が、その恐るべき力を発揮する機会を得なかったことは、その造艦意図からいえばまことに残念なことであった。

その後、四万五〇〇〇トン級戦艦が出現したが、それらの現存の戦艦で大和、武蔵の矢面に立って、四つに組んで戦闘を交え得るものは一隻もなかったことは明言できるであろう。

大砲と装甲の関係は、だいたい、垂直甲鉄は口径と同じ厚さ、水平の方は半分で釣り合いを保つというのが原則

（表7）基準排水量からみた戦艦グループ一覧

艦型	新式戦艦（1939年以後就役）			旧式戦艦（1936年以前）	
級	A	B	C	D	
基準排水量（t）	64、000	42、000～45、000	35、000	22、000～34、000	
日本	2 大和 武蔵			10 陸奥 長門 伊勢 日向 金剛 比叡 榛名 霧島 山城 扶桑	12
米国		4 ミズーリ アイオワ ウイスコンシン ニュージャージー	6 サウスダコタ アラバマ インディアナ マサチュセッツ ノースカロライナ ワシントン	15 メリーランド 3 カリフォルニア 2 ニューメキシコ 3 ペンシルバニア 2 オクラホマ 2 テキサス 2 アーカンサス 1	25
英国		3 バンガード コンケラー フッド	5 ジョージ五世 プリンス・オブ・ウエールズ ハウ アンソン デューク・オブ・ヨーク	13 ネルソン 2 エリザベス 5 ロイヤル・ソベレン 4 レナウン 2	21
ドイツ		2 ビスマルク ティルピッツ		2 シャルンホルスト グナイゼナウ	4
フランス			3 ジャンバール クレマンソー リシュリー	7	10
イタリア			4 イタリア ローマ インペロ ヴェネト	4	8
計	2	9	18	51	80

（表8）各国戦艦主砲口径一覧

口径（ｾﾝ）＼国別	日本	米国	英国	フランス	イタリア	ドイツ	計
46	大和 武蔵						2
41	陸奥 長門 2	アイオワ その他 13	ロドネー ネルソン 2				17
38			バンガード フッド その他 14	3	イタリア 4 その他	ビスマルク 2 ティルピッツ	23
36	8	11	5				24
34				3			3
33				2			2
32					4		4
30		1		2			3
28						シャルンホルスト グナイゼナウ	2
計	12	25	21	10	8	4	80

である。具体的にいえば、敵艦が四〇センチ主砲を持っておれば、四〇センチの垂直甲鉄と二〇センチの水平甲鉄でその貫徹力を防げるというわけである。

　さて、四六センチの巨砲は一体どのくらいの甲鉄を貫けるかというと、つぎのような数字に計算されていた。

　射距離＝二万メートル、垂直甲鉄＝五六・六センチ、水平甲鉄＝二六・八センチ。

　射距離＝三万メートル、垂直甲鉄＝四一・六センチ、水平甲鉄＝二三・〇センチ。

八八艦隊の第一艦の戦艦長門(上)と米国の戦艦カリフォルニア

　ところで、信ずべき数字によれば、ミズーリ級、サウス・ダコタ級、キング・ジョージ五世級などの新戦艦の垂直甲鉄は、いずれも四〇・五センチである。また水平甲鉄は米国戦艦は二五センチであるが、他のものは二〇センチらしい。

　いずれにせよ、大和の主砲をもってすれば、米英新戦艦の甲鉄を打ち抜くことは易々たるものであろう。砲塔周囲は四六センチであるが、これとても抜くことはできる。

　四六センチ砲の最大射程は約四万メートルであるから、敵艦を寄せつけないこともできるにちがいない。弾丸重量は約一トン半で四〇センチ砲弾の一倍半あり、その威力もその重量に比例するだろう。

　英国の有名な海軍通が、

「大和は敵の大砲によっては、難攻不落の不沈性の防御力を有し、そのうえ敵にはより猛烈な損害をあたえ得る大口径砲艦の発達の極限を示した」

といったのは、まさしくそのとおりである。

大和の不沈性

元来、日本の戦艦は、どちらかといえば用兵家の考え方から攻撃力を主眼とし、防御力は二義的になっていた。攻撃は最良の防御なりという思想が造艦技術のうえにもかなり反映されていたといえる。

　攻撃精神は何よりも大切であるが、被害を受けずに敵を撃破することはまず望めないことだし、あくまで攻撃力を持続するには、防御力がぜひとも必要である。

　この見地から、大和型は防御力にも大いに努力がはらわれた。まず、側面は二万メートルから、上面は三万メートルからの四六センチ砲弾に堪え得るように設計された。水中弾および魚雷防御にも留意され、艦底起爆魚雷対策も一応、考えられた。

水平甲鉄は二〇〇ミリとされたが、これは砲弾に対するほか、次のような対爆弾計算によるものだった。

二二〇〇メートル以下の二・〇トン爆弾

二六〇〇メートル以下の一・五トン爆弾

三四〇〇メートル以下の一・〇トン爆弾

三九〇〇メートル以下の〇・八トン爆弾

装甲は甲板二〇〇ミリ、舷側四一〇ミリで、ミズーリ級とほぼ同じである。また、防御甲板以下の防水区画数を多くして水中防御力の強化につとめた。

防御重量は従来の三〇パーセント内外からじつに三七・一パーセント（二三・六八〇トン）に増強して日本戦艦としては飛躍的に強化された（ビスマルクは約四一パーセント弱といわれる）。

大和の防御計画は、以上のようにかなり慎重ではあったが、他の国でもそうだったように、いぜんとして対大口径砲弾防御に重点がおかれていたことは否定できない。現実に直面したような状況は、当時としてはとても予想だにできなかったことであるから、航空魚雷の対策を考えるべきだという注文は無理というほかはない。

航空魚雷の集中攻撃に対して、広い無防御部に浸水を招いて集中防御がかえって禍《わざわい》することになったのは是非もないことといわねばなるまい。

むしろ、よくもあれだけ堪えたものだといってよかろう。そこに日本の造艦技術の優秀さを発見すべきであろう。そこで、さすがは大和だけのことはあったことを、これから他との実際の比較でのべてみよう。

戦艦と雷撃

第二次大戦中、敵の攻撃によって沈んだ戦艦二六隻の沈没原因を、魚雷、爆弾、砲弾に大別すると、魚雷が筆頭で一六隻、爆弾は六隻、砲弾は二隻となっている。この魚雷のうち、航空魚雷が九隻を占めている事実は、第二次大戦における雷撃機の活躍を最も雄弁に物語っているといえる。

（表９）戦艦沈没原因一覧

原因	隻数	艦名
航空魚雷および爆弾	10	大和、武蔵、プリンス・オブ・ウエールズ、レパルス、ネバダ、メリーランド、ウエスト・バージニア、カリフォルニア、オクラホマ、アリゾナ
爆弾	6	ティルピッツ、ローマ、カブール、伊勢、日向、榛名
（航空）魚雷および砲弾	5	（ビスマルク、比叡）山城、扶桑、シャルンホルスト
潜水艦魚雷	3	金剛、バーラム、ロイヤル・オーク
砲弾	2	フッド、霧島
計	26	日本(10) 米(6) 英(5) 独(3) 伊(2) 仏(0)

敵艦を沈めるには、水線下に大破孔をつくる魚雷によるのがいちばん有効であるが、第一次大戦では、英国は五隻を、ドイツは一隻を失った（雷撃を受けたのは計一二隻）。

爆弾の出現は、大落角砲弾と同じようなものだったが、航空魚雷はまことに始末のわるい相手であり、水中弾の対策でまに合うような生やさしいものではなかった。大和、武蔵もこの集中攻撃についに屈したのだった。

航空魚雷は別に一つ大きな防御上の問題を提出した。それは、舵および推進器を損傷させて戦闘力を奪うという攻撃法である。もし、一本の航空魚雷がビスマルクの舵機をこわさなかったら、その追跡戦はきっと成功しなかったにちがいない。

プリンス・オブ・ウエールズも、早くも第一撃で舵機と推進器をやられて行動の自由を失い、まんまと刺止められることになった。この点、大和型は二枚舵を備えることによって、その先見の明を立証した（むろん、それだけで十分であったわけではないが）。

ドイツ海軍伝統の精華

さすがに物に動じない不屈の英首相チャーチルが、その報告をうけて呆然とした出来事が二つある。一つはフッドの轟沈であり、他の一つは不沈戦艦と頼んだプリンス・オブ・ウエールズの喪失であった。

フッド対ビスマルク、ビスマルク対英国戦艦部隊の戦闘は、第三次ソロモン海戦の日本戦艦対米国戦艦の戦艦夜戦、シャルンホルスト対デューク・オブ・ヨーク、スリガオ海峡海戦とならんで、数少ない戦艦同士の戦闘のうちの最も劇的な場面を展開したことは周知のとおりである。

がさて、結果は別として、英独戦艦攻防力の比較という問題になってくると、ハッキリしないことがかなり残っている。まず、フッドの轟沈は、はたして水中弾によるものか、砲塔天蓋を抜かれた落下弾によるものか分からない。また、ビスマルクが実際に何本の魚雷を打ちこまれ、何発の命中弾を受けたのかも記録がない。

「わが最大、最快速の主力艦フッドは装甲をやや薄く建造されていたが、三八センチ砲を積み、われわれが最も頼みにしていた海軍の貴重な財産だった」（チャーチル）

「フッドは英国艦隊中の最大艦であり、英海軍軍人はフッドこそ世界最強の戦艦だと思いこんで育ってきたのだ」（グレンフェル）

ビスマルクもフッドも、ともに四万二〇〇〇トンで三八センチ主砲八門を積み、速力も三〇ノットといえば、まったく互格の横綱同士であったはずだ。ところが、防御力が段ちがいだった。

（表10）ビスマルクとフッドの防御力比較表

装甲厚さ（ミリ）		ビスマルク	フッド
水線甲帯		330～356	300
防御甲板		150～228	100
砲塔	前部	460	460
	後部	300	254
	天蓋	228	178
防御重量比		41.0～44.0	34.0

グレンフェルによれば、フッドの進水後（一九二〇年ごろ）、海軍専門家たちは、ある角度で飛来する砲弾は容易に火薬庫にとどくだろうと指摘した。この弱点はつぎの機会に装甲の強化によって補われることに決定したが、ついにそのまま未着手に終わった。

フッド沈没の有様はつぎのとおりだった。

「午前六時、フッドが後部砲塔が射てるように変針したとき、ビスマルクの夾叉弾の水柱が立ち昇ったと見るやいなや、すさまじい爆発が二番煙突と後檣との間で起こった。そして三分か四分後には、あの巨大な巡戦は、もはや影も形もなくなっていた」（ロスキル）

敵弾が砲塔の天蓋を貫いたのか、水中弾になってもぐりこんだのか分からない。他の記録をみてみよう。

「ビスマルクの砲弾は数回フッドをはさんで落ちたから、恐らく命中弾があったのであろう。たちまち、フッドのマストの間から、何百フィートもある焔の恐ろしく大きな爆発、そしてその真ん中から大きな火焔の玉が天に冲するのが見えた。

その爆発した火山から噴き出すような火の塊りは、ほんの一秒か二秒しか続かなかった。それが止んだとき、いままでフッドが浮いていた海面は、途方もなく大きな煙の柱でおおわれていた」（グレンフェル）

仏国造船大佐の意見では、フッドの場合には水中弾が弾火薬庫に命中したという偶然のことが起こったとしても怪しむに足りないとなっている。

また、二万メートル内外の射距離では、砲塔天蓋が打ち抜かれることも容易に起こりそうだ。

いずれにせよ、ビスマルクの砲撃がすばらしく、フッドが第一次大戦の二の舞いを演じて、あっけなく数分間で沈んだのは事実である。このとき、もう一隻のプリンス・オブ・ウエールズも二弾を水線付近に受け、浸水五百トンに達して、煙幕のかげに避退した。

もしビスマルクが追撃すれば、この艦もフッドの後を追った可能性が強い。

造艦技術の傑作ビスマルク

ビスマルクが三昼夜以上にわたり、戦艦七隻、空母二隻、巡洋艦四隻、駆逐艦一二隻よりなる英国大艦隊の追撃を受けて、ついにブレスト沖に沈むまでの頑強な防戦ぶりは、まことに驚異そのものであった。

チャーチルは、

「ビスマルクは恐るべき艦であり、それは造艦技術の傑作だった」

と口をきわめて賞揚した。彼にほめられたのは、このビスマルクとロンメル元帥くらいのものだ。またロスキル大佐はその著書の中で、ビスマルク追撃戦をつぎの言葉で結んでいる。

「ビスマルクは最後まで爆発一つ起こさず、降伏もせず、止めの雷撃までいぜんとして浮きつづけていた。ドイツが驚くべき不沈の頑丈な艦を造りあげた技術は、すでに第一次大戦で示された。そしてその卓越した技術は、第二次大戦までの間にいささかも失われていなかった」

過ぐる第一次大戦において、ドイツ主力艦は一隻も英国側の砲火では撃沈されなかった。ザイドリッツは一七発の大口径砲弾と魚雷一本を受けたが戦列を維持した。デルフリンゲルは二一発を受けたが自力で帰投し、リュッツオは二四発の命中弾と一本の命中魚雷を打ちこまれてもなお海上にとどまっていた。

しからば、ビスマルクは何発の砲弾と何本の魚雷に耐えたのだろうか？

ビスマルクは五月二十七日の午前七時、その戦闘記事を記入した戦時日誌を救い出すため、Uボート一隻の急派を乞うた（これが最後の

（表11）ビスマルク命中魚雷内訳表

月日	発射艦	航空魚雷	魚雷
5・24	空母ヴィクトリアス	1	
5・26	空母アークロイヤル	*2	
5・26	駆コサックその他		2
5・27	戦艦ロドネー		1
5・27	重巡ノーフォーク		1
5・27	重巡ドーセットシャー		2
計		3	6
航空魚雷換算計		12以上	
記事	*印の一本が舵に命中		

発信電報だった）。しかし、日誌は本艦とともに沈んでしまった。したがって正確な被害内訳はわからない。

英国の最も権威のあるロスキル戦史によれば、命中魚雷は発射魚雷七一本のうち八本～一二本となっており、命中弾は無数と記されている。

この記録を基礎とし、他の資料も参照して推定した命中魚雷（沈没原因）の内訳は第11表のとおりである。

航空魚雷換算とあるのは、戦艦魚雷および駆逐艦魚雷は航空魚雷より大型であり、その威力も大であるから、内輪に換算しても一二本以上を受けたのに相当する意味である。

航空魚雷一二本といえば、大和の命中魚雷数であり、片舷に七本を受けたことは予想されるから、ビスマルクの水中防御力は大和級に近いものがあったと考えてもよかろう。命中砲弾は大口径砲だけでも少なくとも一〇〇発はあったと考えるべきだろう。

ドイツ戦艦ビスマルク（上）に砲撃されて爆沈した英戦艦フッド

ビスマルクはたしかにすばらしい戦艦であった。しかし、舵が敵の魚雷で損傷をうけ、そのために撃沈の悲運を招くことになろうとは思いもよらなかったことであろう。

この痛恨の戦訓によって、ドイツのつぎの大戦艦は、舵と推進器を魚雷から防ぐための艦尾船体構造を、特殊の形にしようとしたのだったが、ついにこの設計は実現しなかった。

ティルピッツ六トン爆弾に屈す

二〇〇ミリ甲板甲鉄が、高度二二〇〇〇メートル以下で投下された二トン爆弾に堪えることは大和の計画において示された。英国空軍はティルピッツを確実に撃沈するために、驚くなかれ六トン爆弾をとくに造ったのだった。

ティルピッツの甲板甲鉄は、いかに防御に重点をおいたとはいえ、二二八ミリ以上であったとは考えられない。英国は最初は雷撃によってティルピッツを撃沈しようと計画したが、ノルウェーの断崖直下の峡湾に停泊している敵戦艦を沈めるには、高高度爆撃によるほかはないことがわかった。

「ランカスター機は、高度一万四〇〇〇フィート（約四三〇〇メートル）から爆撃を行なった。爆弾は機体をはなれたが、高度が大きいので、命中までにかなりの時間がかかった。

ややあって、戦艦の前檣の上に、黄色の閃光があがった。二発が艦に命中したが、第一発は艦橋のそばに落ち、第二発目は煙突の後部に命中した。ティルピッツが炎上しているのは煙を通して認められたが、別に閃光と五百フィートの高さの黒煙の柱が立ちのぼった。弾火薬が爆発したものらしい（後部砲塔を貫通した）。

砲煙や爆煙がはれたとき、ティルピッツはすでに四五度傾き、なおしずかに横倒しになりつつあった。最初の爆弾の落下から沈没までわずかに八分間だった」

爆撃だけで沈んだ戦艦は、日本では伊勢、日向および榛名の三艦がある。いずれも呉軍港在泊中に空母機の攻撃を三回～四回うけたのち、命中弾一〇発～二〇発と多数の至近弾によって浸水沈座するにいたった。

日本の旧式戦艦三隻は正確な被害記録が残されたから、真珠湾の米国戦艦とともに貴重な実験標的にされたようなものである。ただし旧式艦であるから、今後に対し、その点では期待されたほどのものではないかも知れないが……。

爆撃だけで撃沈された戦艦には、イタリアの三万五〇〇〇トン級のローマと旧式戦艦のコンデ・ディ・カブールがある。いずれも、ドイツ機により爆撃をうけて沈められたことになっている。

詳細が不明で論評の限りでないが、旧式艦は別として、新造艦のローマが普通の爆弾でわけなく沈められたというのはすこし信じられない節がある。ローマの甲板甲鉄は二〇三ミリであり、大和と同じ厚さであったはずだ。高高度の大型爆弾が多数命中したのかも知れない。

案外だった英国の不沈戦艦

フッドがあえなくビスマルクの猛攻に屈したのは、老齢艦であった弱身として、自他ともに許されるとして、新造ホヤホヤのプリンス・オブ・ウエールズの水中防御の不十分さはむしろ案外だった。

というのは、日本側の記録では、八本の命中魚雷と一発の命中爆弾によって沈んだことになっているが、実際は魚雷五本（左舷二本、右舷三本）と爆弾一発によって撃沈されているからである。

この艦型は、主砲は三六センチで各国の新戦艦には珍しいくらいのものであるから、せめて防御にうんと力を入れていたのかというと、必ずしもそうでもないらしい。

もっとも、三万五〇〇〇トン級では航空魚雷五本程度で沈むというのが普通だと見られないこともないから、あながち防御力の不足を指摘するにも当たるまい。

プリンス・オブ・ウエールズと運命をともにしたレパルスは改装はされたが、元来、巡戦として建造された高速軽防艦であったが、旧式戦艦としてはなかなかよく頑張ったといえる。

すなわち、同艦は魚雷五本（右一本、左四本）を受けて沈んだ。もっとも一時に四本を受けてたちまち沈んだか、あるいは二本でも沈んだかも知れない。同じ本数でも命中箇所にもよるし、命中魚雷数だけでその防御力を論ずるのは慎しむべきである。

なお、日本側の記録では、レパルスだけに命中魚雷一四本と記録したが、実際は前記のとおり五本であり、総数四九本のうち一〇本を二艦に命中させたわけである。

つぎはアメリカの戦艦に移ろう。真珠湾では八隻の戦艦が日本空母機の雷爆撃をうけ、四隻が沈み、四隻が損傷した。

当時、最も新しい艦ウエスト・バージニアが、艦齢二〇年に近い旧式戦艦だったわけだ。

しかし、米戦艦は低速重防（対砲弾）ではドイツ海軍の衣鉢をつぎ、装甲は甲板一五センチ、舷側三六センチ、砲塔は四六センチというものものしさだった。

沈没艦四隻はいずれも魚雷と爆弾をうけたが、そのうち最大の被害はウエスト・バージニアの魚雷六本、爆弾二発であり、最少はカリフォルニアの二本と二発であった。ネバダは一本と五発をうけたが沈没せず、アリゾナは一本と八発で沈んだ（各艦は平時状態で防水扉は閉めてなかった）。

魚雷はすべて、一方の舷に集中されており、だいたい攻撃されてから二時間以内に海中に没したと記録されている。

以上は爆弾と魚雷による場合であるが、砲弾と魚雷をうけた場合もほとんど同一と見てよかろう。

山城と扶桑がその場合である。どちらも駆逐艦魚雷によって（前者は四本、後者は二本）スリガオ海に沈んだ。比叡は、大口径、中口径砲弾八六発をうけ、さらに飛行機魚雷三本と爆弾数発によってもなお沈まなかったが、舵機をやられたために自沈せざるを得なかった。その防御力はなかなか大したものといわねばならない。

二万六〇〇〇トンのドイツ戦艦シャルンホルストは、主砲砲弾は一〇発程度だったが、駆逐艦と巡洋艦の魚雷少なくとも五本を打ちこまれて沈んだ。三本の魚雷が命中してからはじめて速力が落ちたのだから、その防御力はさすがに大したものである。水線甲帯はビスマルクと同じく三三〇ミリであった。

潜水艦魚雷と主砲砲弾

第一次大戦では、潜水艦に撃沈された戦艦は一隻もなかった。それは航空機に沈められた主力艦が一隻もなかったのと全く同じだ。

第二次大戦では潜水艦は三隻の戦艦を仕留めた。英国戦艦バーラム、ロイヤル・オークおよび日本の金剛である。バーラムと金剛は四本であったが、ロイヤル・オークは三本で撃沈されている。

このうち、バーラムは火薬庫に命中して轟沈しているが、フッドといいバーラムといい、運が悪いといえばそれまでだが、弾火薬庫の防御に何か欠点があったとも考えられる。とにかく普通の戦艦は魚雷三本（航空魚雷ならば四本か五本）命中すれば、とても浮いていることができないことは明白だ。

武蔵と大和はいずれも米潜から二本ずつ魚雷を命中させられたことがあったが、何の損傷もなかった。

ところで残ったのは、砲撃だけの場合である。フッドの場合は特別として、ここには霧島がある。同艦は米国新式戦艦ワシントンとサウス・ダコタの四〇センチ砲弾九発のほかに一二・七センチ砲弾四〇発以上をうけて大破したのち、自沈したのだった。

霧島は元来、英国式の高速軽防の巡戦であり、その水線甲帯でも二〇センチ（ワシントンの甲板甲鉄より薄い）にすぎず、四〇センチ砲で猛撃されればたまらない。その命中弾が致命傷になったのは止むを得ないところである。

以上で、撃沈された戦艦のだいたいの検討は終わった。状況は千差万別とまでは行かなくとも、それぞれちがっているとしても、排水量と攻防力、とくに防御力との間には、おのずからある一つの関係が実例から生まれてきそうである。賢明な読者はすでにその関係を自分でまとめたかも知れない。

かなり不確実な数字もあり、発表された要目が必ずしも全部真実でない（日本以外）と思わねばならないし、むろん決定的な結論ではないとしても一応の傾向は分かるだろうから、つぎにそれをのべて見よう。

大和は世界一だった

いったい、大和と武蔵がそれぞれ、何本の魚雷と何発の爆弾で沈んだかを調べる人は、その数字が記録によって一つとして同じものでないのに途方に暮れるにちがいない。

正真正銘のところは、引き揚げたうえでのことでなければ恐らく分からないかも知れないが、最も真実に近いと思われる数字はある。

結論をさきにいえば、大和、武蔵はさすがに超重量選手としての貫禄十分であり、ビスマルク級がこれにつぎ、三万五〇〇〇トン級以下はだいたい似たりよったりということである。

排水量は攻防力の総和なり――という鉄則は、第二次大戦の実例によってもみごとに立証された、といってもよかろう。

さらに、もっとこまかく、しかし大ざっぱにいえば、三万五〇〇〇トン以下は四本内外の魚雷で沈み、三万五〇〇〇トン級は五本内外、ビスマルク級は一〇本内外、大和級は少なくとも一二本以上ということになりそうだ。

しかし、誤解を生ずる恐れもあり、例外もあることだから、第12表をとくに研究されんことを。

（表12）沈没戦艦防御力比較参考表

国別	艦名	排水量	魚雷	航空魚雷	爆弾	砲弾	沈没までの時間	記事
日	大和	65,000		12（右1 左11）	5（至近10）		2時間30分	
日	武蔵	65,000		20（右7 左13）	25		7時間30分	
独	ビスマルク	42,000	6	3		100以上	2日以上	舵機に命中
独	ティルピッツ	42,000			3（至近3）		0～20分	6トン爆弾
英	フッド	42,000					数分	轟沈
英	プリンス・オブ・ウエールズ	35,000		5（右3 左2）	1	2	1時間36分	推進器、舵機損傷
米	カリフォルニア	32,300		2（左）	2		3日	停泊中
英	レパルス	32,000		5（右1 左4）	1		1時間18分	
米	ウエスト・バージニア	31,500		6（左）	2		2時間10分	停泊中
日	伊勢	31,260			17			停泊中
英	バーラム	29,000	4（潜）					轟沈
英	ロイヤル・オーク	29,000	3（潜）					
日	霧島	27,500				50		自沈
日	比叡	27,500		3	5	86		自沈
独	シャルンホルスト	26,100	5			10		

大和やビスマルクの出現に対し、米英両国が黙視しているはずはなかった。米国はウエスト・バージニア級から、一躍してノースカロライナ級二、サウス・ダコタ級四に引きつづき、アイオワ級六の建造に乗り出した。英国は同様にバンガード級三で対抗しようとした。

サウス・ダコタ級は排水量は三万五〇〇〇トンであるが、防御法（三重底や艦尾形状）に一段の新機軸を加えたことは専門家の認めるところである。

さらに、アイオワ級にいたっては、その恐るべき攻防力に加えて、三三ノットの高速をあたえられた、ビスマルク級をしのぐ大戦艦であったといえよう。

英国のバンガード級は、フッドを近代化してその防御力を強化したという感じである。いずれにせよ、貴重な戦訓をとりいれ、対砲弾集中防御方針を改めて、航空魚雷の威力を十分に考慮した設計であることは無論である。これらの点では、大和級やビスマルク級より一段進歩していたといえよう。

（表13）各国代表戦艦要目表

	日本		米国			英国			ドイツ			フランス	イタリア
	大和	金剛	ミズーリ	サウス・ダコタ	メリーランド	バンガード	フッド	ジョージ五世	ビスマルク	H44	シャルンホルスト	リシュリー	ローマ
同型艦	2	4	4	4	3	2	1	5	2	2	2	3	4
完成			1944.6.11	1942.3.20	1921.7.21	1945	1920.3.5	1941.5	1940	計画のみ	1939.1.7	1940.4	1942
建造所	呉工廠		ニューヨーク工廠	ニューヨーク造船所	ニューポート・ニューズ	ジョン・ブラウン	ジョン・ブラウン会社	ビーカース・アームストロング	ブロームウントフォス社	——	ウイルヘルムスハーフェン	ゴムストン海軍工廠	リウニチ社
基準排水量	65,000		45,000	35,000	31,500	42,500	42,100	35,000	42,000	122,000	26,000	35,000	35,000
満載排水量	72,809		52,000	42,000	33,600	50,000		45,000	51,000	141,500	31,300	48,500	
全長（メートル）	263,00		270.04	207.4	190.3	248.27	262.5	227.5	249	345.12	235	242.2	236.4
最大幅	38.9		32.93	33.08	29.7	33.08	32.0	31.4	36	51.50	30.9	33	32.4
吃水	10.4		11.58	8.7	8.3	8.54	8.7	8.4	9.1	21,00	9.9	8.1	8.5
速力	27		33	27	21	29.2	31	30	30	30	32	30	30
乗員数	2,300		2,700	2,500	2,100	2,000	1,340	1,500	2,200	——	1,800	1,670	1,600
備砲 主砲	46×9		40×9	40×9	40×8	38×8	38×8	36×10	38×8	50×8	28×9	38×8	38×9
備砲 副砲／その他	15.5×6 12.7×24 25mm×113 13mm×4		12.7×20 40mm×80 20mm×48	12.7×20 40mm多数 20mm多数	12.7×10 12.7AA×8 40mm20mm多数	13.3×16 40mm×32 その他	13.3×16 MG×15	13.3×16 40mm×32 その他機銃	15×12 10.5×16 その他 50～60	15×12 10×16	15×12 10.5×14 37mm×16	15×9 12.7×12 その他	15×12 8.8×12 機銃×40
発射管							6				6		
飛行機	6		4	3	3		0	4	4		4	4	3
馬力	150,000		212,000	115,000	36,100		144,000	152,000	120,000	275,000		160,000	130,000
甲鉄 甲板（センチ）	20		25	25	15		10		15～20		15	20.3	20.3
甲鉄 舷側	41	20.3	40.6以上	40.6	36	40.6	30	40.6	33～35.6	38	33	40.6	28
甲鉄 砲塔			45.7	45.7	46		38		38		30		

記事(1)寸法はメートルおよびセンチで表わしてある。(2)メリーランド型は引揚後、水平甲鉄、対空砲装、水中防御を大いに強化した。
(3)ドイツのH44は、45,000トン級ティルピッツ改良型の最終設計を示す。

とにかく、大和と同時代にはこれにつづくものとしては、排水量では四万五〇〇〇トンどまり、主砲では四一センチ砲であった。ところが、計画でいえば、じつに一〇万トン戦艦が出現途上にあったのである。

このマンモス戦艦は、ドイツの改良ティルピッツ型（最初は四万五〇〇〇トン）の最終案であったわけだ。HおよびJと呼ばれたこの二艦は、一九三九年に起工され、四一センチ砲八門を積んだ五万六〇〇〇トン（満載）の戦艦として発足した。

二年後に、対ソ作戦と潜水艦建造に資材の最優先がおかれたとき、その戦艦の建造は取り消されたが、青写真はどしどし進められた。排水量はさらに八万トンに増し、ついには五〇センチ砲八門、三四ノット、一四万四〇〇〇トンというおどろくべき超巨大艦にまで発達した。

しかし、わが大和、武蔵は過ぐる第二次大戦における最大の攻防力を持った誇るべき巨大戦艦であったことは厳然たる事実である。

（昭和三十五年四月号収載。筆者は戦史研究家）

戦艦「大和」

連合艦隊司令長官・豊田副武大将が語る迫真の証言――「丸」編集部

フィリピン周辺海面の戦闘

記者　一部に多少の異論はあるにしても、世界の輿論は、圧倒的に日本の再軍備を要求している。日本は好むと好まざるとにかかわらず、再軍備せざるを得ざるにいたるであろう。

再軍備となれば、四面環海の日本は当然、水上艦艇を持つことになる。それについて想起されるのは、日本の有していた最高の製艦技術の集積である大和級戦艦である。大和、武蔵はあたえられた性能を発揮することなく、むなしく海底に没したが、設計上の誤りでもあったためであるか。

豊田　否、設計は当時にあってのあらゆる場合を想定して、周到な考慮がはらわれていた。

しかし、航空機は当時にあっては補助兵力であったので、これに対する防御に欠くるところはあった。これは航空機が発達し、原子爆弾が発明された今日からいえば、欧米の軍艦といえども同様である。私は大和級戦艦は現在でも、欧米の軍艦に比較して、決して優るとも劣らぬ軍艦であったと信じている。

現在でも、敵軍艦との決戦で乗員の技術が互角であるかぎり、必ず敵を破摧《はさい》し得たと信じている。

記者　今次大戦で、両艦が充分に戦力を発揮した戦闘があったか。

豊田　両艦とも充分な戦力を発揮する機会はなかった。しかし、もし戦力を発揮できたとすれば、それはレイテ海戦であった。

昭和十九年十月十七日、アメリカの攻略部隊がレイテ湾東方スルアン島に上陸、準備作戦をはじめ、二十日には艦艇、上陸用舟艇、輸送船など六五〇隻がレイテ湾に姿を現わしたという報告があった。

記者　アメリカ側の記録によると、その進攻軍はウィリアム・ハルゼー大将麾下の第三艦隊と、トーマス・キンケード中将麾下の第七艦隊であった。ハルゼー大将指揮下の第三艦隊の任務は、日本艦隊の壊滅にあり、キンケード中将の第七艦隊は、マッカーサー元帥の上陸掩護にあったと記されている。

豊田　私は前から敵主攻方向がフィリピンであるということが予測できた

ので、十月初めから幕僚数名を連れてマニラをはじめ前線各地を視察した帰り途で、当時、九州の大村にいたが、十八日、大村から日吉の連合艦隊司令部に対して「捷」一号作戦全般の発令を命じ、敵上陸地点突入期日を十月二十五日と下令した。

この「捷」号作戦とはフィリピン、ジャワを結ぶ線を防衛線と定め、その周辺に四種の決戦予想作戦海面を想定したが、その「捷」一号作戦の決戦予想海面がフィリピン周辺海面である。

本作戦に参加した日本の艦隊は七四隻で、戦艦七隻、重巡洋艦一三隻、軽巡洋艦六隻、正規空母三隻、軽空母五隻、戦艦改造空母二隻、駆逐艦三八隻で、これを三つに分けた。

その主力は栗田中将の率いる第二艦隊で大和、武蔵をふくむ四一隻である。この大和、武蔵の主砲は世界一の大口径砲であった。

戦艦大和の主砲は一八インチ

記者　大和、武蔵の主砲の攻撃力はどのくらいであったか。

豊田　大和級戦艦建造当時、世界における戦艦の主砲の最大のものは四〇センチ、一六インチであった。しかし、アメリカの改装戦艦の甲板防御の甲鉄の厚さは、七インチであるように伝えられていた。もしこれが事実であるとすると、戦闘距離によっては、一六インチ砲弾ではこれを貫くことはできない。

主砲の砲弾はいかなる距離で戦っても、これが命中した場合、敵の防御部分を破り得るものでなければならぬ。

イギリスは口径を一五インチとか、一三インチ半とかというように、比較的小さい主砲を採用するを常としていたが、アメリカは日本と競って、大口径砲を採用する傾向があった。それで将来アメリカが四六センチ砲を持つようになるかも知れぬというので、大和級戦艦の主砲に一八インチ砲採用となったのである。

一八インチ砲の四五口径、すなわち砲身の長さが口径の四五倍である場合、最大射程は約四万二〇〇〇メートルである。大和級一八インチ砲の砲身長は四五口径である。その仰角は射距離二万メートルで一二度四三分、落角は一六度三一分、射距離三万メートルで仰角二三度一二分、落角三一度二一分である。

記者　仰角および落角とは何か。

豊田　仰角とは射撃する場合、その距離によって砲身を上へ向ける。これを仰角という。

たとえば、小銃で二、三〇〇〇メートルのところを射撃する場合は、その銃身を四五度以上にも向けなければならぬ。しかし、一八インチ砲、四五口径であったなら、水平か、もしくは一度か二度仰角を上げればよい。

また、落角とは、それが目標に落下する角度をいう。落角が大きければ命中界、すなわち命中する率が少なくなる。

このレイテ戦においては小沢治三郎中将麾下の第三艦隊、これは日向、伊勢などの空母を主とする航空艦隊であるが、当時、その優秀な搭乗員の多くをサイパン戦で失ったので搭乗員の多くはまだきわめて練度が低く、その一部はほとんど実戦に適しなかった。

それで、この第三艦隊を敵機動部隊の牽制佯動《ようどう》に任ぜしめて、第二艦隊、これは栗田艦隊であるが、この栗田艦隊を第一遊撃隊として、これを栗田中将の直率する大和、武蔵をふくむ五隻の戦艦、一〇隻の巡洋艦一三隻の駆逐艦、二三隻と、西村祥二中将の率いる扶桑、山城以下一八隻の二つに分けて、両方からレイテ湾の敵の上陸地点に突入せしめて、敵輸送船団およびその護衛艦隊を撃滅しようという作戦であった。

このほかに志摩中将の率いる巡洋艦を主体とする第五艦隊があったが、これは小沢艦隊とともに敵主力の佯動牽制に任ぜしめることになっており、機会があれば栗田、西村両艦隊とともにレイテ湾に突入せしめるという作戦であった。

敵はマサチューセッツ、サウス・ダコタ、アイオワ、ニュージャージーなどの戦艦があったけれど、決戦となれば大和、武蔵の有する一八インチ砲をもってすれば、これを撃滅する算は充分あった。

一八インチ砲の甲鉄貫徹力

記者　一八インチ砲の甲鉄貫徹力はどのくらいであるか。

豊田　垂直ならば、射程距離二万メートルで二二インチ三、水平鈑六インチ六、射距離三万メートルで垂直鈑一六インチ六、水平鈑九インチ一であった。

記者　垂直鈑および水平鈑とは何か。

豊田　垂直鈑とは垂直の鋼鉄鈑、一例をあげれば舷側、水平鈑とは水平の鋼鉄鈑で、一例をあげれば甲板のごときものをいう。

記者　垂直鈑の貫徹力二万メートルの場合は二二インチ三であり、水平鈑の場合は六インチ六、しかるに三万メートルの場合、垂直鈑の貫徹力一六インチ六と、その威力は大いに減じているのに、水平鈑の場合は九インチ一とかえって貫徹力を増しているのはどういうわけか。距離が遠くなれば垂直鈑の場合と同様に、水平鈑に対してもその威力が減ずるのが当然ではないか。

豊田　前にいったように射距離が大きくなると、仰角が大きくなる。仰角が大となれば、落角が大きくなる。二万メートルの場合には、艦の側面への弾丸の攻撃力は強いが、距離が大きくなるにしたがって、側面への攻撃力は撃角が大きくなるので、それだけ弱くなる。

これに反して艦の上面に対しては、距離が大となるにしたがって仰角が大きくなり、また落角が大きくなるから撃角が小となり、命中時の弾丸の貫徹力は二万メートルの場合よりは大きくなる。

記者　撃角とは何か。

豊田　面の垂直線と斜線をなす角度をいう。

記者　この海戦において、彼我の主力が遭遇すればどうなったか。

豊田　もしこの作戦で彼我の主力が遭遇すれば、一六インチ砲の最大射程は約二万メートルであるのに対し、一八インチ砲の最大射程は四万二〇〇〇メートルであるから、敵が弾丸の射程内にこちらがはいらないうちに攻撃することができるばかりでなく、射程にはいったとしても、一八インチ砲と一六インチ砲では貫徹力が違うから、敵を破摧することができる。

しかるに、第二艦隊は二十二日、ボルネオのブルネイ泊地を出撃、決戦場に向かう途中、二十三日早朝、アメリカ潜水艦の雷撃にあって、重巡洋艦愛宕、摩耶を失い、高雄また落伍した。そして翌二十四日、シブヤン海に入ったところ、一〇時ころから敵艦載機の延べ二五〇機の六次にわたる攻撃で武蔵が沈没し、大和および長門、巡洋艦妙高、羽黒、矢矧に被害があった。

記者　武蔵の防御力はどの程度であるか。

豊田　舷側の甲鉄四一〇ミリ、甲板の甲鉄二〇〇ミリであった。

甲鉄の厚さは、弾丸防御の見地から決定される。ようするに、飛来する敵弾の大きさがどのくらいかということと、砲戦距離がどのくらいであるかということによって定まる。

大和の設計では、砲戦距離は二万～三万メートルという想定であった。

戦闘距離は武器の発達につれて、しだいに遠くなるのを原則とする。

日清戦争の際の黄海の海戦では、彼我の距離は二五〇〇メートルないし六〇〇〇メートルであった。しかるに、日露戦争の日本海海戦では、二〇〇〇メートルないし八〇〇〇メートルとなっている。第一次世界戦争では、さらにこれが延びて一万メートルないし二万メートルになった。

大和では二万メートル、三万メートルという想定の下に設計された。すなわち、ほぼ東京～横浜ぐらいの距離によって、戦闘が行なわれると想定されたのである。

敵弾の大きさは、自艦の主砲の口径を想定するのを原則とする。当時、内外を通じて実在する大砲の最大のものは四〇センチ、すなわち一六インチである。

しかし、大和は四六センチ、一八インチ砲を搭載することになっている。万一、この機密が洩れて、敵が一八インチ砲を搭載する場合があるとしたら、こちらの防御が一六インチ砲という想定の下になされたならば、安全に戦闘し得る戦闘距離を失い、これに対抗することができず、利用価値がいちじるしく低下するというので、従来の定則である自艦搭載主砲弾を防御目標とすることになったのである。

そして甲鉄の厚さは、二万～三万メートルから発射された四六センチ砲、すなわち一八インチ砲の砲弾に耐えるようにされたのである。

つまり、大和は上面を厚さ二〇〇ミリ（八インチ）、側面を四一〇ミリ（一六インチ）、前後面を三〇〇ミリの最新式製法による甲鉄をもって囲まれたのである。

武蔵はどうして沈んだのか

記者　大和の舷側甲鉄の厚さを内外戦艦の他のそれに比較すると、どの程度の差異があるか。

豊田　金剛二〇〇ミリ、扶桑三〇〇ミリ、長門三〇〇ミリ、ネルソン三五〇ミリ、ペンシルバニア三三七ミリ、大和四一〇ミリである。

豊田　軍艦は戦闘を目的とするものであるから、敵の攻撃によって損傷を受けても、できるだけ沈まずに、攻撃力を発揮できるものでなければならない。ことに戦艦は、艦隊の根幹として徹底的に戦わなければならぬ。そのためには不沈艦が理想であるが、絶対に不沈艦とするにはただ鉄の箱となるほかはない。

ゆえに、限られたる重量で防御するためには、そのために軽重の差の生ずることはやむを得ない。それによって順位をつけると、まず火薬庫が第一である。火薬庫に被害を受ければ、たちまち沈没の危険があるからである。

第二には舵取機械である。これを破壊されると、艦は航行の自由を失う。

ドイツの不沈艦といわれたビスマルク号が、北海においてソードフィッシュ英飛行隊の放った三発の魚雷の中の一発が舵取装置に命中したために、艦はたちまちグルグル回りをはじめて、ついに撃沈されたことが記録されている。

またガダルカナル島沖海戦で、戦艦比叡が舵の故障のために、ビスマルク号と同様の結果に陥ったという苦い経験がある。

そのほか砲塔、司令塔、および機械室、汽罐室、これはここを破壊されると、自力航行不能となるおそれがあるからである。次は発電機室、水圧機室、変圧器室、発令室、通信室の一部、注水指揮所の一部を主要防御区画として、それぞれ厚い甲鉄鈑で区画した。

記者　そのように完全な防御をした武蔵が、どうして沈んだのであるか。

豊田　要するに、大和級戦艦起工当時にあっては、航空機は補助兵力にすぎなかった。それが主兵力として登場してきたことに主たる原因がある。しかも航空機のみによって、十分戦艦を撃沈し得ることの範を示したものは、日本の真珠湾攻撃であり、マレー沖海戦におけるプリンス・オブ・ウエールズおよびレパルスの撃沈であったから皮肉である。しかし、武蔵は延べ機数一五〇機の六次にわたる襲撃を受け、命中魚雷二〇本以上、命中爆弾一七個以上、至近弾二〇個以上を受けたが、最後の空襲終了後、四時間四五分を経過してから沈没したのである。

大和はただちに砲門を開いて

記者　大和の排水量および、これが内外の主要戦艦との比較は――。

豊田　公試状態において大和の排水量六万九一〇〇トン、日向同じく四万トン、長門常備状態において三万三七四五トン、ネルソン満載状態で三万九五〇〇トン、サラトガ三万五〇〇〇トン、フッド四万一五〇〇トンである。

記者　公試状態、常備状態および満載状態とは何か。

豊田　公試状態とは燃料、糧食等の消耗物件を、満載量の三分の一を消費した時の艦の重さで、戦場に到着してまさに戦闘を開始せんとする時の状態である。軍艦の設計はこの状態について行なわれるのを普通とする。常備状態とは条約に定められた特定状態の艦の重さで、各種物件を満載した状態から燃料と予備給水とを差し引いた状態をいうのである。

記者　排水量、すなわち艦の重さとは、具体的にいえば何か。

豊田　船艦、すなわち船体の構造材、甲鉄、これは防御用に用いた鋼鉄材をいう。防御板、これはたとえば舷側甲鉄の背後に、弾片防御用に用いた厚さ一四ないし一六ミリの甲鉄、艤装、固定整備、固定外整備、砲熕、水雷、電気、水圧タンク内の水、航空機、機関、重油、石炭、ただし大和は石炭を積んでいないが、陸奥などは重油三・〇七一トンに対して、石炭を六一トンも積んでおり、全排水量の〇・一パーセントを占めている。その他、予備水、潤滑油、軽質油等をふくむ全重量をいう。

主兵装としては一八インチ砲、すなわち四六センチ砲三連装砲塔三基、つまり九門、副砲一五・五センチ砲三連装砲塔四基、すなわち一二門、高角砲一二・七センチ二連装六基、すなわち一二門、機銃二五ミリ二連装一二基、二四門、一三ミリ二連装二基、四門、水上偵察機六機を搭載した。

水線長二五三メートル（水線長とは、公試状態で浮かんでいる時の側面から見た艦の長さ）最大幅三八メートル九、深さ一八メートル六六九、吃水一〇メートル四（吃水とは水中部の艦の深さ）、速力二七ノット、航続力一六ノットで七二〇〇マイル（航続力とは一定速力で直線に走り得る片途距離）、軸馬力一三万五〇〇〇馬力、推進器四個、そのうち二個はタービンに結ばれて七万五〇〇〇馬力、二個はディーゼルに結ばれて一六万三〇〇〇馬力である。

記者　レイテ海戦において、武蔵以下三隻を失ってから栗田艦隊はどうしたか。

豊田　私は栗田艦隊はことによると敵空軍の爆撃に耐えかねて、引き返すかも知れないと思ったが、しかし、引き返したところで敵航空機の追蹤を免かれることはできない。レイテに突入しても、引き返しても、その被害は五十歩百歩の差に過ぎない。

しかも、全般の作戦は栗田艦隊を枢軸として展開しているのであるから、栗田艦隊が退却することは全作戦を崩壊に導くことになる。そこで、「天佑を確信して全軍突撃せよ」という命令を発した。

この時、ハルゼーの主力は、偵察機からの報告で、ルソン島東北二〇〇ないし二五〇カイリの沖合に日本航空母艦を発見すという報告に接して、これが攻撃のため北方に進んだ。

そこへ「全軍レイテ湾に突入せよ」という命令に接した栗田艦隊が、いったん西方に避退したのを「全滅を賭してレイテ湾に突入す」と返電して、ふたたびサンベルナルジノ海峡を通過、レイテ湾に向かって南下した。

この時、大和は敵の航空機の編隊を見つけて、直ちに砲門を開いて「三式弾」という榴散弾を射撃したので、敵編隊は全隊全滅したという報告があった。

「三式弾」はかなり広い範囲に拡がるから、当たれば飛行機は墜落するし、当たらなくとも爆風でたいてい落ちてしまう。

それから栗田艦隊はサマール沖で、スプラーグ准将の率いる艦隊に遭遇したわけだが、この時はだいぶあわてたらしい。

大和以下全艦隊は直ちに砲門を開いたが、スプラーグ准将は大和以下の射ち出す砲撃に堪えかねて、キンケード中将の第七艦隊に救援を求めたと、アメリカ側の記録は記している。

砲塔操作に支障のないように

記者　大和級戦艦は、砲を動かすにはいかなる動力によったか。

豊田　主砲砲塔動力は従前どおり水圧によった。水圧機、水圧タンク、もしくは水圧を砲塔に送る水圧管の一部が損傷されると、一部もしくは全部の砲塔が機能を失い、艦の生命である主砲の攻撃力を失うので、たとえ一部が損傷されても、その影響を全部におよぼさぬように砲塔一基に水圧器一基を置き、外に予備一基を置いて四基の水圧機が置かれた。この四基の水圧機や水圧タンクは、水圧管で互いに連絡されて、要所要所にはバルブがあり、一部分に故障があっても、迅速にその部分を分類して圧力水を送り、砲塔操作に支障のないように設計された。

記者　副砲および高角砲を動かすにはどうするか。

豊田　大和では副砲や高角砲、機銃の旋回、俯仰、給弾等々はすべて電力を動力とした。大和は発電機は二二五ボルト、六〇〇キロワットのディーゼル型四基と、ターボ型四基の八基で、四八〇〇キロワットの発電力を有していた。被害局限の見地から、一基一室に配置し、各室相互の距離はできるだけ遠ざけられた。

舵取機械、排水ポンプ、空気圧搾ポンプ、冷却機等いずれも電力によった。

その合計発電機力量は四八〇〇キロワットで、これは八王子市全体の工場動力や電熱、電燈等すべてに給電することのできるのと同程度である。

主電路の配線は、水圧管と同様に環式に敷設されている。これは従来の方法と変わりはなく、各国海軍は皆この方法によっている。

ただ大和における特長は事故の発生した場合の対策と、故障をその一局部に限定する方法に、精密な考慮がはらわれている点にある。

発電機の発生した電力は主電路に流れこむが、この電路は各発電機の力量に応じて区分されており、区分された電路から、それぞれ末端の各電気装置に電流が流れる。

従来の戦艦では、環式主電路は四つに区分されていたが、大和の場合は発電機が八基あるので、これを八区分に分かつことになっている。この主電路配線は、防御区画内の主要部、とくに艦体の中心にも電線通路が設けられているので、もし左舷の発電機に故障が生じた場合は、右舷の発電機からの給電も受けられることになっている。

司令長官からの命令伝達は

記者　ハルゼー提督の記録によると、栗田艦隊はスプラーグ准将の艦隊にいったん砲門を開きながら、突然、砲撃を中止して、北方に向かって引き返したとアメリカ側の記録に伝えているが司令長官からの命令はどんな方法で伝えられるのか。

豊田　他艦には手旗信号、もしくは無電で伝えられるが、自艦の各部署には伝声管、空気伝送管、直通電話などでなされる。伝声管というのは船特有の通信装置で、金属の管を通して肉声を送るものである。

　これは最も確実な伝達方式であるが、大和のように艦体が大きくなると距離が長くなり、通信は困難になる。空気伝送管というのは、通信事項を簡単に紙片に書いて、圧搾空気で管の中を相手に送る装置であるが、これも距離が長くなると送達が困難になり、そればかりではなく甲鉄の甲板にその管の通過する部分だけ穴が空くことになり、それだけ甲鉄の防御力を弱めることになる。かつ敵が毒ガスを使用すると仮定すれば、そこから毒ガスが艦内に侵入することになる。それで、なるべく直通電話を用いた。

　直通電話とは砲戦関係とか、機関関係とかいう各系統へ直接指揮命令するためで、大和には直通電話の数は四九一本ある。このほかに、交換室を通る一般電話のあることはもちろんである。

　伝声管は一四六本、空気伝送管は一四本あった。ほかに高声電話というのがある。これは高声でないと聞こえないが、その代わり故障が少なくて確実である。高声令達器、これはそれぞれの部署に、とくに受話器を取り上げなくとも命令が高声に伝達されるものである。

　これを他の日本軍艦に比較すると、伝声管は長門一九二本、比叡一五〇本で、大和が一番少ない。空気伝送管は長門二〇本、比叡二三本でこれも大和の方が少ない。直通電話は長門三八五本、比叡三九二本で、これは大和が四九一本であるから圧倒的に多い。これは甲板に管の通る孔のあくのを避けて、なるべく電話をもって代えたことによる。また、これらの通信に要する電線も超多心ケーブルとして甲板甲鉄の電線貫通孔をできるだけ少なくした。

記者　レイテ戦について、ハルゼーは『ハルゼー提督記録』という自著の中で、「この時、余は際どい戦いに臨んでいたのであった。しかも友軍は窮地にあって、救いを求めてきたのである」と述べているが、有力な栗田艦隊によって砲撃を受けたスプラーグ准将は、キンケード中将に救援を求めた。日本艦隊撃滅の重圧を帯びたハルゼー提督の第三艦隊の主力が、小沢航空艦隊攻撃のために北方に進出したために、キンケード中将の率いる第七艦隊と、マッカーサー元帥の率いる上陸部隊を乗せた輸送船団は、栗田艦隊の攻撃の前に曝《さら》されたのである。そこで、キンケード中将はハルゼー提督に救いを求めた。

　ところが、ハルゼー提督の艦上攻撃機は、小沢航空艦隊に激烈な攻撃を加えているため、飛び立っている時であった。

　アメリカの軍事評論家ギルバート・キャントは、

「栗田中将がレイテ湾で、信ずべからざるような損害を相手にあたえるためには、レッテルと勇気以外には何物も必要としなかったのである」といっている。

　しかるに、栗田艦隊はこの有利な態

勢にありながら、突然、攻撃を中止して針路を北方に転じたのである。この時、栗田艦隊がレイテ湾に突入すればどうなっていたか。

豊田　私も終戦後、日本にきたアメリカの調査団から、栗田艦隊はなぜもう一、二時間追撃しなかったか、もし追撃したら、アメリカ側は全滅したであろうといっている。

もちろん、そういう局地の戦場におけるタクテックス（戦術運動）は、何千カイリもの後方にあるわれわれが、追撃せよとか、どうせよとか、命令すべき筋合いではない。戦勢は転瞬の間に変転するのだから、私は栗田君が攻撃を中止したことに批判は加えないことにしている。

陸上砲撃と艦隊砲撃との違い

記者　栗田艦隊の小柳参謀長は、もし栗田艦隊がレイテに突入すれば、西村艦隊がその日の未明にレイテ湾に突入して全滅した後であるから、水雷も敷設されているであろうし、魚雷艇も待ち受けているであろうし、栗田艦隊邀撃の準備は万端整っているであろう。全滅を覚悟で突入するのは、その犠牲によって戦果を期待し得て、はじめて意義があるのである。この場合、むしろ付近にいると思われる敵機動部隊を求めて、決戦を挑むことが爾後の戦勢を有利に導くと判断して、レイテ突入を中止したといっているが――。

豊田　西村艦隊が突入したのは未明であったが、栗田艦隊は白昼であったから、水雷も魚雷艇もあるていど避けることができる。しかも、引き返した途中で相当の損害をこうむったのであるから、損害をこうむるという点では、進むも退くも同じであった。

記者　もし突入すれば、大和の巨砲によって敵輸送船団を撃滅し得たか。

豊田　私は現場にいたわけではないからわからないが、アメリカの軍事専門家が、一、二時間攻撃を継続すればアメリカ側は全滅したであろうといっているのだから、あるいは撃滅し得たかも知れない。それに輸送船などを片づけるのには、大和の一八インチ砲を必要としない。巡洋艦でも、駆逐艦でもできる。

記者　大和の巨砲で陸上を射撃したら、すでに上陸した部隊を掃蕩することができたであろうか。

豊田　陸上を砲撃する砲弾と軍艦を砲撃する砲弾とは違うから、陸上の上陸部隊を掃蕩することはできなかったであろう。

記者　陸上砲撃と艦隊を砲撃するのと、弾丸はどのように違うか。

豊田　艦隊を砲撃する弾丸は徹甲弾であって、甲板なら甲板、舷側なら舷側の甲鉄を貫いて、内部で炸裂するようになっている。ところが陸上を砲撃するのに、同じ弾丸を用いれば、徒《いたず》らに地下にもぐってしまう。これを反対に、敵艦を砲撃するのに地上を砲撃する弾丸を使用すれば、命中位置で爆発するから、爆発力は抵抗力の少ない空中へ多く飛ぶので、火炎は高く天に冲して壮観であるが、実害はさほど与えないということになる。大和型戦艦の主砲の弾丸は一二〇発しか積めないから、陸上を砲撃する弾丸を多く積めば敵艦を砲撃する弾丸の搭載量がそれだけ少なくなる。だから、地上を砲撃しても、上陸部隊を掃蕩するということは不可能であったと思う。

居住性を良好にするために

記者　レイテ付近は亜熱帯であるから、かなり暑いと思われるが、軍艦内はそれでなくとも温度が高く、部署によっては室内においても、日射病に罹《かか》るものが往々にしてあるというが、大和型戦艦の防暑設備はどうなっているか。

豊田　日本軍艦の活動海面は南洋および日本近海であるという想定の下に、艦内の暑熱を防止し、居住性を良好にするために、大和型戦艦にはとくに通風、冷房、暖房の諸施設がなされた。

装置は thermo tank を冷房にも暖房にも兼用した。冷房の際は、四台合計六〇万キロカロリーの力量の火薬庫冷却機から導かれて、このタンクの中に入っている冷水管に接触するために冷やされるので、空気中の湿気も露となって除去されるから、温度が低下する。暖房の場合は、冷水を蒸気に代えればよい。最初は全居住区におよぼす計画であったが、冷房は兵員室には贅沢であるという反対意見もあって、とくに熱い煙路、つまり蒸気などが導く管に接触する中央部の兵員室と士官居住区に限定された。

この冷房で夏期温度二七度程度にとどめることができた。他の艦では三五度ぐらいであった。

ことに発電気室、変圧器室、水圧ポンプ室、空気圧縮ポンプ室、舵取機等のある補機室などの温度は非常に高くなるが、それも三八度以内にとどめるように考慮された。

記者　戦闘中も、やはり冷暖房はそのままであるか。

豊田　戦闘開始となると、合戦準備発令とともに艦橋からの命令で、管制盤の操作で通風機は全部一斉停止せしめて、改めて甲、乙―A、乙―Bの三系統をその順位にしたがって、通風機を再開せしめる。

第一が甲系統で、これは戦闘中、少しの休みもなく活動を必要とする区画で、直ちに通風機を再開する。これは檣楼区画、機関室、補機室、弾薬室、注排水管制室、その他の諸区画である。

第二は乙―A系統で、戦闘中は必要でないが、戦闘航海状態に必要な区画で、これは甲系統の次に再開せしめられる。この区画は士官室、兵員室、主倉庫などである。

第三は乙―B系統で、この区画の通風機は戦闘中は閉じたままであるばかりでなく、防水という見地からこの区画の出入口は閉鎖し、通風管の防水弁も閉じてしまう。これは一般倉庫、食糧倉庫、また空所などである。火薬庫の冷房は以前からされていたが、兵員の居住区に冷暖房を取り上げたのは、日本軍艦として大和が最初である。

記者　定員および一人当たりの居住面積はどのくらいか。

豊田　准士官以上約一五〇名、下士官以下約二一五〇名、合計二三〇〇名である。

一人当たりの床面積は三平方メートル、伊勢二平方メートル二で駆逐艦のごときはわずか〇・一平方メートル四ぐらいのものもあるから、大和はこの面からいっても非常にゆったりしていた。

艦橋に装備すべき施設など

記者　寝室は軍艦では、ハンモックに寝ることになっていると聞いているが、大和はどうなっているか。

豊田　近頃の軍艦では、その三分の一が寝台になったが、大和では休息という見地から極力吊床を減じて寝台になったが、候補生だけは、教育上の必要からむしろ吊床を奨励している。

記者　炊事の施設はどうか。

豊田　大和の炊事場の設備は、すべて電気や蒸気力によって処理され、能率的には非常に近代化したが、米を主食とする生活様式が改善されないので、欧米の軍艦のそれのように高能率衛生的にはできない。

二番副砲支筒の下が、長官、艦長糧食小出庫になっていて、副砲支筒に向かって左に士官用烹炊室があり、また調理台、流しがある。長官および艦長の烹炊室は別にある。三番副砲支筒の下が兵員烹炊室になっており、洗米器、俎板、配食台などはみな移動式になっている。

三番副砲支筒に向かって左側に、六斗炊飯釜六基が並んでいる。これは三重釜回転式である。左側に飯棚、菜棚があり、その前に合成調理機二基が置いてある。これは大根の千切り、芋の皮剝き、挽き肉などのすべての調理が出来るようになっている。

この調理場の設備はすべてで電気万能烹炊器、一五キロワットのもの三基、二五キロワットのもの二基、三重釜回転式、六斗炊蒸気飯炊釜六基、同じく六斗炊蒸気菜釜二基、二斗炊蒸気粥釜二基、茶湯製造器二基、これは一時間四〇〇リットルができる。電気保温器一個、蒸気保温器一式、大型食器消毒器三個、一馬力冷凍機一個があり、また、食糧保存のための冷蔵庫も、野菜庫、魚肉庫、獣肉庫、氷庫等にわけられ、その容積もすこぶる大きく、全体で二二三立方メートル四におよび、長門の八六立方メートルに比較してすこぶる大きかった。

またラムネやサイダーくらいは、それぞれ製造することができた。豆腐とか特殊のものは、これを供給する軍艦が別にあった。

記者　日露戦争ごろまでの軍艦のマストは、非常に簡単な形であったが、近来の軍艦におけるそれは非常に複雑な形をしているが、あれには何か理由があるのか。

豊田　昔はマストの前に艦橋があって、艦橋の上にあるものは敵艦の距離を測る測距儀ぐらいのものであったが、兵器の進歩にともない艦橋に装備すべき施設はしだいに多くなって、現在のごとき格好になっていった。

昼戦艦橋は水面上の高さ約三四メートル、この高さから同艦型の昼戦艦橋を距離四万五〇〇〇メートルで肉眼で見ることができる。大型機関銃弾の防御が施してある。

夜戦艦橋は司令塔付近に設けられてある。ここには主砲射撃指揮所、副砲射撃指揮所、高角砲射撃指揮所、機銃射撃指揮所、防空指揮所、伝令所、作戦室、見張所、信号指揮所、旗旒信号所、手旗信号所、司令塔その他があり、測距儀、電波探知機などが装備されている。

　各射撃指揮所には方位盤を備え、方位盤射撃を行なえるようにしてある。この射撃法は、方位盤の射手と旋回手とが目標を照準すれば、それにしたがって、各砲塔に取り付けられた俯仰旋回の目盛の上の元針が自動的に動く。砲側では目標を見ることなく、元針に合うように砲を動かして、追針をこれに合わせれば、砲塔は自動的に俯仰旋回をし、方位盤射手が引金を引きさえすれば、各砲から弾丸が目標に向かって発射されることになっていた。

トラック泊地の大和と武蔵。後方に高速戦艦が２隻見える

大和の最期となった菊水作戦

豊田　大和の主砲、副砲方位盤装置は旋回中心上に指揮官、射手、旋回手の望遠鏡がつき出している。

　前檣全体の構成は従来の戦艦のそれが三本、もしくは六本の柱を骨として作られていたのに対して、少数の弾丸の命中によって倒れぬように、また主砲発砲の時の爆風で艦橋配置の人員や機械が故障せぬように、同心内に配された二重の筒とし、内部円筒の中は電線とかいろいろ管の通路とし、内筒と外筒の間に前記の諸室を配置し、外筒の外部に測的、指揮、攻撃に関するものが置かれていた。

　司令塔は敵の主砲の直撃弾に耐えるように防御され、その内部の前部は操舵および操艦所、それに防御指揮所、後部は主砲の予備指揮所として旋回方位盤を備えられていた。

　前檣楼には上甲板から第一艦橋、昼戦艦橋の直下の作戦室まで四人乗りのエレベーターが備えられていた。長官以下幕僚および艦の幹部の私室および公室がある。

記者　大和の最期となった菊水作戦について話していただきたい。

豊田　レイテ作戦が十月、十一月一日にはサイパン作戦後のマリアナ各地の航空基地を整備してアメリカ軍は、京浜上空偵察のためのB29がはじめてきた。

　サイパンから東京まで一三〇〇カイ

り、B29の往復はできるが、途中に不時着基地があった方がよい。南方諸島中で最も適当な島は硫黄島である。わが軍ではアメリカは次にはここを襲うであろうとの算で、シナ海周辺地区、小笠原列島、ことに母島、硫黄島の防衛を強化したが、二月十七日から硫黄島に対する空襲がはじまり、十九日には上陸を開始した。マニラが乱戦状態に陥っているころである。海上権も制空権もほとんど敵手にある状態なので、救援軍を送ることもできず、三月十七日には全軍玉砕した。

硫黄島の失陥の翌日から四国、九州へ対する空襲が激しくなり、二十二日には沖縄に空襲があっていよいよ沖縄作戦がはじまった。

四月一日の朝、アメリカ攻略軍は、沖縄に上陸を開始した。その総兵力五四万八〇〇〇、軍艦三一八隻、補助艦艇一一三九隻、ほかに上陸部隊一二万といわれた。当時、沖縄におけるわが軍は約一〇万にすぎなかった。

そこで私は、当時健在であった大和を有効に使う方法として、水上特攻隊を組織し、沖縄の敵上陸地点への突入作戦を計画した。

大爆発を起こしてついに沈没す

豊田 大和を根幹として、それに軽巡洋艦矢矧、駆逐艦八隻をして、夜陰に乗じて内海線を突破、アメリカ側沖縄泊地に突入し、大和の巨砲威力によって、米艦船を撃沈せしめようとするにあった。

記者 いかに世界最大の巨砲といえども、ただ一隻、ただ九門の威力に過ぎない。しかも、これにしたがうものは軽巡洋艦一隻に駆逐艦八隻、それをすでに橋頭堡をかため、基地飛行場を確保し、三〇〇隻以上の軍艦によって守られた敵の勢力海面に突入せしめて果たして、成功の算があったか。

豊田 もちろん、一〇〇パーセントの算はない。しかし、ぜんぜん算がなかったわけではない。戦争は水物である。果たして丁が出るか、半が出るか賽を投げて見たうえでなければわからない。

記者 戦史の上で寡兵をもって大軍に当たり、狂瀾を既倒にめぐらした例があるか。

豊田 織田信長が今川義元の大軍の本営に突入した、桶狭間の合戦のような例もある。当時、レイテ海戦以後の戦闘で、艦船の被害が大きくなって修理ができない。また燃料が極度に窮迫していたから、修理をしてもこれを動かすことはできない。

それで、大きな船は呉の付近、あるいは内海西部の所々にカムフラージュして繋留し、防空部隊として敵機の来襲がある場合、これを砲撃するようなことをさせていたが、これはほとんど戦力として計算することはできなかった。

そこで、国家存亡の危機であるから、これを有効に使う方法として水上特攻隊を編成し、沖縄基地突入を計画したのである。

そこで、重油も最後の一滴まで吸い上げて、出撃せしめたのであるが、高速では片道の燃料しかなかった。

記者 では最初から生還を期待しな

かったのであるか。

豊田　帰ってくるなとはいわない。燃料があったら帰ってこいということにした。

記者　内海線とは何か。

豊田　豊後水道である。——当時の急迫した戦局では、まだ働けるものを残しておき、現地における将兵を見殺しにするということはどうしても忍びない。多少でも成功の算があれば、できることなら何でもしなければならぬというので、この決断をしたのである。

四月六日午後四時、徳山を出撃、同夜、豊後水道を出て翌朝、大隅海峡を抜けていたから、フルスピードで突進すれば翌日の朝、沖縄に突っ込み得るはずであった。

しかるに七日の七時一〇分、マルチン哨戒爆撃機によって発見され、ついで午前九時すぎ、四〇機、五〇機の艦上爆撃機、艦上攻撃機の数群が各方面から大和めがけて突っこんできた。その数合わせて四〇〇機、後部マストに二五〇キロないし五〇〇キロ爆弾が命中、また魚雷二本が左舷に命中した。艦は大きく左に傾いたが、注排水装置で傾斜は復原した。空襲は約三〇分で終わった。速力は依然として二五ノットを維持していた。

一〇時に約三〇〇機が来襲、二〇～三〇機ずつ襲撃、中型爆弾二発左舷後部に命中、魚雷四本また左舷前、中、後部に命中、艦は左に一度傾斜、速力二四ノットとなった。

一二時三〇分、約三〇〇機来襲したが、攻撃は依然左舷に集中され、魚雷二本が命中した。主要防御区画外はすべて海水充満し、速力は一八ノットに低下した。一時三〇分、傾斜二〇度となり、二時三〇分、二回の大爆発を起こしてついに沈没した。

このほかに至近弾が落下したが、その数は不明であるが、損害は武蔵より大きかった。

武蔵、大和ともにその原因は、航空機の発達が予見できなかったことによるといえよう。

大和は武蔵沈没の戦訓にかんがみ、高角、連装六基、一二門であったものを二連装二九基、計一二一基となり、機銃、高角砲をもって全艦針鼠のごとくになった。その代わり三連装副砲砲塔二基を撤去した。このように対空兵器を強化したけれど、ついに航空機によって撃沈される運命を免れることを得なかったのである。

それと基地航空隊と水上部隊との協力の不足とが、この敗戦の主たる原因である。

起工から竣工までのいきさつ

記者　大和型戦艦は起工から竣工までに、どのくらいの日子を費やしたか。

豊田　基本計画着手が昭和九年末、艦型決定が昭和十二年三月、その十一月から起工した。進水式が十五年八月であるが、ちょうどそのころが紀元二六〇〇年に当たっており、自分が艦政本部長であったが、大和、武蔵の艦名は自分が決定した。

大和は神武天皇が即位の式を挙げられた国の名であるし、武蔵は帝都のあるところであるからだ。大和、武蔵ともに明治時代にあった軍艦の名であって、両艦とも終わりを全うした。たしか一〇〇〇トンぐらいの艦だったが、大和は少年刑務所になっていたと思う。

記者　建艦費はどのくらいか。

豊田　一億三七八二万二〇〇〇円、これを現在の価格にすると、二〇〇倍として二八〇億円以上が一艦の建造費にかかっている。

ドックの底を掘り下げたり、工作機械を新造したり、クレーンを新しく造ったりする費用に、そのくらいかかっているから、大和、武蔵および途中で航空母艦に模様替えされた信濃、途中で工事を中止してスクラップされた第四艦など、全部の費用は巨額にのぼる。引き渡しは大和が十七年六月、起工から引き渡しまで五年三ヵ月、計画着手から竣工引き渡しまで八年弱の長年月を費やしている。このような長い歳月を要している。

記者　大和級戦艦建造着手から完成までの約四年間、その機密を完全に保つことができたか。

豊田　機密を保つことができた。たとえば、建艦費のごときも大蔵省へ提出する文書には、ほかの艦艇数隻を建造するような書類を提出した。また建艦に従事する者は、工員の末にいたるまで、親兄弟といえども決して口外しないという契約書を入れさせた。だから、海軍省の高官でも、直接建艦に従事しているものを除いては、よく知らないくらいであった。

長崎の造船所の近くには、ソ連の領事館がある。この領事館から造船所のドックが見えるので、造船所の間に大きな倉庫を建築したり、また高く囲いをしたりした。そのおかげで、夏は涼しく、冬は冷たい風を防ぐことができたのは思いもよらぬ副産物であった。

わが海軍も、この大和級戦艦建造当時、また真珠湾奇襲当時までは機密が保てたのであったが、緒戦の戦果に心がおごったのか、ミッドウェー作戦の際は誰でもが出撃の日を知っていた。事前に機密が洩れたということが、ミッドウェー敗戦の最大の原因であった。

記者　世界最大にして、最良の軍艦を有効に使用することの出来なかった原因は何か。

豊田　大和、武蔵の起工当時には航空機は補助兵力にすぎなかったのであるが、太平洋戦争によって航空機が主兵力として飛躍的に発達したことである。

わが海軍は、由来夜戦を得意としていたものだ。そして夜戦については永い間訓練をつみ、相当の練度に達していたといえる。

記者　なぜに、夜戦に重点をおいたのか。

豊田　日本海軍の仮想敵はアメリカ海軍であった。アメリカ海軍に対しては、質量ともに正攻法では日本海軍は敵ではない。寡をもって衆と戦うためには奇襲——奇襲による以外にはない。そこで、夜戦をとくに重きをおいたのである。ところが、その日本海軍得意の夜戦ができなくなってしまった。

記者　それはいかなる理由によるのか。

豊田　レーダーが発達したためである。北海でドイツの戦艦が、イギリス航空隊によって撃沈せられたのも、レーダーのためであった。

従来、敵の距離方向を測る機械としては測距儀がある。しかし、その誤差は距離の自乗に三倍する。すなわち距離の遠くなるほど、その誤差が大となるのである。

ところがレーダーは、その誤差は距離が遠くなっても同じである。

自分が艦政本部長であったころから欧米には精巧なレーダーがあることを知った。それで、海軍の内部でも研究させるし、民間の学者も動員して研究せしめたのであるが、理論的にはわかっているのだが、技術がついに欧米におよばなかった。

レーダーによれば、闇夜でも敵の距離方向、単機か編隊かもわかるのであるから、こちらの得意とする夜戦の手を完全に封じられたことになる。

記者　将来の海軍で、大和、武蔵のごとき大艦巨砲が、果たして必要であるかどうか。

豊田　自分が軍務局長時代に大和型戦艦建造中止の議を提出したのであるが、すでに建造計画を樹立した後であったから、これを中止して新しく計画するということは、その間にギャップができるので、ついに実現できなかったのである。

記者　大艦巨砲はなぜに不必要か。

豊田　不必要というのではない。その建造に少なくとも四年間もかかるのであるから、建造中途でこの機密が洩れた場合、敵もまたこれ以上のものを建造するであろう。あくまで仮想敵国と同数のものができればよいが、資本的にも、技術的にもアメリカと格段の相違のある日本は、大型のものよりも小型のものを多数持った方がよい。大型のものが少数の場合、これを失うことは致命的であるが、数が多ければ補充がつく。

ゆえに、日本のごとき資本的に劣っている国は、小型でも精鋭のもの多数持った方がよい。

（昭和二十六年六月号収載）

大和型戦艦メカニズム徹底解剖

世界最大の戦艦大和を精密な解剖図に再現する——福井静夫監修

大和型の戦艦について私は二つの疑問をつねに持っている。その一つは、なぜ本艦はいつまでも人気があるのだろうかという疑問だ。日本で一ばん美しい艦はといえば、ほかにあるのではないか。逆に一番役に立たなかったたくせに、開戦前の貴重な長期にわたって、海軍の用兵、技術ともにその全力を傾注した、古今に稀な大損失となった艦も大和型である。

といってもじつは、私も本艦が大好きなのである。嫌いなために、こんなことをいうと叱られるかもしれない。好きなだけに敢えていおう。本当に不思議なのは、本艦の人気だ。逆にいって、それが他の艦の働きを知らず、ことに護衛、掃海、対潜、輸送艦艇や、特設艦艇の地味で、しかも最も貴い、しかも絶大な犠牲を忘れているためであったら、私はこれほど悲しいことはない。また、ただ本艦が大きいだけで人気があるのなら、何と単純なことであろうか。

つぎの疑問は、多くの模型や絵で大和型を見るのだが、そのほとんどすべてが、少しも大和の印象にピッタリでないことだ。残念なことに本艦の写真はほとんどないが、しかしごく少数ながら私は探し、求めたし、略図もつくってあげた。それをもととして、どうしてこのように異なった印象の模型や絵ができるのであろうか。おそらく大和もまた忠臣蔵や義経と同じになってしまったのだと思う。


本艦の外見上の特長をいうならば、ことに従来の戦艦とくらべてみると、まず第一に長さが、艦の排水量の割合に短くて、かわりに幅がうんと広いことである。そして前甲板（一番砲塔より前方）はひじょうに広大で、また中央部（第一と第三砲塔の間）は、上部構造物の両側の最上甲板が実に広びろとしている。

上部構造物は、煙突の付近で、真横から見上げると、まるで巨大なビルディングのように大きく、かつ高いのだが、遠方から見るとそれほどには感じない。むしろ、艦橋構造物（檣楼）は、艦全体の大きさに釣り合わないほど小さく見える。事実、小さいのだ。

が、多くの絵などに、本艦がきわめてたけの高いような印象のものがあるが、これは絶対に誤っている。砲塔から艦橋付近にかけて、その側方の甲板が広く、そのために檣楼は、たらいのなかに箸を立てたような、というのは誇張だが、大皿の上にソース瓶をおいたくらいの感じである。実物を見るときは真横からよりも、いくぶんか首尾線の方向から眺めることが多い。本艦の幅が広いことは、じつに強烈な印象である。

つぎに本艦は、その基本計画をまとめるのに最大の努力をはらって、主防御区画が極小とされている。つまり長さは排水量の割に小さいとはいえ、空母赤城（改装後）、翔鶴型、大鳳などと同じくらいで、わが軍艦中では、もちろん最長である。

それにくらべて、前後部、ことに前部の砲塔より前方がきわめて長大に見え、かついちじるしいシーア（甲板のそり）が艦首につけられ、またその艦首の形は顕著なクリッパー型で米国戦艦にやや類似し、しかも、艦首のフレヤー（舷側のそり）がじつにいちじるしい。中央部にこぢんまりと、上部構造がまとまっており、その印象もまた強烈だ。

つぎの特長は檣楼の位置にある。正横より見るとき、ちょうど船の長さの中央にあたるところに、檣楼がある。これは主砲が前部に二砲塔、後部に一砲塔となったためと、前記のようにバイタル・パートを極小としたためであって、わが軍艦中、まことに特異な外容といえる。ちょうど本艦と設計、建造ともに同期にあたる米戦艦ノースカロライナ型が同じことになっているのは、奇しき偶然ともいえるし、また日米両国の最高の頭脳者の精根つくした産物が、同じ結果を生み出したものともいえる。

本艦の特長は、じつに多い。しかしその大部分は外見に現われない内部のもので、たとえば舷側甲鉄の取り合い、その下方の水雷防御との関係、バーチカル・キールが二枚平行して設けられ、中心線縦壁が二枚となっていること、弾庫甲鉄、その他じつに多くの特長がある。

その一面では、とかく本艦の特長というように見られがちの二枚舵のタンデム配置、というよりは主舵と副舵との配置と方式、これはじつは特長としては大したものではないと思う。当時からのわが大艦には、ほかにも空母に同じ例があるが、しかし諸外国、ことに英、独、伊では、弩級艦の初期（大和より三〇年以上前）から第一次～第二次世界大戦初めまでに、その主力艦にこれを広く採用し、そのいずれもが成績不良で、のちにはこの方式を廃止しているからだ。

大和型の副舵がきわめて有効であったのなら、前人の失敗したことを、まったく新しい観点より計画して成功させたことは、偉大であろうが、実はわが国もまた、成功とはいえなかったからである。

【主要防御区画】バイタル・パートとは、主要防御区画といえばわかるであろうが、艦のもっとも大切な区画であって、この部分を戦艦など防御力を重視する艦では十分に甲鈑で防御する。別名アーマー・シタデルともアーマー・ボックスともいわれるようだが、わが海軍では英国式にそのままバイタル・パートと称した。これは、弾・火薬庫、罐室、機械室、大切な補機室や指揮区画などをふくみ、バイタル・パートは最前部の砲塔の下方から最後部の砲塔の下方までにおよぶ。

敵弾や魚雷などに対して防御するのに一は甲鈑を用い（直接防御）他は甲鈑なしに、ただ区画をできるだけ細分して、一部分に浸水しても、浮力の損失を極小にする方式（間接防御）と二つある。ふつう軽巡級以下では後者のみで、前者はあっても、ごく軽度のものであり、重巡や大型空母ではあるていど前者を重視し、

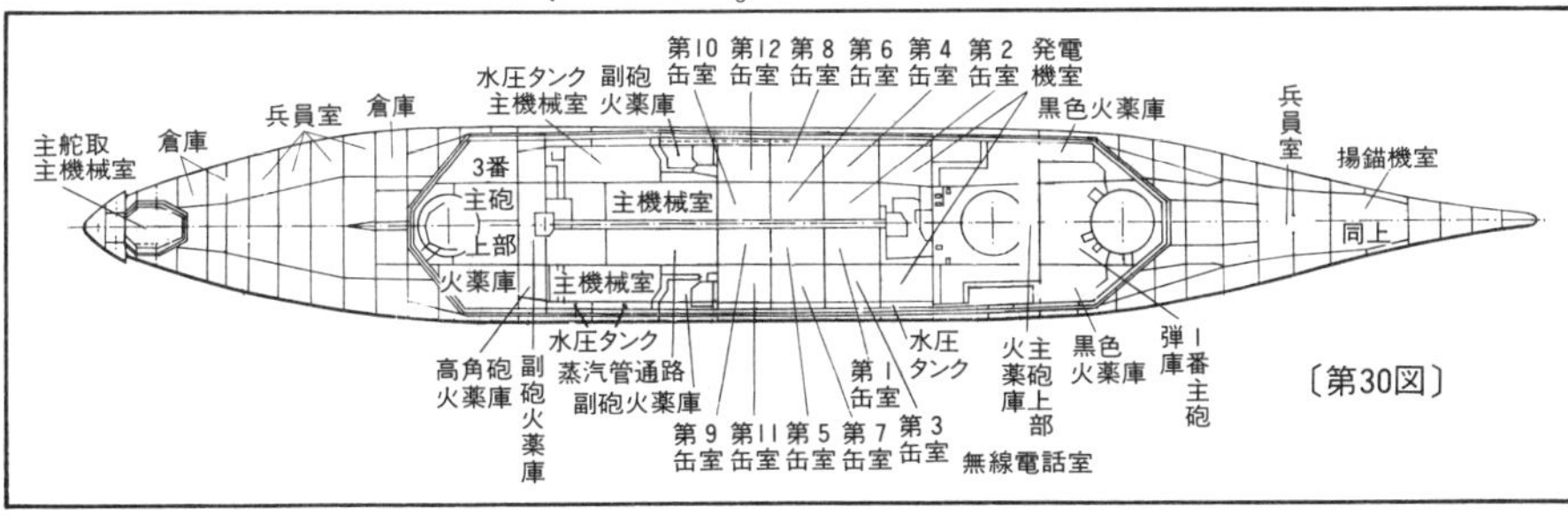

〔第30図〕

戦艦では、すべて両者を併用する。逆に言えば、直接防御を完全とするのは戦艦である。敵弾に対しては、まずその弾種と戦闘距離を想定しなければ、防御計画はできない。敵弾はどんなものか性能がわからないから、戦艦では自艦の主砲弾そのものを敵弾と見るわけである。けだしわれわれは最も強力な攻撃力を有すべきであり、いいかえれば、わが弾丸こそ最強であらねばならぬ。

つまりこれに対して防御を計画すれば十分なわけである。これは等しく世界各国の戦艦防御計画の基本的方針である。敵弾に対して舷側と甲板を防がねばならない。爆弾はたとえ高々度で投下しても主砲弾ほどの貫徹力はないから、甲板防御は大遠距離よりの敵重砲弾（非常な高空より大落角で命中する）に対して防御すれば十分である。もちろん防御甲鈑は露天甲板ではなく、もっと下方であるから、小爆弾とて命中すれば非防御部はいちじるしい被害を生ずる（しかし浸水のおそれはない）から、このために大和型では煙突の屈曲部の上面とか、バイタル・パートの前後部の上方甲板とは、ある程度の対爆弾防御が施されたが、それは主砲弾を防御する防御甲板の厚さから見れば、ずっと軽度である。

吃水線下は魚雷に対して防御する。これらを通じて、直接防御を艦の全体に施すことはとうてい不可能であるから、防御部分を着眼し、そこには絶対的に防御する方針とされた。また甲鉄は中途半端な厚さのものはかえって敵の徹甲弾の信管を作動させるのに役立って危険でもある。まったく防御なしの薄い鋼板の方が、徹甲弾は反対舷に貫通してしまうから安全で、このために後方の舵取機室以外は、防御はこのバイタル・パートのみに限っている。被害を受けたとき、甲鉄だけで完全に防ぐためには、むやみにそれを厚くしなくてはならないので、実際には命中弾でそこの甲鉄はやられてしまってもよい。

ただ必ず敵弾をそこで砕くことが必要だ。その際の激しい弾片と自艦構造物の飛散などを、その内部の弾片防御壁ではじめて完全に喰いとめるわけである。つまり甲鉄とプリンター・プロテクシロンとの間は浸水は許すが、そこより内方へは絶対に浸水を許さず、被害も許さないことになる。

防御甲鉄層の内方に、もう一つの壁があるのがそれである。そしてバイタル・パートの間に一切の重要な機構を収めておくのである。さらにそれでも被害が内方におよぶことを顧慮して、内方の区画をできるだけ細分する。弾・火薬庫だけは絶対的に防御し、他は少し薄くする（その分の重量だけが弾・火薬庫の防御に加える）。ことに舷側甲鉄は、いわゆるバランスの厚さとするのはぜいたくだ。なぜなら直撃の機会はきわめて少なく、命中弾の大部分は斜め命中だからである。

しかし直撃のこともあるから、その際は、機関部は細分され、外方の機械室や罐室がやられても、まだ艦の運動力には、よほどの影響がないようになっている。この罐室、機械室の区画法は日本海軍独特のものである。また一方、艦の罐室や機械室に浸水して大傾斜を生ずるときはただちに反対舷の区画にわざと海水を注水して傾斜を矯正し、重油なども移動し、注水した海水は、なるべくこの量をへらすようにされている。

【上部構造物】大和の巨大さをもっとも感じたのは呉工廠の第四ドックに入渠中に、渠底を歩いて平らな艦底下に入ってみたときである。つぎにはそのドックの渠頭付近よりななめに本艦を眺めたときである。比島沖海戦で前甲板に直撃弾を受けて損傷したので、その個所を調べに行ったとき、前甲板を歩いても、その個所がなかなか見つからなかったというのはウソのような本当の話である。

艦内の居住区を歩いているうち、どうしても反対舷に出られなくて困ったことがある。中央部に集中して設けられた各種の構造物も、それを近くで見るとじつに大きい。

前檣楼が他の戦艦より、むしろ小さいくらい（ただし高さはむしろ高い）であるが、しかしわが戦艦で、はじめて完全な塔式構造となったので檣楼内の施設はじつに見事に完備されている。多くの重要な戦闘指揮区画は檣楼内でも気密区画（防毒）とされていて、循環通風が施されていたことも、当時としては見るべき発達であった。その檣頭の測距儀は一五メートルの世界最大のもので、本艦ではほかに一五メートル測距儀は各主砲塔に一基ずつあるから、合計四基あったわけである。

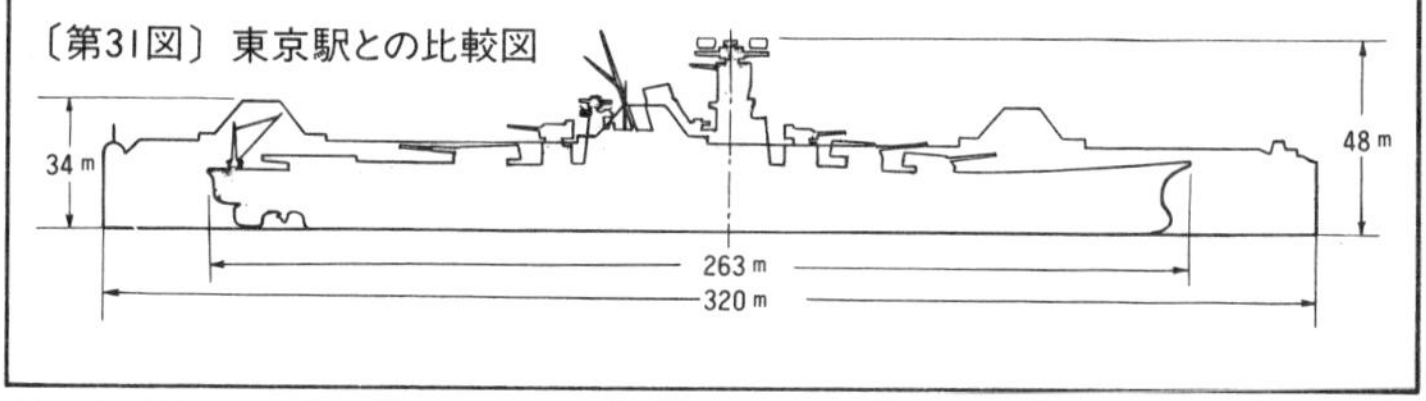

〔第31図〕東京駅との比較図

これらの各測距儀のデータは、檣楼構造の船体下方の防御区画内にある発令所の、射撃盤に自動的にフィードされて、刻々とその平均値（各測距儀の位置と高度による計測値の精密度のファクターを考慮して）が求められる。一基の測距儀を独特の三重式（一基ごとに三組の測距儀が同居）のステレオ式であって、それによって、正確性を少しでも向上させるようにされ、またジャイロによる安定装置もついていた。

といえば、いまの対空ミサイルの発射装置ほどではないにしても、よくも三〇年ちかくも前にこんなすごいものが、わが技術のみで、設計され、製作され、しかもその性能が断然すばらしかった（他国のものは精密なデータが判らないが、しかし断然それをはるかに凌ぐ自信があったし、戦後調べても、やはりそうであったといえるようだ）ものだと驚くであろう。いまや科学に技術は飛躍したが、しかしこの自信、いなわが民族の実力は、次代をになう青少年の諸君にとってこの上ない励ましともなろう。

【砲塔と弾火薬庫】写真を見て、ただその砲塔が大きいという感じをもっても、その内部や、その下方がどうなっていたか、その複雑かつ精密な実相を把握できる人はいないであろう。砲塔そのもの、つまり旋回する部分だけの重量が約二八〇〇トンであって、その四周と下方にバーベット（円筒形の厚甲板）や複雑な各種の装置がある。また発砲時のレコイル（反動力）をできるだけ広い部分で船体に伝えて、その衝撃によって船体構造に異状を生じないためにも、その支持構造はすこぶる複雑である。

船底部は三重底となっていて、三重底はいわゆる〝亀の子甲鈑〟で、船底下で艦底起爆の魚雷や機雷が爆発しても大丈夫のように防御された。下方と火薬庫を、その上方を弾庫としたのは、敵の主砲が万一、上方を破って貫入してきても、火薬の爆発をさけるためである。砲塔重量を受けるリング・バルクヘッドと給弾給薬室は防焰装置で巧妙に仕切られ、ジュットランド海戦において、轟沈した英巡洋戦艦の轍をふまないようにされている。

弾丸と火薬は主砲一門当たり一〇〇発および年度消耗分一〇発をふくめて一一〇発（一船分で主砲弾約一〇〇〇発分）が搭載される。火薬は電動装置で格納位置（火薬庫内）より給薬室へ運ぶことは万一のスパークその他の事故をおそれて断念し、こればかりは人力で兵員が持ち運び、そのため一発分の装薬は六等分して六個（長門級の四〇センチ砲は四個）に分け一個分六〇キロを人力で運び、給薬室で、揚薬筒へ入れてから、機力で砲塔へ上る。砲弾は装薬のように危険でないから、全部機内である弾火薬庫内は完全にエア・コンディションが行なわれ、その室温と湿気を調節して変質を防ぐ。火薬の自然変質は軍艦にとって敵の攻撃以上に危険であるから、火薬庫の保安には最大限の注意がはらわれた。

その床と四周は木材の上に柔いクッションを敷いて防熱とかね、鋼材はまったく露出せず、火薬運搬中にぶつけても危険のないようにされ、兵員はここでは靴をはかない。万一室温が標準以上になった場合には、ブザーが自動的に鳴り、さらにスプリンクラー（散水装置）も設けてある。弾丸は弾庫内のみでなく約半数は砲塔の旋回部分においてこれはビール瓶をならべて立てたような方法で、古くより米国海軍が実行していた方式である弾庫と火薬庫内の弾丸や火薬はすべて横に倒して格納してある。これらは、弾丸を砲塔内におく方法以外は、すべて金剛時代に英国より学んだ方法の改良である。

しかし三連装の大砲塔、その巨大な重量をうけるローラー・パス、その旋回、俯仰などの装置は、まったく本艦において他の比を見ないものである。新時代の新兵器でこそないが、在来兵器の窮極の改良発達を示す典型例が、大和型の砲塔とその関連装置なのである。また砲身と弾丸について、その特長は大なるものがあった。

【耐弾・耐魚雷】 バイタル・パートにおける敵弾の防御を考えるときは、自艦の主砲用の徹甲弾を敵弾と見るわけだが、つぎはどのくらいの距離で戦闘するかを想定せねばならない。もちろん主砲の最大射程で発砲しなければ損だが、しかし以下のべるように遠距離になるほど舷側甲鉄は薄くてすむから、あまりに遠距離のみを想定してはならない。かといって、あまりに広い範囲内の戦闘を想定すると舷側も甲板も、ともに非常に厚い甲鉄を必要とすることになり、これもとうてい実現不可能、というより無駄な設計となってしまう。

　大和の場合には、この戦闘距離は二万～三万メートルとされたのである。注意しておくが、これは決してこの範囲のみに本艦の戦闘を限定するのではない。実戦では最大射程（四万メートル以上）でいち早く敵に命中して欲しいし、また敵に止どめをさすには肉薄することすらある。ここにいう戦闘距離とは、あくまで防御計画上のものであって、これを想定

最大中央部横断面および敵弾、魚雷命中図

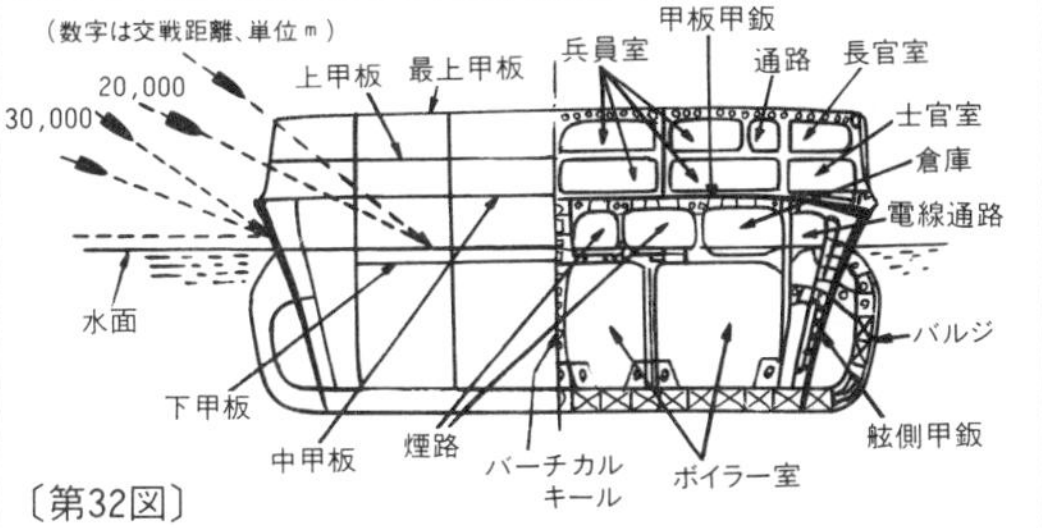

〔第32図〕

しなければ、設計ができないからだ。実戦ではこれより遠くても舷側が破られ、これより近くても甲板が貫徹されるかも知れぬ（自艦の動揺や、敵弾やその信管の性能によって）。だが設計にはこのように、十分の考慮をはらっての基準は必要であり、本艦は十分とするために、二万～三万メートルというように一万メートルもの範囲をとったのである（従来の戦艦ではこの範囲はずっと少ない）。舷側甲鉄では二万メートルからの弾丸の方が三万メートルよりのものより大存速（命中時の弾丸の速度）、しかも直撃に近い状態で命中するから、二万メートルに対して、弾丸の命中エネルギーとバランスする厚さの甲鉄にすればよい。本艦の舷側甲鉄はジュットランド以後の大艦に広く採用されたいわゆる傾斜甲鉄であるのは、その傾斜角だけ弾丸を斜めに命中させて甲鉄の効果を上げるためである。この傾斜角度が、このような厚い甲鉄ではいちじるしいのも本艦の特長である。甲板は、舷側とは反対に、三万メートルの方が大落角であり、また弾丸は非常な高空から落下するから撃速も大きいので、三万メートルに対して防御する。

　だが舷側とちがって甲板の方は、その甲鉄を傾斜させるわけにはいかないから、あくまで水平として防御を計画し、かつあるていどのローリング分に対する余裕を見込んでおく。本来なら最上甲板を防御したいところだが、こうすると、舷側甲鉄もここまで高めることとなり、重量的にも（重心も上がる）不可能だから、中甲板を甲鉄で防御したわけである。煙路や大きい貫通孔は蜂の巣状のいっそう厚い甲鉄を用いている。

　舷側の吃水線下はバルジとなり、その内方に舷側甲鉄下端の支えをかねて魚雷防御縦壁（甲鈑）がある。

　魚雷の防御は、弾丸に対するものとはすべて異なる。魚雷は命中しても貫通しない。そのかわり、はるかに多量の火薬は舷側に接して大爆発する。これを直接甲鉄で防ごうとすれば、何メートルもの厚い甲鉄を要し問題にならぬ。

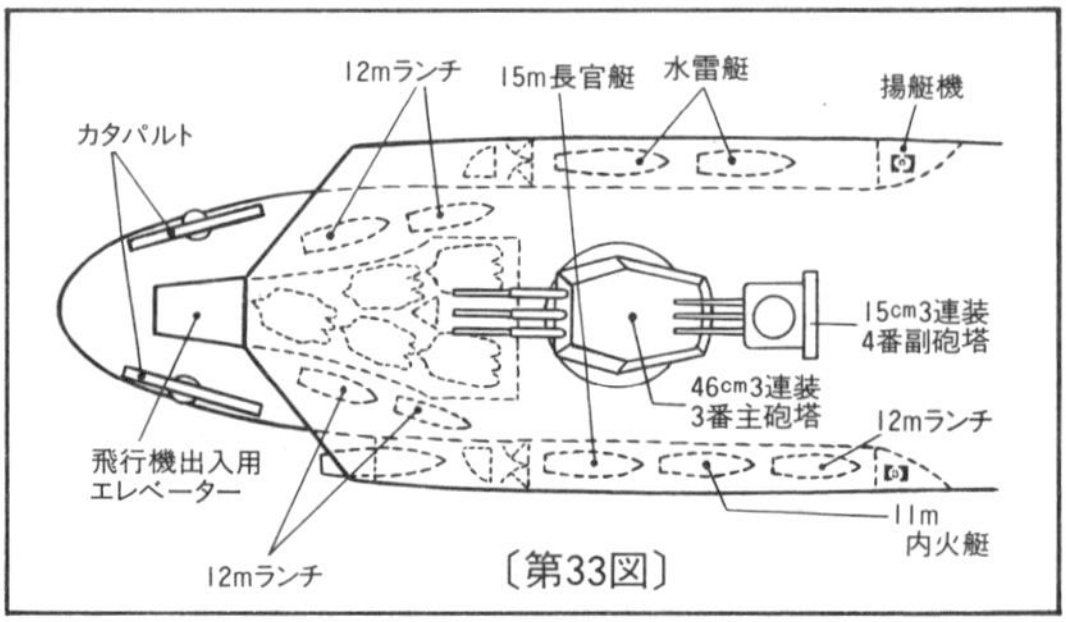

〔第33図〕

ゆえに魚雷に対しては、まず舷側で爆発させ、その内側に、ある十分の距離をとってそこに防御壁を設けて、ここで防ぐ。もちろんこの防御壁も、ある程度やられることを覚悟し、実際にはその中に、少しの間隔で設けられているスプリンタ縦壁で、完全に喰い止めるわけである。つまりスプリンタ縦壁より外方は満水することを覚悟するのである。というよりも、この方針で防御するのが最も賢明なのである。軍艦というものは、ある個所に少しでも重さをあたえるとそれだけ他の個所で不都合がでてくる。その反対に少しでも一部でもうけると、それだけよい艦ができ上がるものなのである。以上述べた戦艦の防御の方針とは各海軍国に共通した鉄則であった。

【短艇・飛行機格納庫】大和型の最大特長の一つとして、艦載艇の格納装置があげられる。飛行機のそれと同じく甲板下に格納庫を設けてここに収め、主砲の強大な発砲時の爆風の影響をさけたのである。このため上空より見る本艦の最上甲板後部の形は他の戦艦のそれとはまったく異なり、特異な幅広いものとなったのである。

飛行機を艦尾の甲板下に収めてエレベーターで露天甲板上へ昇降させる方式は、空母の場合と同要領と思えばよい。この方式は本艦の基本設計の時に必然的に着想された独想ではあるが、しかしこれとはまったく無関係に、米国ではその一万トン巡に採用し、一足さきにそれを実現させてしまった。しかし艦載艇の格納方式のみは、ついに大和型がパイオニアとなった。

もし太平洋戦争がおこらず、日米がさらに建艦競争を行なっていたとすれば、おそらく米国戦艦もいずれは大和式となったであろう。艦載艇を最上甲板下の後方の両舷側に外板外の格納庫に収める方式は、当時のわが空母の後甲板における艦載艇の収納方式そのものを、側方を覆ったものと見てよいであろう。

なぜこのように多数の多種の艦載艇が必要であるかということは、当然生

〔第34図〕
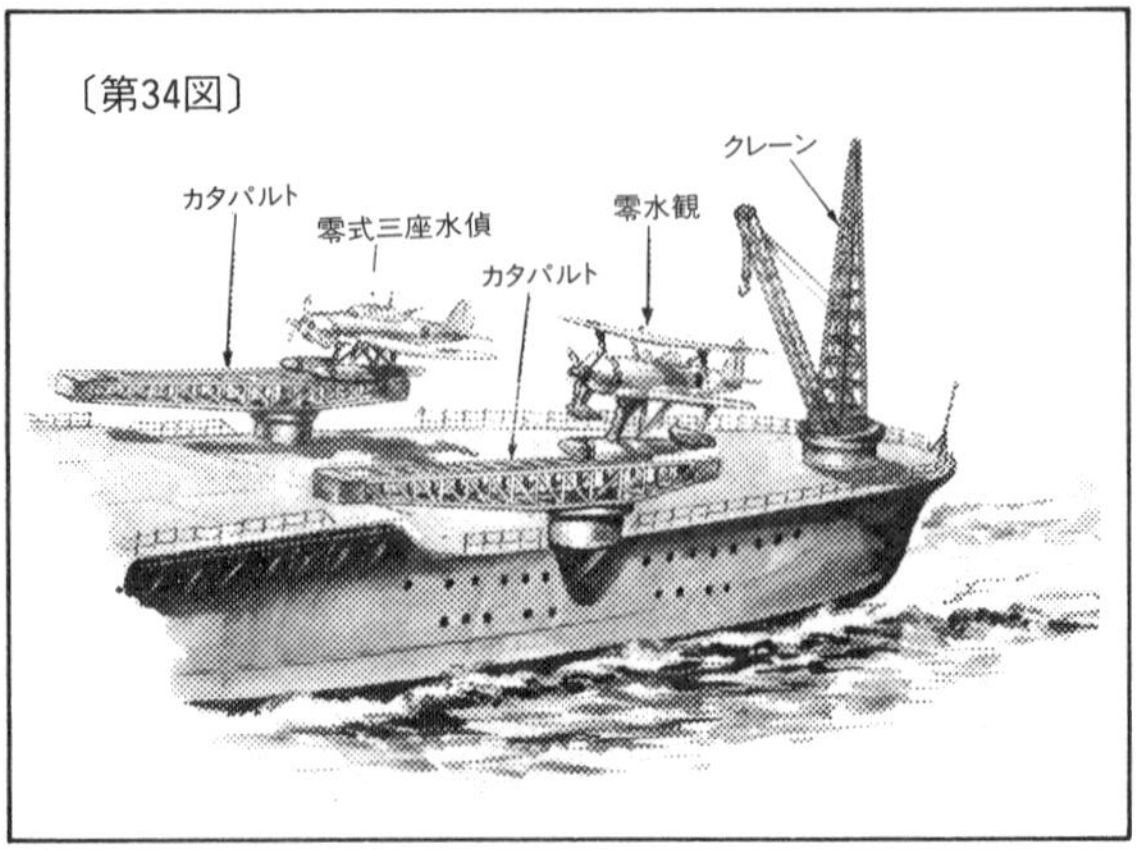

ずる疑問であろう。じつは、昔から、戦艦の設計にあたって苦心するものの一つに艦載艇の格納および揚収装置があったくらいで、乗員の半舷上陸を自艦の艦載艇で同時に行ない、かつその大部分を機動艇で行なうためと、また長官旗艦にしての長官艇や士官用の内火艇も必要で、このように多数の各種の艇があったのである。つまり、大和型を平時に使うための必要性からであった。

（昭和四十年六月号収載）

戦艦大和と日本海軍の終焉

全海軍の輿望を担った巨艦の凄絶、悲壮なる最期――吉田俊雄

大和建造の二つの狙い

七万二〇〇〇トン――おそらく世界で空前絶後の巨大戦艦大和の勇姿を見つめていると、私には、その背景に日本海軍の運命が、そのままに映し出されてくるように思われてならない。大和の運命は、そのまま日本海軍の運命だともいえるだろうか。

大和は昭和九年十月、軍令部から出された要求で、建造計画のスタートを切った。

そのころは、むろん、世界中が戦艦中心主義であり、軍縮条約ですら戦艦の削減にはせいいっぱいの努力を傾けたのであり、しかも日本は、一〇対六という、作戦部の計算ではどうしてもアメリカに敗けねばならぬ比率を強いられて薄氷を踏む思いで毎日を送り迎えていたときであり、軍縮条約の効力の切れる昭和十一年十二月三十一日を軍令部は指折り数えて待ちわびていたといってよかった。

世界の情勢は、日本の守りを怠っていいほど、平和ではなかった。軍縮が日本の国防に安心感を抱くことができる方向に進む目当てはなかった。海軍は、身命を賭して、海を守らねばならぬ。これは、事業家が、自分の事業を守らねばならぬ義務と責任を負っている、そんな程度のものではなく、陛下と国民から倚托された、いや、れんめん二六〇〇年にちかい日本の歴史の絶対の要請なのだ、とかれらは心得ていた。したがって、かれらは条約明けを期して、もっとも安心感の多く得られる艦を造ろう、と考えた。

もっとも安心感の得られる艦、とは何か。

ロシア艦隊を日本海に屠っていらい三〇年、海軍は当面、来襲を防がねば

ならなくなるおそれのある仮想敵として、アメリカにたいする作戦の構想を練りつづけてきた。これはむずかしい問題だった。

　海の上の戦闘は、陸と違って遮蔽物がない。寡兵をもって大敵に当たる、などというと、いかにも聞こえがいいが、海軍では成り立たない。あくまでも、優勢は劣勢に勝つ。劣勢は逆立ちしても優勢に勝てる道理がなかった。

　それならば、一〇対六の優勢で堂々と太平洋の広さを押し渡ってくるアメリカ大艦隊を、どうしたら打ち破り、かれらの戦意をくじくことができるか。

　窮余の策として編み出したのが、有名な漸減作戦であった。

　潜水艦と夜戦部隊で、敵主力艦を抹殺していく。残ったものを、味方主力艦隊が、砲戦によって撃破する。

　ところが、アメリカは輪型陣を考えて、日本の漸減作戦に対抗してきた。しかも味方は、兵力の制限を受けた。撃滅のチャンスが、ジリジリとムシリとられていく。安心感は日に日に失われる。


　こんなときに出された軍令部の要求が異常な計算の上に樹てられたのは当然だった。

　主砲＝一八インチ（四六センチ）砲八門以上。

　副砲＝一五・五センチ砲三連装四基（または二〇センチ砲連装四基）。

　速力＝三〇ノット以上。

　防御力＝四六センチ砲弾が二万ないし三万五〇〇〇メートルから飛来命中しても耐えること。

　航続距離＝一八ノットで八〇〇〇カイリ。

　この要求には、二つのヤマがかくされていた。一つは、当時の戦艦は、どこのでも主砲は一六インチ（四〇センチ）であって、一八インチよりも二倍も威力が劣っていた。日本が一八インチ砲搭載艦をつくり、もしこれが相手にわからずにすめば大和が完成し、これを見て驚いたアメリカが一八インチ砲戦艦を完成させるまでの、少なくとも五年間（戦艦をつくるには五年かかる）は、日本は安心できるはずだ。二つには一八インチ砲を積むと、砲塔その他の装置が大きくなり、重くなり、艦の形がおのずから大きくなる。大きくなれば、パナマ運河（幅三三・三メートル。大和の幅は三八・九メートル）が通れなくなる。これはアメリカにとって致命的な痛手である。その艦が、両洋に迅速な機動をすることができなくなるからである。

空前の機密建造

　昭和十一年七月末、大和の設計ができ上がったが、さらに最後のドンづまりで設計の変更があり、完成を見たのは、条約失効翌年の三月であった。

　昭和十二年十一月四日、大和の竜骨が呉工廠大船渠に、まず据えられた。条約の有効期限を過ぎること約一〇カ月。前述のとおりの理由で安心感が得られている期間をできるだけ長くするため、空前の機密建造が行なわれた。ことに主砲にたいしてはすさまじかった。四六センチ砲を、九四式四〇センチ砲と呼び、主砲の大きさを知る手がかりになる艦の大きさなどは、最高の機密（軍機）事項とされた。

呉市内の防諜は、一段と強化された。工員の調査と監視は、厳重を極めた。が、大和建造担当の工員たちは、この常軌を逸するほどの防諜措置を、むしろ甘んじて受けた。かれらには、それに幾倍する悦びがあった。かれらには、それものすごい艦を造るために、大勢の中から折紙をつけられ選びぬかれたのだ、という名誉に満足した。そして、少しずつ姿を整えていく巨大な戦艦の威容に、雀躍した。これこそ、アメリカをやっつける本命の艦だ。これを造っているのは、誰でもない、このオレたちなのだ……と。

かれらは、鋲の一打ちにも、兵器の据え付けにも、腕に覚えの技術と、日本人の精魂を傾けた。このときの、工員たちの真剣な努力をうかがわせる挿話は、無数にある。が、いまはそれを述べている余裕はない。

大和が起工された冬、時の米内海軍大臣が、議会での質問に答えて、

「帝国海軍は、英米を向こうにまわすような兵力は持たないし、将来もまたそんな計画をする考えは毛頭持たない」

と明言したことは、それでは、ウソであったのか。

もちろん、米内海相が、アメリカに筒抜けになるところで、日本海軍はいま、一八インチ九門の、七万二〇〇〇トン戦艦大和、武蔵を建造中であります、と答えられないことは、いたしかたない。

が、私は、いままで述べてきた事実から、この海相発言は、機密保持の必要をのぞいては、まんざらウソのかたまりだとはいえないものがあるのを感ずる。

大和は、敵を「攻撃」するために造られたのではなかった。敵が進攻してきた場合、はじめて敵主力艦隊を撃破する活躍が期待されていた。前述のように、海戦の理からいって、大和、武蔵の二隻があるくらいで、逆に太平洋を押し渡り、アメリカ艦隊を蹴散らして目的地に達するには兵力が少なすぎた。補給線の短い西太平洋に頑張っていてこそ、はじめて磐石の重味があるのだ。

「そこを守っているから、攻めていけば返り討ちにされるから、攻めようにも攻められない」

と敵国に嘆かせる軍隊がほんとうの国軍であり、この考え方は、今日にまで生きつぎ、米ソの戦略空軍、ＩＣＢＭ、核兵器、原子力潜水艦などもまた報復手段、戦争抑制手段とされ、両国とも大戦は回避したいと考えながら、日夜、増強と訓練に必死の努力を払っているわけなのである。

話が理に落ちたが、そういうスーパーマン的な強さが大和の上で、どんなふうに確立されていたのか。

スーパーマンの秘密

まず主砲である。

アメリカの戦艦は一六インチだが、当時改装して、防御を強化しつつあった。この甲鈑の厚さは、だいたい七インチであろうと推定された。七インチの装甲は、一六インチ砲弾では、ある距離からでは貫けない。これは廃艦土

佐の実験や、その他の実験で明らかであった。どこから射ってもかならず米戦艦を貫きとおさねば、スーパーマンではない。一八インチ砲は、こうして採用された。しかも日本は、アメリカの工業力には追いつけない（海軍はアメリカの工業力を、正しく評価していた）。アメリカ艦隊よりも優勢であるためには、敵が近づき、敵の砲弾が大和にとどく以前に、いや、敵を自分の内懐に入らせないようにしながら、大和、武蔵の二隻だけで、十分の砲弾の力を発揮させねばならぬ。いわゆる、アウトレンジの思想（あ号作戦で、小沢艦隊がやった戦法と同じ考え方）である。これには、一六インチよりも六〇〇〇メートルも遠くに飛ぶ一八インチ砲（最大射程四万二〇〇〇メートル）を採用するにかぎる。

こうして、一八インチを採用することにきまったが、もしアメリカが大和の主砲が一八インチであることに気づき、これをあわてて自分のところでも造ったとする。その場合、かれらは前述のようにパナマ運河を通らねばならぬ制約がある。パナマ運河を通ることができて、しかも一八インチ砲を積んだ米戦艦は、どんなものであり得るかを研究してみると、排水量六万三〇〇〇トンくらい、速力は二三ノットで、一〇門くらいは積めることになろうという結論が出た。これならば、アウトレンジするため、敵が必死に近づこうとしても、四ノットの差があれば、相手を近づけないように逃げながら、一方的に撃滅することができるはずだ。

だが、そういう速力差をつけても、敵の攻撃に徹底して堪えられないと、スーパーマンの威力は持続できない。防御がどんなに強力であったかは、大和、武蔵の最期のようすでもわかるが、敵弾魚雷にたいする防御は、これもまた空前の強固さであった。

だいいち、四六センチ砲弾が、もっとも威力を発揮する二万ないし三万メートルの距離から射たれ、命中した場合にもビクともしないようでなければならぬのだから大変だ。話を省略しながら述べると、その結果は、ものすごく厚い装甲で囲まれた鉄の箱が、艦の中央にドンと座った形になった。むろん装甲は、日本の技術のベストをつくした、もっとも厚いものであった。

簡単にいえば、大和はその致命部はおそらくどんな攻撃を受けても破られないであろうし、魚雷の場合も、一発ではそのまま戦闘がつづけられ、二発を同じ舷に受けても戦列に戻れる、という、いままでの戦艦の防御とは較べものにならぬ強さであった。

ここで、一言挿みたい。

大和の致命部は、絶対安全だとしても、その他の部分は、艦の重さをできるだけ軽くするため、装甲は比較的薄いし、また水防区画も比較的簡略化されていたことは見逃がせない。これは艦がある大きさに制限されている以上やむを得なかったが、これが大和、武蔵の命取りになろうとは、夢にも思えないことであった。

しかもまた、魚雷防御に五つの層の甲鈑を張ってあったが、それとても、二〇本あまりもの命中魚雷を受けねばならなくなろうとは、誰しも予見しないで計画したものだった。

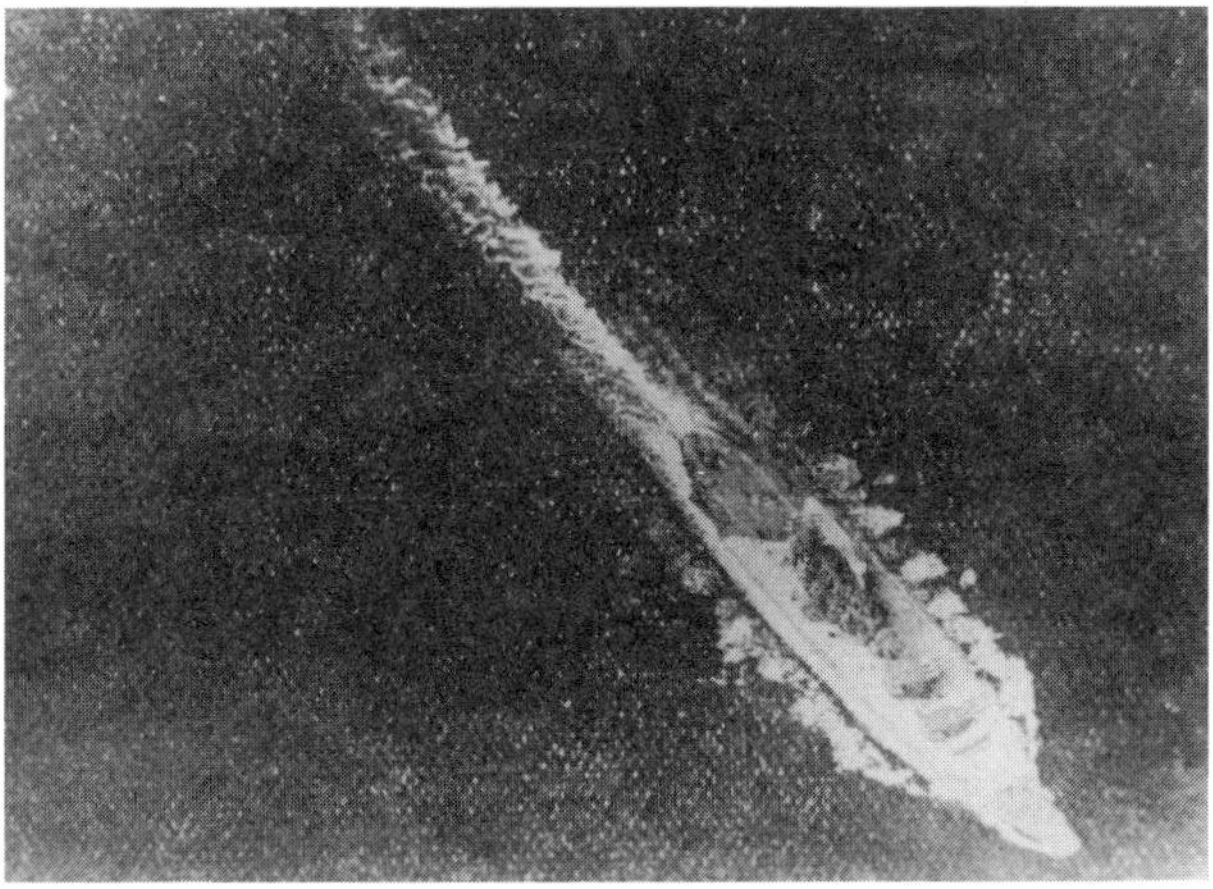
公試中の武蔵。艦首水線下にバルバス・バウを採用して抵抗を減少

したがってここに、私のいいたい主題が出てくるのである。

　これだけの万全（と当時考えた）の防御を固め、いかなる敵にも絶対不敗の不沈艦をつくり、圧倒的な砲の威力で敵を撃滅する、そんな使命を負わされて誕生した大和が、なぜ後日亡びなければならなかったか。日本海軍のスーパーマンとして、天馬空をいくような活躍を期待され、前途を祝福されて生まれたものが、どこやら手持ち不沙汰で、いたずらになぜヒニクの嘆をかこたねばならなかったか。

飛行機万能へ！

　大和が揺籃を出、自分の足で大地を踏まえて立ち上がったのは、大東亜戦争の宣戦が布告され、ハワイに、マレー沖に海軍の大戦果があがり、文字どおり破竹の勢いで全軍の進撃がつづけられていた十二月十六日であった。

「大和出陣す」の報は、海軍全将兵の士気を、いやが上にもふるい立たせた。折から十六日には、英領ボルネオ、ミリ方面上陸成功。十八日は香港上陸成功。十九日、ペナン上陸。二十日、ダバオ占領。二十二日、ウェーキ上陸成功とたてつづけの勝報が入っており、私など大和に一度もお目にかかったことがなかったものまで、血湧き肉躍る、なんとも形容のしようがないほどの感激を覚えたのだから、この生誕のために骨身を削った技術者や工員たちの喜びは、想像に絶したものがあったであろう。

　大和は、全海軍の輿望を担い、乗員二二〇〇名を擁して、山本連合艦隊司令長官の大将旗を掲げた。連合艦隊旗艦と第一艦隊（主力部隊）旗艦とを兼ねた。

　折から空母六隻を中核とした南雲機動部隊は、ハワイで偉功をたて、蘭印からインド洋をスイープして、いたるところで強力無比の威力を発揮していた。かれらの艦載機群は、二五〇キロの爆弾を抱き、片道五〇〇キロを飛んで敵艦を狙って命中させ、ふたたび母艦に帰ってくる。源田実大尉（当時）の案出した急降下爆撃法をもってすれば、その威力は、ゆうに巨砲の砲撃に匹敵する。というより、爆弾投下直前まで人間の知脳の統制下にあるのだから、そのコントロールは、砲弾以上だというべきであったろう。しかも、その距離は大和が四二キロ（四万二〇〇〇メートル）の射程であるのにたいして、前述のとおり五〇〇キロである。ただ、天候に左右されて、飛べないときもあるというのが、欠点ではあったが。

第一次大戦のときまでは、飛行機には信頼がおけなかった。確実さもなかった。ところが、これを集中して集団的に使うと、おそるべき戦闘力を発揮することが、第二次大戦——いやハワイとマレー沖で、日本自身が明確に示した。そうなのだ。日本海軍が、戦闘の新しい方法にいたる道の、大きな扉を力いっぱいおし開いたのだ。

渕田美津雄氏によると、昭和十七年四月二十八日、大和で開かれた作戦研究会で、その源田参謀(当時中佐)が、

「秦の始皇帝は阿呆宮をつくり、現代の日本海軍は大和、武蔵をつくって、笑いを後世に残す……」

と声を大にしたそうだ。そして、すぐさま一切をあげて航空中心に切り換えるべきだ、と力説したという。

また山口第二航空戦隊司令官も、

「現在の南雲部隊のような編成の機動部隊が輪型陣をつくって押し出せば、もはや恐れるものはないのだから、空母はもちろん、戦艦、巡洋艦、駆逐艦を全部をあげてこれを三つに分け、三個機動部隊をつくれ」

という、全日本海軍の機動部隊化を説いた。

斜陽に立つ戦艦群

たしかに、すべては急速に転換していた。呉沖の、柱島錨地にツクネンとしている戦艦群には、斜陽が迫っていた。猛烈なスピードで、遠大な距離で、いままで「艦隊決戦」という、両主力艦隊の出会いの一戦ばかりを考えていた海軍、ことに戦艦乗員には、戦艦はオミットされたまま、戦争だけがとんでもない遠いところまで逃げ出してしまったような気がしていた。

「おい。オレたちは、大砲、射てるのか。出る幕があるのかね」

大和には乗員たちの心配そうな顔がいたるところにあった。たしかに、この大砲は四二キロを飛んで、どんな敵艦でも撃沈できる威力をもっている。しかし、いまの戦闘距離は、その一〇倍に伸びていた。スピードも二〇倍に上がっていた。距離とスピードがぐんぐん上がっていくのが科学の発達である。今日の時代では、ICBMはその距離をまさしくさらに一〇倍にし、スピードは二〇マッハ。とても比較ができなくなった。

そうすれば、山口司令官の着想こそ戦艦の大和の今に生きる道だった。空母の弱さを、戦艦の強靱さと砲力とでカバーするのだ。

山口司令官の意見は、採用された。サテ、これから編制替えであるが、保守派の動きは鈍かった。典型的な空母戦——だからこそ今日の海戦でもある珊瑚海海戦が、両軍とも相手の艦の姿を見ないまま、つまり地対地の戦いはまったく起こらないまま、空対空、空対地、地対空の三ツどもえの合戦となり、戦闘には日本が勝って引き揚げてきた。これほどまで完全に戦法が変わろうとは予想しなかった戦艦乗りが、アッ気にとられているうち「艦隊決戦」が行なわれ、すんでしまったので

ある。

航空派は、スワと色めき立ったが、保守派が要点を占める海軍は、その意志はもっていても動こうとせず、ミッドウェーは前のまま、つまり大和は南雲部隊の後方三〇〇カイリに「全般作戦支援」ということで、戦艦部隊の先頭に立った。

山本長官ともあろう練達の武人が、なぜこんな後の方に「主力部隊」を置いたのか、いまもってナゾのままだ。戦艦部隊を後方、はるかの距離に置く考えは、航空部隊の生みの親、育ての親であり、ハワイ空襲のとき、南雲長官があまりにもバクチのような作戦でありすぎるといって、行くのをシブったとき、よし、それならばオレが機動部隊を率いていく、といった山本長官として、あまりにも大時代的な考えでありすぎる。

ミッドウェーで大空母四隻と、優秀な搭乗員の多数を失った日本海軍は、積極作戦を打ち出す能力をなくしてしまった。日本の工業力の方が、はるかにアメリカより劣っていることを知っていた海軍は、積極的に、つねに敵の出鼻を挫くことで、イニシアチブをわが手に収め、たえず勝つことによって全体に勝とうとしたものが、これではただ防ぐことによって、アメリカが仕掛けてくるのを待つという、寡兵の方にとっては勝ち味のない戦局に一変した。

あのとき、もし大和が赤城などといっしょにいたら——などと思ってもはじまらないが——シブヤン海で敵機の急降下を受け、砲塔に命中、爆煙が晴れたら、砲塔にはカスリ傷さえ負っていなかった（ミッドウェーでやられたのは、敵の急降下爆撃機の爆弾である）、というスーパーマンぶりを発揮し、得意の砲力で敵を薙ぎ倒していたであろうと想像するのは少しも不当ではないだろう。

もちろん日本海軍は、空母の増強に死物狂いとなった。しかし、これから新しく造るのであれば、アメリカの工業力に圧倒されるのは当然である。アメリカは日本を、かれらが現在ある段階にまで引き戻すことに成功した。

「これで同じ出発点に並んだ。これからはこっちのものだ。日本が動けぬ間に、どんどん造ればいいのだ」

とアメリカはニヤリとしたろう。日本はアメリカの生産力にジッとしていられず、特攻生産という言葉までつくり出して焦りに焦ってツチを振り、ドリルを押した。

抜かれなかった伝家の宝刀

時代の流れの凄さは、ミッドウェーをミスした超戦艦大和に、とくに厳しくぶつかった。このころには僚艦武蔵も戦列に加わっていたが、二隻そろっても、四二キロしかおよばぬ威力は、どう伸ばしようもなかった。

味方に襲いかかる敵は、飛行機だけであった。その飛行機は空母に蝟集《いしゅう》した。戦艦は空母のそばについていてこそ自慢の砲力を発揮できた。だが、大和はまだ「全作戦支援」をしていた。

ガダルカナル周辺では、敵味方水上部隊の格闘戦がつづいたが、大和はトラックまで出てきただけであった。作戦海面はたしかに大和、武蔵には狭かったし、たしかに危険も多かった。

しかし問題は、それよりも、米軍の上陸はたんなる偵察に過ぎまい、精鋭なる日本陸軍を送り、空母が手を貸したならば、奪い返すのもむずかしくあるまいと甘く考えたところにあった。のちのちガダルカナル、ソロモンと、消耗戦のドロ沼に陥ちこんだのは、はじめのこの考えの甘さに原因した。海軍がもっとも警戒していた消耗戦が、こうしてはじまった。

ソロモン戦の姿は、比叡、霧島の討死によくあらわれている。戦艦は空母といっしょでなければ、敵飛行場砲撃にしか使われず、あまりに敵と近ければ、戦艦独特の強味は発揮できない。これは、大和が突入しても、同じであったろう。大和は致命部こそ完全無欠の防御力をもっていたが、前述のとおり前部と後部の防御は、薄かった。ムチャクチャに射つ砲弾と魚雷で、比叡のようにあらぬともかぎらないが、ただ、霧島が、サウス・ダコタから一六インチ砲弾九発と、五インチ砲弾四〇発を受けて大破、航行不能となったことからすると、これには十分堪えられたろうし、敵戦艦をみごとに撃沈してみせたかもしれなかった。

こうして大和以下の戦艦群は、高速戦艦四隻をのぞいて、マリアナ海戦までは、ほとんど戦争らしい戦争をしなかった、といっていい。敵機動部隊の空襲を予知すると、トラックからパラオに逃げ出す、というオマケまでついた。

賢明な処置だった。もうそのころは日本が考え出した飛行機の集団使用の新戦法――〝ヒラケ、ゴマ!〟という呪文は、完全に敵にとられていた。その上、アメリカは量で圧倒するばかりでなく、質の点でも日本をうわまわった。あまりにも空の戦いに片寄って、あたかも台風が襲いかかるのに似てきた。たんに戦闘場面の動きがスピーディになるばかりでなく、戦局全般の動きまでが、ものすごいスピードでまわりつづけた。自動車を運転していると き、自分の働きうる限度以上にスピードをあげると、誰でもワーッと叫んでハンドルから手を離すか、あるいは夢中で、それにシガみついてしまうものだ。

日本海軍の指導者たちが、ワーッと叫んで、手を放したか、シガミついたかはしばらくおくとして、海軍はたしかに、アメリカと、もう一つ、日本のペースをとび越えた速い戦局の移り変わりに引きまわされた。大和はマリアナ海戦の直前、ビアク作戦に引き出され、武蔵とともに砲撃に出た。ようやく海軍が、戦争の姿に目覚めた、ともいえるが、なんにしても遅すぎた。しかり、大和に残されている戦場は、敵との距離が四二キロ以内でなければならないのだ(旗艦として通信の中枢になる任務は、もちろん大和の大切な仕事ではあるが)。

このビアク作戦は、敵のサイパン上陸によって、キャンセルされた。

サイパン沖海戦である。

このサイパン沖海戦くらい、作戦の計画と実際が食い違ったことも、またとなかった。

というのは、海軍が三〇年来、練り

に練ってきた米艦隊迎撃作戦が、このくらいみごとに的をはずれたことはなかったからだ。

火を噴いた巨砲の威力

サイパンを扇のカナメにして、一方はマリアナ、カロリン群島沿いに、一方は小笠原からフィリピンにかけて、飛行機約一五〇〇機が展開し、袋の中に入ってきた敵を、文字どおりフクロダタキにしようと身構えた。そして、そのカナメの後には、大鳳以下の空母を中心とする二つの任務部隊が、大和以下を前衛として進撃する。この陸上基地飛行機隊一五〇〇機と母艦機四五〇機が、敵を押し包んで繰り返し繰り返し攻撃すれば、大丈夫、敵を撃滅できる成算があった。

敵は、母艦機一〇〇〇機と称していた。称していたのだから、多少の水増しや手応えがあったかもしれない。ともかく一〇〇〇機にたいする味方は約二〇〇〇機である。二倍の兵力だ。海軍の即物的な考え方からして、ここを天王山だとして集めた兵力であったが、これならば勝てる、と誰しも思った。

比島沖海戦における大和。爆撃回避のため回頭中

ところが、一五〇〇の陸上機は、敵機動部隊の準備攻撃にあって、善戦はしたけれども、つぎつぎに敗れ潰えた。それだけではない。基地から基地へ移動する途中に、訓練不足の悲しさで、ボロボロと墜ちた。いや、故障した飛行機を、修理する部品が間にあわなかった。そして、いざサイパンに敵が来ようというときには、その二割すらも動けなくなっていた。

ハワイのときと同じZ旗が、ふたたび掲げられた。全軍の将兵は、勇敢に戦った。祖国のために進んで生命を捨てた。しかし、アメリカの工業力のカベは、突き破ることができなかった。アメリカの科学力と工業力のカベにぶつかって、斃れるほかなかった。

大和が身をもって奮戦しえたのは、敵水上部隊が味方部隊の位置に接近したレイテ以後であった。敵水上部隊がわが家に押しこんでくる。したがってその中に突入すれば、四二キロの主砲も射つ機会に恵まれるはずであった。

三度目のZ旗があがった。

大和はシブヤン海で、敵機の集団威力を切りぬけると、ルソンの東で敵護衛空母部隊にパッタリでくわした。

この戦闘は、はじめて大和が敵の水上部隊にたいして主砲を射った、記録的なものだった。一八インチの砲弾がウナリを生じて虚空を飛ぶことは、おそらくもうあるまい。大和の前に大和なく、大和のあとに、もはや一八インチ砲を搭載した戦艦は現われなかったし、今後もまた現われるはずはないからである。

私はこの戦闘のあと、艦隊参謀からこんな話を聞いた。

「大和の主砲はスゴいぞ。スパーッと敵の舷側に命中したと思うと、こっちから、タマの通った孔をすかして、向こうの海が見えたぞ」と。

じつは、この話、多分に誇張があると思っていたが、いろいろその後、聞きあわせてみると、こんな例は、チョイチョイ起こっている。孔が大きいか小さいか、相手が駆逐艦や商船であるか、ないしは巡洋艦以上であるかの違いだけでけっしてウソではないという。

日本海軍終焉の大火柱

しかし、戦局はすでにサイパンで決まっていた。レイテは大和のあけた孔くらいでは突き破れなかった。もはや、絶体絶命の戦い以外の何ものでもなかった。しかし、作戦の主兵である飛行機の搭乗員は、油と器材との関係で、訓練が極度に不足していた。さらに悪いことは、あいつぐ敵機動部隊の空襲で、フィリピンにあった陸上基地航空部隊は大打撃を受けており、母艦航空部隊は台湾沖海空戦に翼を折られ、決戦当日には両方を合わせても二一二機にすぎなかった。

雄大な、バランスのとれた米艦隊に対する日本海軍部隊は、飛行機と水雷戦隊を欠いた、じつに奇妙な艦隊で、特攻作戦しかできない戦術単位であった。

こうなると、大和以下が敵空母をすぐそばに見つけ、「天佑降る」と勇み立ち、どこまでもどこまでも追っていった気持もわかる。

だが、なぜこんなテンデンバラバラな、めいめいの指揮官の一人合点みたいな戦いが行なわれたのだろう。アメリカにたいして、もはやどうにも戦いようがなくなるほどの犠牲を出し、その犠牲に見合うほどの戦果もあげられずに……。

私はここにも、「時代の流れ」を見る。過去をもって、現在におきかえることはできない。大和はしょせん過去の存在であった。もちろん、大和の主砲で敵護衛空母の胴腹に風穴をあけたには違いないが、その後半に現われたわずかな敵機にさんざんに掃射され、雷撃されて逃げまわる間に、予想外に油を使いすぎてしまった。

追撃戦は敵を眼の前にして打ち切らざるを得なくなった。レイテの入口で、敵機動部隊見ゆ、の電報を受け、レイテを断念して北に向かったのも、あるいは宿命だったかもしれぬ。

宿命といえば、日本海軍自体にも、私は宿命を感ずる。大艦巨砲の、戦艦中心の考え方が、日本海軍のバックボーンであり、そのためにのみ、日夜の訓練をかさね、作戦を練り、思想を固めてきた。新しい時代への扉を開いたのは、その手でやったことではあったが、それだからといって、海軍全体が空母中心の考え方に、パッと、頭を切り換えることはできなかった。三〇年かかって固めた思想が、固まりすぎたのである。そしてこういう切り換えは、山本五十六元帥と、航空関係者だけの手では、とてもはたすことができなかったのである。

伊藤正徳氏が、その名著の中で、「わが連合艦隊を亡ぼしたるものは日本なり。敵国に非ざるなり」

と述べられているが、私はこの言葉をいままで述べてきたような意味で、ここに繰り返したい。大和の沖縄出撃にいたっては、これは本筋の作戦とはいえない。

ふるい時代のスーパー・マンであった大和が、日本海軍の心の支柱としての大和であったこと、そしてまさにそれゆえにこそ、ついに圧倒的な新鋭兵器の集中攻撃を浴びて、斬り死にしなければならなかったのだ。ということは、くどくもいうが、かつての日本海軍の歴史を顧みる際の、けっして見逃すことのできない重要なキー・ポイントである。なぜなら、そこにこそ日本海軍潰滅の理由がひそんでいるのだから。

沈没寸前、大和は、数十メートルにもおよぶ大火柱を噴きあげた。祖国と旧き時代への、今生の名残りであったろうか。私は思う、その際、大和が発した地軸もゆるがすような轟音は、まさしく日本の終焉をつげる、凄絶なる鐘の音であったのだ、と。

（昭和三十四年四月号収載。筆者は海軍中佐）

第二章　秘密につつまれた大和

巨艦〝大和〟〝武蔵〟スパイ事件の全貌

超々弩級艦の周辺にくりひろげられた防諜戦の真相——「丸」編集部

恐怖に戦慄した造船中尉

真夏の太陽が、ギラギラ照りつける昼下がり、呉鎮守府に若い数人の海軍士官が着任してきた。昭和十三年八月のことだ。白い制服に短剣、中尉の階級章をつけた士官たちは、挨拶まわりをおわって、水交社にやってきたが、純白のシーツにおおわれたソファーの一角から、にぎやかな談笑が聞こえていた。

「とにかくやるべし、つくるべしだ」

「そりゃあわかる。しかし、しかしだよ、いったい、一号艦は、あれでなきゃあいかんのかね」

瞬間ふと、こんな会話を耳にして突然、立ちどまった一人の士官がいた。

その士官は、赴任してきた一人、F造船中尉だった。

ツカツカと、ソファーに近寄っていったF中尉は、そこに大学時代の先輩がいるのに気がつき、さッと敬礼すると、

「一号艦のことでありますか」

と、質問をきり出した。

「ふむ、いやなに……」

ことばをにごして、中尉の視線をそらしてしまったが、ついいまさっき聞いたばかりの「あれでなきゃあいかんのか」という言葉は、F中尉の脳裡にいたいほどこびりついて、容易なことでは消え去らなかった。

東京を出発する前、呉でなにかどえらい軍艦をつくっているらしい、という噂は聞いていた。一号艦といい、二号艦と呼ぶ一連の軍艦が、いったいどのようなものか、その詳細が発表されぬままに、すでに一〇ヵ月の月日が流れていたのだ。F中尉ならずとも、なんとかして知りたいのが人情というもの。あれやこれやと憶測をたくましくしてみたが中尉とその同僚たちには、さっぱりわからなかった。

しかし、いま呉に着任してきてフト耳にした「あれでなきゃいかんのか」という言葉は、（いったい、あんなにでっかいものでなきゃいかんのか）という意味にとれるのではないだろうか、あの言葉は、とてつもないものに出喰わしたときにあげる嘆声のようだった——と気づいたとき、そうだ、一号艦というのは、とてつもなく巨大なヤツに違いない、と、こう中尉は、自分の

胸のなかではっきりうなずいた。

　そして、この予感は適中した。数日してから、特別な認可をもらって、現図場の図面をチラリと見せてもらったときのことである。この一号艦の船体の幅を記した数字が瞬間、目にとびこんできたとき、中尉は愕然として異様な戦慄が背すじを貫くのをおぼえた。そして、カッカッとほてる頭の中が、そのことでいっぱいになってしまい、図面をのぞく目が血ばしってなにも見えなくなってしまったのである。

　中尉が見た「幅」というのは、いったいどのぐらいあったのだろうか。そして、幅がわかるということは、いったいどういうことなのだろうか。

ああナゾの第一号艦

　話はさかのぼる。かのロンドン軍縮条約の期限が切れた昭和十二年初頭、世界列国の海軍は、〝無条約時代〟に突入していった。

　すでに昭和九年十二月十九日に、枢密院御前会議はワシントン海軍条約廃棄案を審議して政府原案を満場一致で可決していた。政府は、同二十一日の閣議で、これを正式に決定し、一切の国内手続きが完了すると、駐米大使斎藤博に訓令を発して、国務省でハル長官と会見の上、ワシントン海軍条約廃棄通告文を手渡したのであった。そして、これが昭和十一年末をもって自然消滅し、無条約時代ともいうべき第一年目をむかえたのだった。当時、世界の孤児となった日本が、どんなに世論を沸かして日本の国防に真剣にならざるを得なかったか、容易にうなずけようというものである。

　米、英、日の五、五、三という主力艦保有比率は、当然のことに〝月月火水木金金〟の猛訓練に、全海軍を猛り立たせたが、これと並行して海軍当局は、全国の海軍工廠と主だった造船所に、廃棄通告と同時に、超々弩級戦艦の新造計画を内示、第三次補充計画（海軍部内では、通称③計画と呼んだ）の内容を明らかにした。緊迫した国際情勢のなかにあって、いいようもない物々しい気分がみなぎったのも、このころのことだ。

　とくにわが国最大の、瀬戸内海の呉工廠では、首脳部の間にいつもとちがったあわただしい動きが見られるようになった。呉では、ほとんど連日にわたって秘密会議が召集されていたが、やがて、砲熕部では、とてつもなく巨大な砲塔、砲身、製鋼部では、これまたまことに分厚な甲鈑（アーマー）がつくられはじめ、造船部では、わが国唯一の造船ドックの渠底掘り下げの工事が、昼夜兼行で開始されたのであった。

　そして、三月。つくるべき艦型が決定し、「第一号艦」という名前の軍艦が、極秘のうちに起工されることとなったのである。

　第一号艦、この名こそ、とうじこの工事に関係した者たちにとって、終生忘れることのできない思い出の名前なのだ。

　それはさておき、世界の海軍が無条約時代に入ったそのころ、欧米列国においても建艦競争がくるったようにはじめられたのは当然だった。なかでもイギリスはこの競争にさきがけて、まず主力艦建造に拍車をかけ、さらに一五億ポンドという膨大な予算をもって五ヵ年計画の超大建艦にのり出した。そして、第二年度にあたる昭和十三年には、早くも主力艦七隻の建造に着手したのだった。

もちろん、アメリカもじっとしているはずがない。なにはさておいても、世界第一の海軍を、というわけで既定のぼう大な建艦計画にさらに二割の増強計画を追加して、俄然追いつき追いこせの狂奔競争を展開しはじめた。

世界の情勢は、すでに悪化の一途をたどる一方だったのである。

首実検をされた工員たち

無条約時代に入って、だれはばかることなく建艦競争がくりひろげられるのだから、何とかして仮想敵国のその現況を探り出したいのが、ごく自然の成り行きである。

各国の諜報機関が潜入して、しきりに暗躍しはじめているという情報が当局にひんぴんと入ってきた。狙われているのが、軍需工場、造船所であることは論をまたなかった。

たとえば、英国諜報機関は、

イ、目標工場に勤務している内外人をまず懐柔して、英国の対日謀略戦に協力させること。

ロ、成功の暁には、相当の報酬をあたえること。

ハ、謀略の方法は、従業員を罷《ひ》業させ、直接間接に軍需品の生産を不能ならしめること。

ニ、この争議を誘因して全国的に労働争議を波及せしめるように指導すること。

ホ、ひそかに争議煽動文書を各地に発送し、争議の誘発を助成すること。

などという指令を発して、日本における英国諜報、宣伝、謀略網の拡大強化に乗り出してきた。

日本は、第一号艦建造の一年ぐらい前から、防諜組織が体系化されはじめてはいたが、まだまだ十分とはいえなかった。したがって英国にせよ、米国にせよ、呉とか、長崎あたりの軍港地帯に居住する商館や居留民を、諜報の手先として、また多数の宣教師を動員して、必死の諜報活動がはじまったことは、想像にかたくない。もちろん、大使館、公使館などの武官たちが暗躍をはじめることは、各国のならいである。

しかし、第五列の恐怖などということを、言葉の上では知っていても、まだ実感をもって体得していなかったとうじの日本で、防諜意識がさほど高くなかったのは当然である。

そこに、海軍首脳部の重大な悩みがあったのだ。

だがしかし、一見、平和な軍港をよそおうこの呉に、すでに戦いの火ぶたは切っておとされたのである。当局は、いまや目に見えない敵と対しつつ、世界でかつて想像もし得なかった巨大な軍艦をつくりはじめたのである。このため、呉の軍港一帯、とくに工廠内外の警戒は、急に厳重になった。

まず、工廠へ出入りする工員の身元調査がはじまった。家庭の状況、思想背景、人格調査が数度となくくり返されるのである。選抜されて工員に内定すると、こんどは海軍大臣に申告をしなければならなかった。居住地区も、もちろん呉の町に限られた。

　こうやって、やっと決定してから、また後が大変である。工廠内のどの工場に出入りするにも、入口に立ちはだかる守衛の検問が絶対必要だった。工員たちは胸に、番号と氏名と、おまけに写真まで入ったマークが付けられ、守衛所の名簿と対照の上、首実検をされるわけである。

　こういう厳重な検問を受けるのは、工員に限らなかった。工事に関係する士官や技師たちも、リストを海軍省に届けられ、同じように首実検され、また、海軍省や艦政本部から出張してくる軍人たちも、この中へ入るには、いちいち海軍大臣の認可を得た上でなければ絶対入れないのである。

　こうやって工廠内へ入れば、あとはどこをどう歩こうと自由、というのでは決してない。工廠の、ありとあらゆる部門が、すべて防諜のベールで重々しくとざされていたのだ。

狙われた鉄の金庫

　外国情報機関の目標は、あげて呉と長崎に集中しているのである。したがって工廠には、軍の最高機密である「第一類」が指定された。「第一類」とは、機密保持上の四区分のなかで、最高のものをいうわけで、〝軍機扱い〟と呼ばれるものである。

　〝軍機〟〝軍極秘〟〝極秘〟〝秘〟〝部外秘〟と分けられているわけだが、それまで、日本において軍艦をつくったときの最高機密が、二番目の軍極秘なのだから、いかに、高度の機密保持が要求されたか、これをもってしてもよく分かるわけで、〝軍機扱い〟となったのは、軍艦ではこの第一号艦クラスだけ、技術関係では酸素魚雷や特殊潜航艇がそれであった。

　こうやって、工廠内の幾棟かの工場が軍機扱いとなったが、第一号艦の図面には「軍機」と指定捺印され、ごく限られた設計者だけしか、これにたずさわることは出来なかった。従来の軍艦建造では軍極秘といえども造船部、起工部の各設計係が保管できたわけだが、今回は、製図工場のなかにさらに遮断した別室があって、その中で設計者のごく一部が見るだけに限定されてしまった。

　入口には、もちろん守衛が立哨していて、出入りする者は、やはり同じように首実検をされるわけだが、その守衛さえも、この囲いの中でなにをやっているのか知ることはできなかったのだ。図面はさらにそのなかの頑丈なロッカーに厳封されてしまわれた。これを見ることの出来るのは、海軍大臣の特別許可を必要とした。

　しかも、こうやって取り扱い厳重な図面も、艦の全体の図面がひいてあるのではなく、前中後とまったく切り離《セパレート》してしまってあるのだ。だから、たとえば前部の設計者は中、後部のことはいっさい分からず、各担当部分しか見ることができないのである。それも銘銘が勝手に、ロッカーから引き出せるというのではない、指定された高等官自身の手で、出し入れをしてもらわねばならなかった。

また現図場や工場内で工員が見る図面は、それぞれ〝軍極秘〟や〝秘〟の印がおされてあるが、これも、もちろんそれを見ただけではどう見ても一隻の軍艦の全貌が分からないように、まことに注意深く出来ていたのである。

したがって、工員たちは、いったい自分のつくろうとしている艦がどんな性能なのか、どのような武装なのか全然分からなかった。ただ、工事にたずさわる全員が、みなひとしく感じていたことは、なにか非常に重要な仕事にたずさわっているということと、それが従来の軍艦とはかけ離れたすごい軍艦であり、この艦の機密を守ることが日本の国防上、絶対的に必要だということであった。

工廠員は、厳粛な宣誓式をしてこの仕事に入ったのである。

賀屋蔵相の秘密

ナゾの第一号艦建造のために、当局が苦慮したのは呉軍港の防諜だけではなかった。

同じ海軍部内でいかにして機密漏洩《ろうえい》をさけるか、また政府部内に対しても事実を事実として告げることが出来ない苦悩があった。まっさきに突き当たった問題は予算獲得の点だった。大蔵省に対して、建艦予算を要求するにしても、正確な建造費を示してしまっては、機密が洩れてしまう。

そこで、大蔵大臣はじめ、二、三人の最高首脳部にだけ、かなりの真相を打ちあけて、率直に協力を懇請してみた。ところが、とうじ蔵相だった賀屋興宣は、意外な協力を示し、万難を排して予算獲得に献身することを約束してくれた、という。

海軍、大蔵両首脳たちは、議会の査定にそなえて第一号艦のトン数を四万二〇〇〇トンとし、図面には主砲九四式四〇センチ砲九門と書いた。そして予算の足りない分を、第三次補充計画にもない駆逐艦、潜水艦数隻建造としてやりくりをはかったわけだ。また、トンあたりもあまく計上させてもらい、特務艦、敷設艦などをそれぞれ四〇〇トンばかり水増しして、予算の確立をはかった。

こうやって予算をとることに成功したものの、おあとにはうるさい会計検査院がひかえている。とくに鋼鉄のようなものは、早くつくらないと、この検査院がうるさいというので、とりあえず薄い鋼鉄の部分からつくりはじめて、それを〝比叡〟の材料という工事名称にしてごまかしてしまった。

まことに、いうにいえない苦労とはこのことである。真相を打ち明ければ議会も国民も熱狂して支援を惜しまないだろう、しかし、それができない歯がゆさに、とうじの首脳部はどんな思いをしただろうか。いわゆるスパイの目は軍港だけでなく、トウキョウの、しかも政府のなかに、報道機関のなかにたえずはりめぐらされていたのだから……。

不気味な轟音の呉軍港

こうしているうちにも、第一号艦の工事は本艦のキールがすえられて、船体の組み立て工事がすでにはじまっていた。

ところで、かつて扶桑、長門、赤城という大艦を生んださしもの呉ドックも、あまりにも艦が大きいため、さらにドックの底を一メートル掘り下げたり、また厚いアーマーをとりつけるために、ドック上方を縦走する起重機を六〇トンから一〇〇トンに増強しなければならなかった。

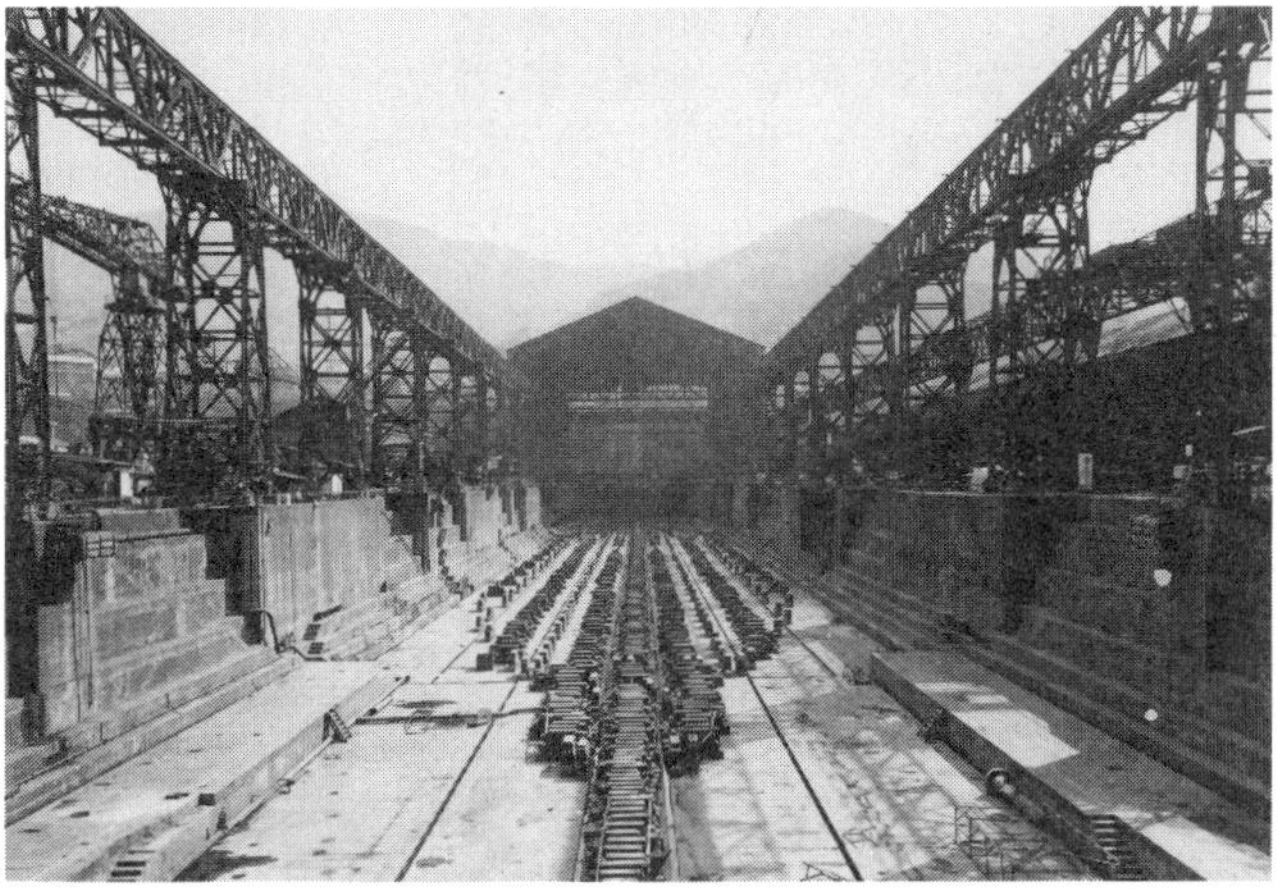
大和を建造した呉海軍工廠の第四ドック。前方の上屋と屋根は目隠し用

さらに、船体の組み立てが進んでくると付近の山の上の民家などから船体がのぞかれるという心配があるので、ドックの上方に屋根を張った。これがじつに一八〇尺というのだから、ちょうど三越ぐらいの高さになる。また、海から見られないようにするため、起重機用の支柱を利用してドックの周囲にシュロ縄をはりめぐらせて、遮蔽《しゃへい》してしまった。

だから、呉の町の人たちが、このドックのそばを通っても、いったい中で何が行なわれているのか、まったく判らなかったという。ただ、しきりに憲兵や鎮守府の衛兵隊が町を巡察し、また、ドックのなかからおびただしい鋲打機のカタカタという音が総合されて、ゴーッという不気味な轟音が耳に聞こえてくるので、「これは容易ならぬ工事が行なわれているにちがいない」ということが想像できるくらいのものであった。

大体が当時、呉の町は海軍町といわれるぐらい、海軍関係者が多かったので、いわゆるヨソ者は少ないし、防諜などということには、さして神経をとがらせていなかったものだ。それが、第一号艦建造の宣誓式いらい、工員たち自身がはっきりと時局を認識し、国防を双肩にになった気分になったことは事実であった。そのために、処罰規定があろうがなかろうが、家庭に帰っても工事のことは一切話題にのせなかったと伝えられている。

しかし、なにか重大なものがつくられているらしい、というウワサがウワサを呼んで、いろいろとデマが飛ぶようになってきた。戦争といえば、日中戦争の勝った勝ったという、うかれ気分のころだから、無理もない。

しかし、そのデマも、なにか重大なもの、というだけで第一号艦の真相はまったく判らなかったのだ。作業の工程が進むにつれて、作業員の数はしだいに増え、〝第一号艦〟の名前は、いつの間にか呉工廠を中心に、海軍部内と一部の市民の間に知れわたっていったが、しかしそれに比例して、工廠や周囲の山や、鉄道輸送にたいする警戒もますます厳重となってきた。郵便物の抜き打ち検査も、しばしば行なわれた。やがて工事が進んで、厚いアーマーがとりつけられるようになると、本艦の防御力が陸奥や長門より、ずっと強化されたものであることが分かってきた。さらに砲塔付近の工事にさしかかって、この大砲が空前の大きさであることに気がついた。

　そして、ついに甲板の取り付けがはじまったとき、本艦の艦幅がおそろしく広いことが分かってきたのだ。いままで、自分のたずさわっていたホンの一部しか知ることのできなかった工員たちも、

「これは巨艦だぞ」と愕然と気がついて、いまさらながら厳重な機密保持の意味がはっきり判ってきたのだった。その結果、前にもまして、関係者たちの口はいっそう固くなり、一号艦のナゾはますます深められていったのである。

　工員たちが、甲板のひろさをながめて愕然としたくらいである。建艦間際、図面の上で船体の幅を知ったF中尉がどんなに戦慄したかは、いまこそ分かろうというもの。ましてとうじの列強の海軍増強ぶりは、四万五〇〇〇トンクラスから、やがて五万五〇〇〇トンになろうとしており、海軍士官たちは数年先の国防を考えて、ハラハラしていた矢先である。この巨大な船体を見ただけで、これが海外に知れてしまうようなことがあったら大変なことになる、と気がつくのはまことに当然なことであった。

「大和かくして出現す」

　この辺で、少しナゾの第一号艦の内容を見てみよう。

　呉工廠に、現図場と呼ぶ巨大な部屋がある。この現図場で、実物大の船体の型図がつくられるのである。長さと幅がちょうど船体の大きさの半分にあたる部屋で、第一号艦の現図場は長さじつに一五〇メートル、幅二〇メートルはあろうという大きなものだった。まず、この部屋の大きさから大体の船体を想像出来る。長さも幅もちょうどこの倍が、艦の大きさとなるからだ。

　第一号艦の建造がはじまったとき、イギリスではすでにキング・ジョージ型戦艦が、アメリカではワシントン型戦艦が、いずれも三万五〇〇〇トンと公表されて建造が開始され、諸外国からはしきりに日本の海軍省に対して、わが新戦艦の内容を公文書で問いあわせてきたものだが、これに対してぬらりくらりと一向に要領を得た回答はいちども行なわれなかった。

　じつは、一号艦と同時に建造しはじめた合計七四隻の艦艇は、すべて斬新な設計で、しかも従来、例を見ない新艦種がぞくぞくと着手されていたのである。ところが、こういう諸艦の艦種はいっさい発表せず、艦名も進水までは全然判らないようにしていた。そして第何号艦というような建造番号だけで呼んだので、こういったことも、一号艦の企画を秘匿する上に大変好都合だったわけである。

　外国では、英国が戦艦五隻、米国六

隻を造っているのだから、日本が一隻や二隻ではあるまいと想像していた。しかし、これまでのように天象、気象や山河の名前で艦名が発表されないので、いったい一号艦が戦艦なのか何なのか、さっぱり分からないのである。

たとえば、三番艦は横須賀で建造した信濃だが、こういう抽象名詞ではさっぱり分からないというようなものである。空母翔鶴にしても、軍艦「カケヅル」空母「ショウカク」と、まごついて両方発表している始末であった。

34.2ノットの高速を誇った空母翔鶴。造艦技術の粋をつくして建造した

外国側がまごついている間に、第一号艦をはじめとする新艦種は、鋭意建造に拍車がかけられていた。そして、やがて昭和十五年の真夏――八月八日のことである。

呉の市民は、いつにもましてなんとなく緊張した日をむかえた。ナゾの一号艦がドックを出たのである。ついに――。

造船ドックを張りめぐらしたシュロ縄と網が、さっと開かれ、港務部の曳き船が、黒い煙をことさらにもうもうと海面に吐き出しながら、見上げるような巨艦を曳いて出てきた。

――やがて、間もなく、軍港の奥まったところにある浮き桟橋に係留された。付近の交通はもちろん遮断され、そのうえ、一号艦の艦首はふたたび巨大な網でおおわれた。在泊している艦船からは、これでいっさい見えなくなってしまったのである。

あっという間の一瞬だった。

海軍が防諜に全精魂をかたむけてきたナゾの第一号艦は、いま、こうやって巨体を海に浮かべたのだ。そして、命名された――軍艦大和と。

ふさがれたソ連領事館の目

大和という名称が、海軍部内に知られるようになったのは、それでもずっとのちのことだった。当局の意図は進水すればやがて外国にも判明してしまうだろうが、たとえ一月でも、二月でも半年でも真相が分かるのが、おそくなればなるほど、この大和に対抗し得る戦艦の建造がおそくなることを、心より願っていたのだ。かりにいま、一六インチの砲をもつ戦艦を、敵がつくっていたとしても、六門の装備を九門以上に改めるには、大変な時間と工程を要する。

この時間を、かせがねばならなかった。量よりも質において、競争の優位に立とう、こういった判断と決意の下に、第一号艦、さらに第二号艦の建造が行なわれたのである。

そうして、完全無欠な防諜がはりめぐらされて、みごと列強のウラをかいて大和は出現したのであった。

呉一帯にはりめぐらされた当局の防諜と列強の情報戦は、まさに虚々実々の攻防戦というほかはなかったが、これが第二号艦の武蔵を生んだ長崎となると、これにさらに拍車をかけてのスパイ戦となって展開されたのだ。ところで、長崎といえば古くから造船術のメッカとも呼ばれ、同時にまたわが国におけるキリスト教の中心地でもあった。極東最大の規模を誇った三菱造船所では、優秀な豪華船のほとんどをつくり出しており、軍艦も霧島、日向、土佐など、三万ないし四万トンの巨艦を建造した歴史をもっている。第二号艦の武蔵は、この三菱長崎造船所において大和よりおくれること五ヵ月、昭和十三年三月二十九日に起工された。

さて、長崎における防諜は、かの大和建造のときにもまして、まことに厳重を極めた。大体が、軍港ではない開港場である長崎である。すべてが、オープンだったこの地に、水も洩らさぬ防諜網を布こうというのだから、ことは容易でない。さらに大和の場合とちがって特筆しなければならぬことは、ドックのなかで建造されるのではなくて、ふつうの艦船と同じように造船台上で建造されるという事実であった。

完成すれば、ヘッドを敷いた進水台上をすべって進水させなければならず、これだけの巨大な戦艦をいかにして誤算なく進水させるか、そこに技術上、画期的な困難があるし、さらにそれにもまして、いかにして進水の秘密を護りぬくかという一点に、重大な最難関があったわけである。

そこで、工事関係者の身元調査は、大和の場合と同じように厳重をきわめたのは当然だったが、軍港とちがって造船所の関係者がとくに多いので、図面の機密扱い、身につけるマーク、思想、宗教の調査などが執拗なくらい徹底して行なわれた。

「肉親、交友にもいっさい漏洩せず、万一、宣誓に反するようなことがあれば、会社または海軍において、適当と思われる処置を執っても異存なし」という主旨の宣誓書を、各自が提出させられたのはむろんのことであった。

また、造船所の船台のまわりを遮蔽するシュロ縄は、全部で四〇〇トンにものぼった。船台上のガントリー・クレーンの上一二フィートまでおおったのだから、地上二〇〇フィートの高さにまで、シュロ縄をぶらさげたことになる。このシュロ縄の総面積は、八四万五〇〇〇平方フィート、使用した縄の総延長は、じつに二七〇〇キロにもなったという。

東京、長崎の往復距離が二二二〇キロだから、もしもこの縄を一本に結べば、東京から長崎へ往復してさらに京都にまで達する計算となるわけだ。三菱造船所と佐世保鎮守府では、この絶対必要量をみたすために、九州各地からどしどし買い占めたので、いちじ、九州中の縄がなくなってしまい、漁業者たちが非常な恐慌を来たしたぐらいである。業者から抗議まで申し込まれたこともあるという。

また、遠方から見る者をとりしまるために、大型望遠鏡をとりつけた監視所をもうけて、長崎港周辺のあらゆる部分、山も市街も海上も、とにかく武蔵建造中の第二船台を望見できそうな地点には、ことごとく望遠鏡で監視をつづけた。万が一、写真でもとろうものなら、監視所から憲兵が急行してただちに逮捕されてしまうことは必定だった。

武蔵の甲板には日除けの天幕が張られている

それだけではない。船台の対岸で防諜上、必要と思われる地区の住宅は、すべて買収してしまった。見晴らしのよいソ連領事館の前には、道路をへだてた海岸寄りの土地に、別段使う目当もない市の倉庫を建てたりして、なんとしてでも船台上の武蔵が見えぬように、ありとあらゆる策が講じられたのであった。

列車ボーイの目をのがれて

それから一年数ヵ月の歳月がながれて、ついに進水のときがきた。綿密の上にも綿密な計算をくり返した成果の実が、発揮できるかどうか、まさにこの一瞬にかかっていた。

進水重量三万五六〇〇トン、それはかの英国の巨船クインメリー号の場合にくらべて、一七〇〇トンほど少ない計算ではあったが、しかし同船では水バラスト約二〇〇〇トンを積んだと思われるので、武蔵の方が実質的には世界最大の進水だったということができる。

三万トンをこえる進水重量は、陸奥が一万一六〇〇トン、加賀が二万一七〇〇トン、レキシントンが一万七〇〇〇トンだったから、どんなに大きなものであったか分かるだろう。

たまたま、造船の権威であり、本艦建造の責任者の一人でもあった平賀中将は、このクインメリー号が進水するとき海軍嘱託として英国に出張し、つぶさに進水時の状況を見学してきていた。偶然であったのかどうだったか、このときの知識が武蔵の進水に非常に役立ったということだ。

それはさておき、進水式の行なわれる昭和十五年十一月一日をさかのぼること三ヵ月前、極秘裡に進水の準備が着々とはじめられていた。九月に入ると、秘密をかくすためにわざわざ徹夜作業を数回となくくり返したり、また作業員に対しても特定の者以外は、進水の日時を知らせなかった。

もし万が一、進水の日時が判明すれば、列国の大使館付武官が当然、長崎にやってくることが考えられた。そうすれば、艦の特徴は一目で見破られてしまい、永い不断の努力も一瞬にして水泡に帰してしまうのである。たとえ一日でも、一時間でも進水の時機をあいまいにしておく必要があった。

進水の前日午後二時になったとき、突然なんの予告もなしに船台の出入口が、ぴたりと閉鎖された。なかに入っていた作業員は、急にカンヅメにされてしまったのだ。

そして、いよいよ進水という当日、市内のいたるところが交通遮断され、市民は海岸へ出られないようにした。もちろん、船舶の入出港はいっさい禁止された。進水のため、長崎へ向かった海軍首脳部の人たちの旅行も、いろいろ苦心が払われたところである。特急〝つばめ〟〝さくら〟の列車ボーイは、たいてい海軍士官の顔をおぼえてしまっているのだ。そのために、なんとかしてこのボーイたちの目をごまかさなければならない。かといって、顔まで変えることはできないので、軍服を背広にきかえての隠密旅行だった。この背広につける海軍高等官のイカリのマークは、裏返しにして着けても判ってしまうので、このマークをつけるのも避けたらしい。

こうやって長崎へ向かったものだが、それも一団とならずに、ある士官は佐世保へ、ある者は長崎へというように、散り散りになっての旅行をしたわけだ。佐世保へ向かった士官は、海上伝いに交通船で長崎へ戻ってくるのである。もっとも、こういう苦労は武蔵の場合だけではなかった。大和が開戦直前、試運転を豊後水道で行なうとき、乗艦する士官たちは、呉から交通船で、別府から船で、さらにまた横須賀から飛行艇で、というように大変な気を使っている。

図面紛失事件の容疑者

こうやって進水の一瞬をむかえたのだが、すでに長崎二〇万の市民たちはうすうす感づいていたようである。

だが、実際に進水してすべるところを目撃した者は、列席したわずかな関係者の他は皆無に近かった。諸国の諜報機関が、これに気づいたというデータは、今日なお伝わっていない。

――進水は、まことに見事だった。そしてまた、まことに静かな進水の一瞬でもあった。軍楽隊は伏見軍令部総長宮殿下が天皇名代として入場されたときと、御退場のときの二回、「君が代」を奏楽しただけにとどまり、船がすべり出すとき、きまって奏せられる軍艦マーチの曲もなかったのである。

進水した巨大な武蔵が洋上に出たとき、潮が二尺近くも上がり、さらに川にまで潮が流れこんできて、住民たちをおどろかせた。

進水後、カラになった船台はふたたびシュロ縄がおろされて発覚を防いだ。こうして進水した武蔵ではあったが、なにぶんにも東京駅にも匹敵するような巨大なシロモノである。いかにかくそうとも、進水した巨体はかくし切れない。しかし、少しでもかくそうとして、とうじ長崎で艤装中だった改造空母春日丸（のちに大鷹）を武蔵に横づけした。そして、艦のヘサキに棒を渡して、シュロ縄を張りめぐらしたのであった。

ところで、武蔵の建造中、一枚の図面が紛失するという事件があった。長崎の建造は、民間だったため、憲兵のとりしまりも一段と厳重をきわめていたのだが、この紛失事件の容疑を受けて、何人かの優秀な幹部技師が逮捕され、憲兵隊で長い間クサイ飯を食わなければならなかった。

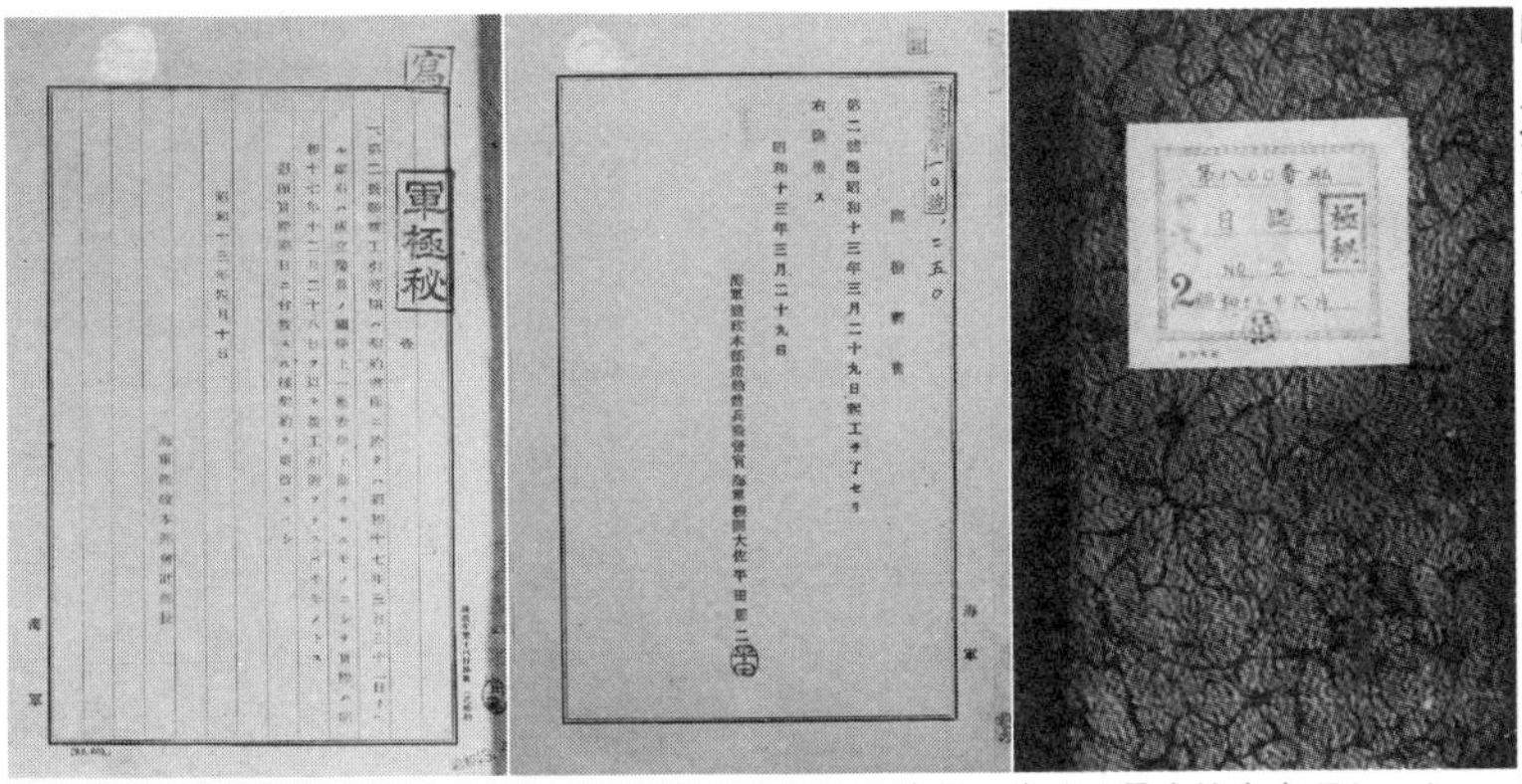
三菱長崎造船所にのこされている武蔵建造に関する資料。当時は最高機密事項だった

ところが、いくら徹底的に調べてみても、容疑事実が全然浮かんでこないのである。捕われの身となった技師たちは、その思想背景も白だったし、それぞれ高い人格とあふれる愛国心を持っていた。敵のスパイと通謀するなどということは、まったく考えられぬこの人たちだったのだ。結局、無実の罪をかぶってしまったわけだが、とうじの被害者のある人は、

「あれほど情熱をはげしく打ちこんで仕事をやっていたわれわれが、まったく罪人扱いをされて、二十日以上も牢につながれたことを思うと、今考えても血のわくような憤りを感ずる」と某海軍技術大佐に訴えたという。

しかし、こういう事件は造船所だけでなく、本家本元の艦政本部内でも図面が不明になったことがあった。もちろん、峻烈きわまりない捜査が行なわれたが、疑わしい点はでてこなかったようだ。

もしかりに、敵国スパイの手に渡っていれば、当然、英米両海軍とも一八インチ砲戦艦の建造にかかっていたはずである。だが、アメリカは、ついに日本のこの二大巨艦の実体を知り得ないままに、相変わらず、三万五〇〇〇トンクラスを六隻（昭和十九年）、四万トンを四隻（昭和二十年）、いずれも大和、武蔵には立ち向かうことも出来ない一六インチ砲だけにとどまったのである。

もし、建艦の情報が洩れていたならば、ウイスコンシン級の戦艦は、もっと巨大なものに対抗上つくられていたにちがいない。

大艦巨砲のとうじとはいえ、おそらく日本でも四万五〇〇〇トンクラスの艦をつくつている程度、と想像していた。列国はみごとにウラをかかれたわけである。

スパイされた米国の戦艦

このようにして世界艦船史上、空前絶後の巨大戦艦二隻が、戦争がおわるまで完全無欠にその秘密を保持しながら、日本海軍に厳然としてあったという事実には、われわれも驚くほかないのである。しかし、建艦の苦心は、とうじ世界最高の技術の粋を集大成したという技術上の苦心よりも、むしろこういった防諜のむずかしさにあったのだ。

そして、成功した。

しかし、ここでちょっと考えてみたいことが一つある。

もしもかりに、両艦建造の事実を秘匿しないで、堂々と性能を発表し、その巨大な姿を世界に発表していたら、いったいどうなっただろう、という仮定だ。

大和、武蔵が、想像をやぶってじつに二万トン以上も上まわっているということは、それだけ防御力が完璧だということになる。

艦隊決戦ともなれば、四万五〇〇〇トンクラスの一六インチ砲ではとうてい立ち向かうことも出来ないのだ。

この事実を、もし知っていたら、あるいはアメリカの最後通牒は、もっとおくれていたかもしれない。

そして、あるいは、世界の歴史が変わっていたかも知れないのである。機密の保持をどうするかの難点が、じつに、ここにあるのだ。

もう一つ、注目に値いするおどろくべき事実がある。

日本の情報機関が、アメリカのワシントン、ノースカロライナ、マサチューセッツその他六隻の三万五〇〇〇トンクラスの戦艦のうち、たまたま一隻の艦が、建造中のところを、ある方法でさぐるのに成功したことがあった。ちょうど、第一号艦大和を建造中のときだ。

ところが、まことにおどろいたことには、艦の大きさこそ大和よりはたしかに小さいが、性能といい構造といい、まことに大和に酷似していたのだ。

驚愕した当局は、必死になって大和の機密が洩れたのではないかと調査をしてみたが、どう考えても敵側に知れた事実がないのである。詳細な研究の末、当局は、さらに緊張すべき結論に達したのだ。

それは、——どこの国においても、懸命に建艦を考えれば、最後の結論はまったく同じなのだ！　というたしかな判断であった。そして、だからこそこの大和クラスの建造については、なおいっそう厳重な防諜をしなければならぬという結論だったのである。

徹底した防諜をまもるため、図面一つの取り扱いが想像を絶するほど厳重を極めたのは前述のとおりである。このため、各部門の連絡は大変困難なものであったのにもかかわらず、工事はまことに順調に進んでいった。

優秀な技術者の力に負うところが非常に大きかったわけだ。

こうやって、技術において勝利をおさめ、防諜に凱歌があがって、ついに二大戦艦出撃の時がきたのであった。

民族の祈りをこめて

大和をはじめて見たアメリカ士官は米国潜水艦スケート号の艦長Ｅ・Ｂマ

ッキンレー中佐である。大和は、トラック島洋上で、スケート号の魚雷攻撃を受け、その一発を三番砲塔の下に喰らった。

ところが、すぐ真上に仮眠していた兵員たちのなかで、魚雷命中の衝撃を気づいた者は一人もなかった。しかも大和は命中弾をくわえこんだまま、平然としてトラック島輸送を完了すると内地へ帰航してきた。

びくともせぬこの巨艦に、最初の目撃者マッキンレーは、どんなにおどろいたことだろうか。

しかし、もっとおどろいたのは、翌昭和二十年四月に、沖縄へ特攻出撃した大和を攻撃した、アメリカ攻撃機隊のパイロットたちだろう。終日、無数の飛行機をくり返し出撃させて空襲したとき、大和は、魚雷一一本、爆弾七個以上を受けながら、容易なことでは沈まなかったのである。

「おどろくべき戦艦」というのが、彼らパイロットのいつわらざる心境だったにちがいない。

武蔵の場合、さらにその不死身な実力をいかんなく発揮した。

昭和十九年十月二十四日、ミンドロ島沖において魚雷九本、直撃弾七発のほかに、多数の至近弾によって船体各部に漏水しながらも、致命傷とはならなかった。

ひきつづき大空襲を受け、満身に魚雷を一一本、直撃弾一〇発以上をくらって、それでもなお数時間進みつづけたのであった。

大和、武蔵の実体を知らない米空軍が、なんという恐ろしい戦艦だろう、と思ったのも無理はない。いまだかつてこれほど頑強に抵抗をつづけ得た軍艦はなかったからである。

しかし、苛烈な戦局の様相は、いかに不死身とはいえ、この巨艦に長い生命を与えてはくれなかった。民族の興亡をかけて、数万の工員たちが一鋲一鋲に祈りをこめながらつくったこの世界無比の巨艦は、非情な大洋の底に水漬く屍と化したのである。

終戦後、来日した米国技術調査団によって、はじめて、長い間の謎だった二艦の真相が判明したのであったが、あれだけの巨大な戦艦を、千軍万馬のインテリジェンスがついにスパイし得ず、日本の防諜戦の前に破れたという事実は、苦難にみちた太平洋戦史の一頁に、書きとどめられてよい「戦いの記録」かも知れない。

偉大な道徳的規範の象徴

日本の科学技術の粋をつくして、いまの時価にすれば二〇〇〇億、二〇〇万の人員を動員して、昭和十八年、奇しくも十二月八日のその日に、太平洋戦争に登場した宿命の戦艦大和。そして、大和、武蔵を生み出した広島・長崎は、どういう偶然の符牒なのか、それぞれ原子爆弾の第一発と第二発を浴びて、悪魔の洗礼を受けた。

そして、「軍機」の厚いベールに包まれたまま、ついにいちども国民の眼前にその姿を現わさず、暗黒の世界へ散っていったこの戦艦を想うとき、われわれはそこに、日本の運命の縮図を見るような気がしてならない。

いまなお、太平洋の深海に静かに眠

る偉大な大和と武蔵の霊に、作家三島由紀夫の言葉をかりて捧げよう——。

〝戦艦大和こそ、拠って以て人が死に得るところの一個の古い徳目、一個の偉大な道徳的規範の象徴だった〟と。

（昭和三十四年七月号収載）

一九六四年のトップ銘柄〝戦艦大和〟を斬る！

大和型の両巨大戦艦を愛するがゆえに、あえて物申す名艦への評価——福井静夫

見当ちがいの〝大和観〟

戦艦大和と武蔵については、すでに多くのことが語られているし、私もまた本誌その他に、その計画、建造のいきさつ、要目、戦訓などについて、何回か述べてきた。

ここには、この戦艦について、思いつくままに、筆者の私見や、印象について書いてみたい。

この二巨艦は、まことに不思議な艦である。その建造が最高機密のうちにおこなわれ、外国はもちろん、国内にもまったくと言ってよいほど、内容が知られずに完成し、海軍部内でもその要目、性能のただしい値を知っている者は、ごく一部にかぎられ、それを撃沈した敵すらも、戦後にはじめて本艦の本当の大きさや、構造、兵装を知ってびっくりしたほどであった。

つまり出現から消失までが、味方にとっても、敵にとっても不明のままであったという、戦史に例のないものだった。もっともこの不明とは、いささか言いすぎであり、巨大な二大戦艦はすでにその建造中から、わが海軍部内はもちろんのこと、巷間にもかなり広く知られていたし、諸外国、ことに米英海軍も、呉と、長崎で巨大な新戦艦を建造していることを、確認していたことは事実であった。

しかし具体的に、いつ、どこで、何という戦艦が完成し、その主要目はどうかということについては、敵の知っていた情報は不明瞭きわまるうえに、かなりに誤ったものであったし、また海軍部内でも、大和、武蔵の艦名はもちろん、その姿は、ひろく知られていたが、その要目の詳細については、関係者のみしか、知っていなかったといってよい。

つまり、その機密保持は見事におこなわれたのであったが、その結果としては、ただ機密を守ったというそのことだけに終わり、あたらこの有力な二艦を、ただ建造して、なすことなく沈めてしまったという、歴史に類のない

ムダをしただけのことであったというのは言いすぎであろうか。

注ぎ込まれた一億のエネルギー

モリソンだったか、フィールズだったかが、その戦史に、レイテ海戦における志摩艦隊の成果を評して、「たしかにこの部隊は、スリガオの難水路に入ってきた。そして出ていった。ただそれだけのことをしたにすぎない」と書いている。おなじように大和も武蔵も、「世界一の戦艦を建造した。ただそれだけにすぎない」わけであった。

同じようなことは、多くの他の場合にもいえる。作戦のみでなく、私たち工廠関係者が戦前、戦中、知恵のすべてをしぼり、努力をつくし、資材のいっさいをはたいてやったことの大部分は、ただそれをしたにすぎなかったのであり、戦力に寄与したことよりも、戦力を消耗したことの方がむしろ多かったことを、いちいち例証することも可能である。

太平洋戦争そのものが、そうなのである。これらを通じて、各部隊、つまり艦隊や航空部隊、それらの司令部や乗員将兵の絶大なる努力、苦戦、その勇戦敢闘は歴史に輝くものであり、いちじるしい損害、作戦の失敗、そのいずれを今になって検討しても、なすべき最善の策をとり、最大の努力がはらわれていたことを知る。

米戦艦アイオワ。排水量45000トン、速力33ノット、16インチ砲９門

もちろん、重大な錯誤や失敗の例もあることはあるが、通観して、わが海軍の実戦部隊の戦闘は、最大の苦戦、最大の敗戦においても、まことに見事なものであったことを否定する者はいまい。要は戦争指導の問題であり、建艦技術の面においても、艦政の失敗と技術と用兵の結びつきの失敗であったのだ。

この間、わが艦隊将兵の勇戦敢闘のそれにも比すべきものは、生産、建造など、造修の面にたずさわった多数の人たちの努力であった。技術者も、工員も、また多くの挺身隊員、動員学徒、それらすべての努力は絶大であり、そして生産と、技術の向上にかんするかぎり、いちじるしい飛躍をしめしたことは、戦後のわが国の回復、工業技術の発達において、めざましい事実となって現われている。

いま、わが国の誇る多くの部門の工業技術と生産力、それは戦時の軍需工業のおかげであるといえるのではないか。

大和と武蔵においても、おなじこと

はいえるであろう。

この二大艦、およびそれにつづく巨大な戦艦の設計、建造にそそいだ技術、その工事のための設備など、今にいたってわが国造船技術に直接、間接に影響していることは絶大なものがある。

悲鳴をあげた海軍大臣

しかし、わが海軍が大和や武蔵、また多くの他の艦艇を建造した目的は、けっして戦後の技術と、工業の発達に資するためでなかったことはもちろんである。

もちろん、戦いに備えるためには、戦後の国力の発達を考えないでよいはずはない。どの国でも、その国がいかに戦いの苦境におちいっていようとも、戦後の繁栄はけっしてわすれず、つねにそれをも考慮に入れて艦艇を建造していたのだ。

英、米はもちろんだが、ドイツですら一九四三、四四年と戦局が絶望的になり、本国が戦場化するような、破局寸前の状況になってさえ、なおかつ、戦後の海軍力のために、とるべき策をとっていたのである。

この点ただ一つの例外は、わが国であったとさえいえよう。一九四三年（昭十八年）よりは、しだいに遠大な計画というものがなくなり、ただ当面の対策のみに追われ、ついに昭和十九年二月二十二日、海軍大臣は次のように、海軍部内に訓示をしている（要旨のみ）。

「時局はきわめて重大、皇国興亡のわかるるところなり。全員、軍令部員になりたるつもりにて、軍令部の明日の作戦遂行に全力をつくすを要す。これ以外のことはあとまわしとす……」

この二月二十二日は、米機動部隊がトラックに大空襲（二月十七、十八日）をおこない、在泊艦船三〇余隻を一挙に失った直後のものであった。

とうじ、わが海軍の艦隊兵力には、大和、武蔵をはじめとして戦艦九、空母一四（竣工旬日前の大鳳をふくむ）、重巡一四、軽巡以下多数があり、その勢力は、緒戦いらい二ヵ年余の大作戦より考えれば、予想外に強大なものであったのだ。

すでにこの時において、「先のことは考えるな。ただ目前のことだけに全力をつくせ」という悲鳴を、海軍大臣があげたのである。

戦いに使うために、洋上の艦隊決戦で米国主力艦群をたたきつぶすために計画され、建造された大和、武蔵などが、まったくその目的に使われず、本来の意味にてなんら戦力に寄与しなかったばかりか、かえって優秀な人員をその乗組員として保有し、つまり、これらわが海軍最鋭の、数千名の人物を戦線より除外させ、さらに貴重きわまる多量の重油を、その航行のつど消費し、かえって戦力をいちじるしく阻害したのであった。

これはまことに皮《ひ》肉《にく》きわまることであった。さらに皮肉なのは、これらの巨体や、兵器の建造の技術と施設とが戦後のわが工業の発達に大いに貢献していることにある。たとえば巨船日章丸（佐世保のドック）や、NBCのタンカー（呉のドック）の建造、カメラその他の光学工業の発達、そして最近のわが電子工業の飛躍などである。

前者は不運であり、後者は幸運である。真珠湾攻撃の大戦果も、彼の油断と不手際というえがたい好機によって、所期の約三倍という大戦果を挙げて幸運であり、ミッドウェー海戦におけるわが空母群の全滅もまた、不運によるものであった。幸運があれば不運もある。だから、運にたよってはならないことは当然であり、こと国家の興廃、民族の存亡というもっとも重要な問題に対して、絶対に運やカンにたよってはならないことも自明である。

この意味で、わが海軍がおかした重大なる失敗を反省せねばならない。多くの他の問題とともに、大和と武蔵についても、これらからみた批判がなされ、さらにそれをもって将来、ふたたび誤らないような反省の資としなくてはならない。

この一文は、決して大和のかた苦しい批判が目的でなく、ただ思いつくままに私見を記するのが目的であることは、冒頭に述べたとおりである。しかし私は戦後、ことに最近においてまた多くのわが国の青少年諸君が、いな旧海軍の多くの年配の方がたまでが、ただ巨艦であるがために大和や武蔵を誇りとし、大和型を、わが海軍のシンボルのように思いこみ、いたずらな礼讃をそれにそそいでいることに、あき足らなく思う者である。

わが海軍が計画し、完成させたその巨艦が、その本来の目的にもちいられ、みごとに使命を果たしたなら、それこそわれわれの誇りである。何の役にも立たなかったことは誇りではなく、恥ではないのだろうか。

ただ私が、このうえなく誇らしく思うこと、それは本艦の設計と建造が、とうじとしての世界の造船、造機、造兵の技術のトップにあったこと、それを完遂したのがわが先輩たる艦政本部の計画関係者の世界一の設計技術と、工廠の工事関係者の類例のない腕と努力、それに多くの関連工業の協力による、純日本人の技術と工業の成果であったことである。

この意味で、大和をたたえることにおいて、私は決して人後におちないつもりである。だが、それにもまして残念に思うことは、大方のわが国民の本艦に対する誇りが、十分にそれらに立脚したものでなくて、ただ大戦艦をつくったからというにある点だ。そしてさらに、既述したように、わが用兵と技術の結びつきについて、するどい批判と、反省をくだす人が、はなはだ少ないことにある。

さらに技術を、その設計と、工作の両面のみにかぎってみると、じつは大和の誇りは、それが大きかったからではなく、それが小さかったことにこそあると、私は思っている。

小なるがゆえの価値

どんなものでも、ただそれが大きい、しかも他国に類のない大きさだということだけで誇ってもよいものは、ごく例外的のものであろう。近代の科学と工業技術の真髄は、むしろ小さくものをつくることにある。それにもかかわらず、戦艦大和が六万二〇〇〇トン（基準排水量）で設計されたことは、もし諸外国の軍艦技術をもってしては、おそらく七〜八万トンの艦を、たった六万トン余でつくったわが技術の成果なのである。

ただ大きいことだけで、難関に直面したのは、武蔵の進水と、大和の出渠、そしてその巨体の部材たる舵軸や、車軸受けの鋳造《ちゅうぞう》、さらにこまかくいえば、四〇ミリのリベットの打ち方、その他多くあるにはあるが、むしろ努力の主体は、いかに小さく、その船体をつくるかにあったのであった。

ただし、これは造船についてである。その主砲と主砲塔、その動力、揚弾薬関係の、機構の設計と製造は、たしかにわが砲熕技術の誇りであり、大きいことに対する名誉は、造兵のほうに、より多くあったのではなかろうか。

だが、それらの大きさも、ただ大きいだけでは、これまた誇りとするに十分でない。たんに砲の口径からいえば、大和にさきだつ六〇余年まえ、イタリア戦艦や、それについで英国戦艦では一七・七インチないし一六インチの巨砲を採用し、また第一次大戦では、英海軍は一八インチ砲をじっさいに使用したのだし、一九二一年（大正十年）には日、英ともに、一八インチ砲八〜九門を搭載する五万〜五万五〇〇〇トンの高速戦艦の設計をすませ、ワシントン軍縮会議がなければ、ただちにその巨艦を建造していたであろう。

そして実際にこのころ、英海軍は二〇インチ砲を、わが海軍は一九インチ砲を試製して、試射していたのだ。

おなじころ、クルップ社でも、それに匹敵する巨砲を設計したようだし、太平洋戦争の開戦直前には、わが海軍は二〇インチ砲を、大和型につぐ新戦艦に採用せんと計画中であったし、この大戦中にドイツ海軍も二〇インチ砲を搭載する、排出量一〇万〜一三万トンの、超巨大戦艦の設計をしたのであった。

船体の大きさ、容積からいえば、大和はだいたい総トン数四万二〇〇〇トンくらいである。（一総トンは一〇〇立方フィート）。総トン数四万トン台は、大西洋の大型客船では、一九一〇年いらい、めずらしくはなく、五万総トンの巨船すら第一次大戦前に、すでにドイツは完成させており、大和より数年まえには、英、フランスは八万総トンの巨大客船を事実、完成させていたのである。

これらの大型客船にくらべれば、大和の船体の大きさは、ずっと小型であった。そして今日、わが国の造船所では、五万総トンの巨船の建造はめずらしいものではなくなっているのだ。軍艦にしても、米海軍の空母フォレスタル型は、大和型よりずっと船体は大きいのである。

なぜ、大きいことによってのみ大和が有名なのか、私には解せないものがある。ほめてもらいたいこと、賞讃に価することがほめられず、批判されるべきことが批判されず、反省が少しもなされない。これがわが国の現状ではなかろうか。

厳重なる機密保持

大和型の建造に当たって直面した、困難性の一つは、厳重なる機密保持にあった。その取り扱いは軍機（陸軍で軍事機密といった）であって、これは軍極秘より一段うえの最高機密にぞくし、その一部の漏洩すらも、国家の存亡にかんするほどの最重要機密なのである。

たとえば、出師準備計画中の最重要項目、重要な作戦計画などがこれにぞくし、わが連合艦隊の編成も、昭和十六年春、戦時編成が実施された直後において、はじめて軍機に指定された。

兵器系では九三式魚雷（酸素魚雷）、甲標的（特殊潜航艇）がおなじく軍機であった。

しかし、巨大な戦艦そのものを軍機建造するのは、まったく別の困難がある。極言すれば、大和型の建造では、多くの困難が打開されたが、その最大のものは、その厳重なる機密保持だったといえるのだ。

一般に守るべき機密は、二種類の性質に大別できる。その一つは、そのものの名称、存在などは知られているが、その性質のなかの重要なものについて秘匿するものである。つまり、外見からは知りえない数値とか、機構であって、これはその真実を秘しても、だいたいの見当はもちろん判定できるものが多いが、しかし、的確には知ることができない。

たとえば艦の速力、航続距離、復原、動揺、旋回性、砲の最大仰角、射程、初速などはこれにぞくする。

さらに、わが全主力艦について主砲の射表や徹甲弾の性質、構造はとくに重要なので、軍機となっていた。

だから、戦艦陸奥についていえば主砲一六インチ（四〇センチ）連装砲塔四基八門は公表され、その発射速度、弾量、最大射程については新造時には、正確値は秘匿したが、一般の人に参考となるていどの、だいたいの値は、ごくわかりやすい要領で公表されていた。

たとえば、「東京駅から発射すれば、東海道線の戸塚と大船の中間あたりに弾着し、その弾道は、いちばん高いところでは、富士山の約一倍半である」というていどである。これは一般に知らせるのに適切な表現で、しかも、専門的にはまったく真価がわからないという、巧妙な方法であった。

進水を目前にひかえた三菱長崎造船所における戦艦霧島の艦尾

似てもにつかぬ仮名称

第二の種類は、そのものの存在を秘匿するものである。

たとえば九一式徹甲弾や、九三式魚

雷などは、徹甲弾や、魚雷の存在そのものは周知であるが、その優秀な独特な機構と性質は軍機であって、九一式弾は外見すら、ごくせまい一部の人、つまりその直接の関係者以外にはわからず、ましてその徹甲威力と、水中弾としての特殊な性質は、それ全体、つまり、水中弾に威力があるということさえ機密であった。

　これに対し九三式魚雷では、魚雷自体はかなり多くの人々の目にとまる。駆逐艦や巡洋艦では、発射管に装塡していれば、いやでもふきんから見られる。またこれを覆《おお》いなどで、ことさら秘すれば、かえって怪しまれることもありうる。

　この魚雷は外見上からは、それまでの他の魚雷とはまったく見わけられないので、某艦は発射管何門というように公表され、その搭載魚雷数は秘密ではあったが、あるていど判定なり、推定なりが可能であるから、それはせいぜい軍極秘とし、そして魚雷の動力源が酸素であり、それによってえられるまったく特異な性能を軍機とし、そして酸素魚雷の存在は、まったく秘されたのである。

　したがって、酸素という語は絶対に使わず、関係者はこれを「特用空気」と称し、その特用空気なる語自体が、きわめて厳重に秘されたものであり、ために水雷科の発射管や、酸素発生機をあつかう兵員も、すべて特用空気という機密名称で教育され、特用空気圧縮機（つまり酸素発生装置）から発生して魚雷の気室に圧入される気体が酸素だとは、本人にも説明されなかったものである。

　このような第二の種別、つまりその存在を秘匿《ひとく》したものは、とうぜん第一の種別の性質、機構の秘匿をふくんでいる。この例にぞくする他のものには甲標的がある。「甲標的」という語すら厳重な機密であって、この生産にかかった昭和十三年いらい、その直接関係者相互間のみの会話ですら、「的《てき》」という略称をもちいていた。

機密を問われたときは

　わが戦艦大和型の秘匿も、この第二の種別であり、その建造も絶対の機密下におこなわれたのであった。だから工事がすすむにつれて、巨大な船体はどうしても目にはいってくる。さらに進水が終わって艤装工事にはいるや、その巨体はもはや、港内ではかくすわけにはいかない。それでもその船体の大きさを秘匿するには、いろいろと苦心をはらい、真相がもれることはもちろんのこと、わが海軍部内者に対しても、できるだけ推察できにくいようにしたのであった。

　すでに進水前でも、呉の市民には、すばらしい新戦艦が建造中ということが、しだいに知られていき、ついには周知となった。だが、だれもそれを他には語らない。ここに、本艦の機密が十分に保持された理由がある。

　見られることは見られても、それが語られなければ機密の確保は容易である。この意味で、呉と、長崎の数十万の市民の、海軍と、国家に対する協力はたたえられねばならない。また、語りたくてウズウズしながらも、それを口に出すまいとつとめた帰省兵員もりっぱであり、みごとにわが海軍の、軍規の真価をしめしたものであった。

とはいっても、絶対にウワサが流れなかったのではない。

私も昭和十六年の春、親戚のものから、「長崎で建造している戦艦は大きいそうですね」と、きかれたし、一実業家より、「呉の大戦艦は世界一だそうですね」といわれたことがある。

こんなとき否定すれば、当人は信じても、その当人が、もし誰かに、「新戦艦をつくっていると君はいったが、自分の親戚の造船官は否定した」といわれれば、それが流れながれて、想定敵国の情報機関の耳にはいり、ことさらの「否定」ととられ、いよいよ新戦艦が予想以上の巨砲の大艦であることを探知させることにもなるであろうし、また、「さあ、知りませんね」といえば、軍艦ずきの福井が、造船官のくせに知らぬはずがないとし、肯定の意に解釈される。

だから私は、そのようなときにはいつも、「ほう、それはすごいですね」といって笑うことにきめていた。おなじころ、特急の座席に隣り合わせた紳士からも、おなじ質問をうけたが、「ウワサは、かならずしもアテにはできませんよ」といって、そのままですんだことがあった。

米海軍のレポートに反論する

一九三六年末をもって、いっさいの軍縮条約の束縛《そくばく》がなくなった。この条約が解消したのは、その条文により事前にわが国が脱退を通告したからであって、そのとうじ、新興ドイツ海軍とのあいだで協定を結んだ英海軍にとっては、大いなる頭痛のタネとなったものであった。というのは、かのドイツ海軍とのあいだで海軍力を協定したのだが、それは戦艦の個艦の排水量や、備砲口径などについて、まだワシントン、およびロンドンの二条約の有効期間内であったから、三万五〇〇〇トン、一六インチの制限をもうけていたからであった。

わが国が脱退を通告したのは、対英米（ことに対米）六割をこれ以上つづけて行けば、海戦様式と、兵器の発達のために、もはや、わが海上防衛は成立しないということが理由であった。

だからわが脱退通告は、いいかえれば、条約期間が経過すればわが海軍は条文に制限された事項以外の艦をつくるぞ、という意味であり、とうじまだ各国とも、戦艦こそは海上兵力の骨幹だと信じ、かつ、それを実行していたのだから、わが国がさっそくにも新戦艦を建造し、それが三万五〇〇〇トン、備砲一六インチ（四〇センチ）のワク外のものであろうこともまた、推察にかたくなかったのであった。むしろこの方が当然、予期されたといえる。

なぜなら不脅威、不侵略をモットーとしたわが海軍が、国力から見ても、けっして米英と対等なる兵力量まで、新たに建艦することは考えられず、むしろ、その対米英比率は七割か、あるいは、せいぜいそれより多少、上まわるくらいで、むしろ建造する各艦ごとに、いちじるしい個性と特長をあたえるであろうことが、戦艦こそ、それを端的にしめしたものだったのだ。

じっさいの新戦艦の建造はどうであったか。この先鞭をつけたのは米国ではなく、もとより日本でもない。われもまた軍縮条約の期間内に、大和の設計をすませたのだが、設計をいくらやっても、実際にそれをつくらなければよいのだし、大和の起工が、昭和十二年十一月（呉）、武蔵のそれは翌年三月末（長崎）であったのに対し、英国のみは、無条約時代の第一日（第一年の第一日）である、昭和十二年一月元旦を期して新戦艦キング・ジョージ五世と、プリンス・オブ・ウエールズを起工し、さらに同型三艦を七月までに起工している。

大和型の着工が急がれたのは、このような危機に対するためであったが、それでも英よりずっと、そして米よりもかえって遅く着手されていたのだ。

戦後、米海軍技術調査団が来日し、詳細にわが建艦技術を調査したが、そのうちの大和型戦艦にかんする調査の概報が、一九四六年七月の米海軍情報部月報に掲載されている。いわく、

「戦艦大和型は、日本帝国が世界を征服するために建造したものだ」と。

いかに戦後まもないとはいえ、暴言にもほどがある。そしてそんな表現をするからには、以下詳細に調べたとするその技術レポートも、あいまいなものにきまっているといいたい。

日米親善こそ、われわれの念願であり、明治末いらい、挑発のすべては米国より出ている。

第一、対米六割に絶対承服できないとするわが海軍が、七割ていど（それも事実はヴィンソン・トロンメル両洋艦隊法により、かえって五割ていどに下降せんとしたのが、開戦前の実情であり、われのたのむところは一に航空重視と、彼に対応艦なき特殊性能の艦をもって、ウラをかくことのみとなり、ここにいよいよ大和型の真価が期待された）をもって、世界征服ができるものか。

もしできるなら、対日一六割を呼号し、それを多年にわたり実行した彼らこそ、宇宙征服を国策としたと、誇称するようなものであろう。このような暴言は戦前戦中ならともかく、将来は逐次、過去にさかのぼって訂正し、正直にわれわれに謝さねばなるまい。

しだいにひらく国力差

一九三七年の建艦計画における、新戦艦の日米の比をみると、われが大和と武蔵（実際の計画合計排水量一二万四〇〇〇トン）に対し、米海軍はノースカロライナ型二隻（合計七万トン）であり、英国はキング・ジョージ五世型五隻、合計排水量はじつに一七万五〇〇〇トンである。

われは次いで一九三九年度に、さらに二隻（合計一二万四〇〇〇トン）を計上し、昭和二十年度末までに四隻、約二五万トンの新戦艦を完成せんとしたのに対し、米国は翌一九三八年度に、さらに四隻、合計一四万トン（一九三七年度との合計二一万トン）を昭和十七年度までに完成せんとし、そしてそれを実現した。

つまり米、日の比は六隻対二隻、二一万トン対一二万四〇〇〇トン、その比率は軍縮条約下にかかわらぬ一〇対六

であり、さらに前記の、わが第四次計画（昭和十四年度より二十年度まで）をいれると、次のようになる（この計画艦船は実際に全部が完成したのではない）。

米国は一九三九年度にて、アイオワ型六隻（合計二七万トン）を成立させ、

英戦艦プリンス・オブ・ウエールズ。マレー沖海戦において撃沈された

これと一九三七年度いらいの分をあわせると、わが四隻、約二五万トンに対し、米国はじつに一二隻、四八万トン、まさに比率は米の一〇に対し、日本の五以下ということになる。

それのみではない。わが海軍は次いで一九四二年から、次の計画戦艦に着手する計画が、開戦にともなって中止されたが、米国ではすでに一九四〇年度にて、五万八〇〇〇トンのモンタナ型五隻に着手し、すでに同年中にその建造注文をすませており、実際の工事にかかったものであって、これらを加算すると、昭和二十年度までに、わが四隻(二五万トン)に対し米国は、じつに一七隻、合計排水量は七七万トン、その比率は、米の一〇に対し日本は、わずかに三・二にすぎない。

英国もまた、キング・ジョージ五世型に次いで翌一九三八年には、四万トンのライオン型四隻の計画を成立せしめ、ただちにその着工をしているのだ。

急転する歴史に眼を

これらの状況よりみて、わが大和型戦艦が、いたずらに巨艦たることを目的としたものでなく、その巨砲、完全防御、そしてその必然として最少所要排水量が、軍艦として空前の六万二〇〇〇余トンとなったことは、まことに必要であり、真にやむをえぬ窮余の一策であり、かつ、それは軍縮条約脱退を決意したとき、つまり、大和型戦艦の基本計画に着手した昭和九年において、すでに覚悟のうえであったのだ。

とうてい将来も量では対抗できないから、それなら思いきって合計排水量と、合計隻数の激減も覚悟の上で、彼のとうてい早急には追いつけない性能の艦をつくろうとしたからであった。

後日かんがえてみて、この重要な時期に、あたら貴重な努力と時間と資材を、大和型にさいたことは惜しまれるが、戦艦が海軍の主体だとする考え、いな信念は、各国とも共通であり、ひとりわが海軍のみでなかったこと、むしろわが海軍こそ、航空兵力をもっとも重要視していたという事実より見て、とうじあらゆる障害を克服して、世界第

一の有力戦艦の建造を決意したことは、「賢明きわまる計画」であったといわねばならない。ただ惜しむらくは、それはきわめて、不賢明な事実であったのだが。

だがやはり名艦だった！

ここに、われわれ国防にたずさわる技術者として、用兵側にもっと、なにか強く主張できるだけの信念なり、基礎なりを持つべきであったと回想される。もちろん結果論である。そして、この結果論は、けっして私たちの先輩の、他国に傑出したその才能、その技術を下評することにはならない。

でき上がった大和型が、まことに良好な性能であり、前例のない巨大、有力な戦艦であり、工業力と技術力の粋をつくし、その艦型が大きく、国家の全力をつくしたことを考慮にいれてもなおあらゆる点で傑作だったこと、そしてそれが、けっしてウソや、我田引水でないことは、とうじこれらの巨艦に乗艦された乗員諸士にきけば、明らかにわかるであろう。

そして大和型がもし、四隻完成して一戦隊をつくったとしたら、もちろん太平洋戦争がなかったとしてであるが、米英海軍は、その対抗策に大いに困惑したであろう。

（昭和三十九年二月号収載 筆者は海軍技術少佐）

姿なき戦艦、国会をまかり通る

比類なき建造予算をめぐる海軍当局と大蔵省の苦心――福井静夫

〃一九三六年の危機〃

いま防衛庁の第三次防衛計画（通称三次防）で、その予算について、多くの交渉と計画が行なわれているが、国防計画の予算獲得が複雑で、困難な折衝のもとに、削除と復活のくり返しの上にきまり、けっきょくは、かなり国防当局の最初の計画より下まわるものに決定されるのは、むかしも今も変わりはない。

国防にかぎらず、すでに予算獲得というものは同じことであるが、どちらかというと、他の省庁のものにくらべて、むかしの陸海軍は正直であり、いまの防衛庁もまた同じ傾向があるようだ。

「軍部」という特殊の環境が、横暴であったとか、勝手なことをしていたとかいうのは、終戦後の占領下に旧敵国当局が、わが国の再発展を防止する一政策として、陸海軍の悪口を徹底的に宣伝し、その反論を絶対にゆるさなかったことと、それに便乗する人びとの宣伝によるものが多く、真相はというと、意外に軍部は正直であったというのが正しい。

私は戦後の追放令下に、特例として在官した一人であって、海軍にくらべて、他の官庁の公務員が、ずいぶんと自分勝手、利己主義なのにあきれたものである。

要求予算の計画、獲得交渉、その使用について、きわめて厳正であったのが海軍であり、会計検査に対する態度は、これでいいのか（?）と思うくらい、正直厳正であったとさえ、とうじは思ったことがあるくらいだ。

その反面、とうじ若手だった私のごときものですら、会計経理を所掌する主計官には、ずいぶんとぶつかったものである。

しかし、むかしと今とくらべると、つぎのような点でまったくようすがちがっている。この点では防衛庁の防衛計画主務者はさぞ、やりにくいことであり、むかしはよかったものである。

この相違はきわめて重大で、これをよく回想していただかないと、いささかあとがやっかいである。つまりはこうであった。

一、国民すべてが、そしてそれを代表する議会が、さらに反対党や野党のすべてが、国防の重大性をつよく認識し、とくに海軍当局のいっさいに、絶大の信頼をよせ、好意を持っていたこと――「こんなていどでいいのか」という質問や、攻撃をするのは野党や世論であった。

二、大蔵当局が国防の重大性をしりつくし、海軍部内の折衝者である主計官は士官であって、海上生活も艦艇、兵器にも精通していたこと――海軍省経理局員と大蔵当局者の専門的な折衝は具体的、かつキメがこまかかった。

三、軍事に機密はつきものであることは常識であり、機密保持により国防が期せられ、かつ、それによって少ない予算で最大の国防効果が発揮できることを、すべての人が希望していたこと。

ことに、とうじの第三次補充計画（通称㊂《マルサン》計画）を立案し、予算折衝に本格的にかかった昭和十一年は、いわゆる「一九三六年の危機」ともいわれた年でもあり、内外の情勢は、昭和五、六年ごろより予想された一九三六年の危機を、はるかに上まわる険悪な様相をしめしつつあったのである。

しかも昭和九、十年と、相ついで生じたわが海軍の二大不祥事件、友鶴の転覆と第四艦隊事故などについての当局の公表は、比較的かんたんであったが、その文面には、深刻なる軍艦技術上のパニックが十分にうかがえるし、議会の委員会などでは、

「海軍大臣はこの予算で、国防上自信があるか」

という強硬な質問をうけたり、また政府の高官、政党、財界やジャーナリストの多くは、

「海軍は重大な技術上のヘマをしていた。世界無比という日本の新鋭軍艦の性能の根本に、大欠点があったらしい」

といって、そのおそるべき内容を、十分に知っていたのであった。

ここに艦政当局の苦心

「一九三六年の危機」とは五・一五事件の公判で、被告たちがくり返した言葉であった。

ロンドン軍縮条約の批准にさいし軍令部長の前例のない帷幄《いあく》上奏（その権限を行使して、海軍省、内閣を経由せずに直接、天皇に条約の不可を上奏）、枢密院における条約反対論、これらを動機とする青年海軍将校による五・一五事件の発生などがあった。

一方では満州、上海事件と国際連盟の脱退、そして極東における危機の増大と平行して、欧州における独伊を中心とする諸問題、スペイン内乱と、独伊枢軸対ソ連との宣戦なき戦い（スペイン内乱と、独伊の領土拡張）。そして一九三七年夏における日中戦争の勃発と、翌年の張彭峯《ちょうこほう》、翌々年のノモンハン事件と相つぐ第二次大戦の勃発、その一方にて英、米、仏、伊、独、ソ連などの大軍拡、これらの情勢は、予想よりはるかに重大ではあったが、しかし、一九三六年すえ以後、世界の情勢が緊迫することを察知したのが「一九三六年の危機説」であった。

大和型戦艦を主体とするわが海軍の自主的建艦計画（条約の束縛を脱して、自由に不脅威、不侵略の軍備を充実しようとするもの）である㊂計画は、この情勢下に立案されたのであった。

ついでに、この㊂計画（第三次海軍軍備補充計画）を説明すると、艦艇いがいに航空力の拡充が、重大な要素となっていたが、艦艇についても、それは約七〇隻におよび、約二〇種の各種船型におよんでいた。

これだけの基本設計と詳細設計をすすめながら、予算をはじき、交渉し、削減やら復活をくり返しつつ、一方では刻々と変わる世界情勢に対応し、かつ、やすみなく発達する兵器などに応じて、最新最鋭の装備をはかろうとするのだから、艦政当局の苦労は絶大なものであった。

つまり大和型戦艦のみではない。すべての新計画艦が、基本計画の概案作成と並行し、つぎつぎと予算を計算してそれを交渉し、少しでもけずられれば、計画のやりなおしであったのだ。

しかも、このとき、わが戦艦、重巡、空母（赤城など）が、あるものは大改装工事や、あるものはその計画中であり、これらも並行されたのである。

書類にはない戦艦という名

さて、大和型戦艦（大和、武蔵）にかんして予算上、いかなる特殊方法がとられたであろうか。まず基本は、ぜったいに戦艦の建造計画を秘匿することであった。といっても、軍縮条約が廃棄されるとどうじに、日本が新戦艦をただちに建造するということは、各国にとってはとうぜんすぎるものとして、想像ではなく確約されていたのであった。

しかも、大正十年に完成した陸奥いらいの戦艦であり、この間に、夕張、古鷹型、妙高型、最上型などの巡洋艦、各空母、特型以後の駆逐艦海大型や巡潜型潜水艦、そのほか、わが海軍の新艦は一艦また一艦と、世界をリードしつづけたのである。

　いったい日本の海軍が、「海軍力の基本」である新戦艦を、いかなる設計で建造するか、それはとうじ、米英その他の諸国によって、最大の関心事であり、かつ、その国策に根本的影響をあたえずにはおかないものであることは、火を見るよりも明らかであったのだ。

国会では大和型戦艦の建造をめぐって論議された

　㊂計画の新艦隊二隻は、のちに第一号艦（大和）、第二号艦（武蔵）と、仮称艦名（建造時に使用し、進水時から命名された艦名を使用したが、大和型二隻は、完成までにこの仮称艦名が使用された）でよばれたが、予算支出は昭和十年度会計から十五年度会計までの四ヵ年継続事業として要求された。

　そして成立したときには一ヵ年延長されて十六年度（昭和十七年三月末まで）となったのだが、この二艦は、この全建造計画中の最大重要艦とみとめられ、軍極秘書類には、やむをえないほかは、「戦艦」という字句はもちろんのこと、計画番号A―一四〇も、一、二号艦という字さえさけられ、それらをふくめた建造表は「軍機」としてあつかわれたのであった（「軍機」とは国家の興亡を支配する最大機密、軍極秘とは国家の興亡に重大なる形響をあたえる軍事上の機密のことである）。

　したがって、㊂計画にかんする海軍部内および大蔵省に対する折衝書類には、戦艦を意味するものはほとんど記録されていない（いきなり航空母艦、第三号艦たる翔鶴型より記入されている）。これらは、「軍機」として、大蔵省のスタッフは宣誓したうえで、事情を明かされたときいている。

三名はそれを知っていた

　それでは大蔵省はどのように、この新戦艦二隻の予算を査定したのであろうか。

　じつはその査定は、他の諸艦、空母から駆逐艦、特務艦、小艦艇にいたるこの建造計画の七〇隻ちかい諸艦とおなじく、海軍省から提出した要求額については、きわめて厳重、かつ、からいものであった。

　もっとも、そのていどは、特務艦や掃海艇その他の小艦艇ほどからく、空母から潜水艦にいたる、いわゆる「戦闘艦艇」には、ずいぶんと好意的であったし、「戦艦」については、つぎのような事情下に、もっとも優先的にみとめられたが、それでもトン当たり単価は、かなり要求額より減らされたのである。

その「事情」とは、大蔵大臣、次官、主計局長、主計課長などの大蔵省の主務高官のうち、たしか三名（?）に対して真相をしめし、海軍より協力を要請されたことである。

もちろん、技術的設計の細目とか、主砲や、徹甲弾そのものの「軍機」にわたる性能、作戦用兵にぞくする最高機密ではなく、新戦艦「A－一四〇」の真の排水量が六万トン以上であること、その主砲である九四式四〇センチ砲（正式の呼称はこれである）の、真の口径は四六センチであるとか、いうていどの真相である。

さらに、なぜに、この新戦艦の真相をあくまで秘匿する必要があるかという、対外的の情勢についてである。

〝三万五〇〇〇トンの正体〟

前記のように、真相を明かしたのはすべて口頭であって、文書では一句もそれにおよんでいなかったことはもちろんで、それならば大蔵省にしめした軍極秘の建造要求表には、どのような要旨となっていたのか、というと、つぎのようなものであった。

ここにしめすものは、何回か、㊂計画（小艦艇、特務艦までをふくむ全艦）について折衝し、ほとんど決定にちかづいた昭和十一年十月現在のものである。

これも当初から見ると、大蔵省の査定や内示により、折衝をくりかえし、その間さらに外国、ことに米海軍の新計画との関係や刻々と進歩する用具、兵器などの技術に応じて、多くの改正が設計にくりかえされていて、だいたいこの時期には、各艦艇を通じて、新要求艦の基本設計はまとまりかけたのであった。

たとえば新空母二隻（のちに翔鶴、瑞鶴となった）などは、このころでも一五・五センチ砲を三連装二基として、六門を搭載（高角砲、機銃などは変更なし）するという案で設計がすすめられていたのだ。

新戦艦（A－一四〇）
艦種＝戦艦
隻数＝二隻
基準排水量（英トン）＝三五、〇〇〇
速力＝二六ノット
兵装
主砲＝四〇センチ　九門
副砲＝一五・五センチ　一二門
高角砲＝一二・七センチ　一二門
二五ミリ機銃＝二四梃
飛行機（常用）＝六機
同　補用機＝二機
カタパルト＝二基

排水量以外は、速力が一ノットひくくなっているほかは、主砲口径をのぞけばほとんど大和の実際である。

排水量を三万五〇〇〇トンとする以上、主砲を四〇センチとすることは当然のことである。

もっとも、表面からかくれた重大事項は、排水量の点ではない。排水量が六万トンであろうが、七万トンであろうが、それは四六センチ砲九門を搭載し、予想戦闘距離二万～三万メートル（二万メートルに耐える舷側防御の甲鉄、三万メートルに耐える甲板防御甲鉄を必要とする）において、同種、同性能の敵弾に耐えるという絶対条件のための結果にすぎない。

秘匿しなくてはならないのは、この絶対性能であって、結果的に、それが六万トン余の巨艦となり、当然パナマ運河を通過できない巨艦たることを米国に一日でも長く秘しておき、せっかく彼が建造した新戦艦を完成そうそう第二級戦艦に落格せしめ、彼をして、急ぎあわてて、対抗艦を研究せしめんとするにあったのだ。

それは、わが軍備に数年間のリードをあたえ、数億ドル（いや数十億ドルか）の予算を彼の対抗策に投じさせ、それだけ、われわれが予算をセーブしようとするにほかならなかったのだ。

つまり大和型戦艦は、あくまで貧乏国日本の海軍が、貧乏人の本領を発揮してケチったためのものとさえいえるであろう。

内にあっては、建艦の建造費をできるだけセーブして、㊂計画の海防艦のような、ついにがまんして新式一二センチ砲（水雷艇鴻型のようなもの）の採用をあきらめて、既製の旧式一二センチ砲を陸上保管の予備品やら、廃艦からの陸揚品を流用したくらいの、極端な経費節減をして、外にあっては、想定国の建艦計画に狂いをおこさせることで、いっそう、その効果をあげようとしたのだ。

はたして米国は、新戦艦ノースカロライナ型を、大和型に対してまったく中途半端なものとしてしまっている。

予感は前例のない施設から

本稿のテーマを「海軍と大蔵省との苦心」とした理由は、以上の記述によってわかるであろう。

秘匿に苦労したのは政府中枢の他の多くの人びともおなじことである。前例のない破天荒な戦艦を海軍が建造するという風評は、どうしても、あるていどは広がらざるをえない。かりに宣誓した当事者が絶対に口で言わなくてもである。

海軍部内ですら、ごく局限された当事者の一部しか知らされていなくても、すでに横須賀では、大きな三五〇トンクレーンが大規模な工事で新設された艤装岸壁にデンとそびえ、呉では工廠砲熕部の巨大な砲身工場が建設され、その他すばらしい水陸施設が拡充されていたことは、なにも知らない海軍軍人でも、それを目のあたりにすれば、「ハハン」とわかるはずである。

呉工廠と三菱長崎造船所の関係者が建造にさいして、数年前から内示されていたほかにも、建設のごく最初に製造すべき、前例のない巨大なシャフト・ブラケットや、舵軸や推進鋳器などの鋳物《いもの》をつくる住友金属や、大島曹達などの民間大企業の工事関係者も、おそらく、「これは大へんな軍艦だぞ」と感づかないはずはない。

まして大蔵省の官吏が、「まったく気づきもしなかった」としたら、それはウソであろう。要は各個人の国防意識であった。この意味で私は、秘匿に成功したのは海軍省当局の絶対機密主義のためであったとするのは誤っていると思う。それは、まったく国民の義務感によるというべきであろう。そこで本稿を「海軍と大蔵省の苦心」とした意味はわかっていただけると思う。

つくられた架空の軍艦

さて、それならば、どのような秘匿手段が予算上にとられたのであろうか。それについてのべてみよう。

一、排水量三万五〇〇〇トンの戦艦＝軍艦でも一般の船舶でもおなじみであるが、同種のだいたい同型のものなら、建造費はトン当たりの単価（商船なら総トン数《グロス・トンネージ》が載荷重量《デッド・ウエイト》）で見当がつく。新戦艦を三万五〇〇〇トンとすれば、当然、二万数千トン分だけ不足する。この不足をカバーするために、つぎのような手段がとられたのである。

なお、大和（一号艦）、武蔵（二号艦）のつぎの第四次計画（昭和十四年度よりのもの）における同型第三、四番である第一一〇号艦と、第一一一号艦（戦艦としての信濃）では、すでにとうじ各海軍国では戦艦を建造中であったし、英米その他では四万トン以上（公表）の艦であったから、この場合には、四万二〇〇〇トンとして予算表が組まれたのである。

二、架空艦を建造計画に計上＝第三次補充計画にぞくする建造艦艇約七〇隻のうち、駆逐艦と潜水艦のうちに、じっさい建造しない架空の艦（予算上の数字の合理性を期するための囮艦）が計上された。それはつぎの諸艦である。

(イ)駆逐艦（陽炎型）第一七号艦（陽炎）より第三四号艦までの計一八隻のうち最後の三艦（第三二～三四号艦）は架空であった。じっさいに建造したのは一五隻である。

(ロ)潜水艦一隻を架空艦とした。

㊂計画の潜水艦は甲、乙、丙型の三型式であって、甲型二隻（伊九、一〇潜とのちに命名された第三五、三六号艦）、乙型、そして丙型五隻（伊一六ないし伊二四潜の偶数番号の艦名となった第四四号ないし四八号艦）で、合計一三隻が建造されたが、このうち乙型である伊一五型（伊一五ないし二五の奇数番号艦）は第三七号艦型とよばれ、三七～四三号の七隻のうち、六隻がじっさいに建造され、最後の第四三号艦が架空艦だった。

すなわち駆逐艦三隻、大型潜水艦一隻は大和型建造の費用をひねりだすためのものであった。

ここに一つ興味ぶかく、かつ海軍の機密保持上から留意したことをしめす証左がある。

それは架空艦の潜水艦を甲、乙、丙型のうち、最後の番号をしめす丙型の第六艦とせずに、中間の乙型の第七番艦としたことである。これは奇数と偶数を艦名とした乙、丙型のシリーズで、いかにも第四三号艦を起工するように思わせたことと、そしてもし、それがついに欠番に終わり、つまり、実際に建造されなくても、いっこうにふしぎでないようにしむけたことである。第四三号艦、この名を潜水艦には仮称艦名としても使用しないだろうとは、とうじ一部の部内者にも思えたことなのだ。

なお、昭和十四年度から起案された第四次計画では第三次計画のように、戦艦を一、二号艦、空母を三、四号艦

武蔵が建造された三菱重工長崎造船所のガントリークレーン式船台

というように、艦種順に仮称艦名（建造番号）をつけることは、せっかく艦種を秘匿するために、一貫番号の仮称艦名をもうけた意義を半減するものとして、いっさい艦種をうかがい知れることができないように、第一〇一号艦より番号をならべたのであった。

　すなわち、一〇一（練巡）、一〇二（急設網艦）、一〇三（特務艦）、一〇四ないし一〇九（月型駆逐艦）というような順であった。

　そして一一〇、一一一号の両艦が、大和型戦艦の第三番、四番艦であったが、この第四次計画では、つぎの仮称艦名が架空艦であった。

　第一二八、一二九（二隻）　駆逐艦夕雲型

　第一五三（一隻）　潜水艦乙型

意外に安価だった大和

　軍縮条約下、ことにロンドン軍縮条約下の第一次、第二次補充計画の艦艇にくらべて、㊂計画の諸艦はトン当たりの建造費は安くなっている。しかもこれを利用して、一、二号艦の予算にかなりのプラスをしているのだ。

　一見、矛盾ともいえるが、この事実は㊂計画の戦艦以外の艦艇製造費から戦艦用の予算を捻出することを可能ならしめた理由でもある。なぜであろうか。これには、つぎの一例を見ていただきたい。

Ⓐ第二次補充計画の空母（蒼龍型）
基準排水量　一万〇五〇トン
一隻分単価
　要求　五四二一万一八八一円
　成立　四二〇万円
トン当たり単価
　要求　五三九四円
　成立　四〇〇〇円

Ⓑ第三次補充計画の空母（翔鶴型）
基準排水量　二万四五〇〇トン
一隻分単価
　要求　八四五五万五〇〇〇円
トン当たり単価
　要求　三四五一円

　さし引きトン当たり単価では、蒼龍にくらべて、その要求値よりじつに一九四〇円も安く、成立値より約五五〇円も安い。

　もちろん蒼龍は、予算成立後に友鶴事件の結果、設計を根本的にやりなおして別の艦として完成したのだが、それにしても、当初の排水量一万五〇トンは、軍縮条約下に基準排水量を最大限に有利に解釈したものであって、いいかえればこの設計では、排水量を極少にするために、工事がきわめて面倒であり、また、そのために兵装その他も割高となっているのだが、無条約時代の㊂計画では、排水量の制限がないから自由な、むりのない設計であり、それだけ排水量が大きくなり、換言すればトン当たりの単価は低下する。

もちろん物価は、とうじも上昇中であり、また兵器はしだいに複雑精密なものとなりつつあったが、これらのファクターは当然、大蔵省も了解するところであった。すなわち、排水量が、条約で束縛されない事実だけ、トン当たりコストで有利なのである。

いったい、国防上からも絶対的に必要とする新艦が、二万トンのものか、一万五〇〇〇トンのものか、それは海軍のきめるべきもので、大蔵省としては、トン当たりコストを査定して少しでも低下させ、もし全体予算がむりならば、隻数をへらすのが常道である。

これらが国策として決定されれば、問題はトン当たりのみが主体となる。㊂計画の翔鶴型は、さらに前述の値より査定で減額されたはずであったが、しかし、かなりの額が浮いたようであった。もちろん予算折衝時には、まだ設計中なのである。成立予算によっては、計画を改めた艦があったことはいうまでもない。

これとおなじことは、駆逐艦についてもいえる。

第二次計画の駆逐艦は、基準排水量一三八〇トンとして要求された。これは結果としては友鶴事件のみならず、第四艦隊事件によって、排水量がずっと増した艦（朝潮型は約二〇〇〇トン、すなわち㊂計画の陽炎型と同一）となってしまったが、陽炎型は、はじめから二〇〇〇トンとして要求され、そのトン当たりコストは、前者の要求値六二六五円（成立値は四九〇〇円）にくらべて、四七五八円となっている。

これで、少しずつ他艦より、大和型が寄付してもらえたわけが、わかるであろう。

ことに船体として、大和型とくに大和において、拙著『日本の軍艦』にも指摘しておいたように、とうじ呉工廠造船部は施設が完備していた上に、ずばぬけて優秀な技術者の指導によって船体部の工数が、八八艦隊時におなじく呉で建造した戦艦長門（三万二七〇〇トン）の一九六万工数より、ごくわずかに大きい二〇一万工数（横須賀で建造した陸奥は二〇六万工数、大和より多し）で完成し、ここにも大和型戦艦が排水量が巨大であるのに、じつは意外にも安価であったことがわかる。

小艦は身をけずられて

以上は、トン当たり単価であるが、予算を折衝中に、各艦の設計がだんだんとまとまり、その中にはいっそう小型艦となって建造されたものがある。これは次のものである。

〈海防艦（占守型四隻）〉

㊂計画予算の最初の要求では、一二〇〇トンの海防艦として、一隻当たり三七一万円を要求したが、しだいに建造費が削除されるので、設計もそれに応じて改めて三五〇万円で、さらに、つぎには排水量を小さくし、しかも在庫兵器を利用するなどの方法によって

いっそう経費を削減した例である。

はじめは、一二〇〇トン、二〇ノット、備砲一二センチ砲四門、タービン機関であったが、じっさいには、まず構造、艤装を簡易化し、備砲数をへらし、ついで根本的に設計をやりなおして、小型艦としたのである。

このように㊂計画で、予算成立時の排水量より、いっそう小排水量で設計され、建造された艦には、表14のようなものがあった。

もちろん設計が決定したとき、および建造中の諸改正で、いくぶん排水量を増したものもあるが、ここにしめした敷設艦などの例は、予算を要求しながら、できるだけ排水量を小さくする設計に努力し（軍縮条約下における場合とことなり、これは構造艤装などの簡略化もはかっている）、成功した好例といえる。

しかも、これで浮いた予算を、新戦艦にむけることを意図したのである。


（表14）

艦種	予算成立の排水量	実際排水量
敷設艦　津軽	5000トン	4000トン
海防艦　占守型	1200トン	860トン
急設網艦初鷹型	2000トン	1600トン
測量艦	1600トン	1400トン

直接費一億六千万円なり

以上によって、三万五〇〇〇トンという機密（極秘）排水量で、じつは六万余トン（軍機）の大艦が建造できたのである。そして多くのコストは、艦の製造費以外に、すでに数年前より水陸施設拡充費でそそがれており、それがいっそう大和型の実艦工事を容易にしたことには、いちじるしいものがあった。

じっさい、大和型は、直接の船体、機関、兵装費は約一億六千万円（一隻）ていどにすぎなかった。

また、予算上は三万五〇〇〇トン戦艦として、つぎのようであったと推定される。

〈大和型一隻〉

要求　一億四四〇万五〇〇〇円
成立　九八〇〇万円
前記の一億六〇〇〇万円というのは建造中の物価上昇や、諸改正をふくんでのもので、予算成立時の実際の見込み予算は、もっとずっと少額で、おそらく一億四千万円ていどであったものと思われる。

もっとも、研究、実験や試作その他をどこまで入れるかで、かなりことなってくるが……。

そのほか砲身、砲塔などとおなじく甲鉄もまた予算が成立してから製造したのでは間に合わない。ことに大部分が呉工廠でしか製造できないものであってみれば、工場のピークを考えて、艦の工程に間に合うようにつくらねばならない。

そこで、このために、すでに一部分の甲鉄は、大改装中の比叡や、建造中の利根型巡洋艦の費用を利用して、昭和十二年以前に製造をはじめたのである。

これらは、比叡の増厚部や、利根型用とおなじ、うすい甲鉄にかぎられ、しかも、大和型の予算成立と同時に、費用のふり替えを行なって整理したから、まったく正直な結果となったのである。


（昭和四十二年二月号収載）

（筆者は海軍技術少佐）

語られざる戦艦「大和」建造の秘密

密やかに誕生した超弩級艦の短命をおしむ建艦秘話――庭田尚三

空前絶後の最強戦艦うまる

私は海軍造船官として在職した二八年の間に、直接または間接（海軍監督官）に建造した艦艇は戦艦一、航空母艦四、巡洋艦九、特潜母艦一、工作艦一、駆逐艦六、潜水艦四一、特殊潜航艇三八隻、大小艦艇をあわせると一〇〇隻を越える。その中で、なんといっても、私の最後の任地である呉の海軍工廠造船部長のときに直接責任者として建造の任に当たった戦艦大和こそ、古今東西を通じての名艦であったことは、論を待つまでもない。

戦艦は火薬をもって戦う二十世紀における最大の鋼鉄製武器であり、名艦大和は、かの米国のミズーリ、英国のバンガードにも優って、世界中でもっとも精鋭をほこる日本人の作品であった。

戦艦は、飛行機という飛び道具や、核爆弾の発明によって無用の長物となり、名艦大和も過去の存在として消え去ったが、しかもなお、その空前絶後の戦闘力は、後世にまで語り伝えられることであろう。

ところで、この名艦を設計し、これを建造した人びとの苦心を知る人はきわめてすくないことは、ほんとうに残念に思う。明治一〇〇年の今日、日本人の記録として歴史上にのこしておくべきものであると思う。

その設計者は誰か？　海軍造船中将そして東大総長にまでなった工学博士平賀譲氏と、その門下生で海軍技術中将福田啓二氏以下の人びとであった。平賀博士こそ日露戦争後、明治・大正・昭和の三代にわたって、独自の国産艦を設計し、列強先進国に対抗して一歩もゆずらず、ついに世界建艦史上空前絶後の最強戦艦の設計を、みごとになしとげた世界的権威者であった。いわば、戦艦大和をつくるために生まれてきた日本人といっても過言ではない人であった。

それらの名艦を生んだ呉海軍工廠もまた、明治・大正・昭和の三代にわたって、つねに平賀博士の設計した各時代の代表的第一艦を建造しつづけ、ついに戦艦大和の建造を成しとげた、造船、造機、製鋼、砲熕、水雷、電気などの各部をそなえた大工場である。

戦艦三笠は名艦として、これに坐乗

して大勝を博した名将東郷元帥の名とともに、記念艦として保存されているが、戦艦大和は古今無双の名艦であったにもかかわらず、不幸にしてその真価を発揮することができなかった。これに坐乗していた名将山本五十六元帥も戦死して、記念すべき何物もないので、せめて、大和の設計に一生を捧げた技術名将平賀博士の名とともに、元呉海軍工廠造船部の一角に記念碑を建てて、その生誕の地を後世に伝えることを私は望んでいる。

　大和は昭和十二年十一月に起工され、その進水は、あたかも私生子の誕生のように秘密のうちにこっそり行なわれた。

呉海軍工廠のドック。戦後はタンカーを建造

　艤装もまた戦雲がけわしくなるにつれてくり上げにくり上げられたが、本艦の生命ともいうべき古今未曾有《ここんみぞう》の大口径四六センチ三連装九門の斉射公試が首尾よく完了し、これで明日からでも戦場に出撃できるぞ、と私たちはそっと胸をなでおろした。

　昭和十六年十二月七日、公試終了の祝杯を徳山においてあげたその翌朝、あの真珠湾奇襲成功という勝報と同時に、宣戦の大詔を聞いたのである。私はそのとき、この大戦艦のできあがるのを待って宣戦布告をされたかのような錯覚にとらわれたのである。

　しかし、この緒戦の大勝は、この大戦艦の出現の根本戦術を、皮肉にも一挙にしてくつがえす結果となった。生まれると同時に無用の長物となる運命となったことは、なんたる因果かと長歎しないではいられなかった。

　大和は兄弟艦四隻の長男として生まれ、三年あまりの短命におわったが、次男の武蔵はレイテ海戦で兄の身がわりとなって討死し、三男の信濃は空母として生まれたが処女航海で夭折し、四男は呉の造船船渠内で流産という運命になった。けっきょく長男でありながら、一番長生きしてはなばなしき最後をとげたことは、せめてもの慰めとなったことを、生みの親として追懐するしだいである。

　つぎに本艦の建造に当たって、もっとも苦心した機密保持のことと、奇しき運命の一コマである進水式の秘話とを語ることにしよう。

機密を守りぬいた四年間

　本艦の工事責任者として、もっとも苦心したことは、なんといってもその機密保持であった。大和は長崎の武蔵とちがって、造船船渠というふつうの

「ドック」より浅くて、「ガントリークレーン」をもったドックの中で建造した。そのため、建造中の船体は長崎のように丸出しではなく、半分は「ドック」内にかくれるから、側面からは非常に見えにくかった。

　しかし、これを隠すために、上からは棕櫚縄《しゅろなわ》のれんをつり、下の方はトタン板でかこいをした。また工廠の上の宮原町の民家や道路からのぞかれるのをふせぐために「ガントリー」の上に「ドック」の頭部に長さ約四分の一ほどのところに上家をつくって、中が見えないようにもしたのである。

　そして、工廠内の本艦工事に従事する者全員に、機密を厳守するという宣誓書を提出させ、これらを登録して、それに一貫番号を付し、これに写真を添付した通門許可証を発行した。またそのほかに特別の「マーク」を胸に着けさせ、通門の際はいちいち守衛および番兵に提示しなければ、いかなる人物も板がこいの中へは出入りできないように取り締まった。

　また見学者は、たとえ高官の人でも海軍大臣の許可証がなければぜったいに入場を許さなかった。あるとき、軍事参議官の某大将が見学をのぞまれたが、事情を説明しておことわりしたこともあった。

　進水のときの機密保持はあとにのべることにするが、進水後、この大艦をいかにしてその秘密をもれないようにするかについて、鎮守府全体でいろいろと会議をした。その結果きめたことは、宮原町の民家の工廠に面する窓はすべて閉鎖するよう勧告し、鉄道は列車が呉線にはいると、海側の窓は全部車掌が閉鎖し、線路は吉浦「トンネル」の出口から、両城にいたる間の軍港内がよく見える所には、長い「トタン」板の垣を造って目かくしをした。海上は一般航路を音戸《おんど》瀬戸から秋月沖を迂回させて、港内をのぞき見できないようにした。

　また、河原石には定期船の出入りを禁止し、軍港内に所用の船舶は麗女島《うるめじま》の検問所で検問の上、許可旗をかかげて入港しなければならなかった。

　すなわち、少しでも大和の姿が見えないように、航路が制限されたのであった。

　しかし工廠内では、どうしてもこのような巨大な姿をかくすことはできない。そこで、本艦の機密中の機密である、いわゆる仮称九四式四〇センチ砲塔(じつは四五口径四六センチ三連砲塔)を、いかにしてかくすかという点では大いに頭を悩ませた。

　まず進水後ただちに一、二番砲塔を一つにまとめて大きな板がこいをし、三番砲塔は単独にして、それぞれトタンぶきの屋根をつけた。そして一見、巨大な倉庫のように見せかけ、出入口には番人をつけて、内部をぜったいにのぞかせないようにした。

　一方、この艦はこの砲塔のために、従来の戦艦にくらべて、そのはばがいちじるしく広くて、めだつので、艦首の前端に両舷に張り出しの「ブーム」をつき出し、これにのれん式の横幕をたれて、正面から艦のはばを見えないように工夫した。

　なお、その長さを比較されるのを恐れて、ふきんの岸壁には大型艦船を繋留しないように、細心の注意がはらわれた。

図面の取りあつかいは、これまた厳重をきわめ、関連する各図面間の関連性をできるかぎり分からないように、切れ切れに作られ、その基本ともいうべき一般艤装図と、建造要領書その他の重要図は、造船部長室内の文字合わせ二重錠の金庫に納められた。そのカギは、造船部長が保管し、とくに必要以外は設計主任であっても閲覧させなかった。

また設計室内には、機密図面閲覧室を特別にもうけ、閲覧簿をそなえて、閲覧資格者だけにかぎり閲覧を許可した。設計主任は毎日、軍機図書を点検して、紛失の絶無をはかった。

そのほか、本艦に関する書類や記録の運搬には、密封函を作ってこれにカギをかけ、特定の取りあつかい者以外は開封を禁ずるなど、あらゆる方法で取りしまりを厳にしたので、起工から竣工までの四年間、この機密を守りぬくことができた。さすがの米国海軍もついに窺知することができず、そのころ議会の秘密会議の記録にも、「四万五〇〇〇トンないし五万トン以上の大型艦らしい」としかわかっていなかったことは、まことに官民一致の賜であったと思う。

語られざる進水式の秘密

昭和十五年八月八日朝七時半、五万の工廠従業員がようやく正門内にすい込まれ、呉市四ツ道路から眼鏡橋にいたる大通りは、人影もまばらになったころ、けたたましい防空警報がなりひびいた。

時をうつさず、海軍陸戦隊と憲兵および警官隊は緊急警備配置について、市街の要所要所をかためる。南は宮原、警固屋《けごや》、鍋、音戸《おんど》から北は河原石《かわらいし》、吉浦にいたる海岸線は陸戦隊で、また市中は、憲兵と警官とが厳重に警戒し、いっさいの交通を遮断した。市民は屋内に押しこまれて戸外にでることさえ許されない。

一方、海上は警備艇一〇数隻を配備して、音戸の瀬戸から麗女島《うるめじま》の線を境界とし、軍港内には一隻の小舟をも通航を許さない。もちろん停泊中の艦艇の上陸艇すら一時禁止して、海陸一体にものものしい戒厳がしかれたのである。

午前八時すぎには市内各地に銃声が起こり、市街戦を展開し、港内にはもうもうたる白煙、黒煙が立ちのぼり、

武蔵をつくるために新しく設けられた現図室。苦心の日々が続いた

ひるなお暗いありさまだった。

こうして、海・陸・空の連合演習が行なわれた。この間約三〇分、煙幕が晴れ、警報解除とともに、市内は平穏にもどった。これこそ秘匿《ひとく》番号第一号艦、すなわち戦艦大和誕生の陣痛であった。この連合演習は、海軍参謀がこの進水を秘匿する方法として、ねりにねった秘策であった。このことは後日にいたってはじめて私は知ったのである。

この秘策は、兵法の「敵を欺かんと欲せばまず味方を欺け」を実行したもので、事実このような演習が市内で行なわれていたことは、本艦進水の第一責任者であった造船部長の私でさえ、まったく知らされていなかった。もちろんこの演習が大和進水の「カムフラージュ」であることは、演習の実施部隊長にもぜんぜん知らされていない。また憲兵や警察官、一般の市民も、その当時はこのような防空演習がたびたびあったので、だれひとり怪しむ者もいなかった。

一方工廠内では、一号艦の進水の日どりはぜったい秘密となっていた。だから従業員はなにもしらずに、平常どおり作業していた。そして終業後、一部の者が艤装桟橋に突如として横づけしている巨大な艦影を見て、一号艦の進水は今日であったかと驚いた。

しかし、廠内のことはいっさい家に帰っても口にしてはならないと、平生から機密保持に対して厳重に口止めをされていた。ことに一号艦については、極秘すなわち「軍機」であった。

もし口外すると、即刻、憲兵に捕らえられることを従業員はよく知っており、現にその実例がたびたび起こっているので、一号艦が今日、進水したというようなことは、いっさいもらさなかった。

そういうわけで、一号艦の進水と、防空演習とが関連していたことを、外部の者はいっさい知らなかったのは事実で、二〇余年後の今日でも、この秘密を知っている人は恐らくないであろう。

この秘密の成功で、長崎における二号艦武蔵の進水当日も、これによって防空演習が行なわれたのである。

さて、市内でこのような騒動をしているとは夢にも知らず、工廠内の造船船渠内では、前にのべたような目かくしした中で、一号艦はその巨大な船体をドック一ぱいに浮かべて、午前八時半の進水式を待っていた。

見れば船体は戦時色に塗られ、広大な甲板には艦橋も砲塔も煙突もなく、きれいに清掃された航空母艦のようであった。ただ曳航を指揮する一文字の艦橋と短い信号檣があるだけで、進水を祝う装飾もいっさいない。いわば裸船で、わずかに艦首に紅白の「ブーム」を突出して、その先にクス玉をつるしたのと、艦尾に大軍艦旗が朝風にひるがえっているだけである。

しかし、渠頭の式台だけは、純白の破風造りの社殿風の母屋で、裾に桧皮の縁をつけ、緑葉の飾房を垂らした清楚にして高雅な姿で、その上段に玉座を設け、船体の無装飾とは一見、不釣り合いのものであったが、これには、つぎのようないきさつがあったのである。

本艦の進水は最初、海軍省からの指令があって、きわめて内密のうちに行ない、式典も簡単にし、式台なども装飾的のものとしないで仮設の程度。したがって艦の飾りもいっさい無用、ふつう一般の艦船の入出渠作業のように見せかけよ、という内命であった。

私たちはそのつもりでおったところ、七月初めになって、急に天皇が臨御になるとの内報があった。もちろん公式ではなく、表むきには江田島の海軍兵学校の卒業式にご臨席になることにして、そのついでに本艦の雄姿を御目にかけるということだった。

それでは進水式もあまり簡略にすぎてはかえって不敬に当たる。また一面にはこの前代未聞の大戦艦の誕生を、まるで私生子の誕生ように秘密裡に行なうことは、私たち建造に従事した者の親心として、誠に忍びがたいものがあった。そこで、せめて式場だけでも晴れやかにしようということになり、式台とその付近、つまりドックの頭部で、外からは見えない囲いの中だけを美しくかざることになった。

ところが、時局が日ましに切迫し、日米間の雲行きもしだいに険悪にかたむいてきたので、本艦の進水の秘匿がますますやかましくなった。せっかくの行事の御内定もふたたびお取り止めとなって、御名代もできるだけ内密にするために皇族の特別御差遣の恒例もやぶられて、当時、呉在港中の軍艦常磐艦長であった久邇宮朝融王大佐が臨場されることになった。

このようなわけで、当日、式場には進水作業に必要な人員と、前日まで艦内現場に働いていた最少限度の従業員にのみ見学を許可した。部内の高等官でも直接現場工事に関係がある特別徽章の佩用者にかぎって、参列見学を許可された。

だから広い「ドック」の渠頭には、わずかに一〇〇名内外の高等官と、「ドック」の両側および艦上には一〇〇〇人たらずの進水作業員と見学者とがならんでいるだけであった。もしこれが、従来のような公開の進水式であったなら、立錐の余地もないほどの大拝観者で埋もれた中を、軍楽隊の演奏する勇壮な軍艦「マーチ」に送られて、歓呼声裡に誕生すべきものをと、ふと私の心の隅をあわれさがよぎった。

大和の進水は船台からすべりおろす方式とちがい、造船「ドック」の中での建造であったから、前日すでに「ドック」に注水して浮かせ、水平になるように吃水を調整しておき、満潮を待って曳き出せばよいのであった。

こうして進水曳航の指揮官港務部長椛島少将以下が乗艦し、進水係はそれぞれ配置について静かに時のくるのを待った。

午前八時、天皇御名代の久邇大佐宮殿下は、常磐の艦載艇できわめて内密に、非公式で工廠桟橋にお着きになった。それと同時に、港内には黒煙白煙が立ちのぼり、海面には煙幕がはられた。

まもなく殿下には公式の御資格となって、自動車で式場にお成りになり、午前八時二〇分、司令長官嶋田繁太郎中将の御案内で玉座に立たせられた。

工廠長砂川中将、砲熕部長菱川造兵少将、造機部長渋谷少将、製鋼部長宇

留野技師、電気部長山口少将ら関係部長が参列してお迎え申し上げ、海軍大臣代理として司令長官は、

『命名書

軍艦大和

昭和十二年十一月四日その工を起し

今やその成るを告げ茲に命名す

　昭和十五年八月八日

　　海軍大臣　及川古志郎』

と低声で朗読して、型のごとく工廠長に下げ渡し、工廠長は造船部長の私に進水命令を下された。私は進水主任の芳井造船大佐に命令を伝達し、進水主任は左記の順序で進水作業を指揮した。

第一　用意

第二　張纜索合せ

第三　曳き方始め

第四　支綱切断

工廠長が銀斧一閃支綱を切断すれば、重い「ギロッチング・シャー」は艦首の太い紅白の纜索を一きょに切断し、巨艦大和はしずしずと渠外に曳き出された。

もちろん、軍楽隊の演奏もなく、ただクス玉が割られ、七羽の鳩が秘匿の上家の中で飛びまわり、五色の紙吹雪が圧搾空気で吹き出されて、渠頭の囲壁の内で飛び散って、景気をそえたのがせめてものはなむけであった。

人の子の誕生は、その一生の幸多かれと、できるかぎりの祝福をしてやるのが親たる者の愛情である。艦船の進水式もこれとまったく同じ意味で、盛大に行なわれるのがふつうである。

もし進水式のさい、少しでも不吉のことがあれば、その船の運命を左右するとまで迷信とも言い切れない事実も存する。進水のさい、中途でとまったり、あるいは天候の異変があったりした実例は、古くは宮古、筑波、河内などのように、あるいは触雷したり、爆発事故を起こしたりして、平時においてもおわりをまっとうできなかった艦もあり、近くは第一一一号艦信濃は、横須賀で進水式の直前にドック注水のさい、ちょっとした事故があったという。信濃は処女航海のさい不慮の最後をとげたことなどを思いあわせ戦艦大和も、武蔵も三年あまりの運命におわったことは、やはり、不運の艦であったと生みの親として不愍《ふびん》でならない。

（昭和四十三年七月号収載。筆者は呉海軍工廠造船部長）

わが思い出は〃不沈艦〃と共につきず

大和の艤装という大仕事を通して知った喜びと苦しみ――福井又助

なつかしき呉への転任

戦艦大和、それは姉妹艦武蔵とともに世界最大の戦艦である。満載排水量七万二〇〇〇トン、主砲四六センチ、軸馬力一五万、そのほかおおくの点で世界最大の――ケタはずれに――大きな戦艦である。これが日本人の手によって建造されたのである。技術的にはいくら誇っても誇りすぎることはあるまい。

花にはさかりがあり、潮には干満がある。そのように、船にも盛衰があるようだ。客船はクインメリーの八万トンを頂点として、いまは小さくなってきた。戦艦は、七万トンの大和を頂点とするとともに、その最後として、戦艦そのものが姿を消してしまった。

大和にたいする戦略戦術上の議論は別として、ただ技術的に考えれば、日本の造船技術の高さを示すものである。また大和などの建造が日本の船造技術にのこした遺産は、はなはだ大きいものであると信じている。

昭和十四年(一九三九年)六月末、私は横須賀工廠造船部艤装工場長から呉造船部内外、関係の向きに挨拶まわりをして、それから部内工場の様子を見てまわる。

造船部には船殻工場、艤装工場の二大工場があり、さらに船渠工場、船具工場、器具工場、設計係、作業係、工務係、人事係、監査係などがあった。第一号艦が着手されてからは、呉への出張見学などは遠慮がちだったから、その変化に驚いた。

船殻工場は拡大されて、一号艦のすわっている造船船渠は、機密保持のため、四分の一ほどを大きな屋根でかこってある。音はするが、船体は囲い越しにはまだ見えない。

本艦は、一昨年の昭和十二年十一月起工され、もう一年半以上経過しており、来年(昭和十五年)八月に進水の予定だった。許可手続きがおわらないので、入場して見ることはできない。

艤装工場は、どこへでも入れる。これも拡張されて、前とはひどく様子が変わってしまっている。一号艦の艤装品らしいものがあちこちで目につく。二大工場の拡大変貌にともない、他の工場、諸係も成長し、なかには全然場所を移動して大きくなったのもある。

工廠をおおう無言の緊張感

艤装工場は、機械工場、鉄工工場、鍛造工場、管工場、亜鉛鍍金工場、鋸鉋工場、建具工場、端舟工場、外業木工班、外業鉄工班、外業仕上班、外業管工班、工場本部にわかれている。

工場という言葉を大小二様に使うのはめずらしく思われないでもないが、伝統によるのと、適当な言葉がみつからないためだった。艤装工場の工場は英語のデパートメントであり、そのなかの諸工場は、ショップにあたると考えるといい。このショップにあたる工場は、船にいって仕事をすることはほとんどない。一方各班は、船にいくのが建て前になっている。総称して前者を内業、後者を外業と呼んでいる。

艤装工場はあまりに大きいので、一人の工場長が管理するには無理があるという理由から、新しい規程で、第一艤装工場から第四艤装工場までの四工場に分割された。しかし、改正が新しいためと、四工場間の関係が密接複雑なこととで、実際は第一艤装工場長が全四工場を統一し、管理するのが実状であった。私が任命されたのは、この第一艤装工場長だった。

数日後、第一号艦への通門許可証を造船本部でもらった。一貫番号と写真入りで、胸に着けるようになっている。まことに手のこんだことをするものだと感心するとともに、緊張感をおぼえる。

驚いたことには、おなじようなのをもう一枚もらった。それは甲標的（のちに蛟龍となる）にたいするものだとのことだ。これは、ただもらうだけではない。機密をもらさないことを宣誓してもらった。

こんな話もある。胸に許可証を着けた顔見知りの上級者から、何気なく質問され、自分の知っていることなので返答した。即座に、「そんなことをいってはならぬ」とたしなめられた。質問者は機密保持を徹底させるために、地まわりの役を命じられていたのである。

重要な図面は、便利よりも機密保持のためから、わざわざ二、三枚にわけてある。一枚の図面にまとめて書けばわかりやすい関連工事も、別々の図面になっている。工事のしやすいようになっているのがよい図面だという常識は、ここでは通らない。

工廠の東側に沿ってつらなる丘に建つ民家の、工廠に面した窓は閉じるよう勧告したり、鉄道は軍港の見える側にトタンの柵を設けたり、海上交通には制限を設けたり、外部から港や工廠が見えないようになっていた。

一方、一号艦自身も、船渠建造中はトタン屋根の大囲いや、しゅろ縄でおおい、進水出渠後は、砲塔には板囲いをし、大きな船幅をかくすために両舷に張り出しをつけて幕をたれるなど、大がかりな遮蔽がおこなわれた。中にはどうかと思うようなものまでも設置されたが、批評は一種のタブーだった。

国民が戦後になって初めて大和、武蔵の存在を知ったのも、このためであった。呉や長崎の住民ですら、大きな船を造っているらしいくらいにしか知らなかったであろう。

機密は相当よくたもたれたようだ。後年私は、横須賀米海軍基地の艦船修理部（ＳＲＦ）につとめた。ある日、士官と兵隊に大和の写真を見せたことがあった。士官は興味深く写真を見たり、質問してきた。

兵隊はあっさり、「こんな大きな軍艦が日本にあったはずがない」といいきって涼しい顔をしており、士官が日本海軍のだといっても、納得しなかった。

ケタはずれなその艤装工事

船の仕事をビルにたとえると、船殻工事は、鉄骨を組み、コンクリート打ちがおわって外形がととのった段階である。これに窓や扉や天井や床を取りつけ、椅子、テーブルなどの関連諸管を導設し、最後に化粧のペイントを塗るのが艤装工事にあたる。

進水式には、船は大半できあがっているかのように考えられがちだが、普通は半分ほど工事が進んだにすぎない。もっとも最近は、進水と同時に、船が自力で走るような建造の仕方もある。

大和には、どんな艤装工事があっただろうか。

乗員二二〇〇人にたいする居住施設、給食施設、冷暖房通風装置とそのトランク、清海水、油、雑用蒸気管装置、伝声管、空気伝送管、扉、蓋、窓、直立および斜傾梯子、木甲板、リノリュウム床、錨、錨鎖、鋼索装置および暴露甲板手摺、多数の弾火薬庫、冷蔵庫、無数の倉庫、数台の乗員用エレベーター、一六隻の艦載艇とその格納装置、損傷のさい艦の傾斜を調整する注排装置。まだぬけているものがありそうだが、その種類の複雑なことを了解するには十分であろう。そして最後に、それぞれの試験と、全艦のペイント塗りの大仕事が待っている。とにかく長さ二五〇メートル、高さ二〇メートル、幅三六メートル、六階建てのビルに匹敵し、その上に一三階、エレベーターつきの檣楼がそびえている、大きなビルの中味をととのえるのだと考えていただきたい。

大和艤装工事の大きさを数字で示してみよう。

造船部総工数一九〇万、そのうち艤装工場は、約七〇万工数の工事をおこなった。トンあたり工数が、船殻四三・一一にたいし、艤装が三三九・七六である。材料の量に比して、人手をおく必要とするのが艤装工事の特徴であり、配員管理というデリケートな難問題を多分にもっている。

飛躍的に大きくかつ複雑な大和船体艤装工事は従来、一人をたてまえとした担当者を三人とし、しかも有能な働き手がえらばれた。広幡造船少佐、蔵田造船大尉、小田技師である。三人は大和にかかりきりであった。それも、日夜かかりきりだったというのが至当であろう。そして、この三人の技術者のもとで、毎日、一〇〇〇人以上の人人が、日夜はりきって働いていたことは銘記しなければならない。

工場長の私は、これらの人々の苦心と努力をながめていたにすぎない。これらの人々が働きやすいようにするのが責任であり、懸命の努力はしたのだが、工場長としては、大和のほかに数隻の新造潜水艦、甲標的の製作などもあって、工事、既製艦船修理、改装工事、甲標的の製作などもあって、大和に全力をつくすわけにはいかない。大和だけに従事したいと、いくど思ったことであろう。

よろこばしい虚脱感にみちて

大和艤装工事の二、三を、思いつくままにひろってみよう。

〔竣工期の繰り上げ〕工事の終了期は「追いこみ」といって、思いきって多数の配員をして、バタバタと工事を完了させる方法がある。しかし、できあがる艦の施工的な良否を考えると、追いこみは感心しない。完成まぎわには所要配員が減少していくほうが理想的である。

しかし、使用者側は早くほしいので立場がちがう。竣工期繰り上げについては使用者側とつくる側との間に、きびしい折衝がくりかえされるのが常である。大和の場合は、開戦前の時局の逼迫があったので、使用者側の工事繰り上げ要請は命令に近いものだった。

昭和十五年（一九四〇年）八月に進水し、十七年六月十五日、竣工予定で工事を進めていた。それが十五年十月、十六年三月、十六年六月の三回もの繰り上げで、十六年（一九四一年）十二月十六日竣工のこととなった。

そのたびに成否の調査、考究と、決定後の評細予定のたてなおしに忙殺されてしまった。大和だけの予定のたてなおしばかりではなく、工場で関係している新造潜水艦以下、全工事の予定に影響するのだからたまらない。

〔図面〕大和にかぎらず、一般に艤装の図面は、設計しやすいようにできている。というよりは、設計しやすいように作った図面を、艤装工場での仕事に便利なように総合した図面を、さらに作らないのが永年の習慣である。

艤装工場で首をひねらなくてもいいような、わかりやすい図面を作ってくれと設計係に申しいれると、いやとはいわないが、べら棒に時日を要するという返答がくる。それではその仕事の予定完了期にまにあわない。しかたなくあれこれと図面を引っぱりだし、自分たちで総合して仕事にかかるのである。

〔通風トランク〕通風は乗員の健康にかたときもゆるがせにできないものだ。内燃機やボイラーは、多量の空気を必要とする。これらの空気は舷外から取らねばならない。海水の飛沫が、時には海水が浸入するので、甲板上の高い所に開口して、ここからトランクで導いていく。防御上や水防上からも、甲板やバルクヘッドには孔をあけたくない。あけるにしても最小限にしたい。

ところが、通風量の大きいためや、居住区では騒音を極小にするために、通風トランクの切断面積は、水や油の管とは比較にならないほど大きい。トランクの材料は二ミリ、三ミリ程度のごく薄いものが大部分であるが、できあいの直線形のものを水、油管のように曲げて造るわけにはいかない。

いちいち現場で型をとり、それにしたがって工場内で造り、あらためて現場に取りつけるのである。もし不出来の場合は、また工場に持ち帰って手直しした上で取りつけることになる。

ことに本艦の防御甲板の貫通部は、意外に厄介なものとなった。硬くて、きりが予定の早さでは孔をあけてくれない。もちろん、硬いことは承知のことであるから、前もって十二分の準備はしたのだが思うようにはいかず、頭のいたいことになった。

しかも、大径の孔が防御甲板にあいていると、防御力が低下する。この対策として、小径の孔を蜂の巣状にたくさんあけて、面積を等しくするのである。硬い孔を幾百となくあけなければならなかった。

通風トランクは量が多いうえに、取りつけ終了後、通風量試験と気密試験をすることになっている。あちこちの区画に通じて、血管のように枝の出ている一系統ごとに試験していくこともなかなか労力のいることであった。

〔注排水装置〕これは、清水タンクや海水タンクの注排水装置のことではない。軍艦で注排水装置というのは、被弾その他の損傷で、艦が前後または左右に傾いた場合、すみやかに傾きをなおして、普通の状態にもどすため、緊急に注排水をおこなう装置のことである。

片舷に損傷による破口ができると、その水防区画は満水して艦は傾く。さっそく反対舷に注水して傾斜を正す。もし同時に前部にも傾きがあれば、後部に注水して傾斜をなおす。必要があれば、排水もおこなう。しかし、傾斜は正せるが、艦がある程度沈むのはやむをえない。

装置としては、海水弁を設け、油圧開閉式として、その油圧管を指揮所まで導き、ここで開閉操作をすることになっていた。海水弁は数がはなはだおおく、性質上、艦底下部に取りつけてある。

一一〇〇区画にも仕切られた水防区画の甲板とバルクヘッドを貫通して、完全水防工事を施しつつ油圧管を導くことは、並み大抵のことではない。

いよいよ試験してみると、思うように作動しない。油圧用油のなかに気泡があったり、油圧系統に漏洩があったりするためだ。

そのたびに、いくつも、いくつも、水防区画をもぐって調べていった。担当者の肉体労働のはげしさは、相像以上であった。

こうして大和は、開戦直後の昭和十六年（一九四一年）十二月十六日に竣工した。その時の気持は、どういったらいいだろうか、よろこばしい虚脱感だったといえないこともない。

（昭和四十三年七月号収載　筆者は海軍技術大佐）

大和で泣かされた〃機密〃談義

巨艦建造のころを回想して綴る現代への提言――牧野　茂

機密保持に苦労した毎日

外務省の秘書がぬすみ出した秘密文書がもとで、国会の予算審議が数週間もストップするという、前代未聞の問題がおきた。

現在は法律の定めがなく、外務省でも課長以下の裁量で、適当に秘密の指定をしていると報道された。

私は終戦までの長い年月、旧海軍の機密のなかで勤務し、その取り扱いには人一倍苦労をかさねた者として、今回は機密の問題を取り上げてみた。当局が一件でも機密の指定を少なくするのに役立てば、大変よろこばしことである。

軍事上の機密の取り扱いをした理由はいろいろある。それが外国、とくに想定敵国に知られると、作戦用兵上いちじるしく不利になるということは一般の常識であるが、反対に兵器や技術の弱点をかくすためにも使われたし、特許の無断使用をかくすためにも使われた例がたくさんある。

とうじは大蔵省や国会や会計検査院にたいして、予算、決算の説明を拒否することができたし、第四艦隊事件の後処理や、大和型戦艦の建造費を予算面ですくなくして、不足分を新造駆逐艦や潜水艦の建造数をへらして、その予算を流用しても追及されなかったことも、軍の機密の悪用例である。

日華事変までは、海軍機密物件取扱規則は大臣たちによって発布され、作戦用兵に直接関係する重要事項に属するものは、軍機として職務上の必要がある者以外は、タッチしてはならなかった。

技術関係では、戦時計画図書と、きわめて少数の兵器にかぎられていたが、特殊潜行艇の開発、七一号艇の建造、大和型の建造などがはじまると、造船関係にも軍機関係にも軍機図書が増加した。

日華事変がはじまって間もなく、戦時態勢がすすむにいたって、総動員法が発布され、軍機と軍極秘が法律で定められた。

米海軍が建造する戦艦は、一六インチの主砲を搭載するであろうから、日本が財政上の理由から、米国より少数の新造隻数でこれに対抗するためには砲力の優越を必要とするので、四六センチ砲を採用することとなった。

米国がこの事実を知ったならば、ただちに一八インチ砲艦を建造するであろうが、それには砲の設計試作からはじめて、軍艦ができあがるまでには、優に六、七年はかかるから、わが方はそれまでの間は絶対優位に立つことができる。

それには、搭載主砲の口径を秘密に保つことが最も必要であるとの見地から、この主砲の口径は軍機に指定された。

したがって、主砲口径を容易に察知できる要素も、軍機となる。すなわち排水量、主要甲鉄の厚さ、主砲砲塔のリングバルブヘッドの直径などがこれに該当し、主要寸法も軍機となる。

計画要領書や重量重心計算書はもちろん、一般艤装図、中央切断図、防御配置図なども軍機である。これらの目印は艦の詳細設計を行なう上で、つねに手元に置いて照合するのにこれがないと不便だったので、いろいろカムフラージュして、せめて軍極秘にゆるめるよう苦心した。

たとえば、一般艤装図は、前、中、後に分割して、主砲の部分を抹消して軍極秘とする許可をえた。それでも各甲板と船内側面などがあって、一組約三〇枚にもおよぶ部厚い図面は、始終手元に置きながらも、開いて見るたびに身の毛のよだつ思いがした。

重量関係でも船殻と防御の区分重量を一万トン宛へらして記入し、排水量を二万トン小さく見せた。そんなわけで建造に従事した高等官でも、これらの軍機事項は、直接の関係者以外は知るよしもなかったのである。

この巨艦が建造中であるという事実すら、一般には知らさないことが最良の機密保持の手段とされた。

そのためには、関係者につね日ごろから精神訓話を行なって、人格を高めるように努力させ、工廠内でやっていることは廠外ではいっさい口外しないようにと、くり返しさとしたものである。

それでもなお、不心得者が出れば、これは自分の不徳のいたすところと、首をあらって待つ心境であった。

私とはまったく無関係なことだが、思いがけない人物が、故意か過失かしらぬが、肉親に機密をもらすという不祥事があったほかは、私の知るかぎりにおいては何もなかった。

私は大和建造中の約五年間、呉工廠造船部の設計主任として、機密図書を調製したり、保管する責任者であったが、日日のあつかいは先任部員と先任技手にまかせていた。

今年の四月、呉に出張したさい、昔の設計の幹部が三〇人ほど集まって、むかし話にはながさいた。

私の大和に関する最大の思い出は、機密の取り扱いで苦労したことだと述べたところ、とうじの先任技手が、

「主任は私にいっさいをまかせて、ケッコウのんびりしていた。年中ひやひやして暮らしたのは私の方だ」

と、やり返えされた。みながそれぞれの立場で苦労していたのである。

武蔵の図面紛失事件

私たちは前述のような高度の機密のなかで勤務しても、別段どういうことはなかった。しかし、三菱長崎造船所の武蔵の建造関係者の話によると、機密度の高い設計場の人たちは、機密の重圧にたえかねて、なかばノイローゼにおちいるものもあり、一日も早く機密度の高い仕事から解放されることをねがっていたそうだ。

設計室の空気は陰惨で、他人の行動を監視しあうような異様なマナ差しには、たえがたいものがあったと述懐していた。

軍極秘図面の紛失事件はこのようなときにおこり、その部屋の勤務者は、警察や憲兵隊によりはなはだ苛酷な取り調べを受け、最悪の状態になったそうだ。

だが、紛失図面は製図員の一人が故意に焼却したということがわかり、事件はようやく落着した。高度の機密がいかに人員を毒するかということを考えさせる事件である。

ともあれ、両艦の秘密は立派に守られ、戦争の末期にレイテ沖で大和が、三万メートル以上の大遠距離で米空母に一斉射をあびせ、初弾夾叉の成績を見せるまでは、相手に主砲が巨大であることが探知されなかったといわれている。

のぞまれる再検討

終戦後、米海軍の地位の高い科学者が来日したさい、史料調査会の故伊藤庸二氏が、一席をもうけて彼と懇談した。

そのとき機密の取り扱いについて、どう考えるかとの質問にたいして、彼は即座に機密の扱いによって得る利益より、それによって失う損失の方がはるかに大きいものだと喝破した。

わが意をえたりとばかり、私の方に目くばせをした伊藤氏の顔が目に浮かぶ。

実際、大和型に例をとってみても、機密をたもつための費用は、莫大な額にのぼり、引き渡し式まぢかの設計変更が、高度の機密艦ゆえに各部局で充分に検討されなかったとなると、これも機密による大きな損害であり、機密が人心の不安をもたらすことまで考えると、損害ははかり知れないものがある。

結果論ではあるが、主砲の口径が早く察知されても、米海軍は一八インチ艦をつくらなかったのではないかと考えると、機密指定は慎重を期すべきである。

防衛庁ができて、艦艇建造がはじまったときに、私は前述の科学者の話をして、無用の秘密図書をつくらないように、こればかりは旧海軍を範とないようにと切望した。

しかし、しだいに機密物件は増加して、今や旧海軍とあまり変わらない。もっともらしい体裁をととのえるために機密指定にしたいとさえいう高官もあった。

はなはだ心得ちがいである。このさいほんとうに、機密の本質を根本から再検討してもらいたい。いまにまた、つまらぬ漏洩問題が起きて、思わぬところに迷惑がふりかかるおそれがないとはいえない。

(昭和四十七年八月号収載。筆者は海軍技術大佐)

第三章　青い目の見た大和

大和の情報収集に失敗した米海軍

米海軍技術調査団を困惑させた日本の機密保持対策——福井静夫

ハラを探りあった建艦戦争

〝大和〟について、当の対象国たる米国海軍は一体どのていど知っていたのだろうか。

まず、呉と長崎で戦艦を建造していることは確実に知っていたが、その主砲が一八インチか一六インチか、また性能、排水量などは、あらゆる努力をつくしたにもかかわらず、ついに最後まで信用できる情報を得られなかったようだ。

主砲は一八インチらしい。そうすると排水量は三万五〇〇〇トンよりずっと大きいだろう、という推測の一方には、いや一六インチらしい。たぶん五〇口径一六インチだろう。おそらく四万〜四万二〇〇〇トンかという推測もあり、また本艦の長さが、比較的短いので（空母翔鶴、赤城、大鳳とほぼ同じ）、三万五〇〇〇トンの高速戦艦だという推定もあり、じつはさっぱりわからなかったのだ。

さらに無条約時代に対処して、大和と同時に設計、建造した米戦艦ワシントンとノースカロライナ型は三万五〇〇〇トン、主砲一四インチ（五〇口径）四連装三基として設計され、いざ着工の時に、日本はどうも一六インチでいくらしいとて、あわててその主砲を一六インチ三連装三基とした。

このため、砲塔の製造に苦しんだのはもちろん、すでに設計のきまった本艦の船型、防御などを根本的に変更するいとまがなく、とにかく新計画戦艦の最初の二隻だけを一六インチ砲装備にだけ改めて建造し、第三番艦サウス・ダコタ以後の同型予定艦四隻は、その設計陣の全力を挙げて、新設計の一六インチ砲戦艦に、まったくやり直したのだ。

時に昭和十二年、日本にあっては、大和の当初計画のタービン・ディーゼル併用機関が、ディーゼル試作機の不首尾から、これをタービン専用とすることに、艦政本部が全力をあげて設計変更中であった。

ワシントン型二隻が、大和より一足さきに昭和十六年春、完成したから、もし米国の建艦計画が順調だったなら、つづく三万五〇〇〇トン戦艦サウス・ダコタ型は同年末（大和と前後す）から昭和十七年はじめに完成し、真珠湾の大被害による、主力艦勢力の一挙喪失の影響は、彼にあっては、うんと軽かったかも知れない。

サウス・ダコタ型は、工事を昼夜兼行として、昭和十七年秋のソロモン戦線にはじめて作戦し、われに重要な挫折をあたえた艦であるから、これらを今想い返してみると、大和型の機密保持は、たしかに非常な成果をあげたとも思える。

しかも、米国では、サウス・ダコタ型の設計についで、例の四万五〇〇〇トンのアイオワ型を設計し、これではじめて五〇口径一六インチ砲に対する防御を十分とし、かつ速力を大きくした。

これは大和型が三万五〇〇〇トンより大きいに違いないという推定がくだされたことを示すものだが、しかし、まだ一八インチ砲については、彼は知っていなかった証左でもある。

ついに昭和十五年には、五万八〇〇〇トンのモンタナ型の設計をおわって、その建造が発令された（戦争中にとりやめとなる）。これは一六インチ三連装砲塔を、アイオワ型より一基ふやして四砲塔（一二門）とした巨艦であった。

まず、大和の機密保持策は、十分にその目的を果たしたわけで、同時に日本は、昭和十四年度計画の第一一〇号艦（信濃）、一一一号艦も、大和の設計をそのまま用いた同型艦であったのに、この間、米海軍は戦艦四種類を設計し、発令し、つまり計画者は、じつに四倍の労力をそれに費やしている。

だが、主砲による艦隊決戦をメドに建造したのが大和ならば、それを一度も、その目的に使わなかったのは、用兵当局に責任がある。用いないくらいなら、むしろ反対に、戦前のある時期に大和型の正確なデータを公表して、彼をして困惑させた方が、効果が大きかったとも思われる。

さて、大和の真相は、どのていど米国にわかっていたか。結局、「四～五万トン、もしかしたら一八インチ砲か」というていどだけだったらしいのだ。

戦後、米海軍技術調査団が来日して調査し、それをまとめたものが米海軍の情報部のレポート中にあるが、つぎのように述べている。

「太平洋戦争中、日本海軍の新戦艦に関する情報は、その全艦艇の要目データのなかで、いちばん問題となったものであった。

日本海軍が戦艦を建造していることは、戦前からわれわれは知っていた。しかし、いったいその戦艦がいつ竣

大和と時を同じくして設計、建造された米戦艦ワシントン

工したか、われわれは正確には知り得なかった。ましてその要目については、ほとんどわかっていないし、ことにその主砲の口径が何インチかということは、単に憶測するだけであった。

戦争中、日本人捕虜を訊問しても、いっこうに、もっともらしい答えは得られなかったが、しかし、彼らの言を総合すると、どうも一六インチよりは大きく、たぶん五〇センチ（約二〇インチ）砲らしいというようにも思えた」

と。これが真相である。

（昭和三十七年二月号収載　筆者は海軍技術少佐）

〝大和〟によせた内外書物の表と裏

すべてが軍極秘のこの艦は〝横文字〟にはヨワかった――福井静夫

筆を誤った青い目の弘法

終戦の数年後に、英国造船協会（学会）の論文集に、軍艦の専門家といえる英国のオスカー・パークス医師の「大和型戦艦」という論文が発表されている。

医師というより軍艦の大家としてオスカー・パークスは、世界で、軍艦や海軍にかんする勉強をする者で知らない人はいないくらいの知名の士であり、私は二十世紀前半における偉人の一人として尊敬しているのだが、その論文には、「おや」と思われるようなトンチンカンなものが多く、しかもそれにもとづいて大和型の設計に建造、日本海軍の技術力を批判したうえ、その結論として、

「多くの特長があり、立派な戦艦ではあるが、しかし、特長と見るべきものよりも、模倣にすぎないものが多い」

とあった。

これにおどろいたのは、私たち海軍の造船官であり、とくに私の恩師松本喜太郎技術大佐（大和型の基本計画に、造船大尉より少佐にかけて青壮年期のすべてを投ぜられた）であった。

氏の報告には、福田啓二技術中将（松本氏の上司、艦政本部第四部基本計画主任として大和型の計画設計に当たられた）も、これにはいささかおどろかれたらしい。

なぜなら、英国造船協会（いまの王立造船協会）は、造船学の最高権威の学会で、過去約一〇〇年にわたって、世界造船技術の中枢的機関であり、その論文発表会と論文集は、世界の造船家の最高の研究発表の場であったから

だ。

明治いらい私たちの先輩も、この論文集をバイブルのように重んじ、それを学んできたのであり、海軍と軍艦についても、英国海軍歴代の造船局長（兼基本計画主任官）が、しばしば、きわめて有益な発表をしている。

わが海軍の造船畑でも、近藤基樹造船中将や、平賀譲造船中将が論文を発表し、昭和期では平賀氏の、実艦を使用した船体抵抗にかんする論文は、英人以外では最初の金牌を受賞し、とうじわが国の名を高らしめたくらいであった。

戦艦大和に関する記事を掲載するアメリカのクライマックス誌

松本喜太郎氏の著作『戦艦大和——その生涯の技術報告』（再建社・昭和二十七年）、およびその再刊である『戦艦大和、武蔵——設計と建造』（芳賀書房・昭和三十六年）には、著者が「オスカー・パークス氏の改めて御批判を仰ぎたい」と巻末に記して、本艦の真相を公表されているのはこのためだ。

とうじ松本先生が私に、つぎのように言われたことをおぼえている。

「正しいことをもとにした批判をうけたい。技術上の欠陥があれば、その指摘をうけるのはさいわいだが、誤った推論ではこまる。わが海軍の先輩のためにも、また英国造船協会の権威のためにも、私はパークス氏の訂正を希望する」と。

私のパークス氏との親交は、このときからはじまったのである。

元海軍技術大佐・松本喜太郎氏が詳細に書き綴った技術報告

昭和二十九年ころ、私があるパンフレットを氏に送ったところ、ていちょうな感謝状がきた。それには私のことを戦後知っており、「いろいろのレポートを、きわめて興味深く見ている」とあり、つづいて氏より、いろいろの質問がきた。

私は幼少より軍艦好きであり、小学校時代よりパークス氏の名を知っており、氏の著作は、少年時代より何よりも好んで読んだものだし、とうじ『ファイティング・シップス』の名編集者としての、氏の軍艦に対する造詣のふかさは、尊敬のマトでもあった。

不幸にも数年前、パークス氏は七二歳で急逝し、ついに大和について訂正する機会はなかったようであるが、氏は率直につぎのようにいってきた。

「たしかに、私の論文の基礎となった知識が、専門家以外からのものだったので誤りが多かった。今後は、ぜひ貴君より直接、正しいことを教えてほしい。自分はじつは、日本の造船官の手腕をもっとも深く尊敬している」

そして事実、氏のわが軍艦、夕張、古鷹、妙高、高雄、最上、特型駆逐艦などに対する尊敬の度合いは、きわめて大である（往時の『ファイティング・シップス』の編集からも、これはわかるのだが）。

その後、私との文通において、氏のわが海軍造船に対する尊敬は、いよいよ増したようだった。

パークス氏は、「幼少よりの軍艦ファンで、日清戦争時の日本と清国の軍艦の写真を入手したのが、病みつきとなった原因」という。

また、氏はその後、しばしば英国海軍協会の機関誌などに日本の軍艦を紹介したが、そのなかには、日本のやり方について、私たち造船官のはずかしいくらいの讃辞を呈することがしばしばであった。

私は、終戦直後に自分から氏にデータを提供すべきであったと後悔した。そうすれば、氏の大和にかんする発表は、もっと正しく、しかも、われわれにとっても、有益な所見がみられたであろうからである。

前記のパークス氏の論説中には、たとえばつぎのような記述がある。

「写真から見るかぎり、本艦には艦載艇の搭載施設がないようである。これは、日本海軍の従来の方針からみると、どうしてもそれを実施する方途が見つからなくてあきらめたのか」と。

御承知のように本艦の艦載艇は、強大な主砲の爆風をさけるために、艦尾にちかい甲板下の格納庫内におさめられ、空母に類似した天井吊りの方法で揚収するようになっているのだ。これも大和型の独創の一つである。

だが、大和の独創と思われているつぎのものは、かならずしもそうではない。

(1)主舵と副舵を中心線上にならべた方法＝これは副舵が、模型実験では有効であっても、実艦では思うように働かなかったのだが、じつは、この方法は第一次大戦直前より同大戦初期に、英、イタリアその他が、ド級および超ド級戦艦に採用して失敗に帰し、いらい断念されていた方法であった。

もっとも大和型では、この外国海軍の失敗例とは、あるていど別の特殊の理由から採用したともいえるのだが、しかし、おなじ配列方法が三〇年も過去に、同種の艦（三万トン級）で採用された事実から、これを独創とするのは、いささか行きすぎであろう。

(2)蜂の巣甲鈑＝大遠距離より大角度で命中する敵の徹甲弾を防ぐため、甲板の防御甲鉄が大和のように二〇センチもあると、これにひとしい耐弾力を、従来のリング・アーマー（コーミング・アーマー）で、煙路や機械室給気口などの、大きい孔の防御にあたえようとするのは不経済である。

そこで本艦では、このため蜂の巣式の多孔の甲鈑が採用されている。

この甲鈑は製造がきわめてむずかしく、わが海軍技術陣はこれを克服して解決したのであるが、この方法は、大和と同時代の外国の諸戦艦にも採用されているようである。

〝日米技術問答〟の結末

大和型戦艦について、もっともよく研究し、調査した外国の報告は、公刊ではないが、米海軍の対日技術調査団の報告書であろう。

これは終戦直後に、わが国に米海軍からの各技術分野の権威者たちよりなる調査団(U.S.Navy Technical Mission to Japan)が来訪し、約半年間にわたって、くわしい調査をした。

すでに終戦とともに、いっさいの機密が解除されたわが海軍技術陣は、せめてこの調査団には誤ったことを知られたくないとして、正直にその質問に答えているのだ。もちろん、先方が質問しないことまでは答えなかったが……。

これは余談だが、対日技術調査団の一員だった米の一造船少佐が、のちに空母の機関長(兼工作長)となってふたたび来日したさい、つぎのような会話が牧野茂、松本喜太郎両氏および私との間にかわされたことがある(この両氏は、対日調査団滞日中の回答に重要な役を果たされた)。

日本側=「米空母エセックス型は、初代レンジャー以後の米空母とおなじく開放式格納庫だ。これは被害をうけ、誘爆や火災を生じたときに有利だ。日本空母の格納庫は、信濃の設計のさいこれとおなじように試みられた。米国の方が先見の明があった」

米国側=「いや、それはそうとしていま建造中のフォレスタル型からは、日本の空母とおなじように艦内式格納庫となった。原爆時代にはこの方がいい。日本の空母の方法はひじょうにいい参考になった」

このように海軍造船官は、おたがいにまったくことなる見解から出発しても、意見の交換をしたり、過去の業績を勉強すると、絶好のよい資料がえられるものだ。

米海軍の対日調査団ではその後、正式にこのメンバーによって多くのレポートが提出されたようであるが、その中にもじつは、誤ったことが決して少なくはない。

もし、彼らが、報告をまとめるにさいし、草稿をつくったところで、再来日して私たちとその原稿について質疑をし、また、私たちから彼らに、そのときにはいわなかった、いろいろの事実を述べたなら、もっと貴重なレポートともなったであろうとおしまれる。

しかし、もし今後そのような機会を持つにしても、それには、とうじ米国が建造用意中であった代表的巨艦モンタナ型(アイオワ型のつぎの巨艦で、基準排水量約六万トン、つまり大和型と大差ない巨艦)について、先方の設計主任官と、とうじの方針やら、プラクティス、また、用兵部内からの要求とか戦訓、そのようなものをふくんで、たがいにディスカッションをしないと十分な効果はないであろう。

しかし、福田啓二中将すでに亡く、先方もしだいに往時の設計主務者が減っているにちがいない。

今後といっても、おそらく、このような機会は得られないであろう。

真相はやはり日本人の手で

「丸」誌から「大和・武蔵」にかんする外国の文献について、なにか記してほしいという希望であった。しかし、日本の軍艦、ことにそれが最高機密であった大和型については、多くの記述が外国の諸文献に散見するが、まとまった記述のあろうはずがない。

正しい、信頼できる記述は、私たち日本側のものだけであるのはとうぜんだ。

前記松本喜太郎氏の著作は、わが国民に対する義務としてつくられたもので、すべてはこれに記されているし、また、建造や詳細設計については、戦後わが国の多くの文献に関係者が記したり、また最近は、吉村昭氏の好著『戦艦武蔵』（新潮社）も刊行されている。

「大和型」は、いまの常識からいえば、けっして驚くような巨艦ではない。タンカーの日章丸をはじめとする巨大化は、東京丸から、ついに完成した出光丸の二〇余万トン（載貨重量）にまでおよんだ。さらに三〇万トン巨船すら工事準備中である。大和はこれらにくらべると、ずっと小さい。

また戦前においても、大西洋の豪華客船であるクイン・メリーとクイン・エリザベス（英）、ノルマンディー（フランス）の約七〜八万総トンの方が、はるかに大和型より巨体であることは、排水量ではこれら三巨船がおよそ八万トンていど、つまり大和型より一、二万トン大きいだけであるが、船体の真の大きさをしめす総トン数（一〇〇立方フィートを一トンとする船の容積）では、大和型は約四万二〇〇〇トンにすぎず、まるで三巨船とは比較にならず、とうじ四万総トン以上の客船はほかにも英、独、仏、伊で相当数が建造されていたし、すでに第一次大戦直前に英、独では五、六万トン級に入ったことを回想する要がある。

しかし軍艦は、容積の小さい方が有利である。つとめて水線上の大きさを縮小するのが軍艦であるから、巨体かどうかは、商船と比較しても意味がない。

この意味で、やはり最大の軍艦は、米空母のフォレスタル型およびその系統の諸艦であろう。これこそ真に世界最大艦である。

その建造も、全艦ドック内で行なわれ、米国もこのような巨艦は、もはや船台上では建造していない。

これらを考えると、戦前のわが技術は、やはりなんといっても、私たちの歴史に残る誇りであることにまちがいはない。

ことに大和型戦艦は、しばしば私がくり返して述べていることだが、大きくするのが目的でなく、いかにして小さくするかに、努力がはらわれたことに特長がある。

とうじの諸外国の技術、ないしは技術のプラクティスからいえば、もし大和とまったく同じ性能の艦を外国で設計して建造したら、さらに約一万トンくらいは排水量が増したのではなかろうか。大和型の誇るべきことの最大のものは、まさにこの点にあると私は思っている。

これを逆にいうと、つぎのようになるであろう。「大和型戦艦の基準排水量は六万四〇〇〇トン（完成実際）であるが、じつはとうじの外国の戦艦としてたとえるならば、彼らの七万五〇〇〇トン級戦艦に相当する実力の巨艦であった」と。

（昭和四十二年二月号収載　筆者は海軍技術少佐）

米海軍㊙文書『ＯＮＩ41-42』が語る日本戦艦の秘密

情報戦にたけた米海軍は、日本新造軍艦の秘密をどれだけさぐりだしていたのか——石橋孝夫

ウソでかためた公称要目

日本海軍が艦艇の要目を作為して公表するようになったのは、八八艦隊案の計画艦が完成しはじめた大正中期（一九一〇年代後半）以後のことである。

それまでの日本海軍は、日清、日露の二度の戦争をたたかうために、心血をそそいで整備した艦艇の要目は正直に公表しており、これは第一次大戦ごろまでかわりなかった。

戦艦では、八八艦隊の一番艦長門の公表にあたって、速力のみが、実際の二六・五ノットにたいして二三ノットといつわって発表されたのが、最初の例であろう。

巡洋艦では、大正八年（一九一九年）に完成した最初の近代的な軽巡洋艦天龍型より、速力三三ノットが三一ノットと公表された。つづいて完成した五五〇〇トン型でも、三六ノットが三三ノットとすくな目に公表されている。

駆逐艦でも、大正八年完成の谷風型より、速力は三七・五ノットが三四ノットと公表されており、いずれも外観上からは判断のしようがない、速力の作為からはじめられた。

ただし、この時期、排水量や船体寸法、兵装などは、正直に公表されており、その作為の程度はひくかった。

一九二二年（大正十一年）に締結されたワシントン条約は、各国の主力艦の保有数を制限し、補助艦についても艦型と兵装に制約がもうけられたことから、以後ますます要目公表にあたっては、作為がくわえられることになる。

たとえば、ワシントン条約の結果、巡洋戦艦および戦艦より改装された最初の大型空母赤城、加賀についてみれば、排水量、兵装については正しかったが、速力はおのおの三ノットと五ノットすくな目に公表された。このことは、古鷹型以後の重巡にもみられ、速

力はすべて二～三ノット下げて公表されている。

反対に、改装により巡洋戦艦から戦艦に変更された金剛型においては、実際には速力が二七・五ノットから二五ノットに低下したのにもかかわらず、二六ノットと一ノット高めに公表されていたが、排水量の変化については正直に発表されている。

しかし、昭和十年(一九三五年)以後になると、最上型軽巡の公表要目は、ロンドン条約の保有制限にあわせて、たぶんに政治的なふくみから、基準排水量は八五〇〇トンという公称値で公表されたが、実際は一万トンを超えていた。

同様に空母の蒼龍、飛龍の場合も、基準排水量は一万五〇トンと実際より大幅に小さく公表された。そして、この時期になると、速力いがいにも船体寸法なども正確には公表されなくなった。

昭和十二年以後、無条約時代にはいると、海軍当局の秘密主義はますます強まり、新造軍艦については艦名が発表されるだけで、要目はおろか、艦種すら公表しなくなってしまった。

もちろん大和型にいたっては、艦名をはじめ、建造の事実についても沈黙を守ったのである。

そのため、昭和十四～十五年の外国情報は、昭和十四年十一月に呉海軍工廠で進水した水上機母艦の日進や、神戸の川崎造船所で進水した空母瑞鶴を新戦艦とみなしていたこともあった。

マニュアル『ONI 41-42』

このように一九三〇年代半ば以後、急速にベールにつつまれてしまった日本海軍の艦艇について、アメリカはどのような情報を得ていたのであろうか。

第二次大戦中にアメリカ海軍では、敵国である枢軸側をふくめて、各国海軍の艦艇にかんする完全なマニュアルを制作して、第一線の艦船に配布し、識別用にもちいていた。

これは海軍情報部がおこなった仕事で、日本についてのマニュアルは一九四二年十一月に、『ONI 41-42 Japanese Naval Vessels』として第一版が発行されている。

このマニュアルは約三三〇ページほどの膨大なもので、当時の日本艦艇のほぼすべてを収録してある。また、そのころ日本側に属していたシャム(タイ)や満州国の艦船もふくまれていた。

内容は、各艦型ごとに写真、側平面図、防御配置図、主要目にくわえ、駆逐艦以上の艦艇については、すべて六〇〇分の一の水上模型による水面および空中よりみた各角度のイラストがつけられており、ひじょうに手のこんだ識別マニュアルであった。

このマニュアルは戦後まもなく日本に持ちこまれ、リストリクト(部外秘)が解除されて廃棄処分されたものが古本屋などに出まわり、われわれの目に触れるところとなった。

収録された写真のなかには、大戦中に米軍が撮影したものや、中国方面で撮影されたためずらしいものもあって、マニアのあいだでは評判となったものである。

一九八七年にアメリカのネイバル・

インスティチュート・プレスより、このマニュアルに一九四四年末発行の『ONI 41-42 I　Index to all Japanese Naval Vessels』『ONI 220 J　Japanese Submarines』『ONI 225 J　Japanese Landind Operations and Equipment』をつけくわえたかたちで、『第二次大戦中の日本海軍艦艇』という表題で復刻版が発刊されており、現在ではかんたんに入手できる。

　このマニュアル『ONI 41-42』をみれば、この当時、アメリカでは日本艦艇をどのようにみていたか、また、どこまで知っていたかがよくわかる。

　さらに、大戦末期の発行になる『ONI 41-42 I』では、その後のあたらしい情報ももりこまれており、興味ふかいものがある。

　以下、艦種別にそのあたりをさぐってみることにしよう。

謎だらけの新戦艦の主砲

◇大和型

　注目の大和型にたいして『ONI 41-42』では、最初のリストにBB11～14として大和、武蔵の名があがっており、さらに建造中の三、四番艦として「土佐？」と「尾張？」の名があげられているのが面白い。

　もちろんこの時期、三、四番艦の工事は中止されており、三番艦の信濃は空母に変更されて工事中であった。四番艦については、第一一一号艦と称されたのみで、正式な命名はされなかった。

　したがって、この時点では艦名と存在を記したのみで、その詳細についてはなにも触れていない。

　一九四三年七月に配布されたらしい『日本海軍の艦載兵器』と題する四ページの追加分には、大和型の主砲として、「公称一六インチ、実際一六インチ？」と記述してあり、実際の口径に「？」をつけているところは注目される。

　大戦中、アメリカ海軍は大和型の情報をあつめるため、日本の捕虜をいろいろ訊問したらしく、とくに昭和十九年にはいって、マリアナ方面での戦闘で多数の捕虜を収容してからは、ハワイ方面で本格的な情報収集をおこなった。その結果、艦型や兵装についてはかなり具体的な情報を入手していたフシがある。

　しかし、最大の焦点である主砲口径については、実際に大和、武蔵に乗艦

〔第35図〕

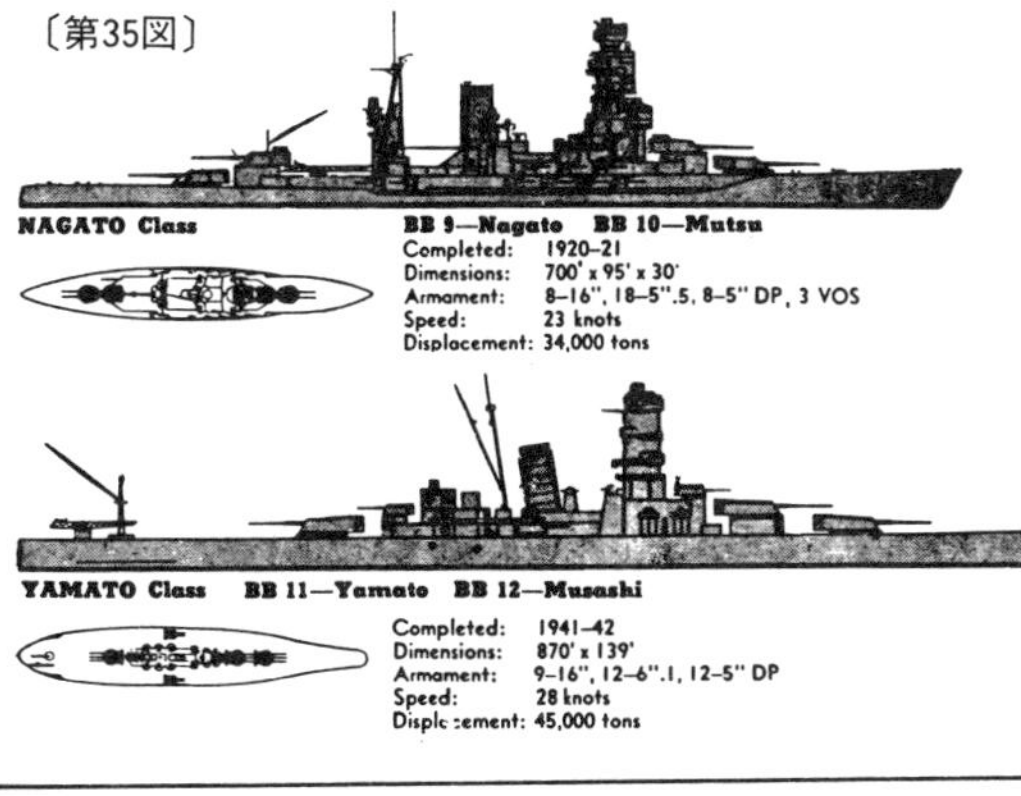

●1944年12月発行「ONI 41-42」に掲載された長門／大和型の艦型図

1943年4月通達の「大和vsアイダホ」チャート
〔第36図〕

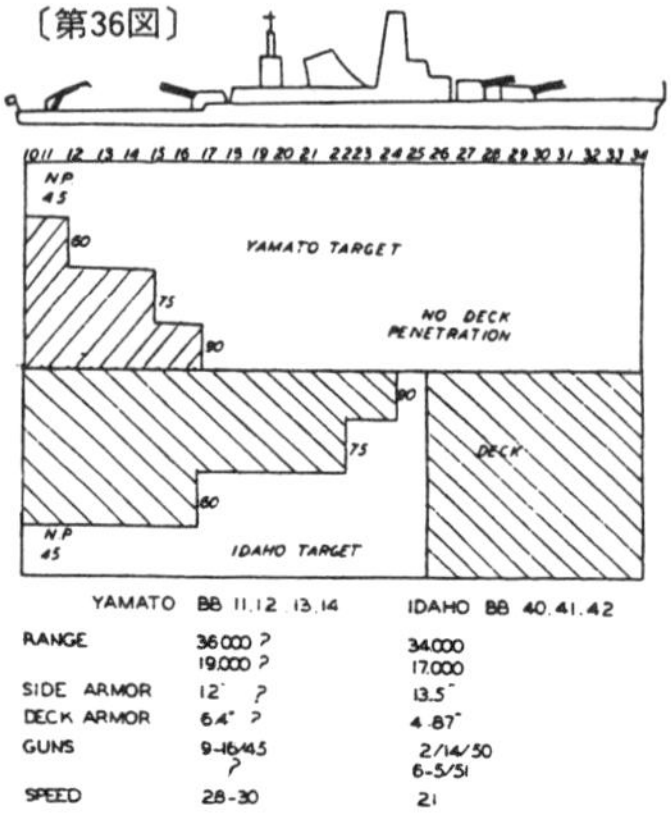

〔チャートの読み方〕上半分が大和を目標にアイダホが射撃した場合，下半分はアイダホを目標に大和が射撃した場合。横の目盛りが距離（×1000ヤード），縦の斜線の部分の数字は目標にたいする方位角度で，斜線内が貫通できる距離と方位の関係をしめす。すなわち斜線の部分の小さいほど強力な艦といえる。Deckと記されている部分は水平防御を，記入のない部分は垂直防御部をしめす。したがって，アイダホの射撃では大和の水平防御を貫通することはできず，方位90度，すなわち正横で交戦した場合，距離17,000ヤード以上では，その装甲を貫通できないことをしめしている。ただしこの場合，大和の防御甲鈑をかなり薄く見こんでいるうえ，大和の主砲を16インチとしているところから，実際には，これ以上に大差がつくはずだ。

した下士官や水兵を訊問しても、事前の秘密保持が徹底していた関係で、四〇センチという者や四六センチという者などいろいろで、なかなか確実な情報が得られなかったようである。

　これよりさき、一九四三年四月十五日付でアメリカ太平洋艦隊の戦艦部隊司令官より各戦艦あてにだされた通達に、アイダホ級戦艦（BB40～42）と日本の各戦艦とが交戦した場合の、貫通可能な方位と距離をしめすチャートがあった。

　この秘密通達のなかで、大和型は舷側装甲一二インチ（三〇五ミリ）、装甲甲板六・四インチ（一六三ミリ）、主砲一六インチ四五口径三連三基、速力二八～三〇ノットと見積もられていた事実があった。

　さきに述べた『ONI41-42』は一九四四年十二月に発行されたものだけに、さすがに大和型の側面図とかんたんな平面図が掲載され、主要目として、竣工一九四一～四二、長さ二六五メートル、幅二二メートル、兵装一六インチ砲九門、六・一インチ砲一二門、五インチ両用砲一二門、速力二八ノット、排水量四万五〇〇〇トンという記述がある。

　また、これに掲載されている艦型図のデキはあまりいいとはいえず、たぶん大和と武蔵の艦姿を撮影する機会のあった比島沖海戦前にデータと資料で作成したものであろうと思われる。

　いずれにしろ、終戦時までアメリカ海軍は、大和型の主砲口径について四〇センチか四六センチかで、半信半疑のままであったらしく、四六センチの確実な証拠をつかむことができなかったものらしかった。

　ちなみに、日本国内で艦船要目公表範囲として定められた大和の公称要目は、基準排水量四万二〇〇〇トン、長さ二三五メートル、幅三一・五メートル、吃水九・一五メートル、速力二五ノット、兵装四〇センチ砲九門、一五・五センチ砲一二門、一二・七センチ高角砲一二門といったものであった。

長門の知られざる部分

◇長門型

長門、陸奥の二隻は、ひさしく日本海軍の戦艦部隊の中核的な存在であった。それだけに、艦型そのものはよく知られており、一九三六年の改装後の艦姿も比較的よく知られていた。

『ONI41-42』の長門型の要目をみると、アメリカ海軍がどこまで情報を得ていたかよくわかる。

基準排水量は日本側の公表した新造

軍艦史上に例を見ないほど後方に大きく湾曲する煙突をもった戦艦長門

時の数字三万二七二〇トンのままで、改装後の三万九一三〇トンはまったく知られていなかった。ただし、のちの『ＯＮＩ41-42Ｉ』では三万四〇〇〇トンと、いくぶん大型化をみとめる数字に変更している。

　船体寸法については、全長二一三メートル、全幅二九メートルと新造時のままで、これも改装による艦尾の延長、バルジ装着による艦幅増加には気づいていないようすであった。

　兵装にかんしては、各砲の数についてはかんたんに確認できることなので、とくにミスはないものの、主砲の最大仰角と最大射程については、かなり低く見積もられていたようである。

　すなわち、最大仰角三五度、最大射程三万二四〇〇メートルは、実際には、四三度、三万八三〇〇メートルであった。同様に、副砲の仰角と射程についても、二五度／一万七一〇〇メートルとしていたが、事実は三〇度／一万九一〇〇メートルであった。

　とくに長門型が改装のさいに、四〇センチ主砲を土佐型のものに換装した事実は知られていなかった。

　装甲においても、舷側甲帯三三〇ミリ、主砲塔三五六ミリ、司令塔三五六ミリ、甲板八九～一七八ミリとされていたが、舷側甲帯と甲板の装甲厚は当たらずといえども遠からずであるものの、主砲塔の前楯の実際厚さは五〇〇ミリとかなりちがっていた。

　改装後の長門型の水平防御は、機関部で六九ミリと七六ミリの二段防御、弾薬庫部では六九ミリと一七八ミリという甲鈑をもうけており、アメリカ海軍の予想以上に強力であった。

　運動力については、タービン四基四軸、ボライー艦本式二一基、出力八万軸馬力、速力二六ノットと、日本側が速力を二三ノットと公表していたにもかかわらず、ほぼ長門型の新造時の機関要目を知っていたことになる。

　重油搭載量五〇〇〇トンもほぼ事実にちかく、航続力の一二ノットで一万二〇〇〇カイリは多少過大に見積もっている。

　実際の改装後の長門型は、速力が二五ノットに低下していた事実を、この時点ではわからなかったらしく、一九四四年末発行の『ＯＮＩ41-42Ｉ』では、速力を二三ノットに下げている。

　これは、たぶん改装後の排水量増加を加味したときに、その分だけ速力の低下をみこんだものらしかった。

　先の大和型の場合とおなじく、一九四三年四月に通達された「アイダホ級対日本戦艦」のうち長門型のチャートを見ると、ここでは『ONI41-42』マニュアルの数値が基準になっているのがわかる。

　実際の長門はもっと強力であったたから、アイダホ級がこのチャートにしたがって長門型と交戦したとしたら、苦戦はまぬがれなかったであろう。

（平成二年十二月号収載。筆者は艦艇研究家）

青い目を驚嘆させたムサシとヤマト

ミッチャー少将、スプルーアンス大将、フィールド少佐らの証言――浅野茂樹編

みごとな設計上の大胆さ

日本帝国の誇りとされた超ド級戦艦大和、および武蔵については、とくに説明を必要とする。これらの怪物のような巨大戦艦は、基準排水量六万四千トン、速力二六ノット以上で一八・一インチ（四六センチ）主砲九門をそなえ、世界中でもっとも強大な主砲をもっていた。それは米海軍の最大戦艦ミズーリより約二万トンも大きかった。

　その主砲徹甲弾の重量は一四六二キロもあり、じつにミズーリの一六インチ主砲弾の一倍半であった。

　日本海軍のこの設計の大胆なことには、びっくりさせられるが、とくに一九三四年（昭和九年）に、これらの巨大艦の建造がはじめられた当時には、他の大海軍国はせいぜい三万五千トン級の戦艦を考案していたにすぎない。のみならず、さらに、これらの日本海軍の軍艦建造の経験が、はやくも第一次世界大戦の直後にさかのぼる事実を考えると、いっそうその感をふかくさせられるものがある。

　これらの巨艦について、日本海軍の秘密保持の熱情はまったく絶頂にたっしており、第二艦隊司令長官の栗田中将でさえ、自分の艦隊所属の大和の主砲のじっさいの口径を知らなかったくらいだ。それは公文書のなかではつねに、「特別型式の一六インチ砲」として述べられていたからである。

　大和は、日本軍の真珠湾奇襲後八日にしてほとんど竣工し、武蔵は一九四二年（昭和十七年）の八月に完成した。しかし、その後二ヵ年というものは、太平洋艦隊の海軍士官の間では、この巨大な戦艦はすでに完成しているらしいという噂だけが、いろいろと取り沙汰されているにすぎなかった。

米海軍情報部でも、

「情報によれば、日本の新戦艦は一七・八インチ（四五センチ）の主砲を有するもののようだ」

と説明するにとどまっていた。

米国人がはじめて大和級戦艦を眼にしたのは、潜水艦スケートの艦長E・B・マッキニー中佐であった。

日時は一九四三年のクリスマスの夜、場所はトラック島の北方一八〇マイルの地点であった。

そのとき彼は、潜望鏡の十字線に一つの巨大な艦影をとらえた。四本の魚雷を発射し、そのうち二本はたしかに目標艦の舷側に爆発したのを確認した。

しかし、スケートの戦闘報告には、

〝日本新戦艦に魚雷を命中させた〟と記入されているにすぎなかった。

事実、この雷撃によって大和は小破し、修理のためにやむなく本国にむかったのであるが、とうじ米国側は、このことを知るよしもなかったのである。

武蔵は果たして沈んだのか

その後、米国の将兵が日本艦隊のこの灰色の大怪物をまのあたり見たのは、一九四四年十月にシブヤン海に向かう途中においてであった。

二十四日の午前十時二十分ごろ、栗田部隊は戦艦群を中心に、巡洋艦部隊や駆逐艦の警戒幕を配した二つの部隊で、緊縮隊形のままミンドロ島の東方にさしかかった。

これをボーガン機動群の第一次攻撃隊がみとめたのがはじめてであった。それは大和、武蔵をはじめ総数二五隻にのぼる大艦隊であった。

二隻の大戦艦、とくに武蔵めがけて攻撃が集中され、武蔵には、はやくも魚雷四本と、爆弾一発が命中した。

午後一時半、第三波が戦場上空にたっしたとき、武蔵は海上に横たわったまま艦首は水に洗われており、他の数隻も致命的な損害をうけているように見えた。

つづいて第四波の攻撃隊は、武蔵に八本の魚雷と、一一発の爆弾を命中させたと報告した。効果のない第五波攻撃を終わったころ、あたりにはたそがれがしのびよってきた。

パイロットたちの誇張された戦果報告は、そのまま、ハルゼー提督の次の報告となって、ニミッツ提督に急報された。

「大和級戦艦（武蔵）は、火炎につつま

ブルネイ湾外に集結した大和（右）と武蔵。長門とともに第一戦隊を編成

れて、艦首より沈下しつつあり、金剛級戦艦は大破して黒煙をはいている。他の二隻の戦艦も乱打されて苦しんでおり、軽巡一隻は転覆し、二隻の重巡は魚雷をくらい、第三の重巡も一発以上の爆弾をうけている。かくて、中央部隊はもはや、ひじょうに大きな脅威の可能性を失ったものと信ぜざるをえない」

　ところで、栗田中央部隊が米空母機の空襲によって失ったものは、じっさいは、あらゆる点で世界最強の二隻の超大戦艦の一つである、武蔵一隻のみであった。

　日本側の正式被害報告によれば、武蔵は命中魚雷二〇本（左舷一三本。うち不発三、右舷七本）、命中爆弾一七発（左舷一〇発、右舷七発）、至近弾一八発（左舷五発、右舷一三発）となっている。

　しかし、生存者に対する慎重な尋問および米国側の諸報告を研究して見ると、命中魚雷は一四本（確実なもの一〇本）、命中爆弾は一六発であったという、結論にたっするのである。命中爆弾は、武蔵の上甲板以上を修羅場と化したが、同艦をけっきょく沈没させたのは、両舷にほぼ平均に打ちこまれた魚雷であった。

　武蔵の死の苦悶は、最終の攻撃から四時間もつづいた。午後七時三五分にこの不運な超大戦艦は、左舷に急に大きく傾斜し、転覆して水中に消えていった。

　武蔵の沈没を確認した米国の将兵は、一人もいなかった。ミッチャー提督のごときは、武蔵がほんとうに空中攻撃だけによって沈んだかどうかについてずっと疑問をいだいていた。止《とど》めをさしたのは、潜水艦の魚雷であるかも知れない、と感じていたのである。

　その後、半年くらいたって大和攻撃の機会が到来したとき、彼は航空攻撃だけによって、この超大戦艦をしとめようと、強い決意の下に行動したのであった。

敵ながら不運だった大和

世界最大の戦艦である大和、および姉妹艦の武蔵は、日本帝国海軍の誇りであった。しかし、すでに武蔵の巨大な姿は、シブヤン海の海底に横たわっていた。

　一方、大和はサマール沖海戦と、その後の空中追跡を比較的に軽い損傷のままくぐりぬけてきた。そして理論的にはいぜんとして、米国海軍の軍艦でこの艦と対抗できるものは一隻もないほど強力であった。

　一九三七年（昭和十二年）に設計を終わり、一九四一年十二月に完成した大和は、公試状態では六万八〇〇〇トンの排水量があり、満載状態では七万二八〇九トンであった（カフカの世界軍艦年鑑によれば、起工は一九三九年、完成は一九四二年八月、基準排水量四万五〇〇〇トンとなっている）。

　大和の乗員は定員二二〇〇名であったが、レーダーおよび約一〇〇門の増備高角機銃を操作するために二七六七名にふくれあがっていた。全長は八六三フィート（二六三メートル）で、吃水は一〇・四メートルにたっした。

　その巨大な排水量にもかかわらず、

最大速力は二七・五ノットであったが、それは独創的な船体設計によるもので、抵抗減少のために、巨大な球根型艦首を使用した。

　大和は、艦首から艦尾になだらかにつづいた、優雅な前後の反りをもったフラッシュ甲板をそなえ、かつ流線型のマストと、煙突をもった、まったく驚嘆すべき壮麗無類の軍艦であった。

二度とないチャンスだった

　一九四五年四月六日の午後六時ちょっとまえ、潜水艦スレッドフィンは、少なくとも一隻の戦艦をふくむ日本艦隊が、豊後水道を南下してくるのをレーダーでとらえた。その報告はただちに友軍に通報された。

　この艦隊こそ戦艦大和、軽巡矢矧《やはぎ》および八隻の駆逐艦で編成された最後の艦隊で、天一号作戦とよばれた航空大作戦に呼応する海上特攻隊として、四月八日の天明を期して沖縄西方海面に突入し、敵水上艦艇および輸送船団に猛打をくわえる任務をもっていた。

　敵発見の報告にせっした空母機動部隊指揮官ミッチャー提督は、ただちに全機動群に対し、沖縄の北東海面に集中するよう命令を発し、バーク参謀長と作戦をねりはじめた。

　今や、大和の出現は、もし証明が必要なら、航空兵力の戦艦に対する優越を実証すべき、二度とないチャンスがやってきたと、ミッチャーは考えたのである。武蔵の場合には、空中攻撃だけで同艦を撃沈したという実証はなかったからだ。

　大和隊は九州の東岸をぬうようにすすみ、大隅海峡をへて西進し、九州の最南端の佐田岬を通過してから針路をほぼ西北西にさだめた。航空援護のない大和隊としては、できるだけ航空部隊の攻撃をさけて、いっきょに沖縄西岸に突入しようとしたのであろう。

　一方、七日の早朝、スプルーアンス第五艦隊長官はミッチャーに対し、この大和隊を旧式戦艦群と、新式戦艦群の二つの任務部隊の主砲で撃沈させるよう指令した。

　しかし、すでに大和隊を始末するのは空母部隊である、と、かたく決意していたミッチャー提督は、北進をやめなかった。

　大和隊の相手を命ぜられたデイヨー提督は、さっそく会議を開き、戦艦六隻、巡洋艦七隻および駆逐艦二一隻を出動させることに決した。

　ところが参謀は、大和の四万五〇〇〇メートルの最大射程に対し、米戦艦の主砲は四万二〇〇〇しかないこと、また、大和の高速力が本塁盗塁に成功することをしきりに力説し、そうなったら輸送船団が、巨砲で掃射されやしないかと不安がった。

　七日の午前八時十五分、第一空母機動群の一機が、ついに大和隊を発見した。

「大型戦艦、一ないし二隻の巡洋艦、七ないし八隻の駆逐艦よりなる敵発見」

　このとき、駆逐艦をまわりに配し、軽巡矢矧を後衛としたダイヤモンド形の隊形の中央にあって、大和は白波をけたてながら二二ノットの速力で、北西に進みつつあった。

午前九時すぎ、ミッチャーは敵兵力と、位置の決定的報告を受けるや一六機の戦闘機隊を発進させ、さらに午前一〇時には、はやくも攻撃開始を命じた。

そしてミッチャー提督は、「別命なければ、正午ごろ、大和隊を攻撃計画中」と、スプルーアンス長官に報告することを命じた。もし、攻撃隊が大和隊を発見できなかったら、どうなるのか。ミッチャーの面目は丸つぶれとなったわけだ。

とにかく、空母機で敵を撃破する命令を出したことは、戦艦同士の砲戦のまたとない機会のために、デイヨー隊をさし向けようとしたスプルーアンスの希望とは、相反するものであった。

しかし、慎重熟慮のスプルーアンスは、ミッチャーの行動を中止させる措置はべつにとらなかった。

ちょうど予定どおり、攻撃隊は正午すぎに戦場上空に殺到した。旗艦バンカーヒルの艦橋で黙然と、結果いかにと待ちわびていたミッチャーの手もとには、スプルーアンスの攻撃取り消しの命令のかわりに、敵発見の報がとどいた。

大和が、悪天候をついて来襲する二六〇機の第一波と、第二波の大群を確認したのは、午後零時半のころであった。一〇分後に大和は、前檣付近に二発の爆弾を受け、さらに最初の命中魚雷を左舷にうちこまれた。

砲戦ではやはり不沈だった！

一機の友軍機の援護もなく、孤立無援のまま、圧倒的な猛襲をうけつつ、悪戦苦闘をかさねた超大戦艦大和の奮戦ぶりは、乗組員の吉田少尉の筆、および参謀宮本中佐の証言記録に、あますところなく描写されている。急降下爆撃と雷撃の巧妙な組み合わせと、片舷だけに魚雷を集中する戦法に、さしもの不沈艦も回避もできず、危機に見まわれつつも、必死の進撃をやめなかった。

すでに五本の魚雷が左舷に命中していたが、第四波の攻撃により、さらに三本が命中し、数発の爆弾も大和艦上に落下した。そしていよいよ傾斜はくわわり、いまや火を吐くものは数門の機銃にすぎなかった。

午後二時ごろ、最後の攻撃がはじまり、ほとんど絶望の大和に対し、一本の魚雷が止《とど》めの一撃をくわえた。傾斜は三五度を越え、やがて甲板はほとんど垂直となり、大和は午後二時二三分、その巨体を水中に没した。

午後五時、大和の沈没を確認したミッチャー提督は、次の電報を第五艦隊長官におくった。

「わが方、大和、軽巡二隻、駆逐艦七～八隻を攻撃す。大型艦は沈没。他の二隻は大破炎上。三隻は逃げ去れり。わが損害七機」

ミッチャー提督が、大和の沈没写真を手にしたころ、デイヨー提督はちょうどこれから戦艦部隊をひきいて、大和隊と一戦をまじえるため、まさに出動しようとするところであった。戦艦部隊を派遣するというスプルーアンスの命令は、ただちに取り消された。

三回にわたってミッチャーの三群の空母群から発進した全機数は、合計三八六機にたっしたが、その内訳は戦闘機一八〇、爆撃機七五、雷撃機一三一である。

日本側の正式損害記録によれば命中魚雷一〇本（左舷九、右舷一）、命中爆弾五発（後檣付近二、左舷三）となっている。

大和は、二七六七名の乗員中、二三名の士官と二四六名の下士官兵をのぞき、伊藤司令長官以下のこり全部を失なった。四隻の駆逐艦が佐世保に入港したにすぎない。米国側の損害は一〇機だった。

大和が一発の命中弾も目標に発射しないで、とちゅうで沈められたのは、設計上の誤まりでも、指揮官の責任でもなくて、いたずらに大和を温存して好機を逸した、首脳部の誤算であったというべきである。

大和は、砲撃のみによっては決して沈まない防御力と、相手を圧倒しうる大口径砲搭載艦の極限をしめした傑作であったのだ。

（昭和四十二年二月号収載）

彼らは見た！　巨艦大往生の歴史的瞬間

仏海軍士官が畏敬と追慕をこめて描くヤマト讃仰の麗筆――アンドリュー・ダルバス

だれか名案はないものか

昭和二十年四月一日からはじまった沖縄上陸作戦の前日から、日本の爆撃機や神風機は連日、アメリカ艦隊に襲いかかった。このため、すでに四月五日まで、護衛空母一隻をふくむ三九隻の艦船が損傷をうけていた。

だが、このすさまじい空の死闘の間、日本海軍はめずらしく沈黙を守っていた。戦艦大和はいぜんとして健在であり、またいぜんとしてアメリカ海軍の脅威であることを、だれもが忘れていなかった。

米機動部隊指揮官ミッチャー提督の参謀長バーク代将は、日本艦隊の計画について、推測をめぐらしていたが、三月末日に友人への手紙のなかに、つぎのように書いた。

「日本人たちは頑強に戦いつつある。彼らは途方に暮れ、絶望しているが、まだ戦っている。たぶん、この行動は帝国海軍を最後のバンザイ突撃に狩りだすだろう。われわれは彼らがなにをやりだすかと、ずっと戸惑っている。日本人の気持は奇妙に動くので、その将来の行動を予言するのはむずかしいし、したがって、われわれがどんな反撃にでたらいいかも見当がつかない。

私はなにかうまい攻撃手順を考えるのに、いい知恵が浮かぶのをのぞんでいる」

伊藤整一中将が旗艦大和のうえで連合艦隊長官から、電令作戦第六〇七号をうけとったのは、四月五日の午後だった。

命令には、「水上部隊は好機をとらえて沖縄錨地に進出し、米国水上部隊に対して水上特攻を実施せよ」と書かれてあった。これが天一号作戦とよばれた。

大和隊の進路をピタリとあてる

四月六日午後三時半、伊藤提督は大和の艦橋にたった。錨《いかり》鎖が一つずつまきあげられ、やがて大和は動き出し、かえらぬ最後の航海の途についた。軽巡矢矧や八隻の駆逐艦に護衛された大戦艦は、瀬戸内海の小島のあいだを縫うように進んでいった。

やがて夜の帳《とばり》が包むころ、四国と九州の間の豊後水道にさしかかった。

乗員たちは、大和隊が太平洋戦争の決定的戦闘に参加するため、進撃途上にあるのだと聞かされ、大和が沖縄への片道の燃料しか積んでいないこと、艦隊長官が敵の機動部隊に途中で攻撃されるまえに、敵が上陸した海岸を、主砲で打ちのめす考えでいることは話されなかった。

しかし、伊藤提督をはじめ、大和隊の行動がミッチャーをまどわせている あいだに、神風特攻隊が、この強力な艦隊に一あわ吹かせる機会があるかも知れないと、ひそかに信じていたのだった。

六日の夕方、大和隊が豊後水道にさしかかった時、待ちぶせしていた二隻のアメリカ潜水艦が、その行動をはやくもとらえた。

敵発見の警報が八方に飛び、アメリカ艦隊は色めきたった。第五艦隊長官スプルーアンス提督は、潜水艦には攻撃しないで追跡するよう命じ、日本をずっとはなれた南方の洋上で、戦艦部隊に攻撃させる考えだった。

一方、潜水艦の報告をうけとったバーク参謀長は、ミッチャー提督の旗艦バンカーヒルの艦上で、終夜、海図をまえにして、日本部隊が七日の日の出時には、どこにいるかをあれこれと考え抜いた。大和隊はそのまま沖縄にむかって南下せずに、九州の海岸ぞいに東進するだろう、というのがバーク代将の推定だった。

彼は大急ぎで戦闘計画を書きあげ、夜明けまえにミッチャー提督は、この計画にしたがって、日本艦隊を突きとめるために、索敵機を発進させた。大和隊は空母部隊でしまつをつけよう、というのが、ミッチャー提督のかたい決意だった。

午前八時半に空母機がめざす大和隊に触接するや、さらに九時すぎには戦闘機一六機の追跡隊が飛び上がった。

バンカーヒルに乗っていた英国観戦武官は、バーク参謀長のやり口を理解できなかった。大和の位置に、どうしてそんなに自信が持てるのだろうかと内々、不思議に思っていたのである。ところが、案の定ピタリとあたったので、内心おどろいて、そのわけをたずねてみた。バーク代将は笑いながら答えた。
「なに、もしわれわれが大和だったらこの地点にいるという場所に向かって索敵機を放したまでのことさ」

まるで獅子とアリの決闘

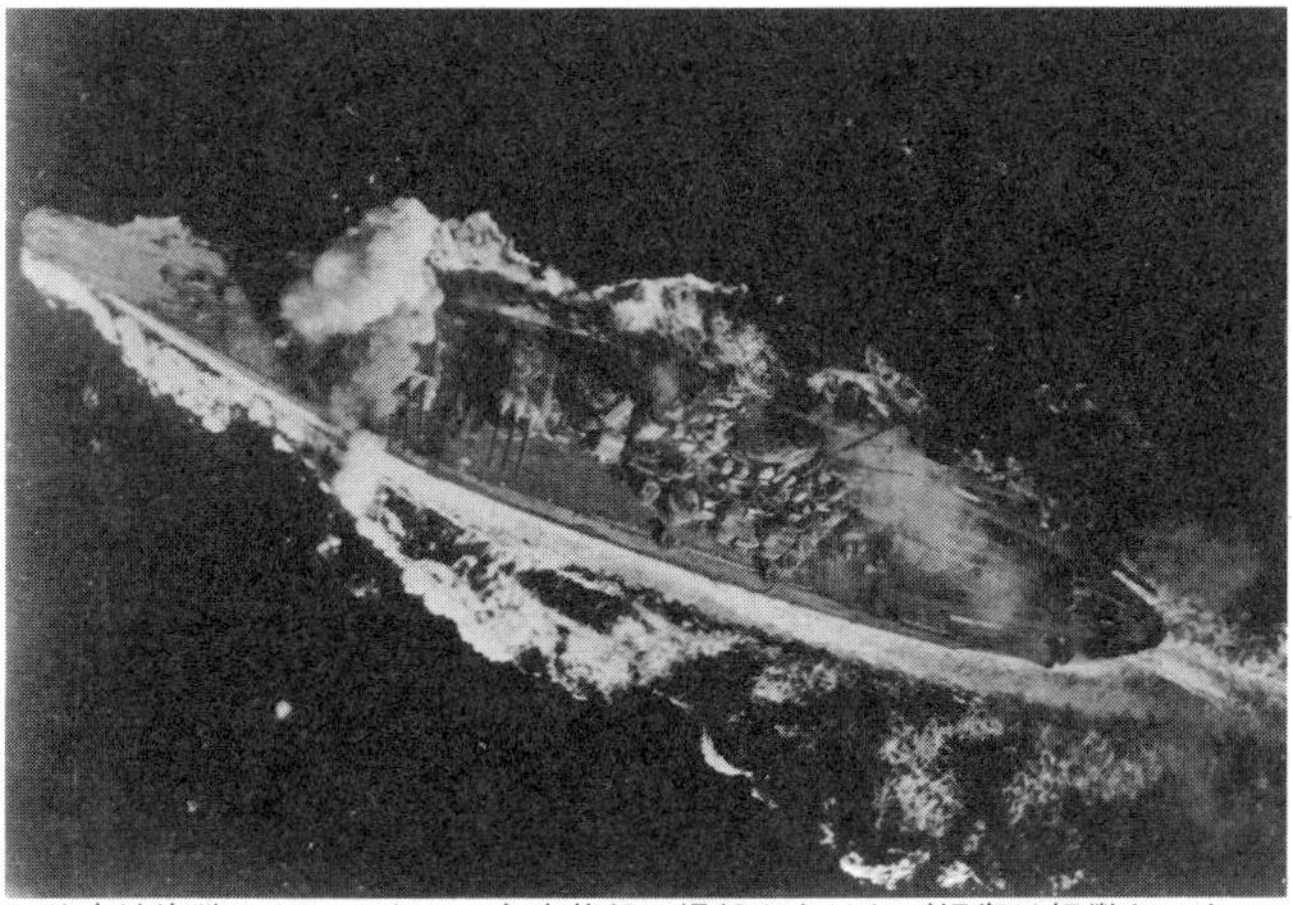
比島沖海戦における大和。主砲基部に爆撃をうけたが損傷は軽微だった

午前一〇時に二隊の空母機動群から約二〇〇機の攻撃隊が発進し、四〇分後と、さらに一時間後に計約二〇〇機が大和隊にむかった。合計三八六機である。

正午をすぎてまもなく、ひじょうに遠方の空中に、四〇から五〇の小さな点々があらわれたと見るや、どんどん大きくなった。その編隊は高度をとりながら、餌物《えもの》の上をゆっくりと時計の方向に旋回した。大和は速力を二五ノットにあげ、回避運動のため、針路を南東方に転じた。

零時半に攻撃隊は超戦艦に舞いおり、攻撃がはじまった。

あらゆる対空砲弾が打ちあげられ、主砲までが咆哮《ほうこう》する必死の防御砲火をくぐって、戦闘爆撃隊がキーンと爆音を残しながら急降下し、一直線に突っ込んだ。その後に爆撃機と雷撃機の編隊が入り乱れて襲いかかった。

大和のまわりには、巨大な水柱がつぎつぎと立ちのぼった。

第一波の攻撃によって大和は後部に二発の爆弾、左舷前部に一本の魚雷をうけたが、なにごともなかったように走りつづけた。

束の間の静寂が訪れたとき、伊藤提督はまわりの護衛艦を見渡した。旗艦の身がわりになろうと前方を進んでいた矢矧は、蒸気をはきながら停止している様子だった。機械故障のため、はやくも落伍《らくご》した朝霜の姿はすでになく、沈みかけた浜風の前部が、はるか後方にちらっと見えた。

午後一時半に第三波がやってきた。

高角砲射撃は耳が聞こえなくなるほど狂気のように打ちあげ、砲手たちはアメリカ機をかなり射ち落としたが、火につつまれたり、空中で爆発したり、波にのまれるもののかわりには、他の一機、三機、一〇機がつぎつぎとやってきた。

すでに猛攻をこうむり、ガタガタにさせられているこの目標は、さすがにかつて存在した、その艦種のなかでは最大の驚異であり、強力な戦艦以上の代物《しろもの》だった。それは帝国海軍であり、日本それ自身でさえあった。攻撃者も

全力公試運転中の大和。後部主砲の下方舷側の開孔部は搭載艇の出入口

それを感じとり、この想念がくらべもののない強烈な攻撃をかりたてたのだった。

　大和はさらに三本の魚雷を左舷に射ちこまれ、雷撃機は艦橋に機銃掃射までくわえた。どんな攻撃も効を奏しないように見えた。しかし、ついに大和の砲塔は、一つまた一つと沈黙に陥《おちい》った。巨砲の唸《うな》りは電流がとまったときにハタと止《や》んだ。

　鋼鉄の巨大なブロックの内部で、おそるべき砲口が火を吐《は》かなくなったのを知った砲員たちは、不安な面持ちで、おたがいに顔を見合わせた。

　午後一時四五分までに、第三波攻撃が終わったとき、大和はすでに二発の爆弾と六本の魚雷の命中をうけた。全部とも左舷だけだった。

　この強力無比な大戦艦も、じわじわと傾斜しはじめた。どんなことをしても、このかたむきをなおさねばならなかった。

　応急班はほとんど全滅し、中央指揮所もいまは損傷して、電話もきかなくなっている。

　血しぶきをあげる巨大な鉄塊！

　艦長みずからラウド・スピーカーに口をつけてくりかえし、号令をかけている。

「全力をあげて傾斜復旧を急げ！」

とるべき残された、ただ一つの方法は、右舷の機械室と罐室に注水することであった。

　一瞬をあらそう危急を救うために、その両室から機械員を退去させるいとまは、ほとんどなかった。

　とつぜん、ものすごい勢いで、冷たい海水が、その両室になだれこんできた。魚雷孔による浸水がこれにくわわった。

　全力運転中のエンジン・ルームにはただごとならぬ異変がおこった。沸騰した湯をたたえた巨大なボイラーは、押しよせる海水の奔流の中で破裂し、もうもうと立ちこめる蒸気と熱湯と海水の渦《うず》巻きのなかで、数百名の各部署についたままの機関部員たちは、苦悶《くもん》のいとまもなく溶《と》けさった。艦を救うためのやむをえない悲痛な犠牲であった。

　これによって、大和の傾斜はいくらか立ちなおった。しかし、すでにおそすぎた。速力は急に落ちてしまったのだ。

伊藤提督は針路を北西に変えた——

沖縄突入を断念したためかどうかはよくわからない。そのときまた第四波がやってきた。

戦艦の巨砲はほとんどすでに沈黙したままで、応戦も散発的だった。苦難がふたたびはじまったが、その苦痛はますばかりだった。

三発の左舷中部につづけざまに命中して、艦を身ぶるいさせ、巨大な水柱はくだけて、艦橋や甲板のうえにくずれ落ちた。

攻撃隊は前後左右におどるように飛びかいながら、上部構造物めがけて、容赦なく機銃弾を射ちこんだ。そして、赤い血のしぶきがいたるところに飛び散った。

一部の敵機は、前方にじっと動かないでいる矢矧に殺到した。

まもなく、魚雷の集中攻撃をうけた巡洋艦は、ただ灰色の渦《うず》を残して消えさった。

磯風も動けなくなって、黒い煙の柱をふきあげていた。冬月と雪風の二艦だけが健在で、護衛任務にあたっていた。

自慢の主砲砲弾がアダとなる

午後二時に一五〇機以上の第五波があいついで左前方から殺到し、右舷に一本、左舷に三本の命中魚雷を追加した。すでに速力も落ち、回避も思うにまかせぬ致命傷である。そのうちの一本はついに、命中してしまったのである。

午後二時一二分、最後までのこっていた電話を通じて報告がやってきた。

「操舵室浸水間近し、浸水間近し」

すでに副砲、高角砲もまったく沈黙し、一部の機銃だけが応戦をつづけている。艦は酔《よ》った人間のように、よろよろと左舷に円を描きはじめた。

火災がほうぼうに発生し、艦内通信機は寸断《すんだん》され、甲板は一面、荒涼として鉄塊がむき出しになっているばかりとなり、戦時治療室はむざんにも破壊されて、血しぶきのこびりついた鉄の破片の堆積にすぎなくなっている。軍医官も負傷者も一人残らずなぎ倒されてしまった。大きな肉片が、高い測距儀の袖から垂れさがって揺れ動いている。

大和の傾斜が急増し、速力わずかに七ノット、傾斜計はついに三五度をさす。

有賀艦長は艦橋にしがみつき、「しっかり頑張れ！」と数回くり返す。

しかし、拡声器はこわれ、その肉声を聞いたものは何人かにすぎぬ。敵機は止《とど》めを刺さんものと狙っては、また舞いおりる。

攻撃はついにやんだ。いまは傾斜が八〇度にも達し、マストは横倒しとなり、頂上の軍艦旗は波頭に触《ふ》れんばかりになった。

海面は戦艦が重々しく沈んでいくにつれて、五〇メートル以上のうずをまき、戦艦のまわりに煮えかえった。

そのとき、主砲砲弾が弾架から飛びだし、にぶい大音響とともに弾薬庫に落下した。隔壁は破れ、傷つけられた心臓の最後の鼓動のように、大爆発が呑《の》まれ行く巨艦の内部でひびきわたった。

（昭和三十九年二月号収載。筆者は仏海軍大佐）

バンザイ〃大和〃

還らぬ水上特攻隊／膨大な米英資料をもとに戦闘の様相を再現する——「丸」編集部編

スプルーアンスの緊急電

四月六日に四〇〇機に達する神風特攻隊が第五八機動部隊に突入したが、そのうち二三〇機内外は、戦闘機によって海中にたたき落とされた。そしてそのほか、たぶん九〇機以上の特攻機が艦艇の対空砲火で射ち落とされたらしい。

　同じ日、この最初の大がかりな航空特攻作戦（天号作戦）と呼応して、水上特攻の使命をもった大和隊は沖縄に向けて内海の徳山湾を出撃した。

　沖縄へ到着する予定の四月八日まで生き延びているだろうと考えていた乗員は一人もいなかった、と日本側の記事は書いている。戦艦大和には、一隻の巡洋艦と八隻の駆逐艦がしたがっている。粛々と進むこの艦隊が九州と四国とのあいだの豊後水道にさしかかったとき、一隻の哨戒潜水艦が、いち早く日本艦隊の出現を友軍に打電した。日本側はそれを知る由《よし》もない。

「敵見ゆ」の報に接したミッチャー提督は、好機いたれりとばかり時を移さず、艦隊長官スプルーアンス提督の命を待つことなく、全機動群に対して沖縄の北東海面に集結することを命じた。

　おそらく、戦艦対航空兵力の論争がそのとき花を咲かせていたことだろうが、とにかくミッチャーはバーク参謀長とフラットレイ参謀と一緒に海図台に頭を突っこんで作戦を練ってみた。

　母艦航空隊の連中は、五ヵ月前のレイテ湾海戦当時、シブヤン海で武蔵を沈めたのは自分たちの爆弾や魚雷だったと考えていたし、またそうでありたいと念じていた。

　しかし、そこには、武蔵に引導を渡したのは、じつは潜水艦のベテランたちだったのかも知れないという可能性が幾分残っていた。そこで、いまや眼の前に大和が出現したということは、もし証明が必要というなら、今度こそ航空兵力がいかに艦艇兵力より、その攻撃力において優れているかを実証すべき絶好の機会が到来したというべきだった。

　四月六日の真夜中ちょっと過ぎに、スプルーアンス提督はミッチャー提督に、この敵の機動兵力を旧式戦艦群よりなる第五一機動部隊および新式戦艦よりなる第五四機動部隊の巨砲に一任するよう南下させるから、と念を押した。なお、ミッチャーは、〝敵の空中攻撃に対抗するため、第五八機動部隊の攻撃努力を戦闘空中哨戒に集中すべし〟という命令を受けていた。ところが、ミッチャーはすでに、敵艦隊を航空部隊独力で処分するという計画をたてていたのだった。

スプルーアンスの緊急電は、むろんただちに受信され、ミッチャーは北進しながらこの電報に目を通した。しかしスプルーアンスは、北東に機動部隊を集結させるミッチャーの命令に対して、別にそれを撤回させたり、取り消したりはしなかった。

R.C.スプルーアンス海軍大将

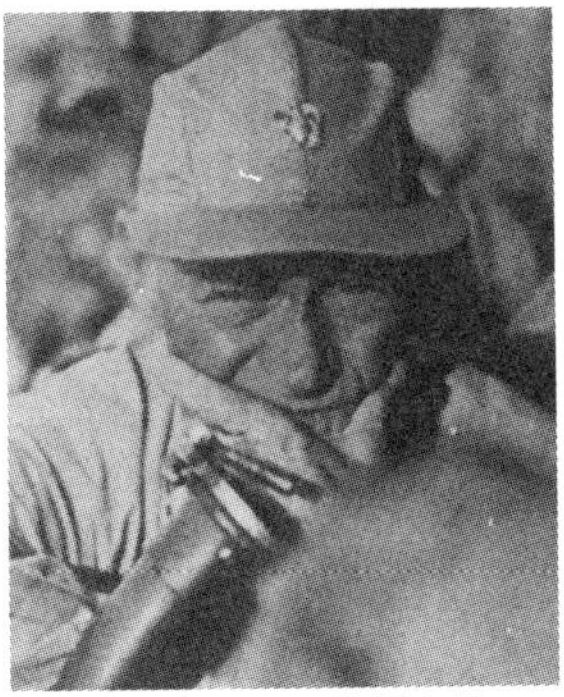

M.A.ミッチャー海軍少将

スプルーアンスとしては、十分に事情を了解したうえで、ミッチャーの航空攻撃を止めさせてまで、戦艦の主砲にやらせる意向は持っていなかった。

ミッチャーには、満々たる確信があった。敵艦隊をかならず仕とめて見せるという固い決意が……。

数時間後、スプルーアンスは第五一機動部隊指揮官のモートン・L・デイヨー提督に、戦艦戦隊二隊、巡洋艦戦隊二隊および駆逐艦二〇隻を戦闘に備えるよう命令した。ミッチャーはこの命令文の傍受をみて何もいわずに突っかえした。そしてその夜は一晩中、整備員たちは徹甲弾や魚雷を準備した。

夜が明けると、索敵機が九州の東方海面に扇形の捜索弧《そうさくこ》をえがいた。天候はスコールがちだった。一方、潜水艦と飛行艇が目標を上下にはさんで大和隊を追跡しつつあった。待機室のパイロットたちは、うずうずしながら待っていた。戦艦部隊と空母部隊との間の励まし合いの電報が彼らの耳にも入った。彼らは、うちのボスのミッチャーが〝日本艦隊の鼻を明かすような作戦計画をつくった〟ことを聞きかじっていたので、闘志をたぎらせていた。

一か八かのバクチ

午前八時すぎに、クラーク隊の索敵機の一機が南方に進む特攻艦隊を発見した。この報告は隊内通信を経て、バンカーヒル（旗艦）に中継された。そして、この発見電報は見るみるうちに機動群の全空母や、デイヨーに戦艦部隊を発進させるよう命じたスプルーアンス提督の手もとに飛んだ。

ミッチャーは、ただちに近接中の大和隊をカバーして追跡するため、一六機の一隊を飛び立たせた。しかし、彼らが大和に接触するまでには一時間以上もかかったろう。

艦攻機にも搭乗員が乗りこんだ。そして探索機の機影が見えなくなるやいなや、ミッチャーは日本艦隊攻撃を下令した。ちょうど午前一〇時だった。

　第一機動群と第二機動群を飛び立った飛行機隊の全機約二六〇機が、編隊待ちの旋回を行ない、合同して飛び去ったとき、ミッチャー提督はただ黙々とその行方を見送っていた。数分後に攻撃隊は視界から消えた。ミッチャーはバーク参謀長をふり返った。

「別命なければ、正午に大和隊を攻撃するように計画中だとスプルーアンス長官に報告してくれたまえ」

「しかし……」と英国観戦部官ロング少佐が口をはさんで、ミッチャーの顔を見つめた。

「閣下は敵の位置を確認しない前に、攻撃隊に発進を命じたようでしたが……」

「一か八か、われわれはやってみたのだ」とバーク参謀長が引き取って説明を加えた。

「もし、われわれが大和だったら、そこにいただろうという地点に向かってわれわれは航空攻撃をかけたんだよ」

　天候には恵まれなかったが、潜水艦、飛行艇および空母機をもってする大和隊の捜索は、うまいぐあいに運んだ。しかし、もし索敵機が大和を発見することができなかったとしたら、ミッチャーの赤面の色はどんな赤ペンキよりもひどいものだったろう。

　航空兵力だけで敵艦隊を撃破しようとする命令をミッチャーが出したことは、大艦の砲戦にとって金輪際二度とふたたびやってきそうにもないこの最後の機会に、戦艦群を出動させようというスプルーアンス長官の希望を打ちくだいた。

　午前一〇時から正午まで、バンカーヒルの艦橋の張り出しに腰かけていたミッチャーの立場というものは、なんだか妙ちくりんなものだった。時間がすぎてもミッチャーの命令を取り消すような電報は長官旗艦からやってこなかった。もはや攻撃隊は刻々に、大和に近接していたので、いまさら彼らを呼びもどすことはわずか数ドルの燃料を節約するだけのことで、目的を達するには役に立たなかったろう。

　アベンジャー艦上攻撃隊は魚雷を抱きかかえ、急降下爆撃機《カーチスヘルダイバー》は五〇〇キロと一二五キロ爆弾の爆装、各戦闘機は長距離用増槽と二五〇キロ爆弾を積んで飛びつづけた。目標までの推定距離、あと三八五キロ！

大和沈む

　正午すこし過ぎ、クラークおよびシャーマンの二つの機動群の攻撃隊は、めざす日本艦隊を発見したが、獲物に飛びかかる前に舌なめずりしながら眺めているように、日本艦隊の上空をゆっくりと旋回した。天候は、依然として不良、雲は五〇〇メートルから一〇〇〇メートル近くまで厚い層になっており、スコールが断続していた。

　ほとんど三〇〇機に近い二つの攻撃機群の大編隊が、低い高度でできるかぎりの協同攻撃を敢行した。日本艦隊の猛烈な対空砲火が炸裂しはじめた。大和の四六センチの主砲さえ、ヤンキーどもを空中から一掃しようとして最大仰角でグルグルとまわった。

　悪天候のために戦果をよく確認することはできなかった。そのうえ、日本側の妨信によって隊内電話の交信ができなかった。それは、いままでにない混乱した海空戦だったと、コールマン大尉は語っている。

「三〇〇〇メートル内外の高度から急角度に突っ込むという平素の訓練は、この時はちっとも役に立たなかった。目標上空の高度はスコールのためにわずかに一〇〇〇メートル以下にすぎなかった。爆撃機のパイロットたちは勝手がちがったので、あらゆる種類の気狂いじみた急降下で突撃した。

　戦闘機の方は教科書どおりでよかった。しかし雷撃機の連中は、ずっと風房から首をつき出して水面スレスレにまで舞い下り、艦のうんと近くで魚雷を投げ出したので、巨大な艦の上部構造物にすんでのことで突き当たりそうになったものがほとんどだった」

　アメリカ側もひどく混乱していて、お世辞にも整々とはいえなかったが、日本側の方はもっとひどかった。生き残った大和の砲術参謀（訳注、宮本鷹雄中佐を指す）は、米国側の質問者に対して、〝急降下爆撃と雷撃の同時攻撃は回避運動を不可能にした〟とのべている。

　彼のいうところによれば、最初の二波は後部砲塔の前部に三発の命中爆弾と左舷に命中魚雷三本をあたえた。それから、その後の攻撃で大和は少なくとも七本の魚雷を命中させられた。

　いずれにせよ、一時間おくれて発進したラドフォードの機動群が現場に到着したときには、大和はすでに傾斜して断末魔に近く、この攻撃隊は余裕《よゆう》綽々《しゃくしゃく》と襲いかかった。大和は結局、爆発して沈んでしまった。巡洋艦の矢矧と四隻の駆逐艦を死出の道づれにして……。（テイラー）

命令第六〇七号

　一九四五年四月五日の午後三時、お茶の時間である。伊藤海軍中将は連合艦隊長官豊田大将から第六〇七号の緊急命令を受け取った。

徳山湾に停泊中の旗艦大和のケビンで休んでいた伊藤提督は、口に持っていった茶碗を下に置くと、静かに、その遠近両用の眼鏡を手にして、電報を読みはじめた。

　電文はかんたんなものだった。

　　天一号作戦

　第二艦隊は四月六日内海を出撃し、沖縄方面の米国部隊に対して水上攻撃を敢行せよ。攻撃は四月八日夜明に予定せらる。

伊藤中将は二度読み返してからお茶をゆっくり味わった。かれは午後四時のラジオを聴くためにスイッチを入れた。それは、東京からのニュースの要約だったが、沖縄戦の日本軍の大戦果がくりかえされただけだった。

　お茶の残りをグッとのみ干《ほ》すと、提督は、さあといいながら立ち上がった。参謀会議に出席するためである。天一号作戦のために、伊藤は一〇隻の艦――大和のほかに巡洋艦一、駆逐艦八をあたえられていた。大和隊に対する特攻任務はよくはのみ込めないところがあったが、最善をつくすよりほかはなかった。

　伊藤艦隊が沖縄さして徳山湾を出港したのは、四月六日の午後三時二〇分だった。出港後、Ｂ29の一群が高い上空を飛んでいた。部隊は敵に発見されないで豊後水道をぬけて南下した。しかし、二隻の潜水艦がこっそり後をつけはじめた。

「少なくとも戦艦一……警戒駆逐艦群……針路一九〇度」

　日本側は潜水艦の電報を妨害しようとしたが、この警報はスプルーアンス提督の耳に入った。彼は日本艦隊が沖縄を攻撃しようとしていることに満足し、攻撃前に南方に十分進撃させてやろうと決心した。しかし、沖縄に向かわないで、九州西岸の佐世保軍港に向かうつもりだとしたら？　一刻も猶予できない。捜索をはじめることだ。

　明くれば四月七日、四隊に分かれた四〇機の戦闘機が高速空母の飛行甲板から発進した。第五八機動部隊はすでに針路を北東方に向け北上をはじめていた。午前七時になると不確実ながら機上からレーダー触接ができた。まもなくＰＢＭ数機が視認されたので、日本側は戦闘配備についた。

　大和隊は掩護のために、五機の基地機以外は何も上空直衛を持っていなかった。日本軍が戦闘するつもりなのか、牽制《けんせい》するつもりなのか、あるいは後退するつもりなのか、いまとなってはスプルーアンス提督にとってほとんど取りちがえることはなかった。

スープの中を泳ぐように

　ジャック・ライオンズ少尉の指揮するエセックス所属のヘルキャット機は、はるか彼方に日本艦隊を発見した。時に午前八時二二分。

「大和級戦艦一、巡洋艦一～二、駆逐艦八見ゆ……」

「搭乗員配置につけ」

　魚雷を抱いたアベンジャー、半徹甲爆弾を積んだ急降下爆撃機、二五〇キロ爆弾を持った戦闘機は、午前一〇時、つぎつぎと発進した。第一機動群と第三機動群の全攻撃隊が空中高く舞い上がったのだ。

　第四機動群はそれから四、五分おくれて続行した。こうして全部で三八六機の編隊は北方指して全力で突進していった。

　伊藤部隊は慶良間《けらま》列島を基地とするＰＢＭによって午前中、引き続き触接されていた。

　日本側はあまりうるさくつきまとわれるので、この厄介な監視者に対して射撃をはじめた――主砲まで向けて。ＰＢＭは涼しい顔をしてヒョイと付近の雲の中に姿を消した。射撃がすむとまた雲から姿を見せて相変わらず上空を飛んでいる。

　そのころ、音に聞こえた第五八機動部隊の二群の攻撃隊は急速に目標に近づきつつあった。コールマン大尉の語るところによれば、当時の模様はつぎのとおり。

「われわれは、ちょうど農場主伊藤の持ち物の穀物豊かな畑にとり入れに行く一行のようなものだった。しかし、雨はますます降りしきり、雲はしだいに厚くなり、収穫はしだいに難しくなってきた。

爆撃機操縦者の一人が放送するのが聞こえてきた。〝やつらをレーダーでつかまえたぞ！〟もし、われわれがレーダー攻撃をやるんだったら大助かりだったろうが、あいにくわれわれはレーダーを持たなかった。

結局、われわれはスープの中を泳いでいるようなもので、何も見えず、すぐ前方の編隊さえ見えなかった。もう一機の爆撃機から放送が聞こえた。〝目標地点の上空に来た。敵は一体どこにいるのか？〟

それが私の覚えている最後の通信だった。わが無線機はしだいにこどもの啜《すす》り泣くような声に変わってきて、間もなくどうにもならなくなってしまった。われわれは見ることも聞くこともできずにフットボールをやってるような状態だった。

これは日本側がわれわれの電話通信を妨害していたからだった。

とつぜん、前方間近で高角砲弾がパッと炸裂した。敵が自分の位置を教えてくれたのだ。今までにない混乱した海空戦をやるために、われわれは自然分散してしまった」

死の使者、六機の雷撃機

日本の砲術士官は、敵の攻撃がどこからやってくるかさっぱり見当がつかなかったから、射撃指揮にも回避にも不利だった。一方、その点では攻撃者であるわれわれは心配無用だった。

日本艦隊は蛇がのたくるようにのたうちまわっていた。軽巡の艦長は、旗艦から離れて自分の方に攻撃を吸収しようと企図して勇敢に単独で航走していた。そして、迅速に集中攻撃を受けてノック・アウトされることには成功したようだった。

雷撃機の一群は大和の左側に数本の命中魚雷をあたえてはげしく左舷に傾斜させた。しばらくして、今度は反対舷からの攻撃隊が同じように多数の命中魚雷をあたえて右舷に傾けたので艦は水平にもどった。

第一次攻撃隊が引き揚げたときの損害に対する正確な査定は困難だった。しかし、大和と矢矧に大打撃をあたえ、二隻の駆逐艦を沈めたことはたしかだ。

後日、日本の生存者が述べたところによれば、第一次の大和攻撃は二つの波によって行なわれた。最初に四発の爆弾が艦橋のすぐ後方の、三番砲塔の近くに命中し、また二〜三本の魚雷が左舷側に命中した。爆弾によって起こった火災は、ついに消えなかった。

第二波の攻撃は少なくとも四本の魚雷を射ちこんだが、そのうち三本は左舷に、一本は右舷に命中した。大和は左舷に一五度傾斜し、これを修正するために右舷に残っている全小区画に注水せねばならなかったので、速力は二八ノットから一八ノット以下に減ってしまった。

第一次攻撃から約一時間後に、第四機動群の四八機のヘルキャット、二五機の急降下爆撃機および五三機のアベンジャーよりなる第二次攻撃隊が息もつかせず攻めたてた。大和はこの時、依然として射撃をくわえ、闘志に燃えて立ち向かった。巡洋艦矢矧は停止したまま動けなくなって、その貴重な残りの重油を海面に吐き出していた。一隻の駆逐艦（訳注、浜風であろう）は猛烈な火災を起こし、油の尾を長く曳きずっていた。

いよいよ、第二次攻撃がはじまるころは、対空砲火は下火になっていた。

単艦で奮戦した矢矧は沈んだ。そして、大和は、はたしてどのくらいの強打に堪え得たであろうか？

イントレピッドからのハイランド中佐のひきいた第一〇航空群が押し寄せて、少なくとも魚雷一本と爆弾八発をさらに叩きこんだ。次いで最後の攻撃がやってきた――死の使者、六機のヨークタウンの雷撃機である。

攻撃隊を先導していた第九雷撃中隊の隊長ステットソン大尉は迅速に状況判断を行なった。

大和は、はなはだしく左舷に傾斜し、右舷側の厚い大きな装甲鈑がまったく水面の上に飛び出し、最弱点である下腹をさらけ出しているではないか！

「今こそだ――あの下腹に当てろ！」

六機の編隊を大和の高くなった舷――右舷側に導いてきたときにステットソンは部下に次のように指示した。

「魚雷の調定深度を三メートルから六メートルに変えよ」

六機とも完全に走り、少なくとも五本の魚雷は完全に航走した。

大和の艦底はたちまち引き裂かれ、水中爆発の物凄い力によって押し倒され徐々に横倒しになった。

ほとんど全部の大和の乗員は艦と運命をともにしたが、その中にはむろん伊藤中将もふくまれていた。沈没は午後二時一七分だった。（カリグ）

落日昏し天一号作戦

一九四一年四月六日の午後おそく――真夜中近くになって、わが方の二隻の潜水艦（訳注、スレッドフィンおよびハックルバック）からの電報は、すくなくとも戦艦一隻をふくむ日本の残存艦隊が九州の東岸に沿って、南下中を発見したと報告してきた。そしてつぎの朝、索敵機がこの触接を確かめるために飛び立った。

もし、その報告が事実であったら、日に日にしぼんでゆく日本海軍の水上部隊に見参する最後の機会があたえられるかも知れない。

午前八時一五分、果たして、われわれは索敵機（訳注、エセックスのライオンズ少尉機）からの緊急信によって、ぞくぞくさせられた。というのは、巨大な戦艦大和と巡洋艦一隻か二隻および駆逐艦七隻〜八隻よりなる日本艦隊がつかまったというのだ。

しかも、その戦艦こそは約四ヵ月前にシブヤン海で米空母機群に沈められた武蔵の姉妹艦である超大戦艦大和であったのだ。大和は沖縄沖の米軍部隊に対する最後の悲壮な水上特攻戦法のために進撃中だった。

大和付近一帯の天候は不良で、雲高一〇〇〇メートル内外、視界は八〜一二キロで、ときおりスコールがあった。それにもかかわらず、索敵機はずっと触接をたもちながら、刻々と大和の位置、針路および速力を報告しつづけてきた。

ミッチャー提督は、〝私の機動群（訳注、シャーマン少将の指揮する第一機動群）およびクラーク隊（第三機動群）に協同攻撃をする〟よう指令したが、一時間後にはラドフォード隊（第四機動群）の一部がくわわることになっていた。

大型爆弾と魚雷を積みこんだ攻撃隊（訳注、計二六〇機）は勇躍発進して目標に向かった。

現場に着いたのはちょうど正午をすぎたばかりのところだった。

日本部隊の指揮官、伊藤整一海軍中将は将旗を大和にひるがえしていた。

大和は軽巡矢矧と八隻の駆逐艦をしたがえていたが、日本海軍は大変な苦心の末、この特攻作戦のために必要な二五〇〇トンの燃料をかき集めたのだった。

終戦後、日本連合艦隊長官豊田提督は、つぎのようにのべている。

「第二艦隊の兵力を一つにまとめるのにさえ、必要な燃料を工面するのに非常な無理を重ねざるを得なかった。しかし、この千載一遇のチャンスに、艦隊をいたずらに温存して置くことは、かならずや日本海軍の伝統に反することになったろう」

大和のとてつもなく大きな四六センチ砲塔からの巨弾をふくむ大変な量の対空砲火を、右に左に避けて進みながら、第一回の攻撃は二発の重爆弾を戦艦の甲板に叩きつけ、一本の魚雷で左舷に穴をあけた。そのうえ、軽巡矢矧は命中弾を食って停止し、駆逐艦浜風は撃沈された。他の駆逐艦も機銃掃射によって損傷をうけた。

約一時間後（訳注、午後一時三七分）予定どおり、第三波の攻撃機群が襲いかかり、数分間のうちに大和はさらに三発の爆弾をくらい、九本の魚雷を射ちこまれた。水上に死んだように横たわり、致命的な損害によって打ちのめされた巨艦は、爆発し、転覆して、ついに午後二時二三分に海底深く沈んでいった。

大和と武蔵は、かつて、建造された世界の戦艦のうち最大のものであり、その満載排水量は七万二〇〇〇トンを超え、あらゆる造船技術の最高の粋を集め、最新の改善工事を施してあったことが、戦後明らかにされた。（シャーマン）

（昭和三十四年十二月号収載）

猛襲九回、巨艦大和の末路悲し

米誌の報じた大和受難の一代記――ロバート・A・カッター／小野武雄訳

八百万の神々の護り

第二艦隊司令長官伊藤整一中将は、大戦艦大和の艦長室でお茶をすすりながら窓外を眺めていた。大和はいま広島湾内に停泊中であった。ときに、日本海軍は沖縄に結集したアメリカ艦隊に対し、近く決戦的攻撃を挑もうと鋭意出撃準備中であった。

右を見ても左を見ても、司令長官伊藤中将の目に映るかぎり、いたるところから帝国連合艦隊の艦艇の群れが三々五々と集まってきて、大和の周囲に護衛の固い殻を形づくっていた。

伊藤司令長官はそれを眺めながら、幾度か護衛なしで出撃して、そのつど夜闇と八百万の神々の助けで、かろうじて太平洋の藻屑とならないですんだことを思い出し、「これならば、大丈夫だ」と一人ひそかにほほえんだ。そして、ふと机上のカレンダーに目をうつして、考え深げにじっと見つめていた。

大和は広島からあまり遠くない瀬戸内海で建造された。一九三七年に竜骨がすえられ、完成して進水したのは、真珠湾奇襲攻撃の八日後であった。

この巨象のごとき大戦艦は、伊藤提督や部下の将校たちにとって、ほかの戦艦とは別に意義深いものであった。大和は日本海軍の象徴、いや、大日本帝国そのもののシンボルであった。大和とは日本の神話で神々が海中から国土をつくり出したときに、それにあたえた最初の地名であった。

日本海軍の将校たちが大和を誇りとするには、それだけの立派な理由があった。大和はアメリカの太平洋艦隊のどてっ腹に突きつけたドスに等しく、アメリカにとってはまさしく頭痛の種であった。

アメリカの情報機関が、この巨大な戦艦についてあらゆる情報をかき集めて総合した結果、宣伝的作り話だと信じきるわけにはいかなかったからだ。

大和は信ずべき情報によれば、七万トンに近いものだという。この戦艦をとりまく神秘をいっそう不気味なものにしていたのは、何かといえば、それは、一九四四年二月まで大和の姿を見たアメリカ人が一人もいなかったからだ。二年間というもの、この大戦艦はアメリカの艦船に絶対にめぐり会わないよう警戒距離を保ちながら、太平洋上を遊弋していた。

神秘の雲につつまれて

一九四三年十二月二十五日（クリスマスの日）、合衆国艦隊の潜水艦スケート号はトラック島付近を哨戒していた。艦長ユージーン・B・マッキンニー司令官は、潜望鏡をのぞいて、近くを通過する戦艦の姿を見たとき、低い声で、シッ！　といって、そばの副艦長に、

「ちょっと覗いてごらん、今までに見たことのない、どえらい艦ですぞ」

急いで攻撃態勢をととのえて、スケート号は向きを変えた。

「第一発、発射！」艦長は叫んだ。泡立つ航跡が目標の戦艦への距離の半分に達するか達しないうちに、艦長は、「第二発、発射！」と命じた。

ブルネイ湾外に集結した栗田艦隊――給油作業などをおこない出撃準備をととのえている

第二発目の魚雷は誤またず目標に向かって突進して、厳重に装置された大戦艦のどてっ腹に突入した。

マッキンニー艦長が、第三発の発射を叫んだとき、大戦艦を護衛していた駆逐艦が二隻、あわてて防衛態勢を布いた。大和は傷ついたが致命的ではなかった。マッキンニー艦長はやむなく、恨みをのんで、安全深度まで潜らねばならなかった。

それから二ヵ月後、ユタ州ソルトレーク市の海兵隊少佐ジェームス・B・クリステンセンが、特別偵察任務を帯びて、四発のリベレーター機を駆って、敵空軍のむらがる一〇〇〇マイルを突破して、トラック島へ飛んでいった。そこは日本側のカロリン群島のドーナツ型稜堡になっていた。少佐はいった。

「その上空に達したら、できるだけ速やかに写真をとって、大急ぎで逃げ出すのだぞ」

密雲がたれこめていたが、彼の特別偵察機は二一分間、二万四〇〇〇フィートの高度でトラック島の上空を飛びながら、高速度カメラで撮影した。

数時間後、写真解釈係が昂奮して野性的な叫び声をあげた。

「隊長！　これをご覧なさい！　大和らしいですよ」

隊長は写真を注意深く点検して、

「ちょっと、そこにある巨砲を見たまえ。二年たっても、あいつは、誰からも探されなかったように、そこにいるよ」

情報機関は、苦心のすえ、大和に関する追加情報を集めて総合判断を下すことができるようになった。

三砲架にのせられた一八インチ砲が九門装備されている。砲弾を二〇マイルは飛ばすことができる。そのほかに備砲数門と対空火器がある。これなら恐るべきほど大量の鋼片が打ち上げられるだろう。それゆえ、大和は適当な空軍の支持と、護衛艦の助力をうければ、快速軽装備の特別機動部隊をさえ全滅させることもできると思われた。

巨艦大和に近づくには、ただ一つの方法しかなかった。それは空軍によるよりほかはない。そこで第三九機動部隊はトラック島を次の主要作戦行動範囲の中心として選んだ。

スプルーアンス提督指揮下の快速機ヘルキャット、コルセア、ヘルダイバー、アベンジャーは、それぞれ編隊を組んで、二月十六日、太陽圏から飛び出して襲いかかったが、大和の姿はどこにも見えなかった。大和は六日前、すでに艦隊とともにどこかへ避退してしまっていたのだ。

この失敗の後、しばらくの間は、第三九機動部隊の乗員たちは、もっとも信頼できるはずのあの写真をさえ信ずることができないという気持になった。将校連中のうちの多数の者は、大和なんか実在しないと信ずべきだと唱え、〝太平洋の亡霊〟だと騒ぎ出した。

その反響はさまざまであった。ある者は、日本軍のカモフラージュ（仮装）的トリックにすぎないといった。また、実在すると信じていた連中は、あの怪物がいつ姿を現わして攻撃をしかけてくるかもわからないといって、恐れた。

けれども、大和はなかなか姿を現わさなかった。大和をとりまく神秘の謎は、深まるばかりだった。

パラワン水路の悲劇

一九四四年六月、海上偵察機の情報によれば、大和は特別機動部隊の真ん中に囲まれて、サイパン沖のアメリカ軍攻撃途上にあるという。空母九隻、戦艦五隻、重巡一一隻、軽巡二隻、駆逐艦二八隻のほか、多数の補助艦船、タンカーをしたがえて、アメリカ軍の東洋侵攻艦隊が待機している海域へ直航してきた。かくて、二日間にわたる猛烈な海戦が展開され、日本艦隊は空母三隻、油タンカー二隻と貴重な航空士四二二四名を失って敗退し、修理のため瀬戸内海へ引き揚げていった。

この海戦でアメリカ軍が失ったのは航空機一二六機にすぎず、海上に墜落した乗員の大部分は駆逐艦や哨戒艇の手で救助された。

けれども巨艦大和は、これまでの作戦でまだ一度も実質的な打撃をこうむらなかった。乗組員たちはいずれも、この巨艦は八百万の神々の庇護をうけているのだと本当に信じきっていた。

一九四四年六月から十月まで、大和は母国日本列島にちかい海域を徘徊していた。日本の海軍情報機関から今次大戦中最大の攻撃を敢行せよとの命令をうけると、大和は、太平洋の連合軍艦隊を撃滅させる意図をもって計画された三段式攻撃のうちの、一群の先頭に立って行動した。この作戦は、第一群でアメリカの海軍力を分散させ、残る二群で狙い射ちをして撃滅するというのであった。

このレイテ湾の戦いで日本艦隊は、すでに物凄い損害を被ったので、いまや、完敗を回避する唯一の機会は、連合軍の弩級艦を日本列島に接近させないよう効果的に努力を払うよりほかになかった。

けれども一部の情報の伝えるところによれば、このころにはすでに日本軍は敗戦の覚悟をきめ、無条件降伏ではなく、適当な条件が持ち出せるような立場を確保したいと必死に苦悶していたという。

日本側の攻撃勢力中枢艦隊は、ブルネイの中央協力地点から姿を消すと、やがて、太平洋上へ乗り出してきて、三群に分かれた。精鋭中の精鋭と、自負している大和とともに戦艦五隻、巡洋艦一二隻、駆逐艦一五隻を率いた日本海軍は、レイテにいるアメリカ艦隊にさとられないよう、こっそりとパラワン水路へさしかかってきた。

この時には、さすがの日本の八百万の神々もわき見をしていたらしい。パラワン水路の入口のところでは、アメリカの潜水艦二隻が、日本のフィリピン向け軍隊輸送船団や物資補給船を待ち伏せていたからだ。

潜水艦ダーターとデイスは日本特別作戦機動部隊の姿を認めると、たちまち敵を欺くような行動にでた。D・H・マッククリントックの指揮するダーターは大きく揺れて、おもかじの姿勢をとり、B・D・クラゲット指揮官はデイスに取りかじの姿勢をとらせた。

時刻はちょうど日の出前。日本機動部隊は、この二人の潜水艦長が希望したとおりの攻撃可能範囲内へまっすぐに突入してきた。

マッククリントック指揮官は潜望鏡の真ん中に重巡洋艦愛宕の姿をとらえたので、魚雷五発を連続的に発射するよう命令した。銀肌の魚雷四発が重巡のどてっ腹に洞穴をぶち開けたとき、彼は、

「ヤホー」と怒鳴った。

目標からそれた一発は、偶然にも、愛宕の姉妹艦高雄の体内へ吸い込まれるようにぶち当たった。

「こいつは、一石二鳥の値打ちだ」マッククリントック指揮官は喜んで叫んだ。それ弾になった魚雷は、まぐれで敵に多大な損害をあたえたからだ。マッククリントックは、自艦の塔上にもっと多くの日章旗を描き込もうと思って、最後の魚雷をぶっ放した。それを喰らって高雄は完全によろめいてしまった。

マッククリントック指揮官は方向転換をして太平洋の深いところへ完全に潜航した。

一方、攻撃をうけた瞬間、日本艦隊は全艦みな、おもかじの態勢をとってできるだけダーターの目標にならないように努めた。ところが、デイスの方では、むしろその動きを待ち望んでいたのだ。愛宕級の巡洋艦がもう一隻、クラゲット指揮官の視野に入ってきた。それとばかり、彼は、六個の魚雷をつづけざまにその巡洋艦のどてっ腹に叩き込んだ。四分間後、その艦は太平洋の海底に沈んでしまった。

さて、潜水艦との接触がなくなったとわかると、日本軍側はよたよたの重巡高雄に二隻の駆逐艦を護衛につけてブルネイへ帰港させた。このためにアメリカ艦隊を奇襲攻撃して、これに致命的打撃をあたえようとした日本側の企ては、わずか半時間たらずで、水泡に帰してしまった。この戦闘でアメリカ側は一人の生命も失わず、日本艦隊の戦力を激減させてしまった。

敗走中の不運

日本特別機動部隊の生き残り艦船は、ミンドロ島の南方を通ってシブヤン海へ入っていった。

一九四四年十月二十四日一〇時一五分、アメリカ軍の艦載機の波状攻撃を

うけるであろうとの目星をつけて高射砲火の弾幕の傘を打ちあげはじめた。

アメリカの空軍は編隊を解いて急降下戦法で弾幕をかいくぐって敵に襲いかかり、巡洋艦一隻をよろめかし、駆逐艦一隻を撃沈させ、戦艦一隻に魚雷を一発見舞った。このように敵の弾幕を幾度かかいくぐり、突破して攻撃をくわえたが、ついに大和に致命的な打撃をあたえることができなかった。

操縦士たちが母艦にもどって報告したところを聞いて、海軍情報部は、

「敵軍のうけた打撃は、あまりに厳しく、作戦行動は不可能であろうから日本へ帰らざるを得まい」と判断した。

東京では、アメリカ側はきっとそんなふうに考えるだろうと推定した。そこで夜闇が大和とそれに従う諸艦船を包んだとき、別の命令が飛来した。

〝進路を反対にとり、計画どおり、沖縄に近いスプラーグ提督の位置に直航せよ〟

翌朝早く、ブラッド・ケイレー海軍大尉は、愛機ヘルキャットの機首を西へ向け、北部方面空母群の旗艦ファンショー・ベイ号へ帰還しようとした。ぐるっと回った途端、日本特別機動部隊の塔型のマストが目に映った。右方の水平線上に見えたのだ。

海軍少将クリッフ・スプラーグは、艦橋の艦長席に座っていたが、戦闘統制部からの指令が通信装置からブーンと音を立てて流れ出した時には、驚きのあまりすすろうとしたコーヒーの椀をほとんど手から取り落としそうになった。

「作戦艦隊の北西二〇マイルの位置に敵海上部隊見ゆ、二〇ノットで接近中」

スプラーグ艦長は、受信したことを疑い、次のように確証を求めた。

「大空の魔術でホールジーの率いる第三艦隊と見違えているのではないか、確証たのむ」

戦闘統制部からは、操縦者自身の声で提督へ答えてきた。

「間違いない。私はいま、さらに近づいて偵察した。右翼に一発喰ったので帰還の途につく」

スプラーグ少将は、双眼鏡を北西に向けてのぞいてみた。すぐに、高射砲の爆煙に違いないものがはっきり見えた。

第七回目の窮地に立つ

ちょうどこのとき、栗田健男提督とその部下たちは攻撃態勢をととのえていた。そして快速力で走ってきて、もう数分間もすれば、スプラーグの率いる機動部隊を射程距離に捉えるまでになった。一八マイルの距離から、火蓋を切ってきた。巨艦大和の巨砲がはじめて攻撃の巨弾をぶっ放したのだ。

このとき、スプラーグ少将の空母群は三隻の駆逐艦、四隻の駆逐艦付護衛艦に守られているにすぎなかった。日本軍が恐れていたと思われる、大型の空母、戦艦、巡洋艦は、みなブル・ハルゼーの第三艦隊に属していた。不幸にして、この第三艦隊は遙か北方にあって、日本の主要艦隊と思われるものを追跡していた。東京の作戦がみごとに計画どおりに進んでいたのである。

日本の艦隊は三つに分かれ、アメリ

カの艦隊に三方から攻撃をしかけようとした。八ノットによる防御煙幕をさえ突破することができたので、小型の空母をひと呑みにするのなんか、時間の問題にすぎまいと思われた。

けれどもスプラーグ麾下の三隻の駆逐艦は、あたかも第三艦隊が全力をあげて応援にきているかのように、敵に向かって突進していった。

護衛艦は煙幕を張ったが、損害をうけて使いものにならなくなった。海のジープ、駆逐艦の甲板上に残っていた数基の飛行機はついに飛び立って、全力を尽くして戦った。三対一の勝負では勝ち目があるわけがなかった。

アメリカ側の艦艇は手痛い損害をうけた。日本軍は後退する空母を追撃してきた。先頭の駆逐艦が一〇〇〇ヤードの距離までに迫ってきて、護衛艦の甲板に火炎を燃え立たせた。

アメリカの機動部隊の運命がすでに決まったかに見えたとき、日本軍は大失策を演じた。スプラーグ指揮官が、これより先、危険信号を発していたので、あらゆる方面から戦闘機や爆撃機が殺到してきた。

これを見た日本軍の艦艇は、第三艦隊の空軍の到来だと誤認して、攻撃を中止し、大和の周囲に集まって、艦首を北に向けた。そして急ぎ救援のために無理押しに突進してきたハルゼーの第三艦隊の真っ只中へ突っ込んでしまったのだ。

彼の空軍は日本軍の全艦艇に強襲をくわえはじめた。だが、大和には容易に近づけなかった。

大和が打ちあげる砲火の壁を突き破ることが、不可能であったからだ。

巨艦大和は、残存艦艇とともに西へ遁走した。そして中央の司令部から、本国へ引き揚げ、アメリカの超弩級の諸戦艦に最後の決戦を挑む準備をせよとの命令をうけた。そこで護衛艦に別れて、ただ一隻で、故国への航路を急いだ。大和が姉妹艦から離れた翌日、アメリカ空軍のB24の一群が日本海軍の残存艦艇を捕捉して、撃滅してしまった。

かくて大和は、第七回目の死地をかろうじてのがれたのである。

広島における八回目の窮地

一九四五年三月の曇りの朝、マーク・ミッチャーの率いる第五八機動部隊は、日本本土を攻撃するために進発した。海軍少佐ヒュー・ウッドは旗艦の士官室で空軍が日本の大都市を爆撃する有様を想像していた。

戦争の終わるのは時間の問題にすぎなかった。彼は、故郷の家族のことに思いを馳せ、ふたたび家族たちに会えるとは、なんと素晴らしいことだろうと思って、感慨無量であった。彼の空想は、突然、掌帆長の笛の鋭い音と、がやがやとした呼び声でめちゃめちゃにされた。

「操縦士は、自分の機の部署につけ」

広島は航空機でわずか数分の距離に近づいた。攻撃編隊が高度を低めて下を見ると、ウッド少佐の目に、巨艦大和の姿が映った。大和は偽装していたが、湾内の中央でぴしゃぴしゃ水音を立てているようであった。

「私に大和攻撃の指揮権をあたえても

らいたい」

ウッドは彼の無電装置の中へ叩き込むように述べた。そしてこの申し込みについて、誰かに先を越されないようにと念じた。

「許可する」旗艦からの返事は簡明だった。

スプラーグの率いる空母の艦上で、ウッドは親友の一人を戦死させてしまった。この悲痛な気持を晴らすにはこれよりほかになかったのだ。

「俺につづけ!」

彼は部下の操縦士たちに命じて、編隊を解いて、鋭く急降下していった。

彼の率いる一一機は獲物に向かって突進していった。三機が対空高射砲弾に当たって墜落した。残る八機が積載爆弾の一部を投下して、巨艦の上空に高く飛び上がった。ウッド少佐はまたも部下を率いて、垂直に急降下して、大和の第三砲塔の背後に「贈物」の一つを正照準で叩きつけた。三度目に突っ込んだとき、ウッドの部下二人が大空から叩き落とされてしまった。

海岸の砲台は、別の攻撃編隊によって叩きのめされたはずなのに、砲撃を開始したのだ。大和を援護する決意を固めたのだ。攻撃隊は、燃料メーターの針が危険点まで低下してきたので、攻撃を切り上げた。

たしかに、大和に爆弾を命中させたのだが、第五八特別機動部隊へ帰還する途中、ウッド少佐は、魅力の的である巨艦に致命的な損害をあたえていないことを知った。旗艦に到着してみると、第五八機動部隊が再編成地点へ直行すべしとの命令をうけているのを知った。

そこで旗艦は、もう一つ別の日本本土侵攻艦隊に参加する予定になっていた。巨艦大和は八度、命拾いをしたのだ——これが死地をのがれた最後であった。

それから二週間後、大和は最後の行動を起こす準備をしていた。司令長官伊藤提督が愛する巨艦を最後の運命の中へ送り込む進発の命令をうけたからである。

「第一攻撃艦隊は一九四五年四月六日内海から出撃し、沖縄方面の米国艦隊に海上攻撃を敢行せよ……」

沖縄までの燃料は十分あったが、帰還する燃料はなかった。しかし、伊藤提督にはそんなことは問題ではなかった。修理の期間中に彼は家族に親しく会う機会に恵まれた。

沖縄周辺には、世界空前というべき最大のアメリカ機動艦隊が巡航していた。毎時間、二五〇〇トンの燃料を消費していた。これに比べて、大日本帝国海軍が巨艦大和に送ったのは、駆逐艦五隻、陸上基地所属機五機だけであり、この五機も艦艇が出航したら間もなく基地にもどることになっていた。

巨艦大和が沖縄まで行けないかも知れない公算はきわめて大であった。アメリカの潜水艦が海中を泳ぎまわり、アメリカの作戦艦隊がシナ海を自由に巡航していた。

大和が内海を出た瞬間に、警戒任務についていた合衆国潜水艦、スレッドフィンとハックルバックは、第五八機動部隊に次のように報告をよせた。

「敵艦隊南方に向かう、……少なくとも戦艦一隻、……援護駆逐艦……コースは1—9—0」

けれども快速な日本艦隊はすでに射程外に出てしまった。潜水艦はやむなく哨戒任務にもどり、瀬戸内海の出口を監視して、獲物の現われるのを探していた。

魚雷と爆弾の雨霰《あめあられ》

SB2Cヘルダイバー急降下爆撃機——最大450キロの爆弾を搭載

四月七日の朝、スプルーアンスの率いる作戦艦隊から飛び出した四〇機の偵察機は生きて帰ってきた。彼らは日本艦隊が夜のうちに進路を変えたか否かを確かめるために天文観測の四分儀の型に従って行動した。日本の艦艇が空母上の航空機の行動範囲内にいたならば、合図をすることになっていた。

八時二二分、エセックスから飛び立った偵察機が連雲を突破してみると、数マイルさきに日本の艦影が見えた。スプルーアンスはもはや闇の中で行動しているのではなかった。日本艦艇のいる位置がよくわかり、その最後の目的地がどこであるかを推定することができた。彼の第一九空母機動部隊は蜂の巣のように活気をおびた。

第五八機動部隊では、第一の魚雷積載のアベンジャー機と爆弾積載のヘルダイバー機、コルセア機、アベンジャー機の混成隊が爆音高く空中へ舞いあがった。四五分間のうちに、三八六機がつぎつぎに飛び上がって、大和とその護衛艦に向かって突進していった。

大和と護衛艦の周囲には霧と雨が立ちこめて防護幕になっていた。けれどもアメリカ空軍の操縦士の一人がついに無電を打ってきた。

「わが機のレーダーで敵艦を捉えた」

つづいて第二報がきた。

「目標海域の上空にきたが、日本艦艇はどこか見当がつかない」

突然、ラジオが雑音を立てはじめ、しだいに大きくなっていった。日本艦艇が空中の電波を乱したのである。こうなっては操縦士たちはお手上げであった。

やむなく帰ろうとすると、雲霧の層をつきぬけた高射砲の濃黄色の煙が見えた。敵艦艇が真下にいるのだった。

攻撃機群は散開して、正統でない空海戦闘を開始した。

訓練で教わった教育などはどこかへすっ飛んでしまい、爆撃操縦士はあらゆる種類の急降下を演じて敵に殺到し、魚雷発射操縦士は魚雷発射のために海面まですれすれに降下した。

非常に敵艦に接近していたので、彼らの多くは敵艦の上部構造すれすれ、わずか二、三インチをかわすくらいのところを通って、飛びこえる有様であった。

日本の駆逐艦は航空機の攻撃をそらそうとして急いで逃げ去ろうとした。この果敢な努力も束の間のものであった。急降下爆撃機の大軍が爆弾を満載して到来したからだ。

攻撃機群はまるで怒りくるったように、幾度も波状攻撃をくりかえし、数トンの爆薬を投下した。空軍が引き揚げたときには、すでに駆逐艦二隻が沈没し、巨艦大和は煙を吐いていた。左舷側に二発の魚雷をくらって、炎上しはじめたのだ。

空軍の第二回波状攻撃で、大和はさらに四発の魚雷をくらった。三発は左舷に、一発は右舷に命中したのだ。そのために左舷の方へ一五度ほど傾いたが、右舷の艦艙に海水を満たして、平《へい》衡《こう》をとりもどした。

巡洋艦矢矧は午後二時五分に沈没した。第二波状攻撃開始後、わずか五分であった。イントレピッドの空軍第一〇編隊は、すでに傷ついた大和の死命を制すべく果敢な攻撃をくわえて、魚雷一発と八個の爆弾を叩きつけた。巨艦の下腹が一部あらわれ、アーマーは海面上に高くあがってしまった。

ヨークタウンの第九魚雷隊の六機は、「大和の腹部に二、三発射ち込め」との命令をうけた。そこで彼らは、海面すれすれに低く降下して、矢つぎばやに五発の魚雷を発射した。その一発が大和の操舵機関部を破砕したので、大和は統制を失って左方へきりきり舞いしはじめた。速力は七ノットに落ち、ますます遅くなっていった。艦体の傾きは四〇度になった。断末魔だ。大和は九回目の攻撃にいよいよ起死回生の術を失った。

伊藤提督は部下の将校たちに別れを告げて自室に入り、急速に傾く艦体に抗して、足を踏ん張っていた。巨艦大和のこれが最後だった。

（昭和三十五年四月号収載）

巨艦ヤマトを斃した〝復讐者〟が歓喜した日

USSベローウッド戦闘詳報／ヤマトを葬ったアベンジャー部隊——峰岸俊明訳編

出撃した最後のニッポン艦隊

全員が気狂いのようになって、デッキの上を走りまわっていた。クルーたちは、そのたびに跳ねあがっては尻をたたくパラシュートにイライラしながら、乗機にむかっていた。そして、それに追いすがるように整備長が、機体のコンディションを説明する。

　デッキには「発進」を指示する赤と白の信号旗が、四月のいくらか軟らかくなった海風をうけてワルツを舞っていた。ラウドスピーカーはなにやらガナリたてているが、はやくも起動をはじめたエンジンの爆音にかき消されてしまう。

　巨大な単発雷撃機TBMアベンジャーに乗りこむのは、容易なことではない。まるで山登りのようなさわぎになる。軽空母ベローウッド（CVL24）は風上にむかって、一五ノットですすんでいる。波はおだやかで、雷撃機の発進に支障はない。

　W・E・デラニィ大尉はあけ放したキャノピーから身をのりだして、左側にたっている発進係のもつ青と白のチェッカー・フラッグを見つめる。左手でスロットルをひらくにつれて、エンジンは発進のためのフルパワーをしぼりだすべく、轟音をあげて振動する。

「サッ」とチェッカーがふり降ろされる。ブレーキをとかれた巨体は、急激に加速しつつ、デッキの先の空間にむかって、闘牛のように突進する。もっとも危険な一瞬！　機体は空中に、ぶじ身を投げだす。

　デラニィたち八機のTBMの攻撃目標は、戦艦大和である。

　一九四五年四月七日〇八二〇。USSエセックス所属のF6Fヘルキャットとマリナー哨戒飛行艇は沖縄にむかって南下してくる日本艦隊を認めた。

　パイロットはVPB21（第二一哨戒爆撃隊）のヤングとシムズの両大尉。報告はただちに第五八機動部隊の旗艦バンカーヒルのミッチャー提督に打電された。「沖縄攻略作戦」の全支援責任をおびているミッチャーとしては、これは重大事件であった。大和の攻撃力については、イヤと言うほど知らされている。いかなる手段をとろうとも、これは絶対に阻止せねばならない。

　〇九一五。まず身軽なF6Fヘルキャット部隊が発進。

　一〇〇〇。つづいて、機動部隊の主力攻撃隊が発進。のべ二八〇機の出撃数のうち、九八機がアベンジャーであった。

宿敵の上に舞いおりた雷撃隊

　それは、ベニングトンから発進したヘルキャット部隊の攻撃ではじまった。天候は「攻撃側」に有利な状態だった。完全ではないが、上空には雲がたれこめており、身をかくしての雲間か

米軽空母ベローウッド。艦名は第一次大戦の激戦地にちなんだ

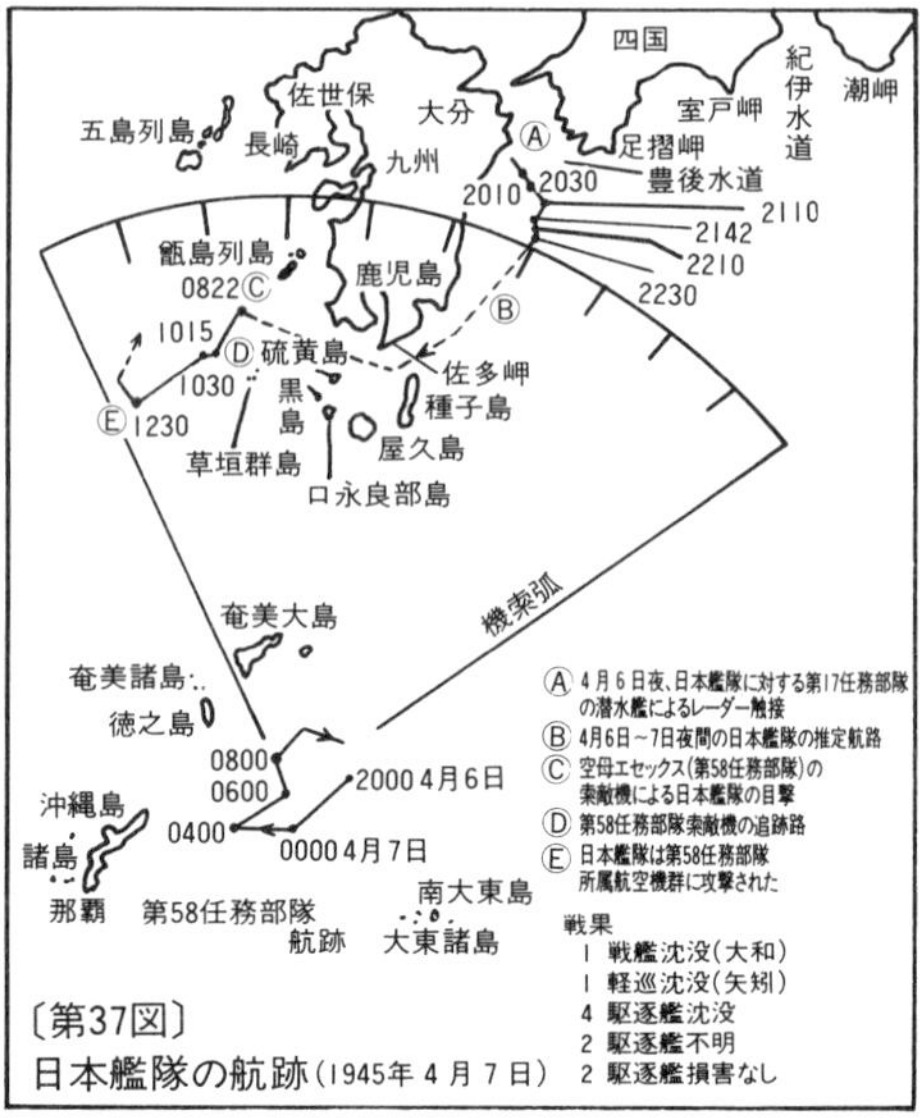

〔第37図〕
日本艦隊の航跡（1945年4月7日）

らの攻撃は、対空砲火の動きをかなり困難なものにしていた。

それにくわえて、ハチのように群がるF6Fヘルキャットの集団は、あらゆる方向から五〇口径機銃弾の雨を大和の船体にたたきつける。運動性のよい戦闘機をとらえることは、大和の対空砲火陣にとってはきわめて困難であったが、かまわないわけにはいかなかった。

大和の砲火がヘルキャットにむけられているとき、雲間からジョン・バワー大尉の指揮するアベンジャー攻撃隊が突入してきた。部隊は五〇〇ポンド爆弾をつんだ爆撃隊と、魚雷をもつ雷撃隊とにわかれていた。バワーは雷撃隊をひきいて大和に肉薄した。

すでに海上には黒煙が流れ、彼我の銃弾が海上に吹きあげる飛沫が大和の周囲をつつんでいる。バワーの部隊は、できるだけ低い高度をたもちつつ、正面のガンサイトに大和をとらえようと全神経を集中する。

攻撃目標の大和は、前方二〇〇〇メートル。その艦影は、すでに十分に大きい。けっしてそんなことはないのだが、大和の左舷の砲火が、すべて自分にむけられていると思われるほどの高角砲の弾幕がひろがり、曳光弾がゆるやかなカーブをえがいて目前をとおりすぎる。

バワー大尉の右側を飛んでいた一機が、被弾して黒煙をひきはじめている。胴体下面の弾倉カバーは左右にひらかれると、海水のしぶきがまいこんでくる。

「よーし、いいぞ、いいぞ、行け！」

大尉の手がグリップをにぎりしめる。電磁クラッチがはずれ、弾頭に三〇〇キロのTNT高性能爆薬を秘めた二〇〇〇ポンドの魚雷は、スクリューを空転させながら海中にすべりこんだ。

軽くなってはねあがった機体は、大和の砲火に身をさらしながら、左旋回する。このまま大和をとびこえるのが定石だが、上空からはヘルダイバー急降下爆撃機やアベンジャーの爆弾が降りそそいでいるので、危険きわまりない。バワーの目に、数条の白波が大和にむかっているのが確認された。

大和は、その一八インチ主砲をふくめて、全砲火をひらいて戦っていた。赤から黒にいたるあらゆる色彩の炸裂光が大空をいろどり、そのなかをオレンジ色の曳光弾が交叉し、被弾した攻撃機が黒煙をのこして海中に突っこんでいった。

一二四一。大和は最初の二発の五〇〇ポンド爆弾と一発の魚雷を浴びせら

郵便はがき

102-8790

料金受取人払郵便

麹町局承認

7300

差出有効期間
平成29年10月
19日まで
★切手不要★
期日後は切手をはってご投函ください

105

千代田区九段北
一の九の十一

(株)潮書房光人社
企画部行

ご住所 □□□-□□□□		
ご氏名(ふりがな)	男 女	年齢 歳
ご職業または学校名		
ご購読の新聞・雑誌名		
お買上げ書店名 都府県 郡市 町 書店		

☆本書をお読みになった動機(○印をおつけ下さい)

1.広告を見て(新聞・雑誌名)
2.書店で見て
3.知人に聞いて
4.その他

伝承 戦艦大和〈上〉

愛読者カード

いままで愛読者カードを返送したことがありますか。(有・無)

本書についてのご感想、ご意見

〔注文書〕下記のとおり購入申し込みます。

書　名	冊数	著者名	定価

お名前　　　　　　　　　　　　㊞

ご住所 〒

お電話

ご指定書店名

市町村名

電話

毎度ご愛読ありがとうございます。小社の書籍をご注文の方はこのハガキに切手をはらずにお送り下されば、あなたのご指定書店にお送り致します。ご注文の書籍は、書店より着荷の連絡がありしだいお受け取りください。

http://www.kojinsha.co.jp

単行本

自衛隊ユニフォームと装備100!	あかぎひろゆき	1700
戦艦「武蔵」	朝倉豊次ほか	2000
海軍護衛艦《コンボイ》物語	雨倉孝之	1800
海軍ダメージコントロール物語	雨倉孝之	1900
伊号潜水艦	荒木浅吉ほか	2000
頭山満伝	井川 聡	3400
現代ミリタリー・インテリジェンス入門	井上孝司	2600
現代ミリタリー・ロジスティクス入門	井上孝司	2300
戦うコンピュータ2011	井上孝司	2300
海の守護神 海上保安庁	岩尾克治	2400
ビルマ戦記	後 勝	1800
海鷲 ある零戦搭乗員の戦争	梅林義輝	2200
ミリタリー・グルメ 戦闘糧食の三ツ星をさがせ!	大久保義信	2300
イタリア式クルマ生活術	大矢晶雄	1700
呉・江田島・広島 戦争遺跡ガイドブック	奥本 剛	2300
【図解】八八艦隊の主力艦	奥本 剛	3400
陸海軍水上特攻部隊全史	奥本 剛	2300
特別攻撃隊の記録 海軍編 陸軍編	押尾一彦	各2200
日本軍鹵獲機秘録	押尾一彦 野原 茂	1600
日本陸海軍航空英雄列伝	押尾一彦 野原 茂	2300
〔普及版〕聯合艦隊軍艦銘銘伝	片桐大自	3000
これだけは読んでおきたい特攻の本	北影雄幸	1900
特攻隊員語録	北影雄幸	2000
虚構戦記研究読本	北村賢志	2600
軍医大尉桑島恕一の悲劇	工藤美知尋	1800
山本五十六の真実	工藤美知尋	2400
零戦隊長 二〇四空飛行隊長 宮野善治郎の生涯	神立尚紀	2700
撮るライカⅠ・Ⅱ	神立尚紀	各2300
坂井三郎「大空のサムライ」研究読本	郡 義武	2000
台南空戦闘日誌	郡 義武	2300
インドネシア鉄道の旅	古賀俊行	1900
戦艦十二隻	小林昌信ほか	2000
海軍戦闘機物語	小福田晧文ほか	2000
陸軍の異端児 石原莞爾	小松茂朗	2200
重巡十八隻	古村啓蔵ほか	2000
異形戦車ものしり物語	齋木伸生	2400

戦車謎解き大百科	齋木
ドイツ戦車博物館めぐり	齋木
ドイツ戦車発達史	齋木
ヒトラー戦跡紀行	齋木
大空のサムライ	坂井
正史 三國志群雄銘銘傳〔増補・改訂版〕	坂口
一式陸攻戦史	佐藤
海軍大将米内光政正伝	実松
駆逐艦物語	志賀
陽炎型駆逐艦	重本俊一
戦車と戦車戦	島田
Nobさんの飛行機画帖 イカロス飛行隊[1][2]	下田
Nobさんの飛行機画帖 イカロス飛行隊[3][4]	下田
Nobさんのヒコーキグラフィティ【全】	下田
海軍空戦秘録	杉野計雄
なぜ中国は平気で嘘をつくのか	杉山
海軍攻撃機隊	高岡
写真で行く満洲鉄道の旅	高木
写真に見る満洲鉄道	高木
日本陸軍鉄道連隊写真集	高木
日本軍艦写真集	高木
秘蔵写真に見る 世界の弩級艦	高木
満洲鉄道写真集	高木
満洲鉄道発達史	高木
母艦航空隊	高橋
世界のピストル図鑑	高橋
海軍食グルメ物語	高森
海軍と酒	高森
海軍料理おもしろ事典	高森
神聖ライカ帝国の秘密	竹田正一郎+森
海軍駆逐隊	寺内正道
補助艦艇物語	寺崎隆治
人間提督 山本五十六	戸川
日本海海戦の証言	戸高一
史論 児玉源太郎	中村
太平洋戦跡紀行 ガダルカナル［カラー版］	西村
太平洋戦跡紀行 サイパン グァム テニアン［カラー版］	西村

光人社NF文庫 好評既刊

れた。この魚雷はUSSベニングトンから発進したVT82（第八二雷撃機隊）のアベンジャーによるものである。

また、駆逐艦浜風も、USSサンハシェントのVT45のアベンジャーによる魚雷をうけて、海中に姿を消した。それにつづいて軽巡矢矧も、アベンジャーの魚雷により沈没した。

TBFアベンジャー艦上攻撃機――主力艦攻として量産され活躍した

燃えあがる世界最大の浮城

一三三七から一四一七にかけて、攻防戦はピークにたっした。

ウィリアム・デラニィのアベンジャーは、まさにその時、大和の上空にたっした。五〇〇ポンド爆弾を四発かかえた機体は、大和の横腹に投げつけるべく、もっとも危険な角度から突っこんでいった。

砲撃の煙と炎上する炎のなかで、巨大な艦影はまったく無傷のようにみえる。一〇〇〇メートル、八〇〇メートル、六〇〇メートル、機体は巨大な煙突に激突しそうになる。

「いまだ！」

機体をはなれた四個の黒影は、大きなカーブを描いて、巨艦の中央部にすいこまれていく。アベンジャーは上昇しながら、大和の上空を突きぬける。

「ガンガン」という被弾のショックにつづいて、機体は下面から巨人のパンチをうけたように吹きあげられた。

「しまった！」

と思ったが、すでに機体は主翼燃料タンンクを無数の鉄片でうちぬかれ、オレンジ色の炎をひきはじめている。自分が投じた爆弾の爆風にやられたのだ。コックピットも、煙で充満している。

「脱出しろ！」

デラニィは二人の乗員に合図して、すばやく身体にまとわりついているものを引きちぎった。風防をスライドさせると、高度はさいわいにも九一〇メートルはあった。これならパラシュートもつかえるだろう。

機体は完全に操縦性をうしなっており、オイルがもえあがってできる黒煙は、あと一秒脱出がおくれたならば、デラニィの生命をうばっていたであろう。

パラシュートがひらいて着水するまで、デラニィには周囲を見まわす余裕すらあたえられなかった。鼻から入りこんだ海水に苦しみつつ、ライフジャケットのボンベをひらく。水は予想以上につめたく、彼の飛行服のあいだから遠慮なく侵入してきた。波も高く、ほぼ戦闘の中央部に降下した彼に、泳いで戦場を離脱することが不可能であることを思い知らせた。

　波に上下されながら見まわすと、三〇メートルほど先に救命筏《いかだ》が目にはいった。だが、彼はそれを避けた。日本艦隊にあまりにも近すぎる。

　つめたい海水に手足の感覚をうしないつつも、デラニィは戦艦大和の最後の戦いの目撃者として、悲劇の終幕をみつめていた。

　一四〇〇ごろから開始された「最後の突撃」は、相互に莫大な出血を強いることになった。

　すでに大和は八発以上の魚雷と、二〇発以上の爆弾を浴び、速度は急激に落ちていたが、砲火はひるむことなく四方に弾幕を張りつづけていた。

　日本の至宝たる大和にすら直援機をつけられない状況から判断して、第五八機動部隊は、ごく少数の戦闘機をのこして、ほぼ全戦力を大和へふりむけた。さらに、空母もいそぎ北上させ、帰艦した機体が再装備のうえ、一刻もはやく大和上空へもどれるべく、全力をあげたのである。

　この結果、平均して二回以上のピストン攻撃が可能となり、実際に稼働された約四〇〇機にたいして、のべ出撃機数は一〇〇〇機にたっした。

　攻撃隊長のバワー大尉は、火の玉となってこの「最後の突撃」にくわわっていた。彼にとっては、二回目の雷撃行である。

　大和も傷ついたが、彼もまた傷ついていた。第一回の攻撃のあとで帰艦したとき、すでに機体に数ヵ所、被弾のあとがみられた。二回目、すなわち彼にとって最後の攻撃では、不運にも攻撃態勢にはいる前に、滑油関係のどこかに被弾してしまった。

　エンジンはみるみるうちにオーバーヒートして、急激に機速はおちていった。大和まであと四〇〇メートル。魚雷の発射ボタンに手がかかった瞬間、

「バシーッ」

　すさまじい震動で機首をけずった砲弾が、正面の風防を突きぬけ、キャノピーをひきむしるようにして上空へ飛び抜けていった。風防の前にある滑油槽はひきむしられ、吹きだしたオイルが、風圧とともに彼の顔をおそった。

　彼の頭蓋骨が無傷というのは、まさに奇蹟だったが、もはや正常な攻撃は不可能であり、機体はあまりにも大和に接近しすぎていた。

　最後のチャンスは、体当たり攻撃だった。もう大和の巨大なブリッジは、見逃がすはずもないほど眼前にひろがっている。

　黒煙をひきつつ突っこんでいくアベンジャーは、大和の巨体に吸いこまれる直前、オレンジ色の閃光とともに四散してしまった。


　　ヤマトは完全に撃沈せり！


デラニィは波間から、その光景を見つめていた。どうすることもできなかった。それは、忘れることのできない「戦争」の姿だった。

　最後の突撃によって、大和はあらたに数本の魚雷と、一六発の爆弾を浴びた。速力が約一〇ノットにおちたので、ますます被弾率がたかまってしまった

のだ。対空砲火のいくつかも沈黙したが、いぜん熾烈をきわめていた。

デラニィは、ついに筏の上によじのぼった。大和は一キロ以上はなれているし、他の日本艦艇は、大部分が姿を消していた。視界がひらけ、大和の姿がますます鮮明にうつった。

巨体はいくらか傾斜しつつあった。一隻の駆逐艦が接近して、大和にロープを投げようとしたが、群がる米軍機に撃退されてしまった。

帰投する一機のヘルキャットがデラニィを発見し、その周囲に標色染料をまいた。それは彼の生還を保障する〝天使のベール〟でもあった。

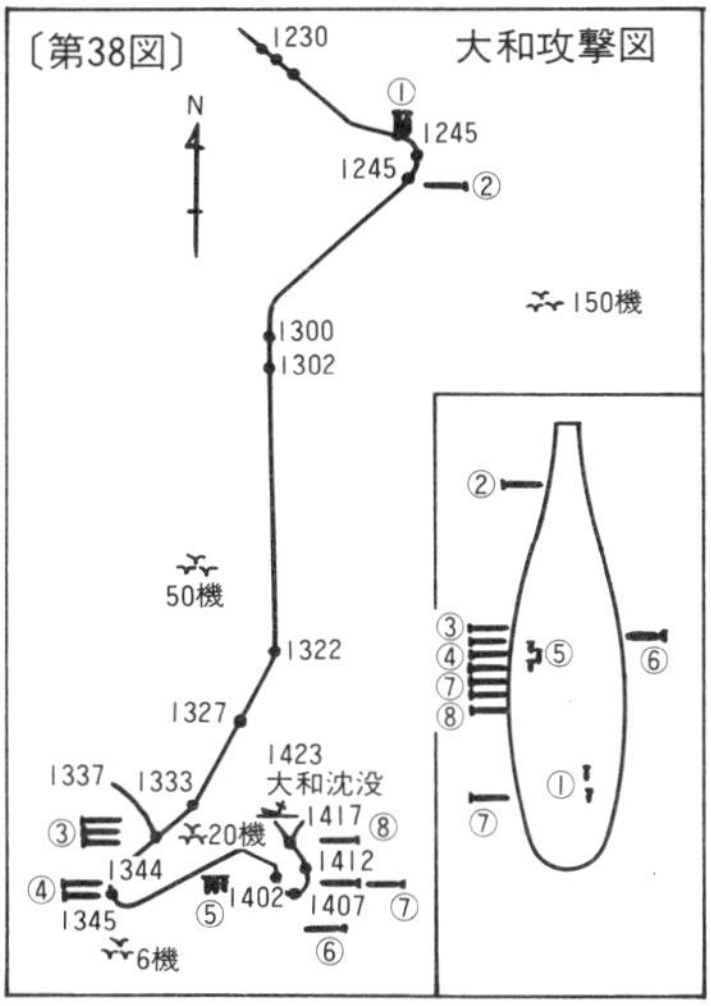

〔第38図〕　大和攻撃図

第二波の攻撃隊員として参加していたN・H・フックの投じた一〇〇〇ポンド爆弾が、大和にくわえられた最後の致命的な一撃となった。

すでに全身、灼熱化した鋼鉄の城となった大和は、周囲の海水を水蒸気に沸騰《ふっとう》させつつ、静かに沈みはじめていた。

黒煙と白煙を吹きあげるなかで、いくつかの銃座は、アメリカ機にたいして火を吹きつづけたが、戦力としての大和はもはや無力であった。

のべ一〇〇〇機におよぶ攻撃戦力のうち、七〇パーセントはアベンジャー雷撃機とヘルダイバー爆撃機であり、かれらはおのおの二〇〇〇ポンドの魚雷、あるいは一〇〇〇〜二〇〇〇ポンドの爆弾をもって、攻撃にくわわったのである。

一四二八。二二度まで傾斜した大和は、もはや永久にたちなおることなく、急速に海面下に姿を没しつつあった。

そのとき、突然、艦内から大爆発が生じ、全姿は黒煙でつつまれた。このときいらい、大和の姿をみることはなかった。

一四三〇。フック大尉の打電がミッチャー提督に送信された。

「モホーク、モホーク。ヤマトは完全に撃沈せり」

一六〇〇。すべての攻撃機は空母にもどってきた。戦場でうしなわれたのは、七機のアベンジャーのみであったが、被弾のため着艦できずに、母艦のちかくに着水したものや、修理不能で海中に投棄されたものも数おおくあった。

大和撃沈の主役を演じたアベンジャーの戦法は、魚雷の深度を大和の防雷鋼板の下側、すなわち水面下三〜六メートルをねらったものであった。投下のセッティングがうまく調整されたものは、まさに必殺の一撃となって大和に命中した。

一般の魚雷のように、吃水線の直下に接触した場合、かりに爆発しても、大和にとってそれは予期された被害であって、それによってうしなうものは少なかった。

艦底にちかい部分に突っこんだものだけが、まさに大和の腹をえぐったのである。これは大和の研究をつづけた米軍の情報機関と、アベンジャー攻撃隊の成果であった。

疲労困憊してゴムボートの上でひっくり返っているデラニィの上に、天使が舞いおりてきた。天使はブルーグレーに塗ったマリナー飛行艇である。大和発見いらい、戦闘のありさまを遠くから見つめていたヤングとシムズの飛行艇であった。

やがて、マリナーは水しぶきをあげて着水した。ドアがひらいて、胴綱をつけたヤングが飛びこんできた。シムズはカービン銃をかまえて、周囲に目をくばっている。

救命ボートを引っぱるヤングと目があったとき、はじめてデラニィはこの戦闘がおわったことを確信した。歯を見せて笑ったつもりだったが、それが笑顔になったかどうか、自信がなかった。

この日、ミッチャーの第五八高速機動部隊は、大和以下、軽巡矢矧、駆逐艦朝霜、浜風、磯風、霞の各艦艇を撃沈した。

この日は日本海軍の艦船による最後の組織的な戦闘がおこなわれた日であり、同時にアベンジャーにとっても、最大にして最後の集団戦闘を記録した日となったのである。

（昭和五十二年十一月号収載）

天一号作戦・大和沖縄に出撃す

満身創痍の巨大戦艦は落日の悲風の中に沈みゆく——大浜啓一

絶好のチャンス

一九四五年四月六日の夕方、瀬戸内海の南西口——豊後水道付近を哨戒していた米潜水艦スレッドフィンは、戦艦二隻、駆逐艦八隻よりなる日本艦隊が南下しているのを発見した。

潜水艦長は襲撃できる態勢にあったが、攻撃をひかえて、命令どおり敵情報告を第一とした。

他の潜水艦ハックルバックも触接できたが、敵は高速でジグザグ運動をやっているので、振り落とされて襲撃位置につけず、取り逃がしてしまった。

この一隊が、〝四月六日午後三時に徳山を出撃し、豊後水道をへて九州南方を進撃、北西方から沖縄に近接し、八日朝、沖縄付近のアメリカ部隊を攻撃せよ〟という作戦命令を受けた戦艦大和、軽巡矢矧および駆逐艦八隻の水上特攻隊だった。

戦艦をふくむ敵部隊出撃の電報はただちに、潜水部隊指揮官から、第五艦隊長官スプルーアンス提督その他に転電された。

第五八機動部隊指揮官ミッチャー提督は、スプルーアンス長官からの命令を待たず、すぐさま全機動群に対し、沖縄の北東海面に集結を命じた。

海軍航空部隊の連中はそれより四ヵ月前にレイテ湾海戦(シブヤン海)で武蔵を海底に送りこんだと考えていた。しかしそこには、まだ、潜水艦がじっさいには同艦を仕止めたという可能性もいくらか残っていた。

そこで、大和の出現は、もし実証が必要というのなら、航空兵力の優越を証明できる絶好の機会を提供したものだった。

一か八かやって見るさ

四月七日の真夜中すこしすぎに、スプルーアンスは、ミッチャーに対し、この敵の遊撃部隊を旧式戦艦群の第五一任務部隊および新式戦艦群の第五四任務部隊の主砲下に持ってくるように南方に誘致するよう指令した。なお、ミッチャーの空母群は、敵の空中攻撃に対抗するため、戦闘空中哨戒に全力を集中することになっていた。

しかし、すでにミッチャーは、この敵艦隊を航空兵力で撃沈する計画をたてていた。空母機動部隊が北進中に、この命令は出されたが、実際には、スプルーアンスは別にミッチャーの集結命令を撤回させはしなかった。

ミッチャーとしては、彼の攻撃計画を正面から止めさせられない限りは、間もなく空母部隊がやってのけることになっているその仕事を、戦艦の主砲に譲る意向は持っていなかった。

数時間後、スプルーアンスは第五一任務部隊の指揮官デイヨー提督に戦艦戦隊二隊、巡洋艦戦隊二隊および駆逐艦二〇隻を派遣するよう命じた。ミッチャーはこの電報の傍受を見たが何も言わずにつっ返しただけだった。

その夜中、空母群の整備員は徹甲爆弾や魚雷を準備するのに徹夜で作業をつづけた。

夜明けとともに、空母群の索敵機は九州の東西の海面に扇形に出された。潜水艦と飛行艇の両方が敵艦隊に触接し、追跡中だった。

午前八時一五分、クラーク提督の機動群の一艦エセックスの索敵機が、目ざす南下中の敵部隊を発見した。

「大和級戦艦一、巡洋艦一～二、駆逐艦八」

ミッチャー提督は、近接中の敵に対してさらに、一六機の追跡隊を発進させた。大和付近の天候は不良で雲高九一〇メートル、視界は八～一三キロ、そして時折スコールがやってきた。索敵機は、この天候の中を触接を保ちながら、たえず日本部隊の位置、針路および速力を報告しつづけた。

ミッチャー提督は、シャーマン隊(第一機動群)およびクラーク隊(第二機動群)に協同攻撃を命じ、約一時間後にラドフォード隊(第四機動群)の一部に続行を指令した。一六機の索敵隊の機影が見えなくなるやいなや、攻撃が下令された。ちょうど午前一〇時だった。

　ミッチャーは黙々と第一次攻撃隊二六〇機が視界から消えるのを見送ってからバーク参謀長をふり返っていった。

「別命なければ、正午に大和隊を攻撃の予定とスプルーアンス提督に報告してくれたまえ」

　かたわらの英国の観戦武官が口をはさんだ。

「ところで、攻撃隊は敵の位置を確認しないで発進したようですが……」

　バークが答えた。

「われわれは一か八かやって見たんです。もしわれわれが大和隊だったら、たぶんそこに行動するだろうと考えた地点に、攻撃をかけたんですよ」


〝スープの中を泳ぐ〟


　航空兵力によって、敵艦隊を撃破する命令をミッチャー提督がいち早く出したことは、戦艦の主砲にとって、金輪際二度とやってこないかも知れない最後の好機と見て、戦艦部隊に花を持たせようというスプルーアンス提督の希望と相反するものだった。

　午前一〇時から正午まで、時間はすぎて行ったが、ミッチャーの報告を取り消すような命令はやってこなかった。魚雷を抱いたアベンジャー、一〇〇〇ポンドと二五〇ポンド爆弾を混合して積みこんだカーチス・ヘルダイバー、長距離増槽と五〇〇ポンド爆弾を運ぶ戦闘機は、敵までの推定距離二四〇マイルをまっしぐらに飛んでいた。

　一方、大和の艦橋では、午前一〇時一五分ごろ、敵の偵察機一機が針路を横切って飛んでいるのを発見した。一一時から一〇～一五機に増加し、二〇〇〇～三〇〇〇メートルの距離で編隊になっているのを認めた。

　二つの機動群の大編隊は、はじめの間はタバコをすったり、ガムを噛んだり、僚機の数をかぞえてみたり、鼻唄をうたったりしてのんきで退屈な飛行をつづけた。間もなく猛烈なスコールに会い、雲はしだいに厚さを増して、まるで〝スープの中を泳いでいる〟ようになった。

　目標の上にやってきたはずだったが、何も見えなかった。とつぜん、前方間近で高角砲弾が破裂した。そこで、攻撃隊は敵が近くにいるのを知った。

　正午すこしすぎ、シャーマン隊およびクラーク隊の攻撃隊は、ついに日本艦隊を発見し、旋回をはじめた。天候は依然として悪く、雲は四六〇メートルから九一〇メートルまで重なっており、ときどき途切れるスコールをともなっていた。

　ほとんど三〇〇機に近い多数の攻撃隊が同時に殺到し、低い高度からできるだけ協同攻撃を行なった。猛烈きわまる対空砲火が炸裂しはじめた。大和の一八インチ主砲さえ、ヤンキーどもを空中から一掃しようとして最大仰角でぐるぐるまわりだした。


〝あの下腹にあてろ！〟

　コールマン大尉によれば、それは〝今までにない混乱した海空戦〟であった。三〇〇〇メートルか、それ以上の高度から突っ込むという訓練は、その時は何の役にも立たなかった。何しろ最大高度はせいぜい九一〇メートルだった。

アメリカ側も混乱したが、日本側もひどく歩が悪かった。生き残った大和の砲術参謀（宮本中佐）の証言によれば、急降下爆撃と雷撃の同時攻撃は回避のしようがなかったということだった。

恐るべきものすごい対空砲火を押し分けて進みながら、第一次攻撃は、戦艦の甲板に二発の重爆弾を命中させ、一本の魚雷で左舷に孔をあけた。大和は左舷に傾き、速力は二八ノットの高速から二〇ノットに減じた。

最初の攻撃後、約一時間たって、第四機動群のヘルキャット四八機、急降下爆撃機二五機およびアベンジャー五三機よりなる第二次攻撃隊がやってきた。大和は依然として、はげしく弾丸を打ちあげていたが、対空砲火は弱っていた。

巡洋艦矢矧はすでに停止し、油を海面に曳いていた。駆逐艦一隻（磯風）も燃えていた。午後二時になっていた。

ついに大和にも最後の攻撃がやってきた。ヨークタウンの六機の雷撃機である。傷ついた巨艦はひどく左舷に傾き、右舷側の厚い防御鋼板は水面上に飛び出して下腹をさらけ出していた。

「今だ！――あの下腹に当てろ。調定深度を三メートルから六メートルに変更せよ」

雷撃機は水面をはうように突進した。二本～三本の魚雷によって大和の艦底は引き裂かれ、水中爆発の物すごい力に押し倒されて力尽きた。さらに、すくなくとも、爆弾三発と魚雷九本を打ちこまれたのだ！

合計魚雷一〇本以上（それも左舷だけに九本）爆弾五発以上。一九四三年十二月に潜水艦スケートの魚雷一本にびくともせず、四四年十月のレイテ海戦に爆弾三発をはね返した七万二〇〇〇トンの巨艦にも最後の時がきた。大爆発の後、転覆して午後二時二三分、大和は海底に消えた。

その直前、黙然と腕を組んだ第二艦隊司令長官伊藤整一中将は、参謀長以下の幕僚一人一人と固い握手の後、身をひるがえして長官私室へ去ったが、その扉は閉ざされたまま再び開かなかった。

出撃前日、この長官は、ニコニコと微笑しながら、水上特攻に死処を得る悦びを面に現わして次の言葉を残していた。

〝よく分かった。安心してくれ。気も

第58機動部隊。指揮官のミッチャー提督は航空機による攻撃計画を立案

せいせいした〟
もちろん、生存者二八〇名の中に伊藤中将は見当たらなかった。

負け惜しみじゃなかろうか？

大和の沈没を示す写真がミッチャー提督の手に渡されたころ、デイヨー提督は、ちょうど旧式戦艦群をともなって北方への進撃に移ろうとしていた。ミッチャーから、敵はすでに攻撃され、処分されたという報告を受けてからしばらくして、スプルーアンスは、日本艦隊を撃破するために部隊を派遣するという以前の命令を取り消した。

デイヨー提督は、ミッチャーの攻撃成功の電報を入手したとき、愛想よく——あるいはほっとして〝おかげで朝食用の日本製かき卵を手に入れ損ったわい〟とつぶやいた。そして次のひょうきんなメッセージを、空母部隊に送った。

「貴部隊がわれわれから、千載一遇の実艦射撃の機会を奪ったことを、はなはだ遺憾とするしだいである」

ミッチャーは、攻撃隊員に祝福の言葉を述べた以外には、あえて多くを語らなかった。しかし、この戦闘は、海戦における航空優越の他の一つの実例であり、また航空兵力が水上兵力の助けなしで、最新式の戦艦を沈めた他のかがやかしい一例として、特筆大書されるだろう。

これらの攻撃に参加した全三八六機のうち損失は、四機の急降下爆撃機、三機ずつの爆撃機および戦闘機計一〇機で、いずれも対空砲火によるものだった。また、人員損害は、四名のパイロットおよび搭乗員八名にすぎなかった。

沖縄の米軍陣地に一八インチの巨弾をつるべ打ちに射ちこむ、水上特攻の企図はこうして中途に潰え去った。

想起すれば、大和隊の特攻出撃は日本海軍の流星のような最後の光芒であり、悲劇であり、厳粛な戦争の事実であった。〝神風特攻に対する呼応作戦〟であると同時に、また全軍の士気を鼓舞する上にも、大いに効果ありとされた期待は、不運にも挫折したが、されればといって、頭から無謀呼ばわりするのも酷であろう。

しかし、〝四〇〇〇トンという重油（実際に積みこんで行った量）があれば、当時としては大陸からの物資輸送にどれだけ役に立ったか知れない。海軍の伝統が国家の利益まで犠牲にすることは本末顚倒ではないか〟という議論もうなずける。

＊

大和隊の特攻出撃についてはすでに内外に多くの文献があり、太平洋戦争の一つの頂点の観がある。ところで問題を大和の受けた損害に限定して見ると、各人各書それぞれのあげる数字がほとんどみなちがっているのに驚かされるだろう。

まず、来襲機数について見れば、四〇〇機以上から一〇〇〇機以上さまざまであるが、じっさいは三八六機であった。

また、受けた魚雷は一〇～二〇本、爆弾は三～一八となっている。

じっさいの命中数は判定がなかなか困難であるが、魚雷は一〇～一二本

（左舷が圧倒的に多く一〇本内外）大型爆弾は五～七発というところであろうと思われる。

なお、左記の諸文献は本文をまとめるのに負う所が非常に多かったばかりでなく、大和関係書としては必読書と思われるので、左に掲げかつ謝意を表するものである。

USSBS-THE CAMPAIGNS OF THE PACIFIC WAR
Sherman-COMBAT COMMAND
Taylor-THE MAGNIFICENT MITSCHER
Karig-BATTLE REPORT(vol.v)
USSBS-The Interrogations of Japanese Officials
草鹿龍之介『聯合艦隊』
原　為一『連合艦隊の最後』
吉田　満『戦艦大和』
松本喜太郎『戦艦大和』

（昭和三十三年六月号収載。筆者は戦史研究家）

最後の戦艦「アイオワ級」VS超戦艦「大和」テクニカル徹底比較

巡航ミサイルを搭載して現代によみがえった戦略戦艦アイオワ級と史上最強の戦艦大和型などを対比する――石橋孝夫

よみがえった最後の戦艦

一八六〇年から約一〇〇年にわたって海上の王者として君臨してきた戦艦（バトルシップ）が、一九八〇年代にはいって復活したのが、アメリカ海軍のアイオワ級戦艦四隻である。

戦艦と軍艦の区別のつかない大手新聞がおおい昨今、もはや大艦巨砲を身上とした戦艦が二度と現役にもどることはないと思っていただけに、その復活はひじょうに劇的であった。

戦艦といえば、だれもがまず思うのが日本の生んだ空前絶後の大戦艦大和型であり、これにたいして前述のアイオワ級は、アメリカが生んだ最強の戦艦であった。

このアイオワ級と大和型は、太平洋戦争中に対戦するチャンスはなかったが、もしこの両者が洋上で交戦したらという架空ストーリーは、けっして少なくはない。

ほんらい、洋上で戦艦同士による艦隊決戦を目的として建造された大和型が、航空機により撃沈された悲劇と同時に、アイオワ級にしても、ほんらいの目的である日本戦艦との砲戦の機会のないまま生涯をおえようとしたときに、トマホーク巡航ミサイルとハープーン対艦ミサイルで再武装されて再出場したもので、その巨砲と厚い装甲がはたして生かされているかといえば、疑問がないわけではない。

　ここでは一九四五年にタイムスリップして、大和とアイオワを徹底比較することで、第二次大戦における最大のライバルの性能を、洗いだしてみることにしよう。

史上最大の巨砲をつんで

〔建造の背景〕大和型の計画が軍令部から正式に要求されたのは昭和九年（一九三四年）十月といわれている。

　すなわち条約明け（一九三六年末）後の新戦艦として、主砲四六センチ砲八門以上、速力三〇ノット以上、二万〜三万五〇〇〇メートルでの対応防御といった具体的な要求が、艦政本部側に提出されたものである。

　新戦艦（Ａ１４０）の計画にあたっては約二〇種、公試排水量五万〜六万九五〇〇トン、速力二四〜三一ノット、主砲四六センチ砲八〜一〇門などの各種案がもたれ、最終案のＡ１４０Ｆ５と称された艦型が決定したのが昭和十年（一九三五年）末ちかくであった。

　大和型の基本設計方針は、主砲に四六センチ（一八インチ）砲という例のない大口径砲を採用することにあった。

　これは米戦艦が一八インチ砲を採用した場合、防御構造上、艦幅がパナマ運河通過可能の一〇八フィート（三三メートル）を超えてしまうという見込みから、四〇センチ砲搭載艦が出現すると予想して、数的には劣勢はまぬがれないものの、質的凌駕でこのハンディをはねかえそうとしたものであった。

　大和型の実際の予算成立は昭和十二年度（一九三七年）、一号艦（大和）の起工は昭和十二年（一九三七年）十一月四日、進水同十五年八月八日、竣工同十六年十二月十六日、二号艦の武蔵は約八ヵ月後の同十七年八月五日に竣工している。

　これにたいしてアイオワ級は、一九三九年度および一九四一年度計画艦であり、大和型にたいして約二年の遅れがある。ほんらい、大和型と時期的に一致するのは、一九三六年度計画のノースカロライナ級であった。

　アイオワ級の計画は、とくに日本の大和型を意識したものではなく、ノースカロライナおよびサウス・ダコタ級について新戦艦を計画するときに問題となったのは、日本の金剛型戦艦の速力をたぶんに気にしたふしがあった。

　第一次大戦後のワシントン条約で巡洋戦艦レキシントン級保有のチャンスを失ったアメリカは、低速戦艦しかなく、日本の金剛型がその機動力を生かして遊撃作戦をおこなった場合、これに対抗できる高速戦艦がなかった。

　そのためアメリカでは、最初の新戦艦三万五〇〇〇トン型の計画にあたって、二七〜二八ノットの速力をあたえた中速戦艦を計画した。さらに、そのつぎのロンドン条約のエスカレーター条項を適用した四万五〇〇〇トン型の計画にあたっては、再度二八ノットの中速戦艦と三三〜三五ノットの高速戦艦を建造する二つの案があったのである。

　このときに高速戦艦案が採用されたのは、日本の金剛型いがいにも、ドイツのシャルンホルスト級が当然問題となったはずで、そのほか、日本の重巡を圧倒できるクルーザー・キラーとしての要素が、たぶんにあったといわれている。

　ここで面白いのは、アメリカでは日本の金剛型が第二次改装で速力三〇ノットの高速戦艦に生まれかわった事実を知らず、太平洋戦争中まで速力二六ノットの戦艦と考えていた事実である。

　実質的に、日本の大和型にたいしてアメリカが対抗しようと考えたのは、このアイオワ級の次のモンタナ級（五万八〇〇〇トン、二八ノット、四〇センチ砲一二門）であった。

　結果的にアメリカでは、日本の大和型を排水量四万五〇〇〇トン、速力二八ノット、四〇センチ砲九門ていどとしか判定していなかったことからも、当面はアイオワ級で対抗できると考えていたものらしい。モンタナ級はダメ押しといった感じで、結局は完成しなかった。

昭和19年に進水したアイオワ級三番艦のミズーリ

もとめられた質的な優勢

〔基本計画〕大和型の基本計画において特筆すべきことは、その四六センチ砲という、従来に例のない超大口径砲の採用と、その速力であった。

　四六センチ砲の採用はかなり早くから決定していたようで、質的凌駕の最大事項が、この巨砲の搭載にあったことはいうまでもない。

　つぎに速力であるが、軍令部の要求は三〇ノット以上の高速戦艦で、これは当時の趨勢から見てもきわめて妥当な、先見の明に富んだ要求といえた。

　しかし、艦本側が正式に基本計画を策定する段階で、いくつかの案があったものの、この速力三〇ノットは最初のA、B案にあったのみで、以後四六センチ砲搭載艦については速力二六〜二八ノットの中速戦艦にかわっている。

　これはたぶん、四六センチ三連装砲三基を搭載して対応防御をほどこした場合、これに速力三〇ノットをもりこむと、排水量七万トン、全長三〇〇メートルちかい巨艦になってしまうことから、その建造に困難を感じて二七ノットの中速戦艦にしたててしまったものらしい。すなわち、攻撃力と防御力を優先して、運動力については、軍令部も妥協せざるを得なかったと思われた。

　このとき、軍令部の一部に中速戦艦化に強い反対があったといわれており、攻撃力か防御力を多少犠牲にしても、高速化を遂行しなかったのは、たぶんに先見の明に欠けた判断であった。

以上を別とすれば、大和型の計画は全体をいかにコンパクトにまとめるかにあり、これらはいちおう成功したものと見てよかった。

防御計画も、徹底した集中防御策をとりいれて、日本独自の対水中弾防御や、ハチの巣甲鈑の採用で、水平防御にも自信をもっていた。

ただ、兵装のアレンジで副砲と高角砲を分離装備したのは保守的にすぎ、しかも防御計画での唯一の欠点といえるのが副砲の配置にあったことは、あまり知られていない。

機関計画では、ディーゼルとタービンの併用案が、後にオール・タービンに変更されたことで問題となったが、これは根本的な問題ではなく、手段にすぎなかった。

一方、アイオワ級の計画において制約となったのは、パナマ運河の通過制限であった。すなわち艦幅一〇八フィート（三三メートル）以内で、二種の案があった。

ひとつは排水量を制約せず、排水量五～六万トン、四〇センチ砲九～一二門、速力三二～三五ノットの範囲で立案されたいくつかの案。もうひとつは、条約により定められた四万五〇〇〇トンを遵守して、その範囲で計画されたいくつかの案であった。

結果的に後者が採用され、基準排水量四万五〇〇〇トン、四〇センチ砲九門、速力三三ノットで、前級のサウスダコタ級の延長型というべき艦型が決定した。

ひとつ問題となったのは、主砲の四〇センチ砲にあたらしい五〇口径砲を採用する件で、このために砲塔とサポートリングを拡大する必要があれば、これは断念しなければならなかった。

しかし、あたらしい五〇口径砲は軽量砲として、それまでの四五口径砲とおなじ砲塔におさめることに成功して、その採用をみることができたのであった。

アイオワ級の実現した出力二一万二〇〇〇軸馬力、速力三三ノットは、もちろん戦艦史上最高の高速仕様で、攻守にバランスのとれたその性能は、日本の大和型をのぞいては最高の能力を有しており、それが今日まで長らえた理由のひとつであることはいうまでもない。

“アンコ”と“ソップ”比較

〔船体／艦型〕表15に両者の排水量および船体の比較をしめしたが、これを見てわかるように、大和とアイオワの基準排水量の差は一万五八〇〇トンとかなり大きい。

大和型の船体は、四六センチ砲搭載による大型化をできるだけおさえて、最小の寸法で仕上げたもので、設計者も極力これを強調していることで知られている。

戦艦としての性能は、搭載した主砲と、それにふさわしい（対応した）防御をほどこすことにあり、その結果として船体容積、寸法が決定されるのである。

この場合、いたずらに過大な船体を設計することは、建造費、建造後のメインテナンス上からも厳につつしむべきことである。これらは攻撃力、防御力、運動力の三要素とのバランスのうえで、最小な船体を選択すべきであることはいうまでもない。

船体寸法のなかで、全長が大和よりアイオワの方が長いのは、その高速性のゆえんで、船の理論上の速力をしめす$V/=\sqrt{L_{WL}}$（V：速力、$\sqrt{L_{WL}}$：水線長）は大和の〇・九四にたいし、アイオワは二・〇四と大きくことなっている。これはイギリスの巡洋戦艦フッドとおなじ値である。

ちなみに新造時における長門型のこの値は一・〇〇で、これは実質的な速力では二六・五ノットと、大和型にいくぶん劣っているにもかかわらず、理論的には速いということができるのである。

全長にたいして幅は、逆に大和型の方がアイオワ級より約六メートルも大きく、戦艦の場合、艦幅の大きさが防御力をしめすひとつの目安ともなるもので、すなわち四六センチ砲搭載の結果と見てよい。

もちろん過去の戦艦で、大和型の艦幅をうわまわる艦はなく、大和型につぐのがビスマルク級の三六メートルで、未成艦までふくめても、ドイツのH級で三七・六メートル、アメリカのモンタナ級で三六・九メートルと、これでも大和型におよばないことがわかる。

アイオワ級の艦幅は前述のように、パナマ運河通過上の制限から定められたもので、ただ四〇センチ砲搭載艦としては、そのためにとくに防御力を犠牲にしたとはいえないであろう。

アイオワ級のL_{WL}/B_{WL}（水線長／水線幅）は八・〇、大和型は六・九であり、長門型（新造時）で七・四であるところからも、大和型はふとった船体であるのにたいし、アイオワ級はかなりスリムな船体といえる。これは六ノットの速力差から当然である。

大和型とアイオワ級の船体平面を見ると、両者とも、艦首が細くくびれており、とくにアイオワ級では、それが顕著である。これはともに、すくない重量で水線長をかせぎたいということのあらわれである。すなわち、先の$V/=\sqrt{L_{WL}}$値を高めるための手段であろう。

つぎに船体の深さ（船体中央での艦底から上甲板までの高さ）を見ると、これも大和型の方が二・七七メートルほど大きい。

吃水はと見れば、これはほぼおなじであるから、大和型の方が乾舷が高いということになる。これは両者の乾舷の高さの比較からもあきらかで、艦首で二・五メートル、中央部で三メートル、艦尾で〇・五メートルも大和型の方が高いのである。

乾舷の高さは予備浮力の大きいことをしめしており、すなわち沈みにくいことをあらわしている。

しかし、いたずらに乾舷を高めると重量増加につながるため、大和型では一番砲塔付近で上甲板を低めて、それを中央部にかけて、ゆるいスロープでもちあげて中央部以後の乾舷をかせいでいる。これは前部主砲群の位置を低

（表15）船体比較（新造時）

		大和	アイオワ
基準排水量（t）		65,000	49,202
公試排水量（t）		69,100	54,762
満載排水量（t）		72,809	60,283
全長	（m）	263.0	270.43
水線長	（m）	256.0	262.69
垂間長	（m）	244.0	—
全幅	（m）	38.9	32.97
水線幅	（m）	36.9	—
深さ	（m）	18.92	16.15
吃水（平均）	（m）	10.4	10.60
乾舷	前部（m）	10.0	7.5
	中央（m）	8.67	5.6
	後部（m）	6.4	5.9

めて、重心の上昇をふせぐ役割もはたしている。

このあたりは、古鷹以後の日本得意の、こりにこった設計のあらわれであろう。

両者とも主砲配置はおなじで、三連装砲塔を前部に二基、後部に一基配し、この前後の砲塔間の部分が、いわゆるバイタル・パートといわれる防御区画となっている。

このバイタル・パートの長さは、大和型で約一四〇メートル、アイオワ級でもほぼひとしい一三八メートルで、水線長にたいする割合も五三～五四パーセントと、ほぼひとしい結果となっている。

この前後の砲塔間の部分は、中甲板以下では機関区画が占めており、この上部に上部構造とよばれる前檣楼、艦橋部、煙突、後檣などがもうけられている。

上構そのものは、一本煙突の大和型の方がコンパクトにまとめられており、二本煙突のアイオワ級の方が大型である。とくに大和型では、主砲の爆風の影響が、いままでとくらべてひじょうに大きいために、上構をできるかぎり小型にしており、上構の幅も小さく、船体にくらべて、ある意味で貧乏でさえある。

（表16）重量配分比較（新造時）

		大和		アイオワ	
		重量（t）	%	重量（t）	%
船殻		20,212	29.3	15,740	26.7
防御	甲板	21,266	33.1	19,622	33.2
	防御板	1,629			
兵装	砲熕	11,661	18.9	6,240	12.7
	水雷	75			
	航空	111		53	
	電気	1,108		1,201	
	航海	95			
機関	機関	5,300	14.2	4,874	23.0
	重油	4,210		8,214	
	予備水	212		499	
	潤滑油	61			
	軽質油	48			
その他	艤装	1,756	4.5	809	4.4
	斉備	1,058		1,498	
	その他	298		306	
合計		69,100	100	59,056	100

表16にしめしたのは、両者の重量配分比較である。

これは重量（排水量）の各部の占める割合をしめしたもので、これを見れば、その艦がなにを重視して設計されたかよくわかる。

ここで注目すべきは、両者とも防御にあてた重量割合がほぼひとしいことである。これはアイオワ級がけっして高速だけをめざした艦でなく、防御についても十分に考慮された艦であることをしめしている。

兵装では、あきらかに四六センチという大口径砲を採用、かつ副砲と高角砲を併用した大和型の方が大きく、逆に機関では、アイオワ級がおおくを占めているのがわかる。

ただし、この機関で注目すべきは、機関出力で大和型をうわまわるアイオワ級の方が、よりすくない機関重量である点だ。これは罐数が、大和型の一二基よりすくない八基である点、すなわち機関効率の高い罐を採用したためと思われる。

五四ミリの差は大きな威力

〔兵装〕

◇主砲／表17に両艦の兵装比較を示してある。主砲はともに三連装砲三基であるが、大和型は四六センチ四五口径砲、アイオワ級が四〇・六センチ五〇口径砲、大和型ではこの主砲口径を最大の機密あつかいとして、部内でも九四式四〇センチ砲と称して四六センチ砲であることを厳重にふせていた。口径でわずか五四ミリの差であるが、その砲としての威力は大違いであった。

表19にその両者の砲の貫通能力をしめしてあるが、距離二万メートルで交戦した場合、四六センチ砲は垂直甲鈑で五六六ミリ、水平甲鈑で一六七ミリの厚さを打ち抜く力があるのに対し、四〇・六センチ砲ではその値はそれぞれ四五七ミリ、一二七ミリと減じている。さらに三万メートルではその数字は四一七ミリ対三五〇ミリ、二三一ミリ対二〇〇ミリとなって、四六センチ砲の方がかなり有利である。

大和の舷側甲鈑厚は四一〇ミリ、ただし、これに二〇度の傾斜を加味すると約五八四ミリとなり、すなわち二万メートルではアイオワの四〇・六センチ砲では大和の舷側甲鈑を打ち抜けず、また水平甲鈑にしても大和の二〇〇ミリ厚の防御甲板を打ち抜くには、射距離を三万メートルとらないとムリという結果となる。これに反して大和の四六センチ砲は二万メートルでアイオワの垂直、水平甲鈑のいずれも貫通する力を持っていることになる。

もちろん、米国にしても一六インチ砲を一八インチ砲の威力差は十分に承知していたらしく、アイオワ級の計画に当たっても一八インチ砲搭載案があったことも事実で、さらに試験用として一八インチ四八口径砲（マークI）の製造をおこなってテストした実績も有していた。

ただ、アイオワ級の場合は艦幅の関係ではじめから一八インチ砲の搭載はムリと考えていたふしがあり、この辺は日本側が予想していた通りの結果であった。

表18にしめすように、四六センチ砲一門の重量は尾栓などをふくめて

（表17）兵装比較

		大和	アイオワ
主砲		94式45口径40cm(46cm)砲 3連装×3	マーク7，50口径16in（40.6cm)砲 3連装×3
副砲		60口径15.5cm砲 3連装×4	マーク12，38口径12.7cm両用砲 連装×10
高角砲		89式40口径12.7cm高角砲 連装×6	
機銃		25mm3連装機銃×8 13mm連装機銃×2	40mm4連装機銃×15 20mm単装機銃×60
航空	水偵	零式水上観測機×6	キングフィッシャー×4
	射出機	呉式2号5型改×2	×2
探照灯		150cm×8	×4
主砲射撃装置	方位盤 測距儀 レーダー	98式×2 15m×1，10m×1 ナシ	マーク38×2 8m×2 マーク8×2
高射装置		94式×2	マーク37(マーク4レーダー付)×4
機銃射撃装置		×4	マーク51×15

（表18）主砲比較

		大和	アイオワ
砲身	口径(mm)	460	406
	砲身長(口径／m)	45／21.13	50／20.73
	砲身重量(t)	165	121.5
	最大腔圧(t／㎠)	32	29.14
	旋条	28口径に1回転	25口径に1回転
	旋条数	72	96
	初速(m／秒)	780	762
	命数	200	290
弾丸	徹甲弾重量(kg)	91式　1460	APMK8　1225
	徹甲弾全長(mm)	1953.5	
	徹甲弾炸薬量(kg)	33.85	18.36
装薬	重量，常装／弱装(kg)	330／	299／143
	バッグ数	6	6
砲塔	旋回部重量(t)	2510	1728
	ローラーパス直通(m)	12.27	10.54
	俯仰角度(度)	−5～＋45	−5～＋45
	旋回速度(／秒)	2	4
	俯仰速度(〃)	8	12
	発射速度(発／分)	1.8	2
	最大射程(m)	4万2000	3万8720
	飛行時間(秒)	90	
	装甲厚(mm)前盾	650	432＋64
	側面	250	241
	後面	190	305
	上面	270	184
	内蔵測距儀	15m	14m

（表19）主砲威力比較（徹甲弾・強装の場合）

	大和／45口径46cm砲				アイオワ／50口径40.6cm砲			
	貫通甲鈑厚(mm)		存速(m／秒)	落角(度)	貫通甲鈑厚(mm)		存速(m／秒)	落角(度)
射距離(m)	垂直	水平			垂直	水平		
0	864	—	780	0	829	—	762	0
5000					747	17	695	2.5
10000					664	43	632	5.7
20000	566	167	522	16.5	457	127	506	17.5
30000	417	231	475	23.3	350	200	462	35

一六五トン、四〇・六センチ砲は同一二一・五トン、砲塔（旋回部）重量では大和の二五一〇トンにたいしてアイオワ級は一七二八トンと、大和の方がすべてに大型である。砲塔の俯仰はともに五度〜四五度で、ただし、俯仰、旋回速度はともにアイオワ級の方が軽いだけに軽快である。砲塔動力は大和型が水圧を主としたのに対し、アイオワ級では電動機、油圧を主としたもので、ともに一長一短がある。

　大和の主砲塔のローラーパス直径は一二・三七メートルとアイオワ級のそれより一・七メートル大きく、アイオワ級の一〇・五四メートルは前後のサウス・ダコタ級の四〇・六センチ四五口径砲の場合と同じであることは前述のとおりである。

　砲塔装甲もそれぞれの主砲口径に比例したものとみてよく、前盾が大和では六五〇ミリ、アイオワでは四三二プラス六四ミリ、側面はほぼ等しく、後面はアイオワの方が厚く、上面（天蓋）は大和の方が厚くなっており、大和の砲塔重量のうち装甲の占める重量は七九〇トンに達する。

　主砲の発射速度は一門あたり、大和で毎分一・八発、アイオワで同二発となっており、すなわち大和では約四〇秒ごとに、アイオワで三〇秒ごとに発射可能となっている。

　使用砲弾には徹甲弾、通常弾、榴弾などがあり、大和型では対空用の三式弾を用意させていた。この代表的なのは徹甲弾で、四六センチ砲では九一式徹甲弾、アイオワ級ではマーク8徹甲弾を使用した。重量はおのおの一・四六トン、一・二二五トンと一トンを超える重量で、内部におのおの三三・八五キロ、一八・三六キロの炸薬を装填している。

　とくに大和の九一式徹甲弾は、小中弾効果を考慮した特色な形状を有し、水面に着弾したとき先端の風帽が脱落して、載頭弾という特殊な形態により水中を直進する特性を持つ、軍機兵器であった。

　すなわち、これが目標の手前に弾着した場合、そのまま水中弾道をえがいて目標の艦腹に命中、魚雷に似た大被害をあたえるもので、これはワシントン条約により廃棄した戦艦土佐の実験で発見した結果より与えられたものである。もちろん、米国側はこのような小中弾効果を砲弾に加味することはまったく知らず、したがってその対策もなかった。

〔第39図〕　大和型主砲塔

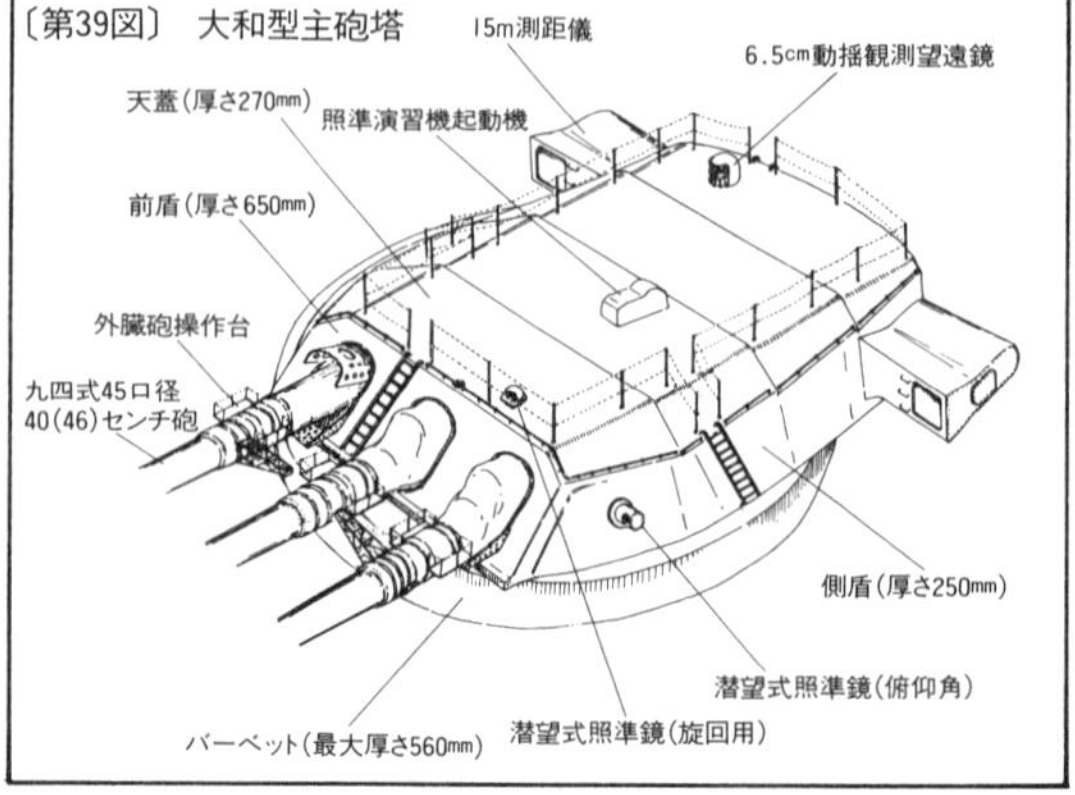

　この徹甲弾の発射に要する装薬は日米ともに六バッグに分けた。これは人力による運搬重量から定められたもの

である。ただし、一バッグの装薬量は大和では五五キロ、アイオワで約五〇キロと、やはり四六センチ砲の方が若干重い。

大和では砲弾の搭載定数は一門当たり一〇〇発で、アイオワ級もたぶん大同小異であろう。大和では一〇〇発のうち約半数を、砲塔旋回部内に垂直に格納して、装塡の迅速化をはかっている。また装薬一発分を給薬室から砲尾まで揚げるのに約六秒を要した。装塡は大和の場合、仰角三度の位置で、アイオワの場合は同五度である。

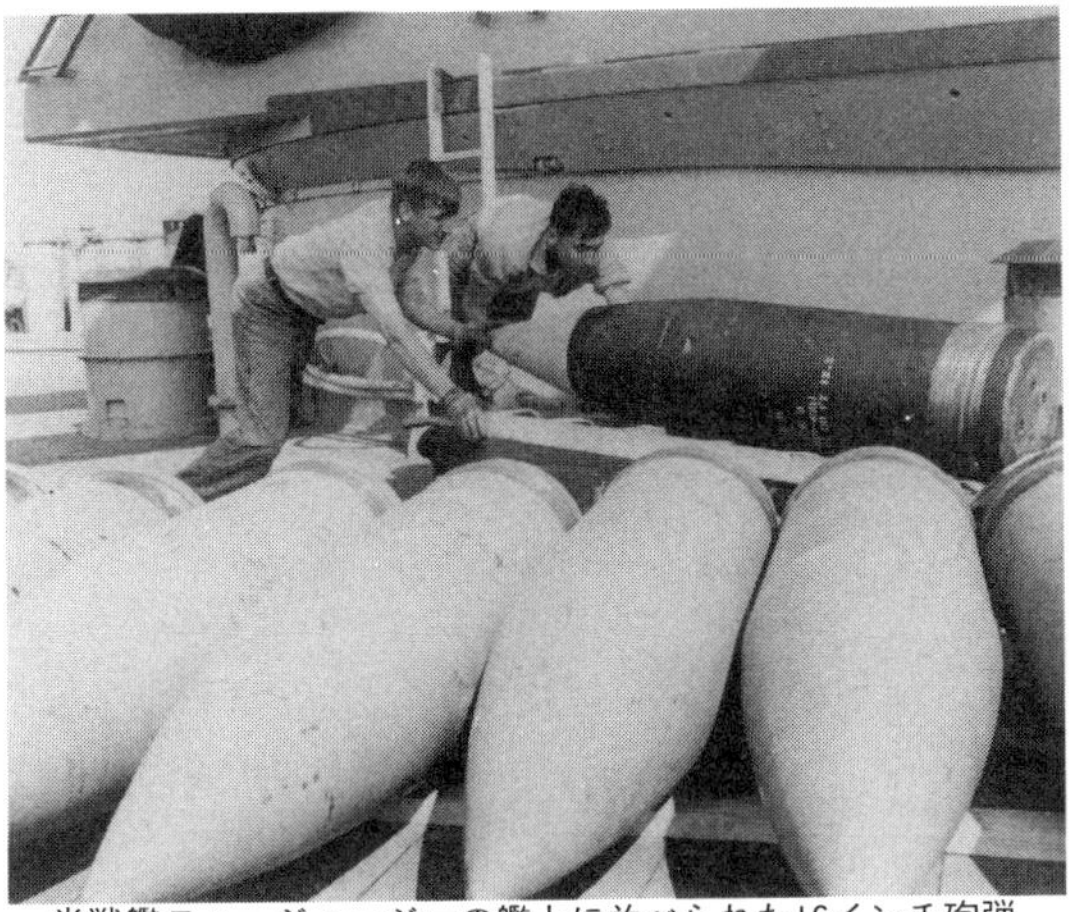
米戦艦ニュージャージーの艦上に並べられた16インチ砲弾

大和の四六センチ砲の最大射程は四万一四〇〇メートルで、ただしこれは理論上の値で、実際の砲塔の最大仰角である四五度を超えた四八度付近で、この最大射程が得られるものとされている。したがって、実際の最大射程はこれをいくぶん下回り、四万二〇〇メートルとする資料もある。

これに要する飛行時は約九〇秒で、すなわち発射してから目標に達するまでに一分半を要するということである。アイオワ級の四〇・六センチ砲については最大射程は三万八七二〇メートルとされており、初速そのものが四六センチ砲と大差ないところから、飛行時についても大差はないはずである。

近代戦艦の射撃術はきわめて複雑なシステムとメカニズムより成り立っており、砲のメカがいかにすぐれていても、正確な射撃指揮によらないかぎり、最終的に目標に命中させることはできない。

日米とも方位盤射撃方式ということでは基本に大きな差はないといってよいが、最大の違いは光学式装置に頼った日本側のシステムに対し、米国では射撃レーダーの早期実用化に成功し、その他の装置も部分的に進んだものを有していた。

一般に戦艦の射撃指揮に必要な装置は、方位盤照準装置、大型測距儀、射撃盤などより構成されている。

方位盤照準装置は大和の場合、前檣楼のトップ、水線上約四〇メートルの高所にあり、日本光学製の九八式方位盤照準装置が一五メートル三重測距儀と一体となって全周旋回する仕組みになっている。一五メートルという基線長の大型測距儀はもちろん空前絶後のもので、三組の光学系を内蔵して三名の測距手により操作され、測距データは自動的に射撃盤に送られる。

方位盤照準装置では指揮官以下、射手、旋回手、右左動揺手の四名により敵艦の方向、速力を測的し、自艦の上下左右の動揺角を加味して、大型双眼鏡（口径一五〇ミリ、倍率二〇倍）により照準、発砲をおこなうものである。

　艦内の下部、防御区画に設けられた発令所内に収められた射撃盤は、今日でいうところの計算機（コンピュータ）で、ただし当時のことなのでギアによる機械的な計算機である。正式名称は九八式射撃盤といい、愛知時計製であった。

　先の射撃用諸元（データ）はすべてこの射撃盤に入力され、その出力が各主砲塔に伝えられ、砲塔ではこの射撃盤からの指示どおりに砲を旋回俯仰させ弾丸の装塡をおこない、あとは方位盤照準装置の射手が引金をひけば、電路がオンして発砲するものであった。

基本的に異なった副・高角砲

　アイオワ級の場合、方位盤照準装置はマーク38で、同じく前檣楼のトップ、水線上約三五メートルの高所に、基線長八メートルの測距儀とともに装備させている。大和にくらべて光学式装備では劣るが、新造時より射撃用レーダー、マーク8を装備（大戦末期にマーク13に換装）しており、これは大和にない装備であった。アイオワでは後部にも同様の装置を設けており、大和の場合、後部の射撃指揮装置は測定儀を一〇メートル型に改めていた。アイオワ級ではこの前後の方位盤のほかに、艦橋前の司令塔にマーク40方位盤を設けており、大和より一組多かった。

　アイオワの場合の射撃盤はレンジキーパーと称する大和と同じ機械式の計算機で、ただ大和ではトップの方位盤照準装置で人力で入力していた自艦の上下左右の動揺を、動揺安定盤と称する装置から自動的に射撃盤に入力していた。一部にアイオワ級のレンジキーパーを、今日にいう電子式のコンピュータと誤解している向きもあるが、この時代、真空管を用いたコンピュータはまだなく、アイオワ級のレンジキーパーもフォード社製のレッキとした機械式計算機にほかならない。もちろん現在、就役中のアイオワ級戦艦もすべてこの五〇年前の射撃盤を用いていることは以外と知られていない。

　方位盤射撃以外にも、各主砲塔単独での射撃も可能で、そのため大和型では各主砲塔に一五メートル測距儀を内蔵、照準装置を設けている。

　アイオワ級でも砲塔内に一四メートル測距儀を内蔵しており、砲塔単独の射撃は可能であるが、いずれにしても低い位置からの砲塔射撃は、よほどの近距離でないかぎり有効打を期待するのは無理であろう。

◇副砲・高角砲

　副砲、高角砲について大和型とアイオワ級では基本的に異なっている。

　大和型ではオーソドックスに副砲と高角砲を分離して、副砲としては最上級軽巡より撤去した一五・五センチ三連装砲四基を搭載した。この時期、副砲と高角砲を分離したのは日本以外ではドイツ、フランス、イタリアの例があり、ただ中央線上に二基を配置したのは日本の大和型だけであった。この時期、副砲の役割は軽艦艇の撃攘用としてはあまりに意味がなくなり、結果的には二重の兵器系を設けるよりは単独の両用砲を装備する方が合理的であり、かつ先を見た選択であった。

　大和型の搭載した六〇口径一五・五センチ砲は、長砲身の優秀な砲で、最大射程二万七〇〇〇メートル、毎分七発の発射速度を有し、一万五〇〇〇メートルの距離で一〇九ミリの垂直甲鈑を打ち抜くことができた。ただし、砲塔盾部は二五ミリと薄く、巡洋艦時代と変わっていない。大和ではこれを上構の前後と左右の上甲板上に装備しており、片舷三基の指向を可能にしている。射撃指揮装置としては九四方位盤と九二指揮射撃盤を有している。

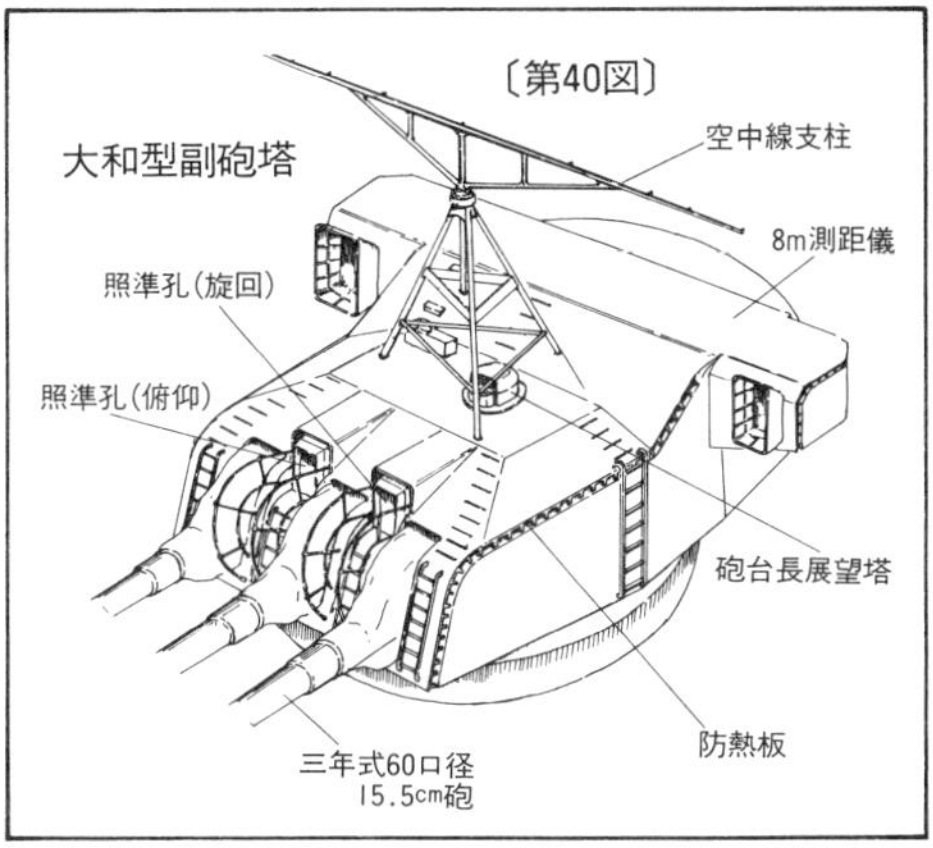

〔第40図〕

　大和型の高角砲は八九式四〇口径連装高角砲六基で、爆風除けの盾を設けている。この高角砲は当時の標準的高角砲で、射撃装置としては九四式高射装置二組を両舷に分けて装備していた。

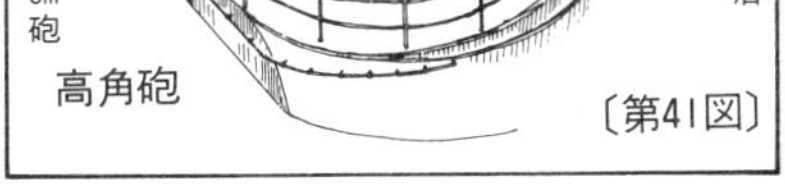

〔第41図〕

　これに対してアイオワ級ではマーク12三八口径一二・七センチ両用砲連装一〇基を上構両側に搭載している。このマーク12一二・七センチ高角砲のメカニズムは大和型の八九式一二・七センチ高角砲にほぼ類似したもので、ただ高射装置としてマーク37方位盤にマーク4射撃用レーダー付を有し、合計四基を上構の前後両側に配していた。この射撃指揮装置は弾丸にVTフューズ信管を用いたこととあいまって、非常に効果的な対空射撃を可能にした。

　機銃兵装になると、考え方の違いと時期的なずれもあって、アイオワ級の方が圧倒的に優勢であった。アイオワ級の機銃兵装はボフォースの四〇ミリ機銃とエリコンの二〇ミリ機銃で、新造時には四〇ミリ四連装一五基、二〇ミリ単装六〇基を装備しており、これは大和の新造完成時の二五ミリ三連装八基、一三ミリ連装二基とはケタ違いの強力さであった。

　アイオワの場合、大戦末期の一九四五年四月の時点では四〇ミリ四連装機銃は一九基に増強され、二〇ミリ単装機銃は五二基に減ったかわりに八基の同連装機銃が装備された。

　大和の場合、大戦中に高角砲と機銃の増備を実施し、最終状態（一九四五年四月）では両舷の副砲を撤去し、一二・七センチ連装高角砲を一気に倍増、二五ミリ機銃については三連装五〇基、同単装二基を装備していた。この対空火力の強化に対処して、九四式高射装置は四基に、機銃射撃装置は四基から一八基に増強されていた。

アイオワ級の場合、四〇ミリ四連装機銃は一基ごとにマーク51射撃装置が設けられていた。

◇航空兵装

大和型では爆風対策から艦尾の上甲板に水偵六基分の格納庫を有し、艦尾端のレセスからクレーンで吊り上げて、両側に設けた射出機から射出する構造で、従来の露天搭載よりは進んだものであった。計画では、当時、開発中だった水偵瑞雲を搭載するために、より強力な一式二号射出機を搭載する予定であったが、間に合わず、従来の呉式二号五型射出機を装備して完成したものであった。

搭載機は六機分のスペースはあったものの、実際には三機を超えたことはなく、通常は零式水観二機ていどを搭載していた。戦艦における水偵は弾着観測と測的の二つを最重要目的としており、通常は別の機によるこの二つの任務を遂行することになっていた。

大和では艦尾の上甲板（最上甲板）上に水偵運搬用の軌条を設けてあったが、主砲発砲時にこの甲板上および射出機上に水偵を置くことは爆風上困難であり、甲板下の格納は必須の条件であった。もちろん、このために搭載定数も従来の三〜四機から増加できたものである。

アイオワ級の航空兵装は、これにくらべると、艦尾端両側にカタパルト各一基と、艦尾にクレーンを設けただけの簡単なもので、水偵の格納施設はなく露天搭載を前提としていた。搭載定数は四といわれているが、これも実際には各カタパルト上に各一機ずつを搭載するだけの、二機搭載が通常であった。搭載機を傷つけないため、たぶん後部の三番砲は射界制限をする必要があったと見るべきで、また荒天時に実際に水偵を波にさらわれた例もあり、なぜ、重巡のように艦尾甲板下にハッチを設けて格納する方式を採用しなかったのか疑問な点である。

◇探照灯

夜戦は日本海軍の重視した戦術のひとつであっただけに、夜戦の重要な設備である探照灯については、非常に重要視されて来ていた。

このため、大和型では従来もっとも大型だった口径一一〇センチよりさらに大型の一五〇センチ型を開発して、これを大和型に装備した。この超大型探照灯はもちろん大和型のみが装備したもので、他艦への装備例はない。大和型ではこれを片舷四基、爆風の影響のすくない煙突両側に集中装備し、前檣楼に設けた管制装置八基により、おのおの遠隔操作可能としていた。ただし、これらの兵装も大戦後半以後は機銃兵装の増備にともなって撤去され、大和の最終時にはそれぞれ半分に減少していた。

これに対しアイオワ級では通常の七五センチ程度の探照灯四基をそれぞれ前後の煙突両側に装備しただけで、大和のような大げさな装備は持っていなかった。これも、もちろん後述するようなレーダーを搭載していたことにも関連しており、この辺に関する思想はまったく異なっていた。

致命的なレーダーの違い

◇電波兵装

　大和の場合、完成時には電探（レーダー）がまだ開発を完了しておらず、最初の装備は武蔵で、一九四二年九月に対空用の二一号電探を装備、二組の空中線を測距儀の支筒上に装備した。大和では一九四三年七月にこの二一号の装備を実施、さらにこの時期に対水上用の二二号も前檣楼上部両側に装備されたものらしく、これは武蔵にも実施されている。

　さらに一九四四年に入って後檣に一三号電探（対空用）二基の装備も実施されたが、けっきょく射撃用レーダーについては最後まで実用化できなかった。

　これに対しアイオワ級では、アイオワの完成した一九四三年四月の時点ですでに対空用としてSKレーダー一基、対水上用のSGレーダー二基、さらに主砲射撃用マーク8、高射用のマーク4を完備していた。とくにこの時期、レーダーとしての性能、品質が日米では差が大きすぎ、日本側では対空用の事前警報ぐらいにしか実用の役に立っておらず、しかもメインテナンスに手がかかり、故障修理に手のかかりすぎたことにくらべて、米国側ではすべてにおいて実用の域に達していた。

〔第42図〕

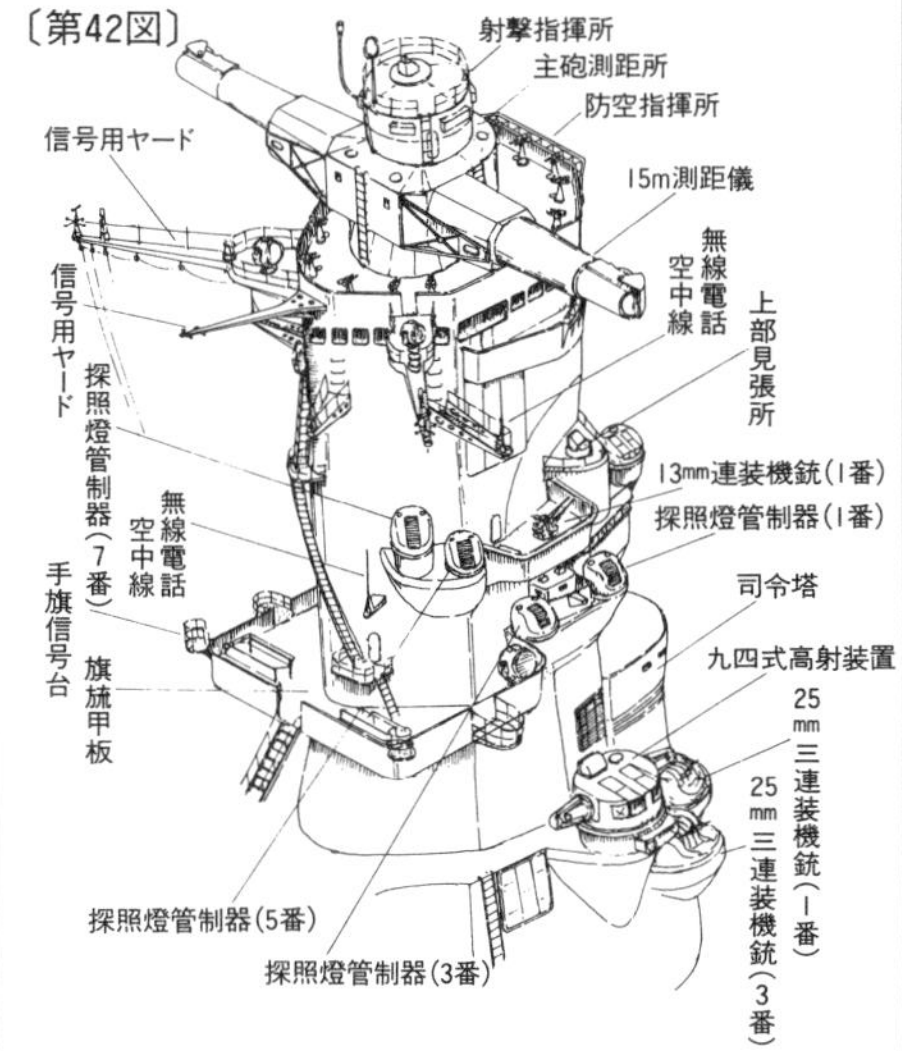

随所に日本独自の設計

〔防御〕防御に関しては大和、アイオワともさきに触れたように、それぞれの搭載した主砲に対する防御、すなわち対応防御を施すのを基準にして設計されており、一般的には十分なものを有していたといってよい。

　大和の場合、防御目標の基本はまず対弾防御として、自艦搭載の四六センチ砲弾に対して垂直部二万メートル、水平部は三万メートルの射距離での命中弾に耐えうること、対空防御としては八〇〇キロ爆弾で高度三九〇〇メートル以下、二トン爆弾なら高度二二〇〇メートル以下での投下に耐えるものとされていた。とくに大和における防御の特長は、まず集中防御を施すうえで有利なように、バイタル・パートを極力短くしたことで、水線長に対するバイタル・パートの長さ比は、長門型の六三・一五パーセントから大和で五三・五パーセントまでちぢめられている。

　また、舷側水線下の水中防御にはじめて水中弾を考慮した防御を施しており、このため舷側甲鈑をテーパー状に薄めて艦底部まで達する防御隔壁を設けていた。水中防御としてはほかに、前後の弾薬庫の下部艦底部にまで五〇～八〇ミリの甲鈑を配置した艦底防御を施した点も、従来には例のないことで、機雷その他の水中爆発対策であった。

　また従来、水平防御の弱点とされていた煙路の開口部に、小孔を多数あけた〝ハチの巣甲鈑〟と称する特殊な甲鈑を用いることで、有効な水平防御を施すことができたのも日本独自の設計であった。

　大和型ではこれらの直接防御用の甲鈑としてあらたにＶＨ甲鉄、ＭＮＣ甲鉄などを開発して採用したもので、実験結果からもその耐弾効果に十分自信を持っていた。

　その他、舵も本来の主舵のほかにべつに小型の副舵を設けたのも、ドイツのビスマルクのような舵損傷により航行の自由を失うことを恐れたもので、どうじに舵取機械室の防御にも十分注意がはらわれていた。さらに浸水被害時における傾斜を修正するための注排水装置についても、魚雷で二本の被害による傾斜は、最低三〇分以内に修正できる能力を有していた。

（表20）直接防御比較（甲鈑厚単位mm）

防御箇所		大和	アイオワ
舷側甲鈑	主甲帯傾斜角(度)	20	19
	主甲帯	410	307＋22
	テーパー部(機関)	200～50	307～41
	テーパー部(弾薬)	270～100	〃
甲板	防御甲板	200～230	121＋32
	最上甲板	35～50	38
	煙路貫通部	380(蜂の巣)	——
バーベッド	上部側部	560	439
	上部前・後部	380～440	295
	下部	50	76
司令塔	側面	500	444
	上面		184
	床面	75	102
	通信筒	300	406
副砲	シールド	25	63
	支筒	25＋50	63
舵取機械室	側部	360	343
	上面	200	142
	床面	25	38

　表20は、大和とアイオワの直接防御甲鈑の厚さを示すものである。大和型とアイオワ級の甲鈑の厚さの差は歴然としており、これはそれぞれの主砲の対応防御による結果にほかならない。アイオワ級の場合、日本のような小中弾対策や艦底部への甲鈑配置は施されておらず、また〝ハチの巣甲鈑〟のようなきめ細かい対策は見られなかったものの、その舷側防御には類似点が多いことに意外な感を受ける。

　アイオワ級では、舷側甲鈑を舷側外板上に設けず、舷側内部にインナー・アーマーとして装着しており、その傾斜角は大和の二〇度にひとしい一九度で、しかも水線下の部分をテーパー状に薄めて艦底部にまで達している点も同じである。もちろん、これは日本のような水中弾対策でなく、小中防御隔壁としての役割をもたせたもので、ただ、小中防御層の数は中央部で大和型の四層にくらべて六層と多くなっている。

　アイオワ級の耐弾防御の基準は従来の四〇・六センチ四五口径砲による徹甲弾に対し、一万八六五〇～二万四四〇〇メートルの射距離による命中に耐えることとされており、その基準は大和型にくらべて若干劣るものの、ほぼ従来の米戦艦の基準に準じたものである。全般に当時の米戦艦の防御は小中防御、垂直防御、水平防御の順に優先順位をあたえていたフシがあり、弾薬庫はべつとしても機関区画の水平防御については完全な防御を施すことは無理と考えていたようである。

　表20を見て気がつくことは大和型の副砲防御の薄弱さである。これは前述したように大和型の防御計画のなかで唯一の欠陥ともいうべき弱点で、最上

型から撤去した砲盾をそのまま流用したことによるものであった。わずか二五ミリの厚さしかないこの砲盾はたんなる弾片防御か機銃弾防御ぐらいの力しかなく、これに大落角で砲弾または爆弾が命中した場合、そのまま一気に艦底部の弾薬庫に達して大被害を生じる危険が大きかった。

しかも、その前後に主砲の弾薬庫があるだけに、これに火が入ったら致命傷となりかねず、きわめて危険な存在であった。これについては根本的対策がたたず、のちに揚弾薬筒の中甲板部貫通部（防御甲板）にコーミング・アーマーを追加して耐砲弾防御とし、耐爆弾防御としては砲塔内の防炎装置にたよることでお茶をにごしてしまった。

これに対し、アイオワ級の一二・七センチ両用砲の防御は比較的よくまとめられており、主砲の弾薬庫とは分離されて危険を分散していた。

〔機関〕両者の機関計画を見た場合、これまでの兵装、防御とことなってかなりの差があることがわかる。表21に両者の比較を示す。

大和の機関計画は、当初、ディーゼルとタービンの併用を考えていたものの、最終的にディーゼルの採用に自信なく、タービン一本にまとめられ、それもとうじの水準からみて非常にオーソドックスなものが選ばれていた。すなわち罐も蒸気温度、圧力とともにとうじの空母搭載のものよりはかなり低く、効率よりも堅実さを求めたもので、そのため一罐当たりの出力は一万二五〇〇馬力と低かった。

（表21）機関関係比較

	大　和	アイオワ
主機	艦本式高低圧 ギアード・タービン×4	GEギアード・タービン×4
推進器回転数／毎分	225	202
缶	ロ号艦本式重油専焼缶×12	B&W重油専焼缶×8
蒸気温度	325℃	454.4℃
蒸気圧力	25kg／㎠	39.7kg／㎠
計画出力（軸馬力）	150,000	212,000
計画速度（ノット）	27.0	33.0
全力公試速力（ノット）	27.46	—
全力公試出力（軸馬力）	153,553	—
軸数	4	4
推進器直径（m）	5.0	内軸　5.18，外軸　5.56
推進器翼数	4	〃　5　　〃　4
舵	半釣合舵および副舵	釣合2枚舵
旋回直径（m／ノット）	589／26	740／30
発電機	ターボ型600Kw×4 ディーゼル型600Kw×4	ターボ型1,250Kw×8 ディーゼル型250Kw×2
発電総量／電圧	4,800Kw／225VAC	10,000Kw／450VAC 3組
重油搭載量（トン）	6,300	8,765
航続力（ノット／カイリ）	27.3／2,887	29.6／5,300
〃	19.2／8,221	20／11,700

罐と主機の配置も、艦幅が広くスペースが十分とれることから、罐は一罐一室として横に四室、三列配置としてその後方に主機を横に四室ならべて配置していた。これは縦に罐三基と主機一基をそれぞれの軸系としてまとめることができ、一見整然とした理想的な配置に見えるが、被害時の対策としては米英の採用していたシフト配置に比べて劣っていたことに対する認識は、とうじの日本にはまだなかった。

以上の機関計画をアイオワ級について見れば、機関出力は大和を三〇パーセント以上うわまわっていたにもかかわらず、その罐は八罐と少なく、一罐当たりの出力は二万六五〇〇馬力と大和の倍以上の効率を示している。しかもアイオワ級では罐二基と主機一基を組み合わせたシフト配置を採用、前方より罐室主機室の順で各軸系を独立した四組の機関区画に分けて配置しており、このために二本煙突となったものである。

アイオワ級の推進器は、共振対策か

らか内側の二軸と外側の二軸ではプロペラの翼数と大きさを変えており、毎分回転数では大和型より少ない回転数で、六ノットの優速をえているものである。アイオワ級ではたぶん機関の半数がストップしても、ほぼ大和型に匹敵する速力の発揮が可能といわれている。

　このへんはさきに示した両者の重量配分比較を見れば歴然で、機関重量では出力の小さい大和のほうが逆に大きくなっており、このへんは逆に大和の機関計画にあまさがあった証拠といえよう。航続力はアイオワ級が二〇ノットで一万一七〇〇カイリ、大和型は一九・二ノットで八二二一カイリと、アイオワ級のほうが三割以上長いが、燃料の重油搭載量は満載で大和が六三〇〇トン、アイオワ級は八七六五トンと多い。

　ただし、二〇ノット前後で燃料の消費量を計算してみれば、両者ともほぼ同じであり、航続力を多くとるのは渡洋作戦を前提とした米戦艦の特長の一つでもあった。

　舵は大和が半釣合舵一枚で、ほかに小型副舵を有したが、これに対しアイオワ級は釣合舵二枚で、とくに副舵はなかった。旋回直径は若干速力のちがいはあるが、大和のほうが約一五〇メートルほど小さかった。大和では速力上の利点を考えて艦首部に本格的バルバス・バウを設けたが、アイオワ級でもこれほど本格的ではないが同様の形態を採用していた。

　また、アイオワ級では艦尾の内側の二軸の艦底部からの突き出た部分をスケッグと称する、スカート状の構造物でつつんでおり、防御上からは有利であった。

　最後に両者の発電量をくらべてみると、アイオワ級のほうが倍近く大きいことがわかる。これは一つにアイオワ級が主砲塔用の動力としても電動機を多用していたのに対し、大和では水圧ポンプを用いていたことによる差があったものと思われた。しかし、いずれにしても、発電能力の差はその艦の搭載する各機器の種類と数を示す一つの目安となるもので、レーダーなどの電子兵器を多数装備していたアイオワ級がその点では大きく進んでいたものといえた。

大和VSアイオワ

　大和型とアイオワ級は太平洋戦争では一度も相見えることはなかったが、そのチャンスがまったくなかったわけではない。アイオワとニュージャージーが太平洋戦線に投入されたのは一九四四年一月から二月で、この時、もちろん大和と武蔵も健在であった。一九四四年六月のマリアナ沖海戦には以上の四隻はそれぞれ空母部隊を護衛して出撃したものの、航空戦に終始して水上艦の交戦するチャンスはなかった。

　しかし、つぎの同年十月の比島沖海戦では、大和とアイオワは交戦のチャンスがあったのである。これは栗田艦隊が武蔵を失ったのち、反転してレイテ沖にむかう途中、サマール沖で米護衛空母群と遭遇、これと交戦したときに、北方の小沢艦隊につり出されていたハルゼーが、救援のためにアイオワとニュージャージーなどの高速戦艦部隊をサンベルナルジノ海峡に急派したときで、大和はこのとき一足はやく海峡を抜けてしまっていた。

そして、最後のチャンスが一九四五年四月の、大和の沖縄特攻のときにみせた米海軍の反応で、すなわち大和の迎撃を戦艦部隊に命じたときであったが、結果的には航空部隊の攻撃でしとめることになった。

大和型とアイオワ級が洋上で遭遇、交戦した場合、どちらが勝つかということは非常に興味あるテーマとして、これまでいくつかのストーリーがかたられている。実際的には戦艦同士が一隻ずつで交戦することなどほとんどありえないことだが、ただ可能性がないわけでない。

大戦中に米海軍では大和型の主砲を一六インチ（四〇・六センチ）四五口径砲九門、速力二六〜三〇ノット、舷側甲鈑厚一二インチ（三〇五ミリ）、防御甲鈑厚六・四インチ（一六二ミリ）と想定して、米海軍の各戦艦と交戦した場合の、方位と距離による砲弾の貫通能力を図示したチャートをつくって交戦時の参考データとしていた。したがって、もし仮にこのデータを基に大和型と実際に交戦すれば、これはきわめて危険な事態となることは容易に想定しうるところである。

前述のように、もし仮に大和型とアイオワ級が交戦したとすれば、少なくとも距離二〜三万メートルでは倫理的には大和型が有利であることはいうまでもない。通常、この二隻がこの距離に立ち入るまで相手の存在を知らないということは、レーダーが使用不可能になった場合か、悪天候や霧という条件がなければ考えられないが、もしこのような場合、両者が射ち合えば、大和の四六センチ砲の威力はアイオワ級の四〇・六センチ砲をうわまわるといってよいであろう。もちろん、このような射距離での交戦では、もし大和型の九一式徹甲弾が水中弾となって命中すれば、アイオワ級の艦腹は容易に破られてしまうであろう。

射距離が三〜四万メートルと両艦の最大射程近くで交戦した場合、その命中率はどうなるかは非常に興味ある問題である。この場合、射撃用レーダーの精度がどれだけ光学式装置をうわまわるかがポイントの一つであろう。大戦中の実績から見ても、とうじの射撃用レーダー（マーク78）の精度はそれほどのものではなく、光学式装置の使

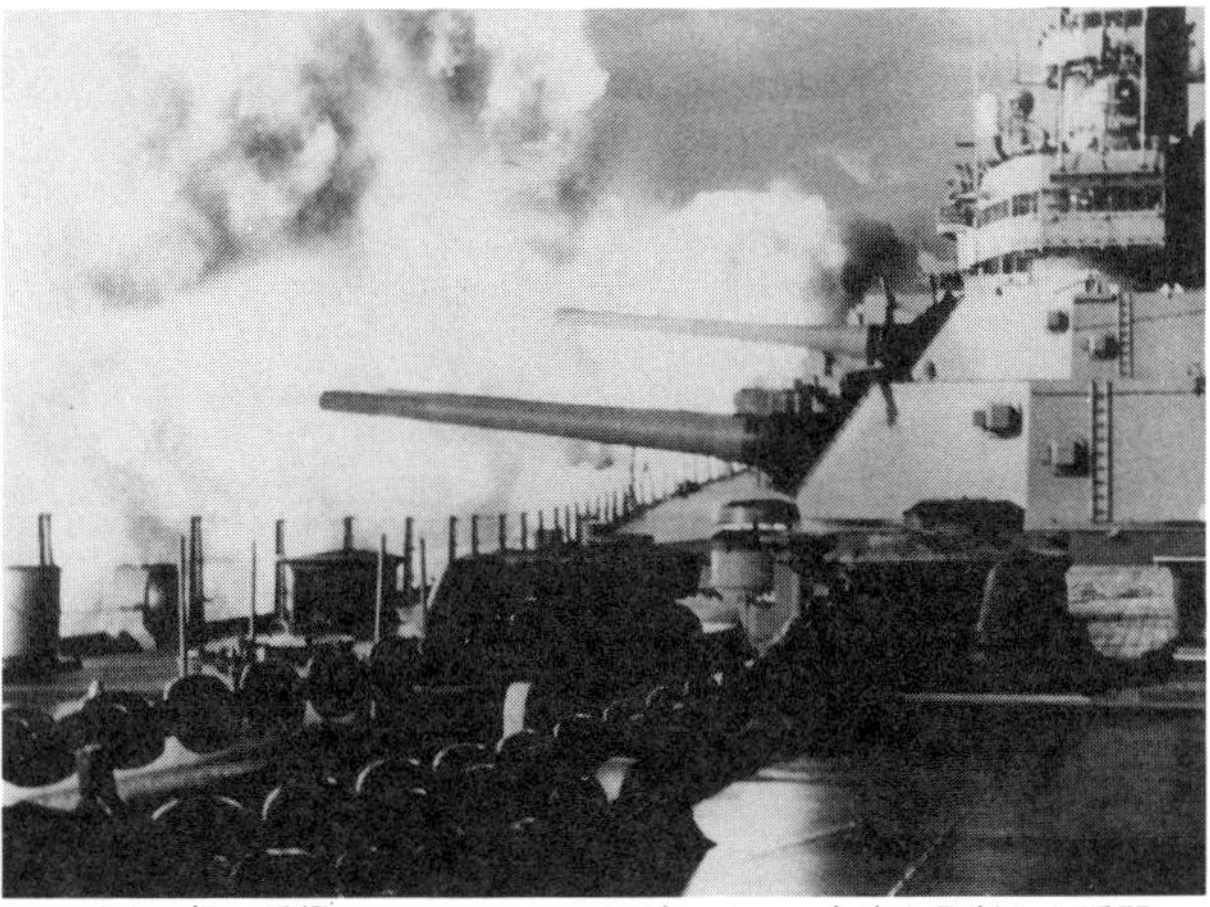
アイオワ級二番艦ニュージャージーが16インチ主砲を発射した瞬間

用できない夜間の遠距離や霧中では、光学式にかわってそれなりの役割を発揮したとしても、通常の昼中では光学式をうわまわるだけの性能を発揮したとは思えなかった。

アイオワ級の主砲の散布界はそれほど良好ではなく、比島沖海戦でアイオワとニュージャージーが、サンベルナルジノ海峡で、日本の駆逐艦野分を三〇ノットの高速で追跡しながら、距離約三万から三・五万メートルで射撃をくわえたが命中弾はえられず、その散布界は三〇〇〜三五〇メートルで野分の細い船体を捕らえられなかったといわれている。

また、アイオワが戦後の復活でその散布界をチェックした結果では、距離二万二〇〇〇メートルで一六発発射して遠近六〇〇メートル、右左二五〇メートル、距離三万二〇〇〇メートルでは遠近八〇〇メートル、左右三一〇メートルとかなりバラついていることが報告されている。

これから見てもアイオワ級が大和型と戦うには、夜間か霧中の悪条件で奇襲的攻撃をかけるか、昼間ならその速力差を利用して三万メートル以内に接近せず、遠距離射撃で交戦しながら有効弾を送り、好機をみて接近して決定打をあたえるしかないといえよう。

一方、大和型にしても、シブヤン海での武蔵の例のように、戦闘の初期に爆弾命中のショックで前後の方位盤が旋回不能となるような思いがけない脆弱性をひめており、このようなことが戦闘中におこれば、もはや勝負がついたも同然である。

大和とア級の変身度

大和型もアイオワ級も戦艦としては超一流といえたが、太平洋戦争では、戦艦はもはや海上の王者たりえなかった。そのため日本でも大和、武蔵につぐ三番艦の信濃は空母に改造されたのは周知のとおりである。信濃はその重装甲をいかして、洋上での不沈航空基地としての役割をあたえられ、飛行甲板に一〇〇ミリもの装甲を施して不沈空母として期待されたが、米潜の魚雷四本であっけなく沈んでしまった。

これに対してアイオワ級は、一九四一年度予算で三〜六番艦の建造をおこない、三〜四番艦のミズーリとウイスコンシンは大戦末期に完成して対日戦にかろうじてまに合った。しかし、五〜六番艦のイリノイとケンタッキーはそれぞれ終戦とともに工事を中止、イリノイはスクラップ、七三パーセントまで建造の進んでいたケンタッキーは工事を中断して放置されてしまった。

このケンタッキーの用途については戦後いろいろと議論があり、その高速性をいかして高速補給艦、または新しいミサイルを主兵装としたミサイル戦艦、さらには指揮艦への変身が考慮されたが、いずれも実現しなかった。

アイオワ級そのものは戦後、一時、退役したものの、朝鮮戦争の勃発によりふたたび現役にもどり、一九五八年に退役したウイスコンシンを最後に二度目の退役となった。

日本の信濃にならってアイオワ級を空母に改造する考えは、持てる国である米国にはなく、事実、その改造は不可能ではないにしても、手間のかかる割りには、それほど有力な空母への変身は無理であろう。戦艦と空母では船体構造とスペース配分がまるでことなり、日本の信濃のような、簡易艤装でしあげる以外にはあまりいいアイデアはなさそうである。

結果的に一九八〇年代に入ってアイオワ級がその巨砲と重装甲をいかした水上打撃艦として復活したのは、もちろんミサイルによる再兵装化がおこなわれた結果で、そのプラットフォームとしての役目を買われたと見るべきであろう。

しかし、そのアイオワ級も、昨今の緊張緩和により、その四隻ぜんぶの退役もささやかれており、大和なきあと四五年にわたって存残してきたアイオワ級も、その最後がまぢかいかもしれない。

（平成二年九月号収載。筆者は艦艇研究家）

わが飢えた「白頭鷲」の群れ不沈艦ヤマトに向かえ！

空母を飛び立った米艦載機群は、最後の巨大なエモノをもとめて北上していった――原　勝洋

待ちかまえる空母機動部隊

沖縄をめぐる日米両軍の決戦のさなか、日本海軍が誇る不沈戦艦大和は、海上特攻隊の旗艦として沖縄島周辺の米艦隊に突入する作戦を決行したが、途中、米海軍機の協同攻撃にあい、あえない最期をとげている。

その最期のもようは、日本側の記録を中心にかずおおく発表されている。しかし、大和を攻撃した米海軍機の兵力を正確に記録した記事は見あたらない。有名なサミュエル・モリソン博士の『太平洋戦争アメリカ海軍作戦史』の「戦艦大和の最期」にかんする記事に、空母群から飛びたった攻撃機数が記録されているが、実際に日本艦隊を攻撃した機数については記されていない。

その出典となった『合衆国太平洋艦隊高速空母部隊戦闘記録』は、日本艦隊にむけて出撃した主力攻撃機数を三八六機としている。この三八六機が、おおくの戦記では大和を攻撃した米海軍の兵力として引用されているが、それは攻撃目標の上空に到達した攻撃兵力数ではない。

米国で刊行された戦記のなかに、「この日、大和をおそった攻撃機は四〇〇機、のべ出動機は一〇〇〇機にたっする……」という記事があるが、これも正しくない。そこで、昭和二十年

四月七日、実際に大和を攻撃した米海軍各飛行隊の戦闘詳報をもとに、航空機対戦艦の戦いをふり返ってみたい。

第二次大戦のマタパン岬沖の海戦で、イギリス艦隊がイタリア艦隊に勝利をえたのも、ドイツ海軍がほこるビスマルクを撃沈できたのも、敵の発する暗号電報を解読してえた〝ウルトラ〟情報があったからだった。同様に大和の最期にも、この暗号解読情報が大きな貢献をしたことを忘れてはならない。米海軍の現地指揮官は、日本艦隊の出撃五時間半も前に大和以下の兵力、進路、目的を知っていたのである。

米太平洋艦隊第一空母部隊指揮官マーク・ミッチャー中将は、第五八任務部隊旗艦の空母バンカーヒルで指揮をとっており、大和攻撃に参加した米海軍の兵力はつぎのとおり。

第五八・一任務群＝ホーネット、ベニントン、ベローウッド、サンハシントの各空母が所属する第五空母戦隊。

第五八・三任務群＝エセックス、バンカーヒル、ハンコック、カバト、バターンの第一空母戦隊。

第五八・四任務群＝ヨークタウン、イントレピッド、ラングレーの第六空母戦隊。

一部戦記には、空母インディペンデンスが攻撃に参加したと書かれているが、これはまちがいで、この日は第五八・二任務群にくわわるため、給油部隊と行動をともにしている。したがって、攻撃空母七隻と、軽攻撃空母五隻が攻撃に参加したのである。

米海軍の大和攻撃の手順は、〝ウルトラ〟情報から出撃を知り、豊後水道付近を哨戒中の米潜水艦二隻がレーダーの探知と目視で、その出撃と編制を確認したのだった。その報をうけた中部平洋任務部隊兼第五艦隊司令長官スプルーアンス大将は、第五四任務部隊（砲撃支援部隊）に電報で、大和との戦いは貴部隊のための「ＧＡＭＥ」であると通報した。

戦艦群指揮官のデイヨー少将は、このような不測の戦闘にたいする計画をすでに準備していた。そして、おそらくこの戦闘が、今次大戦における戦艦対戦艦の最後の戦いになると思っていた。

いっぽう、航空出身のミッチャー中将は、航空機が戦艦にたいして優位性をしめす絶好の機会と考えており、彼は、日本艦隊出撃をウルトラ（暗号解読）情報で知ると、矢つぎばやの命令をだした。

六日九時四七分、警戒隊指揮官にあて、「駆逐艦群は、敵水上艦隊にたいし、使用可能な魚雷を準備せよ」

一二時、第五八・四任務群に対し、「十分な補給をおえ、至急北緯二六度五〇分、東経一二九度四〇分の第五八任務部隊に集結せよ。七日五時には、豊後水道から出撃する日本艦隊にたいし、攻撃と索敵を開始する準備をおこなえ」

このときはまだ、戦艦大和以下の日本艦隊は、瀬戸内海の徳山沖で出撃準備中であった。旗艦大和の艦上では、出撃駆逐艦の艦長以上が参集して、作戦の最終打ち合わせがおこなわれ、第二艦隊司令長官の訓示ののち乾杯がおこなわれていたのである。そして、この海上特攻隊が行動予定を関係各部に

グラマンF6Fヘルキャットが発艦——強靱にして重武装だった

電報で知らせたのが、一三時五分であった。

追いつめられた日本艦隊

二〇時一八分、「報告された日本艦隊への索敵機を、第五八・一任務群は南西諸島の北東へ、第五八・三任務群は北西へむけ、翌朝発進させよ」

この命令により、七日五時三八分から一四分間に、空母バンカーヒルから第二二一海兵隊中隊の二三機と空母エセックスより第一索敵班として一一機のＦ６Ｆ、四機のＦ４Ｕ、さらに通信中継機として四機のＦ４Ｕが飛びたった。モリソン戦記によれば、このときに発進した索敵機数は四〇機となっている。

八時一五分、第一索敵班の一機が北緯三〇度四四分、東経一二九度一〇分の海域に大和、阿賀野型軽巡、軽巡もしくは大型駆逐艦一隻、および駆逐艦七隻を発見した。

「針路変更三〇〇度から二四〇度。速力一二ノット」——こうして、航空機対戦艦の戦いの火蓋がきられた。

この第一索敵班は、一〇時四八分まで五時間飛行して任務をおえ、空母エセックスに着艦した。このとき海兵隊員によって操縦されていた通信中継機の四機のＦ４Ｕは、航法の失敗によりうしなわれた。なお人員三名は八日、潜水艦に救助されている。

ミッチャー中将は、さらに特別追跡隊の発進を命じた。これは、彼のなにがなんでも大和を逃がさないという意志のあらわれであろう。

九時七分、空母エセックスから八機のＦ６Ｆと、八機のＦ４Ｕが飛びたった。かれらの任務は、攻撃隊が目標上空に到達するまで敵艦隊を追跡することであった。

当時、ミッチャー中将は、触接報告を一〇〇マイルと二〇〇マイルの距離にいた二組の中継隊が使用するＶＨＦ（高周波）を経由して受信していた。この追跡隊は一一時一五分、大和を発見し、攻撃隊の主力が到着するまで触接をつづけ、一四時八分、「カミカゼ」の攻撃を回避運動中の空母エセックスに全機が無事着艦した。

このときまでにミッチャー中将は、大和発見に五八機を発進させ、四機一名をうしなっている。このほかにも慶《け》良間《らま》列島から発進した米太平洋艦隊航空隊第二一哨戒爆撃飛行隊の二機のＰＢＭが、九時五七分に大和を発見している。その後、五時間にわたって日本艦隊を尾行し、空母から発進した攻撃機を攻撃目標上に誘導して、その沈没を見守った。

この執拗な米海軍機の追跡に、日本艦隊は一時、偽航路を北方にとって、敵の目をくらまそうとしたが、予定どおり沖縄にむけて南下することとなった。しかし、日本艦隊がとった偽航路は、戦艦相互間の戦いを期待するデイヨー少将に、思わぬ結果をもたらした。

昔ながらの戦艦同士による砲の射ちあいの最後の機会をあたえたスプルーアンス大将であったが、日本海軍最強の砲力をもつ大和を、九州の佐世保軍港に逃がすことを許さなかった。大和は沈めなければならない。そのため、米軍で最初に大和を発見した二隻の潜水艦にたいし、大和をより南下させる目的で、あえて魚雷攻撃をさせなかったくらいである。

スプルーアンス大将は、日本艦隊が北方に針路をとったという触接報告をうけ、ひじょうに憂慮した。そんなとき、ミッチャー中将からスプルーアンス大将に一通の電報がとどいた。

「貴隊が攻撃するのか、当隊がやるのか」

スプルーアンスは即座に、電報用紙に、

「YOU TAKE THEM」と書いた。

この瞬間から艦隊決戦はなくなった。戦後、デイヨー少将はこのときのことを、つぎのように回想している。

「戦闘における偉業は、それを実現することが重要であり、だれがやったかは重要でない。しかし、この戦闘がおこなわれたならば、日米両艦隊の実力を評価する最後の機会となったであろう」

襲いかかった二一八機

一〇時、ミッチャー中将は攻撃開始を命令した。

空母バターンから第四七航空群の二一機が飛びたった。つづいてエセックスの第八三航空群四〇機、バンカーヒルの第八四航空群三九機と写真班二機、ベローウッドの第三〇航空群一四機、カバトの第二九航空群一九機、ベニントンの第八二航空群二六機と写真撮影専用機一機、そして第一一二海兵飛行隊の一機、サンハシントとホーネットから第四三航空群一五機と第一七航空群四二機に写真班二機の計二二二機は、大急ぎで空中集合をおえると、北にむかった。

途中、三機のＴＢＭは、プロペラ調整機や燃料系の故障、およびエンジン不調のため引き返している。ほかに一〇時三〇分、空母ハンコックから発進した第六航空群の三八機は、日本艦隊を発見することができなかった。

第五空母戦隊（九九機）と第一空母戦隊（一二〇機）の航空機群は、高度一八三〇メートルで真横にならんで目標に接近した。空母から八一～九七キロの地点で突然、第八四戦闘機隊のＦ４Ｕが、雲からきりもみしながら墜落し、海面に激突した。生存者は発見されず、原因は不明である。

二一八機の大編隊が、攻撃目標に接近するにつれ、雲はだんだん厚くなった。悪天候の中、日本艦隊の所在は、高度一九八〇メートル、距離五二キロにいる特別追跡隊の機上レーダー・スクリーンに、反射映像としてとらえられていた。目標上空の索敵機からの正確な報告とかさなって、敵をさがすための燃料の浪費をなくした。

目標上空の雲高は七六〇〇メートル、大編隊の協同攻撃は困難をきわめた。攻撃順序は、最初のとりきめでは第一七、第八二、第三〇、そして第四三航空群の第五空母戦隊がおこない、第一空母戦隊には、目標上空での自由な旋回が命令された。しかし、悪天候と燃料消費のぐあいから、多少の混乱があった。

第一空母戦隊の第八四爆撃中隊（VB84）は、航行中の艦船を攻撃するのははじめてだった。中隊は攻撃命令を待ちながら、大和の北方を旋回していたが、隊長は燃料の消費をみて、攻撃を決意した。

目標の高波型駆逐艦は、戦艦から何マイルかはなれていた。一〇機のSB2Cは、一機あたり一五〇〇ポンドの爆弾（機は二発の二五〇ポンド爆弾と、一発の一〇〇〇ポンドまたは二発の五〇〇ポンド爆弾を搭載）を投下した。三発が命中、艦は第三砲塔に大爆発をおこした。一機は翼のつけ根に対空砲火をうけたが、損害は軽微だった。

第一七爆撃中隊の一機も、この駆逐艦に一〇〇〇ポンド徹甲弾を命中させた。艦の位置からすると、朝霜と思われる。

一二時三〇分、第八四戦闘中隊（VF84）の一四機のF4Uは五〇〇ポンド爆弾を、高度四六〇〇メートルで大和に投下した。一発が命中したと思われたが、損害は不明。

第八二爆撃中隊の四機のSB2Cは、同時刻に大和の艦首尾線にそって滑空爆撃をおこなったのち、増速して南に飛びさった。一〇〇〇ポンド半徹甲弾八発が投下され、艦中央部、艦橋前部、主檣の後方、そして後部砲塔ふきんに命中した。後部砲塔ふきんへの命中は、第一一二海兵中隊機によって観測された。

この攻撃が、大和にたいする最初の攻撃と思われるが、ホーネットの飛行中隊が先に攻撃した可能性もあった。

同中隊の他の六機が雲をぬけて攻撃にうつったとき、大和を攻撃できない位置にいた。そのため、五機は大和の西側と東側の大型駆逐艦、および西方の駆逐艦に攻撃をおこなった。一機は

F4Uコルセア。強力なエンジンと大直径のプロペラによって高速をほこった

攻撃後、敵の対空砲火にやられたものと思われた。第八二雷撃中隊（VT82）の無線士は、頭上から落下するSB2Cの翼をみている。他に三機が損害をうけた。日本艦隊は、左に一斉回頭をはじめた。

　一二時三五分、第八二雷撃中隊の九機のTBMは、魚雷の調整深度が浅いので、厚い装甲をもった大和をあきらめ、五機が阿賀野型軽巡に照準をつけ魚雷を二四四メートルで投下した。二本の魚雷は艦の右舷に大きな爆発をひきおこした。

　ほかの四機は、雲のなかでわかれわかれになり、一機が高波型駆逐艦を攻撃した。操縦士は、「命中」と叫ぶ声を聞いて見まわすと、その艦は中央部からはげしい爆発をおこして、すぐに沈みはじめた。この中隊の一機は二〇ミリ対空砲火の命中をうけ、空母着艦後、海中にすてられた。搭乗員二名は軽傷。

大和に命中した四本の魚雷

　一二時三七分、第一七戦闘中隊の一六機は、攻撃指揮官より護衛駆逐艦を目標に割りあてられた。新型駆逐艦に投下された三発の五〇〇ポンド爆弾が、艦中央部に火災を生じた。その後まもなく、駆逐艦は爆発した（VT82と記録上の攻撃時刻は逆になる）。一機は機構上のトラブルで、爆弾投下に失敗した。

　一二時四〇分、第八二戦闘中隊の六機は、あらかじめ指定されていた駆逐艦を攻撃した。一機は第一撃で爆弾の投下に失敗、第二撃でやっと投下し、駆逐艦に八メートルの至近弾をあたえたが不発だった。照月型駆逐艦を攻撃した二機のうちの一機は、艦中央部後方への直撃弾を記録した。対空砲火ははげしく、曳光弾はいろいろな色でいろどられていた。戦艦も対空弾を主砲から発射してきたが、全機ぶじに母艦に帰投した。

　同時刻、第一七雷撃中隊の一三機のTBMのうち、魚雷の深度を深く調整した八機は、大和の左舷から高度一八三メートルで雷撃をおこなった。同中隊の何人かの操縦士と搭乗員が、魚雷四本の命中を観測している。八機目は戦艦の艦首からはなれたところで撃墜され、二名が戦死した。

　魚雷深度三メートルのままの残り五機のうち三機は、照月型駆逐艦に魚雷を投下した。魚雷投下の機能不良から大和に投下できなかった一機は、のちに護衛艦にむけて発射した。他の一機は、あらゆる努力にもかかわらず、魚雷を投下できなかった。

　対空砲火ははげしく、五機が被弾した。右翼つけ根をやられた機は、修理不可能のため、空母艦上で海中にすてられた。

　一二時四五分、第一七爆撃中隊のSB2Cは、雲のきれ目を見つけ、滑空爆撃態勢をとった。七機が大和にたいし、高度三〇〇メートルで爆弾を投下した。一〇発（五発は徹甲弾、のこりは半徹甲弾）のうち四発が大和の艦中央部、艦首、煙突の後方に命中した。対空砲火と、電気系投下システムの不作用で、二機は目標上空での投下に失敗した。

あらゆる種類の正確な対空砲火で、四機が被弾した。着艦後、二機がすてられ、エンジンに被弾した一機は空母のちかくに着水して、操縦士一名が軽傷をおった。他の七機は、護衛艦を攻撃した。

第三〇航空群の八機のＦ６Ｆと六機のＴＢＭは、協同攻撃を目標上空の重苦しい雲にじゃまされた。戦闘機八機は、日本艦隊の右翼の軽巡と、左翼の照月型駆逐艦をロケット弾と爆弾で攻撃し、軽巡の艦尾にロケット弾二発の命中を記録した。

魚雷のかわりに四発の五〇〇ポンド通常弾を装備した雷撃機は、単独の攻撃をおこなった。一機は大和に対し、低高度で攻撃態勢をとったところを射ち落とされて、二名が戦死し、一名が救助された。彼は命中による爆発は見なかったが、そのとき大和の真上にいたと主張した。他の二機が損傷をうけた。

一二時三〇分、攻撃開始から約一五分間に、一〇〇機が一〇隻の日本艦隊を攻撃した。大和には一四機のＦ４Ｕと一三機のＳＢ２Ｃ、八機のＴＢＭ、四発の爆弾をもった一機のＴＢＭが攻撃を集中した。この時期の米軍の被害は、三機が撃墜されて戦死者六名、一六機の被弾で三名が負傷。被弾機のうち四機がすてられ、一機は海上に不時着した。

戦場を乱舞する第二次攻撃隊

一二時五〇分、第一空母戦隊に攻撃命令がくだされた。この攻撃隊は、第五空母戦隊が攻撃しているあいだ、大和の北方一九キロふきんを旋回していた。

第八三戦闘爆撃中隊（ＶＦＢ83）の五機のＦ４Ｕは、雷爆撃攻撃がはじまる前に攻撃をおこない、大和の左舷構造物前方に一発、軽巡の艦中央部に一発、駆逐艦の艦首三メートル、もう一隻の駆逐艦の三メートルのところに至近弾をあたえた。急降下爆撃隊は、雲高九一〇メートルの積雲をつきぬけ、七六〇メートルで投下したが、一機は爆弾投下に失敗した。

第八三爆撃中隊が最初の急降下をする三〇秒前、大和は右回頭をした。空母ホーネットの第一三航空群の攻撃につづいて、空母エセックスの第八三航空群と空母バターンの第四七航空群が攻撃をおこなった。第八三爆撃中隊が攻撃開始地点にむかうころ、雷撃中隊は北東にむかう護衛艦の右側にそって降下した。

空母バンカーヒルの第八四雷撃中隊は、レーダーで敵をとらえながら、高度一五二〇メートルの雲をぬけて降下し、攻撃目標の北八キロで雲高六一〇メートルの雲を突破して、西の方向にむけて雷撃に最適の位置を占めた。大和が南西へむけて、ゆるやかな右回頭をするのが観測された。

一三時、空母カバトの第二九航空群は、第八四航空群が日本艦隊の右側の弾幕の南より、雲をつきぬけて雷撃態勢をとるのにつづいた。このときまで日本艦隊の対空砲火は、他の航空機群に集中していたが、第八四と第二九航空群に指向されるようになった。

第八三爆撃中隊の一二機のＳＢ２Ｃ

は、大和の右舷後部からの滑空攻撃で右舷の艦首ふきんに降下した。二二発の徹甲弾と、二発の半徹甲弾が投下され、艦の中央部、第一砲塔の前方、第三砲塔の前方をふくむ八発の命中が報告された。大和はわずかに煙をはきながら航行していた。この中隊では、五機が対空砲火で損害をうけた。

　第八三雷撃中隊の一五機は、四つの分隊にわかれて大和を攻撃した。最初の一撃は、大和の艦首にたいし、推定二〇～二五度で投下された。

　この攻撃で魚雷四本の命中が、他の飛行中隊によって確認されており、それ以外にも、四本の命中が操縦士と搭乗員によって目撃された。さらに、投下した航空機の位置と戦艦の回避針路にもとづいて、三本の魚雷の命中が予測されたものの、これらを確認することはできなかった。

　この中隊の最後の雷撃は、大和の艦尾にたいしておこなわれたが、魚雷が大和の右後方にいた駆逐艦の左舷にむかっていくのが目撃され、駆逐艦は爆発して沈んだ。

　おなじような攻撃が第四七雷撃中隊の八機によっておこなわれ、六本の命中があったと考えられるが、最少四本の命中と戦闘詳報には記録された。一機が被弾し、一名が軽傷をおった。第四七戦闘中隊の一二機は、護衛艦を攻撃中、対空砲火によって三機が被弾した。そのうち一機は、空母部隊のちかくに着水した。

　第八四雷撃中隊一四機のＴＢＭは、隊長からの「分散」の信号をうけて、第一分隊八機と第二分隊六機にわかれた。第二分隊が南東方向の左翼に突進しているあいだに、第一分隊は南西にむかった。航空機を分散した目的は、標的の回避運動を考慮しなくても、効果的に挟撃できることにあった。

　そこで、全機が同時に大和を雷撃した。対空砲火は最高潮にたっし、戦艦の主砲弾もふくまれていた。一機は魚雷を投下する前に、炎につつまれて海面に激突した。

　大和は右回頭をはやめた。魚雷投下地点にたっした各機のタイミングは、ある機が大和を通過すると同時に、他の機が魚雷投下をおこなうといった間隔であった。投下魚雷一三本のうち九本が大和に命中し、損害は一機撃墜、戦死三名、そして二機が被弾し、負傷者一名は帰艦後七日目に死亡した。

　第二九雷撃中隊の九機は、大和に魚雷二本の命中を記録した。こうして一二時五〇分から一三時二〇分のあいだに、八五機が日本艦隊を攻撃したのである。

　大和を攻撃した機種はＦ６Ｆ一機、Ｆ４Ｕ一機、ＳＢ２Ｃ一二機、ＴＢＭ三六機で、損害はＴＢＭ一機が撃墜されて戦死四名。二四機が被弾し、そのうち一機が修理不能ですてられ、他の一機が着水してうしなわれた。

火ダルマとなった最後の巨艦

　一三時二七分、帰投中の第五空母戦隊はミッチャー中将に報告した。

「一二時三〇分、当隊は北緯三一度一八分、東経一二七度三五分で日本艦隊を攻撃した。大和と巡洋艦に大損害をあたえ、駆逐艦二隻は沈没、数隻の他

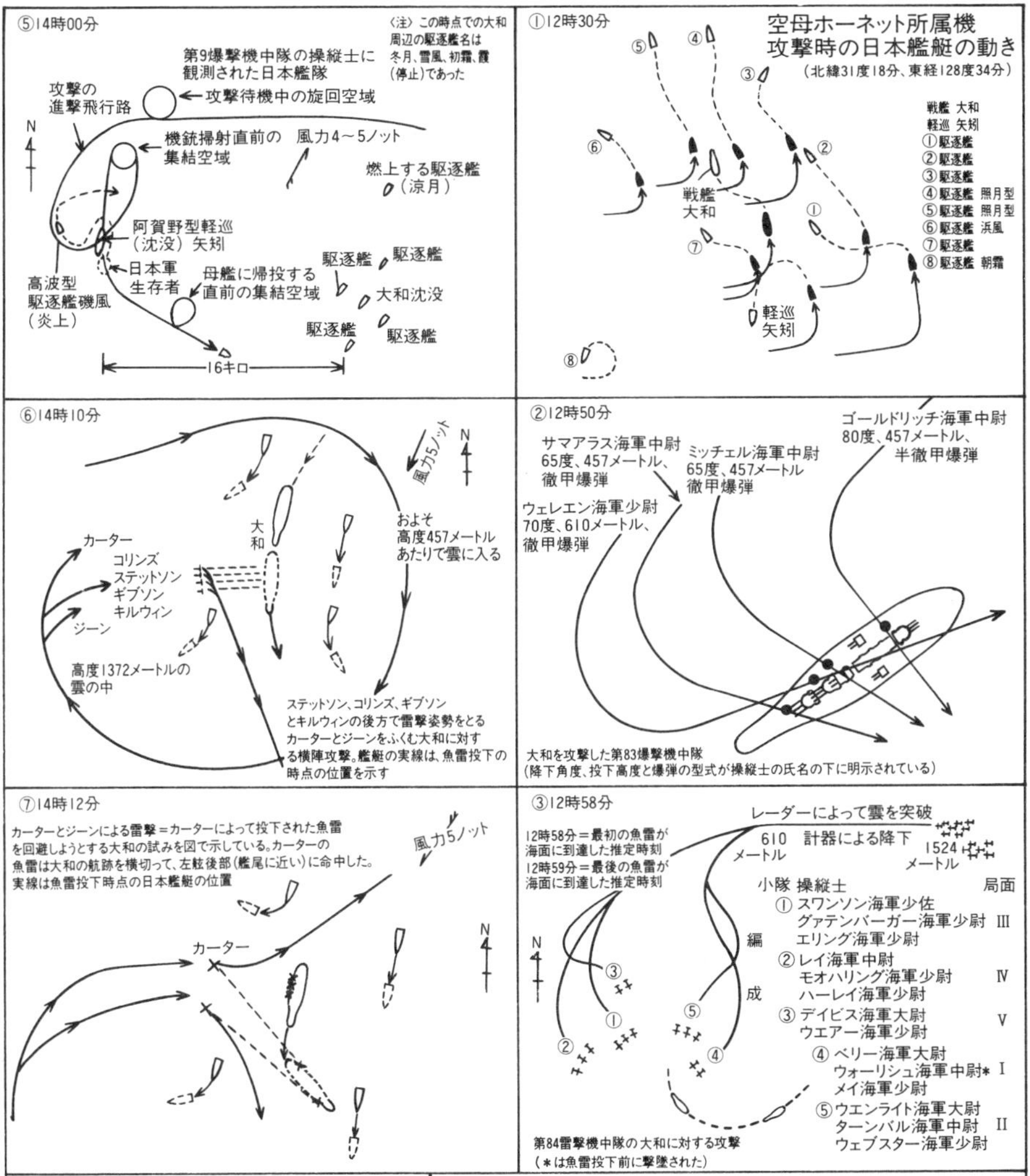

〔第43図〕

米航空機戦闘詳報

時間の推移に見る大和の最期(20.4.7)

大和攻撃に参加した米パイロットの証言にもとづいて作成された日本艦隊の動きと、大和への最後の一撃の状況。米軍側は、大和が右、左のどちらに変針しても魚雷が命中するような小隊単位の雷撃体勢をとっている。最初の小隊が魚雷を投下して大和の艦上を飛び去ると、次の小隊が魚雷を投下するといった絶妙なタイミングの連続波状攻撃を行なった。

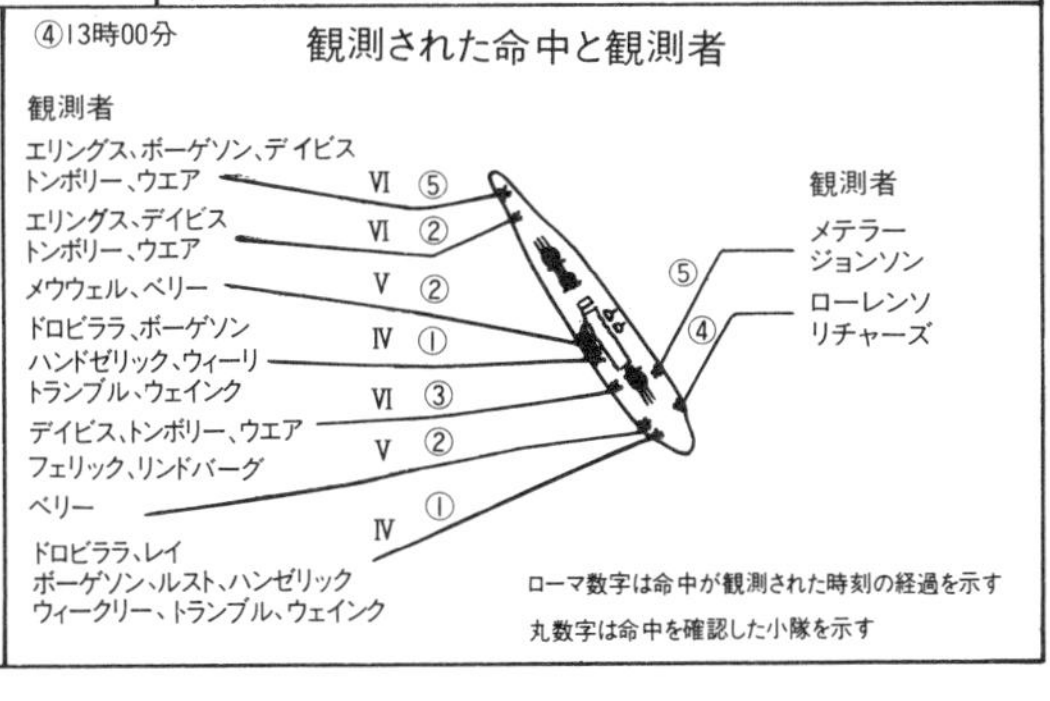

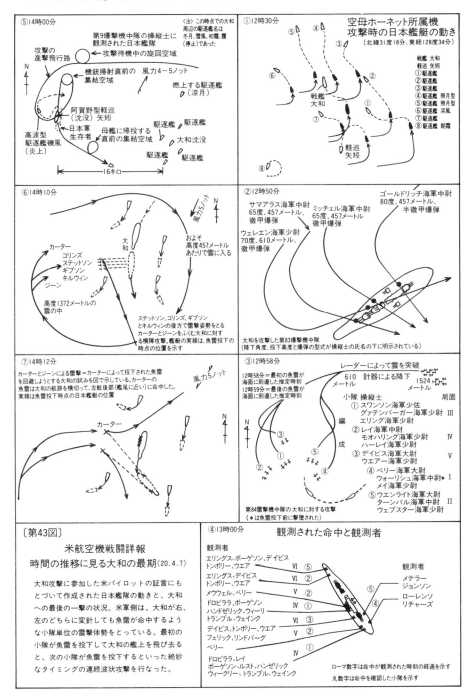

の駆逐艦に損害をあたえた」

ミッチャー中将はこの報告をうけ、各空母戦隊指揮官に命令した。

「敵部隊にたいし、これ以上、攻撃機を発進させるな」

これで、米国の日本艦隊にたいする攻撃がおわったわけではない。すでに第一次攻撃隊の四五分後に、一〇七機が飛びたっていた。それらは、空母イントレピッドの第一〇航空群四二機、ヨークタンの第九航空群四六機、ラングレーの第二三航空群一九機からなる第六空母戦隊である。とちゅう、F6F二機がエンジンと増槽のトラブルのため、目標上空へ到達する前に母艦にひき返した。

一二時、攻撃隊は喜界島と奄美大島のあいだを通過し、一三時三〇分、眼下に航跡を発見した。駆逐艦であることが判明し、その一分後、対空砲火の炸裂がみえた。ところが、レーダーはなにも発見していなかった。

五分後、第一〇戦闘爆撃中隊の一二機のF4Uは、滑空爆撃を大和と矢矧および駆逐艦におこなった。四機は大和に一発の命中弾と二発の至近弾を記録し、もう一発は不発だった。

第一〇戦闘中隊の四機は、照月型駆逐艦を攻撃した。爆弾の命中が観測されたが、艦は高速で走りつづけていた。

第一〇爆撃中隊の一四機のSB2Cは、東方から接近し、北東に旋回していた雷撃中隊と協同攻撃をおこなうことになった。第一分隊七機は大和の艦首上空から滑空爆撃を敢行し、第二分隊七機は北に旋回したのち、艦尾上空にまわりこんで緩降下した。投下された二七発の一〇〇〇ポンドと五〇〇ポンド爆弾は、低い投下高度と大和の巨大な目標に低速力という条件の組み合わせで、好結果が期待された。

第一〇雷撃中隊の一二機は正確な対空砲火にあい、用心のため、レーダー妨害用の金属片を散布した。第一〇航空群の大和にたいする戦果は、戦闘爆撃中隊が第二砲塔左側に一発、爆雷撃機の命中弾は、後部左に一発、煙突後方に一発、中央部に五発、そして一五発の命中もしくは至近弾、魚雷は後部に一本が命中した。

一四時、第二三戦闘中隊の一二機は、矢矧に命中弾一発を記録し、第三砲塔に爆発を生じさせた。他に駆逐艦にたいする攻撃もおこなわれたが、戦果は不明である。この中隊は、四機のSB2Cと一機のTBMが被害をうけた。

一四時五分、第二三雷撃中隊の七機は、魚雷六本の命中を記録した。矢矧はすでに何本かの魚雷と、数発の爆弾をうけて海上に横たわっていた。この中隊機の最後の魚雷が命中すると、六〇秒以内に沈むのが観測された。一機の雷撃機が、対空砲火の破片で軽い損傷をうけた。

第九戦闘中隊の一〇機のF6Fは、高波型駆逐艦と矢矧を攻撃した。同様の攻撃が、第九戦闘隊の六機のF6Fによってもおこなわれた。

爆撃中隊の一三機のSB2Cは、矢矧めがけて二六発の爆弾を投下し、多数の命中弾をあたえた。そのさい、護衛艦からの対空砲火で一機が撃墜され、二名が戦死した。このほか、二機が損傷をうけている。

第九雷撃中隊の一三機が最後の止ど

めを日本艦隊にあたえた。TBM六機は本隊からはなれ、大きく旋回しながら大和に接近した。大和の後方傾斜、速力の状況から、右舷からの攻撃が最良と判断されたからだ。

レーダーで大和との距離をはかった。雲の状況は、航空機に有利であった。全機は魚雷の深度調整を六メートルに変更した。隊長は攻撃信号として、爆弾倉をあけた。

四機は大和の右舷に照準をつけ、そろって投下した。右舷中央部に三つの爆発が目撃された。後続の二機の魚雷も命中が観測された。第二分隊が対空砲火の射程外から大和を見ると、傾斜が急にますのが見えた。

それから五分以内に、急速にかたむき、突然、横だおしになって転覆すると、大爆発がおこった。大和の最期だった。第六空母戦隊は日本艦隊を一〇三機で攻撃し、一機が撃墜され、二名が戦死。損害は一一機だった。

大和を旗艦とする最後の日本艦隊にたいし、ミッチャー中将は三六七機の空母機を発進させた。そして、三〇九機が実際に攻撃し、三五九機が帰投した。

未帰還のうち、六機が撃墜、一機は原因不明の墜落、そして一機が艦隊付近に不時着水して失われた。五一機が被弾し、そのうち五機が空母帰投後、修理不能のため捨てられた。そして、戦死一四名、負傷四名というのが、この作戦における米側の総決算である。

（昭和五十八年一月号収載　筆者は艦艇史研究家）

第四章　極秘一号艦は日本人の知恵によってうまれた

男性美の極致・それが大和の魅力だ！

筋骨が太く、肩幅が広くて逞しい威厳あふれる巨艦の姿――横井忠俊

大和型の評価点は……

大和は武蔵とともに、長い歴史のなかで、日本を代表する軍艦である。おそらくは未来永劫《えいごう》にわたり、そのイメージは日本人の胸のなかに宿って消えることがないであろう。

かつての時代、興隆期《こうりゅうき》にあったわが日本が、祖国の栄光を保全すべき海国防の主柱たらしめるべく、とうじの国力と、造艦技術の精髄をかたむけて建造し、無限の期待をかけられて生まれたのである。

それはいわば一国家のバイタリティ（生命力）の権化であった。そしてその直接の目的は、敵国海軍の主力を、その空前の巨砲をもって撃滅し、祖国を泰山《たいざん》のやすきにおこうとするものであった。しかもその巨体は、史上最大のものであった。

必然の結果として、大和の艦容は豪壮にして雄渾《ゆうこん》、いわば攻撃的男性美の極致となってあらわれた。私のもっとも好きな大和の写真は、昭和十六年十月、就役にさきだって宿毛《すくも》沖（高知県）で荒天中に全力航走をするそれで、額に入れてつねに自室に掲げているが、七万トンの巨体が、さかまく怒濤《どとう》をものともせず、黒獅子のごとき船体に波しぶきをかぶりつつ、堂々と航走するその雄姿を見るたびに、身内にいい知れぬ力がみちみちてくるのをおぼえるのである。

さて、私は造艦技術者でもなければ、軍艦の専門家でもない。そしてまた大和、武蔵を実際に見たこともない。その私が、優秀な造艦技術の大家たちが文字どおり心血をそそいで設計された大和の艦型について論ずることが、いかに妥当に欠《か》くかということは、百も承知である。しかしながら、その技術的な内容や価値について、論ずるのとちがって、その美について語るのであれば、「美」とはあくまで主観的なものである以上、造艦技術の素人《しろうと》が勝手なことをいっても許されるのではあるまいかと考え、かつまた私は、軍艦美の讃美者であり、ときに耽美《たんび》者でさえあることについては、人後におちないウヌボレをもっている。

そこで本題だが、それでは軍艦美とは一体なにか。畏敬する堀元美氏は、軍艦美の要素について、つぎのように

あげている。

一、安定感。二、重量感。三、軽快感。四、構成美。五、均衡美。

これらのすべてを満たすとき、その軍艦美は理想なものとなるであろう。それでは大和型は軍艦美の理想といえるであろうか。率直にいって私のきびしい眼から見ると、否《いな》ということになる。それでは大和型は、右の要素のそれぞれについて、どういうことになるであろうか。

一、安定感＝八〇点。二、重量感＝九〇点。三、軽快感＝七五点。四、構成美＝七〇点。五、均衡美＝七五点。（平均点七八点）

さすがに重量感は世界最大のマンモス戦艦だけあって、五つの要素の中では最高の九〇点はつけられる。次点の安定感についていえば、日本戦艦特有の前檣楼の高さが、その太さとの対比においてわざわいしており、たとえばドイツのビスマルク型とくらべれば減点はやむをえない。

つぎの軽快感は本艦の重防御重兵装という特質上やむを得ないことではあるが、米国のミズーリ型、ドイツのシャルンホルスト型とくらべるとき、とうぜんの採点となろう。

均衡美については艦体の大きさ、とくにその幅の広さにたいして上部構造物の小さいことおよび、煙突、後檣の後方傾斜が全体の分厚な艦容に何となく「場違い」の観をあたえることによってこのように評価される。

最後に構成美であるが、七〇点というきびしい評点をあえてしたのは、一つには戦艦美の最大の魅力といえる前檣楼の構成美に不満があるのと、直《ちょく》線《せん》と、不整形の曲線との組み合わせ（この傾向は多かれ少なかれ日本の軍艦のひとつの悪い癖《くせ》ともいえる）による、幾何学的な構成美の欠除が気になることに起因する（このことについてもドイツのビスマルク型、シャルンホルスト型に高い評点をささげることを惜しまないものである）。

これを要するに、大和型の全般の艦容について批評すれば、第一に艦体が短く、かつ太すぎること。第二に、艦体および上部構造物に不整形の曲線がしめる部分が直線にたいして調和していないこと。第三に、巨大な艦体に対して、上部構造物が一般にキャシャな感じをあたえることにあるであろう。

理想の軍艦美をあげてみれば

〔艦体について〕そこで、いよいよ艦の各部について筆をすすめてみよう。

まず艦体であるが、艦首の型は日本戦艦としては、独特のもので、するどく前方に突き出したクリッパー型艦首は、いかにも新時代（当時の）の戦艦らしく、力感にみちあふれ、これにつづく上甲板のシーアも重巡のそれにくらべ、さすがに大艦らしく悠揚たるものがある。

ところがいけないのは、中央部の高まり（じつは前部主砲塔の位置を低めたため）で、これがきわめて不整なカーブでつないであるために、艦体後部が横に張り出している（艦載艇格納庫のため）のとあいまって、蛇が蛙をのみこんだようなふくらみをみせる結果となったことは、いかにも鈍重な感じを

洗練された理想的な〝軍艦美〟を有しているドイツの戦艦ビスマルク

あたえてしまっている。

そもそも軍艦美の基本となるのは上甲板のラインであって、このラインが全体の構成美をひきしめる効果をもつのである（余談になるが、わが国産自衛艦のロング・フォクスル型も、艦首楼後端が傾斜をなしていることによって、艦型美のみの観点からいえば、いちじるしく艦の威容をそこねているといえる）。

この点、大和のためにじつに残念である。これにくわえて、艦体が太く短いので、いっそうその効果は大きく、いわば「たらい」のような形になってしまっている（この印象は、米軍機より撮影した戦闘中の大和写真が、如実に物語っている）。

〔上部構造物について〕上部構造物はいったいに小ぶりで、キャシャな感じがするのは、ひとつには艦体が、太く巨大なためであろうが、ことに正横から見た場合、前後の主砲塔にはさまれて、きわめて窮屈げに、中央部に体を寄せあっている。これはバイタル・パートをできるだけ短くするために、艦体をわざと短くした一方において、空前の巨砲を搭載した本艦型としては、やむをえぬ結果ではあろうが、艦型美の見地からは、不満の出るところである。

さらに、前檣・煙突・後檣がすべて大きな箱のような構造物にのっかり、高角砲もすべて、これに取りつけられているため、いっそう中部に一体となって寄せ集まったといった感が深く、前後檣、煙突、副砲、高角砲等々の織りなす複雑壮厳な戦艦美を、やや欠いているのは惜しい。

大和型の艦型が、その決定にいたるまで、じつに二四種類の設計がなされた経過は、ご承知のとおりであるが、もしも最初に計画されたA-一四〇どおりに建造されていたとしたら、その全長は、じつに二九四メートル（大和は二五六メートル）におよんだ。

一方、主砲はおなじく四六センチ砲三連三基であったから、艦の長さにはそうとう余裕があったわけで、この場合、いかなる上部構造物の配置がなされたであろうかと夢想するのは、私のみであろうか（ちなみに、本艦は速力三一ノットで、一二〇万馬力の高速艦であった）。

〔砲塔配置について〕いうまでもなく艦砲は、戦艦の生命であるが、さすがに大和型の砲塔配置は均斉《きんせい》がとれ、批判の余地がない。前部二、後部一の主砲配置は、前甲板を長大にして、前檣

フランスの戦艦リシュリー。大和型と同じく後方に傾斜した煙突をもつ

楼の位置を中央部近くへ位置せしめ、雄偉さとスマートさを兼ねそなえさせる結果になっている。

　副砲配置も、前後両舷それぞれ一基四砲塔の配置は、これ以上のものは考えつかぬほどである。ただひとつ、艦型美の上においていかにも芸がないように思えるのは、中部構造物の両舷に密着してあった高角砲群がある。この点についてはイギリスのキング・ジョージ五世型の背負式二砲塔あて四群に配した構成美は、じつにすばらしいものだと思う。

〔前檣について〕大和の前檣楼は、私はあまり好きでない。いや、はっきりいうと大和の艦型に感動的な魅力をおぼえない最大の原因は、じつはこの前檣楼にあるといっても過言ではない。ではどこがいけないのか。第一に、細く高すぎることにある。

　もちろん、山城、扶桑のごとき在来の改装戦艦のそれにくらべれば、はるかにまさることはいうまでもない。しかしながら、ドイツのビスマルク型、シャルンホルスト型、フランスのリシュリー型、ストラスブール型、米のミズーリ型などのそれにくらべると、美的見地からみて、大いに見劣りのすることは事実である。

　とくにこれらの諸艦にくらべて、問題になるところはその基部で、司令塔ないし、航海艦橋が前方に大きく突出し、その後方に比較的細い塔が立っている場合は、安定した威容感と、スマート感とに富むものといえるが、改装後の比叡や、大和のそれは基部が上部と変わらぬ太さにあり、威容に欠けるものといわねばならない。

　第二に後ろへ倒れそうな不安定感があることである（とくに右舷ほぼ正横位の写真をみると、この理由は顕著である）。その理由は真横からみると、前面は階段上に逐次上方へいくにしたがって細くなっているのに対し、背面はほぼ直立であるためと考えられ、この印象はほぼ同様の艦橋構造をもつ比叡も、まったく同様である。

　この点、日本の改装戦艦の例では、霧島、金剛のそれは、はなはだりっぱな構成美を形成しているが、それは艦橋基部が大きく前方に突き出している一方、背面が直線で、かつ後方へ展開して重厚感と、安定感を織りなしているからであるといえる（ついでながら、私の審美眼によれば伊勢型のそれは、これにつづいてすぐれ、陸奥型はやや落ち、扶桑をもって最悪とする）。

第三には、戦艦の場合の塔型前檣に不なれなせいか、列国のそれにくらべても、また在来の日本戦艦の積上式のものにくらべても、どこかギコチない。すなわち洗練味にも、また重圧感にも、欠けるということができるのではあるまいか。直線をいちおう基調としながら、ときに洗練されていない曲線が不調和に使われているところに、その一因があるであろうか（直線美に徹した幾何学的な美しさは、独、仏の戦艦にとくに顕著に見ることができよう）。

〔煙突と後檣について〕大和の艦型のうちで、もっとも異彩をはなっているのは、その煙突と後檣であろう。古今東西を通じ、戦艦の煙突や、マストのうちで、後方に傾斜しているものは、仏のリシュリー型の特殊な煙突をのぞいて、世界には見当たらない。

煙突が曲がっているのは、罐室が前檣の直下にあるので、前檣構造物に排煙の熱気をおよぼさないための誘導煙突であって、やむをえないのであるが（この点、日本の重巡と同じである）、問題はその高さ（これも後部檣楼に悪影響をおよぼさないためのもので、実用上はやむをえない）が、太さに対して長大にすぎることによって、全体の分《ぶ》厚《あつ》な艦容に、不釣合いな背の高い感じをあたえ、艦型美を損《そこ》ねる結果となっている。

なんといっても、やはり戦艦の煙突は直立させるのが一ばんいい。何度も引きあいに出すようであるが、ドイツのビスマルク型、シャルンホルスト型のように、直立した太い煙突に、排煙よけの帽子を粋《いき》にかぶせたものなど、まったくほれぼれするようなスタイルであると思う。

後部マストの傾斜は、通信能力を確保するための空中線展張上のつごうによるのであるが、煙突の傾斜とはよくマッチしている。しかも、その独特な構造は、やはり新しい〝美〟を生み出している。しかし、私の好みからいえば、やはりこれも直立させたい。三五ノットで突っ走る高速戦艦ならいざ知らず、全幅四〇メートルにたっし、七万トンの巨体、最高二七ノットの速力の戦艦には、どう見ても不似合いと思われる。

こころみに読者は、「捷」号作戦に出撃せんとする、武蔵の左舷真横の写真の煙突と後檣を、なにかで覆《おお》い、そのあとにたくましい直立煙突と、後部構造物の直上に、直立マストを想像してみることをおすすめする。

昭和19年10月21日、捷号作戦が発令されブルネイ湾を出撃する武蔵

最後に、後部構造物であるが、これ

はなかなかコンパクトかつ、スマートにできており、簡潔に機能美を発揮しているなど、グッド・デザインといいうるであろう。射撃指揮塔を中心に、四周に三連装の機銃を配した構成美は、まったく美しい。

なお後部の飛行甲板は、両舷二基の射出機、中央艦内格納庫、艦尾最後部の揚収クレーンの配置は、近代戦艦の典型的な航空機配置として、賛辞をおくりたい。

（昭和三十九年二月号収載。筆者は軍艦研究家）

戦艦〝大和〟の設計秘話

世界一の巨大艦建造にはらわれた技術陣の努力点——福田啓二

心血の結晶〝大和〟

昭和九年（一九三四年）——といえば、かのロンドン軍縮条約（昭和五年にロンドンにて会議が行なわれ、主力艦の建造中止が華府《ワシントン》条約の期限より五ヵ年延期された）の切れる前年であり、この無条約時代に対蹠《たいしょ》して、日本海軍では新主力艦の設計が着手された年であった。

そして、ここに提出されたのが大和、武蔵の設計書であった。

当時の艦政本部長は海軍大将中村良三氏、おなじく第四部長（造船）は技術中将山本幹之助氏で、設計基本計画主任として、当時、造船大佐だった私に命ぜられた。嘱託として、平賀譲博士が依頼され、終始、熱心な助言をいただくことになった。そのほか、造船部門では、竜三郎、牧野茂、松本喜太郎の三氏（当時、技術大佐）、それに技師として岡村博、土本卯之助、今井信男氏らがなっていた。技師の岡村氏は平賀中将のもとで、八・八艦隊計画当初よりの経験者で、きわめて優秀な技術者であったが、惜しくも途中で逝去されたことはわれわれにとって非常な痛恨事であった。

造機関係は渋谷隆太郎（のち海軍中将）氏、近藤一郎（造機少将）氏、永井安弐氏らであり、造兵関係では菱川万三郎（のち技術中将）氏、泰技師たちがあり、甲鈑（アーマー）関係では、呉製鋼部の佐々川清（のち技術少将）氏ら多くの人々が設計に従事され、この大艦設計の完成に心血を注いだものである。

昭和九年十月に軍令部から要求が出されたが、その内訳はつぎのとおりである。

主砲＝一八インチ（四六センチ）八

門以上。

副砲＝一五・五センチ三連装四基または二〇センチ連装四基。

速力＝三〇ノット以上。

防御力＝主砲弾に対し二万〜三万五〇〇〇メートルの戦闘距離に耐える。

航続距離＝一八ノットにて八〇〇〇マイル。

大和設計の詳細については、松本喜太郎造船大佐の著書『戦艦大和』および、福井静夫造船少佐の著書『日本の軍艦』および『造艦技術の全貌』によく記述されているので、ここではとくに私の記憶にあることだけを示すことにしよう。

各部の極秘事項

〔主砲について〕対米優位を保つ面から、一八インチで進むことが決定された。これは米国が一六インチ砲で進んでいるのに対し、極力これを秘密に保つことが、わが優位を保持するのに絶対に必要であるので、主砲の口径およびこれを察知することができる排水量は、これを軍極秘として関係者以外には絶対知らされない方針がとられた。

このことは建造工事上、非常な不便を生じたがやむを得ないことであった。

基本計画進行中、航空機の将来の発達を見込んで、大艦巨砲主義を棄てて航空威力の増大を可とする説もあったが、大艦巨砲主義の大勢を動かすにはいたらなかった。しかし、これは日本のみならず、英米側も当時は同様であった。

基本計画決定まで数多くの概案が作られ、その数は二〇種類にもおよんだほどである。砲塔の配置は種々検討した結果、艦の前部に二砲塔、後部に一砲塔にきまった。

一番砲の重心の重さは、主力艦設計上の重要な点であって、弾火薬庫の配置、艦底からの火薬庫までの高さ、これは艦底からの爆発防御に大切なことである、砲身の水面上の高さなどからきめられるが、一番砲の重さにともなって、二番砲の高さ、副砲の高さ、司令塔の高さなどがきまり、艦の重心点の高さに大きな影響があった。

本艦の場合、第一番砲塔が三連装となったので、その火薬庫の配置と、砲身の高さについては綿密な検討がなされた。

第三番砲はその火薬庫の配置と推進軸との関係に大いに苦心を要したものである。副砲、高角砲、機銃については、副砲は〝最上〟級に搭載された一五・五センチ三連四基一二門を用いることとし、高角砲は一二・七センチ二連装六基（一二門）、機銃は二五ミリ三連装八基（二四梃）、一三ミリ四連装四基（一六梃）など搭載のこととなったが、設計の途上、対空防御の上から高角砲増載の案があったが、重量の関係上、このように決定した。

そこで、これらの兵装重量であるが、電気装置その他をくわえ、一万三一〇〇トン余で、〝長門〟級の六二〇〇トン余の約二倍に達していることからみて、いかに強大なものであるかが判然としよう。しかし、〝大和〟完成後、航空機の威力増大があきらかとなり、対空防御をさらに増大したものである。副砲一五・五センチ六門とし、高角砲二四門、機銃一一七梃に増大したが、これでもくりかえし、反復攻撃してくる敵機の前には屈服せざるを得なかったのである。

〔主機械〕はじめ、外側二軸をディーゼル機関二衝程、復動式六万馬力とし、内側二軸とタービン式七万五〇〇〇が有利とみとめられ、これによって基本計画をすすめ、いったんこの計画がまとまり、公試排水量六万五二〇〇トンという案ができた。潜水母艦〝大鯨〟および給油艦〝剣ケ埼〟に搭載する予定であったが、大鯨に搭載した機械は故障つづきで、全力が発揮できない事情があり、また発煙も多いなどの不利の点があったりして、〝大和〟搭載の試作機一気筒の陸上試験の結果をみて、本艦にディーゼル機関搭載は断念、全部タービン式に改めることになった。そのため、機関および、燃料の増加などのため、排水量が三〇〇〇トン増加して公試状態六万八二〇〇トンになった。

〔罐〕一室一罐として、一二罐で四軸の各軸に対して三罐ずつ直線的に配置することにした。一ヵ所の被害で、損害が他の軸におよばないような形とした。

〔排水量と主要寸法〕排水量は搭載の兵器、機関、防御甲鈑、燃料、船体艤装斉備品などの合計重量でなり立っているので、船が大きくなれば必要とする主要重量も大となり、たがいに関連をもっているので、これを決定するのにはトライアル・アンド・エラーのやり方で決めて行くのだが、搭載兵器の大なること、防御用重量の大なることなどのことから、尨大な排水量となるので、これをできるだけ小にたもつために苦心した。搭載重量の配分および他艦との比較は第23表に示した。

〔速力〕はじめ、要求三〇ノット以上であったが、これを満たすためには大馬力の機関を要し、排水量がいちじるしく増加するので、これを満足させることができず、二七ノットに下げられた。

〔航続力〕必要の限度に下げ、はじめ一八ノット八〇〇〇を一六ノット七二〇〇に下げてみた。

〔艦型〕できるだけ、小とすることとし、とくに長さを短くすれば船体重量を減じ、防御区画以外の部分の長さが減るという利点があるため、極力長さを短くする方法をとった。そのために幅がいちじるしく大となるに至った。

船の抵抗の面からいえば、船の長い方が有利だが、短くして抵抗の少ない型について、艦型試験上で、約四〇種類のモデルについて研究した。その結果、吃水線の長さ、二五六メートル、最大幅三八・五メートル、吃水一〇・四メートルに落ち着いた。

艦首は水面下に球形のバルバス型を突出させ、全速力において、船体抵抗を減少する徹底的な形とした。このため、普通の艦型に球型艦首をつけたのではなく、艦首後方は普通よりも痩型となっている。これで抵抗の減少は八パーセントに達した。

長さと幅、幅と吃水、排水量と長さとの関係は第22表に示すとおりで、排水量と長さの比は小で、排水量の割合に長さの短いことを示している。

幅は長さの約七分の一であるが、こ

れも従来の船にくらべて、幅のひろいことを示している。

　吃水はドック港湾の関係上、あまり大にできないので、とくに深くないその有様は第44図に示した。


〔防御〕自艦のもつ主砲弾に対し、防御甲鈑の厚さをきめるのが、一般造船学の常識であって、大和の場合は一八インチ砲の徹甲弾に対する厚さをきめた。その安全範囲は、はじめの要求が二万ないし三万五〇〇〇の間とされたのであるが、大落角にて命中する弾丸に対する甲鈑の厚さがあまりに大となり、ますます艦を大にすることにより

（表22）主要寸法表

艦名	三笠	金剛（新造）	長門（新造）	大和（計画）
進水年	1900	1912	1919	1940
排水量（△）	14360	27384	34362	68200
水線長（L）	125	212	214	256（水線下ラム 3）
垂線間長	122	199	201	244
幅（最大）（B）	23.3	28	29	38.9
深（d）		15.5	15.7	18.9
吃水（D）	8.3	8.22	9.14	10.4
前部乾舷	5.2	8.9	7.93	10
主砲	4—12″	8—14″	8—16″	9—18″
馬力	15800	64000	80000	150000
速力（節）（V）	18.5	27.8	25.5	27
燃料	700	C—4200 O—1000	C—1600 O—3400	O—6300
航続力		14K—8000	16K—5500	16K—7200
L／B	5.35	7.56	7.38	6.99
B／d	2.92	3.412	3.167	3.55
$\triangle/\left(\frac{L}{100}\right)^3$（英）	224	81.8	100	110.7
$L/\triangle^{1/3}$（仏）	6.15	7.05	6.57	6.31
$V/\sqrt{L}$（英）	0.93	1.053	0.96	0.93
復原力鑠GM	1.16	1.753	1.137	2.6
OG	0.67	1.245	1.276	1.44

これを二万ないし三万とした。舷側甲鈑は二〇度外方に傾斜して、四一〇ミリとし、中甲板には二〇〇ミリの甲鈑を装着した。

　なお、主要部すなわち砲塔、弾火薬庫機関室、司令塔、舵取機械室などに防御甲鈑を集中して、充分な厚さの甲鈑を装備することとし、それ以外は甲鈑を装備せず、多数の水防区画をもって浸水を極限することとし、いわゆる集中防御方式である。

　そのために船の長さを短くすることおよび主防御区画の長さを短くすることに最大の苦心がはらわれた。魚雷および、水中弾に対しては、水中防御縦壁を設け、舷側甲鈑を下方に延長した形とし、下方は漸次その厚さを減少した。甲鈑の材質および製造法の改善については呉の製鋼部が非常な努力をはらっている。

　八・八艦隊計画当時に試作された一九インチ砲を使用し、対鋼鉄の実験が徹底的に行なわれた。なお、甲鈑の船体への装着法、甲鈑周囲の固着法などについても実験された。また、煙路通風路の防御としては円筒鋼鉄を用い、また松本喜太郎造船大佐の考案による蜂の巣甲鈑（甲鈑に直径一〇〇ミリ程度の穴をうがち、甲鈑の厚さを増加して防御力十分なもの）を装着したことは本艦がはじめてである。

　ついで大型爆弾に対する防御としては、主防御部は対弾丸防御をもって十分であったが、主防御部の前後の上甲板に約五〇ミリの甲鈑を装備して、急降下爆撃の防御とした。また舵取室の防御は主防御部とはなれているので、

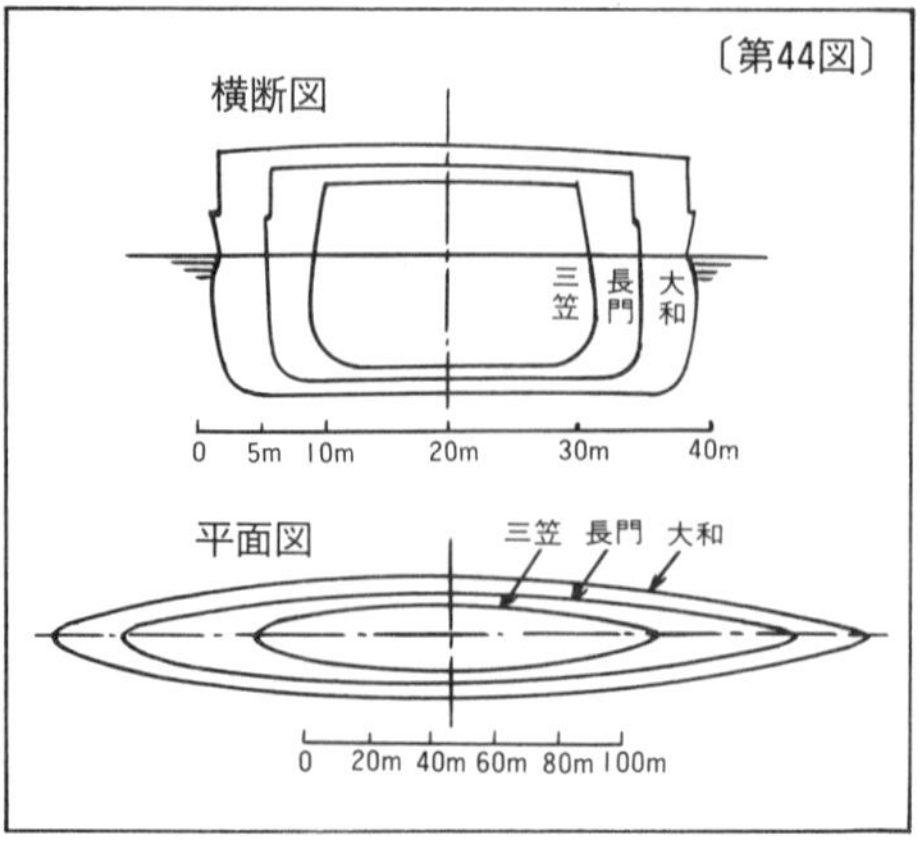

〔第44図〕

この部分に主防御に準ずる甲鈑を装備し、そこにいたるテレモーター管、電線などには、弾片防御のトランクを設け、なお安全性を増すため復装置を設け、応急用電纜、短時間操舵用の蓄電池を設けた。

舵は中心線に主舵一個を設け、その前方にはなれて小型の副舵をつけた。艦の前部に補助舵をつける模型実験を行なったが、効果あるものは得られなかった。

無防御部の浸水については、種々計算を行ない、この程度をもって満足すべしと考えた。第一砲塔より前部に浸水しても、艦首の乾舷一〇メートルが四・五メートルに減じ、艦尾部全部浸水の場合は艦尾の乾舷が八・八メートルが六・四メートルに減少する程度であった。

（表23）排水量と重量配分

艦名	三笠 常備	長門新造 常備	陸奥改装 公試	大和 公試計画
船殻艤装	6,000	11,650	13,695	20,530
甲鈑防御	4,080	10,361	13,898	23,492
兵装	1,550	6,184	7,475	13,163
機関	1,400	3,579	3,071	5,043
燃料	700	1,000	3,808	4,330
斉備	620	1,051	1,005	1,040
その他		45	489	602
合計	14,350	33,870	43,441	68,200

また、艦首、艦尾および防御甲鈑以上の非防御部全部が被害をうけて、非水防となってもなお傾斜約二〇度までは復元力をもち得ることを確かめた。

これは防御を中央に集中する船の安全性確認の一方法であったのである。

〔復原性能〕これは排水量六万八二〇〇、GM二・六メートル、OG一・四四、復元範囲、七〇・八、予備浮力と排水量の比八〇パーセントで、この種の艦としては従来の戦艦よりもはるかに良好のものであった。

だが、大和が大浸水の結果、復原力を失ったことはいかにも残念なことであったが、沈みにくい艦であったことは米側も認めている。

〔船体強度〕船殻の構造は従来になかった大艦であるが、縦強度については普通の標準方式で強度を計算し、鋼板の厚さを決めた。また最上甲板の鋼板が爆弾で大部分破損されるも、第二鋼板以下である程度の強度をたもつよう考慮された。中心線、縦隔壁および垂直竜骨を二列として強度を増した。また、幅のひろさに対し、横強度を充分考慮している。電気熔接は普通の軟鋼板に、陸上熔接の部分は極力これを利用し、重量軽減をはかった。

〔電力装置〕電力は合計四八〇〇キロワットで、ディーゼル式四基、タービン式四基を用いた。被害に対する電源の確保には特別の注意がはらわれ、その結果、武蔵沈没の際には最後まで電灯が消えなかったことが確認されている。

〔檣楼〕これは実物大木製模型によって、充分検討し、必要の最少限の形とし、水面上約三四メートルに艦橋がある。そして、この上に一五メートルの測距儀をもうけておいた。

〔注排水装置〕艦の浸水による傾斜を急速に矯正するために、この装置が考案された。その他、艤装上、毒ガスの防御居住性を改善すること、通風暖冷房装置などは従来の艦よりも改善されている。

〔建造工事〕

基本計画着手　昭和九年末

艦型決定　昭和十二年三月

起工　昭和十二年十一月

進水　昭和十五年八月

竣　工　昭和十六年十二月

以上のように起工から竣工まで約四年の短期間でき上がっていることは現場工事が非常な苦心をしたことを物語っていよう。これは呉工廠各部の努力はもちろんであるが、ことに造船部の西島亮二技術大佐、辻技師らの努力の結晶であった。

〔費用〕詳細はわからないが、船体＝五〇〇〇万円、その他を加え（計）一億三八〇〇万円となっている。

さて、これらの種々な努力点、あるいは創意工夫のあとをたずねると、日本の造船技術がいかに発達していたかが判然とするが、しかし、いざ開戦となるまでは敵国艦船の性能はよく判らないものである。

そのためにのみ造船技術者はつねに研究努力をしていたわけであるが、それでも電気方面、とくにレーダー装置に先鞭をつけられたのが遺憾である。

また、造船関係では、応急処置、ダメージコントロールの点においてまだまだ研究の余地があったことは認めざるを得ない点であった。

ことに戦訓をとり入れて、ただちに対策を講ずることなど、甚だしく迅速を欠いていたといえよう。そして、結局は、戦いの勝敗に大きな結果をおよぼしたのは量の問題であり、国力の問題であったことは言をまたない。

（昭和三十五年四月号収載　筆者は大和基本計画主任）

戦艦大和の艦型をめぐる秘密

あのスマートな偉容はこうして型づくられた——松本喜太郎

俎上《そじよう》にのった二〇種類

昭和九年十月、軍令部から海軍省へ新しい戦艦について研究してほしいという要求が提出された。それは世界最強たることを目ざして立案された口径四六センチ（一八インチ）の近代型の巨砲を搭載した新しい戦艦であった。

これはワシントン軍縮条約で、主力艦の搭載する主砲の口径は一六インチ以下と規定されていたが、昭和十一年（一九三六年）の末で条約期限が満了となり、無条約時代になるのを予見した海軍首脳部が想定敵国たる米国に対する日本の国力を考え、少数精鋭による経済軍備の見地から、この要求にでたものであった。

もっとも、記録的にみれば、一九一七年に完成した英国の巡洋艦フューリアスは、一八インチ砲二門を搭載する計画で、実際には後部の一門だけを搭載し、数回の実射を行なっている。この成績によると、発射の激動は、艦体をひどく震動させたと伝えられているから、成功ではなかったらしい。そのためフューリアスは一九一八年に航空母艦に改造されてしまった。

　軍令部からの要求をうけた海軍省は、ただちに海軍艦政本部に命じて研究に着手した。この研究着手から艦型が決定するまでの期間を、いま二期に分けて考えてみよう。

　第一期は昭和九年末から十一年七月末にいたる約一年一〇ヵ月の期間で、第一期末に海軍高等技術会議で、設計符合A一四〇-F_5なる艦型が採択され、これを建造することに決定された。この艦型に決定するまでに二〇種類以上の異なった艦の計画が行なわれ、慎重に各案について利害得失の検討がなされたことはいうまでもない。

　A一四〇とは、大和なる艦名のまだ与えられないとき、いずれは生まれるべき本艦に与えられた仮名で、F_5は計画の内容が変わるたびに変えられた呼び名の符号である。大和という本名は、本艦の進水式においてはじめて命名されたものである。

　この大和型の母体となったA一四〇-F_5の概要は第24表のとおりである。

米海軍の泣きどころ

　パナマ運河と大型艦の関係は、われわれの注意を惹《ひ》いた大きな問題の一つであった。パナマ運河の出入口の幅は一一〇フィートであるから、ここを通過しうるためには、艦の幅は一〇八フィート以上では不可能である。

　大和へ搭載する口径四六センチという巨砲を搭載した軍艦を、米国が建造するとしたなら、パナマ運河の通過を可能にするという制約をうけて、なおかつはたして立派な軍艦が出現しうるだろうか、ということが問題になった。

　米国が大西洋と太平洋と両洋で、それぞれ独立して戦いうる艦隊をもつ、すなわちいわゆる両洋艦隊を整備するだろうなどとは、当時、軍令部でも予想していなかったようであるから、パナマ運河の大きさに制限されて、大和に対抗できる性能の軍艦ができないとなれば、これは兵力を運用する上で、米国にとってすこぶる痛いところであろうと考えられた。

　われわれが研究したところによると、充分な防御力をもたせ、大和と同じように超大口径砲を搭載するとなると、

（表24）A140—F_5主要目

基準排水量（1）	61,334トン
公試排水量（2）	65,200トン
満載排水量	67,515トン
主兵装	
主砲	46センチ（18インチ）砲3連装砲塔3基
副砲	15.5センチ砲3連装砲塔4基
高角砲	12.7センチ2連装6基
機銃	25ミリ2連装12基 13ミリ4連装4基
飛行機（水上偵察機）	6機
砲弾防御	46センチ砲弾に対し戦闘距離20,000メートル～30,000メートルにおいて艦の致命部は安全なること。
水線長（3）	253メートル
最大幅	38.9メートル
深さ	18.667メートル
吃水（4）	10.4メートル
速力	27ノット
航続力（5）	16ノットで7,200カイリ
軸馬力	135,000馬力
推進器	4個 内2個はタービンに結ばれ、計75,000馬力 2個はディーゼルに結ばれ、計60,000馬力

（注1）　条約に定められた特定状態の艦の重さで、簡単にいえば、各種物件の定額を満載した状態から燃料と予備給水を除いた状態。
（注2）　燃料、糧食などの消耗物件を満載量の1/3を消耗したときの艦の重さで、おおむね戦場に到着し、正に戦闘開始の状態。軍艦の設計はこの状態に対して行なわれるのが普通。
（注3）　公試状態で浮かんでいるときの水面における艦の側面から見た長さ。
（注4）　水中部の長さ。
（注5）　一定速力で直線に走りうる片途距離。

四六センチ砲九門で公試排水量六万トン、速力二三ノット、もしくは一〇門、六万三〇〇〇トンでやはり二三ノット程度までならば、一〇八フィート幅で実現可能の軍艦ができるという結論に到達した。

この場合、速力の点で、とうてい大和ほどの近代的な軍艦はできないということになる。

大和の速力については、軍令部では米国の新型戦艦の速力を二四ノット、もしくは二五ノットと予想して、最初三〇ノット程度を要望したが、そうすると所要馬力は、二〇万にも達し、公試状態の排水量は、六万八〇〇〇トンとなり、艦型過大とみとめられた。それ以後、各種の案を検討して、最後に二七ノットに落ちついたのである。

戦艦建造の経験者なし

こうして新しい戦艦は、A一〇四-F_5案の方針にもとづくことになり、さらに詳細な設計を進めることになった。

大型艦設計の経験は、ワシントン会議で廃棄された紀伊級の四万七五〇〇トンの大きさまではもっているし、商船では英国の豪華船〝Queen Mary〟（クイーン・メリー）の七万トンもあることだから、自信は持てたとしても、実際に建造した戦艦の例は長門、陸奥が最後で、それ以後、長い年月を経過していたので、戦艦建造の経験をもった工員が、とうじではほとんど皆無といってよい、このような状態で果たしてこの巨大戦艦の建造ができるであろうか、さらに進水の問題は如何、と心配はつぎからつぎへと生じてきた。

また艦型の決定にあたっては、艦の長さをできるだけ短くすることにずいぶん苦労が払われた。

長さを短くすることは、この場合、防御計画のうえから考えて絶対に必要であり、長さが長すぎては、新戦艦の防御計画は成り立たなかったのである。

排水量と艦の長さ、幅、吃水の状況を示すと第25表のとおりである。

第25表で見られるように、大和では他の艦にくらべて長さが比較的に短く、幅はきわめて大で、吃水はあまり大ではない。

この形は、速力の点からいえば不利であるが、吃水は軍港の深さで制限をうけたし、長さは防御上の見地からおさえられていたために、いきおい幅が大とならざるをえなかったのである。

（表25）大型艦船寸法比較表

艦名	排水量	水線長（L）	幅（B）	吃水（d）	L/B	B/d
大和	65,200t	253m	38.9m	10.4m	6.9	3.74
長門	34,000t	213m	29.0m	9.15m	7.3	3.10
赤城	41,100t	250m	32.1m	9.45m	7.7	3.39
八八艦隊の最後の4隻	47,500t	259m	32.4m	9.68m	8.0	3.34
ノルマンディー	67,500t	294m	35.9m	11.2m	8.2	3.20
クイン・メリー	70,000t	312m	36.0m	11.0m	8.7	3.28

このように艦の寸法の割合がよくないので、航走時の水の抵抗をできるだけ小さくするために、たくさんの模型で船体形状の試験水槽実験をやって研究された、その結果、速力は比較的に少ない馬力で二七ノットを充分だせる見通しがついた。

設計陣の苦闘二年半

第二期は、その後におこった主機械

の型式変更問題の発生から艦型最終決定までの期間である。

　新戦艦計画の第一着手として白紙のうえにまとめられた原案とも称すべき最初の案は、推進器動力たる主機械をタービンとし、これの馬力二〇万、速力三一ノット、航続力一八ノットで八〇〇〇カイリ、公試排水量六万九五〇〇トンであった。

戦艦長門。大和が建造されるまでは陸奥とともに日本海軍の主力部隊を形成

　これに対して審議の結果、対米作戦用としては、航続力をもっと改善したいし、艦の大きさはさらに縮小できないかということであった。

　いろいろな案が研究され、第一期の最後にきまったもの、すなわちA一〇四-F_5では、主機械運転用の燃料の消費量を節約するため、推進器四個に対する四組の主機械のうち、二組はディーゼル・エンジン、残り二組はタービンとすることにきまったのである。

　重量の点では、タービンだけの方が軽くてよいが、装備に必要な面積や所要燃料の点を考えると、両者を併用した方がいちじるしく有利である。両案の比較が議論されたときの結論は、

一、併用案は燃料の点ですこぶる有利である。この点は高馬力となるほど顕著。

二、機関の信頼度は、内火式についてはまだ詳《つまび》らかならざる点もあるが、実現の確信はある。

三、しかし振動の点では内火式は明らかに不利である。

ということであった。一基で一万馬力ぐらいを発生する大型の内燃機については、日本海軍ではすでに水上機母艦の大鯨、剣崎、高崎などで経験があるというので、これの採用に対しては、当事者はほとんど、不安をもっていなかった。

　以上のような経過で、大和の設計方針が決定した。

　そこで、海軍艦政本部各部に属する関係者は、総員異常な熱意をかたむけて、それぞれの設計の詳細に着手しはじめたのである。ところが、それから二月くらいたったとき、すでにきめていた機関型式に再検討を要する重大な問題が発生した。

　それは前記の大鯨などに主機械として搭載した高馬力のディーゼル・エンジンが、使用しているうちに、各部分に根本的な問題で重大な欠陥《けっかん》を暴露しだしてきたことである。

大和は重防御艦であって、主機械を装備した区画の上部には、厚さ二〇〇ミリの甲鉄板を張りつめるから、艦が竣工してしまってからこのような故障がおこっても、主機械を換装《かんそう》するようなことは不可能である。したがって搭載しようとする内燃機に信頼性がなくなったとすれば、すみやかにタービンに変更しなければならない。

これはすでに、A一四〇-F_5にきめた計画に大改正を行ない、燃料の搭載量を増加しないと航続力の不足をきたす。

そして、この変更方針の決定がおくれると、艦の竣工時期へも大きな影響を与えることになる。

再検討は急を要する。そこで数次にわたり研究協議を行なうとともに、同型式内燃機の単筒によって長時間の陸上実験をも行なった。その結果、やはり内燃機の採用は思いとどまるべきだということになり、主機はタービンのみで四軸全部を運転することになった。この決定をみたのは、昭和十一年三月であった。

そこで基本計画の大変更が行なわれ、はじめてここに戦艦大和の艦型は最終決定を見た次第である。

兵器関係では機銃が一三ミリ連装二基および二五ミリ三連装八基となったほかに、変更はない。

さて、一九四〇年末に竣工した日本の大和と、それから一年強を経過したころに竣工した米国の戦艦アイオワとを比較してみると、アイオワは一六インチ三連装砲塔三基を大和の場合と同じに前部に二基、後部に一基の計九門が配置された主力艦で、公称速力三三ノット、その船体寸法は、日本海軍がパナマ運河通過可能の最大限との仮定のもとに算出した数字と、ほとんどひとしいものであった。

ことに幅の点は、一〇八フィートであったから完全に推定と一致しているし、速力もともに三三ノットとなっている。ただしこの三三ノットをだすのに、日本海軍では一九万馬力と考えたが、搭載馬力は二一万二〇〇〇であった。じっさいの速力は三五ノットをだしたと称せられているが、馬力の点から考えて三三ノット以上だしたことは確実であろう。

兵装の点で、米国海軍に先見の明があったと認められるのは、副砲と高角砲とを一種類にし、五インチ高角二〇門としたことである。この二つの目的を、一種類の砲で兼用させる設計は、一九四一年八月に竣工した三万五〇〇〇トン型主力艦ワシントン級以降に採用されていた。

大和も戦訓からみて最後にはつぎのように変わった。大和の公試排水量六万八二〇〇トンの重量の内訳は、第26表のとおりである。

重量の点で一六インチ砲八門を搭載した陸奥と一八インチ砲九門を搭載した大和とを比較すると、第27表のようになる。

（表26）大和の重量配分計画

項目	A 140の最終案	A140-F_5
船殻（トン）	18,600	17,600
艤装（トン）	1,930	1,850
甲鉄（トン）	21,727	22,492
防御板（トン）	1,765	
斉備（固定）（トン）	440	460
斉備（消耗）（トン）	600	577
砲熕（トン）	11,802	11,832
水雷（トン）	112	132
電気（トン）	1,140	1,140
航空（トン）	109	148
機関（トン）	5,043	5,430
燃料（重油）（トン）	4,330	2,961
軽質油（トン）	22	22
潤滑油（トン）	80	175
予備給水（トン）	200	125
余裕（トン）	300	256
合計	68,200	65,200

（表27）大和、陸奥攻防力重量

項目	大和(Y)	陸奥(M)	(Y)/(M)
砲熕重量(トン)	11,802	≒6,000	≒2.0
甲鉄及防御板(トン)	23,500	10,400	≒2.3
公試排水量(トン)	68,200	37,000	1.85

（表28）

	副砲(15.5センチ砲)	高角砲(12.7センチ砲)	機銃
竣工当時	12門	12門	32梃
最後の状態	6門	24門	150梃

この表の比較によって、大和がいかに巨大な戦艦であったか想像がつくであろう。以上のような経過で、艦型が決定した。軍令部の提案をうけてから大和の艦型決定までの期間は、結局、昭和九年末から十二年三月末までの、八ヵ月にわたる第一期、第二期とを合わせて二ヵ年半となった。

単艦の威力にたよる

主砲とはその軍艦に搭載した大砲の中の最大のものをいうが、戦艦の近代形式主砲の最大のものは、当時までは各国を通じ、大砲の口径すなわち弾丸の直径四〇センチ、インチでいえば一六インチであった。大和型の主砲については、四〇センチ砲九～一二門搭載の案も研究された。とうじ米国の改装戦艦では、甲板防御甲鈑の厚さは七インチらしいということであった。してみると、これを弾丸で貫こうとしても、四〇センチ砲弾では貫きえない戦闘距離を生ずることになる。しかし、いかなる距離でたたかっても命中さえすれば、かならずどこかで敵の防御部分を破りうることが望ましい。歴史的にみると、大型砲を他国に率先して採用するのは、いつも日米のいずれかであったから、今後、米国が四〇センチ砲以上の大砲を採用する可能性はすこぶる強い。

この場合、あとから日本が気がついたのではすでに遅い。米国に対して日本が戦艦において優位を保つためには、工業力や経済力の点からみて、隻数で望むことができないから、単艦の威力を強大なものにするよりほかには方法がない。

だいたい以上のような議論の末に、大和の主砲は四六センチときまったのである。

このような考えかたであったから、日本が四六センチ砲搭載艦を建造せんとしていることが外国に洩れて、他国にこれに対応する艦をつくりだされるのは、日本にとってすこぶる不利である。

このため搭載砲の大きさや、これを予想される艦の大きさなどは、きわめて高度の秘密事項とされたのである。

戦艦大和の最大の特長は、こうして四六センチ（一八インチ）砲を装備したということである。第一次大戦以来、各国海軍を風靡《ふうび》していた大艦巨砲主義の思想に徹した戦艦大和をもって国家を泰山の安きに置きうると考えた。しかし、この確信も、本艦完成（昭和十六年暮れ）後、一年をいでずして、ミッドウェー海戦の結果、米航空機の示した威力によって曇りはじめた。このことは真珠湾攻撃やマレー沖海戦の結果、すでにみずから立証したにもかかわらず、感じ方がそれほど切実でなかったのは、いまから考えると不思議な気がしてならない。これが、戦艦大和の艦型決定をめぐる推移であった。

（昭和三十五年四月号収載。筆者は呉海軍工廠造船部設計主任）

私は戦艦大和をこのように設計した!

純日本製の超弩級戦艦が誕生するまでの知られざる真実――松本喜太郎

ヤマトに寄せる外国の讃辞

艦艇は、その時代の科学技術の粋を集めたかたまりのごときもので、艦種に応じた使用目的をもたされている。そして、その目的に関連して有効、強力な兵器を攻撃力として搭載される。

艦艇の建造費はかなり高価であり、かつその建造にはそうとうの期間をようする。したがって艦艇の設計は現状に立脚し、将来についても、あるていどの見通しをつけて、慎重な態度で進められなければならない。今日、役に立っても明日は陳腐《ちんぷ》なものとなり、無用の長物化してしまうようなものを設計してはいけない。

科学技術の進歩はいちじるしい。軍事科学の面でも、現存兵器は日々に進歩し改善されてゆくし、新兵器も休みなく産まれてくる。軍艦の主兵装についてみると、大砲が主兵の座を占めていた時期はずいぶん長かった。

この間、各国の技術者は、大砲そのものや弾丸の性能向上のため、たえざる努力をつづけてきた。戦艦大和へ搭載した口径四六センチ、砲身長四五口径の巨砲の性能、および威力は、海軍砲の歴史上の一つの極点にたっした姿をしめすものである。

また、この巨砲を攻撃主力として搭載し、この攻撃力につりあった強力な防御力や、運動力などをそなえた戦艦大和の姿は、まさしく戦艦史の最終ページを大きくかざるにふさわしいものとなった。

大和型戦艦の設計研究に着手しはじめた昭和九年ころには、残念ながら、いまだ第二次世界大戦を転機とした航空機の飛躍的な大発達や、威力の大きい誘導弾の出現などについて、予想しえた人はどこの国にもいなかった。

戦後、一部の日本人の口からこの艦に、「大して役にもたたず、形ばかり大きな、くだらぬものを建造した」といって、非難めいた批判の声を浴びせるのを耳にした。第二次世界大戦では確かにそのような経過をたどった。しかし、それは無責任な結果論である。

われわれは今日でも、しばしば万々の国の人たちから、「日本人は戦艦大和を建造した」といって、日本の能力に讃辞を呈せられ、これに対し、素直にこのことばをうけとり、

「日本の技術で、日本の資材を使って大和は出来ました。あれはまったくの純日本製です」といって胸を張って威張るに価するものと思う。

大和型戦艦建造決意の背景

日本の造艦技術は英国にまなんだ。したがって、日本海軍の艦艇設計の中心的立場にたった私たちの先輩は、ほとんどみな英国に留学したものであった。この日本の造艦技術が、やがて英国はもとより、世界の海軍国からおどろかれ、そして恐れられるにいたったのはなぜだろうか。

親の苦労を見て育った子供から、よくすぐれた人物が出るものである。欧米の文明開化をまのあたりにし、奮起した貧乏国の日本人は、その持ち前のすぐれた素質にものいわせ、明治いらい急速に各方面に飛躍的に成長していった。

海軍の造艦技術者たちが、はじめは英国の造艦技術に範をとったが、四面を海にかこまれた日本の国防の一端のにない手として、その貧弱な国力をあわせ考えるとき、個艦の性能を向上させて、量の不足を、質をもっておぎなわんと努力しだしたのは、当然のなりゆきであった。

その結果、戦艦陸奥、長門、加賀、土佐、巡洋戦艦紀伊、尾張などの特長あるすぐれた設計が生まれた。これが原因の一部となって大正十年、ワシントン海軍軍備縮小会議開催のはこびとなった。

この会議で主力艦（このとうじは戦艦、巡洋戦艦を海軍兵力の主力、すなわち主力艦と考えていた）の保有量を米、英両国に対し五・五・三の劣勢比率におしつけられた日本は、海軍力の不足を制限外艦艇たる巡洋艦にもとめ、苦心のすえ、ここに世界的に有名な巡洋艦夕張、加古級、妙高級などの出現となった。

この独創的な優秀巡洋艦の出現がまたもや、米、英両国を刺激して、昭和五年のロンドン軍縮会議をまねいてしまい、主力艦と同様の劣勢比率の保有量を巡洋艦にまでもおよばせた。

こういう状況になればなるほど、貧しい国力の日本海軍の造艦技術者としては量の不足を、卓越せる質でおぎなうより道なしという強い信念に燃えつづけた。戦艦大和もやはり同様の考え方から生まれたものである。

ワシントンおよびロンドン両海軍軍縮条約により、主力艦の建造は各国海軍ともに、一九三六年（昭和十一年）末まで禁止された。科学技術は日進月歩していくから、この禁止期間、現状のままでほっておくと、各国の保有主力艦の性質はまったく時代おくれの、役にたたぬものとなってしまうであろう。

そこで軍縮条約は一定の条件のもとに保有主力艦の近代化改装工事をほどこすことをゆるした。もちろん、日、米、英三国海軍の造艦技術者たちが、この改装工事に創意と技術とをそそぎあったことはいうまでもない。

主力艦の近代化改装工事の内容について、ここで述べることは、本論からあまりにもはずれすぎることになるから詳細ははぶくが、ひと口にいえば、これは老人の身体に、若返り手術をするようなものである。

若返り手術の結果、老人は身も心もいくぶんか若返ったような気持になるかもしれないが、その本質はやはり老体なのだから、若人とまったくおなじにふるまっては、かえって身体をそこなってしまう。つまり、どんなにこの手術が進歩しても、その程度にはかぎりがある。

変遷する戦艦の本質

主力艦の近代化改装工事についても同じことがいえる。この改装工事は、同じ艦にたいして何度も行なわれた。その結果、艦の外観は若返り、立派になって、スマートな近代型主力艦のごとく見えた。

しかし、くわしく改装工事後の艦の内容のうつりかわりをみると、戦艦としての本質、いいかえると攻、防力のつりあいはしだいにくずれ、敵の攻撃にさらされた場合の抵抗力は、外観が勇ましくかわっていくにもかかわらず、だんだんに戦艦らしくなくなってきたと私たちの目にはうつった。

そこで条約による、主力艦建造休止期間あけとなる一九三六年、すなわち昭和十一年末の到来を、われわれは鶴首して待ったのである。この時機に新戦艦を起工するためには、その艦の設計に、かなり先行しておしすすめられなければならない。

設計するためには、使う方の側、すなわち軍令部がどんな性質の艦がほしいのか、その要求がきまらなければ設計者の意志だけでは進みようがない。つまり用兵者側が、まずもって自分の欲する品物が何であるかを、よくよく考えて決意することが、第一の問題点である。

主力艦の代艦建造の機が熟するや、軍令部は昭和八年から九年にかけて、この問題につき世界の動向や、日本の国力なども考えつつ慎重に検討をつづけた。そして軍令部としての意志を決定して、新戦艦についての要求を、正式に海軍省へ提出したのが、昭和九年十月であった。

軍令部が要求した新戦艦

このとき軍令部の出した新戦艦についての要求は、

「主砲は四六センチ砲八門以上。

副砲は一五・五センチ三連装砲塔四基または二〇センチ連装砲塔四基。

最大速力三〇ノット以上。

防御は戦闘距離二万メートル～三万五〇〇〇メートルにおいて安全なるごとくする。

航続力は一八ノットで八〇〇〇カイリを航行しうること」

というのであった。この要求をもとにして設計、研究してくれというのである。その他の問題、たとえば、対空兵装だとか、爆弾防御、推進装置形式といったことは、すべて艦政本部の設計技術陣で研究して、提案すればよいことになる。この要求で明らかなごとく、いままでの戦艦の主砲の最大のものは、各国海軍を通じてその口径は四〇センチ、すなわち一六インチであったのに対し、新戦艦にたいしては四六センチ、すなわち一八インチ砲の搭載をもとめた。この点が、新戦艦の大きな特長の一つとなったのである。

なぜこれが新戦艦の大きな特長となるのだろうか？　軍艦に搭載した大砲の大きさを歴史的にしらべてみると、

昭和16年10月26日、宿毛湾外で巡航公試運転中の大和。半速で航走している

大和の完成に先だつこと二四年前の、一九一七年に完成した英国の巡洋艦フューリアス号は、すでに一八インチ砲を搭載し、じっさいに発射試験までもおこなっている。

ただしこの大砲の砲身長は、わずか三五口径という短いもので、近代型ではなく威力も低かったのに対し、大和搭載の主砲の砲身長は四五口径の新型式であったから、口径はおなじでも、砲身長の関係から大和型へ搭載した大砲の方が、はるかにすぐれた性質を持っていることになる。

昭和十年ころは、まだまだ大砲はなやかなりし時代で、大口径砲弾の破壊力はほかの兵器にくらべて、はるかに徹底的にして強烈であった。したがってそのころは、各国とも海軍軍備の主兵装は、大砲だという考え方であった。

海軍の戦いは、終局場面においては必然的に、両国のいちばん大きな大砲をもった軍艦、すなわち戦艦群の砲戦となり、その結果によって海戦の運命がきまるというのが、世界中の海軍に共通した思想となっていた。

駆逐艦に搭載されて、その主兵装となっていた魚雷も、戦艦群の決戦突入まえに、この魚雷によってすこしでも敵戦艦に被害をあたえ、その勢力をそいでおこうという、いわば補助兵力としての価値に考えられていた。

航空機は、その性能ならびに使い方ともに、飛躍的に進歩発達しつつあった。支那事変の際、初めて日本海軍の航空部隊により、荒天をついて決行された南京渡洋爆撃を知ったとき、われわれはその進歩にすっかり驚いた。

日本海軍部内には、「航空機はやがて海軍軍備の主兵装の場を占めるであろう」と予言めいた言葉をのべる人も出てきたが、昭和十年ころは、まだまだこの考え方をもって海軍軍備をすすめるという主流的な域までには成長しておらず、海軍軍備の中心は、依然として大艦巨砲主義が中心であった。

国力を考え、経済軍備の観点にたち、しかも圧倒的に強力な軍備をととのえたいというねがいから、軍令部が要求した口径四六センチの巨砲を搭載する新戦艦が、いかなる理由で、その目的にそいうるのだろうか。その理論的根拠には二つある。この点につき常識的に解説してみよう。

第一の根拠は、遠くはなれた目標にたいし、きわめて短時間に弾丸を命中させうるということである。弾丸の到達距離は、大砲の口径（太さ）が大きくて、砲身の長さが長いほど遠くなる。

前述の英国の巡洋艦フューリアス号の一八インチ砲の砲身長が、三五口径であったのに対し、大和のそれは四五口径であったことをみれば、この両者間の威力には格段の差があったことが理解できよう。

大和設計とうじ、世界を通じ現存戦艦の備砲の最大口径は四〇センチであった。新戦艦建造となっても、いろいろの状況から判断すると、各国とも四〇センチ以上の巨砲をとりいれる可能性は、きわめてうすいと推察された。

砲身長を四五口径として、主砲の太さ四〇センチと四六センチとでは、その弾丸の到達距離にどれくらいのちがいがあるか。外国の数字では正確を期せられないから、わが国の戦艦陸奥と大和とで比較をとってみると、陸奥の四〇センチ、四五口径砲弾の最大射程は三万八三〇〇メートルで、これに対し大和の四六センチ、四五口径砲弾のそれは、四万一四〇〇メートルであるから三一〇〇メートルのちがいがあることになる。

したがって陸奥と大和とが交戦した場合、大和の主砲弾が命中距離にはいったのに、陸奥の弾丸は発射しても、距離が遠すぎて命中弾を得られないということになる。すなわちこの場合、戦勢は大和にまったく有利ということになる。それゆえに砲戦を考える場合、技術的に可能ならば、巨砲であればあるほど有利である。

第二の巨砲を有利とする根拠は、大砲の口径が大きくなればなるほど、これに使用する弾丸の重量が、重くなる点にある。その程度は、ざっと直径の三乗に比例するから、この重さの増加わりあいは、飛躍的である。

常識的にもあきらかなように、重いものが命中したほうが軽いものが命中したときよりも、その破壊力は強い。四〇センチ砲弾の命中に耐えるように防御計画された戦艦に四六センチ砲弾が命中すれば、この防御計画はとうぜん破壊されてしまうであろう。四〇センチ砲弾と四六センチ砲弾との間には、その重量につぎのちがいがあった。

四〇センチ砲弾一発の重量（陸奥）
……一〇二〇キロ。
四六センチ砲弾一発の重量（大和）
……一四六〇キロ。

以上でだいたい理解されるように、大和搭載の四六センチ、四五口径砲の威力は、世界最強のものであった。しかし、これの実現はかんたんなものではなく、その設計や製造のためには、関係技術者は一方《ひとかた》ならぬ苦心努力をはらったのである。

各国で建造した新戦艦の主砲の大きさは米国海軍の四〇センチ砲が最大であった。それは表29のとおりであるから、この点の日本の判断はマトを射たことになる。

もしも日本海軍が一八インチ（四六センチ）砲の採用を決意し、準備していたことを知っていたならば、外国海軍の新戦艦の性質は、この表のごとくにはならなかったであろう。

　この点について日本海軍が、機密保持上にはらった努力は徹底していた。そしてみごとに外国には知られなかったし、自国の海軍部内においても関係者以外には機密はもれなかった。

　万が一にも、新戦艦にかんする日本海軍の考え方や研究の状況が、米国海軍にもれでもしては、小数精鋭により圧倒的優位をたもち、しかも経済軍備の目的を達せんとするわが方の考え方は、根底からくずれさってしまうのだ。最悪状態でも大和の完成するまでは、その性能を知られたくない。

　本艦が出来あがってから気がついたのなら、日本の海軍軍備の対米優位は、すくなくとも五ヵ年間はもちつづけられると考えられた。米海軍は、日本海軍の新戦艦の内容につき、疑問は持ったが、第二次世界大戦の終戦まで、ついにその実体をつかみえなかった。

（表29）各国新戦艦要目比較表

国名	日本	米国	英国	フランス
代表艦名	大和	アイオワ	ヴァンガード	ジャンバール
完成期	1941年12月	1943年２月	1946年４月	1949年
満載排水量	72,809トン	57,450	約50,000	48,750
基準排水量	65,000トン	45,000		38,750
主砲	18インチ砲９門	16インチ砲９門	15インチ砲８門	15インチ砲８門
速力	27ノット	33	28	30
軸馬力	150,000	212,000	130,000	150,000

　軍令部の新戦艦に対する要求項目のうち、速力を三〇ノット以上と希望したのは、米国の新戦艦の速力を推定し、それより優速をねらったのだと聞かされた。設計の経過から、最終的には、大和の最高速力は二七ノットにさがった。この点には、大砲の大きさほど本質的には重要度はなかった。表30で明らかなように、米国の新戦艦の速力三三ノットは、予想外に高かった。

米戦艦と大和戦わば……

　大和の防御力は二万メートルないし三万五〇〇〇メートルの間の距離で戦闘する場合、安全なるごとく設計せよという要望であった。何に対して安全ならしむるのか。戦艦はその性質上、すべての敵の攻撃に対し合理的に防御をほどこされ、艦の安全をたもちうるのが本質である。

　防御計画上、戦闘距離が影響するのは大砲砲弾の弾道であって、この距離がかわると弾丸の落角が変化する。戦闘距離の範囲を指示したことは、それに対応した、弾丸の落角の変化範囲の命中弾に対し、艦の主要部が破壊されないようにしてくれ、と要求されたにほかならない。

　戦艦大和の船体主要部は、完成状態においては、距離二万メートルないし、三万メートルのあいだから発射さ

（表30）幅108フィート戦艦の性能推定表

符合		1	2	3	4	5
公試排水量（トン）		50,000	50,000	53,000	60,000	63,000
長（フィート）		740	740	880	900	900
幅（フィート）		108	108	108	108	108
吃水（フィート）		37′—2″	33	33	33	34
速力（ノット）		23	23	33	23	23
馬力		70,000	70,000	190,000	78,000	85,000
主砲		18インチ砲９門	16インチ砲12門	16インチ砲９門	18インチ砲９門	18インチ砲10門
防御	舷側（インチ）	14.5	14.5	9	17	17
	甲板（インチ）	6.5	6	4	8.8	8.8

れた口径四六センチ、砲身長四五口径の大砲すなわち、大和搭載の主砲と同一砲の砲弾にたいし、きわめて安全なるように防御がほどこされた。この防御計画の設計を進めるために膨大な実験が行なわれた。

　このように防御された大和が、米国の新戦艦と砲戦をまじえたとしたらどうなるか。米国新戦艦の主砲は、前述のごとく四〇センチ砲であったから、四六センチ砲弾を対象にして設計された防御力は強すぎて、なかなかやぶれないはずである。

　本艦の設計方針について議論されたさい、攻撃力として四六センチ砲を搭載するとしても、この艦の防御力を設計する目標としては、米国の新戦艦の主砲が四〇センチ砲と推定されるのなら、四〇センチ砲弾防御を考えたらよくはないか。それにより防御に必要な重量を節約し、艦をすこしでも小さくして、建艦費の節約をはかってはどうか、という意見も出た。

　しかし万一、日本が考えている巨砲の機密が外国へもれ、米国も四六センチ砲採用という不測の事態でもひきおこしたならば、日本の新戦艦の防御力は、弱体にして価値のきわめて低いものになってしまうであろうという意見が支配的となり、けっきょく、飛んでくる四六センチ弾にたいし、防御することとなったのである。

　防御設計の前提条件となる戦闘距離については、軍令部のはじめの要求は二万メートルないし三万五〇〇〇メートルであったが、遠距離の方を三万五〇〇〇メートルとすると、命中弾の落角が大きくて、この弾丸の船体破壊力をはばむために必要な甲板甲鉄の厚さがだいぶ厚くなる。

　それでなくとも、軍令部の欲する戦艦を実現しようとすると、艦型がすこぶる大きくなるので、なんとかして小さくしたいと苦慮していた時なので、その方策の一つとして三万五〇〇〇メートルを三万メートルに改正されたのである。

パナマ運河と米国新戦艦

　米国が、いずれは建造するであろうところの新戦艦の寸法と、パナマ運河の寸法との関係は、われわれの注目をひいた大きな問題のひとつであった。これまで米国で建造された大型艦の船体の幅は、最大一〇八フィートを限度に、おさえられていた。

　これはパナマ運河の出入口の幅が一一〇フィートしかないためで、船の幅を一〇八フィートとすると、ここを船が通過するとき、船体と通路の側壁との間には片側一フィートの余裕しかない。船体と出入口側壁との間の余裕を、これ以下にすることは不可能である。その制限があるために、米国軍艦の幅は最大で一〇八フィートにおさえられていた。

　日本が大和の設計研究に着手したとうじは、米国が今日のような膨大な海軍国となり、世界の七つの海に、その海軍力を分散配備する能力を持つにいたろうなどはおろか、太平洋と大西洋の両洋に、別個に有力な艦隊を整備する、すなわちいわゆる両洋艦隊をもちうるにいたろうとすらも、日本海軍では想像できなかった。

したがって万が一、日本海軍の一八インチ砲搭載の巨艦建造の機密がもれたとして、米国海軍が対抗策を検討したとしても、パナマ運河の存在は艦の幅に制限をくわえるから、大和に対抗しうる巨大戦艦はできないのではないか。

これは米国にとって、もっとも痛いところだろう。そうなると、たとえ巨大艦を建造しても、欧州にそなえて大西洋岸に配備された新戦艦は、急速には太平洋岸には進出できないことになる。

そこでパナマ運河の通過可能という制限、すなわち艦の幅一〇八フィートのもとで、攻撃力をできるだけ大和にちかづけた戦艦を米国が考えるとしたら、どんな性質のものになるだろうかを計算し、研究してみた。

その結果は表30のごとくである。この表の数字から判断すると、四六センチ砲九門を搭載し、大和とおなじ考え方にもとづいて、十分な防御力をもたせたものとすると、公試運転状態の排水量は六万トン、速力が二三ノットくらいのものとなる（第四案）。

いいかえると攻撃力と防御力とを大和とおなじにすると、速力は、二三ノットほどの戦艦になるだろうと推論されたのである。つまり、パナマ運河の寸法に制限されると、速力の点で、とうてい大和ほどの近代艦たりえないという見通しとなった。

米国海軍が大和におくれること一年二ヵ月に完成した新戦艦アイオワの要目をみると、表30にしめすごとく、基準排水量約四万五〇〇〇トンで、その主砲は陸奥と同様の四〇センチ砲とし九門を搭載している。

本艦の幅は、パナマ運河が通過可能の限度いっぱいであるところの一〇八フィートとなっている点は面白い。この艦は、二一万二〇〇〇馬力の機関をのせて、三三ノットの高速を出している。

戦艦大和設計研究の経過

昭和九年十月、軍令部から出された前述の要求事項をもとにして、新戦艦の設計研究がはじまった。これがやがて実現して戦艦大和となり、昭和十六年十二月、その完成した、たくましい勇姿を海上にあらわすことになるのである。

海軍艦政本部におけるこの設計研究は、きわめて高度の機密事項だったので、ふだん各種の艦艇の設計作業をしている場所からはなれたところにある海軍省内の一六畳ほどの一室で、はじめは六人くらいの小人数によって、この研究がはじめられた。

研究の責任者は現在、石川島播磨重工業株式会社の技術顧問をしておいでになる元海軍技術中将福田啓二氏であった。また、そのころ東大総長の職におられた元海軍技術中将平賀譲先生が、この研究の顧問役になられ、おりにふれて有益な指示をくださった。福田中将は、大和の設計研究にはまったく精も根もつかいはたされ、本艦完成のころには、急に老け込まれてしまわれたのに、私は深い感銘をうけた。

さて、この設計研究は軍令部の希望

にそうもので、できるだけ排水量を小さくまとめることに中心が置かれた。研究の経過にしたがって概算設計された艦の種類は二〇以上に達した。

（表31）対空兵装比較

時期／砲種	新造当時	対空兵装強化後
主砲	46センチ砲 9門	同左
副砲	15.5センチ砲12門	同左 6門
高角砲	12.7センチ砲12門	同左 24門
機銃	25ミリ銃24梃 13ミリ銃 4梃	同左 113梃 同左 4梃

　はじめに設計したのは、軍令部要求におおむね近いもので、四六センチの主砲九門を搭載し、速力三一ノットを出すのに二〇万軸馬力のタービンで推進器四個をドライブするもので、その公試排水量は六万九五〇〇トンと推算された。

　建造費の点から、この排水量では艦型が大きすぎると考えられた。そこで軍令部の要求性能をだんだんにきりさげて、いろいろな案を設計し、検討した末、昭和十一年七月に設計された、つぎの案（設計符合A-140、F_5）を採用することに決定した。

　この表31によると速力、防御要領、航続力などの数字をはじめの軍令部要求より低下することになり、第一回の設計より公試排水量は四三〇〇トン小さくなり、六万五二〇〇トンと予想されたのである。この間、軍令部の要求が提案され、研究に着手してから（A-140、F_5）案採用と決定するまでに、約一年一〇ヵ月をようした。

研究着手より二ヵ年半

　これで新戦艦の概要がきまったので、つぎにこの案にしめされた方針にしたがって、さらにくわしい設計にすすんでいけばよいと思ったやさきへ、この案に重大変更をくわえなければならない大問題がおこった。

　それはとうじ、海軍が苦心研究のすえ開発し、実艦にすでに装備してあった高馬力のディーゼル・エンジンが、つかっているうちに各部に根本的な問題で重大な欠陥をあらわしだしたということである。

　新戦艦の推進用主機は、よりどころあって、ディーゼル・エンジンとタービンとを併用する設計となっていた。この艦は重防御艦であって、主機械装備区画の上部には、厚さ二〇〇ミリという重い甲鉄板を張りつめてあるから、艦の竣工後にこのような故障がおこっても、その故障機を換装することは不可能なのだ。

　したがって本艦の場合には、搭載する主機械は信頼度のきわめて高いものでなければならないのである。

　搭載しようとするディーゼル・エンジンに信頼度がなくなったとすれば、すみやかに信頼のおけるタービン形式に統一する必要がある。

　ここまできては、そのための排水量増加はやむをえないことである。しかし、慎重のうえにも慎重に事をはこぶべしというので、再三、協議し研究するとともに、陸上実験もおこなったりして検討したすえ、推進用主機械はタービンのみということに決定し、設計のやり直しとなった。

　そのために最終案の決定はまた八ヵ月おくれて、昭和十二年三月末となった。そのために設計研究に着手してから約二ヵ年半の長年月をついやしてしまった。

攻防力と沈没原因を探る

大和はすでにのべたごとく、第二次世界大戦の経過において、日米開戦となった昭和十六年十二月のそのおなじ月に完成したのである。戦争の経過は航空機の飛躍的活動をもたらし、その対策として各艦艇装備の対空兵装の画期的増強を必要とするにいたったが、大和もまたその例外たりえず、あらゆる場所を高角砲と機銃でうずめられた。

本艦新造とうじと、対空兵装強化後との砲装をくらべるといちじるしい増強となり、全艦これ高角砲と機銃とで埋めつくされたような状況となった。

本艦の対空防御力はどうであったか。

弾火薬庫、機械室、罐室、発電機室、変圧器室その他のごとく、艦の保安上や機能発揮上、重要な区画は、おおむね中央へ近い部分によっている。

これらの区画をまとめて重要区画と称し、この部分にたいしては上部も側面も、飛来してくる四六センチ砲弾を相手とした、きわめて強力な防御がこいを厚い甲鉄でほどこされたから、空襲にたいしてはビクともしない強い防御力を持っていた。

水面下で爆発する魚雷や、爆弾の破壊力に対しても、同様に抵抗力は十分にあった。甲板にはられた厚い甲鉄に穿孔された煙突や、通風路の大きな孔にたいしては、命中爆弾が、この孔から艦の内部へ浸入しないように、本艦のため、とくに発明された蜂の巣甲鉄がはられ、防御の万全が期せられた。

心配なのは、この主要防御区画の外になる艦の前後部の無防御部である。本艦設計とうじは、第二次世界大戦でしめされたような熾烈きわまりなき空襲が、軍艦におそいかかろうとは、おそらく何人《なんぴと》も予測できなかったであろう。

至れり尽くせりの防御設計

福田中将（当時、大佐）は、それでも本艦の重要度にかんがみ、この無防御部の露天甲板のかなりの範囲へ、とうじとしては思いきった対空防御方策をほどこしたのであった。

防御区画と無防御区画との割合も気になった。無防御区画は、できるだけ少ない方がよいにきまっている。大和の防御計画は、重点の徹底防御の考え方でおこなわれたから、防御区画の防御のためには、艦の排水量の約三分の一という膨大な重量をついやした。

したがって防御区画の範囲が長くなることは、艦の重量を非常にまし、排水量を大きくすることになるので、この長さの短縮にも苦心がはらわれた。

無防御部は攻撃されればとうぜん破壊される性質である。設計上は、この部が大破壊された場合についても検討され、これまでの戦艦よりも弱い艦にならぬよう考慮がはらわれた。

これほど、いたれりつくせりに細部にまで、気をくばって設計された大和型戦艦の大和、武蔵の二艦とも、空襲をうけて最後には沈没してしまった。これはなぜであろうか。答えは明瞭である。これをかんたんに書くとつぎのごとくなる。

一、味方航空機一機の援護もなく、は

だかにされた状態で、長時間にわたる反復攻撃にさらされては、いかに大和といっても、いつかは沈められるはずである。
二、うけた被害が、本艦設計とうじに予想したていどとは、比較にならぬほど強大であった。
三、防御部はだいたいにおいてその目的をたっしたが、無防御部は徹底的に破壊された。
四、そのために浮力を失うことが、すこぶる大きかった(武蔵の場合には、艦内浸水量は沈没直前に、少なくとも三万五〇〇〇トンくらいに達した)。
五、かくて横復原力を失い顛覆し、沈没した。

要するに予想以上の大被害をうけ、無防御部の浮力は破壊のためほとんどうしなわれて、ついに沈没したのである。これを人体にたとえると、小規模のヤケドが広範囲にひろがって、命を失ったようなものである。

大和は、のべ一〇〇〇機ていどによって、二時間半にわたる空襲をうけ、ついに沈没した。

(昭和三十七年二月号収載。筆者は呉海軍工廠造船部設計主任)

巨艦大和の艦型はこうして決定した!

営々たゆまぬ研究によりついに青写真の完成をみた――松本喜太郎

日本戦艦の宿命的な弱点!

第一次世界大戦に終止符がうたれたのは、大正八年であった。その後、日、米、英三国は戦後、経済の不況になやみながら、はげしい海軍軍備拡張競争の負担に苦しんだ。その結果、大正十一年のワシントン海軍軍備制限条約および、昭和五年のロンドン条約が生まれ、戦艦の建造は長い間、禁止された。

この両条約によって、日本が新戦艦を完成できるのは、昭和十五年と規定され、そのときには在籍主力艦中で、一ばん古い金剛を廃棄する約束であった。そして、新戦艦の個艦の基準排水量は、三万五〇〇〇トン以下、備砲の大きさは口径一六インチ以下に制限された。

軍艦はその性質上、つねに技術のトップを歩み、外国よりもすぐれた性能を保つように工夫されなければならない。したがって、日進月歩する科学技術とともに変わっていく兵器に応じ、艦の設計内容は変化するであろうし、用兵的見地から、軍艦の使用法が変わってくれば、それに応じて、艦におりこまれる運動諸性能もまた、向上していかなければならない。

戦艦の建造が休止されたとなると、そのとうじ海軍力の根幹と考えられた既存戦艦の性能は、日とともに劣化し役に立たないものになっていくのである。

そこで当然、その対策が考えられるわけである。

日本はもとより、各国海軍が考えた対策は、既存戦艦を大改造し若がえらせる、言いかえれば、戦艦の近代化工事をおこなって、間に合わせるということであった。この近代化工事の要点を、かんたんに述べると次のようになる。

(1)大砲の性能を向上して、大遠距離の砲戦を可能にし攻撃威力を高める。

(2)右のことが実現すると、弾丸の甲板面への攻撃威力が増すから、これを防ぐため、艦の甲板面の防御力を増強する。

近代化改装工事により艦型が一変した金剛。下が改装後

(3)航空機が進歩してきたので、対空防御砲火を強化し、船体面の防御力も強化する。

(4)水面下に魚雷が命中爆発した場合、主要区画では、その破壊力が艦内へ侵入するのを確実に食い止めるために、艦の水中爆発防御構造をいっそう強化する。

(5)推進用の主機械や罐などを、近代的なものに換装し、この少ない重量と容積とを、それぞれ高馬力を発生し高速力を出し得るように改める。

(6)艦の長さを延長することにより、航走時の船体抵抗をへらして、高速力を得るようにする。また通信装置を、いっさい近代的なものとして、その性能を向上する。

(7)その他各種。

というものであった。

改装艦の弱点

近代化の大改装工事は、艦の外見も内容も、まったく旧態をとどめぬまでに変えてしまった。

参考までに、巡洋戦艦金剛の新造とうじと、昭和十二年とうじ

（表32）新旧金剛の主要性能比較表

項目＼時	大正２年時	昭和12年時
基準排水量(トン)	26,330	31,720
公試排水量(トン)	27,900	36,314
水線長(メートル)	212	219.34
水線幅(メートル)	28.04	28.96
吃水(メートル)	8.22	9.72
軸馬力(ノット)	64,000	138,000
速力(ノット)	27.5	30.3
搭載燃料(トン)	石炭 4,000	
	重油 1,000	重油 6,480
主砲	36センチ砲８門	同左
副砲	15センチ砲16門	同左
高角砲	—	12.7センチ砲８門
機銃	—	40ミリ4梃、13ミリ8梃
魚雷発射管	８本	—
飛行機	—	３機

との写真をみれば、はっきりわかるように、見た眼には同じ金剛でありながら、まったく異なったものに映るであろう。

この大改装工事は、古いものを新しいものへ、生まれ変わらせる仕事であるから、新造艦の建造より、もっと困難をともなったのみならず、その本質において、とうてい新造艦に追いつくことのできない宿命を持っていた。

近代化の大改装工事を行なうと、艦の重量は大きく増加するから、吃水、すなわち船脚は当然、深くなる。そうなると大切な艦の予備浮力はへるし、舷側の防御甲鉄の下端は、深く水中に入ってしまう。艦は、なるべく新造当時の素直《すなお》な吃水で浮いているのがのぞましい。そのためには、工事によって増加した重量に応じて、水面下の船体へ浮力を増してやればよいのである。

この目的のために、大改装工事では船体の水中部の外側に、適当な大きさの膨《ふく》らみ部を取り付けて浮力をあたえ、増加重量によって吃水の深くなるのを少しでもへらそうとするのである。しかしこの膨らみ部分は、普通の構造となるから、敵の攻撃をうけると、かんたんに破られるので、せっかくつけた浮力も、失なわれる機会が多い。したがって、この膨らみ部分は艦の弱点とみなされよう。

この弱点は、改装艦であるかぎり、まったく取りのぞくことは不可能である。いわば、老人に若がえり法をほどこして外観が若い人のようになったとしても、その本質は、いぜんとして老人であるようなものである。

これで自由に建艦できる

そのようなわけで、条約限度の三万四〇〇〇トンの新戦艦建造時期は、一日千秋《せんしゅう》の思いで待ちわびられたし、その準備のため、設計研究は熱心につづけられた。

昭和四年ごろの技術会議で議せられた新戦艦の二つの案をみると、ひじょうに興味ぶかいものがある。

一つは、設計責任の海軍艦政本部案であり、もう一つは、晩年、東大総長をつとめられ、戦時中、総長現職のまま亡《な》くなられた平賀譲先生の私案であった。この両案のシルエットが福井静夫氏著『日本の軍艦』第七三ページにのっているので、参考にしていただきたい。

この平賀案は、集中防御方式の考え方を、設計上につよく表現され、攻撃力と防御力の両面で、戦艦としてじつに釣り合いのとれたもので、この設計思想は、大和において十分に実現されたのである。

さて、ロンドン軍縮条約締結後も、同条約期限後の海軍軍備を束縛《そくばく》する新条約を成立させようとして、日、米、英三国を中心にして、海軍軍備縮小国際会議がひらかれた。

しかし、三・五・五の劣勢比率を押しつけられる日本が、これでは国防の安全を期することができないとして、強硬に反対しつづけたので、ついに新条約は成立しなかった。

したがって、ロンドン条約の有効期限の昭和十一年すえからは、海軍軍備については、無条約時代に突入するこ

(表33) 35,000トン新戦艦建造案

項目＼案	艦本案	平賀案
基準排水量(トン)	35,000	35,000
公試排水量(トン)	39,250	39,200
水線長(メートル)	237	232
水線幅(メートル)	32	32.2
平均吃水(メートル)	8.7	9.0
速力(ノット)	25.9	26.3
軸馬力	73,000	80,000
主砲	16インチ砲8門	16インチ砲10門
副砲	15センチ砲12門	15センチ砲16門

ととなったのである。

つまり、この年以後は、戦艦については、艦の大きさも搭載砲の大きさも自由となり、のぞむものを建造できることになったのである。

艦型を決定させたポイント

この無条約という新事態にのぞんで、どのような構想にもとづいて、新戦艦の設計研究をすすめるべきかが問題となり、主要海軍国は、おそらく三万五〇〇〇トン以上のものを建造するであろうが、米英両国にくらべて、明らかに国力の低い日本が、量で対抗せんと試みても、経済的に耐えきれまい。ここで、日本海軍はどう対処すべきかが問題となった。

たとえ量は少なくとも、敵にくらべて、個艦の威力の圧倒的に強大なものを建造し、完成後もできるだけ長期間、この秘密をたもつことができれば、海軍兵力の根幹たる戦艦の対米戦力を、その期間内では優位に立つことができる。万一、この秘密が知られても、米国がその対策として、同種の戦艦を完成するまでには、少なくとも五年間の歳月を必要とするであろう。だからその間、日本は対米優位の立場に立てるわけである。またこの間には、日本の国策も基礎が固まるであろう。

この考え方こそ、国力において劣った日本のとるべき方策ではないかと、あらゆる方面で検討されたのである。

そして、いよいよ腹《はら》がきまり、海上国防方針を立案する軍令部から、新戦艦の設計研究方を海軍省へ正式に提案されたのが昭和九年十月であった。これが戦艦大和の生まれる動機となったのである。

どうしたら強い戦艦となるか

この要求事項で明らかになったことは、新戦艦に対して軍令部は、軍縮条約限度の大きさの一六インチ砲よりも強力な、一八インチ砲の搭載を決意したことと、防御力について、もし米国が一八インチ砲艦を実現した場合を考えて、一八インチ砲弾に対する防御を希望したこと。また速力は、米国新戦艦の速力を、二七ノットていどと推定し、三〇ノット以上を要望したことなどである。

艦の大きさ、すなわち排水量についてとくに希望しなかったのは、建造費をできるだけ少なくしたいとの考えから、この要求事項を、どう変えたらどうなるかを見たうえで、検討したかったのである。

ここにおいて、海軍省の艦政本部設計当事者の設計研究や実験がはじまったのである。

ここで、従来の戦艦搭載の最強力砲である一六インチ砲と、この一八インチ砲との威力を比較してみると、表

(表34) 大口径砲の主要性能比較表

口径	18インチ砲	16インチ砲
砲身長	45口径	45口径
弾丸重量	1,460キロ	1,000キロ
最大射程	41,400メートル	40,000メートル弱
射程2万メートルの垂直甲鉄貫徹力	22.3インチ	10.7インチ

34のようになる。

これを見てもわかるように、弾丸の飛びうる最大射程は、一八インチ砲の方が一六インチ砲よりも約一五〇〇メートルも長い。米国はおそらく一六インチより大きい砲は採用しないだろう。そうすれば、米戦艦の弾丸がとどかないうちに、大和の弾丸は米戦艦に到達できるから、これでは勝負にならない。

また、砲戦距離二万メートルで射ち合ったとすると、一八インチ砲弾に対して防御された大和へ、米戦艦の一六インチ砲弾が命中しても大和の防御を破ることはできない。

すなわち、日本は一八インチ砲を、米国は一六インチ砲を新戦艦に採用したとすると、攻防力の両面とも、戦わずして結果は明白なのである。

新戦艦のシルエット

設計研究の最初の結果がまとまったのは、昭和十年三月であった。

その後、十二年三月までに、二〇種以上の概算設計がおこなわれ、いずれの案を採用するのか、熱心な検討がつづけられ、やっと最終案が決定されたのであった。この多くの案の中から、数種をとりあげて短評を試みてみよう(表35、36参照)。

第一回目の案は、ほぼ軍令部の要求にそったものだが、その結果は、艦が大きすぎると感じられたので、最高速力や航続力などの数字を低くして、その影響を検討した結果、昭和十一年七月のF_5案採用にふみきったのである。

このF_5案の推進用主機の型式は、タービンとディーゼル併用とし、合計一三万五〇〇〇馬力を発生して、六万五二〇〇トンの巨艦を、二七ノットで走らせる計算であった。

ところが方針決定の直後、ディーゼルの本艦への採用は、技術的観点から時期尚早《しょうそう》と判断せざるをえない問題が起こった。

ただいたずらに時をすごせない状況であったので、他の問題は、すでにF_5案で検討したとおりとし、主機械の型式だけをタービン一本に改計画した。

そのため公試排水量は六万八二〇〇トンに増加し、二七ノットで走るために、主機発生馬力も一五万に増加してしまった。これは最終案である。

この最終案も、艦が実際に竣工したときには、その公試状態排水量は六万九一〇〇トンとなり、概略計算のときよりも、約九〇〇トンも重くなったのである。

(表35)

計画年月	計画符号	公試排水量(トン)	長×最大幅×吃水(メートル)	主砲	速力(ノット)	馬力	航続力(ノット—カイリ)	防索要領
昭10—3	A-140	69,500	294×41.2×10.4	18インチ×9	31	200,000	18-8,000	18インチ弾に対し 20,000～30,000メートル
10—4	A-140-A	68,000	277×40.4×10.3	18インチ×9	30	200,000	18-9,200	〃
10—5	A-140-G	65,883	273×37.7×10.4	18インチ×9	28	140,000	18-9,000	〃
10—10	A-140-F_3	61,000	246×38.9×10.4	18インチ×9	27	135,000	16-4,900	〃
11—7	A-140-F_5	65,200	253×38.9×10.4	18インチ×9	27	135,000	16-7,200	〃
12—3	最終案	68,200	256×38.9×10.4	18インチ×9	27	150,000	16-7,200	〃
16—12	竣工時	69,100	256×38.9×10.4	18インチ×9	27	150,000	16-7,200	〃
9—	軍令部要求			18インチ 8門以上	30以上		18-8,000	18インチ弾に対し 20,000～35,000メートル

いざというときのために!

大和設計上の最大の特長は、一八インチ砲を搭載したことによって、世界

（表36）大和完成状態主要目一覧表

	項　目	寸　法
主要目	全　長	263m
	水線長	256m
	最大幅	38.9m
	吃水線幅	36.9m
	深さ	18.915m
	吃　水（公試）	10.4m
	排水量（満載）	72,809 t
	排水量（公試）	69,100 t
	排水量（基準）	65,000 t
	重油満載量	6,300 t
	航続力	16ノット～7,200カイリ
	最高速力	27ノット
	軸馬力	150,000
	乾　舷（中央）	8,667m
	乗員数	2,500人
推進機関	主機械	タービン4基
	罐	12基
	蒸気圧力	25キロ毎平方cm
	蒸気温度	摂氏325度
主要兵装	主　砲	45口径46cm 3連装3基
	副　砲	15.5cm 3連装4基
	高角砲	12.7cm連装6基
	機　銃	25mm 3連装8基
	〃	13mm連装2基
	飛行機（水偵）	6機
	射出機	2基
	電波探信儀	21号型1基
	〃	22号型2基
	〃	13号型2基
	水中聴音機	1組
	水中探信儀	1組
	測距儀	15m－4本
	〃	10m－1本
	〃	8m－4本
	探照灯	直径150cm－8基

最強の砲戦能力をそなえたということのほかに、綿密な計算と実験とにもとづいて計画実現された、強大にして徹底した防御力をそなえたということである。

弾丸、爆弾、魚雷などが、空から、水中から、あるいは艦底から被害をあたえた場合、その被害が艦内の重要部へ波及《はきゅう》するのを、できるだけ阻止《そし》するため、この部分をあつい甲鉄でかこんだ直接防御の威力は、同型艦武蔵が、シブヤン海で四〇発もの爆弾と、二〇本にもおよぶ魚雷をうけながら、かんたんに沈まなかったことと、シンガポール沖で英国の新鋭戦艦プリンス・オブ・ウエールズが、日本海軍航空部隊の攻撃によって、かんたんに沈められたことを、あわせ考えてみると、きわめて明らかである。

直接防御の範囲は広くとるにこしたことはないが、厚い甲鉄でかこむ関係上、膨大な重量を必要とする。

解決された無防御部の不安

そこで技術的観点から判断して、この範囲は必要の限度にとめざるをえない。しかし大和の場合、甲鉄や防御に要した重量は、艦の公試状態排水量の三分の一以上になった。ずいぶん大きい重量である。

したがって、艦のかなり広い範囲は無防御の状態におかれる。この無防御部は、攻撃をうけるとただちに破壊され、これが水中部ならば浸水もする。被害時の浸水範囲はできるだけ局限し、間接的に防御に寄与させなければならないので、艦内区画を細分化《さいぶんか》し、蜂ノ巣のように構造することに細心の注意がはらわれた。

無防御部に浸水すると、艦はその位置によって、タテやヨコにかたむくから、そのときは艦の姿勢を速《すみ》やかに、垂直に近くたてなおさなければならない。

その目的から、複雑で大規模な注排水装置も設けられた。

戦艦には、できるだけ不沈性を持たせると同時に、電線、蒸汽管、水圧管などの大切な諸装置や、機械類が破壊されたり、故障した場合でも、その機能を停止することのないように、予備装置などの対策が、いたるところに精巧におりこまれる。大和の場合、この方面の設計は、念の入ったものであった。これらも見方によれば防御力の一種である。

主砲発射時の爆風の影響

大和に搭載された一八インチ砲から弾丸を発射するためには、砲身内で、弾丸のうしろに装塡された約三三〇キロという多量の火薬を爆発させ、これによって生じた爆発ガスの膨張《ぼうちょう》圧力によって、弾丸を砲身外へ推進するのである。弾丸が砲身からはなれると、このガス圧力は、強い爆風圧力となって砲口から出て、ふきんの艦上へ瞬間的にひろがる。

一八インチ砲の場合には、爆風圧力の強さは、ひじょうに強大であるから、これにさらされては、乗員はたまらない。

そこで大和は、いままでにはなかったことだが、高角砲や機銃には、金属性の爆風除《よ》けの覆《おお》いを装備し、主砲砲戦中でも、配員はこのなかで射撃ができるようにしたのである。また探照灯や測距儀なども、耐爆風型にされた。

爆風圧力を考えると、艦に搭載するボートや飛行機の置場所もない。そこで、これらはいずれも、艦尾部の艦内へ格納するように設計された。これもまた、大和だけにみられる特長の一つである。

（昭和三十八年五月号収載。筆者は呉海軍工廠造船部設計主任）

私が戦艦「大和」の設計図を描いた！

―設計員が明かす〝軍極秘のナゾの巨大戦艦〟の断面図――高木長作

生きている大和造艦の技術

戦艦は一つの大きい総合芸術品である。なかでも大和、武蔵の二艦は日本の秀作であり、総合芸術の典型であったといえるようだ。

世界の注視を一身に集めて、この芸術品は日本の技術者たちの手によって完成された。そしてこの偉大な制作は戦後二四年の現在にも言いつがれ、語りつがれて、国民の形なき遺産を誇っている。

不幸にして、日本は敗者となり、悲運に泣かねばならなかった。大和も武蔵もその大きな犠牲の一つであるが、この二艦の出現は世界の耳目を驚倒させただけに、敗色濃き最中の出動となるや、敵側の驚異的な集中攻撃をあびせられることは明白であり、また事実そのとおりとなったのである。

しかも、両艦とも、情勢の不利の中でよくこれに耐え、不沈戦艦の強靱さをもって戦い抜かれたことはすでに何度か、紹介されているとおりである。

ただ、ドイツの豆戦艦グラーフ・シュペー号の輝かしい戦闘記を思いうかべると、そこに一抹の寂寥はぬぐい得ないが、それだからといって、戦後の「無用の長物」視、あるいはあきらかな侮蔑の眼は、大和、武蔵を知らなすぎるといえるようだ。ことに、戦後出版された某誌の「不経済きわまるシロモノ」としての非難、またかつて、封切られた某映画会社の海軍映画の中で兵学校生徒が、「バカでかい船と思うだけだ」との台詞《せりふ》などはあまりに正鵠《せいこく》を欠いた毒舌としか受けとれない。

　たしかに大和、武蔵へのそれらの非難はある程度事実であり、また海軍部内でもとうじ「大艦巨砲主義」に対して「航空主義」が澎湃《ほうはい》として起こりつつあったことを思うと、大和、武蔵への世論の風当たりはそれなりに貴重であることは論をまたない。

　しかし、ここではっきりと言わねばならない。なるほど「大艦巨砲主義」に対する「航空主義」があり、かりに、後者を日本海軍が採用していたとしても、敗者が勝者になり得るとは考えられないのである。そして、重要なことは、この大和、武蔵に傾注された日本の造艦技術者の多くの体験、試練は日本国内に分布され、ひきつがれていることである。なるほど大和、武蔵は失われ、失われたがゆえに非難はかまびすしいが、ここに凝結された技術上の諸問題は、その後の艦船造営に生きているのである。そしてまた、そこに生まれた研究成果のすべては、たとえ大和、武蔵ほど大きな艦船でないにしても、戦後の造船界を啓発し、推進されていることを思えば、決して大和、武蔵が「不経済」でも「バカげた」艦でもなかったといえないだろうか。

　戦後二四年——今の日本はその復興ぶりにおいて、世界を刮《かつ》目させている。ことに技術面では各方面がすばらしい向上をみせているのだが、そのなかでも造船技術は多くの輸出船建造となり高い評価を浴びているのである。もちろん、こういう私の拙論はすでに基本設計にたずさわっておられた高級技術者の方々がすでに発表されていることを思えば、いまさら喋々《ちょうちょう》すべきこともないのであるが、ただ当時、大和、武蔵に関係した末端の者として、あらためて去り行きし日を思い起こしてみたかったためにほかならない。

戦艦設計へ第一歩

昭和十二年といえば、非常時体制ようやく国内をつつみ、戦雲はぶきみに国民の頭上に低迷しはじめたころである。

　当時、私は三菱長崎造船所造船設計課の一員として在勤していた。そのころ、すでに重巡利根の工事用主要図面も大部分かたづき、戦艦建造の話がちらほらと課内の人の口の端にのぼるようになっていた。

　私にとっては、まことに久しぶりの戦艦建造である。私の胸はふくらみ、実現されるべき日が待ち遠しくてたまらなかった。〝戦艦〟の名は、当時の造艦屋にとってまったくあこがれの的であったし、一生に一度でも自分の技術を、心ゆくばかり戦艦の上に叩きつけてみたいという希望は誰しもがもつものであった。そして、あれは五月も終わりにちかいある日の午後、私は他の技師六名とともに所長室によばれて行った。

三菱長崎造船所の船型試験場。昼夜をとわぬ作業員の努力が続いた

来たな！　まずそういう印象が私の顔をほころばせた。他の六名も目顔で一つの期待を通じ合っている。所長室には駐在主席監督官某少将がでんと正面に坐っている。われわれをじろりと一べつしてあごをしゃくる。出されたのは一枚の宣誓書であった。母印を捺《お》す。そして監督官が口を開く。声は意外にやさしかった。

「みなさんには大変これから御苦労と思いますが、ただいま宣誓されましたとおり、この後の仕事の内容に関しては、一般はもちろん肉親妻子といえども、ノーコメントで協力していただきます」

　辞令が渡される。奏任官待遇嘱託である。しかし、その辞令はすぐ所長の手に回収され、金庫に納められてしまった。六名は緊迫した空気に頬をこわばらせて、所長の手もとをみつめていた。軍極秘は辞令さえも各人からとりあげてしまったわけである。

　かくして技師は奏任官、すなわち高等官待遇嘱託、技手が判任官待遇、図手が筆生待遇でそれぞれ呉工廠在勤となった。筆頭は川良技師（のち三菱広島造船所長）で、一行一一名が呉市に到着したのは昭和十二年六月一日であった。途中、窓からみた宇品港には軍の徴用船と思われる当時の新型高速貨物船（七〇〇〇～八〇〇〇トン）多数が投錨していた。見おぼえのある船もまじっている。宇品をすぎて間もなく、海岸側の鉄道沿線は車窓よりもたかく、板塀が張られて、呉駅まで海面はちらとのぞくこともできない。この無表情な板塀だけが「要塞」の重い表情を伝えていた。

細部にわたる機密製図

　当時の工廠長は豊田海軍中将（のち大将）で、初出廠（六月一日）のとき、われわれ高等官嘱託のみは挨拶に出向くことになり、廠長室で形どおり訓示を拝聴した。設計部の設計主任は牧野海軍技術少佐（のち大佐）がおられ、在廠中は牧野氏に一切めんどうをみてもらったものである。また、大和の建造主任に西島海軍技術少佐（のち、大佐）がおられるが、西島氏はまだ着任されていなかった。お名前はしばしば耳にしたが、設計場のみにこもりつづける私は、ついに拝眉の機会がなかった。しかし、「切れる人」としてのうわさはしばしば末端の私にまでつたえられていた。

指紋と写真を撮られ、種々の手つづきが終わった一同は設計部門に落ちつき、二日目からはいよいよ船体図の作製にとり組んで行くことになった。

図面作製について少し説明をしてみよう。従来のごとく製図用紙がわりにトレーシング・クロースを使用することはもちろんである。このクロースはうすい絹地の布にのりづけ仕上げの半透明なもので、図面上に重ねて、その上から墨汁で写図をするのが一般の使用方法である。表面は滑面であり、そのままの表面では墨汁も鉛筆のつきも悪い。それでよく表面には白墨の粉末を散布しながら、万べんなく布きれでこすり、これに製図してゆくことになる。

すなわち、要所要所を鉛筆書きしながら、完成時は墨書き仕上げにするのである。現今ではほとんどが鉛筆書きそのままで、元図の役を果たさせるオイル・ペーパー（油紙）が使用され、手間もはぶけ、値段も安くなると思う。クロースとなれば高価でもあるが、プリントする元図としての耐久力は充分といえよう。大和の工事用図として作製されたこのクロースが、元図として長崎に送られてきたこともある。

作製図の方針としては、機密保持を考慮し、できるだけ広範囲を避け、また可能なかぎり幾部分かにわけて製図し、また連関場所等のところで半円であらわすものも多角形的にと気を配る描きかたをした。われわれの上に末原（海軍技術）という部員がいた。この人は色の浅黒い一見強面《こわおもて》の感じだが、非常にユーモアの豊かな人で、よく皆のかたい空気を解いてしまう特技？　の持ち主だったが、中途で病床につかれ私が引き揚げるときになってもまだ病気が一進一退だった。病臥中でも、そのやさしさと面白さを忘れぬほど明るい性格の人だったが、長崎着任後一〇数日にして病歿された。また、係員の森技手（のち技師）は色白の小柄な人で、よく碁をかこまれ、その方面でも相当の名手だったらしい。

艦政本部より末原部員のかわりに沢田（海軍技師）部員が来廠した。この人は佐官待遇部員であり、口数のすくない温厚な人がらがとくに下位の人々に好まれ、親しまれていた。この人とは武蔵の甲板上で、ひさびさの邂逅《かいこう》を機会に語りあったが、いま思い起こすとそれが最後になった。当時、武蔵は試運転大砲発射試験中であった。

いたれりつくせりの待遇

日がたつにつれて製作面も相当な進《しん》捗《ちょく》をみせた。大和のトン数は四万五〇〇〇トンと呼称されていたが、より以上の数字であることは時とともに次第にわれわれの目にも判明していた。しかし、それが五万トンを越すものであろうと、六万トンという驚愕に価する大型であろうと、われわれはそれを知ろうとは思わなかった。それよりも、いまのわれわれにとってはより優秀な戦艦を、一日も早く完成させることだった。

工廠内の大船渠内にすえつけられた大和の船体がめだってくるころには、船渠上には高く屋根が覆うようになり、船渠の前方は板壁でまったく透視できぬようにされた。

　工廠内の道をへだてて、工廠側に並行してつづく小高い山手にはたくさんの民家もたちならび、工廠側にむかっては窓らしいものもなく、すべて後ろむきの姿である。

　まったく殺風景というか、つめたい感じである。これは造艦のためにとられた処置というより、以前からの伝達と周囲の人びととの協力によるものだったことを耳にしている。

　しかし、工場内は軍管轄だけに道路はもちろん工場内にすみずみまでよく整備整頓されていた。これにくらべて当時の民間側の諸工場はどこへ行っても雑然としていて、足の踏み場もないというのが実情だったことを思うと、海軍気質というのがこのような場面にも散見されて、その訓育のほどが判然とする。

　また、当時の工廠への通勤は、一般は第一門からはじまって、何々工場、何々部と通わなければならなかった。その間の道程は相当の距離である。

　その第一門には衛兵が立ち、その他要所要所にも立哨兵、動哨兵が厳然として睨《にら》みを利かしているので、出入する者にとってはあまり気持のよいものではない。自然、出入には必要以上に神経を使ってしまい、そのためかえって失敗をおこしてしまったりもした。

　この出入にも、判任官、同待遇および役付の人びとは構内汽車で通い、われわれ高等官待遇者は、高等官バスに便乗できた。そのため、衛兵に変な緊張感ももたず、かえって挙手の礼に送迎されて、なんとはなしに爽快な気分だったものである。しかし、せっかくのそのバスも、一時期を越すと燃料節約のため廃止され、第一門付近からとなったが、住宅からさほどの距離でもないので、べつに痛痒《つうよう》も感じなかったものである。

　工廠内では昼食に行く高等官食堂まででも、われわれ設計部からは相当の距離であった。徒歩往復で二〇数分というのだから、二キロに近いことになる。もっともここにもバスが用意されていたから、バスで昼食に……といういれりつくせりのサービスぶりであった。階級制度も、自分がよければまことに結構なものである。しかし、同乗のバスの中で上級者に対する士官たちのエビ型媚態の不自然さを現実に何度かみせつけられるのだけは、まことに不愉快きわまるものであった。

　われわれが入廠後二ヵ月ぐらいたっ

荷重試験を行なう、三菱長崎造船所の150トン海上クレーン

たころであったろうか。第二陣（艤装関係）の形で一〇数名が長崎から動員されてきた。そのとき、われわれに関係のあるT技師も同道してきたが、設計部内はすでに長崎からの増員は二〇数名にふくれあがり、誰かが言った「呉長崎造船所」がまことに当を得た冗談になった。事実、造船所図面製作場の一出店の観なきにしもあらずだった。

大和用工事作製図がただちに武蔵用に使用され、一石二鳥という進捗状況を示すころ、工廠内はすでに繁忙の頂点に達していた。それだけに機密保持もいよいよ厳密さをくわえ出してきた。ことに、某日、『いまB国が多額の金をばらまいて、情報入手に各方面の専門家を動員しはじめた』といううわさが立ち、家族への音信はできるだけ遠慮してほしいという、プライベートな示達もあったほどだから、その意図はじゅうぶんにくむにしても、緊張した気分に廠内はこわばっていた。

しかし、スパイはつねに高級者をねらっていることは事実で、まだ長崎にいたころ読んだB国の出版洋書中にはすでに、『いま日本では四万五〇〇〇トン級戦艦二隻を建造中であり、艦名はヤマト、ムサシと名づけられた……云々』と詳細に報道していたのである。なおまた、重巡羽黒は、長崎造船所に入渠し、大改装中との記事まで載っていたものだ。事実、私などはこの報道によって、大和、武蔵を知ったほどであった。こういうように出版書のなかにすでに記載されていることは、それ以上に詳細なデータを、B国諜報部はにぎっているものと解釈しなければならない。海軍側がいまに至ってスパイ問題に汲々《きゅうきゅう》とするのはむしろ遅きに失するかも知れないが、それでもたとえ遅かろうと、用心しないよりはした方がいいのにきまっている。かくして工廠は日夜の工員諸君の健闘で、臨戦段階へ突入して行ったのである。

図面は着々と進められた。ときに部員一同が加わる季節的な宴会や、ピクニックも催されて、浩然の気を養いながらエネルギーを補強し、コントロールに万全の配慮がなされたりした。そのころ、千代田の進水式があり、工廠長名入りの麗々《れいれい》しい進水式の招待状をいただいたことがあった。しかし、階級制度のきびしい式場へなど飛びこんで行くほどの勇気はなかった。第一、服装からして考えねばならない。しかし、そうばかりも言っていられないので、夜の宴会には出席することに決めた。

当日になって式場の方が上を下への大騒ぎをしているのを尻目に、私は休暇を利用して山登りとしゃれこんだ。だれにも束縛されず、だれにも気がねなしの山の空気は清らかに澄んで、ひさびさの私を私にかえらせてくれたようだった。

宴会にはすこし遅れて出席したが、そのときはすでにアカラ顔の酒呑童子や、金太郎が一〇〇畳敷の座敷に入ると、天井が普通より高く造られ、一〇〇畳敷がより広大な感じをうける。連中がまるで小人の集団に見えたといっても過言ではない。主人の説明によると、これからの宴会場はこうあるべきだと思ってこういう造作にしたというが、私には何となく、大和につながるものを感じて心がひろびろとするようだった。

住宅から工廠へ、たったそれだけの往復とばかり思いながらも、そのなかには数かぎりない話の種がひそんでいて、思い出すと、あれもこれもなつかしいものである。

呉市への郷愁

今の呉市はどう変わったであろうか。当時以来、呉市を訪ねることもなくなったが、あのころの呉市の街路は京都のような碁盤目型の町並みで、とりたてて言うほど大きな建物もなく、新開地風なわかりやすい海軍町であった。

鉄道に並行して、山の手には一丁目から一三丁目まであり、一三丁目ともなれば紅灯さんざめく花街になっていた。だから、遊客たちは「一三丁目」という通り名で呼び合っていたものである。

この丁目を山の手に向かって「通り」があり、その通りに玉突や（四つ玉）お湯屋がたち並んでいたような印象がある。雨降りの休日など、朝から夕刻まで下手くそな点数持ちで同僚二人と四つ玉にねばったことなどを思い出す。町なかの二階建ての家で階上と階下の住人が別世帯という家が多かったのもこの町の特長であった。いまの東京から比較すれば、なにを寝言を言っているのだといわれそうだが、当時、これほどさかんな同居《どうきょ》町はあまりなかったものである。また海軍町だけに旅館もかなり多かったが、そのほとんどが割烹旅館で宴会むきの料理屋となっていた。いわゆる「待合」である。

呉市につき、いちおう旅館におちつくわけであるが、そういう海軍関係の人たちはかなり多いから、住宅がおいそれと都合されるわけもなく、とどのつまり、間借り生活をいとなむことになるのである。しかし、それだけに町の人も世慣れたもので、私がたまたま立ち寄った喫茶店の中年のボーイさんに、何気なく貸間の話をしたところ、さっそく紹介してくれたものだ。

場所は八丁目筋のにぎやかな通りに近く、階下は歯科医が使い、私はその階上を借りることにした。出入口は階上下とも別口になっていて、不自由どころか、満点に近かった。

ここはもと海軍主計士官が使っていたのを転勤のため、あいたばかりだとは家主のおばさんの話である。室は八畳に三畳で、一人では広すぎるくらいである。床の間には骨董品らしいものがたくさん置いてある。聞けば、おばあさんの主人が在世中に骨董品が好きで、ずいぶん集めたらしく、その名残りだとのことだ。広い紫壇机や、めざまし時計は勝手に使ってもよいとのことで、まさに至れりつくせりの親切さだった。

しかし、広すぎるのだけがどうしても欠点で、そのうちふと一策を思いついた。かねてから「いい室」をさがしていたK君に「同居」を話してみたのである。K君もすでに私の宣伝に乗って、この室が「いい室」であることは十分に叩きこまれていたから、否応もなく、間借代三分の一持ちの約束で引っ越してきた。

風呂屋事件の容疑者となる

かくして、私の呉生活がはじまった。生活は快適で、一日一日がすばらしい毎日であった。しかし、好事魔多し、平和な明け暮れに思わぬ事件（？）にまきこまれる結果になった。

これを私は「風呂屋事件」とよんでいる。事件の顛末を話してみよう。

某日、私は某友の家を訪問する約束をして多少時間もあるので、一風呂を浴びるつもりで出かけた。適当な時間をみて風呂から上がると、なにやら番台のあたりで大さわぎを演じている。きくともなく耳に入るところによると、どうやら浴客の中に財布を紛失した者があるらしい。

当然のことであるが、貴重品は番台にあずけるキマリであり、あずけた者は合番の指環をもつのであるが、その客はもちろんそれを無視したことになる。私はその被害者に、自業自得だと言ってやりたいほどの不満と別の疑いを抱いていた。番台からは、客に帰宅しないよう懇願された。私はすでに、友人との約束時刻が迫ってきているので、このようなつまらぬ事件に連坐の憂き目にあうことははなはだ迷惑だった。他人にとってみれば、さほどの重大事ではないだろう。だから、番台のおやじも、どんなに説明しても聞き入れない。ただ「すみませんが……」の一点ばりである。私はこのらちのあかぬおやじを相手にしている気はなかった。私はふり切って飛び出した。

友人宅にはもちろん大分おくれたが、この風呂屋事件を笑い草に話ははずみ、その夜は大分おそくまで歓談した。

さて、その後二日ほどして、例の風呂に行き、事件のことなど思い出すこともなく、いい気持になって細く暗い露地を濡れ手拭いを片手にぶらぶら帰ってくると、板塀つづきの暗がりに黒い背広の男が立っていて私をみると「モシモシ」とよびとめる。何の用事だろう。路でもきくのかなと立ち止まると、その男はそばにすり寄って、ぴたりと私の腕をおさえる。その力は意外に強く、私は瞬間、動けなくなった。

「失敬じゃないか。誰だい、君は」

と聞くと、

「ここでは話せない。ちょっと、この先までついて来てくれ」という。そのときになってはじめて先日のことが思い出された。

これは面白いことになった。よし、ついて行ってやろうという私の気持の底には、「いまに吠えづらかくな」という憤懣も頭をもたげてきていた。予期どおり、行く先は交番である。

交番には制服の警官がいた。道案内者（？）は私服刑事でもあるのだろう。中に入るとその刑事が、

「まあ、それに掛けなさい」

と一脚の椅子をすすめた。最初、むくむくともり上がっていた不満と憤怒は、次第に落ち着いたものの、まだ興奮はかくせない。椅子をすすめられても、「なにを、そうは問屋がおろすものか」と立ったままでいた。しかし、また逆に、「よし、こいつらをからかってやろう」という気分にもなっていた。彼の問いは定石どおり住所、氏名、年齢、職業である。職業になると、

「どうして工廠に来ているのかね」

「どうしてというのはどういう意味ですか。私にとっては仕事のためですが」

「いや、どんな仕事をしているのですかという意味です」

この質問には答えられるはずがない。この頃はやりの「ノオ・コメント」で押し通すほかはない。しかし、警官の方は「答えられない」では「答え」にならぬし、疑えば疑える材料である。

「何度も同じことをききますが、答えられませんか。答えられないとあなたの不利になりますがね」

「答えられませんね」

私はそう言ってからつけ加えた。

「どうしても私の仕事の内容が知りたいのでしたら、どうです。あなた方から直接、憲兵隊か、工廠長にきいてみるんですね」

これはどうやら効果があったようだ。警官の顔に一瞬、緊張が走った。そして、

「いやわかりました。大へん長い時間ひきとめまして、おわびします。どうかお引き取り下さい」

とあやまり、お世辞かどうか、もと来た道に出る道順などを教え、そのうえ一人が送って来てくれた。

反感はとうに消えていた。それにしても、「憲兵隊」というようなその上の権威に弱い小さな権威者という感じがして、後味はあまりよくなかった。

しかし、話はこれですみはしなかった。

「憲兵隊」ときいたので、この場はそれですんだようにみせかけながら、そのくせ、その後、K君と風呂に行くとまた背広の男が近寄ってきて、交番に同道してくれという。容疑は消えていないらしい。

K君は性来、茶目っ気の持ち主である。「行こうじゃないか」と自らすすんで交番に行き、談論風発、警官を煙に巻いてしまった。その後も二階から窓をとおして、路上に「はりこみ」をしている二人ぐらいの影をみたことが何度かあった。どうやら外出の際は尾行されているようだった。

「しつこい犬がまだ二匹、表をうろついていますよ」

K君は聞こえよがしにどなったりした。そのうち、犯人が挙がったのか、ともかく容疑が晴れたらしく、姿をみせなくなった。まったくすっかり容疑者にされていたらしいのだ。しかし、腹立たしいことには違いないが、工廠通いの単調な日々にとっては、せめてもの事件が、ちょっとしたスリルを味わわせてくれたのである。

大和、武蔵誕生す

冬来たりなば春遠からじ——で入廠以来、三度目の冬を迎えた。大部分の図面もその頃すでに完成されていた。M技師と私は先発として長崎へ年末の日付で引き揚げることに決定された。
当地への到着が昭和十二年六月で、引き揚げが十四年の十二月末であるから、二年七ヵ月を呉ですごした計算になる。在廠中の各位の恩顧を感謝しながら工廠をあとにしたころには、大和の船体工事も順調な進捗をみせて、七分どおり出来上がっていた。

郷里長崎に定着したのが予定どおりの昭和十四年十二月末であった。とうじ呉に行くまえに生まれた次女は、三歳になっている。手をさし出すと、不思議な面もちでいまにも「わッ」と泣き出しそうである

しかし、日がたつにしたがって、だんだん、父親を認識したらしく、ときどきは「ばあ」をすると、にこにこっとするようになった。その子もすでに三二歳である。光陰矢の如しというべきか。

さて、昭和十五年の元旦も迎え、ひさしぶりに会社に出勤し、一通りの挨拶をすましたのは五日の朝である。課内の奥には特別室が設けられていた。それが武蔵関係の設計室であった。宣誓者（腕章によって示す）以外は、近寄ることもできない。その特別室に、間もなく私も腕章を巻いて出勤することになった。

造船所では武蔵工事を外部に対しあくまで隠蔽するため、高い所からスダレを垂らし、透視されぬようにした。これは港の海上をへだてて前正面にB国総領事館をはじめ、その他の外国公館があるせいだが、ここにも長く倉庫が急造され、造船所への視界をさえぎってしまった。

何もこれは外国関係ばかりではない。そばを通った日本人でも造船所内をのぞこうとしたりすると、その筋では容赦なく連行し、相当に油をしぼったようだ。このころ、造船所内に「武蔵図面紛失事件」なるものが起こった。

このときは関係者一同、留置、呼び出しに相つぎ、憲兵と特高警察から辛辣な訊問を重ねられ、憤激やる方ない思いをされたらしい。幸いに私はそのとき長崎を留守にしていたので、疑われずにすんだのである。

「やれやれ」私はそのとき、ほっと胸をなでおろした。容疑者視されることは、あの小さな「風呂屋事件」でもうこりごりだからである。

しかし、私がそういうことで疑われたことなどは、武蔵の場合にくらべ、いかに小さなことだったかが後でよくわかった。

というのは、この事件のために容疑者視された人たちのなかには神経衰弱になってしまった人も多数いることを知ったからだ。

当時の、警官、特高、憲兵と並んだら、白を黒とするぐらいのことはかんたんだし、いったん容疑者として彼らの前に浮かんだら、まず、たいていは「犯人」に昇格（？）させられると覚悟すべき時代だった。

この図面紛失事件も、けっきょくは課内の若い人が処分をうけて終わりになったが、問題になるほど悪質な事件でもなかったようである。

このような騒擾をよそ目に、大和は昭和十六年末に完成され、武蔵は、昭和十七年八月に完成した。両艦の常備排水量は、六万九一〇〇トン——この偉大な、歴史上はじめての戦艦が日本に出現したのである。

とうじのわれわれがいかにその戦力を信じ、武運を真剣に祈ったか、これは関係者のみが知る、大きな感動のあらわれであるだろう。

話はそれるが、私は昭和十五年六月からは世界オリンピック大会をひかえ

て計画された日本の豪華船樫原《かしはら》丸（総トン数二万七七〇〇）を速力二四ノットの空母に改装のため、船殻図作製をうけもち、東京三菱本社艦船設計課に行くことになっていた。紀元二千六百年の祝典の年であった。

同年十一月には改装決定となり、図面作製は至急命令をうけた。樫原丸はかくして空母「隼鷹」となったのである。ところで、このような過去をふりかえっている現在、日本はすでに待望のオリンピック大会をすまし、万国博を来年ひらこうとしている。そして、世界一の巨船も、ぞくぞく建造されている。

総トン数三〇余万トン、速力一六ノットの巨大タンカーも建造されたと聞くが、これもあながち偶然とのみはいいがたいように思えてならない。私にとってみれば、何とはなしに啓示に似たものを感ずるのである。なにとぞ、現造船界が世界に誇る技術を縦横に駆使して、平和の象徴ともなるような豪華船を浮かべてほしいものだと思う。

不得手なペンを握って、往時を回顧してみたが、読者諸賢の大和、武蔵をめぐる造船界を知っていただくための一資料となれば望外として筆をおく。

（昭和四十四年八月号丸エキストラ収載。筆者は三菱造船所技師）

私の見た戦艦〝大和〟の印象

技術者が評価する〝世紀の巨大艦〟の艦型と美しさ――福井静夫

巨艦の誕生

世界一の戦艦大和と武蔵が、その雄姿を海上に浮かべたのは（進水）、昭和十五年の八月（大和、呉工廠）と十一月（武蔵、三菱長崎造船所）であるから、すでに約二〇年の昔となる。この二隻が完成したのは、それぞれ昭和十六年十二月と十七年八月である。

大和は、約三年四ヵ月、武蔵にいたっては、わずか二年と二、三ヵ月の寿命しかなく、いまなお二艦は陸からあまり隔っていない海底に、多くの英霊とともに眠っている。

わずか二、三年の生命しかなかった主力艦であるが、その艦名は、戦後になってはじめて国民に広く知られ、しかも巨艦であること、世界最大の砲力を持っていたこと、その建造が、最高の機密に属したことなどで、かえって二〇～三〇年の長い間、海の浮城として国民になじまれた他の一〇戦艦――金剛、比叡、榛名、霧島、扶桑、山城、伊勢、日向、長門、陸奥——よりも今日有名であるのは、不思議な気持がする。

もっとも寿命が非常に短かかった戦艦が、わが国にはもう一隻ある。

日露戦争で、触雷して、沈没した初瀬が、やはり、約三年四ヵ月ほどの寿命であり、本艦の最期もまた、大和型と同様に、その戦後にはじめてくわしく報道され、ながく国民の記憶にのこったのである。

筆者は、戦争中、しばしば大和と武蔵を眺めていたし、軍艦の形について非常な興味を持っていたから、この二隻が呉軍港に在泊中や、入渠中には、なんの公報もないにかかわらず、寸暇を見ては、頻繁に艦を訪れ、ただ甲板上を歩いてみたり、岸壁上からためつすがめつ、本艦を眺めて一人で悦に入っていたことがある。

とくに大和クラスのみでなく、自分の関係しない艦でも、それが初見参であったり、改造したりする時は、片っぱしから訪問したものである。いま、思いつくままに、大和（および武蔵）の印象を回想してみよう。

不恰好だがスマートな艦

写真でみると（図面で見てももちろんそうだが）大和ほど不恰好な軍艦はないと思う。いや戦艦の中で、大和は稀なくらい不恰好だとさえ思う。フランスのジャン・バール型戦艦もきわめて不恰好だと思うが、実際に見ていないので比較はできない。

しかしなぜ大和を、かくも不恰好ときめつけたかは、その外見が、いわゆる造船美学上の原則に反し、威容を損ねること著しいからである。

まずデッキの線である。前部のシーア（甲板の上下方向のそり）が著しいことは、凌波性をますためであるが、それが普通の常識をこえて、前部の砲塔部で、さらに低くなり、二番主砲塔を極力低く据えつけて、重心の降下と重量の減少を計っている。だから、二番砲塔の後ろは、かえって甲板線が上がっているが、これは原則的には、造船美学では落第となる。甲板の後部も、二番主砲塔の後で一甲板だけ下がっており、またその付近の外舷には短艇格納庫が設けられて、著しいふくらみを示している。

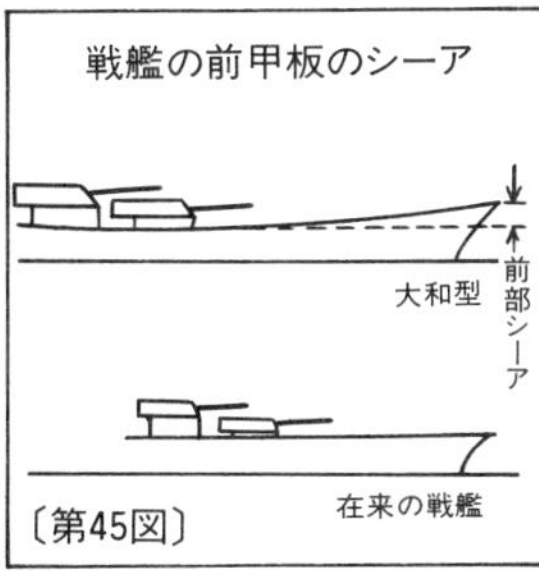

〔第45図〕

これまた形態的には不恰好とならざるを得ない。もちろん何が美で、何が醜かは見る人の主観である。

しかし美術には、絵画にしても、彫刻にしても、一定の原則というものがある。造形美学でも然り。軍艦は商船ほど、外見には拘泥しないけれど、決して設計者は威容を軽んずるのではない。実用のみ考えて、ベストの設計をしても、一本の線を引くにしても、出来上がりに美、醜は別れる。優秀な人が設計し、線を引き、立派な性能の艦ができれば、結論として醜い軍艦となった例は少ない。だが図面から見る限り、また実際に建造中の大和を見て、まだ上部構造が取り付けられず、高い乾舷を示している状況で、これはすごく不格好な軍艦だなと思ったのは、ひとり筆者のみではなかろう。

　つぎに建造中にびっくりしたのは、艦首の下方の形である。バルバス・バウ（球根式船首）というのは各国とも商船にはよく使用され、また米、独、伊の大艦でもよく見るが、わが国で軍艦に採用したのは大和が最初である。

　同時に採用したのが、空母翔鶴型、つづいて採用されたのは空母大鳳、商船改装の飛鷹型、軽巡大淀、阿賀野型など多くの艦があるが、大和のは極めて、その球根《バルブ》が大きい。極端とも言える。だが、これこそ艦政本部と技術研究所が努力に努力を重ね、全速でも巡航速力でも好適という、まれに見るすばらしい船型を決定したからなのである。

　さて、前に述べたように、戦艦として艦首のシーアが著しくついている艦、つまり艦首がグッと上がっている艦は他にどんな艦があろうか。普通、シーアは船舶にはつけるのが常識であり、前甲板が水平のように見えても、じつは多少のシーアはついているものである。

　第二次戦時標準船のように、極端に工事簡易化を計った船はシーアのないのがあり、この場合は前甲板は計画トリムでは水平であっても、はたで見るとかえって垂れ下がっているように見えるものである。

　つまり少しシーアをつけると、ちょうど水平のように見える。なお少しそれを増すと、だいたい水平に見えても、さらにスマートな感じになる。

　さて、読者の中には軍艦が大好きの方が多いはずだし、多くの方は軍艦の形について非常な興味を持っておられる。各国のいろいろな主力艦の形をすぐ想い浮かべるであろうが、前甲板にはっきりしたシーアのついた戦艦は、大和以外にそう多くない。むしろあればそれが例外的だということに気づかれるであろう。米国では大和と同時に建造したノースカロライナ型からシーアがついている。そして四万五〇〇〇トンの高速力戦艦アイオワ型にいたって、わが大和のように著しいシーアとなっている。

　英国では例のプリンス・オブ・ウェールズの属するキング・ジョージ五世型すら、ほとんどシーアはついていないが、大戦直後に完成したバンガードのみは大和に匹敵するシーアとなっている。

イギリス戦艦バンガード。大和型とおなじように前部にはシーアがつく

ドイツではシャルンホルスト型は出来た当時はほとんどシーアがなかったが、改造されてシーアを十分につけ、ついで三万五〇〇〇トン（実際は四万二〇〇〇トン）のビスマルク型がやはり大和式である。このように昔から戦艦には原則として前甲板にはほとんどシーアがなく、あれば例外とも言えたが、わが大和の時代からは、そうではなくなった。シーアと大和、これは非常に面白い関係だ。

つまり従来の戦艦では、その前部の主砲の発砲の関係上、艦首の甲板を上げると爆風の影響を強く受け、また主砲の最少仰角を制限することとなり、近距離の前方射撃ができなくなる。凌波性の向上のため、艦首の乾舷を高くしたいのはやまやまだが、こんな関係でできなかったのである。できなくとも、元来戦艦は巡洋艦などにくらべれば大艦だから、まず艦首は、シーアがなくても結構高い。また後部に被害を受けて、艦尾が沈下し、つまり艦首が持ち上がるような状況を考えると艦首のシーアはいよいよつけられない。英国でもキング・ジョージ五世級はこのため第二次大戦中に、凌波性が不十分だと実証され、つづくバンガードは改正されたと聞いている。

大和では、したがってせっかく二砲塔が前部にありながら、その中の一番砲塔の三門の四六センチ砲は、前方射撃（正面より左右両舷へ各三〇度）の時にはある仰角（約五度）以下ではもちろん発砲ができない。このように、相当に主砲の射界制限を覚悟して相当に強いシーアをつけたことは、本艦が、世界の三愚物（万里の長城とピラミッドと本艦）とたとえられても、とにかく新時代の戦艦だったことの証左である。

シーアの話ばかり長くなったが、いろいろの醜い条件をそろえた大和が、じつは筆者の見た最もスマートな、しかも一番重々しい堂々とした軍艦だったのだ。

造船美学に反するとは言っても、また見る人の主観によって、その印象はさまざまであったろうが、私は大和こそ世界で最も威容を備えた軍艦だったと思っている。大きいからではない。後述するように、本艦は横から見ると排水量の割合に非常に短い艦である。つまり大きいから堂々としていたという単純なものではない。何故だろうかと詮議立てをしても始まらないが、筆者は次のように自分に説明している。『最大の慎重さを持って、もっとも優秀な設計者が設計した構造物は、つねに必ず立派である』と。本艦の設計と建造に参与した筆者の大先輩各位は、当時の世界軍艦技術者（いや軍艦の二字は余分か）の最高権威者のみであったのだ。

檣楼について

戦艦長門が大正九年に完成した時、その外見でもっとも世界の注視の的となったのは前檣であった。

当時、各国で普通だった三脚檣（米国のみは籠檣《かごマスト》）を廃止して、その代わりに中央に直径六フィートの直立檣を設け、その外周に六本の直径三フィートの支柱を設けて、巨大な檣楼とし、万一敵弾を受けて支柱の半分が破壊しても、なお大丈夫のようにしたのは、金田中将（砲術の権威）の着想であって、長門の設計者たる平賀譲博士（当時、進級早々の造船大佐）と、激しい意見のやりとりのあげく、平賀さんが進んで設計されたと聞いている。その後わが戦艦は、軍縮条約下にいずれも大改装されたが、固有の三脚檣のほかに、支持構造物を設けて巨大な檣楼を有するにいたった。昭和初期から開戦まで、わが戦艦の外見上の特長は、巨大な檣楼にあったとも言える。これは改装時に装備した大型の檣楼測距儀とともに大遠距離砲戦の重視を端的に表わしていた。

とにかく華府軍縮会議以来、ことに昭和に入ってから、わが戦艦の檣楼は次第に彪大《ぼうだい》なものとなって行った。

大改装の際には改造されて大きくなるのはもちろんだったが、それ以外の時でも、予備艦の際とか艦隊の教育年度終了の際とかを利用して、つぎつぎと、いろいろの新しい兵器が装備されたり、また指揮、見張り、通信はもちろん、あらゆる新施設が設けられて行った。その絶頂は昭和八年～九年に改装を完成した戦艦扶桑と榛名の例であろう。しかし、いざ実戦の場合を考えると、いろいろとさらに反省すべき点が見出された。あらゆる設備を前檣楼にまとめて設けていても、一弾の被害で使用不能となるようでは実際的でない。その上に友鶴事件の結果、いっさいの艦艇の復原性が再考を要することになり、戦艦はまず心配なかったものの、この際もっと研究してより実戦的な、便利かつコンパクトな檣楼を採用することとなって、ついに多くの調査と研究を経て、昭和十一年には「檣楼施設標準」というものが決定された。

これに基いて、まず改装中の戦艦比叡には、新式の檣楼が採用され、次いで本格的に大和型は、これに拠ることとなった。比叡の改装完成は昭和十四年末であって、当時、大和型はまだ上部工事は未着手であったから、その実用成績は、大和の実際の工事と併行して、細大もらさず改正図となって織り込まれたわけである。

大和の檣楼（前部）はこのように、まったく新式であり、長門型の七本様式とは異なり、むしろ英戦艦ネルソンの方式によった塔式である。

塔の構造は内外の二重の円筒式で、内筒の中には重要な電線類を通し、内筒壁は弾片類を防ぐ程度の防御をほどこし、同時にそれが最上部の測距儀や方位盤をふくむ射撃塔を支える堅牢な支基ともなっている。内筒と外筒との間には諸室を設け、その大部分は、気密（毒ガス防御）とした。さらに外筒、すなわち外壁の外側には、多くの見張所や指揮および測的関係の施設がおかれた。かくて出来上がった大和の檣楼の大きさを、それ以外の戦艦の長門型や、扶桑（いずれも大改装後）と比較すると表37のようになる。

（表37）前檣楼の面積比較

	前面より見た面積	側面より見た面積
大和	159㎡	310㎡
長門	162㎡	371㎡
扶桑	150㎡	351㎡

つまり大和は、長門や扶桑よりずっと大きい艦であるにかかわらず、その前檣楼は塔式の新式のものであって、かえって小型になったわけである。前方より見ると扶桑より大きいが、長門よりほんの少し小さい。

側方から見ると長門や、扶桑よりもその側面積は一〇～二〇パーセントも小さい。つまり、ずっと小さいことになる。艦が大きいから、実際は大和の檣楼は、他の戦艦を見た目には非常に小さく見える。

ことに前方から見ると、大和の艦幅が非常に大きいだけ、艦橋構造物、つまり檣楼はじつに小さく見える。前方から見て、檣楼が小さいのが、大和の外見上の大特長なのだ。その一方では檣楼の高さは、扶桑よりも高くはないが、長門よりは高い。このため正面から見る感じは、たしかに一風変わっていた。

檣楼が、ちょうど艦の長さの中央にあることも大和型の特長である。他の従来の戦艦では、いずれも中央よりもかなり前方にある。外国では、英艦ネルソンや、その方式を踏んだ仏艦ダンケルク型を除けば、わが長門型に相当する艦はいずれも同様だ。

しかし、米国のノースカロライナ型は、やはりちょうど艦の長さの中央に檣楼がある。つづくアイオワ型もだいたい同様だし、同時期の他の新戦艦にとっても、まず同じような傾向が見られる。なぜだろうか。もちろん、個々の艦の設計方針と、その一般配置にもよることであるが、ごく大まかに言えば、高速戦艦というものは、その機関の発生馬力を極力少なくする必要がある。

つまり船型を研究して、抵抗が極少となる型をえらばねばならぬ。これには長さをなるべく大きくすること、船型学上、重要なるある系数（説明は省略するが、プリズマチック・コエフィシエントというもの）を、つとめて造波抵抗が最少となるような数値にとりたい。こうするには中央部の幅を大きくして、その部の吃水線下の船体横断面積をかなり大きくする必要がある。

この形で船体をきめると、魚雷防御の関係で前部の弾庫、火薬庫、つまりは砲塔位置が必然的にきまってくる。すると前檣楼は、前部の弾庫、火薬庫区画のつぎに発令所（上方には司令塔がある）をおき、どうしても、ほとんど長さの中央に艦橋が来てしまうからである。実際は設計はかく簡単ではない。複雑なあらゆる条件をうまくまとめねばならないが、期せずして、日米の建艦技術者は、同時に他を知ることなく、極めて似た戦艦を設計してしまったわけである。

檣楼の位置がきまれば、煙突の位置も自らきまる。もちろん、機関部の配置法によって、罐室の配列はいろいろの方法が考えられる。

米国のノースカロライナ型は、断然風変わりな方法をとった。思い切ったことだと思う。さらにそれにつづく四万五〇〇〇トンのアイオワ型にいたっては、戦後にこれを知ったわれわれは「なるほど」と感心するような方法を実行した。

しかし、つねに米国が率先して良い配列を実行したとも考えられない。歴史をふり返ってみると、長門の同時代艦たる米の巡洋戦艦レキシントン型（本艦はのちに空母になった）のごときは、最初設計したときのボイラーの配置はまことに奇妙キテレツともいうべく、平賀博士のごときは、「正気の沙

艦橋部分を比較してみるとそれぞれ個性的であることがわかる。左から扶桑、長門、武蔵

汰に非ず」とまで極言したほどで、やはり彼もその不十分さに気づいて、その設計を最初からすっかりやりなおしたことまである。

イタリア戦艦リットリオは、大和とまず同期の設計と見て差しつかえないが、本艦は前後のタービン機関室の中間に罐室区画を設けているのは、これまた好適な一法と思う。

これらに対し、わが大和型の機関配置は、もっともオーソドックスな方法だったとも言える。つまり、第一次大戦末に完成したドイツ戦艦バーデン型の一罐一区画主義に感心した経歴と、平賀式ともいえるし、あるいは英国のクイーン・エリザベス式ともいえる横列式のタービン機関室配置法を、さらに艦幅の大きい本艦では、四室並列式とし、船体縦壁をうまく利用して一二基の主罐を一二個の罐室に一個ずつ入れ、その罐室を四室ごとに横に並べたものである。もちろん罐室区画の後ろが機械室区画である。

つまり大和の罐室は一二個あるが、その中心は檣楼の直下である。この位置から、煙路だけを考えると、檣楼の位置に煙突を立てるのが、造機としては一番都合がいい。しかしそうするわけには行かないから、煙路を後方へ導いたわけである。

檣楼に煙突からの排煙（普通は無煙とはいうが、それは無色という意味で、猛烈な熱排気が煙突からドウと排出される）がかからないためには、煙突の頂部をできるだけ檣楼より離す必要がある。

これは、大正九年に長門が完成して以来、つねに問題となったことで、わが戦艦ではまず煙突上部に排煙デフレクターとして冠をつけ、次いで長門型（重巡や夕張も同様）では有名な誘導煙突、すなわち屈曲式煙突を採用した。後に大改装の時に、罐室と罐をすっかり改正したため、各戦艦とも煙突はずっと檣楼より離れることとなった。

しかし大和型は、実質的には一種の誘導煙突とも言えるであろう。

煙突を大きく傾けて後方にねかせ、かつその高さを後部檣楼の邪魔にならぬように十分に高くした結果は、大和型が世界の戦艦中きわめて珍しい煙突を有することになったのである。

つまり、東西古今の世界の戦艦を見

渡すと、すぐにその煙突について気づくことがある。『戦艦（主力艦）の煙突は垂直なり』ということである。これは技術的には少しも意味がない。ただ実際そうなのだ。巡洋艦や駆逐艦や、その他の高速艦などでは、煙突は直立している方が少ない。しかるに戦艦にいたっては傾斜している煙突の艦は従来、一隻も実在しないのだ。

おそらく各国の設計者とも、戦艦はドッシリした外見を好み、そのために直立煙突としたものであろう。いや具体的には大きい丈夫なマスト（檣楼）に対し、煙突を傾斜させることが造船美学上の調和の原則に反するからでもあろう。長門やその後の外国戦艦にも、いわゆる誘導煙突（トランクド・ファンネル）や、また二〜三本の煙突をその上部で一本に合体させたものがある。

しかし、これらは、いずれもその頂上においては水平である。ひとり仏戦艦ジャン・バール型のみ例外だが、この煙突は、また、まったく変わった方式のものであるから、ここでは論外とする。

このように、大和型の煙突が、後方に大きく傾斜していることは、極めて著しい大特長である。このため煙突前面の傾いた部分には対爆弾防御さえ施す必要があったほどだ。

煙突とともに、外見上の風変わりな他の一つの特長として、後檣を挙げることができる。後檣、いやマストが傾いているのも、煙突の場合と同様に、他の主力艦では例がない。

後檣の傾斜の理由は煙突とはまったく別であって、無線の空中線《アンテナ》のためである。本艦の無線の送信能力は、軍令部より約五〇〇カイリと要求された。これに対してアンテナの展張高さと長さがきまる。一方では前後部にある主砲の発砲時の爆風の影響を計算に入れなくてはならない。かくすると、どうしても、このような後檣の形とならざるを得ない。

この後檣、それと煙突との調和は、じつに大和の特長だったと思う。スマートであり、晴ればれした感じであり、しかも堂々としていた。

前後部の主砲塔の間の距離は、いわゆる主要部（バイタル・パート）と関係する。この距離を極少にすることが、本艦設計の一つの鍵であった。

そのため、この部分における上部構造物が、まるで一つのビルディングのように高いものとなったのも大和の強い印象である。

艦体の小さな巨艦

さて最後に、巨艦大和は、じつはその身体つきは、排水量（すなわち艦の重さ）の示すほどには大きくなかったことを付記しておく。これも大和の特長である。

長さでは、大和と三万トンの空母翔鶴、大鳳とは大差ない。赤城ともあまり変わらない。

しかも、四万五〇〇〇トンの米戦艦アイオワのごとき、全長二七〇メートル、巨大空母フォレスタル型にいたっては、じつに三一〇メートルにも達する。フォレスタルより一万トン近く排水量の大きい六万四〇〇〇トンの大和の全長は、わずか二六三メートルにすぎない。

空母と比較するには、まだいろいろの要件を考えねばならないが、アイオワ型と比較すると大和は速力が低く、そのかわりに防御力の強い、文字通りの戦艦と称し得ると思う。

筆者は、開戦早々外地にあり、完成後の大和型をはじめて目撃したのは、昭和十八年の春であった。クダコ水道を通って枚島へ入港中の大和、武蔵の二艦をはじめて遠方より眺めた日を今もはっきり覚えている。その後、無数に両艦を訪れたが、広い最上甲板、ことに艦幅が大きいために、舷側副砲塔付近の両舷部のひろびろとしていたことが印象深い。この広々とした部分にも、数回にわたって防空機銃が増備され、ついには前部より後部へ行くのにこの広い部分ですら、曲がりくねって行かねばならなくなってしまったほどである。

（昭和三十五年四月号収載 筆者は海軍技術少佐）

最大最強の戦闘第一艦を造った日本人の知恵

日本人の頭脳と技術力が結集されて空前絶後の超大型戦艦は誕生した——野村靖二

日本人が成しとげた偉業

大和は、空前にして絶後の超大型戦艦であった。

それまでに、大和以上の戦艦はなかったし、それ以後も、これから先も、そんな巨大な戦艦はつくられない。過去、現在、未来を通じ、人類のたっし得る最高のピークをつくり、きわだったエポックとなった。

その大和は、日本海軍の造艦技術がどのくらい高度のものであったかを、世界にしめした。いや、日本海軍だけではない。日本の工業全体の水準をしめした。七万二八〇九トンの戦艦は、ただ呉の造船所だけでつくり上げられたものではない。鉄板からエンジン、モーターから電信機、測距儀、ビス、ハンドルにいたるまで、あらゆる部分品にかけて、日本全土にまたがる工場、その工場にはたらく人びとの頭脳と技術と、努力の結晶であった。

——いいかえれば、もし大和が世界に誇りうるものだったとすれば、その誇りこそ日本海軍だけのものでなく、日本人全体のものであったはずだ。

私たちの父や兄が、あたまをしぼり技術をつくし、その誇りをつくり、その大事業をなしとげたのであった。

大和は、雑誌「丸」の読者ならば、あらためて詳しく述べるまでもなく、ご承知のところであろう。その戦いぶりは、いくたびも述べられている。

九州、坊ノ岬沖九〇カイリの海底に身を横たえ、ふたたび見ようとしても見ることのできない、千尋《ちひろ》の深さに沈んでいることも――。

だが、考えなおしてみると、その大和は、けっして過去のものではなかったのだ。

それは現代に生きる日本人のなかに息吹いている。亡霊としてでなく、掌《て》を開けば、まだなまなましい皮膚の触感として、また心をしずめれば、顔の汗もあざやかによみがえる記憶として生きているのだ。

大和出現にあわてた米海軍

東宝の「太平洋の翼」という映画にも、大和が出てくるが、それを見ていた人が、こういった。

「大和ッてのは、デカかったんですねえ。だけど、デカいといっても、見当がつかないな。どのくらいデカかったんですか」

私は困った。なるほど、こういうふうにきかれると、答えにくい。数字をならべるのはやさしい。しかし、それがはたして実感をもって、心のなかにイメージをえがき出す材料になるかどうか――。

「長門、陸奥ッてのが、ありましたね。三万五〇〇〇トンの。あれが、ワシントン軍縮会議でアメリカ、イギリスが最大の強敵として陸奥だけでもツブしてしまおうとしたんですが、あれがとうじ、戦艦として、これ以上に大きなのはできないと考えられていたんですね。――大和はその二倍の大きさですよ。アメリカでも、大和の建造がうすうすわかったんですね、なにか日本で大きな戦艦を造っているらしい。これはイカンというので、大金持ちのアメリカが全力をあげて、ドエライ大きな戦艦を造った――アイオワ級ですがね――それが五万二〇〇〇トンだった。貧乏国であるはずの日本が、それよりまだ二万トンも大きいのをつくったんですよ。一万トン重巡二隻分も大きい。それが大和だった」

「ヘエェ……」

そこへ、『戦艦大和』の筆者吉田満《みつる》さんが口をはさんで、

「前甲板で、艦首尾線と直角に綱《つな》をおき、三〇人ずつが二手《ふたて》にわかれて、綱引きをしてたんです。朝起きると、分隊員といっしょに、上甲板を駆け足するんですがね。艦をぐるっとまわるとヘトヘトになりましたよ」

そこで、私がつけくわえた。

「レイテ海戦のまえ、リンガ泊地で大和と長門がならんでいたのですがね。みんなの話を聞くと、長門が、まるで赤ン坊みたいに見えたそうですよ。ところが大和は、長さはわりに短いんですよ。でも、幅が広い。まるでタライみたいに見えたそうです」

「………」

「……そうです、そうですッて、自信のない言葉の連続で、申しわけないんですが、じつは私、大和を見たことがないんですよ。イヤ見た、見た。進水式のとき、巨大な紅白のマン幕を張り

めぐらした呉海軍工廠の造船ドックに永野元帥のおトモをして行ったとき、マン幕の間から大きな菊の御紋章（艦首についているもの）が、中天にノシかかっているのを見たんですが、副官はそっちの方に出てくれと押し出され、それが、大和を見た最初で最後でした」

「なるほど……」

「大和の同型艦、武蔵が進水したときの話ですがね。船台からスルスルと海中にはいっていったんですが、そのとき長崎港内では、とんでもない異変が起こったんです。進水直後、約一〇分間、海面が三〇センチ（験潮所の記録による）も盛りあがって、高さ五八センチの波ができた。船台の正面にあった海岸ではすごい高潮が押しよせて、そのあたりの人家は床上浸水、畳がベタベタにぬれてしまった。ある地域では、ドブ川の水位がじつに三〇センチも高くなって、なにごとが起こったのかと、みんな仰天《ぎょうてん》したそうです」

「…………」

聞いている人たちは、さっきから、開いた口がふさがらない表情だが、読者のみなさんは、いかがだろうか。

　とはいっても、大和は、ただ大きいだけが、取柄《とりえ》だったのではない。

　戦艦の本命である主砲が空前絶後の四六センチ砲であったことだ。そして防御がその四六センチ砲を食っても耐えられることに基礎がおかれているので、これまた空前絶後の強さをもっていたことである。そういう強さ、新しい着想、設計、建造が、すべて戦艦として、日本海軍の主力中の主力としての「力」を発揮できるように調和されていた点に、私は大和の真面目があると思う。

致命傷となった〝戦闘第一〟

いったい、軍艦とはなにか。

　私は、かつて、駆逐艦に乗っていたときに、

「こりゃあ、魚雷を敵艦までもっていく運搬船ですな」

　と口走って、艦長から、こっぴどくやっつけられたことがある。

　艦長は、自分の艦を、そんな機能一点張りの見かたをされたので、憤慨したのに相違ないが、機能からすると、いまでも私は、その考えかたに間違いなかったと思っている。

　その筆法からすると、戦艦は、巨砲の威力を最高に発揮する能力をもっている大砲運搬艦ということになる。

　むろん大和もそうだ。

　四六センチ砲の威力を、最高に発揮するための艦であった。

　そんな立場から大和を見なおすと、いままでほとんど語りつくされた大和にもまた違った味が出てくるだろう。

　そして、それを日本が造ったことについて、考えかたにも、外国の場合とちがった特長があらわれる。

　日本海軍の一つの特質として、純粋さ、潔癖さがあげられる。悪くいえば、世間のせまさと、お坊ちゃん的な甘さということになるが、いい意味の純粋さは、海軍軍人の生活のなかにも、思考の中にも、したがってその産物である軍艦の中にもつらぬかれていた。

　軍艦は、戦うためのものであるとい

えば、戦闘力を上げることにばかり集中して、居住性が二の次になる。いや見かたによっては三の次、四の次でもあった。

三笠をみるとよくわかるが、むかしは大砲と人間が共同生活をしていた。砲廓の、いちばんいいところに、大砲がデンとすわっていて、「人間ども」は、そのスキ間に大砲を気にしながら暮らしていた。

大和ではどうか。

さすがに大和、武蔵の時代になると、戦うのは、大砲ではなくて人間だ、ということがわかってきた。むろん、完全にわかったわけではないが、ともかく、艦内は冷暖房完備（夏はヨリ暑く、冬はヨリ寒くする意味ではない）だし、ハンモックなどなくて、全部がベッドになった。「大和ホテル」とかなんとか、第一線の駆逐艦乗りが大和をさして呼んでいたほどの、日本海軍としては最高の居住施設であった。

だが、それと戦闘第一とは、また話がちがう。

大和を防御し、沈みにくい艦にするためには、艦にとって弱い部分——弾火薬庫、ボイラー、エンジンをふくんだ艦の中央部を、横からやられても上からやられても大丈夫のように、厚い装甲鈑でつつむことだ。これを集中防御方式と称した。

もう一ついえば、鋼鉄の袋で大切な部分をつつんで、袋の口を、キュッと締める。袋の口の開いたところを、できるだけ小さく少なくする。二万メートルないし三万メートルから飛んで来た四六センチ弾にも破られないうえに、毒ガスにたいする防御もするとなれば、その袋の口は、さらに小さくなり、少なくなってしまう。

いうまでもない。いざ出ようとしても袋のなかの人間は、なかなか外に出られないわけである。

日本海軍最高の居住施設は、機関科員、弾庫員たちにとって、日本海軍最高の脱出困難な艦。これが戦闘第一ということなのである。

しかし、ここで考えておかねばならないのは、大和が、戦闘の間で沈もうなどとは、計画し、設計し、建造し、艤装する間、いや、それに乗り組んでいる人たちのだれも、思ってもみなかったことである。大和の兵装を見ると、そのへんの事情がよくわかる。

主砲はいいとして、副砲は、一万トン重巡最上クラスの主砲（高角砲ではない）を、そのまま積んだ。しかし対空兵装は一二・七センチ連装六基、機銃二五ミリ三連装八基、一三ミリ二連

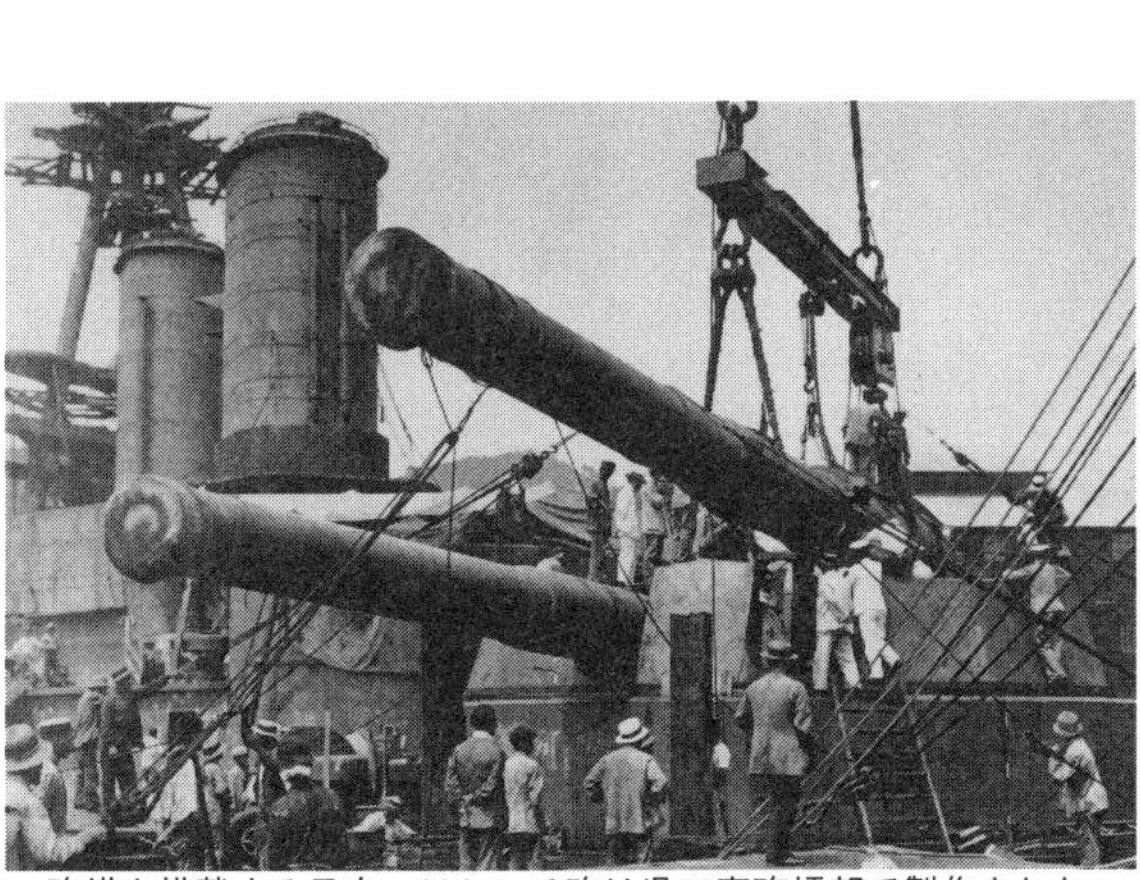
砲塔を搭載する日向。36センチ砲は呉工廠砲熕部で製作された

装二基にすぎない。

　飛行機が、あれほどの威力をしめそうとは予測していなかった（アメリカで、大和と同じ時期に造ったノースカロライナ型戦艦は、トン数は大和の半分でしかなかったが、副砲をやめて、ぜんぶ高角砲だけにしていたが、アメリカの方が、はるかに飛行機の威力をよく知っていたわけだ）。

　大和は、砲戦をするために造られた艦であった。

　したがって防御も、高いところから落下する砲弾にたいして威力を発揮するように考えられており、魚雷や爆弾にたいしては、第二義的の考えしかはらっていなかった。

急遽、対空兵装を強化

　戦艦が、砲戦で海戦の勝敗を決するという場面は、いわゆる漸減作戦として、アメリカから太平洋を西に押しわたってくる太平洋艦隊を迎え撃って、快速部隊や潜水艦部隊で夜襲し、しだいに敵主力を沈めてゆき、最後に主力どうしが対決するときには、ほぼ同数となり、しかも、制空権を味方が奪いとって、そのカサの下で、凄烈な砲撃戦をやろうという戦法でしか起こらない。

　皮肉なのは、南雲機動部隊や、仏印に進駐していた海軍基地航空部隊の艦載機と中攻が、それまでだれも考えおよばなかったすごい威力を、世界中にしめしたことであった。

　アメリカやイギリスは、仰天《ぎょうてん》した。戦艦は、オールマイティではない。戦艦の敵は、敵戦艦ではなくて、飛行機だ。海戦の主力は、戦艦ではなくて航空機だ。もう、これからは飛行機の世の中になるのだ——ということを、痛いほど思い知らされた。

　当の日本は、どうだったか。

　航空部隊は、連合艦隊戦力の「一部」であって、威力も一時的には発揮できたものの、不安定である。やはり安定した主力——連合艦隊のほんとうの大黒柱は、戦艦である。戦艦部隊が出れば、そこで海戦の勝敗は決する。そう考えていた。

　この考えに拍車をかけた理由が、もう一つある。

　海軍の主流は砲術家が占《し》めていた。海軍が、戦闘をするための部隊である以上、主要な攻撃方法を担当する者は、もっとも発言力が強く、優秀な人材が集まるのは当然だった。会議でもなんでも、けっきょくは鉄砲屋《てっぽうや》がリードする。

　飛行機屋は、単的にいうと、反乱軍のような観を呈《てい》したにとどまる。

　これは、飛行機が大活躍をみせた開戦後も、あまり変わらなかった。アメリカの飛行機が活動をはじめ、戦争の見とおしが、容易ならぬ雲行きになってきた十八年に、はじめて大和の対空兵装が強化された。

　この改装は、数次にわたって行なわれた。

　けっきょく一二・七センチ高角砲を二倍にした一二基、二四門。二五ミリ機銃は五倍にちかく、一一三梃とした。が、副砲は、そのままであった。

　だが、いちばん困ったのは、防御がまえにも述べたように、砲弾を防ぐためのもので、飛行機による雷爆撃を防ぐためのものではなかったことだ。

前述した集中防御方式にも、そういう意味からは問題があった。

まず、上からくる砲弾には強くても、水中を潜《もぐ》ってくる魚雷にたいしては、砲弾ほどの備えがないことである。

防御甲鈑は、すこぶる重い。だから艦全体をそれで覆うわけにはいかない。前は砲塔から前の方と、後の砲塔から後の方は、普通の鋼板でしか張ってない。艦内を一一〇〇の部屋にわけた、いわゆる防水区画で防ぐ消極的防御であったが、これの、航空機魚雷にたいする防御を考えていなかった。もっと区画をふやさねばならない。

爆弾は、艦の中心部（装甲の厚い部分）に落ちるかぎり、いくら落ちても平気だが（現に、二五〇キロ爆弾が、砲塔の真ッシンに命中、ものすごい勢いで爆発したけれども、砲塔の天井板は、へコみさえしなかった）、艦のそばの水中に落ちた至近弾の無数の破片が、装甲のうすい部分に無数に突きささり、そこから浸水する結果になった。

先見の明がなかった用兵者

あとはすこし技術的な話になるが、注、排水システムの能力が、不十分であったことだ。

魚雷を受けると孔《あな》があいて水が入り、艦が傾く。そこで、その傾きを直すために、反対舷の区画に水を入れる。すると、傾きは直るが、艦の浮力が減る。だが、注排水システムの能力が足りないと、艦を、平らにしておくことができなくなり、艦がひっくりかえり元《もと》も子《こ》もなくなる。

ところが、いままでに述べたようなことは開戦後、日本の航空部隊が新しい近代戦闘方式を打ちたて、戦法の革命をもたらすために大和が、いやおうなしに直面させられたことなのである。

つまり、大和を計画した人たち（技術者の意味でなく、用兵者。大和は、これこれの能力をもっていなければならぬと考えた人たち）が、すくなくともアメリカよりは、先見《せんけん》の明《めい》がなかったということ――結果論ではあるが、そういうことがいえるのではないか。大和を計画した人たちといえば、日本海軍のなかでも最高の知脳《ちのう》であったにちがいない。その人たちが、そうだったということは、問題である。

やはり日本のシンボルだった！

まえに述べた「太平洋の翼」に、「大和は、日本の象徴だった」という言葉が出てくる。

大和の設計者である松本喜太郎氏は、「日本の造船界は、かつて古鷹級および妙高級巡洋艦を世に出し、各国海軍をしてその優秀性に驚異の眼を見はらせた。新戦艦をつくるにさいし、その技術の粋《すい》をこめて、大和型をおくり出したのである。これらの事柄は、日本人の優れた技術能力を現わした、ほんの一端にしかすぎない。問題は軍艦にあるのではなくて、これを造ってしめした日本人の才能にあると思うのである」

つまり、「あれは日本で設計し、すべて日本の材料と技術とで造り上げたものだ」と胸をはり、堂々と誇れる産物だったと確信する、と述べている。

　まことに、そうである。

　ただ、これを企画した中枢部の、飛行機の威力が海戦をリードするようになることについての見とおしが足りなかったこと――それを使う司令部が、最後まで砲術第一、戦艦第一の固定観念にとらわれており、これを新時代の段階に躍進させることができなかった――ことが、大和にとって不幸であった。

　大和は、それにもかかわらず、依然として空前絶後の大威力をもつ超大型戦艦である。そしてこれは、明暗二つの、日本のモニュメント、不滅の記念物としていつまでも残るのである。

（昭和三十八年二月号収載。筆者は戦史研究家）

戦艦大和を生んだ日本技術の背景と実力

わが国の全施設と全工業力はこうして大和のために動員された――福井静夫

巨大艦のためのドックと工廠

大和型戦艦を入れられる修理用のドックは、呉の第四ドックがただ一つであったが、同じ横須賀（第六）と佐世保（第七）の両ドックが、本艦の建造に先立って構築にかかった。

　本来ならば、建造そのものの施設を先に述べるべきであるが、この場合には、修理用ドックは建造と重要な関係があるので、まずこの方を先に述べよう。

　大和型戦艦をみずから建造し、そしてそれを入渠させるドックをもったところは、呉工廠のみであった。しかし主力艦の母港となり、その本籍軍港となるべき横須賀、佐世保の両港の工廠にも、この修理用のドックが要するので、横須賀（第六）、佐世保（第七）の両大ドックを構築中であって、これらは工事を急いで進捗《しんちょく》中であった。そして佐世保のドックは、後述するように、二番艦武蔵の進水後の入渠工事に間に合い、その完成後は横須賀の所属艦となるから、横須賀のドックで間に合わせることになっていた。

　だが、大和型戦艦はつぎつぎと建造される。その建造量は大体、毎年一隻ずつ完成する必要があるので、のちに述べるように呉、長崎のほかに、第三番艦はほかで建造せねばならない。そして第四番艦は、大和の浮揚（進水）後の呉の造船ドック内で、ただちに起工することができるが、第五、六番艦はどうするか。まだ呉工廠の二隻目が造船ドック内で工事中だから、他にその建造所をもとめねばならない。

これらは当時、わが海軍のかかえていた大問題であり、しかも急速な解決を要し、しかもそれに要する施設の計画と着工は焦眉《しょうび》の急であり、かつ、断じてこれを実行せねばならない国防上の根本問題であった。

長崎造船所の船台では、武蔵と同型同大の艦は建造できる。しかし、武蔵におけるその進水工事は、みごとにおこなわれた。

また、事前にも確たる自信を持っていたが、しかしその作業は困難なものであり、また実際もそうであったように、機密保持にも、せまい開港の港内での進水や艤装は、容易ならぬものである。

そしてさらに当時、大型空母や超重巡がつぎつぎと計画中であって、これらは排水量三万トンから、大空母のごときは五万トンにおよばんとし、できるだけ長崎と神戸川崎の船台は、これにむけるべきであった。

つまり、三万トン近い超重巡や、三万トンから五万トンに達するであろう巨大空母の建造は、従来の最大戦艦に匹敵する大船台を要し、この建造上に、この二大民間造船所の船台能力を、大いに活用しなければならない。

あまりにも巨艦なるがゆえに

かくて、まず最初に改正されたのが横須賀工廠の第七ドックであって、この工事に着手直後には、これを造船ドックとして使用することになったのである。在来の呉の造船ドックは、大正はじめの完成で渠底が浅く、大艦の建造はできるが修理入渠はできない。これはまた、その上方にはガントリー式の移動起重機がある。横須賀の新ドックは十分の深さをもち、修理にも、新造にも使えるようにするというのである。修理のみならば、渠側の起重機はその能力も数も、ある程度ですむが、新造となるとそうはいかない。

そこで起重機の数と能力をはるかに強化し、そしてドック付近の海岸の山をきりひらいて、ここに広大な新式の、そして完備した新船殻工場、つまり現図場、罫書《けがき》場、機械工場などをつくることとなった。そしてそのとおりに実行されたのである。

だが、横須賀軍港としては、これでは困るのだ。新戦艦大和型が完成しても、ここで修理のために入渠することができない。せっかく新造する新ドック内では、本艦の弟分の同型艦を建造中だからである。

そこで、第二の大ドックをつくらねばならない。その工事は、おそらく第一のドックをはるかに上まわるであろう。それは第一のドックが、最適の場所をえらんだからである。

まず考えられたのは、横須賀軍港内の本港と長浦港をむすぶ、運河（堀割り）の利用である。この小運河は、田浦地帯と浅間崎の重油タンク地帯を横断し、おもに長浦在泊の駆逐艦などの艦載艇（定期便）交通用につくられていたが、昭和七、八年ごろより拡張されて、当時は三〇〇トンの飛行機救難船や、大型の港内曳船《えいせん》ぐらいまでの通航が可能となっていた。これをさらに大拡張して、深さをうんと増して、その両端に船渠の扉船をおいて、修理ドックとする。入渠しているときには、この運河は使えないが、それを我慢《がまん》しようとしたのである。

しかしこれは、工事が厖大となるわりにはドックとしての位置が不便で、かつその両側には、修理用の工場を置くに不利で、しかも危険な軍需部の燃料地帯であり、そのうえ、大艦をここに入渠させることは、港務部としては潮流《ちょうりゅう》と風向きの関係上、困難であるとの強い反対意見がでて、ついに断念された。

横須賀工廠で改装中の金剛——すでに船体関係の諸工事は終了

そのかわりとして、東京湾の対岸の木更津《きさらず》地帯を物色したが、適当なところがなく、ついに新修理ドックは紀淡海峡方面に新設することに決したのである。

神戸川崎造船所の潜水艦建造は、場所的にも不利が多く、機密保持が困難であり、工場の拡張の余地がなく、地盤が悪くて大ドックが掘られず、また公試海面までが遠い。そのため開戦の数年前に、川崎の分工場を、和歌山ふきん（大阪府泉南郡）に新設することになっていた。

そしてここは、大和型第三番艦の建造所として、はじめ予定されていたのであった。そのためには、大ドックも設けなければならない。そしてその工事にも着手中であった（開戦後中止）。しかるに、この新工場は大工事であって、ことにその大艦建造設備は、長い期間を要することが明らかとなったので、まず潜水艦の新造施設を備えて、戦時中、川崎重工の泉州工場として活動を開始したが、じつは横須賀の新ドックは、ここの大ドックを利用することとされたのであり、開戦さえなければ、信濃の進水後の入渠工事は、まず呉でおこない、そして完成後の整備入渠は、横須賀所属の大戦艦のすべてを泉州工場へ委託《いたく》することになったのである。

いま一つの大修理ドックは、豊後《ぶんご》水道方面がえらばれた。この方面は、南方に宿毛（高知県）と有明湾（鹿児島県志布志）の艦隊作業地があり、さらに、同水道の西側の大分県には佐伯《さえき》、臼杵、別府の三湾があり、作業地としても重要だし、ことに佐伯は、要港部こそおかれなかったが、きわめて重要な海軍基地であった。平時は連合艦隊がこの方面を作業地として訓練することが多く、また呉工廠建造艦の多くはこの方面で公試をおこなっている。

だからここに工廠を設け、艦隊の修理を大規模におこなって、母港工廠の工事輻輳《ふくそう》を助け、まだ工事の等閑もあるから、まず小艦艇などの建造もおこなう計画であった。

場所は別府湾の北岸の大神にさだめられ、仮称O工廠の建設は、さっそく着手されたのであった。開始後は、その工事がすすまず、広大な土地は遊んでいる部分が大部分だったが、大神《おおが》工廠の建設計画は厖大なもので、ここに新造艦用の船台を数個設けて巡洋艦以下を建造し、大小数基の船渠を設け、その一つは戦艦用とするものであり、さらに横須賀の第六ドックと同じく、これを造船兼修理ドックとして、工廠の諸工場の完成しだい、新戦艦をつくろうとしたのである。

もちろん戦艦の甲鉄、砲塔その他の重要兵器は呉に依存し、おもに造船部、造機部（外業）を主とした。つまり大艦建造所として三菱長崎、神戸川崎のかわりにしようとしたのである。

同じ悩みをもつ二大メッカ

つぎに、従来から阪神地区に、大ドックのないことは、ひじょうに不都合であった。商船も、ときどきは巨船（観光船）がくるが、このために、万一のときを予想してドックを掘るわけにはいかない。しかし阪神、ことに神戸地区には、わが海軍の重要視する二大造船所がある。

それは神戸川崎造船所（現川崎重工）と三菱神戸造船所（現新三菱重工）であり、前者は三菱長崎造船所とならんで、わが国の、当時の代表的造船所であった。

また、世界有数の能力を持ち、わが軍艦は、戦艦も空母（小型をのぞく）も重巡もすべて横須賀、呉の二工廠と、この二大民間工場が仲良く一隻ずつ造ってきたし、大艦建造能力はただこの四ヵ所にすぎなかった。そして大艦のみでなく、潜水艦建造に特技を有し、呉、神戸三菱とならんで、川崎はこの点でも、わが海軍の最重要工場であった。

小さいドックは、同所に以前から設けられていたが、大艦は進水後、いちいち呉まで曳航して入渠するという状態であった。川崎造船所の敷地は地盤が悪く、また狭隘《きょうあい》でもあるので、海軍は三菱重工に強くすすめて、その神戸造船所の敷地を拡大し、ここに大ドックを造らせることになった。

これは、大和型を入れることができるもので、また神戸川崎で建造した空母などの大艦、ことに長さが戦艦ていど、あるいはもっと長いものが入渠できるものであったが、幅は大和型をらくにおさめることを目標とした。

この大ドックは無条約時代早々に着工し、開戦時はかなりに工事がすすんでいたが、資材難のために戦時中、工事をいったん中止し、戦後になってまず、長さの短いまま竣工させ使用をはじめた。ついで数度、長さを延長し、現在、神戸港の至宝となっている。

わが国の民間ドックとしては最大のもので最近、民間造船所に移された呉（呉造船）、佐世保（佐世保重工）の両ドックとともに、世界有数のものであり、米海軍が使用中の横須賀の二大ドック（第五、第六）とともに、わが海国日本の誇るべき施設である。

ガントリー・クレーンの偉大さ

わが国で建造した、最初の主力艦たる筑波は、明治三十八年に呉で進水したが、その時には、思わぬ事故（経験不足のため）が生じて、進水の日が延期された。この結果、当時の呉工廠造船部長小幡文三郎造船大艦は、ドック内で主力艦を建造することを提議し、これが容《い》れられて、ここに大きな造船ドックがつくられた。八八艦隊計画の時にこのドックは、その幅を大きくするという大工事がおこなわれた。

しかし、大和を建造するには、深さが不足したので、渠底を約一メートル掘り下げ、またドックの山よりの上方に、聳えるような上屋が設けられた。これは機密保持のためであったが、しかし雨天の作業能率を上げるのに、非常に貢献した。さらにドック上方のガントリー・クレーンの能力を、六〇トンより一〇〇トンに増加した。これはクレーン自体のみでなく、ガントリーの支柱を強くしなければならず、大規模な工事であった。

横須賀工廠の第七ドックも、その渠側の移動起重機が両側に一〇〇、六〇、二〇トンがそれぞれ各一基ずつという、じつに申し分のない能力とされた。

三菱長崎造船所の第二船台は、過去に四万トン級の主力艦を建造したが、武蔵では、船体が大きいのみならず、進水時の重量が三万トンを超えるので、早くからその進水の計算をして、建造の可能性を確認し、そして適当な改造がおこなわれた。船台の床部を強く補強したほかに、ガントリー・クレーン自体の補強と延長をおこなったことは、呉の造船ドックと同様であった。

神戸川崎造船所では、なぜ大和型をつくらなかったのであろうか。

その新設の泉州工場では、まず信濃の建造が予定され、時期の関係から横須賀で実行されたのだが、神戸の港に聳えるガントリー船台（このガントリー・クレーンは昨年秋、撤去《てっきょ》された。これはガントリー・クレーンが老朽し、また同所の新しい造船工作法に不敵となったからである）は、長崎のそれとまったく対等に、多くの大艦を過去に建造した。四万トン級の加賀。そして第二次大戦前には瑞鶴や飛鷹が、戦争中には大鳳がここで進水した。

進水式前日の日向。進水台の取り付けも完了

大和と武蔵につぐ第三番艦信濃は、じつは、泉州工場や横廠での建造が検討されるに先立って、神戸川崎造船所で建造することが研究されたのであった。

かつては、巨艦加賀をらくらくと建造し、そして、ついに八八艦隊の五万トン近い巨艦の建造も、ここに予定されていたのだが、大和型は幅が大きいので、とてもこのガントリー船台ではまともな方法では不可能である。当時は横須賀の新ドックが進んでいなかったので、㊃計画の完遂に大きな問題となり、しかも、至急に解決を要すべきものであった（とうじ、長崎の船台上では、まだ武蔵が建造段階の初期であった）。

艦の幅より狭《せま》いガントリー船台上で大和型を建造する方法、これは、許しうる幅いっぱいまでの船体をここで建造させ（長さの方は問題なし）、バルジや上部の舷側甲鉄などの取り付けは、進水後に呉に曳航して、その第四ドックに入渠して実行しようとする計画であった。

つまり進水（船体の大部分、ただし上、外側部をのぞく）まで神戸、その後の船体構造の多くは呉で、そして艤装などは、なるべく神戸でたくさん進捗させようとしたものであった。この方法はもちろん可能だし、施設の都合により、極度にうまく考えた方法である。しかし全体的には工事のロスが多く、一工数でも貴《とうと》いときに、得策たりえないことは明らかである。まして大空母をぞくぞくと建造するためには、川崎重工の大ガントリー船台は至宝たるべく、そして事実、この船台からは水上機母艦瑞穂《みずほ》について、前記の各大空母が誕生したのであった。

同じような大ガントリー・クレーンは、横須賀工廠にもある。明治の末、英国より輸入して組み立てた横須賀のガントリー・クレーンは、とうじ呉に設けられたそれとともに、最初の弩級戦艦河内《かわち》と摂津《せっつ》に使用されたが、比叡建造に際し、能力、長さともに不足で、横須賀より分解して佐世保へ運ばれ、そして、より大型のガントリー・クレーン（クレーンの一部は、ドイツのデンマーク社製だったと記憶する）が、拡大した船台上に設けられた。

これは、今日なお横須賀港内にそびえている。そして最近、浦賀重工によってときどき使用され、最近、大型タンカーがここで進水した。

横須賀のこのガントリー船台では、山城、陸奥などが建造され、八八艦隊計画では、さらに天城（四万トン）が工事進捗中に軍縮条約によって空母に改造されることになったが、大正十二年の大震災で、天城は損傷したので解体された。船台も震災でいたんだが、修理をして、ここで多くの重巡や、そして大鯨、剣埼《つるぎざき》などがつくられた。

しかし、クレーンの老朽と、船台床が弱っているので、さらに補強をして昭和十四年、空母翔鶴が進水、以後、大艦には使用せず、もっぱら新工場（第六ドックの周辺に造船部の主力工場を移す）によることになった。

大戦艦はこうして誕生した

もともと艤装岸壁が不足していたので、大和の建造前に、大型の浮き桟橋が建造されて使用されていた。これをわれわれ関係者は、ポンツーン（箱船）と呼んでいた。因島造船所（現日立造船因島工場）で建造されたもので、長さ一五〇メートル、幅二〇メートルの鋼製の箱船で、その甲板上には、能力三〇トンの走行起重機があり、ポンツーンの甲板下は工員の食事、浴場、そのほか動力関係の区画に利用されている。

さらに大和の建造にさいして、一隻が追加建造されて二隻となった。二隻を縦に繋留すると、それを結ぶ長さ五〇メートル余の鋼製橋をふくめて、ひじょうに長い桟橋となり、二隻を横にならべると、その両側に合計四隻の大艦の繋留ができる。呉工廠は、これを横に、別々に繋留していたので、戦争中はつねに、大艦四隻をここに繋留して工事をすることができた。大和の艤装には、とても都合がよかったので、後に同種のものが戦争中に建造され、横須賀工廠の小海でも使用された。現在、横須賀小海にあるポンツーンは、戦後に米海軍用として、呉より曳航された一隻である。

大型起重機としては、二〇〇トンの岸壁（固定旋回式）を、おもに造機部で使用していたのと、すでに三〇〇トンの起重機船一隻を、大正時代より持っていたので問題はなかったが、さらに能力を増すために、その補助吊りを一〇〇トンに増加したのである。

信濃の建造というよりも、将来、大和型戦艦が完成して、その修理をおこなうことを目標に、かつ大型空母や戦艦改造その他のために、小海の艤装岸壁を拡充し、とくに東側の岸壁を一変して、長大でみごとな艤装岸壁を設けた。

この岸壁は、すでに昭和十年ごろから使用され、戦艦陸奥の大改装などに使用され、空母翔鶴にも活用された。ここには三五〇トンの大起重機が設けられ（昭和十年ごろ）、現に東京湾上よりも眺められる。ほかに六〇トン起重機もある。三五〇トン起重機は、大和型の砲塔、砲身の搭載用のもので、さらに前述のごとく、五〇センチ砲にも使用できるはずであった。小海には、一方に三五〇トン、他岸には二〇〇トン起重機を持ち、呉工廠の繋船堀、佐世保工廠の艤装ポンドを、はるかに上まわる艤装設備となった。

武蔵建造用クレーンの完成

武蔵の工事用（砲塔、砲身、その他の重量物搭載）として、また完成後の大和型戦艦の佐世保工廠における造修用として、三五〇トンの浮き起重機（起重機船）が建造されて、佐世保工廠に配属され、長崎で使用された。本船は、呉工廠の三〇〇トン船（独のデンマーク製クレーン）を、さらに一まわり大きく、そして新式の装置を施したもので、もちろん自力推進式である。

多くの海軍工廠のクレーン（艦載用も同じ）が、石川島造船所（現石川島播磨重工）製造であったのと同じく、この起重機も、その台となる船体も石川島で建造され、しかも船体は新設の深川第二工場で、昭和十五年四月二十二日の夕刻に進水した。もちろん船体のみだが、厖大な大きさであって、その進水は特別にわれわれの注意をあつめ、私も当日、わざわざ横須賀より石川島へ行って見学したものであった。進水重量は、たしか四〇〇〇～五〇〇〇トンだったと記憶する。

当時では、石川島造船所建造の最大船だったことはもちろんだったし、その進水重量は、空母鳳翔、龍驤、祥鳳（剣埼）のそれと、ほぼ同じであった。起重機船としては、ほかにドイツが大きいものを建造したようだが、当時としては、本船が世界一であったろう。

翌昭和十六年一月、クレーンの製造も終わり、この起重機船は、起重機下部台固定部を据え付け、旋回部は、分解して船上に搭載し、東京湾より特務艦（給油艦襟裳《えりも》型）に曳航されて、佐世保へむかった。

一月十三日、観音崎沖で曳航艦の曳《えい》索《さく》をとり、出港しようとしたが、起重機船の機関が故障し、当日は仮泊、たぶん翌日、出港したものと思う。

曳艦《ひきぶね》も、排水量一万五〇〇〇トン（約七〇〇〇総トン）の大きな給油艦だが、被《ひ》曳船《かれぶね》の大きさには、眼を見張ったものであった。

当時より戦時中にかけて、たとえば鎮海の浮きドックを、トラック島へ曳航したり、大きな曳航作業を幾度かおこなったが、この曳航艦の艦長も航海長も、わが海軍の運用術の第一人者であり、佐世保起重機船の、曳航時の曳航艦航海長は戦後、私が海上保安庁勤務中に、お世話と指導をいただいた、初代の警備救難監三田一也氏（とうじ応召予備大尉）であった。

東京より長崎までのこの曳航作業もまた、「大和型」建造にともなうわが海軍の大難作業であったのだ。

なお三菱長崎造船所では、この大起重機船のクレーンを組み立てたほか、私用として、さらにこの時に、一五〇トン起重機船を建造した。これは武蔵のためのもので、わが国有数の大クレーンであった。

施設はすべてこの目的のために

造艦施設に関連する事項はあまりに多く、その説明には多くの紙数を要するであろう。ここにはただ、主なものの名称だけを述べるにとどめたい。

〔呉工廠〕

㈠造船ドックの上屋

巨大な鉄骨構造物であって、ふきん後方の山上の道路や民家から遮《さえ》ぎるためのものだが、この設計は造船部で行ない、その骨組みの据え付け（移動をふくむ）は、まさに見物《みもの》であった。設計主任牧野茂造船少佐（当時）と、担当設計部員吉田隆造船中尉および、造船部長以下の各官の、緊張した顔つきは、いまなお印象に残る。この上屋のおかげで、戦時下に建造された葛城、一等輸送艦、蛟龍《こうりゅう》そのほか、多くの特急工事はひじょうにらくとなった。

㈡甲鈑組み立て工事等

この完成により呉造船部は、正木部長のいわれたように、「世界一の船殻工場」となったものであった。

〔三菱長崎造船所〕

㈠昭和十年はじめより、本格的な施設強化にかかった。ことに船台の改正は大工事であった。

その第二船台には、長さ三二三メートルのガントリー・クレーンを設け、また船台の長さを増し、幅をひろげた（ガントリー・クレーンは、筑摩建造時には一応、完成ずみ）。

呉工廠の第三ドック付近。大和はこの船渠の左どなりのドックで建造された

㈡各工場（造船、造機および兵装）を大拡充したほか、武蔵工事用として大型曳船一隻、動力船二隻を建造した。

〔横須賀工廠〕

　まず造船部の主力たる船殻工場を、第六ドック付近の山をきり抜いた広大な地帯に新設した。これは、在来からの旧工場に数倍する能力のあるものであった。そして艤装工場もまた、抜本的に強化されたのである。

　陸上施設として、さらに根本的に大和型の建造を支配したもの、それは呉海軍工廠の造兵施設であり、ことに砲熕部（砲身、砲塔）、製鋼部（甲鉄）は、これを転機として、まったく格段の能力となったのである。

砲塔運搬艦という不思議なフネ

　かつて八八艦隊の主力艦建造当時、四〇センチ砲および、その砲塔を呉から建造所たる横須賀、長崎、神戸へ運搬するために、給油艦知床《しれとこ》が砲塔運搬用に改造された。元来は、タンカーだが、給油能力を極減し、かわって平時または、戦時には給炭油艦として使用され、必要のときには砲塔や砲身を運んだ。本艦は昭和期における、主力艦の近代化大改装に当たっては、大いに貢献したのであった。

　だが、四六センチ砲とその砲塔は、とても知床では間に合わず、ここに排水量一万トンの特務艦（給兵艦）樫野《かしの》が設計され、武蔵の建造所たる三菱長崎造船所で建造された。本艦は第五五号艦、そして大和、武蔵と同じく、昭和十二年度計画の特務艦である。昭和十四年七月に起工、翌十五年一月に進水し、同七月に完成した。

　樫野は、だいたい商船式の船体ではあるが、じつはその特殊用途のために、ひじょうな特長ある船体構造をもっている。大きいハッチ、しかも長いハッチ、それは船体の上甲板に大きい開口となるので、この部の船体強度をあたえるために、舷側部の上方外板が突《とっ》出《しゅつ》した妙《みょう》な形となり、万一、座礁でもして浸水したなら、それは、ただ一特務艦の海難ではすまず、じつに戦艦数隻の完成期をおくらせることになるので、樫野の座礁は、じつは連合艦隊全部が座礁するような、重大な結果を生ずる。このために外板を二層として、二重底構造も十分とし、商船式船体といっても、その設計は軍艦同様に慎重をきわめ、計算は微《び》に入り、細《さい》をうがっておこなわれた。

そして呉から長崎と横須賀へ、主砲身と主砲塔を運ぶとき以外は、兵器や軍需品の輸送にあてられるように、適当な荷役装置をもっている。大きい砲塔用ハッチは、太平洋の荒波に船がもまれるときを考えて、平素の運送任務では、鋲《びょう》でこれを塞《ふさ》ぐようにされた。この新造特務艦は、とうじ飛躍的に発達していた外国の高温高圧罐や新式タービンを輸入して装備し、機関の研究任務も兼ねられた。

機密保持にはらった大きな努力

巨艦大和型建造に関係する施設は、工廠や造船所のみではない。

たとえば、その巨大、しかも重いプロペラーの鋳造、さらに多くの大型鋳鍛物がある。四本の軸があるから、シャフト・ブラケットも四組ある。この一個の重量が約三〇トン、さらにまた舵軸そのほかに多くの難物があった。

シャフト・ブラケットなど、このような大きい鋳鋼製品を確実に、しかも納期どおりに製造することもまた、大層な工事である。万一、取り付けた後で不良部を発見すると、それは本艦が長期にわたって行動不能となり、これまた国防上、由々《ゆゆ》しい問題であった。

阪神方面の住友金属、東京(深川)の大島曹達が、たしかシャフト・ブラケットを製造したと記憶する。信濃用のシャフト・ブラケット、約三〇トンの大きなこの物体を、どうして深川から横須賀へ運んだろうか。芝浦には三〇トン以上を吊れる起重機がないから、東京港からの海上輸送は困難だし、また横須賀から起重機船を派遣して作業すれば目立つことになる。

大和型は、すべてその建造が軍機、つまり国家の存亡に関する最高機密となっているからだ。結局、陸上輸送によったが、永代橋《えいたいばし》と品川八《や》ツ山の陸橋が、この重量物に耐えうるか。鋳物のみでなく、大きい台車にのせるから、その橋にかかる集中荷重は相当のものとなる。永代橋の構造強度は、比較的はっきりしたが、八ツ山陸橋の方は、当時の東京市役所で要領をえず、内務省土木局でもよくわからない。結局はこれらの関係部局の技術者が、努力して図面をもとめ、計算してくれたので、さらに工廠で慎重に検算して確認したと記憶する。

とうじ数回、私はこれらの役所に出頭して調査した。

「海軍はなんでそんな重いものを運ぶんですか」

「造船屋さんらしいですな。私たち土木屋は、もっと軽くしますよ。なんなら、小さい部分部分を、後で継《つ》ないだらどうですか」

「そんなことをして、八ツ山橋がこわれたら、東海道線は不通になりますよ」

こんなことをいった内務省や東京市(現在なら都)のお役人がいた。私の方は、万一のことがあれば、東海道線の不通どころか、切迫した開戦にさいして、無敵の大戦艦が、半年完成がおくれる方が、よほど重大問題だったのだ。

しかし実際は無事に、じつは当局の知らない以上に、横須賀工廠は橋梁《きょうりょう》や道路などの強度を計算したうえで、これを実行したのであった。

深夜、交通量の途絶《とだ》えた京浜《けいひん》国道を、わざわざこのためにつくった、当時としては例のない大きな台車と、トラクターが轟々《ごうごう》と走ったのであった。

民間造船所が果たした最大事業

このほかに付言したいことは、機密保持であった。小さい兵器での「軍機」ならば、たとえば九三式の酸素魚雷がある。やや大きいものには特殊潜航艇（約五〇トン）があった。暗号書やら重要図書は、秘するにも容易である。もちろんスパイの眼と、不注意による漏洩《ろうえい》に対しては、細心の注意が必要である。

しかし、約七万トンの巨体そのものが最高機密なのである。

このために、多くの施設と方法が採《と》られた。長崎の船台に、シュロ縄《なわ》を下げて「すだれ」として、遮蔽《しゃへい》したために、一時、九州地方の漁網が不足し、漁業組合は原因不明のこの事件に、大いにあわてた。

さらに大和型の図面に対する注意も慎重をきわめた。

呉工廠は、みごとにこの機密保持を果たした。そして往時を顧み、感無量の人が多いことであろう。工員の熱意と愛国の赤誠も、またこれを可能とした最大原因であった。自分が、わが国の存亡に関する重大任務に従事しているという、自覚からと信ずる。

往時を回想して、当時の呉工廠造船部の設計主任（機密図書取り扱いの責任者）牧野茂技術大佐（当時少佐）は、つぎのように私に述懐されたことがある。

「大和、武蔵の建造は、建造工事そのものも、もちろん大きな努力を必要としたが、それにもまして、機密保持にはらった努力は大きい」と——。

大和の現図は、長崎より呉へ出張した技術者により、三菱長崎造船所へもたらされたほか、多くの図面は、同所の出張技師、技手その他が、海軍文官（軍属たる嘱託）の辞令を受けて、呉工廠に長期派遣され、海軍側技術陣といっしょに作業した。

しかし武蔵の建造は、その規模、そして前述の機密保持において、わが国の民間造船所の果たした最大作業であったと思う。

それにもまして、三菱の功績は武蔵の進水にあった。これはまったく大和および、信濃の場合と異なる。しかもわが国として前例のない大重量の進水なるのみならず、断じて些少の失敗も許されない状況にあった。そして英国の巨船クイーン・メリー、仏国の巨船ノルマンディーのそれにもまして、実際上の重量は大きい。

改装に動員された知恵と技術

戦艦大和、武蔵の寿命は、わずかにそれぞれ四〇ヵ月と二六ヵ月余にすぎず、きわめて短命であった。

軍艦は、つねに生長する。どの既成艦も、毎年のように多くの新設、改造工事を行ない、さらに時としてはその性能、威力を一変するような改装がおこなわれる。だがこの二巨艦は、短い生涯であったことと、つねにそれが、わが海軍の中核であると信じられていたために、いたずらに工事のために、艦を工廠の手にかけて寝かせておくことが、許されなかったのはいうまでもない。

　つまり、即時出撃ができる状態にいなければならなかったのである。そのように、戦争中の厖大な新艦の建造量、損傷艦の修理、そして最前線へ投入される空母以下、小艦艇にいたる各艦の整備、戦訓改正の工事と新兵装の装備、これらのために工廠は手いっぱいで、そして多くの工事は艦艇と戦時標準船の急造に全力を挙げている民間造船所へ、満員ラッシュの国電のように押し込まれたのである。

　そして、資材の極度の逼迫《ひっぱく》、それらのために、平時なら当然なすべき改正工事のいくつかは断念されたのであった。しかしそれでも、この短い生涯に両艦に行なわれた工事量は、かなり多い。これらのシワ寄せは新造艦の工事遅延となり、さらに工廠員の極度の過労となる。工廠の当時の作業状況は、朝七時より実働八・五時間を定作業とし、毎日二時間の残業を普通とし、日曜は月二回が休日、そして毎週一回と工員給料日が定時間作業を原則とし、そのうえ、連日、数時間の残業が加わり、緊急工事で五〜六時間の残業、徹底作業が加わり、また昼夜交代作業などはごくあたりまえであって、たまの休日も、これを「緊急出業日」と称する緊急作業が行なわれ、そして緊急作業ははなはだ多かったのであった。

司令部施設の改正を迫らる

　大和型は昭和十七年六月、武蔵は同年秋に竣工の予定で、全力をつくして艤装を進めていた昭和十六年の春、出師準備の全面発動があり、連合艦隊の戦時編成（これはじつに明治三十六年秋いらい、四〇年ぶりで、しかもその規模は空前）となり、ついにわが海軍は起《た》ったのである。

　戦争は十二月からであったが、工廠での戦闘はすでに開始されたのである。重要艦艇は出師前、必須工事と臨戦準備が行なわれ、新艦のあるものは工程を促進、あるものは延期された。大改装工事終了いらい、まだ装着する時期のなかった陸奥、長門の砲塔バーベット甲鉄の増厚工事は、この二隻が短期間ずつ艦隊をはなれて母港に帰投し、二四時間作業をもって行なわれた。「戦時はかくする」と予定されていたバルジ内の防御管も、すべて入れられたし、訓令発布ずみの未成重要工事もすべて実行された。そして大和と武蔵は約半年間、その完成が繰り上げられたのであった。全力をつくしてあと一年以上かかる仕上げを、六ヵ月促進せよというのである。諸公試期間を短くすること、昼夜交替を行なうこと、それにもまして、工事関係者は百数十パーセントの努力を要求されたのであった。

　しかし、このとき連合艦隊司令部より出た、大和の司令部関係施設の改正要求は、はなはだ強く、しかも厖大な内容のもので、艦政本部も建造所も、色をなすほどのものであった。

　もともとこの両艦は、そのいずれも

が戦時の連合艦隊旗艦としての設備と能力を持つように計画されていたのだが開戦をまえにして、とても不十分だというのである。これは連合艦隊司令部としても、艦政本部側としても、ともにいい分はあり、四囲の事情は不可抗力だったともいえる。

連合艦隊司令部は、作戦を完遂する絶対の任務があり、そして、その現実の戦時編成は、その総司令部の下に、じつに八つの艦隊があるのだ。第一〜第六艦隊と、第一、第一一航空艦隊、そのおのおのに司令長官のいる司令部があり、その下に、きわめて多くの戦隊司令部がある。

数百隻の艦艇、一〇〇〇余隻の特設艦艇、数千機の飛行機、その作戦海面は、アリューシャンから南太平洋、北米西岸からインド洋にわたり、一方では、盟邦との協力もあった。

軍令部（大本営）の組織が厖大であるのはもちろんだが、艦隊の組織も、作戦予想海域も空前であり、大和の計画がスタートした昭和九年当時は、夢想もしなかった情勢であり（当時の予想の約二倍半の兵力となった）、そして建造にかかった昭和十二年以後においても、まだこのような大連合艦隊は予定されなかったのである。

そしてはじめて昭和十六年初頭、空前の規模の連合艦隊が編成され、猛訓練にかかってみると、とても計画どおりの旗艦設備では間に合わないのである。

しかし、艦本側としては、工事の促進を強行中、せっかく出来上がりかかった艦内や、艦橋の各所を改めて設計変えして工事をやり直すことは不可能であり、本艦の設計方針も、詳細図面も、すべて関係各部で研究と検討をつくして、決定しているのだから、当惑し、憤慨《ふんがい》したのも当然であった。

当時の連合艦隊司令部の鼻息の荒かったことは、大そうであったし、「この期《ご》になって、いまさら改正を要求するとはなにごとだ」と憤慨する技術側に対しては、「機密、機密といって今までオレたちには見せなかったじゃないか。赤煉瓦《れんが》の連中じゃなく、オレたちが戦闘するんだ」といっていきまいた。

しかし、不十分とわかったら改めなければならない。そして建造中に、完成寸法、そして竣工直後に計画変更や改造を加えることは、軍艦ならどの艦も普通のことだったのだ。

むかしのみでなく、現在の米英諸国の最近の艦艇も、すべて然りだ。出来上がったそのときに、そしてその後においても、つねにその瞬間に、その艦がベストでなければならないからであり、そして技術と用兵、兵器と装備は刻々と発達するからなのである。

もてる機能を活《い》かすために

開戦を前にして、未曾有《みぞう》の大工事を常識を超えた促進工事で行なっていた大和型の場合は、艦が艦だけに、大問題であり、これに直面した艦政本部と建造所、そして初代乗員たる光栄に感激して、熱力をそそいでいた艤装員の当惑は大きく、そしてその解決にはらった努力は絶大であった。

この解決のためには、第一艦大和は

促進された竣工期は確保し、それをまもる範囲内で、旗艦施設の改正をできるだけ行ない、そして第二艦武蔵は、せっかくその竣工期を繰り上げて、昭和十七年四月末としたのを、三ヵ月間も延長して七月末とした（実際は八月五日）。

しかし武蔵の方は、まだ艤装工事が大和より進んでおらず、改正設計を十分に行なう期間があり、また工事改正のためのロスも少ないからで、大和がたとえ連合艦隊司令部施設として不十分としても、武蔵をもって旗艦とすればよいからであった。

大和は、そのほんの一部を、しかも最小限度に行なったのだ。

旗艦（司令部）設備の改正として、武蔵に行なわれたのはつぎのようなものである。

幕僚事務室を拡大して作戦処理、情報整理、幕僚の会議に、より適するようにし、機密電話室を設け、作戦卓を改正し、それにともなって司令部庶務室を改正し、このため司令部関係の諸室も変わったところもある。艦橋と檣楼の改正もかなり必要だった。

まず艦橋作戦室を改正し、多くの双眼望遠鏡の移動を行ない、参謀、本艦士官、兵員の艦橋、休憩室と待機所、仮睡設備を設け、場所が不足のために檣頭の測距塔や方位盤区画の中まで、寝台を設けたくらいだった。

これらにともなって見張兵器、無線アンテナや、多くの艦橋装備品の位置も改められ、大和にくらべ、武蔵はそのていどがはるかに大規模となった。

副砲塔の防御強化をはかる

副砲塔は、もともと最上型巡洋艦のものと同じ一五・五センチ砲を採用し、戦艦の副砲なるがゆえに、その仰角は三〇度とすることになっていたが、実際は最上型より取り外したそのものを搭載したので、仰角は五五度、対空射撃も可能なので、そのように射撃装置なども建造中に改正され、主砲の目標変換と分火を迅速容易に行なえるように、射撃盤を二組（当初の計画は一組）に改められていたが、さらに完成直前

重巡最上の新造時(左)と改造後。主砲を20センチの連装に換装し、羅針艦橋上には防空指揮所を設けた

になって、副砲塔の防御力が不足だから強化せよ、というつよい意見が、艦隊司令部より出てきた。

巡洋艦の主砲であるので、なるほどその甲鉄防御はひじょうに弱く、つまり二〇センチ砲弾の直撃は考えず、その弾片防御とされていたのだ。そのために、副砲塔やその支筒が破壊されても下方の防御甲板下の弾火薬庫は無事であるように、必要個所には強い防御が施されていたが、しかし、これではいかん、さらに徹甲爆弾に対しても、副砲塔を強化せよという意見がでてきた。

これは副砲塔を犠牲とし、下方の主要部の防御は確保するという設計方針と、異なるものでもあったが、しかし、本艦計画当初はもちろん工事中の実情とも、昭和十六年におけるわが連合艦隊の航空部隊の実力は、ひじょうな差があり、つまりこの時において航空攻撃威力は飛躍的に向上している。

修理中に完備された対空兵装

これに対処を要することは当然であり、けっきょくは旗艦設備改正のために延長された工事期間内で、できる限りの改正を行なったのであった。

そして武蔵はその竣工までに、大和はいったん完成してから翌年、武蔵が竣工して、司令部がそれにうつった時期を利用して、呉工廠で特急工事が開始されたのであった。

対空兵装たる高角砲、二五ミリ機銃の増備、各種レーダーの搭載、探信儀その他の新兵器の装備、そして水中聴音機の取り付け（艦首の球根部を利用して、マイクロフォンを取り付けた）などは、多くの他の大艦と同様に、開戦後、刻々と行なわれた。

小規模な工事は母港へ帰投時に、そして大工事は、さいわいにも？　両艦とも魚雷が命中（大和は昭和十八年十二月、武蔵は十九年三月）して、その復旧のため入渠し、相当の期間を要したのでこの機会を利用した。

大和の被雷損傷は、その復旧それ自体は大した大工事ではなかったが、しかし水雷防御に対する設計上の不備が発見され、水中防御甲鉄の背後取り付け法の改正と、そこに水密区画を新設するために、約二ヵ月の期間を要し、武蔵にあっては被雷のため揚錨機が大破したので、その復旧期間をもって、大幅の戦訓改正と対空兵装の強化を、大和における両次分を、一回で実施した。

そして昭和十九年六月末、「あ」号作戦後に、柱島水道へ機動艦隊が帰投したとき、両艦もまた、他の全艦艇と同じく、機銃兵装をいちじるしく強化し、さらに大和は「捷」号作戦の直前（現地工作物）と、菊水作戦出撃前に、ふたたび強化されたのであった。

これら高角砲、機銃、レーダーの増備要領については、拙著『日本の軍艦』にも略記したし、多くの文献、刊行物に、私の調査した要領図を掲げているので、ここには省略する。

ただ、大和におけるその最後の対空兵装配置については、次の機会に述べようと思っている。

（昭和三十八年五月号収載　筆者は海軍技術少佐）

「大和」創生記

大和関係者をもとめて各地を行脚した執念の成果――遠藤　昭

1

「総合的に判断することが大切なのです。旧日本軍艦のことでも、若手の元造船官がいろいろと発表しているが、やはり、立場にとらわれてしまい、見方がかたよってしまいます。旧帝国海軍のことについては、新しい目で見て、正しいことを、どんどん書いてください……」

国電目黒駅のちかく、元海軍大学校の構内にある史料調査会の事務室で、故富岡定俊氏は私に、こう話された。

このとき、お借りした資料の手写しノートの日付では、それは、昭和二十四年夏のことだった。暑い日の午後だった記憶がかすかにある。

富岡さんは元海軍少将、終戦のときは海軍軍令部第一部長の要職にあった。はじめてお会いしたときも、ミズーリに降伏調印にゆかれた前後のいきさつから、開戦前の彼我の情勢判断とか、作戦課長として、山本元帥の真珠湾奇襲に反対した理由などを説明され、最後に、将来の日本の発展のために、富岡式の未来予測学を研究していることを話されたあとでそういって、私を激励してくれた。

それのみでなく、富岡さんは積極的に、私の調査を支援してくれた。防衛庁防衛研修所戦史室についても、海上班長・小田切元大佐を紹介してくれたり、また同室所蔵の全資料を利用できるように手配してくれたりもした。

一介のサラリーマンである私には、日のあるうちの使用可能な時間は、年二十日間の年定休暇しかない。あれから三〇年、旧海軍の公文備考六〇〇〇冊のうち、艦船・兵器・演習・航空などの全項目の要約を終わったのは、今年の春のことだ。戦史叢書の執筆を担当した末国正雄元大佐は、「戦史室員でも、公文備考を通読したものはいない」といわれていたから、あるいは、私だけなのかも知れない。

帝国海軍が建造した多数の軍艦のなかで、やはり、その最高峰にあるのは「戦艦大和」であろう。私がその大和の、それも、建造経過よりも、設計経過にとくに興味をおぼえたのは、富岡さんの紹介をたよりに、生産技術協会をたずねたときのことであった。

そのとき、日本海軍の最後の艦政本

部長をつとめられた故渋谷隆太郎元海軍中将は、自分のご子息とおなじ歳の若年の私に、ていねいな言葉ではあるが、しかし、はっきりと断言された。

「軍艦のような巨大な構築物が、たった独りの人の頭のなかから生まれる、ということはありません。それは、長い間にわたる、多数の海軍技術関係者の汗の結晶なのであります。大和とておなじことです。昭和九年十月の軍令部要求によって、その設計がはじまったのではありません。それにいたるまでの準備期間が、何年もあったのであります。

　技術に飛躍はありません。あるものは、ただ、努力のつみかさねだけであります」

名船匠の名も高い平賀譲技術中将

　東京日比谷の、いま警視庁が仮住まいしている、旧三井物産の六階にあった、生産技術協会の事務所でのことだった。

　しかし、渋谷氏が、はじめて艦政本部に勤務されたのは、昭和五年とのことであり、機関関係の経過には精通されていたが、全般的なこととなると、どうもはっきりしないことが多かった。

　そのときを契機に私は、多くの人たちにお会いすることとなった。また、あらゆる場所を調べた。国立公文書館など、建設のうわさもないころであった。大蔵省の書庫（図書館のこと）も、近代財政調査室の資料も、内閣文庫も、統計局の資料から、法務省の図書室まで、あらゆるところを調べつくした。

　国会議事堂の書庫は、あの建物の四階、いちばん高い塔の部分だった。おなじ位置にありながら、衆議院と参議院では管轄がことなるため、二度訪問しなければならなかった。源田実参院議員と、宇都宮徳馬代議士のご好意で各一日ずつ臨時に議員秘書のバッジを利用させていただき、四階にのぼることができた。

　元海軍技術官のなかでは、やはり、松本喜太郎元技術大佐の資料がいちばん充実していた。一冊のファイルをふくめ、全六〇ページのノートには、昭和九年から十二年までの設計経過がびっしりと書き込まれていた。このノートをお借りしたのは、昭和四十五年十一月であるから、あれからでも、もう約九年がすぎてしまった。

　斎尾元中将、菱川万三郎、大谷豊吉の諸氏の大和主砲にかんする資料も調査した。昭和十年の軍機文書である、『主力艦代艦研究資料』も発見できた。

　黙して語らざることで有名な江崎岩吉元中将が、夏の半日を私のためにさいてくれたのも感激であった。

　そしていま、私にはようやく、ややおぼろげではあるが、その設計経過の全体を把握《はあく》することができるまでになった。

　一言にいえば、大和は、藤本造船少将がタネをまき、若木に育て、福田啓二中将が完成させた大木ではあるが、平賀譲氏の圧力があまりにも強かったがために、造船官の目から見れば、なるほど名艦ではあるが、用兵家の立場からいえば、やはり〝不具艦〟に終わってしまった、という見方が厳然と存在するのは、まことに残念なことである。

2

おなじように東京帝国大学造船科を卒業して海軍に入った二人であるが、先輩の平賀譲と、後輩の藤本喜久雄の仲のわるさは、艦政本部だけでなく、海軍軍令部にも知れわたっていた。

軍艦建造における実績を解析すると、ご両人とも、じつにすぐれたアイデアマンであった。ところが、その性格は、水と油ほどもちがう。

平賀譲は保守派の代表のような気性であった。いかにも実直で、まじめな、典型的な技術者タイプ。毎日毎日、多くのデータを集め、これを解析して、その集約したパターンから、ぜったいに外にふみ出さない。外部からみると、とっぴなアイデアのようでも、それは決して、手持ち資料のワクからははみ出していない。

「戦艦長門」の公試運転のとき、艦橋に逆流する煤煙《ばいえん》対策にこまったさいにも、藤本の提案である、〝第一煙突を後ろに曲げる〟ことにたいしては、「戦艦の外形は端正であらねばならぬ」と一言でかたづけてしまった。それでいながら、ほかに方法がないとわかると、藤本にも相談せず、自分でかってに、あの有名な、長門の結合煙突をつくってしまった。

夕張にしても、外観的に近代化したものの、天龍当時の思想から一歩も外へ出ていない。第一次大戦の結果、ドイツ領南洋諸島が日本の支配下となり、アメリカ海軍にたいする戦略思想の変更から、航洋性の高い大型の偵察巡洋艦が必要であったのに、自分の意見を用兵者に押しつけるばかりであって、他の分野の人たちのために、ほとんど考慮をはらわない。

古鷹にしても、なぜ、造兵家の意見を聞いて、二連装砲塔を搭載しなかったのだろうか。軍艦の大砲は多いほどよいにちがいない。しかし、一艦の主砲を一〇門とすべきことを主張したのは、平賀だけではなかったのか。日本の軍艦のなかで平賀の設計した加賀、天城、そして妙高型だけが一〇門艦である。残念ながら、八門艦にたいして一〇門艦が極端にすぐれている、というデータは残っていない。

ただ人びとは、平賀があまりにも、理路整然とデータを元に説得してくるため、その意見に、なにか、バクゼンとした矛盾を感じながらも、彼の意見にしたがわざるをえなかった。

軍令部と、艦政本部の造兵・造機などの各部門に、平賀譲にたいする反感が一日一日とうっせきされていったのも当然であろう。

これにたいして、藤本は、いかにも豪放な性格であった。酒を好み、多くの人たちと和気あいあいと話し合うことが好きだった。他人の意見をよく聞いて、自分の担当範囲を、よりきびしくすることで、相手の意見が通うよう

豪放磊落なる藤本喜久雄技術中将

に心がける態度が好感をよんだ。

藤本のタクトにより、関係各部の担当者の共同研究による特型駆逐艦が、在来の造船理論のワクをはみ出したような各分野での設計諸元をもちいながら、非常な成功をおさめたとき、平賀の左遷がきまり、将来の新戦艦設計者としての藤本の地位が確定した。

特型駆逐艦はのちに、第四艦隊事件で船体強度の不足が露呈したが、その斬新な設計理論の正しさについては、現在でも高く評価されており、さすがの平賀も、このことはみとめざるをえなかった。

友鶴事件のあと、臨時艦艇性能調査委員会で決定した「艦艇復原性能摘要表」をみると、二〇〇〇トン級の駆逐艦だけが、高い重心点にさだめられている。

「たしかに、やや平べったい艦型では、やや高い重心点でも在来の艦型とおとらない復原性をえることができます。軍艦の設計では、機関関係は、年々、軽量化がすすみます。それにくらべ、兵装への要求は高まり、軍艦の上部構造は重くなる一方です。ですから、重心点を高くとれる艦型の発見は、当時としては、大発見だったのです。

藤本少将は、この新しい造船理論を、巡洋艦最上の設計に応用し、つづく新戦艦にも応用される予定でした。現実に、大和の設計数値は、特型や最上とおなじ傾向であって、戦後、イギリスの造船官に、『日本の造船官は、造船理論を知らないのではないか』といわしめましたが、復原性能はすぐれていました」

元技術大佐牧野茂氏は、その経過を要約して、このように説明している。

しかし、時局の要求は、あまりにも重く藤本の双肩にかかってきた。

3

日本が、海軍軍縮条約に制約されない、自由な軍備をととのえる決心をかためたのは、昭和五年のロンドン海軍軍縮条約の締結をきめたときだった。

この不平等な条約を海軍当局が承知したことのうらには、「軍備予算は制限しない」という政府および大蔵省側と海軍当局との密約があったことは、すでに知られている。

軍艦の建造計画を実施するには、方針の決定から、調査、設計とずいぶんと、事前準備のための時間が必要である。そして、予算面の制約がなくなっても、すぐ、新しい方針での建艦計画をスタートさせることはできない。

そのため、昭和六年からの㊀《まるいち》計画では、新巡洋艦に一五・五センチ三連装砲塔を搭載し、将来、この主砲を二〇センチ連装砲塔に換装することしか新しい企画を折り込めなかった。

最上型四隻の巡洋艦に搭載された、

一艦五基、計二〇砲塔分の、この新しい砲塔は、やがて、四隻の大和型戦艦の副砲と、大淀、仁淀の二隻の新巡洋艦の主砲にと割り当てられてゆく。

大和型戦艦のごく初期の設計では、その副砲は二〇センチ連装砲となっている。いくら建艦予算の制限がなくなったといっても、貧乏国日本では、むだな軍備をすることはゆるされない。藤本が、最上型の主砲を一五・五センチ三連装砲塔ときめたとき、彼はすでにこれを新戦艦の副砲に転用することを決心していたのではないだろうか。

万一、軍縮条約がつづいているとすれば、その条約のもとで、合理的に二〇センチ連装砲を製造しておくには、新造戦艦に搭載しておく以外には、方法はなかった。

戦艦に来襲する敵の水雷艦艇を打ち払うためには、発射速度のはやい大砲が必要だ。最上型の一五・五センチ主砲が、二〇センチ連装砲にくらべて発射速度がきわめてはやかったことは、著名な事実である。

昭和七年、軍令部の軍備担当者と、艦政本部の基本計画担当者は、ともに新メンバーとなった。そして、異例なことではあるが、艦政本部の設計主任は、軍令部兼務を命ぜられ、一体となって、新計画を推進するべき体制がつくられた。

このときの担当者、江崎岩吉設計主任は、軍令部と艦政本部とのあいだに一枚岩の連帯感をつくりあげ、新戦艦は、ディーゼル主機、前部三砲塔集中型で建造すべきことについて、軍令部内部の意見の一致をとりつけてしまった。江崎氏は、このこと以外、「戦艦大和の設計については、いっさい関係していない」といいきって、かたく口をとざしたままであった。

なぜ、このようなことが必要だったのか。私に想像できることは、ただ一つ、平賀氏の問題であった。

これより以前、昭和三年に、金剛代艦の技術会議のとき、ちょっとしたトラブルにより、会議の進行がめちゃくちゃになってしまったことがあった。その原因は、技術研究所長たる平賀氏が、会議の席上に、自らの私案を提出したことにあった。

この私案は、戦後の若手造船官により、快挙とされている。しかし、当時の責任者である艦政本部第三部長の永村清氏は、

「防御甲板の配置範囲の問題は、甲鉄鈑を防御に使用しはじめたむかしからたびたびくり返されたもので、（平賀案の）集中防御が必ずしも完全なものではありますまい……」

と評価はからい。

「平賀さんの立場では、旧部下を通じ藤本さんの設計内容ははやくから知りえただろう。設計中に直接意見を話すなり、技術会議のとき、所見をのべるなりすればよいことなのだ。

いくら内容がりっぱでも、正式には平賀案は、海軍当局とは関係のない私案にすぎない。また、このときのやり方は、あまりにも、大人気がなさすぎる」

と、はっきりと、平賀批判をされている。

藤本氏は、この事件の再発を防ぐために、江崎氏に命じ、軍令部との一体

感をつくりあげたのであろう。

4

大型の水上艦艇に、ディーゼル機関を搭載することは、ドイツの一万トン型ポケット戦艦にはじまった。

海軍最大のなやみが燃料備蓄であった日本の海軍にとって、燃料消費量の小さいディーゼル主機は、新戦艦の重要な設計ポイントであった。

そこで水上艦用の大型ディーゼル機関の開発のために新設計陣は、さっそく、一万トン型のディーゼル主機の航空母艦を三隻建造することにきめた。

しかし、軍縮会議の制限があるので、戦時、三ヵ月で航空母艦に改造できることを条件に、一隻は潜水母艦として、他の二隻は給油艦として建造することがきまった。

その第一艦、大鯨は、昭和八年の追加予算で建造することになった。

この大鯨の建造については、あまりにもナゾが多すぎる。第一に、予算請求の正式書類に建造の説明がない。第二に、建艦の追加予算でありながら、一年かぎりの限定予算である。さらに、建造理由についての建造関係者の意見がまちまちである——などであって、とにかく不可能な点が多い。

ただ一つ、あきらかなことは、「ディーゼルを主機とすることが至上命令だった」という点だけだ。

大鯨に予定した、ダブルアクティング・ソリッド・インゼクションのディーゼル機関は、ドイツより特許権を購入する計画があった。

ここでディーゼル機関についてすこし説明しよう。

ディーゼル機関は、シリンダーに吸引した燃料を圧縮して爆発させ、爆発のさいの気体膨張力を利用して、回転力をとり出す構造である。このとき、シリンダーが一回、上下に往復するたびに、一回ずつ爆発行程の入る機関がシングル・アクティングだ。

これにたいして、爆発行程と掃気行程をもち、シリンダーの二往復につき一回ずつ爆発行程のあるのがダブル・アクティングだ。

日本海軍の大艦ではじめてディーゼル機関を搭載した進水式直後の潜水母艦大鯨

つぎに、燃料を吹き込むとき、空気を混入して燃焼しやすくする方法と、燃料だけを気化して吹き込む方法がある。後者がソリッド・インゼクションである。燃焼効率が高くて高馬力を発生できるが、完全燃焼がむずかしく、排気に煤《すす》がまざることが多い。これらのちがいは、技術的にはまったく異種の機械と考えねばならない。

ここに第一のつまずきが起こった。二三・五万ドルで特許権を入手するべく、ドイツの駐在武官を通じてマン・ディーゼル社と交渉をすすめていたが、先方は、イニシアル・ペーメントの一〇〇万ドルは一歩もゆずれない、ときわめて強気であった。

このときの二三・五万ドルは、日本円で約一〇〇万円になる。当時、サラリーマンの一生の願いが、一万円の財産を残すことであったから、それは、とても高額な特許料であった。そこで――、

「一〇〇万円も実験費をかければ、日本でも、りっぱなディーゼル機関を開発できるだろう」という決定がなされた。

当時、日本海軍では、空気噴射式のダブル・アクティング・ディーゼル機関の開発に成功していた。これは艦隊型潜水艦用の主機として開発したものであり、この主機の開発により、アメリカ海軍主力艦の最高速力を上まわる二三ノットの水上速力を日本の潜水艦にあたえることができて、当時の海軍技術陣の快挙とされていた。

昭和六年四月から、潜水艦用の空気《エア》・噴射《インゼクション》式機関は四気筒、四七型機械と呼ばれる中間サイズの実験がはじまり、つづいて七気筒の実用機械が、昭和八年中ぐらいに完成して、実艦に搭載される予定であった。

水上艦用の無気《ソリッド》・噴射《インゼクション》式は、四五型と呼ばれ、昭和七年夏から設計に着手された。

新しい大型機械の実艦搭載には、少なくとも三～四年を必要とすることは当時の技術では常識になっていた。

潜水艦用機械にしても、昭和元年に設計がはじまり、第一艦竣工は、昭和八年度の予定であった。

しかし、ドイツから特許を買うことができなければ、すぐ、日本国内で試作しなければならない。

昭和七年夏に一筒型の動作実験用機械の設計に入った技術陣に下された至上命令は、「昭和八年三月末迄に竣工する大鯨に、一〇気筒、九〇〇〇馬力の無気噴射式ディーゼル機関を搭載すべし」との厳命だった。

ドイツ戦艦でも七〇〇〇馬力機関しか搭載していない。それより大型のものを、ふつうならば、かるく一〇年はかかるものを、一年で完成せよと命令されたのだ。

さすがに、艦政本部五部（機関担当）は、「不可能である」と答申した。しかし、結果的には引き受けることになってしまった。

昭和九年三月、大鯨の艦内に、一〇気筒九〇〇〇馬力機械を装備することは、なんとかできたが、出力は四〇〇〇馬力しか出ない。黒煙はもうもうと出る。などと、さんたんたる結果となり、海軍部内に、ディーゼル機関にたいする不信感が植えつけられてしまった。

5

平賀の軍艦設計には、いくつかの特

色があった。細長い船体に、軽出力機関を搭載して、高速力を出し、よゆうの重量で兵装を増加する方式も、その一つである。

夕張、加古、妙高と一連の高速偵察巡洋艦の設計に、その主砲がもちいられ、諸外国の海軍を驚嘆させる成績をおさめたが、一方、遠距離砲戦のためには、この主砲はウラ目に出た。

軍艦の射撃では、敵艦を中心としたある範囲内に、同時に数発の弾丸を落下させ、そのうちの何発かを命中させるという、仮算射撃がもちいられる。このときの弾丸の落下範囲を散布界とよぶ。散布界が直径で二〇〇〜三〇〇メートルのときが、もっとも命中効果がよい。

平賀の一〇門艦の思想は、この散布界が一定であると仮定し、同一散布界に、八発の弾丸を送りこめる軍艦よりも、一〇発の弾丸を送り込める軍艦のほうが攻撃力がすぐれている、という理論による。

しかし、妙高では、散布界が三倍ぐらいに広がってしまった。つまり、結果的には、同艦は、軍艦のいちばん重要な機能である攻撃力の面で、不具にちかい軍艦だった。

戦後、旧海軍の若手造船官は、旧日本軍艦を評価するさい、この致命傷を軽視し、軍艦としての性能よりも、船舶としての性能を重視しすぎる傾向がつよい。

原因は二つあった。その一は、船体のねじれの問題だ。

砲室と揚弾薬機構、それに弾火薬庫は、ガッチリと構築され、要所要所が厚い装甲でおおわれる。この大きな、質量の重いかたまりが、軍艦の前後にある。そして、この前後の砲塔群を結合する船体は、構造的には、しないやすく、ねじれやすい、柔構造体だ。

船体が長く、前後の砲塔群の間かくが広いということは、間かくのせまい艦よりも、ねじれやすい傾向をもつ。偵察巡洋艦の高速性が、この傾向に輪をかけたであろう。

妙高型の第二グループ、高雄型では、前後砲塔の間かくが、一砲塔分ていどみじかくなっている。どうじに、傾斜甲鈑の採用その他により、船体寸法こそおなじだが、船型のことなる別のタイプの軍艦となった。

話はわきにそれるが、軍艦の模型を造るときは、このような、設計思想の重点を作り分けねば、外見がいくら似ていても、それは模型とは呼べず、価値のない、高価な玩具になりはててしまう。モデラーの心すべきことであろう。

妙高の改設計を担当し、高雄型を完成した江崎は、ふたたび艦政本部にもどったとき、在来の方針を踏襲せず、思い切って、四砲塔全部を艦首に集中した。かくて誕生した利根型は好評であった。

新戦艦は、主砲塔を前部に集中しなければならない。江崎は、その信念をかためた。たぶん、藤本もおなじ考えであっただろう。

散布界の第二の原因は、艦橋上の射撃所の振動の問題であった。その他、関係のあるすべての条件が検討され、改善された。しかし、それらは、戦艦の設計では改良可能な項目であった。

そして、江崎たちの意見である、第一の要因は、かならずしも、海軍全体の同意をえた意見ではなかった。

6

軍艦の防御には、厚い装甲鈑にたよる直接防御と、水密区画を増加することで、浸水部分を極限する間接防御とがある。

平賀は徹底して、直接防御を重視した。数ノットの速力低下をしのんでも、厚い装甲鈑で致命部分（バイタル・パート）を守ることを重視した。

藤本は、戦艦土佐の砲撃実験で発見された水中弾の効果からヒントをえて、いままで日本海軍では無視されていた間接防御の重要性に気がついた。彼はつぎつぎと実験をかさねて、もっとも効果的な間接防御システムを完成した。

日華事変から太平洋戦争にかけて、多くの小艦艇が大きな被害を受け、艦首や艦尾を切断されたが、よく浮力をたもち、基地にもどれたのは、水中防御区画がその効果をはっきりしたためであった。

大和の設計では、残念なことに、それは本当に残念なことなのだが、藤本の苦心した間接防御の真の思想は、その設計にとり入れられなかった。

長門は四万三〇〇〇トン、大和はこれよりも五割は大きい六万五〇〇〇トンであった。水中防御区画の数は、長門が一〇八九、大和が一一四七と大差ない。これは、なにを意味しているのであろうか。

長門と大和が、おたがいに砲撃で、相手の水中防御区画のこわしっこをしたとする。艦の大きさは五割ちがっても、浮力がなくなって沈む時期はほとんど同時である。

実際に大和では装甲鈑が重すぎて、外部からの衝撃のわりに大きな力が構造材にくわわり、一発の魚雷で、浸水が三〇〇トンから五〇〇トンでおさまらねばならないのに、三〇〇〇トンもの大量浸水が起こる事態が発生した。

もし、大和が、その装甲をすこしうすくして、その余裕重量をもちいて、せめて、長門とおなじ比率になるように、一六〇〇以上の水中防御区画をつくってあれば、武蔵も信濃も沈没をまぬがれたかも知れない。

軍艦をバランスのとれた構築物としてみると、打撃に対する備えを重視しすぎて浮力対策を軽視したことは、大和の最大の欠点であったといえよう。

7

大和の建造方針打ち合わせは、昭和九年一月からはじまった。

第二回以後の委員会で、各部門の責任者から次のようなテーマが発表された。

一、建艦競争にかんする考察。
一、軍艦備砲最大口径にかんする考察。
一、米国における建艦競争関係事情。
一、英国における建艦競争関係事情。
一、過去における建艦競争の内容。
一、大正七年以降および、昭和十八年にいたる海軍予算の予想。
一、建艦費および維持費計算の基準。

以上のうち、建艦競争にかんする考察について、藤本はつぎのように説明した。

彼は、はじめに、一隻の軍艦の大きさの限界について説明した。竣工、計画、および文献にあらわれた意見をふくめ、軍艦の最大は四万〜五万トン級、商船ではノルマンディの排水量六万七五〇〇トン。

寸法では、ドックの大きさから考えると、パナマ運河を通過できることを条件にすると……と説明をつづけ、新主力艦として、つぎのようなものを発表した。

主要寸法＝長さ二九〇メートル、幅三八メートル、公試時の吃水九・八メートル。

基準排水量＝五万トン。

公試排水量＝六万トン。

兵装＝主砲／五〇センチ三連装砲塔四基。

副砲／一五・五センチ砲一六門。

高角砲／一二・七センチ砲八〜一〇門。

機銃／若干。

飛行機／一二機、射出機三基。

発射管／装備せず。

防御＝甲鈑防御／一一インチ甲鈑（四〇センチ砲弾の三万八〇〇〇メートル以下に耐えうる）。

舷側防御／一六インチ甲鈑（一七度傾斜す。四〇センチ砲弾の二万メートル以下に耐えうる）。

速力＝三〇ノット。

馬力＝一四万馬力。

主機＝ディーゼル機関。

航続距離＝一六ノットにて一万二〇〇〇カイリ以上。

重油庫量＝約六〇〇〇トン。

これを大和と比較してみると、いろいろと建艦思想の相異がわかる。

船体寸法比は、特型と最上の傾向を延長しており、大和よりも、長さも幅も大きいが吃水は浅く、平べったい艦となっている。

兵装は徹底した重武装、大和よりも大きな五〇センチ砲を一二門も積むという。

じつは、このあと砲熕《ほうこう》関係者から、そのときの砲熕重量は約一万五〇〇〇トン、現実問題としては、製造設備的にも、第一艦に五〇センチ砲を搭載するのは不可能——という説明もあり、藤本のこの説明には、なんらかのカケひきのにおいがする。

一般的に、戦艦は、自艦搭載砲と同威力の砲弾の直撃に耐えることを舷側装甲の厚さの基準としている。ところが、この艦は、五〇センチ砲を搭載しながら、四〇センチ砲防御となっている。その点、軽防御であり、三〇ノットの高速を考慮すれば、戦艦より、巡洋戦艦にちかい思想の軍艦である。

藤本が彼のプランを説明していたとき、彼の不幸はもうはじまっていた。一〇日ほどまえに、彼の設計した水雷艇友鶴が、佐世保港外で転ぷくするという事件が発生していたのである。

この事件はあまりにも有名であるから、その内容を語る必要はないであろう。用兵者の要望がつよく、ついに、藤本の新艦型の限界が突破され、安全率がうしなわれてしまっていたのだ。

この事件の対策のとき、全海軍の知識が動員された。海軍を退き、東大にあった平賀も、私情をはなれ、その対策に積極的に協力した。

この事件は、その影響範囲の大きさと海軍軍人にあたえた精神的な衝撃、それに対策のための工事量の大きさから、大事件とつたえられているが、技術的には、それほど複雑な問題ではなかった。そして、新戦艦の設計のために、海軍は、藤本の柔軟な頭脳を必要としたのだ。

昭和十年一月、藤本に、艦政本部にもどり、計画主任の任につくことが命ぜられた。しかし、彼はその翌日、急死した。

日常から、酒量の多い藤本であったから、喜びのため、酒量が過ぎたのではないか、と伝えられている。こうして彼はまた、悲劇の主人公となってしまった。

8

やや以前にもどるが、江崎が妙高の設計をあらためて高雄をつくるとき、防御のなかった主砲弾火薬庫に、機関室舷側部よりも強固な防御をほどこした。

弾火薬庫に一発の命中弾があれば、艦は轟沈する。機関室のときは、行動不能になっても、沈むことはない。これは平賀案の、船体の内部に不沈部分を構築する思想とはことなっている。

斎尾中将のノートの中に、昭和九年七月五日に、大和建艦の責任者に説明された、江崎プランが記されてある。日時とメンバーから考え、軍令部と艦政本部が一体となって研究した、当時の大和原案、のちの軍令部要求の素案となったものがこれであろう。つぎにこれをしめす。

兵装＝四五センチ三連装砲塔三基、
　一五・五センチ三連装砲塔四基、一二・七センチ連装高角砲四基。

性能＝第一案
　速力／三三～三一ノット。一八ノットでの航続力一万カイリ。

　機関／ディーゼル六軸、二〇万馬力。

寸法＝全長九九〇フィート。全幅一二六フィート。深さ三四フィート。

排水量＝基準六万七〇〇〇トン。公試七万トン。

防御＝弾火薬庫／二万～三万五〇〇〇メートルでの攻撃にたえうる。機関室／二万六〇〇〇～三万メートルでの攻撃にたえうる。


第二案は、やや小型の四軸艦とし、速力を二八ノットに低下させたもの。

八月の会議のとき、弾火薬庫は甲鈑装甲一二インチ、舷側は一九インチ。機関室は、これよりもうすくして甲板は一〇インチ、舷側は一六インチと説明された。メモも残っている。いずれも、高雄の設計思想によったものだ。

牧野氏の話によると、友鶴事件のあと約一年間、その対策に手をとられ、昭和十年一月まで、新戦艦の設計作業は、実質的には止まってしまったようであった。そして、設計再開の直前に藤本主任が急死した。

この前後から後の事情について、江崎氏はなにも語ってくれない。断片的な記録をつづってゆくより方法はない。

藤本主任の後任には、福田啓二中将が着任された。

渋谷氏の話では、福田啓二（造船）、菱川万三郎（造兵）、そして渋谷隆太郎（造機）のトリオで大和の本格的な設計がはじまったという。

江崎が概略設計をすすめていたころは、造船の部内会議のときに、ときおり新戦艦についての話もあり、後年伝えられるほどの厳重な秘密状態ではなかったという。しかし、本格的な設計に入ってからは、非常に厳重な情報管制に入り、その進行状況は明らかでない。

残された記録では、つねに福田が造船の主役であり、江崎はただ一回だけアメリカ海軍主力艦の改装状況について説明しているだけだ。

昭和十年十月、死んだ藤本のために、気のどくなことなのだが、第二の事件が起こった。世にいう第四艦隊事件である。名艦といわれた特型駆逐艦に、船体強度不足による被害が発生したのだ。

この事件の責任をとったような感じで、江崎は、呉工廠へ転出を命ぜられた。

いま、名簿をくってみると、福田と江崎は、おなじ歳であった。

9

牧野茂氏の語る福田啓二の人柄は、規程に忠実で、実直一方の誠実な技術者のタイプである。平賀との関係については、「福田計画主任は、その在職の全期間を通じて、平賀造船中将がきわめて懇篤な指導に当たられ、計画主任も、よろこんで重要問題、主要艦艇の計画については経過を報告し、教示を受けられたので、この点はひじょうに恵まれた境遇におかれていた」と説明している。

大和をいかに設計すべきか、の流れは、完全に、藤本から平賀へと変わった。

松本喜太郎氏のノートによると、彼が大和の設計室に入ったのは、大和の基本計画のまとまった後、すなわち昭和十一年に入ってからのことらしい。

そのノートによれば、参考資料として渡されたものは、金剛代艦事件のときの三万五〇〇〇トン型の平賀私案と、昭和四年九月と日付の入った、ディーゼル主機の高速戦艦の試案（左図参照）であった。牧野茂氏は、この資料を見られ、平賀氏の素案と断言された。しかし、作図時期は、昭和九年ごろではないか、と判断された。

日本海軍に一二・七センチ高角砲が誕生するのは、昭和六年以後だし、ディーゼルの採用も、そのころから検討がはじまった。これは、藤本―江崎案によった軍令部要求にたいする、平賀私案であったかも知れない。

この案の最大の特長は、主機をディーゼルと、タービンの混用にあらためていることだ。

福田がまずまとめたことは、軍令部要求に対応する試案であった。

彼は、「A―一四〇」のA案からD案まで、大小四種の計画を作成した。いずれも、軍令部の好みに合わせて、前部三砲塔集中、ディーゼル主機。ただ、A案のみは、当時のディーゼル機関の不調と、中村艦政本部長の意向をくわえてディーゼル・タービン混用で設計してある。

彼はどうじに、参考案として、前部三連二砲塔、後部一砲塔の九門艦と、連装四基を前後に分散して搭載した八門艦の設計も付してある。

さいわい、この三種の砲塔配置のちがいをしめす概略設計図が松本氏の手もとに残されていたので、発表させていただいた。（表38）

この計八種類の計画を比較した資料は、昭和十年四月一日に作成されている。この資料「A—一四〇」計画要領をみると、さまざまのことがわかる。

まず、弾火薬庫を、機関室より重防御とする思想が消滅している。そのため、防御区画を比較すると、前部集中艦一三六・七メートルにたいして、三砲塔分散艦一四四・二メートルと、七・五メートル、約五パーセントのちがいでしかない。

この計画要領にしめされた数値を比較すると、分散型（A_1）と集中型（A）とのちがいは、防御重量一〇〇〇トンだけ、分散型が多くなっているが、ほかの数値は、ぴたりおなじである。

松本氏は、その著書のなかで、「集中型は、防御計画上、有利であるが、しかし、本艦は優速艦であるから、彼我の対勢によっては、艦尾砲火の必要もあろうことと、前部にすべてを持って来ると、主、副、高角砲をふくめての艦内の弾火薬格納が不均衡となり、一部は、艦の後方に格納せねばならなくなる。このことは砲火威力発揮上、すこぶる不具合である。

二砲塔を前方、一砲塔を後方に配置すると、射撃上は好配置であり、重量の釣り合いはよく、また艦橋の位置が後部に偏しすぎないから、操艦が楽である等の理由で、分散型が採用された」と述べている。

しかし、どうも私は、この「A—一四〇」計画要領の数値のなかに、軍令部の実質的な要求にまで高まっていた、三砲塔前部集中案をご破算とするための作為的な、作られたデータのにおいを感じてしまう。

日本の軍艦では、三砲塔を集中したとき、最上型以外は、第三砲塔が後ろを向いている。これは、後方の死角を少なくするめには必要な、砲塔配置法だ。それに、砲塔中心線の間かくもせまくなる。

第一、第二砲塔間の中心間距離が二九メートルであるから、第三砲塔を後方にまわすと、単純計算で七メートルの節約になる。

「平賀試案」による高速戦艦のラフ・アレンジメント
昭和4年9月7日 艦政4部製図工場

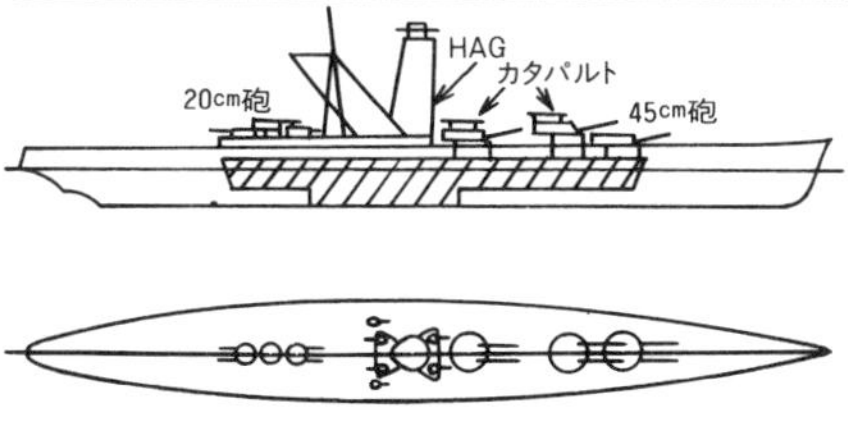

兵　装	主　砲　45cm三連装　3砲塔 副　砲　20cm三連装　3砲塔（中心線装備） 高角砲　12.7cm連装　6基
防　御	弾火薬庫，砲塔，司令塔，耐45cm弾　20,000～30,000m 機関室　耐45cm弾　25,000～30,000m
排水量	基準　62,000 t　公試　65,000 t
寸　法	水線長950f(289.5m)，水線幅122.3f(37.1m)，吃水33.6f(10.23m)
	速力　32kt　199,000～200,000馬力 Diesel and Turbin Conbined,　機関室寸法　61m×30m 燃料　5,500 t　航続力　18kt　—10,000カイリ
重　量	船体　17,350 t　機関　4,650 t　水雷　50 t 艤装　2,170 t　防御　22,589 t　その他 砲　11,935 t　航空　100 t

この場合、主砲火薬庫と、それ以外の部分との防御基準を変更すれば、三〇〇〇トンていどは差がつくから、この重量で間接防御を強化すれば、大和の不沈性は、もっと向上したのではないだろうか。

おもしろいことに、当時の軍令部主張案では、第三砲塔は後方を向いていた。

福田の設計では、どの案でも、排水量が過大になる。そのため、多くの試案が設計された。

J案＝参考設計の四〇センチ砲艦。

K案＝防御を減じたもの。四〇センチ砲弾に耐えればよいとした。速力も二四ノットに低下した。五万トンを限度に、四五センチ砲を搭載したもの。攻防力がアンバランスになった。

I案＝平賀案である二、三連装混用の一〇門艦。

F案＝副砲を主砲の内側へ背負式にして、バイタルパートの長さを減じたもの。

設計思想の重点が、平賀方式の直接防御重視のバイタルパート完全防御方法にあったため、バイタルパート長の短縮にばかり気をとられ、主砲の内側に副砲を背負式に配置するF案の設計が採用された。

平賀案は主砲一〇門で強力に見えたが、この案は、「二種の砲塔を設計することは、時間的にむりである」という砲熕担当の菱川の意見により対象からはずされた。

平賀自身は大正七年、加賀の設計のときも、おなじような砲配置を提案し、おなじ理由で不採用になっている。一七年もたって、おなじ提案をくりかえしていることにはなにか、平賀の執念を感じることができる。

大和竣工後、用兵側から防御の盲点が指摘された。

主砲火薬庫は上空からの攻撃にも、左右からの砲撃にも、ガッチリと防御されているが、その内側に、軽防御の副砲があり、ここに大型爆弾が命中するか、重砲弾が落下すれば、たちまち主砲の弾火薬庫に火が入ることになる、と……。

いわゆる大和の泣き所であろうか。

(表38)「A－140」計画要領――昭和10年4月1日　(様式は筆者が変更した)

計画番号	A140—A案	〃　—B案	〃　—C案	〃　—D案	A140参考			
					A_1案	A_2案	B_1案	B_2案
重要寸法								
公試排水量	68,000t	60,000	58,000	55,000	68,000	〃	60,000	〃
速力	30kt	28	26	29	30	〃	28	〃
馬力	200,000HP	140,000	105,000	140,000	200,000	〃	140,000	〃
水線間長	277m	247	247	247	277	〃	247	〃
水線幅	40.4	40.4	40.4	40.4	40.4	〃	40.4	〃
公試吃水	10.4	10.3	10.2	10.1	10.4	〃	10.3	〃
航続距離	kt カイリ 18—9,200	〃	〃	〃	〃	〃	〃	〃
艦型		〃	〃	〃				
主防御区画の長さ (m) 下端の長さ								
後部弾火薬庫	6.5	〃	〃	〃	43.0	45.0	42.5	44.5
機関室	67.2	53.0	50.0	53.0	67.2	67.2	53.0	53.0
前部弾火薬庫	63.0	〃	〃	〃	34.0	32.0	34.0	32.0
全長	136.7	122.5	119.5	122.5	144.2	144.2	129.5	129.5
水線における全長	142.7	128.5	125.5	128.5	150.2	150.2	135.5	135.5

防御要領	A140-A, B, C, A_1, A_2, B_1, B_2		D
	50口径45cm91式徹甲弾	2万～3万mに対し防御す	40cm砲弾
	舷側25°傾斜の部分	17″－6	15″－5
	甲板平担部	9－5	8－5
	17.5°傾斜部	14	12－5
	砲塔甲鈑，司令塔	23	18
	前後部下甲板爆弾防御	3	3

このため太平洋戦争中、大和はつねに副砲の上に砂袋を積み重ねていたと伝えられる。

この点、砲塔前部の集中型であれば、このような問題は、本質的に起こらなかったのではないだろうか。


（表39）

型　式	設計月日		ℓ／L	L	△	主　　砲	V	防　御	航続力	副　　砲
—	10.3.10	△過大	<0.5	>900′	69,000 t	50／仰角50°94式4D′×Ⅸ	ノット 31	2～3万m	18—8000	15.5—3×Ⅳ (or20cm—2×Ⅳ)
A	10.4.1	尚過大			G65,883 68,000	45／仰角45	28 30	2～3		
G1—A	10.7.30	18″砲艦としては△は担当少し50,000 t を目途とせる案			61,600	〃	26	2～2.7	16—6600	
K	10.8.1	攻防力不釣合			50,059	〃　Ⅷ	24	耐16″2～2.7	16—6600	
G0—A	10.8.14	軍令部主張案			65,450	〃　Ⅸ	28	〃	16—7200（庫量　8000 t）	
J	10.7.30	16″砲艦			52,000	13／16″×Ⅸ	27.5	1.8～2.7	16—7200	
					53,000		28			

（表40）主力艦計画について——（昭和10年9月10日）福田造船大佐

計画符号	G—A	G2—A	G0—A	F1	I
L×B×d	245.5×38.9×10.4	262×38.9×10.4	268×38.9×10.4	259.5×38.9×10.4	268×38.9×10.4
△	61,600(57,286)	63,450(58,960)	65,450(60,874)	62,450(47,965)	65,050(60,620)
V×SHP	26kt×115,000HP	28kt×143,000HP	28kt×145,000HP	28kt×143,000HP	28kt×143,000HP
防　御	2～2.7万m	耐18″ 2～2.7万m デッキ 8.8″	耐18″ 2～3万m デッキ 9.75″ サイド 18″(15°)	2～3万m	2～2.7万m
航続力	16—6600	16—7200	16—6600	16—7200	16—7200
備　考	（福田案）		（軍令部主張案）	（決定案）	前後に二連装をおいた点有利（平賀案）

10

大和、武蔵の予算は、昭和十一年すえになって正式に成立した。しかし、その第一艦から第四艦までの四隻をまず建造することは、すでに昭和九年には決定していた。

このような大艦を建造するには、工場設備などが事前に準備してかからねばならない。表41のように、砲塔計画は昭和九年から、造船・造機は昭和十年から、びっしりとスケジュールが組まれていた。

ところが、こまったことが起こった。昭和十二年三月、在来の方針であるディーゼルとタービンの併用を中止し、タービンのみとするべく、方針が変更された。昭和十二年三月といえば、建造前のように感じるが、準備作業は相当にすすんでいる段階でのことであって、関係者は、一時、大混乱に陥った。

この変更は、平賀が火をつけた。

「戦艦にディーゼルを採用することにたいしては、造船界の大御所平賀造船中将がつよく反対され、海軍軍令部総長宮殿下および海軍大臣、海軍艦政本部長にディーゼル採用の尚早論を吹き込まれたことに端を発し、ディーゼル機関を大和級戦艦に採用することは時期尚早、不安ありとしてこれをとりやめ、水上機母艦日進に転用されたのである。

日進は就役いらい沈没されるまで、相当長期にいたる使用にたいし、なんら故障は起こさなかった……」

大和設計の機関関係の責任者であった、渋谷隆太郎はこういいきる。彼はなお言をつづけて、

「したがって、これを戦艦に採用しても、たいした不都合はなかったであろうと思われる。のみならず、あるていどの利点もはっきりしえたであろうと思われる。

とくに心残りとすることは、航空母

艦信濃にタービンとディーゼル併用の配備が採用されていたならば、当時の実情から想像し、あれほどかんたんに沈没はしなかったであろうと思われることである。じつにおしかったと思った」

この言葉からも、平賀が政治的圧力を利用して、自分の好みを、大和の機関設計責任者に押しつけた事情がわかる。

平賀の後継者、藤本が新戦艦設計のために開発した三件の重要な技術ポイント、弾火薬庫重点防御と間接防御の組み合わせ、主砲塔集中配備、ディーゼル主機のいずれをも、平賀は大和の設計から追い出してしまった。

はたして、当時のディーゼル開発状況は、平賀が大さわぎしたほどの重大問題を内蔵していたのだろうか。

堀元美元海軍技術中佐にこのことをおたずねしたとき、「当時のディーゼルの開発状態を調べればわかることだ」と申された。

この言葉の意味を、私は計りかねた。

それをA氏は、「日進の公試運転写真では、排気筒から、相当、黒煙が出ているでしょう。これは、淡煙化が完成していないことを意味しています」と説明してくれた。

戦史を調べると、大和ディーゼル化の功罪をうらなう、二つの事実を発見できる。

それは、いずれも、太平洋戦争の天目山であったガダルカナル島争奪戦のときのことである。

その一つは、金剛のガ島砲撃につづく、日本海軍の戦術協議のときのことだ。

――敵制空下の敵飛行場の連続制圧には、不沈性のつよい軍艦を出さねばならない。ハワイで敵主力艦群を撃滅したのだから、大和の対抗兵力はいなくなった。いまこそ、ガ島攻撃に大和を使用しようではないか。

このような計画の上申にたいし、山本長官の答えは、ただ一つであった。

「残念なことだが、この連合艦隊の前進基地トラック島には、大和を充分に働かすだけの燃料が備蓄されていない」

わたしは、この一事を知り、呆然とした。

大和がもしディーゼルを積んでいたなら、その燃料消費量の低さから、大和のガ島制圧作戦も実施されたかも知れないし、もし、それによって、たとえ大和が沈んでも、ガ島さえ確保できていたら、太平洋戦争の様相も変わったものとなったであろうに――。

その第二は、水上機母艦日進の働きである。

不完全製品と造船関係者から評価されたディーゼル機関のみを主機とした日進は、ガ島攻略戦で最大の活躍をした。

ガ島に敵の飛行場ができてから、

（表41）主力艦代艦砲塔計画および建造予定（昭和９年２月調べ）

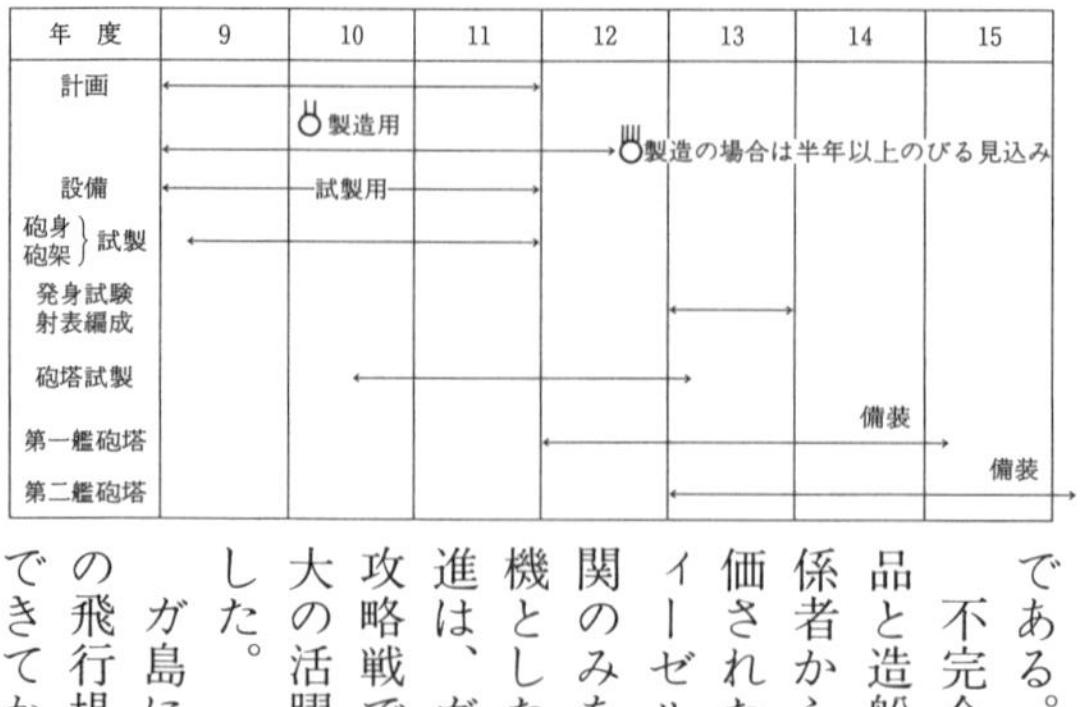

日本海軍は高速艦艇をもって、陸軍部隊を逆上陸させた。しかし、陸兵や、糧食、弾薬は、駆逐艦や潜水艦で送れても、重火器は送れなかった。当時の高速貨物船では二〇ノットのはっきすらできない。それだから駆逐艦との充分な協同作戦など不可能であった。

そのなかで、唯一の重火器運搬のできる大型艦として、最大速力二八ノットが可能な日進の活躍はめざましかった。

大和の竣工が、太平洋戦争の開戦日時の決定に重大な影響をあたえたことは、よく知られている。

しかし、戦争への決意は、昭和十五年に入ってから急激に具体化したのであって、昭和十二年ころには、それほど緊迫した空気ではなかった。当時、日華事変すら起こっていなかったのだ。

過去の最大艦長門から五割も大型の軍艦を建造するのであるから、未知の予測されない危険は、ディーゼル機関の搭載以外にも、造船や造兵の分野にも、多くあったはずだ。

それなのに、政治的工作をすすめてまで、ディーゼル主機廃止を実現させた平賀の強引なやり方には、考えたくないことだが、みずからの造船官生命をうばった、藤本抑圧への私情を感じずにはいられない。

11

戦艦大和ほど、未知の軍艦はない。発表されている資料は残念ながら、きわめて片寄ったものにかぎられている。平賀の友人、徳川武定。後継者、福田啓二。設計者、松本喜太郎、およびそれらの造船官に指導された福井静夫氏ら。その一連の子弟の発表した記録しか残されていない。

そのため、船舶としての大和は語りつくされているが、軍艦としての大和は、いまだ語りつくされていない。つぎに一例をしめす。

牧野茂元技術大佐——彼は大和設計に協力し、つづいて第一艦建造のため呉工廠に転勤し、実艦の建造を指導した責任者である。

「大和の艦尾にある、大きな空中線支柱は後部主砲を発射するときの障害になります。それで、合戦準備が発令されると、空中線をはずし、支柱を後方に倒します。そのため、支柱そのものは、高さも高く、ガッチリしているように見えますが、軽構造にできています。

一方、飛行機や短艇の揚収とか、格納庫から、最上甲板の飛行機用軌道への移動には、起倒式の小型クレーンが装備されていました。

これは、他の戦艦に装備されたものとおなじです。一本の棒状支柱と、四角く細長いアングルで組んだアームがついていました。

この起倒式クレーンがあるから、合戦準備に入って、空中線支柱を後方に倒した状態でも、自由に、飛行機や短艇の発着が可能なのです。

大和は軍艦ですから、大砲を射つときのことを、第一に考えて設計してあります……」

このことについては、三菱関係の某社社長塚原氏も、昭和十九年末、少尉候補生として大和に一日だけ乗艦したときの記憶をたどりながら、「大和の艦尾には、クレーンの支柱が二本立っていたのをおぼえてます」と証言している。

日本中に多くの模型が存在しているが、そのなかでいくつかの模型が、大砲を射つ艦としての大和を再現していることであろうか。

12

最後に、日本海軍の大和型建造計画について、その行きつくところ〝最終プラン〟について記しておこう。

新たに、自主的な軍備計画がはじまったなら、まず四隻の新戦艦を建造しようという方針は、わりにはやく、大正十三年ごろからきまっていた。そして、本格的な決定は、昭和十一年である。昭和十二年からの㊂《まるさん》計画で二隻、つづく後期計画で二隻——と、まず大和型を四隻建造する。ただし、代艦としては、金剛型二隻を除籍するにとどめる。

そうすると、戦艦は八四艦隊とおなじで、一二隻となる。国防方針の改訂もこの線でさだめられた。かくして㊂、㊃《まるよん》での四隻の大和型が着工すべく、準備がすすんだ。

ところが、このころアメリカ海軍も厖大な建艦計画を発表した。

これに対抗するため、日本海軍も大建艦を実施しなければならない。そして昭和十三年十月に、第二次拡張計画の基礎となる、昭和十九年度と二十五年度の戦時編制の軍令部案がまとめられた。

それによると、進行中の㊂、㊃計画で建造する四隻の大和型戦艦は、昭和十九年度中に竣工させる、つづいて昭和二十五年度までには、さらに四隻の新戦艦を新造する、これを前期計画（㊄計画）、後期計画（㊅計画）にわけて建造することを決定していたのだ。

ところが昭和十六年になると、この計画だけではとうてい、アメリカの建艦計画に対抗できないことがあきらかになってきた。

そこで、昭和十六年一月には、㊄計画に一隻、㊅計画に二隻の新戦艦を追加することとなる。

この計画による竣工は、たとえ戦争がなくても、実施できたかどうかわからなかった、とつたえられているが、それはともかく、完成のあかつきにはじつに、夢の大艦隊が出現するはずであった。

ここに日本海軍のえがいていた〝昭和二十五年度〟の大艦隊計画を列記してみよう。

連合艦隊＝直率、新戦艦四隻、直衛艦八隻。

第一艦隊＝新戦艦七隻、旧戦艦六隻、巡洋艦一二隻、直衛艦一二隻、水雷戦隊二個、航空戦隊一個。

第二艦隊＝旧高速戦艦二隻、超巡洋艦六隻、巡洋艦一六隻、軽空母一隻、水雷戦隊二個。

第三、第四、第五艦隊（略）。

第六艦隊＝巡洋艦四隻、巡洋潜水艦六〇隻、特設艦船五隻。

第七艦隊＝巡洋艦四隻、潜水艦六六隻、母艦および特設艦船七隻。

第一航空艦隊＝航空母艦六隻、直衛艦一一隻。

第二航空艦隊＝航空母艦一〇隻、直衛艦九隻、駆逐艦三隻。

連合艦隊付属（略）。

以上の計画の主要艦艇を合計してみると、戦艦一九隻、航空母艦二〇隻、巡洋艦四三隻、駆逐艦・直衛艦合計一三一隻、潜水艦一七七隻ほかという大勢力であった。

この大部隊の中心となる新戦艦は、五〇センチ砲の搭載が計画された。五〇センチ連装砲塔四基八門の一〇万トン型戦艦が計画された。

しかし、それにはドックや、造船設備の新設が必要である。そのため、㊄計画の追加艦一隻は、五〇センチ連装砲塔三基六門の大和型と同寸法の新型艦ときまった。

日本海軍の長年の慣習から判断すると、このように、追加計画の艦型が新型となったときは、つねに、追加予算が組まれ、在来予算分も、新艦型にあらためられている。その慣習が踏襲されれば、㊄計画の三隻はすべて、五〇センチ六門艦として竣工し、第二戦隊を編制したことであろう。

では、第一戦隊の連合艦隊直率の四隻はどうなるか。もちろん、これは、五〇センチ砲連装四基八門の一〇万トン型戦艦として建造されたであろう。なぜ、五〇センチ砲は連装なのだろうか。三連装を搭載することはなかったのか。

以下は私の推測でしかすぎないが、調べたところでは、どうやら五〇センチ連装砲塔と四五センチ三連装砲塔は、砲室をのせる砲架台が同一寸法で、重量もほとんど同等だったらしいということである。

そして藤本は昭和九年当時、すでに四五センチ三連装砲塔三基九門の大和を、五〇センチ連装砲塔三基六門の新型超超戦艦に改造する日のことを考えていたのではないだろうか。一五・五センチ三連装砲塔を二〇センチ連装砲塔に換装したときのように——。

ここで、なぜ藤本が砲熕関係者とタイアップして、昭和九年にすでに軽防御の五〇センチ砲戦艦を提案していたのか、設計できる見込みのない軍艦を、なぜ彼が提案したのかを考えてみるのも一興であろう。

九門艦にくらべて六門艦では、弾丸の散布界をより小さくして、命中精度を維持しなければならない。妙高の前例よりみて、散布界を広げるであろう不良要因は、一つでもとりのぞいておかねばならない。それに、主砲の爆風対策も考えておかねばならぬ。前記のみなら爆風対策はどんなに有利になるか。

こう考えると、藤本の意見に同調した軍令部が最後まで、三砲塔前部集中案に固執したことがわかるように思う。一門だけ大砲がふえるから、二、三連装砲塔混用の一〇門艦を建造せよ——などと提案してきた平賀の態度を、当時の軍令部関係者は、どのような気持でみていたことだろうか。

この推定をうらづける後日談が一つある。

江崎が、艦政本部から呉工廠に左遷されたとき、彼はまだ、軍令部出仕の兼務がとけていなかった。そのため、軍令部より抗議が入り、呉工廠転勤は中止になった。

このことにたいし、当時、艦政本部関係者は、「江崎は保身が上手である」とカゲロをたたいていたという。

しかしながら、江崎自身は私に、「当時、私は身体が弱く、呉への転勤がうれしかった……」とのべている。同席された夫人も、「荷造りから、呉での借家まで、ぜんぶの手配が終わっていたのです」と口ぞえされている。江崎はさらに一言つけくわえた。「しかし、軍令部の一言で呉への転勤は中止になりました。軍令部というのは、そういう、心のあたたかさがあるところなのです」——と。

私には、当時の軍令部が私情で江崎を東京にひきとめた、とは思えない。貧乏国日本の海防を不滅にするために、藤本の意志をつぐものがほしかったのではないだろうか。

（昭和五十四年十一月号収載。筆者は艦艇研究家）

第五章　大和を動かした人々

武蔵・大和に生命をあたえた歴代艦長列伝

涙あり、笑いあり、歴代の艦長をえがくエピソードのかずかず――伊達　久

魚雷をさけたたくみな操艦術

　大和は、太平洋戦争が開始された直後の昭和十六年十二月十六日に竣工した。そして初代艦長には高柳儀八大佐が任命され、竣工二ヵ月後の二月十二日には連合艦隊旗艦となり、参謀たちをしたがえて、それまでの長門から移乗してきた。やがて三月十六日、天皇は開戦いらいの戦功に対して侍従武官を新造戦艦大和につかわした。

　視察が終わって昼食会のときに、侍従武官は高柳艦長にむかって、

「艦長、大和が米英の最新式戦艦と対戦するとしたら、何隻を相手に戦闘できましょうな」

　と質問した。これには高柳艦長もぐっとつまってしまった。

　そこで艦長は、ややとまどっていると、そのとき、そばにいた山本長官がさっと右手をつきだし、指三本をのばして、「これだけですよ」と答えたエピソードは有名だ。

　米軍が八月七日、ガ島に上陸してくるや、ソロモン作戦支援のために柱島を出撃してトラックに向かったが、二十八日のこと、トラックに入港寸前、敵潜の魚雷攻撃をうけてしまった。高柳艦長のたくみな操艦ぶりが発揮されたのは、まさにこの時だった。大和はあざやかにこれを回避して、まったく被害をうけることなく、ぶじにトラックへ入港することができたのだった。

　年の暮れもせまった十二月十七日に、名艦長高柳大佐は第一艦隊参謀長に転任し、大和を去っていった。高柳氏はのち少将となって海軍省教育局長をつとめ、大西瀧治郎軍令部次長の自決後は軍令部次長となった。

巨艦にふさわしい砲術の権威

　高柳艦長のあとをうけて二代目艦長には、松田千秋大佐が日向艦長より転任してきた。

　昭和十八年二月十一日、そのころ大和は、あたらしく竣工した武蔵に、連合艦隊をゆずっていた。

　九月七日になって、松田艦長は軍令部部員に転任、三代目の艦長には大野竹二大佐が任命された。

　この二代目の松田艦長は戦略理論家として有名で、長く海軍大学校教官を

つとめたりするなど、海軍砲術学校高等科を卒業した砲術の権威であった。

　さて、このあとをうけた大野艦長の在任中、大和は、十二月二十五日のトラック入港寸前、不幸にも敵潜の雷撃一本をうけたが、さいわいに人員、載貨ともに異状なく、損害も軽微で、ただちにトラックで応急修理をすましたのち、十九年一月十日には母港の呉に向けてトラックを出港した。

　呉着後、第四ドックに入渠したが、その入渠中に大野艦長は、軍令部第三部長として退艦した。十九年の一月二十五日のことであった。

大和２代艦長松田千秋大佐（右）と３代大野竹二大佐

　この大野艦長は、有名な伊集院五郎元帥の次男であったが、母方の実家の養子に行き、けっして自分から伊集院の息子だと名乗るようなことはしなかった。みるからに気品のあふれた人で、大和の艦橋に立つ姿はまことに立派であった、とは、とうじを知る人の言。

　このあと四代艦長には、森下信衛大佐が榛名艦長より着任した。

　七月九日、大和はふたたびリンガ泊地に進出して、決戦にそなえて猛訓練をつづけること約三ヵ月、待ちにまった捷一号作戦の昭和十九年十月二十二日、午前八時がきた。米艦船を撃滅するため、勇躍、ボルネオのブルネイ湾を出撃したのである。

　しかし、この途中、僚艦の武蔵沈没の悲報をうけ、さらにはみずからも傷つきながら、ついにサマール島沖で敵艦隊を発見、ここにはじめて四六センチの主砲は火をふいたのであった。

　この海戦で大和は、三日間の作戦をつうじて、のべ一〇〇〇機にのぼる連続波状攻撃にたえ、ブルネイ湾に帰着した。そして修理のために呉にむかった。十一月二十五日、呉に入渠した翌日のこと、森下艦長は二艦隊参謀長となって艦長の職は去ることになったが、いぜん艦隊旗艦である大和の艦橋にとどまった。そして最後の沖縄突撃のさいには、「速力のあるかぎり沖縄まで持って行くんだ」といって、最後まで大和とともに大奮戦したのであった。この森下艦長は、戦後、昭和三十五年六月に死去している。

運命をともにした有賀艦長

　五代目は有賀幸作大佐であった。有賀艦長はそれ以前まで水雷学校の教官をつとめた、いわゆる〝水雷屋〟だった。

　四月六日、この日、大和は軽巡矢矧および駆逐艦八隻をひきい、沖縄めざして、進撃を開始したのである。「天一号作戦」にすべてをかけて帰らぬ旅路にたったのだ。

　昼まえに九州坊ノ岬まできたとき敵機群の熾烈な猛撃がはじまった。初弾をうけてから二時間ののち、魚雷一二

大和４代艦長森下信衛大佐（右）と５代有賀幸作大佐

本、爆弾五発以上をその巨体にうけて、さすがの大和も、轟音とともに海底に没していった。このとき有賀艦長は、かたむいた艦橋で、
「しばっておかぬと無意識に泳ぎだすから……」
とさけんで、みずからを麻縄で羅針儀にくくりつけて、艦と死をともにしたという。

有賀艦長は、男らしく竹を割ったような性格で、訓示するより、兵たちのなかで力のかぎり働いている、そういうタイプの艦長だった。

戦死後のこの有賀艦長には、連合艦隊司令長官から個人感状を授与されている。また、有賀艦長の記念碑が、出生地である長野県辰野町に、郷土三峯川の天然石の面に、海戦の場面と、有賀艦長の顔面とのレリーフを入れたものを、四十二年四月までには建設する予定だという。その建設委員長には、くしくも姉妹艦である武蔵の二代目艦長古村啓蔵少将がなっている。

乗員に心をくばる艦長

昭和十七年八月五日の午前九時、武蔵の竣工引渡式は呉において挙行された。初代艦長有馬馨大佐が指揮する武蔵の艦尾に、はじめて軍艦旗がひるがえった。

このとき、総員を前甲板に集合させた有馬艦長は、
「本艦は、絶対に沈むことのない不沈艦である。こうした優秀な艦に乗艦できたことは、海軍軍人としてまことに光栄であると思わなければならない。（中略）十分な訓練を行なって、この艦の力を十二分に発揮してもらいたい」と訓辞している。

さらに、乗員に安心感をあたえるために、毎月の指定日には艦内神社のまえで、各分隊の先任下士官を集合させて、艦長みずからこの祝詞《のりと》を奉読するのがつねであったが、またこれが名文で、艦の安泰を祈るその内容は、聞いているものにふしぎと安心感をもたせる、気持のよいものであったという。このしきたりは、二代目艦長の古村大佐もつづけたといわれる。

まもなく、「強力なる戦力は、強力なる体力によってのみ存し得る」という、有馬艦長の信念のもとに、猛烈な海軍体験が昼休みに行なわれることになった。このはげしい体操には、艦長も大鼓腹を波打たせながらまっさきにたって参加した。

二月十一日、紀元の佳節の日、連合艦隊の旗艦は大和より武蔵に変わり、トラックにいた武蔵の艦長以下総員は上甲板に整列して、山本連合艦隊司令長官をむかえたのである。この山本長官も、その後まもなくソロモン方面視察のため長官艇に乗って武蔵をはなれ、ふたたび帰らぬ人となった。

その後、武蔵はこの長官の遺骨を乗せて、悲しみのうちに内地にむかい、五月二十二日に木更津沖に投錨したのである。

ようやく米軍の反攻がはげしくなった昭和十八年六月九日、二代目艦長古村啓蔵大佐が扶桑艦長より着任してきた。そこで乗組員たちから慈父のようにしたわれた有馬艦長は、その月の二十一日まで事務の引きつぎを行なったのち、海軍兵学校教頭に赴任していった。その後は南西方面艦隊参謀長となり、その職名のまま、復員することになったのだったが、戦時中の疲労がわざわいしたのか、三十一年一月に死去した。

天皇の行幸をうけた旗艦武蔵

さて、古村艦長は着任そうそう、横須賀にて天皇行幸が行なわれることになり、六月二十四日、天皇御一行を艦内にむかえたのである。

行幸行事をぶじに終わった武蔵は、修理補給ののち七月三十一日、連合艦隊旗艦として全作戦支援のためトラックに進出した。このトラック島の泊地では、それこそ血の出るような訓練をかさねたのであったが、そのさいブイに繋留するために何回も入港作業をくりかえしたのはもちろんで、そのときにも古村艦長は一度も失敗したことはなく、また入港のときも他艦よりはいつもまっさきに整備旗をひらいて、古賀長官からお賞めの言葉をいただいたという。

十一月一日、古村艦長は少将に進級した。そして十二月六日、古村艦長は、三艦隊参謀長としてトラックにいた空母翔鶴に赴任していった。

その古村艦長は、昭和四十二年四月には大和で戦死した兵学校同期の有賀艦長をしのぶ記念碑を完成させるため、建設委員長として活躍している。ちなみに古村氏は大和の沈没時に、第二水雷戦隊司令官として同艦に同行していた。

部下には心からの信頼を

やがて昭和十八年暮れもちかく、三代艦長朝倉豊次大佐が、重巡高雄の艦長をはなれて武蔵に着任した。武蔵は相変わらずトラック島にて訓練をかさねていた。十九年二月九日、敵哨戒機の偵察があり、空襲必至と見て、武蔵は横須賀へ回航を命ぜられたが、まもなく、こんどはパラオに進出していった。ところが、パラオがまたもや空襲のおそれがあるというので、急きょ外洋に避退を命ぜられた。

西水道を通過してまもなく、敵潜水艦の雷撃をうけ、その一本が命中したが、武蔵はいささかの傾斜もなく、また速力の減退もなく、ぶじ呉に入港することができた。そして五月十一日には損傷部分の修理も終わり、内海を発し、五日後にはタウイタウイにて大和などに合同した。

やがて、六月十五日、敵のサイパン来攻とともに発動された「あ号作戦」において、艦隊が友軍機をあやまって発砲したとき、武蔵見張員は、いちはやく友軍と断定し、艦長に進言した。朝倉艦長はただちに艦隊に、「友軍機を射撃すは遺憾なり……」と報じた。部下を信頼して、断固たる態度に出たことは、人柄を端的にあらわしたもので、乗組員全員の敬服するところであった。しかし、朝倉艦長も八月十五日、第一南遣艦隊参謀長として退艦していった。

この朝倉艦長は、四十一年一月に死去した。その葬儀のさい、弔辞がなんと二時間半にもおよび、このことによっても、その人となりがしのばれるというものである。

待望の砲術家ついに来艦

四代艦長猪口敏平大佐が、横須賀砲術学校教頭からルンガ泊地の武蔵に着任したのは十九年の盛夏のころであった。この猪口艦長はこれで五たび朝倉艦長の後任となった。

猪口艦長の着艦は、武蔵のみでなく全艦隊に時宜をえた人事として歓迎された。猪口艦長は日本海軍屈指の射砲理論の権威で、全軍がその手腕に期待していたのである。

しかしながら、その武蔵も、十月二十日、ルソン島南方シブヤン海において、たびかさなる敵空母機の集中攻撃を一身にうけ、命中弾は魚雷二五本、爆弾二五発以上をあび、九時間もの死闘をつづけるうち、五〇度の大傾斜をして、ついに大爆発とともに沈没してしまった。

このさい猪口艦長は、第一艦橋の作戦室に命中した爆弾によって右肩に重傷を負いながらも、応急治療後ふたたび総指揮をとって奮戦したのだったが、しだいに艦は左舷へ傾斜を増して、機関室にも海水が流れこんで、ついには機関までとまってしまったので、そこでやむなく、「総員上甲板」を副長に命じた。

そして猪口艦長は、「ついに不徳のため、海軍はもとより全国民に絶大の期待をかけられたる本艦を失うこと誠に申しわけなし……」という悲壮な遺書を副長に手わたすと、またも艦長室にもどって、沈みゆく艦と運命をともにした。

この日本海軍きっての、射砲理論の権威だった猪口艦長が、武蔵の巨砲をただの一発も射つ機会もなく、戦死したのは悲劇というほかない……。

（昭和四十二年二月号収載。筆者は戦史研究家）

戦艦「大和」世話役の人つくり艦つくり余談

新前の水兵たちはいかに鍛えられたのか／育ての親が綴る訓育秘話——梶原哲純

前代未聞の警戒ぶり

　昭和十六年十月六日付で、呉鎮守府付を命じられたが、着任するまでいかなる職につくものか、まったくわからず、着任してからはじめて、大和艤装員で、副長職務執行ということがわかった。すなわち、そのとうじまでは、機密保持上、海軍部内においても、大和の名称は公表されてなかったわけである。

据え付け作業をおこなう三菱長崎造船所のガントリークレーン

　このように機密保持に関しては、きわめて厳重で、部外に対してはもちろんのこと、一例をあげると、呉を通過する汽車は、軍港が見えだすまえに車掌の命令で、海側の窓はぜんぶ覆《おお》いをおろして通過することになっており、とくに港内がよく見える場所には、鉄道線路にそって、高い塀《へい》をつくっていた。

　また海軍部内に対しても、そうとうにきびしく、大和のドックのまわりは、高い板塀でかこまれ、出入口には監視所をもうけ、工廠の職員、工員、大和の係のものは、胸に湯呑《ゆのみ》茶碗《ぢゃわん》のような、大きなバッジをつけていた。

　また、とうじ軍事参議官の加藤隆義大将がお見えになったときは、ドックの外から見られるだけで、乗艦は許されず、ドックをへだてて挨拶したところ、副官が大きな声で、「閣下より、副長によろしくと申されました」と叫ばれたことをおぼえている。

　それに、大和が、艤装岸壁へ横づけのため、ドックを出て港内に姿をあらわしたときも、また大騒ぎであった。

世界一の弾丸積み込み作業

　艦の大型化にともない艤装品などが大型化し、とくに錨関係や舷梯《げんてい》の大型化は、人力を要する場合が多いので、相当な力持ちの配員を必要とした。そのため人事部とは緊密な連絡をとり、配員に協力してもらい、また新兵の配員についても、身長、体重に条件をつけるなどして、全面的に協力をえたものであった。

　また、四六センチの主砲弾は、大の男が手をのばさねば弾頭にとどかないほどで、これの積み込み作業にはもちろん、機械力でやるが、なかなかの大仕事であった。最初の一発を、こころみに積み込んでみたときは、たしか十数分を要したようにおぼえている。

　こんなことでは常備定数を積み込む

には、大へんな時間がかかるので、機会あるごとに弾丸搭載の訓練をくり返した結果、ようやく上達し、出撃前の弾丸の搭載作業は、順調にいった。

続出した〝迷い子〟たち

つぎに艦が大型化し、艦内の構造も複雑化したために、副長の仕事も大へんであった。というのは、艦内の一日の訓練や作業が終わり、跡《あと》しまつの掃除や整頓もすみ、当直員をのぞいた兵員を全部就寝させたあと、一日の締めくくりとして艦内をくまなく点検してまわり、艦長に「艦内異状なし」を報告するのである。これを「巡検」とし

ょうして、副長の大きなつとめの一つである。

さて、従来の軍艦のように、満遍なく艦内の各部を点検してまわるとなると、数時間はかかり、とても実行が困難であった。そこでいろいろと研究してみた結果、巡検の通路を六種類にわけて、第一巡検路から第六巡検路と命名し、その日その日の巡検は六つのうちの一つを点検することにきめた。

巡検路の決定には、工廠の部員に依頼して、チーク材で三センチ角ぐらいの大きさの骰子《さいころ》を作ってもらい、巡検の号音とどうじに、骰子をふって巡検路をきめ、先任衛兵伍長に「第〇巡検路」と命じて、その通路を案内させて巡検することにした。

もっとも、この六種類の巡検路には、保安に関する重要な箇所は、かならず点検するようにしていた。

このように巡検路は、その日その日によって骰子で決定するため、同じ通路を二日つづけてまわることもあり、点検をうける方では、昨夜きたから今夜はこないだろうと憶測してゆだんしているところに、突然、「巡検」という先任伍長の大声にびっくりして、あわてるというホホエマしい場面もあった。

また、大和が艦隊旗艦になってからは、いろいろな会議や研究会がひんぱんに行なわれ、そのたびに各艦から大勢の人たちが参集するが、その際、これらの人びとがよく艦の艦尾をまちがえ、とんでもないところに行ったり、中甲板以下にのっては、よく迷い子になる人が多かった。

ツブぞろいの乗員でかためる

艦内には多数の乗員が生活し、海上を行動し、戦闘任務をはたすために、各自の配置や受け持ち、やるべき作業などは、部署や内規とによってきめられていた。

部署には合戦準備部署、戦闘部署、戦闘に関するもの、出入港部署、防火部署とか行動や保安に関する部署などがあり、号令一つで、各員のなすべき仕事がきめられている。

内規においては、各分隊の居住区とか、掃除の受け持ちとか、そういう日常の生活に必要なことが定められている。

これらの部署・内規の製作決定には、あるゆる面で従来の軍艦とちがう点が多いので、作業のつごうを見ては、分隊長以下を士官室に集め、審議をかさねたうえで決定されたのである。とく

に内規による各分隊の居住区は、戦闘配置の関係上、居住区のよしあし、広さと人員との関係といった複雑な点がからまるので、それらの決定に一苦労したことが、いまでも忘れられない。

大和の乗員はさいわいにして、砲術長とか、運用長とかの各科の長は、みな一応は主力艦の科長を経験してきたその道のベテランばかりであり、そのほか准士官以上や下士官兵にいたるまで、とくに優秀な人物が配されていたので、基礎訓練をするうえで非常に好都合であった。そのため比較的に短時間で、一応の水準に達することができた。

猛訓練に勝るものなし

しかし、戦闘を開始するまえ、艦内を防御態勢にする艦内閉鎖、すなわち舷窓をはじめ、艦内縦横の隔壁のハッチなどの閉鎖は、各分隊の受け持ちにしたがい、総員が従事する作業であるため、総員の気持が一致しないと、なかなかうまく行なわれず、たいへん苦労したものである。

この艦内の閉鎖が、防御上に重大な意義をもつもので、たとえ一ヵ所でも閉鎖をおこたれば、戦わずして、すでに敵弾により、穴をあけられたことにひとしく、浸水の場合などには、一区画でくいとめられず、つぎの区画にまで浸水した場合は、艦の運命にもかかわることにもなりかねない。これらの作業が完全に実施されるまでは、訓練に訓練をかさね、艦内の数千ヵ所の閉鎖箇所に責任者を明記し、閉鎖箇所の査察を励行した。

そして、各分隊と各個人の成績を掲示し、総員の面前で表彰するなど苦心の結果、訓練の成果はあがった。

いかに堅固で、りっぱな艦でも、戦闘力を完全に発揮するには、やはり人であり、訓練である。これはあとのことであるが、横須賀でできた大和型第三番艦信濃（空母に改装）が出港後まもなく、敵潜水艦の魚雷を、たった四発うけて沈没するということがあったが、おそらく乗員の基礎訓練もあまりできていないままに出港したためと思われる。

開戦を知らなかった

大和も昭和十六年十一月末に完成し、十二月のはじめには、運転、主砲の発射など、すべての公試をやり、予期以上の成果をあげたとおぼえている。

この公試の際に、とくに印象に残っていることは、主砲四六センチ砲の爆風が強く、低仰角で発砲した場合には前甲板の木板がまくれ、ハンドレールがまがったことである。

もっとも爆風に対しては、まえから予想されていたので、じゅうぶんな予防処置がとられ、飛行機や艦載舟艇なども全部、艦内にとりこむようになっており、とくに露天甲板は従来の軍艦にくらべ、非常によくできていた。

同十二月七日の夕方、すべての公試を終わり、徳島沖に仮泊し、明けて八日、呉軍港に帰港するという朝、通信長が電報を持ってきて、「副長、『新高山《にいたかやま》に登れ』という電報を傍受しましたが、なんの意味でしょう」といったことを、はっきりおぼえている。

真珠湾攻撃のことをはなやかに伝えるラジオを聞くまで、私たちはなにも知らなかったのである。


いよいよ開戦となり、乗員一同が緊張し、すべての軍需品を搭載し、一応の軍艦らしい内容をととのえ、翌十七年二月はじめ、柱島水道において連合艦隊司令長官山本五十六大将はじめ、幕僚たちが乗りこんで、連合艦隊の旗艦となった。

（昭和三十九年二月号収載。筆者は大和副長）

あなたにも出来る大和型戦艦操縦法入門

微に入り細にわたって公開するマンモス戦艦操縦術のすべて——池田貞枝

出入港時には艦長が操艦

私は、海をこよなく愛する。戦艦武蔵とわかれてからすでに二五年たったが、幼時から海にあこがれ、希望どおりに海軍の門をくぐった私は、いろいろあった専門課程のうち、船を動かす役目の航海科を志願したのであった。

ひとくちに海軍といっても、たくさんの職種があって、「デッキ」といわれた兵科の砲術、水雷、通信、運用、航海、飛行のほかに、機関、軍医、主計、そのほかほとんど艦にのらない造機、造船、造兵、施設、法務、教授、技師などがあった。

その海軍のなかでも、ほんとうの「船乗り」という点からいうと、それはやはり船を操縦する航海長ではなかったかと思う。

しかし、ことわっておくが、私は決して船あつかいは上手ではなかった。むしろ「下手の横好き」の方に近かった。

航海長も生身である以上、四六時中操艦しているわけではない。戦闘中は別として、デッキの将校がまわり番で「いただきまーす」といって、当直を交代するのであった。もっとも出入港時には艦長が操艦し、航海長がこれを補佐する習慣になっていた。

だが、艦長にもいろいろの職種の人がいたから、陸上勤務のながい、したがって船の操縦がまことにあぶなっかしい、いわゆる「塩気のぬけた」艦長さんもいた。

あるときのことだったが、その艦が二番艦（単縦陣で先頭艦が一番艦、二番目が二番艦である）として出港することになった。しかし、あいにく艦は港の入口に対してお尻を向けていた。このとき三番艦の艦長は、評判の高い駆

旋回公試中の武蔵。巨艦にもかかわらず旋回性能は良好だった

逐艦あがりの操艦の名人であったから、もうとっくに艦首を港口にむけて回頭を終わり、ただ発進オーライとまっていた。

　こうなると二番艦の艦長はあせるから、よけいに操艦がうまくいかない。あちらの艦をけとばし、こちらの艦につっかかるような始末で、ななめ前に待っていた三番艦にもあやうく衝突しそうになって全員をはらはらさせた。

　だが、そのとき三番艦の艦長はすこしもさわがず、ゆうぜんと信号兵に命じて、「ひやひやさせるじゃないかいな」と手旗信号を送った。これで両艦の緊張した気分がぐっとやわらいだという語り草がのこっている。

　さて、このような新前の艦長に対しては、艦長任命のはじめに艦長講習が行なわれた。

　それは横須賀に運用術練習艦「春日」（一本檣で日露戦争にも活躍した大時代な八〇〇〇トン巡洋艦）がいて、その艦で短期間の出動訓練実習があったのであるが、それだけで急に操艦術は熟達できるわけのものではない。ただ基本を繰り返しただけのことである。

　私たちは、未熟なひとたちを「船に乗せられている人」とよくいったが、いまの交通戦争時代に、自動車に乗せられている運転手が、なんと多いことか……。

　海軍では、「生《なま》兵法は大怪我のもと」と衒気《げんき》、慢心《まんしん》をきびしくいましめられていた。要は基本に忠実に、一心にやれば、これはよく離任の挨拶にでてくることばであるが、まず「大過なくやれる」と思う。そこでまず基本となることから説明してみよう。

四段階に使いわける速力

　まず、軍艦の操縦についての教科書類には「操艦教範」「艦隊運動程式」「運用術教科書」「艦隊運動教範」「見張り教範」などがあり、戦術用には「海戦要務令」（会社運営上の実務参考書として一時さわがれたことがある）があった。

　これらの本にでてくる教訓は、いまでも一般社会に生きていると思われるので、つぎにぬき書きして参考に供したい。

「操艦教範」の第一ページに、「操艦にあたっては、事前に周密なる研究必要なり、つねに自己の技量ならびに乗員の練度をはかり、その範囲内において、きわめて堅実なる操艦をおこない、決して衒気、慢心におちいることなきを要す」とあり、また衝突予防の項には、「衝突予防の第一義は、厳密なる見張りをなすにあり」と教え、運用術のそれには、「運用（艦操縦などのこと）の妙は一心にあり」と書きだしてあった。

前述のように、「船に乗せられている人」でないためには、まず操縦に直接、間接に関係のある機械、器具をよく使いこなさねばならぬ。猫に小判でなく、むかしから、「器を精にする」ように教えられているから、まずブリッジの器械、器具のもようから記すことにしよう。

いうまでもなく艦の運動を号令するところはブリッジであり、ブリッジは平時航海用の下部艦橋と、その上部に戦闘艦橋があった。つくりはだいたい同じであるが、主砲を発射すると、かけた帽子のあごひもが切れるくらい爆風がつよいから、戦闘艦橋には必要時に、爆風よけのあつい鉄板でかこってあり、そのスリットからのぞくようにしてあった。

艦橋には、飛行機や自動車の操縦（運転）席の前とおなじように、種々雑多な計器類が、ところせましと壁一面にそなえてあり、もちろんその種類は、自動車などとは比較にならないほど多かった。

航海科では「舵輪《だりん》」「舵角《だかく》指示器」「転輪《ジャイロ》羅針儀」「磁気《じき》羅針儀」それに「空中探信儀」「水中探信儀（ソナー）」「水中聴音機」などの各種受信器などがあり、機関科では、テレグラフ（速力指示器）、回転指示器、回転数標示器（四軸分）、砲術科では号令指示器、測的受信器など、これがまた主砲、副砲、機銃、探照灯、測距儀など各種にかかわれ、これらを必要なときに無意識のうちにも、目、心がそこに自然にむけられるように習慣づけられねばならなかった。

速力関係について述べよう。武蔵の主機関の馬力は一五万馬力で、最高速力は二七・五ノットであり、推進軸は四本あった。

日本海軍では、ふつう微速力（六ノット）、半速力（九ノット）、原速力（一二ノット）、強速力（一六ノット）を慣用した。原速力はだいたい艦の経済速力であり、平時航海はいつもこの速力をつかった。

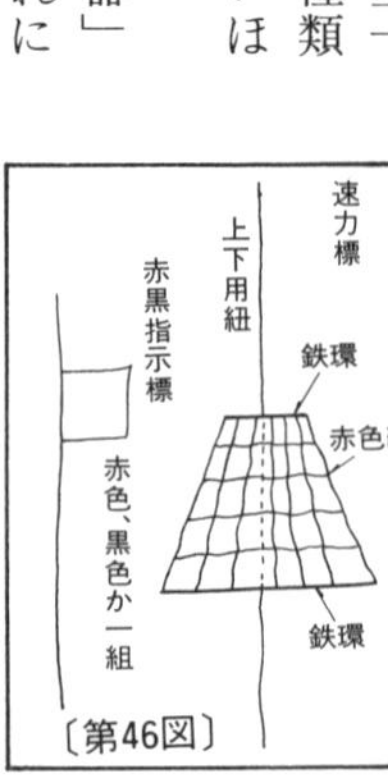

〔第46図〕

戦時中は対潜警戒のため、強速力をつかい、之字運動（ジグザグ運動）をやって、艦の進行方向がわからないように工夫した。

号令は、当直将校がつぎのような号令をかけると、航海当番の兵が指示どおり計器をまわすわけである。

両舷《りょうげん》機前（後）進……速（四軸ともまわる）。

右（左）舷機前（後）進……速（二軸が同じ方向にまわる）。

黒（赤）……（五、一〇、一五、二〇、三〇）この黒（赤）は、編隊航行中、距離調整のため、こまかい機械回転数の増減指令に用いた。

この機関運転の状況を僚艦にしらせるため、軍艦の艦橋の両舷桁には右図のような速力標と赤黒指示標があった。

機関は、いたわってつかわねばなら

ぬことは鉄則である。ことに戦艦武蔵のようなタービン機関では、戦争中のLSTみたいに、前進原速からいきなり後進原速に、艦橋のハンドル一本で操作するようなことは、やろうと思ってもできはしないが、そんな乱暴なあつかいをすると、第一に燃料が不経済であるばかりでなく、罐室の蒸気管圧力があがって、罐室破裂、あるいは主機械が焼けつき、タービンの羽根がとぶようなことにもなりかねない。

駆逐艦などは過激でむりな運動をすることもあったので、煙突の蒸気排出《はいしゅつ》孔《こう》から、全艦縦にとどろきわたるような、大きな音とともに、真っ白い蒸気を噴出する光景がよく見られたものである。

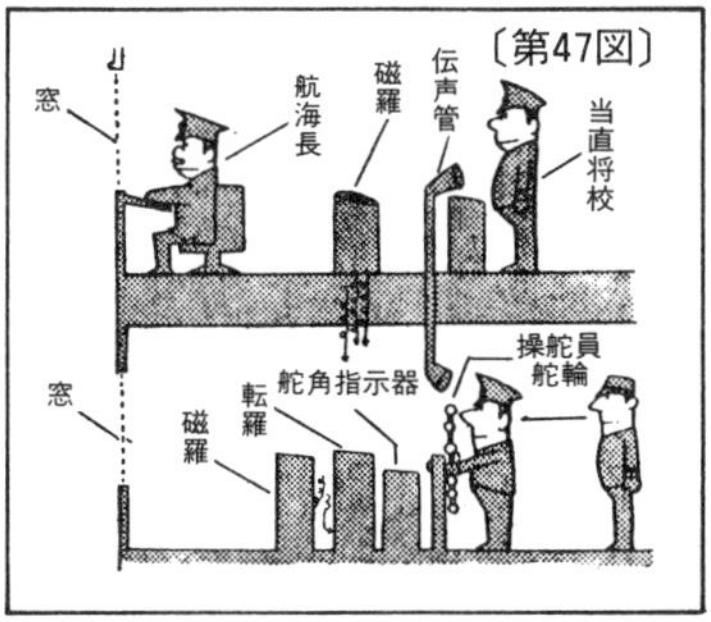

〔第47図〕

もっとも、ちかごろ漁船で網か延《はえ》縄《なわ》などを船内にたぐり入れるのに網(索)の見えるブリッジの上から直接、機関の操作ができる船もあるが、これは一メートル前進、二メートル後方へというようなこまかな芸当ができるよう、ディーゼル機械がそなえてあるからである。

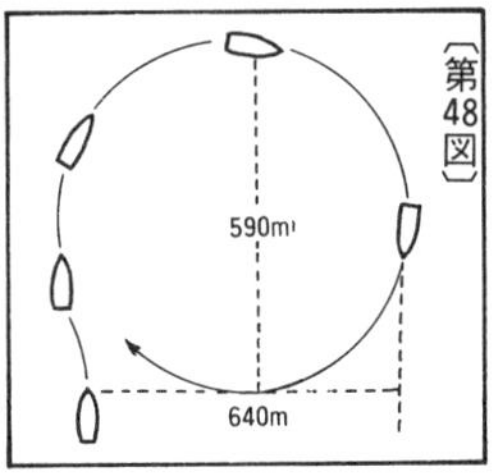

〔第48図〕

回頭は横すべりしながら

つぎは操舵装置にうつる。艦の操縦は前述したとおり、艦長、航海長または当直兵科将校が行なうのであったが、艦橋の下の操舵室との間は伝声管で連絡するのがふつうであった。

「前進原速」「面舵《おもかじ》」などの号令によって、操舵員は直径約七〇センチの舵輪を、テレグラフ員は指示どおり通信器をうごかすわけである。器は高さ一メートルの台上に直径三〇センチの盤が装備してあった。

舵角は〇度から三五度までであるが、その呼びかたは、「舵中央」とか、一五度は「面《おも》(取《とり》)舵《かじ》」で、三五度は「面(取)舵一杯」ということになっていた。なお、緊急回頭のときは、「急げー」と号令するのである。

一二ノットで面舵する場合の例を述べてみよう。「面舵」の号令で艦が回頭しはじめるのに、平時では一分四〇秒かかり、縦、横距離は第48図のよう

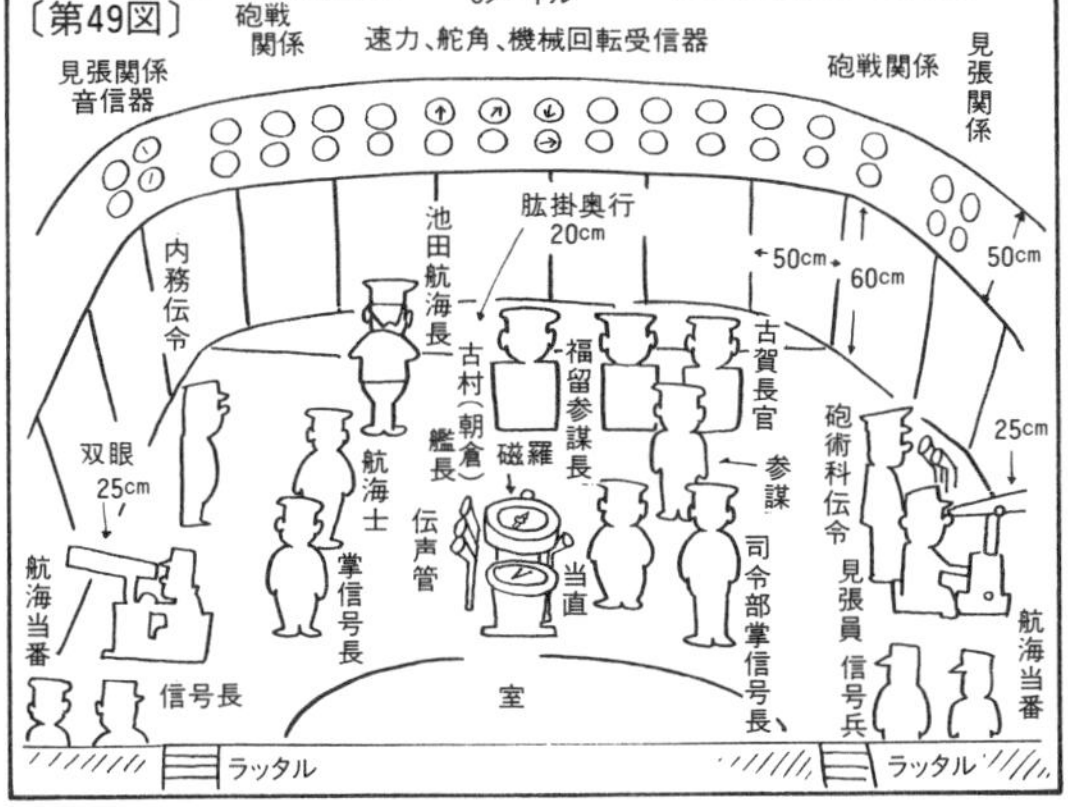

〔第49図〕

に約六〇〇メートルである。

全速二七ノットでは、縦、横距離がこの倍になるのである。なお緊急回頭を数回つづけると、全速でも実際速力は半分ぐらいまでおちるのであった。

舵取機室は、最下甲板後部の主舵の上方にあって、主舵と前舵（補助舵）を同時に動かすように装置してあり、舵取機損傷の場合は、前舵の上方で、船艙甲板にある補助舵取機械をつかうことになっており、前舵は主舵の約三分の一の面積である。舵取機室はよく防護されており、戦艦武蔵が沈没したとき補助装置は用なしであった。

さて、転舵すると艦尾は旋回方向と反対に横すべりしながら、同時に反対舷にかたむきながら、じょじょにまわりはじめるのである。

私が十九年三月、パラオ沖で二本の魚雷を右にかわし、いま一本左後方から追っかけてくる魚雷を、一五度も右に艦をまわせばよけられることはわかっていながら、面舵をとれなかった（けっきょく魚雷は艦首に当たったが、被害は最少限ですんだ）のは、この反対の横すべりで、艦尾がぐっと魚雷に近づくから、ひょっとして舵に当たると、元も子もなくなると考えたからであった。

回頭惰力は、駆逐艦あたりでは舵をもどせばすぐとまるのであるが、武蔵のような巨大艦では、一五度回頭して舵を中央にして、やりっぱなしにしておくと、いつまでもまわりつづけて、ついには反対方向にむいてしまうのであった。

前進惰力も同じことであるから、入港時など、四キロてまえで順次速力をおとしたのだが、それは別に述べることにする。

そのほか、操縦装置の補助器機として、双眼望遠鏡（最大は二五センチ）、測距儀（最大は一五メートル）、空中、水中探信儀、測深儀、はては転輪《ジャイロ》、磁気羅針儀など、もろもろの計器があったが、コンパス一本の扱い方で、年季の入れかたがわかるというくらいであるから、要はこれらの道具に習熟して、存分に使いこなさねばならぬ。

小型船も大型船も、操縦のコツはけっきょく同じであるが、さいきんの大型タンカーが鈍重で、前方に死角が大きいなど、死角の問題いがいは、武蔵とよく似た問題点があるので、ちょっととりあげてみたい。

それは昭和四十四年五月二十日、佐世保港外で二〇万トンタンカーが一〇〇〇トンの貨物船と衝突し、貨物船は十分で沈没した事件だが、超大型船はカラ船では二キロ先まで死角となるのが主因かと推定され、問題となった。

海上保安庁では、タンカーや鉱石運搬専用船などの超大型船は、操縦性や視界などに盲点を持っているので、交通の多い日本近海での安全対策を検討している。

超大型船の運搬性は、二〇〇〇〜三〇〇〇トン級の内航用の貨物船にくらべはるかにわるい。内航貨物船は、巡航速度一五ノットの場合、エンジンをとめ、逆推進させると約八〇〇メートルでとまる。ところが、一五万トン以上の巨大船では、約四キロ走ってからでないとストップしない。そして完全に停止するまでに一七分もかかる。衝突をさけるために旋回する場合でも、九〇度方向転換するのに二分三〇秒以上かかる。

また、ブリッジからの見透しが悪いことも問題とされている。一五万トン以上では船の長さが三〇〇メートルもあるので、高さ約四〇メートルのブリッジから監視していても、船の前方に盲点ができる。

ブルネイ泊地の栗田艦隊がレイテ湾をめざして出撃するシーン

今度のようにカラ船の場合は、吃水線があがり、さらに視界は悪くなる。そのうえ超大型の船首は箱型なので、見透しがきかない。海上保安庁では二〇万トンクラスだと、カラ船の場合、前方約二キロは死角のなかにはいってしまうとみる。

巨大船の夜間表示灯にも、盲点がある。船の前後、両側、ブリッジに表示灯がついているが、あまりに大きいため、小型船からみると二隻のちがった船が航海しているようにみえ、回避や旋回をおこたる傾向がある。

このため海上保安庁では、超大型の表示灯の色を変えるとか、三角型の灯に改めるなど、一般の船と区別すべきだ、としている。

この表示問題は世界的にも問題になっているので、海上保安庁では巨大船の多い日本近海だけでも、あらためるべきではないかと、検討しているという。

ブイへの繋留も各艦で競争

さて、以上でだいたい操縦装置の簡単な説明を終わることにして、つぎは操縦についての実際問題の二、三について述べよう。

一、航海計画＝航海の原則は、安全に、はやく、経済的に、目的地に着くことで、そのことは軍艦も商船も変わりはない。

いかに月月火水木金金の猛訓練できたえたとはいえ、安全性はとくに重視していた。昭和のはじめに、民謡「関の五本松」で名高い美保ヶ関沖で、巡洋艦神通と駆逐艦蕨《わらび》が夜間演習で衝突し、蕨が沈んだことがあった。神通は無事だったが、その艦長は自決した。このような猛夜襲訓練でも、艦の安全については、沈めたら切腹を覚悟で、まさに真剣そのものであった。

当時は軍縮国際会議で対英、米比率を下げられ、少ない兵力であったからめったに艦を沈められない。という責任感に燃えていたことも一因する。

太平洋戦争では艦が沈むとき、艦長はもちろんだが、航海長までがコンパスに身をしばりつけて死んだ例がじつに多い。

つぎに、早く到着するといっても、むやみに高速力を使うことは、外国から重油を買っていることをみな熟知しているから、もとより厳禁である。

通過する各地の天象、気象、地象、とくに潮時、潮高、潮流（主として月のみち、かけに影響される）などを綿密に調査した。

私は航海教官から、ある瀬戸内海の定期船船長の話を聞いたことがある。それは乗客の一人が船長に質問して、

「あなたは瀬戸内海を何百回も通っておられるということだが、もう目をつぶってでも通れるでしょうね」

といったところ、その船長がいうことには、

「どうして、どうして、なんべん通っても、はじめてのつもりでおりますから、おかげでしくじりません」

と答えたということだ。

おなじ航路も初航海と思って、航海まえには一ヵ月もまえから、海図と首っ引きで、頭のなかに現地のパノラマをえがきながら、毎日のように研究すべきことを教えられた。

海図をみて、これが立体的に見えるようになるまで勉強して、はじめて安心できるのである。

とくに潮流は影響力の大きな要素である。極端な例であるが、潮流七ノットの下関海峡を七ノットの船が横断すればどうなるか……。前に進むのではなく、ただ横に流されるだけの話である。

いま一つ、あの揚子江の三峡の険には、灘《たん》というゆるやかな滝状の急流が多く、なかには流速一三ノットのところもある。これを一三ノットしかだせない汽船がよく遡江して行くが、どうしてそんなことができるか。その答えはまさにクイズものであるが、簡単である。

難所の岸辺には数人の苦力《クーリー》がいてロープで船を曳航するのである。定期船ではこんな無理も、まあやむをえまいが、軍艦では戦時緊急のとき以外は、安全第一主義をまもっていた。

潮流が使用速力の一割以下ならばそう重大視しないでもよいが、平時航海ではやはりそうとうにひびく。

では、飛行機ははやいからその心がまえはいらないかというと、決してそうでもない。ふだん日本上空を吹いている西風は秒速五〇メートルもあるので、これに乗るのと、さからうのとでは、大変なちがいがでてくる。

着陸時に速力をおとした場合、よこ風をうけると操縦がむずかしいから、滑走路は流向風の方向を考えて施設してあることは、皆さんがよく知っておられることである。
二、出入港繫泊＝前述のような航海計画をたて、出港の約一時間前に「両舷直整列」の号令が下り、舷梯、ボートなどをあげて、錨《いかり》を近錨（水深の一倍半の長さ）までつめる。
一五分前になると、「航海当番配置につけ」で諸計器、信号器具などに当番が配置される。そして、「出港用意、錨をあげ」の信号で、錨をあげて艦の番号順に陣列をつくって出港するのである。

軍港地の入港はブイ繫留となる。これは艦長の腕の見せどころであり、武

蔵の入港ともなると、衆人環視の注目のまとであった。

　普通四キロ前でしだいに減速し、ブイから二キロで停止し、風と潮の流れを加減しながらブイに近づき、五〇〇メートル前で、後進微速から後進半速へと機械を反転して惰力《だりょく》をとめ、錨鎖孔をブイの直上にもって行くのである。

　錨鎖は一つのリンク（鉄の輪）が一トンもあるので、まず導索をブイにとりつけて引きつけ、たれている錨鎖をシャックルでブイとつなぐのである。おわると整備旗をひらいて司令部に報告するのであるが、この繋留作業は一秒をあらそう各艦の競争であった。

　なお、大型タンカーで前方死角の問題がやかましくなっているが、武蔵は約一〇〇メートルであって、作業にそうこまるほどのことはなかった。

ジグザグ運動で爆弾をさける法

　三、狭水道通過＝港内、狭水道では船はたがいに相手の右舷を見ながらすれちがう規則になっている。また、追い越しは厳禁されている。自分はよくても相手が悪ければ、せまい場所ではさけきれないので、とくに「狭水道通航規則」でもって、いろいろ規制してある。
　狭水道通航では、とくに艦幅をわすれてはならない。水道がまがっているときは、そのほかに艦の長さを考えねばならない。武蔵の全長は二六三メートルだから、三〇度回頭（左図参照）すると、航路交差点では、もとの航路からみれば艦の幅三九メートルと艦の長さの半分一三一・五メートルをくわえた一七〇・五を考えねばならぬ。

　船は電車のようにレールの上をはしるのではないから、横から潮流で押される場合、水道内に潮流で押される場合、水道内に渦潮のある場合など、そうとう左右にゆれ動くから航跡を線で考えてはならない。他に安全度のうえから、いろいろの考察も必要であるが、最少限、右のような配慮が必要である。

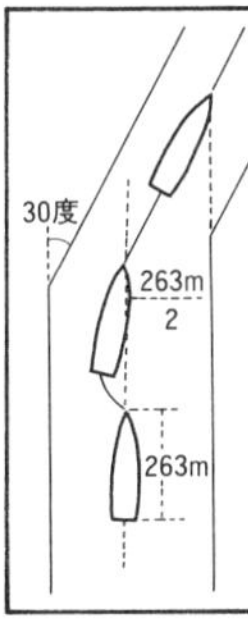

〔第50図〕

　なお、ここでちょっと転心の問題にふれたい。旋回の中心である転心は、船の前部から三分の一付近にあるので、複雑、巧緻な戦闘運動を高速で行なう軍艦では、艦橋（ブリッジ）はだいたい転心上にすえられた。

　一部の商船のように、後部船橋（アフターブリッジ）で操船すると、旋回のときの感じが悪い。たとえば両舵にまわるのに、最初は転心の後方に位置するから、反対の取舵にまわるように錯覚《さっかく》しやすいので、なれない人は注意が肝要である。
　四、見張り＝「衝突予防の第一義は厳密なる見張りをなすにあり」とは、われわれがきびしく、叩きこまれた教訓であった。
　武蔵には二五センチ、一八センチなどの大双眼望遠鏡がたくさん備えてあって、現在でも世界の優秀品であることは有名である。昭和十八年初頭までは米軍の電探がなかったせいで、お家芸の夜戦ではだんぜん強く、ふつう暗夜で一五キロの距離で初弾命中したものであった。

見張り訓練は、総員訓練までやるほどの熱のいれようで、乗員が寝言《ねごと》にまで、「飛行機右三〇度、高角五度三〇〇」などと大声をあげるほど、まことに徹底していて、米軍の艦名、飛行機の種類など、乗員ぜんぶがそらんじているなどであった。

相手の動静が正確にわかっていることは、攻撃にも防御にもごく大切なことで、「先んずれば敵を制す」で、しぜん衝突もさけられる理屈である。
五、攻撃回避＝さて最後に、実戦で体験した爆撃、雷撃、射撃の回避法を述べることも無意識ではなかろう。
①爆撃回避＝急降下に移る直前、あるいは水平爆撃では爆弾投下の直前に面（取）舵一杯、前進全速で回避にうつるのが原則であり、この間、約三〇秒の勝負であったが、二、三回も連続して大角度の回避をすると速力は半分ほどにへるので、そうむやみとやれない。回避時機は敵機の高度、速力などで大体の見当をつけるのであった。
なお艦に当たる爆弾は、見上げる目に突きささってくる感じがするものである。ちょうど私が昭和十三年に揚子江で、三〇〇トンぐらいの艦の指揮官をしていたとき、ソ連製TB爆撃機に毎日にように爆撃され、およそ三〇〇発は食った体験をもっている。

また、低空で行なう反跳弾爆撃というのがあった。小石を水面にむかって水平に投げると、水面を切りながら石がとぶ、あれである。夜間、後方から奇襲をうける場合が多く、これにはほとんどお手あげだったようである。
②雷撃回避＝昭和十九年までの連合軍の魚雷は速力がおそく（約三〇数ノット）、だいたい魚雷発射音（水中探信儀ソナーで探知ができた）を後方にするように転舵すればよい。ただし魚雷を舵にあてないように用心しなければならない。この場合、緊急操舵と全速にすることは爆撃回避とおなじであるが、サイレンをならして護衛駆逐艦に知らせ、その一、二隻をさいて敵潜攻撃に当たらせたものである。
③射撃回避＝私は一万トン巡洋艦羽黒で、四五分間のうちに、五〇〇発もの敵巡洋艦五隻から集中砲火を浴びた体験があるが、弾丸をさけるのに弾着の状況を見ながら、こきざみの蛇《だ》行運動をした。そのおかげで弾丸は一発も当たらなかった。
しかし、武蔵のような巨大艦では、そうはいかなかった。第一、そんな小

ソ連のTB爆撃機。860馬力のエンジンを装備し、総重量は23トンだった

細工をすると、敵艦を照準するのに狂いがでるのである。

さいきんの遠隔自動操縦や電子計算機の発達はめざましく、これが衝突予防にも役立っている。しかし、宇宙船をみてもわかるとおり、機械を使うものは、けっきょくは人間であることを忘れてはならぬと思う。

（昭和四十四年八月号収載。筆者は武蔵航海長）

旗艦大和と運命をともにした〝静かなる長官〟

愛息とともに千尋の海底に眠る〝特攻大和〟の指揮官がたどった感激の最後――原　為一

武人の心境

太平洋戦争開戦から三日後の昭和十六年十二月十日、イギリス東洋艦隊がわが海軍航空隊の雷爆撃により潰滅した。燃えさかる紅蓮《ぐれん》の炎の中で、生存者を駆逐艦に移乗させたのち、旗艦プリンス・オブ・ウエールズの艦上で、幕僚たちのつよい退艦要請にもかかわらず、司令官フィリップス中将は莞爾《かんじ》としてただ一言、〝No thank you!〟と答え、従容として、艦と運命をともにした。

この報に英国の国民は、痛惜《つうせき》の声にわいた。日本国内でも、同提督に対し同情の声が流れた。

とくに南遣艦隊司令長官小沢治三郎中将は、幕僚らの戦勝祝賀の言葉に対してもむしろ眉《まゆ》をくもらせ、晴れない表情で、

「いつか、おなじ運命がわれわれのうえにもおとずれてくるであろう」

とつぶやいた。

とうじ、海軍軍令部次長の職にあった伊藤整一中将も、この電報を見て、口にこそ出さなかったが、心の中でフィリップス提督の冥福《めいふく》を祈ったのである。

武人の心は武人でなければわかるものではなく、名将の心境は、たがいに相通ずるものがある。

〝艦長は艦と運命をともにすべし〟という英国海軍の伝統的思想は、かつての後輩であり、盟友であった日本海軍がそのままうけ継《つ》ぎ、当時では日英両海軍に、共通の根ぶかい思想となっていたからである。

無謀な命令

その後、太平洋の戦況はしばらく日本側に有利に展開し、ジャワ沖海戦、珊瑚海海戦などでそうとうの戦果をおさめたが、昭和十七年六月のはじめ、

ミッドウェー海戦に敗れ、いっきょに空母四隻（赤城、加賀、蒼龍、飛龍）を失っていらい戦勢は逆転し、太平洋全域にわたり、敗退と玉砕をつづけ、昭和十八年四月には不幸にも、連合艦隊司令長官山本五十六が戦死され、その翌年三月には、第二代の司令長官古賀峯一大将が殉職した。

　最後に陸海空の全勢力が一体となって、反撃の契機をつくろうとしておこなわれたマリアナ沖海戦および、フィリピン沖海戦の二大決戦も、米軍の膨大な物量と、巧妙な戦術によって大敗し、かつては太平洋全域を圧したわが連合艦隊も、ついに海上の可動兵力は戦艦大和以下、一〇隻となった。

　が、その残存艦艇こそは、いずれも弾丸雨飛の激戦場を戦いぬいた、百戦錬磨の精鋭ばかりであり、統率する司令長官は、冷静明敏、衆望をあつめた名提督、伊藤整一中将であった。とうじ私は、巡洋艦矢矧《やはぎ》の艦長としてその麾下にあった。

　新編制のわが第二艦隊の各艦は、所属する軍港で入渠修理や、そのほか乗員の補充交代を終わって、昭和二十年一月、瀬戸内海西部の三田尻沖に集合し、つぎの戦闘にそなえて猛訓練を開始した。

　一方、勢いに乗った米軍の進攻はしだいに急ピッチとなり、またたくまに比島を奪回し、さらに沖縄本土にまで進撃して来た。が、これとともにわが第二艦隊の将兵の闘志も、火のように燃え上がってきた。

　闘志おさえがたく、青年将校や駆逐艦長のなかにはいろいろと意見を上申するものもあった。もちろん私もその一人であった。

「敵の弱点は、延びきった補給線である。敵の後方にはきっとスキがある。だから第一次大戦のドイツ巡洋艦エムデンにならい、巡洋艦矢矧と駆逐艦三隻、さらには一、二隻の潜水艦をともない、敵の輸送船団を捕捉撃滅するなど、太平洋を縦横無尽にあばれさせていただきたい。犬死だけはしたくない」

　という意味の積極論であった。また一部には、つぎのような消極論もあった。

「敵機動部隊の大空襲によって、戦艦大和を、なんら戦果なく海底の藻屑《もくず》とすることは、愚《ぐ》の骨頂《こっちょう》である。

　英戦艦プリンス・オブ・ウエールズを撃沈して、航空機の威力を天下にしめしたのは日本海軍ではないか。戦艦も熊蜂《くまんばち》的な大群の爆撃には手が出ない。むしろ適当な地点をえらんで大和を擱坐《かくざ》させて、不沈の砲塁とし、一機でも多く敵機を撃墜するとともに、多少でも本土決戦に貢献させるべきではないか」

　というものであった。

　ようするに、いままでの実績からみて、戦果ゼロの犬死的な戦闘はしたくない、というのが、乗員一同の悲願であった。

　連合艦隊司令部も、いままでの失敗を戦訓として、

「とっておきの第二艦隊には、無謀な作戦はやらせない」

　と言明していた。

　しかるに、四月五日に突如、その前言をひるがえし、第二艦隊に沖縄方面

への特攻突入を発令した。

沖縄特攻作戦の要旨は、次のとおりであった。

㈠第二艦隊（戦艦大和、巡洋艦矢矧、駆逐艦八隻）は明四月六日に抜錨、四月七日未明に豊後水道を出撃、指定航路を南下し、四月八日払暁、味方の菊水航空特攻作戦に策応して沖縄の嘉手《かで》納《な》沖泊地に突入し、敵艦船を攻撃すべし。

㈡燃料欠乏のため、行動用燃料は片道分しか配給しない。だから帰還ののぞみなき特攻作戦であることを覚悟すること。

㈢上空直衛機はとくに配しない。

第二艦隊司令長官伊藤整一中将

これは一見、まことに勇壮な〝殴り込み作戦〟のようにきこえるが、事実は、貴重な戦艦大和以下一〇隻と、伊藤長官以下七〇〇〇名の将兵を、毒ガスの棺桶《かんおけ》のなかにたたき込むにひとしい、乱暴愚劣な作戦にすぎないのである。

もちろん生命を祖国にささげた軍人であるから、一人として声をあげて反対するものはないが、心の中では、連合艦隊司令部の無謀無策かつ、無責任に対して憤慨しないものはなかった。

もちろん明敏な司令長官伊藤整一中将が、無条件に同意するはずはない。その理由は、

(1)掩護飛行機が皆無であること。

(2)わが艦隊兵力があまりにも劣勢で、敵の十分の一にもたらないこと。

(3)殴り込みの時機が一日おくれていること。

(4)特攻艦隊の発進時期の決定は、現地の指揮官たる第二艦隊長官に一任すべきであること。

したがって、この連合艦隊命令のように、絶対に戦果を期待できない無責任な作戦に対し、冷静な長官も、机をたたいて慨嘆されたのである。

が、その翌日、連合艦隊参謀長草鹿龍之介中将が、飛行機で旗艦大和に来艦し、説明されたところによれば、つぎのような、やむをえない事情があったのである。

暗雲去って

昭和二十年四月一日、アメリカ軍の主力は沖縄本島の、北飛行場正面の海岸に上陸を開始した。その方面は思ったよりも防備が手うすであったので、たちまち北飛行場と、中飛行場が敵に占領された。

四月六日には、敵はその飛行場の使用を開始したので、わが陸海軍航空部隊はただちに第一回の攻撃をかけ、敵機動部隊に対しては海軍機約一〇〇機、敵船団に対しては陸海軍機約三〇〇機が攻撃を開始したのである。

このような戦況で、いままで問題になっていた第二艦隊の大和以下一〇隻の使用法、使用時期、場所にかんしていろいろの意見があり、連合艦隊司令部でも、ひじょうに頭をなやましたの

である。
一部には、刻々《こくこく》と激化する敵の空襲に対して、何らなすことなく、撃沈される最後を憂慮する声もあり、かつまた、陸海全軍が特攻作戦を敢行しているこのさい、水上艦隊だけが傍観《ぼうかん》することは不合理だという意見もあって、早期に活用することに意見が一致し、ついに四月六日から敢行される航空総攻撃〝菊水作戦〟に呼応し、第二艦隊の大和以下一〇隻を水上特攻艦隊として、沖縄の嘉手納沖にある米艦隊泊地に、必死の殴り込みをかけさせることになった。その経過を説明し、かつまた行動用の燃料が枯渇《こかつ》していることや、航空特攻隊の機数が少ないため、水上特攻隊の協力援助をぜったいに必要とすることなどをあきらかにするとともに、水上特攻隊員は全員、二階級特進の内意をしめしたのである。

　伊藤長官は、ようやくここにおいて不安と疑問の暗雲が去って、明るい微笑が浮かんだ。が、最後に伊藤長官は、草鹿参謀長に対し、

「連合艦隊司令部の意図はよくわかった。ただ自分の心得《こころえ》として聞いておきたいことは、行くとちゅうで、ひじょうな損害を受け、行こうと思ってもダメだという状況になったらどうすればよいか」

　と質問した。これは、起こりうる公算のもっとも多い、きわめて重要な問題であり、かつまた、最高指揮官にとって、もっともむずかしい問題でもあった。さすがの参謀長も、しばらく考えてから、こう答えた。

「敵殲滅に邁進するとき、このようなことは指揮官がみずから決することで、ただ長官たるあなたのこころにあることではないか。もちろん連合艦隊司令部として、そのときにのぞんで、適当な処置はする」

　最後に、特攻艦隊の成功を祈って盃《さかずき》をかわした。

　伊藤長官も喜色満面で、

「ありがとう、よくわかった——安心してくれ。気分も晴ればれした」

　と答え、なおしばらく雑談をかわして名残りをおしんだのである。

　思うに、明敏なる伊藤長官は、頭の中で、かつてマレー沖で轟沈した英戦艦プリンス・オブ・ウェールズのフィリップス提督を想起し、心中かたく決するところがあったのであろう。

　翌四月六日、わが第二艦隊は伊藤長官の指揮のもとに、菊水特攻作戦に協力する目的をもって、沖縄の米艦隊泊地突入を決定したのである。

父として

　わが第二艦隊は四月六日午後四時、いっせいに徳山沖を出港、豊後水道に向針して輪型陣をととのえた。すると待ちかまえていたように、B29二機がわが上空に来襲し、出バナをくじこうと、数発の爆弾を投下した。が、さいわい被害もなく、まもなく南方に飛び去った。

　わが方の行動は、一歩たりとも見逃さない敵の警戒網を突き破って、全艦隊は舳艫《じくろ》相ふくんで進撃した。

　このとき初めて、司令長官伊藤整一中将は、今までのかたい沈黙をやぶって、全艦隊に激励の訓示を打電した。

グラマンTBFアベンジャーと空母ヨークタウン

「帝国海軍は、陸軍と協力し、空、海、陸の全力をあげて、沖縄周辺の敵艦船に対し、総攻撃を決行せんとす。皇国の興廃、まさにこの一挙にあり。ここに海上特攻隊を編制し、菊水航空特攻作戦に協力して、壮烈無比の突入作戦を実施するは、帝国海軍をこの一戦に結集し、光輝《こうき》ある帝国海軍水上部隊の伝統を発揚するとともに、その栄光を後世につたえんとするにほかならず。各艦は、全力奮戦、敵艦隊を殲滅し、皇国無窮の礎を確立すべし」

東郷元帥を思わせるような、明敏寡《か》黙《もく》の伊藤長官の激励に、第二艦隊全乗員の闘魂は、烈火のように燃えあがった。

　日没後、豊後水道に入ると、たちまち敵潜水艦二、三隻の接触を感知した。厳重な敵の警戒網は、一艦たりとも脱出をゆるさない。

　七日の黎明、大隅《おおすみ》海峡を通過するとすぐ、命令により大和搭載の水上機を鹿児島基地に避退させ、艦隊は完全に近視眼となった。情報によれば、この日の朝、笠ノ原基地を発進した味方の偵察機二〇機が、わが艦隊の前方数十カイリを哨戒していたが、日の出後まもなく連絡をたち、敵機の大群に攻撃され、全滅したらしい。そのなかに伊藤長官の息子さんもふくまれていたとのことである。

　思うに、わが艦隊の作戦上、味方に掩護機がなくては、所期の目的を達しえないと判断した伊藤長官は、みずから連合艦隊長官に上申して、二〇機の掩護機を獲得したのであるが、その搭乗員のなかに一人息子がふくまれることは、長官自身も予期していたことであろう。

　しかし、その心中では、むしろ祖国の命運がせまったこのさい、栄《は》えある必死行を父子ともにすることは、伊藤長官のかねての宿願であったかも知れない。賢明な息子はまた身をもって父を守ろうとして、父にさきんじて玉砕したのである。楠公父子にまさるともおとらぬ、〝誠忠の士〟というべきであろう。

　東方の空が明るくなったころ、さきほどからの敵潜水艦の電波が消え、かわってマーチン偵察機がわれわれに接触するのを確認した。もちろんこれが作戦の常道《じょうどう》であり、大空襲の序幕でもあった。

　わが艦隊は速力二〇ノット、間隔《かんかく》五分のジグザグ運動をはじめた。まもなく駆逐艦朝霜の機関が故障し、戦列をはなれたまま、ついに連絡をたってしまった。

　午前七時、友軍機より「敵機動部隊沖縄東方海面にあり」の情報が入り、艦隊は基準針路を西寄りに変更し、二セの航路をとった。

だが、満天、薄雲におおわれ、敵の空襲にはおあつらえ向きであり、われわれにとってはきわめて不利な天候であった。

大和を思う心

米艦上機の攻撃により停止した矢矧。対空兵装は空をにらんでいる

その後、しばらく、嵐《あらし》の前の無気味な静けさのなかに、敵機らしい電波を頭上に感知しながら、わが艦隊は粛々《しゅくしゅく》として前進した。伊藤長官がふと、左右をかえりみて、微笑を浮かべ、

「午前中はどうやら、ぶじにすんだな!」といった。出港後、艦橋でもらしたはじめての言葉である。

陣型の変換、変針変速などいっさいを大和の有賀艦長にまかせ、参謀長の上申に対しても、黙してうなずくのみである。その後は、乗艦大和の轟沈まで、砲煙弾雨のなかに、終始、腕を組んで巌《いわお》のごとく鎮座し、周囲の人たちの死傷にも少しも動じない。——九州男子の面目躍如たるものがあった。

一二時二〇分、対空用の電探は大編隊らしい三つの目標を探知した。つづいて、

「目標捕捉、いずれも大編隊、接近してくる」

見張員の報告が大和の艦橋にひびきわたった。

「敵は一〇〇機以上の大編隊、突っ込んでくる」

わが艦隊はいっせいに砲銃撃を開始した。

駆逐艦浜風がたちまち被爆被雷、赤い腹を出して転覆したかと思うとすぐ艦尾を上にして逆立《さかだ》ちし、轟沈までわずか数十秒——後にはただ白い波のアワだけが残されていた。

数十本の敵の魚雷が、白い針のような航跡をえがいて大和に迫ってきた。艦長、航海長らの戦闘指揮、操艦回避の号令、命令、わが砲銃撃の爆音と火焰、空をおおう敵機の、地鳴りのように無気味な轟音などが入り乱れ、ただ呆然たるなかに爆弾、機銃弾は旗艦大和に集中された。

大和は最大速力二七ノットをふりしぼって左右に大転舵し、必死に回避運動をくりかえしたが、ついに左舷前部に魚雷一本が命中、射撃指揮所に直撃弾二発をうけた。

敵機来襲の第一波は去った。

森下参謀長は、「襲撃法が従来にくらべてじつに巧妙になった」といった

が、そばにいた伊藤長官は、温顔のまま腕を組んで、微動だにしなかった。

まもなく、また敵の第二波が来襲、数量の圧倒的優勢は、超大戦艦大和の弾幕的砲火をもってするも、完全回避は不可能であった。まえと同様に、左舷に魚雷三本をゆるしてしまった。

第二波が去れば、キビスをかえすように新鋭の第三波の百数十機が来襲、直撃弾多数が艦の中央部の煙突ふきんに命中し、多数の将兵が虚空に飛散した。魚雷はさらに五本が命中し、すべて左舷に集中した。大和の巨体はやや左にかたむいた。そして、さらに第四波——。

司令長官伊藤中将は、黙々として顔色は少しも変わらず、混乱する中に、さらに、第五波が前方より来襲してきた。巡洋艦矢矧、駆逐艦磯風、霞らもまた同じ運命をたどって、いつのまにかその雄姿を消してしまった。

旗艦大和もまた、ほとんどすべての攻撃力を失い、艦内、艦外に対する通信装置は寸断され、将兵の大半は死傷し、小山のような巨体は左舷にかたむいて、かろうじて徐行できるという惨状である。

この激しい戦況のなかで、大した被害もなく戦い抜いた駆逐艦雪風、冬月、初霜ら三隻が、健気《けなげ》にも、旗艦大和を守護していた。

小休止ののち、第六、第七、第八波が相次いで来襲してきた。最後のとどめを刺さんためである。われは満身創痍、ほどこす術《すべ》もない。たちまち魚雷が命中して大和は舵機が故障し、進退ついにきわまり、艦は左に三五度大傾斜、全弾全魚雷が命中、最後の瞬間はいよいよ眼前にせまった。副長より、

「傾斜復旧、見込みなし」

という、艦長の最後の報告がもたらされた。


沈黙の別れ！


旗艦大和の沈没は目前にせまった。が、艦内に狼狽《ろうばい》の色はない。最後の作戦協議のために、三名の参謀が伊藤長官のそばによった。

長官は立ちあがって、静かに四周の海面を見わたした。そして、

「特攻作戦中止！」

を命令した。そのうらには、「生存者を救出せよ」とのふかい意味がふくまれていた。

森下参謀長は羅針儀に身をささえつつ、にじりより、長官に対し挙手の敬礼をして、沈黙のなかに、眸《ひとみ》と眸で別れの挨拶がかわされた。

長官も、静かに左右をみて、つめよる幕僚ら一人ひとりに、黙礼や慇懃《いんぎん》な握手をかわしながら、艦橋下の長官室にはいった。そしてその鉄扉は、永遠にとざされた。——第二艦隊司令長官の最後である。福岡県出身、五五歳、海軍兵学校第三九期生であった。

長官に、つねに侍従していた副官の石田少佐は、急いでそのあとを追わんとしたが、参謀長はこれを引きとめ、

「貴様は行かんでよい。バカなやつだな！」

と甲板に叩きたおした。

まもなく大和は、千尋《ちひろ》の海底に没した。身を羅針儀にしばりつけた艦長の有賀幸作大佐をも道づれにして——。

そして、「特攻作戦中止」の厳命により、大和の生存者および海上に漂流中の将兵約三〇〇〇名が救い出された。私もその一人であった。

寡言《かげん》の伊藤長官は〝ノー・サンキュー〟に類する名句はのこさなかったが、父子が、相たずさえて〝身を殺して仁をなす〟悲壮偉大なる行績にさえ、深い反応をしめし得ないほど当時は、日本国民全体の涙が枯渇していたことは、あまりにも悲痛であった。

（昭和四十二年三月号収載。筆者は矢矧艦長）

「呉」こそ第二のふるさと

大和の建造主任、軍艦造りの名人・西島亮二氏を訪ねて──「丸」編集部

「いやぁ、戦艦大和・武蔵ですか。ふしぎなもんですね。二〇年、三〇年もまえにやったことが今さら売れるなんとはね。ついさきごろも或る作家がたずねてこられて、ぜひ武蔵について話をしてくれというものですから、思い出すままに体験なんかを話しましたがね。それが立派な本になったりして、しかもベストセラーとは、おどろきますね。しかし今になってみると、むかしのことなどテレくさいもんですよ」

──開口一番、「憲法を改正してから来てくださいよ、こんな話をもってくるのは」とは、風あたりもなかなかにきびしい。どうやら大和・武蔵にかんしてはいささか〝懐疑派〟でいらっしゃるとお見うけした。しかし、往時を語る段になると、舌の回転は快調そのもの。そばにはノートを手にした若い広報課員が、氏の発する言葉をまちかまえている。さすが正確を期するエンジニアらしき気のくばりよう、まさにおみごと。

「苦心談なんてやめましょうや。そりゃ一〇〇万になんなんとする工数算出や、予算の算出など口にはいえない盛りだくさんの苦労はありましたがね。しかし、現在にくらべれば変なワクもなかったし、いやな言葉だが、日の丸親方というわけで、それだけにウデは十分にふるえたことはたしかだったんだから。とにかく年中無休でこきつかわれたものの、技術者にとっては、じつにやりがいのある時代だったしね」

──呉海軍工廠から今また呉造船、いんねんはつきまじですか。

「どうしたものだかね（笑）。大尉時代に六年、大和の建造にかかって三年、そのあと造船副部長格でまたまた二年間、戦後は三五年いらいですから、やはり私にとっては第二のふるさとということになりますかな」

――大和の母胎となった呉の造船ドックはなるほど巨大ですが、マンモスタンカー時代となるとやはり限界といったものも……。

「なにぶんにも幅がせまいからね。せいぜい一三万トン級の日章丸あたりまでだろうなあ、あのドックで建造できるのは。せめて六〇メートルはほしいところなんですがねえ。話はふるくなりますが戦時中のこと、大和建造のあとに五〇センチ砲を搭載する一〇万トン戦艦が計画されたことがありましたがね、戦艦としてもだいたいここらあたりがギリギリだったんですよ」

――世界一の戦艦、今また世界一の出光丸と日本の造船力にはなにかズバぬけたものが……。

「一言でいえばクソ度胸ですよ。よしにつけ悪しきにつけ、こりゃちょっと外国には真似のできない所だろうな。しかし、何ともさびしい気もするね、タンカーなどに乗ってみると。やたらにだだっ広い感じで、まるでウドの大木だよこれでは。そこへゆくと軍艦は中味がびっしりとつまっている。なにかこう大仕事をやりとげたんだぞという感じがしてね、私にはやはり軍艦をつくるほうがむいているんだなあ」

――その軍艦造りの専門家がまた妙な体験をした……。

「それなんですよ。おかしなことに飛行機造りまでやらされましてね。終戦直前のころに、造艦技術の全力をあげて特攻機キ一一五を二十年九月までに一〇〇〇機完成せよ、というわけで私がそのおぜん立てを命ぜられたんですがね、どだいむりな注文で、私が出した二十一年一月末までに一機確実という報告で、とうとうオジャンになってしまいましたよ。大和建造時の実績からこのお役目がまわってきたのでしょうが、おまえがやれないというのではやっぱりダメなんだ、ということだったらしいんですがね」

この豪傑はただの直言居士さんには、今後も〝呉〟の一〇〇年計画のため大いに毒舌をふるってもらいたいもの。

（昭和四十二年二月号収載）

黄金の腕が生んだ大和からあきづきまで

大小さまざまのあらゆる艦種にたずさわった牧野茂艦政本部設計主任が語る――「丸」編集部

――大和設計の中心人物の一人として、とうじの呉工廠でもっとも苦心されたことは……。

「はっきり言って、技術的にはそれほど苦労はありませんでした。なにぶん、とうじの最高技術者を一堂にあつめての工事だったものですから、スタッフにかんしては、文句のつけようもないくらい充実していましたから。苦心したとすれば、むしろ、専門外の機密保持、これにはずいぶん神経をすりへらしました。これだけはいくら制度的にやったところで、まさか関係者全員をそのたびに裸にするわけにはいきませんし、まず防ぎようがなかったというのが実情で、私などはかかりっきりで素首を洗っていましたよ。幸いに唯一つの頼みのツナだった精神教育が功を奏してか、いまもこうして首がつながっていますがね」

——世界一の巨艦を現在からふりかえってみていかがですか。

「私はどうも、この大和にふれたくはないんですがね。健康上にもね。しかし、〝海中に金をすてるものだ〟という論はさておいて、私なりに猛省はしています。たとえば、あくまで技術者の立場としてですが、あまりに重防御にこだわりすぎてアーマーを厚くしすぎたこと、排水量の制限から生まれた不十分さなど、このへんをもう少しエラスティックな考えでやっていたら、もっといいデザインができたのでは……と思っています。その点アメリカの方はずいぶん面白いことをやっていますね。いささかこれは自虐的になりますが、どうも昔の船の拡大、エンラージ化におわった感もしないではありませんし、しかしその反面、決して謳歌するわけではありませんが、うれしいことも聞かされました。戦後、米軍が日本にのりこんできたさい、『どうしてあんなに沈まなかったのか』といった調査官の言、ブルネイを出撃した大和が、サマール島沖で初めて三万二〇〇〇メートルの距離から四六センチ砲を一斉射し、しかも初弾から夾叉弾をおくりこんだときまで、ぜんぜん巨艦の存在をしらなかったと、大和の機密保持の完全さに驚嘆した米海軍の幕僚の言など、じつに気持のいいものです」

——わが国の造艦技術の主流にあっただけに、終戦時の苦労もまた人一倍だったと思いますが……。

「それほどでもありませんが、これもやはり大和の調査のときでした。米軍の調査官が、『図面をよこせ』といいだしましてね。とうじ図面などはとっくに焼いていましたので、大急ぎで復員していた関係者をよびもどし、だいたいそれにちかいものをつくりあげましたが、皮肉にもそれが現在では貴重な図面となってしまいました。これだけは米軍の功績といえます」

——ここで一つ、自画自賛？　といったところを披歴すると……。

「大は大和から、小は特攻用の震洋艇まで、最大と最小の艦艇を設計したこと、それと数からいっても震洋艇の建造数約六〇〇〇隻という数字は、いまでも、量産面でのレコードとなっていますが、まあこんなところです」

——最近の作品？　〝あきづき〟も名艦の誉れ高いですが……。

「ツイテいたんですね。これぐらいなにもかもうまくいった艦もめずらしいですよ。米海軍も高性能におどろいていましたが、私としても卒業作品のつもりでいます」

（昭和三十八年五月号収載）

名将山本五十六は〃大和〃に期待していたか

真珠湾攻撃にあえて戦艦を主役とした山本長官のいつわらざる胸中――山本親雄

激論かわす二人の提督

大和、武蔵は、わが海軍が、軍縮無条約時代にそなえて、米国艦隊に対して戦捷の機を見出そうとして建造された。世界最大・最強の戦艦で、わが海軍将兵の、精神的支柱の一つでもあった。

連合艦隊司令長官山本五十六大将

大和、武蔵の建造が、海軍部内で決定したのは昭和十年のすえで、軍備計画が議会を通過し、建造に着手したのは、昭和十二年のすえごろからであった。

そのころ海軍部内の一部には飛行機の発達によって戦艦も、飛行機の攻撃に対抗できなくなるであろうから、このような巨艦をつくっても、ムダであるという意見をとなえるものがあった。山本五十六元帥もまた、その一人であった。

とうじ軍令部の第二部長（軍備担当）は、古賀峯一少将（のち大将）で、同じく軍備担当課長は戸塚道太郎大佐（のち中将）であったが、戸塚中将は昨年、私に、つぎのようなことをいわれたのを思いおこす。

「とうじ私が、古賀部長から聞いたところによると、山本中将が、たびたび古賀部長の部屋に来られて（山本中将は、昭和十年の春にロンドンの軍縮予備会議より帰国し、その年の十二月に航空本部長に就任された）、大和、武蔵の建造を取りやめることを提案されたが、古賀部長は、『そのころの飛行機の爆撃や雷撃の命中率はまだ十分ではなく、このていどの飛行機を、海軍の主力とするには大きな不安がある。飛行機には、まだ十分な実績がない。第一次世界大戦において英国は、ジュットランド海戦で、巡洋戦艦の一部を失い、日本に巡洋戦艦を貸してくれ、ということを申し出たことがある。これにたいして海軍では、賛否両論があったが、戦艦や巡洋戦艦は、東亜の安定勢力として必要であるから、巡洋戦艦をヨーロッパに派遣し、万一のことがあれば東亜の安定がくずれるおそれがある、という意見がつよく、けっきょく英国の申し出をことわったことがある。これらのことを考えると、いま戦艦の建造をやめて、飛行機に乗りかえる確信がないので、山本中将の意見には、どうしても賛成できなかった』といっていたことである」

山本長官の胸算用

真珠湾攻撃は、連合艦隊の最高指揮官であった山本司令長官の発意と、熱心な主張にもとづいておこなわれたものであったことは、いまではかくれもない事実であるが、山本長官の狙《ねら》いは比島やマレー半島の攻略を容易にするということ、まだまた、これによっていっきょに日米海軍兵力の差を逆転せしめるという、戦略上の理由だけではなく、米国艦隊の主力と考えられた戦艦群に、一大鉄槌を喰らわして、米国海軍の将兵と米国の国民に、大きな精神的ショックをあたえ、その士気を沮喪させることにあったものと思う。それは、つぎのことからもわかるのである。

昭和十六年のはじめ、極秘裡に真珠湾攻撃の計画案を依嘱された源田実参謀は、急降下爆撃で航空母艦を撃沈する案を作成し、戦艦は攻撃目標としなかった。

戦艦を撃沈するには、魚雷攻撃か、大型爆弾をもってする、高々度水平爆撃によらなければならないが、命中率がよくないから、十分な自信がない。魚雷攻撃はもっとも有効であるが、真珠湾の水深は浅くて、飛行機の魚雷発射には適しない。

それは、飛行機から発射した魚雷はいったん深く水中にもぐるから、浅い海では、海底に突っこむおそれがあるからである。

そのうえ、戦略上は、戦艦よりも航空母艦をやっつけるほうが、はるかに有効である。このような考え方から、源田参謀は立案したのである。

山本長官は、この源田案を見て、「戦艦をやっつけることができないなら、真珠湾攻撃は考えなおさなければなるまい」

といわれたそうであるが、このことを聞いた源田参謀は、長官の意をくんで、そのころまだ完成していなかった浅深度発射のできる魚雷の、開発促進に努力したということである。この魚雷の完成は、真珠湾攻撃において大成功をおさめたことはご承知のことと思う。

戦艦は二隻あればよい!

大和、武蔵の建造に反対された山本長官は、戦艦の戦略、戦術上の価値については、あまり重視されていなかったと思われるが、それにもかかわらず、乾坤一擲の真珠湾攻撃で、かくも戦艦撃沈を重視されたということはなぜであろうか。

それは、あとではだれでもそう思うように、開戦前には、わが海軍でも一般には、いぜんとして戦艦を海軍兵力の根幹と考える伝統的思想がつよかっ

連合艦隊首脳陣。左から５人目が宇垣纒参謀長。隣りが山本五十六大将

たし、米英海軍でも同様であった。

だからこそ山本長官は、開戦の劈頭、米国艦隊の主力たる戦艦に、大打撃をくわえることを重視されたのである。

昭和十七年五月、珊瑚海海戦が終わった直後、軍令部の某参謀は、

「これからの海戦では、航空母艦が主力である。戦艦は、補助部隊として航空母艦の掩護や、残敵掃討に使うべきである。このためには、艦隊の戦法や編制を変更しなければならない」

という意見を提案したが、軍令部内では、作戦当局の同意はかんたんには得られなかった。

そこで、その参謀は、航空本部総務部長の大西瀧治郎少将（のち中将）にこの意見を述べ、大西少将が、連合艦隊司令部に出張される機会に、これを山本長官につたえてもらうよう依頼した。

司令部をおとずれた大西少将が、この意見を山本長官につたえたところ、長官は、

「意見には同意するが、戦艦には、政治的な価値がある」

といわれたということを、私は戦後、この参謀からきいたことがある。

また、開戦前からのちにかけて、二年ほど連合艦隊の参謀をしていた某大佐は、

「山本長官は、戦艦は二隻あればよいといわれたことがある」

という手記をのこしている。この〝二隻〟というのが、大和、武蔵を意味するものではなかったかと思う。戦時中、わが海軍のホープであったこの両艦は、かわるがわる連合艦隊の旗艦として十分に活用されたが、戦場でその攻防力を存分に発揮して戦うチャンスはなかったといってもよい。

この両艦とも戦争の末期に、米航空母艦の飛行機によって、あえなく海底の藻屑《もくず》と消えてしまった。

航空技術の進歩に貢献

山本長官が、戦艦は二隻あればよいといわれたのは、大和、武蔵を艦隊の主力としてではなく、連合艦隊の旗艦として使い、また比較的、速力がはやいから、航空母艦と行動をともにしてその掩護に任ずることができることに、その価値を見いだしておられたのではなかろうか。

最後に、山本元帥は、大佐時代に霞ヶ浦航空隊の副長や航空母艦赤城の艦長をつとめ、のち航空戦隊司令官、航

空本部の技術部長、おなじく本部長などの要職を歴任され、海軍航空の発展、とくに技術の進歩向上に、大きく貢献された人で、海軍の長官クラスのなかでは、航空にかんするすぐれた権威者の一人であった。

　また大佐時代、霞ヶ浦航空隊の副長をやめて、米国駐在大使館付武官をつとめて帰朝してまもなく、昭和三年の夏、海軍水雷学校で将校や学生に講義されたことがあるが、この講義のなかに、

「将来、飛行機が発達して、主力たる戦艦にかわるときが来るであろう。万一、対米戦争となったら、わが海軍は守勢作戦では勝ち目がないから、真珠湾に押しかけて攻撃しなければならない」

　ということをいわれたので、これを聞いた将校や学生たちは唖然とした、ということを最近、とうじ学生で、この講義をきいた某大佐から聞いたことをつけくわえておく。

（昭和四十二年二月号収載。筆者は海軍少将）

あゝ戦艦大和は還らず

誕生から壮烈なる最後までの華麗なる生涯を描く――木俣滋郎

戦艦大和の生いたち

山陽本線を海田市で乗り換えて、南へ行く呉線に乗って約四〇分間ほど汽車にゆられると、呉の町に入る。

　その車窓から呉造船所が見えてくるが、その中央よりやや西寄りに、高く黒っぽい巨大な屋根が目につく。この屋根が、かつて大戦艦大和を進水させた海軍工廠のドックなのだ。

　そこは終戦時より昭和三十七年まで米国ナショナル・バルク・キャリヤー（略称NBC）社が使用していたが、現在は呉造船所が、この巨大なドックを利用して、マンモス・タンカーをつぎつぎと誕生させている。

　かつての軍事施設が、日本産業の振興に貢献している一例だ。

　このドックが産んだ戦艦大和は、いかなる星のもとに生まれたのだろうか？

　日露戦争が終わると、日本海軍の目は太平洋にそそがれた。海の向こう側には、資源の豊富なアメリカが君臨しているのだ。

　やがて、列強は建艦競争に躍起となり、わが国も二年おきに扶桑級、伊勢級、そして長門級と戦艦の起工に着手した。ところが大正十年（一九二一年）、

ワシントンで軍備制限条約がひらかれ、それ以降、昭和十一年末（一九三六年）まで主力艦の建造が禁止されることになった。いわゆる「海軍休日《ネーバル・ホリディ》」である。

各国とも建艦上、一五年間のブランクができたのである。そこで列強の海軍国は、海軍休日のあいだにも「解禁」となったら、つぎにどんな新戦艦をつくろうかと、考えあぐんでいたのである。

わが国でも同じであった。何度となく次期戦艦の図面がひかれ、修正がくり返された。

貧乏な日本は、そこで、思いっきり最優秀なものをつくる策にでたのである。これは一見、矛盾しているようだが、それまでわが国が一隻つくると海のむこうのアメリカでは、すぐこれを追いかけるように、それ以上の軍艦をつくる方針をとっていた。

大正九～十年に竣工した戦艦長門や陸奥に対して、アメリカはあわてて二年後にコロラド級三隻を竣工させたのも、その一例である。

したがって、質的に最優秀な戦艦をつくれば、アメリカがこれと同様なものをまねし、完成させるまでの数年間、わが国が絶対の優位に立てるはずである。

空前にして絶後の大戦艦大和は、このような環境から生まれたのだ。

この大和以前に、すでに巡洋艦夕張と古鷹とで、わが国の建艦技術は世界を驚かせていた。それは小さいわりに強武装だったからだ。

戦艦長門も、世界で最初に四〇センチ砲を搭載して、世界をアッといわせている。

だから新戦艦もぜひ、それよりもひとまわり大きい砲を搭載してみようと考え、そのために四六センチ砲が用意されたが、どうしてもその口径は秘密にしなければならない。そこでスパイの目をごまかすため、四六センチ砲をわざと九四式（昭和九年）四〇センチ砲とよんだくらいであった。これは酸素魚雷の秘密をまもるため、わざと酸素の文字をさけて、「特用空気」と称したのと似ている。

大和が、この巨砲を九門も搭載すると、その重さは六万四〇〇〇トンにもなり、長門級の二倍弱に達した。だからもし、アメリカがこれに対抗する巨艦をつくると艦の幅が大きすぎて、とうぜんパナマ運河の通過が不可能となる。これがつけ目だった。

大和は無数の造船官が分業して細部の設計を担当したが、艦政本部長から基本設計主任を命ぜられたのは、福田啓二造船大佐だった。

彼は明治四十五年に東大造船学部を卒業し、のちに中将に昇進、戦後は石川島造船所で顧問をつとめていた。いわば彼が大和の生みの親でもある。

大和は昭和十二年十一月――すなわち軍縮条約の期限が切れてから約一年目――広島県の呉海軍工廠で起工された。つまりキール（竜骨）をすえたわけで、人間でいえばまず背骨がつくられたわけである。陸奥の起工からじつに二〇年ぶりのことである。

この二〇年間における造船技術の進歩は、いちじるしいものがあった。だから大和には各所に新しい企画がおりこまれていた。その一例がハチの巣甲鈑である。

万が一、煙突から爆弾が飛びこんでくると、それは煙路をとおって、艦底のボイラーに達してから爆発するおそれがある。そこで煙突の下部に防御甲板を張り、しかも煙が支障なくのぼるように、無数の小さな穴を甲鈑にあけてあった。一見、その型が似ているところから、ハチの巣甲鈑と称せられたのである。

よく、「大和は軍艦に対する防御ばかりで、航空機に対する防御をなおざりにしていた」などと無責任なことを書かれているのを見るが、それが事実無根の中傷にすぎぬことは、ハチの巣甲鈑によってもわかろう。

砲戦で四万メートルも遠くから発射された砲弾は、爆弾のように上から落下してくる。すなわち近距離戦ではライナーのように飛ぶ弾丸が、戦艦同士の決闘だとフライのような格好で射ちあうことになるのだ。

ビスマルク対フッドの戦いでも、そうだった。したがって、大和は必然的に水平防御——上からの被弾——も重視しており、これはまた、航空機よりの爆弾対策と一脈、相通ずるものがあったのである。

現に昭和二十年四月、沖縄特攻に出撃した大和が、米空母機よりの五〇〇ポンド（わが国の二五〇キロ爆弾に相当）爆弾をうけたとき、何食わぬ顔でこれをはじき返しているではないか！

また、魚雷に対する防御にも手ぬかりはなかった。フランス戦艦のように思いきりオシリのふとった大和は、駆逐艦を四隻、横に張りあわせたような構造だった。

もちろんエンジンもボイラーも縦に四本ならんでいる。だから、たとえ両側から魚雷を食って左右に浸水しても、厚い壁で仕切られた内部の二軸だけで、二〇ノット程度をだすことができたのである。

かくて進水した巨体

大和が呉で生まれたことは、十分にうなずき得ることである。わが国には呉、横須賀、佐世保、舞鶴の四つの海軍工廠があったが、呉こそわが海軍造船界のメッカだった。

いままで戦艦扶桑、長門、そして空母赤城などを生んだこの第四ドックは、長さ三一三、幅四五、深さ一〇メートルにおよび、とうじ世界最大級のものであった。それでも大和建造のため、深さを一メートル掘り下げねばならなかったのである。

船体部分ができると、いよいよこの世に呱々の声をあげる進水式の日がやってきた。ときに昭和十五年八月八日で、起工から約三年余の月日がたっていた。

大和の場合は進水といっても、ドックに水を入れるだけだから、船台上の進水より心配は少ない。しかし、長さ二五六メートルの大和を浮かべるのに、ドックの長さが三一三メートルしかなく、前後に三〇メートル弱ずつしか余分がないことは、危険千万のことだった。

もし浮揚したとき、船が前後に傾いたら、ドックの扉のため船底がドックの底にシリモチをつく可能性があるからだ。

　やがて注水がはじまり、あたりには緊張した空気が流れる。ドック内に海水がそそがれるにはかなりの時間がかかった。

「浮いたッ！」やはり、ぴたりと計算どおりに行き、関係者は安堵の胸をなでおろしたのである。

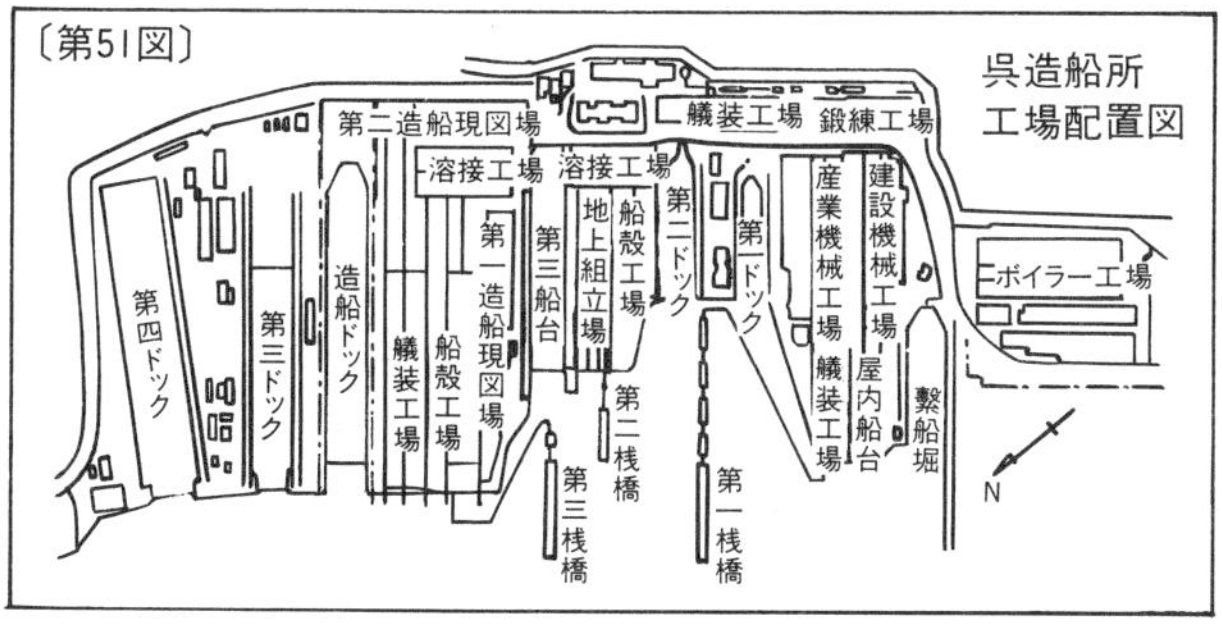

〔第51図〕

　つまり同艦の誕生は「安産」だったのだ。

　それまでA—一四〇号艦と称していたわが国で三七番目の戦艦（巡洋艦、未成艦をふくむ）は、このときはじめて軍艦大和と命名されたのである。

　やがて、ドックの扉が開かれた。ひょろ長い煙突をもった何隻もの海軍曳船が右往左往する。この力持ちの小舟たちは、大和と名づけられたばかりの船体を、ドックから引き出しにかかった。

　やがて、大砲の搭載がはじまった。幸い呉工廠には造兵部もあり、ここで各種の大砲をつくっていたから、船への積み込みは長崎で行なわれた武蔵の場合より好都合だった。

　艦橋構造物には、大改造後の戦艦比叡で実験ずみの型が採用され、煙突も日本戦艦には未曽有の、後方に傾斜したスマートなものがたてられた。

　こうして「顔」ができ、煙をはく「口」もつけられると、大和の姿はだんだんと整ってきた。

　やがて昭和十六年秋ごろになり、太平洋の風雲急をつげてくるころ、工廠の工員たちはいっそう仕事に拍車をかけるようになった。

　そのころには、艤装員長としてチョビ髯をはやした高柳儀八大佐が着任していた。竣工後に初代艦長となる人物である。

　彼は兵学校四一期（大正二年卒業）で、クラスメートには宇垣纏や草鹿龍之介がいた。

　また艤装員の名で二〇〇〇余名の水兵たちも乗り組んでいた。その三分の二ちかくが砲術科員だった。さすが戦艦である。

　砲術科は、航海、機関、通信、主計（事務）などにくらべ、張り切りボーイが多く、衛兵勤務につくのもみな砲術科である。

　しかも大和の水兵は、とくに大柄な者がえらばれていた。砲弾の積み込み作業などすべて機械力を用いるとはいえ、バカ力がないとつとまらないからだ。

　艤装を終えた大和は、十一月二十九日に呉を出港して、安芸灘へでてさらに瀬戸内海を西進して、徳山沖にむかった。

　ここで各種の公試運転が行なわれたのである。もちろん、結果は満足すべきものであった。

昭和十六年十二月八日、真珠湾攻撃大成功のニュースは、日本国民を小躍りさせた。

この日、大和は公試を終えて、こっそりと呉に回航されたのである。

しかし、なんたる皮肉のことか！ 雌雄を決すべきライバルの米戦艦群は大和が呉に回航されたその日、すでに海底に沈んでいたのだ。戦う相手を失った大和は、それ以降の二年間、ほとんど失業の状態にあったのである。

しかし、大和が日本海軍のホープと自負し、張り切っていたことはいうまでもない。

十二月十六日といえば、マレー沖で英東洋艦隊主力のプリンス・オブ・ウエールズとレパルスを撃沈するという勝ち戦さのるつぼの中だったが、この日に大和は竣工した。

呉工廠で晴れの引渡式が行なわれた日、水兵たちは上甲板にずらりと整列した。艦尾のポールには旭日の軍艦旗がはたはたと潮風にひるがえり、ドラマチックな一瞬である。この日から大和は帝国海軍軍艦として、正式にランクされたのだ。そして戦艦を中心とする第一艦隊のうち長門、陸奥とともに第一戦隊に編入された。

大和は十二月二十一日、瀬戸内海柱島の秘密基地にクロガネの姿をあらわした。

「すばらしい友軍がきたものだ！」と他の艦艇では、双手をあげて大和の到着を歓迎したのはもちろんであった。

しかし、乗組員のなかには、大和のあまりの広さのため、道にまよって艦内の通路をうろうろする者も出るほどだった。それほど大和は巨大だったのである。

大和はそれから約半年間、瀬戸内海西部で何回となく猛訓練がくり返され、やがて乗組員たちの腕はみがかれていった。

空振りだった初陣

竣工二ヵ月目の昭和十七年二月十二日午前九時、大将旗をひるがえした一五メートル内火艇が大和の舷側にぴたりと横づけされた。

この日、瀬戸内海はよく晴れわたっていた。やがて内火艇後部の船室から連合艦隊司令長官山本五十六大将が姿をあらわし、ユニフォームのよく似合う凛々しい姿でタラップを昇っていった。

「ピーッ」と衛兵の号笛がなった。

重々しくタラップを昇った山本長官に対して、大和の乗組員が整列して出迎えた。

この日いらい、大和は連合艦隊旗艦となったのである。これには乗組水兵たちのプライドはよけいに高まっていった。

それでなくとも、真珠湾攻撃の成功、そして英東洋艦隊の撃滅と戦果をあげた日本海軍の総帥ともいえる山本長官は、水兵たちにとって、なかば神格化された存在だったのだ。それがこの日から、大和で生活をともにできるというのだ。

まして連合艦隊旗艦ともなれば、何十隻もの艦艇がむこうから敬礼してくれる。

一一年間にわたって連合艦隊旗艦をつとめた長門にくらべると、大和はまさに豪華なホテルだった。連合艦隊の各参謀も、ゆったりとした部屋には、ちょっととまどった感じだった。

それから四日目、侍従武官で貴族の鮫島少将が朝一〇時四五分、旗艦を訪ねてきた。

天皇陛下の代理としての彼を中心に前甲板で写真撮影をすました鮫島少将は、大和の艦内を見学し、驚きの声をあげたのだった。

おそらく、鮫島武官の口から大和の全貌が天皇陛下に伝えられたことであろう。

大和が初めてその巨大な艦姿を太平洋に乗り入れたのは、開戦半年目におけるミッドウェー海戦支援であった。

空母部隊出撃より二日おくれた十七年五月二十九日の午前六時、いよいよ日本戦艦陣の柱島出撃がはじまった。

まず第三水雷戦隊の駆逐艦二〇隻が出港、つづいて軽巡北上、大井、そして戦艦大和、長門、陸奥、伊勢、日向、扶桑、山城の順で一列に出撃し、最後に空母鳳翔が対潜警戒の任務でつづいた。ものものしい出撃ぶりである。

四国~九州間の豊後水道には、敵潜水艦が待ち伏せしているから油断がならない。

奇しくも三年後、死の沖縄特攻への旅立ちのとき、やはり大和はこの道を通ったのだが……。

艦隊は一八ノットのジグザグコースで南東に向かった。

今回の目的は、もし南雲中将の空母部隊が敵艦隊を半殺しの目にあわすことができたら、つづいて戦艦の主砲でとどめを刺そうという、脇役的存在だった。

翌日は雨をまじえた風速一八メートルもの風が、艦隊の行く手をはばんだ。だが、若武者の大和はびくともしなかった。

〔第52図〕

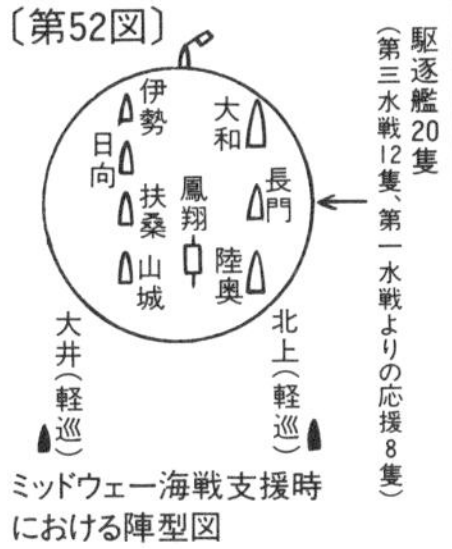

ミッドウェー海戦支援時における陣型図
(昭和17年5月29日～6月4日)

六月一日には、ちょっとした潜水艦さわぎが起こったが、鳳翔の九六式艦上攻撃機が制圧した。

やがて六月四日、大和は予定通り伊勢、扶桑級の四隻を北方へ分離した。そして翌五日、大和はミッドウェー島の北西八〇〇カイリを東進していた。空母の後方約五〇〇カイリの位置である。大和のアンテナは高く、発電力も大きいので、通信施設も連合艦隊旗艦として申し分なかった。

ところが、朝七時五〇分に入ってきた電報は、意外にも日本空母群の全滅を伝えるものであった。

艦橋に冷たい空気が流れ、話をする者さえいなかった。

「よし、戦艦や敵艦隊を撃滅しよう」

九時二〇分、大和は勇壮に艦首を敵空母群にむけ、二〇ノットにスピードをあげた。ものすごい濃霧のなかである。

四六センチ砲をふりかざした大和が東方に驀進する姿は壮観なもので、それは部下を失った主将が闘魂をむき出しにしたようであった。

各部隊の兵力をかきあつめ、潜水艦

や鳳翔の複葉機までも投入して、どうしても敵空母に一矢を報いようという必殺のかまえである。

艦首にくだける波が、夜目にもはっきりと白い。六月五日夜における大和艦橋の雰囲気は、日本海軍史上、もっとも殺気をはらんだものであったにちがいない。

しかし冷静に考えると、やけっぱちな気持で敵空母に追いつくことは至難だったのである。

大和は五日の午後一一時五〇分、ついにミッドウェー作戦中止を全艦隊に下令したのである。一四時間半も二〇ノットで突っ走ったことはむだとなった。

二日後、すでに第三水雷戦隊の駆逐艦には、半分以下の燃料しか残っていなかった。大和は疲れきったこの駆逐艦を横抱きにしつつ、暗夜の洋上給油を開始した。

翌八日夜、大和の水中聴音機は左舷に敵潜水艦らしい音をキャッチしたので、これを回避した。そして六月十四日の小雨ふるなかを大和は瀬戸内海の柱島に帰投したのだ。出撃いらい一七日目である。

かくて大和の初陣は空振りに終わった。この航海で世界最強の戦艦は一発の砲弾をも射つことなく引きあげてきたのだ。

肉薄する一本の魚雷

それから二ヵ月の後、呉——柱島方面にいた大和に、ソロモン群島のガダルカナル島へ米軍が上陸したとのニュースが入った。

第一次ソロモン海戦より九日後の十七年八月十七日、大和は前進基地へ南下することとなった。同艦にとっては二度目の内地からの出撃である。「俺が行かなけりゃあ！」とでもいいたげに、お昼すぎの一二時半、大和は錨を上げた。

「いよいよ南方作戦だ」

乗組員は今度こそと腕をさすった。

この大和に追従するのは当時、まだ春日丸とよばれていた護送空母大鷹だった。前回は鳳翔、こんどは大鷹と、さすが連合艦隊旗艦ともなればお供も大変なものである。

この出撃もやはり一八ノットで南下したが、途中で敵潜水艦の通信を傍受、一時は大和の通信室を緊張させた。そして二十三日に給油艦極東丸より洋上給油をうけ、二二四〇トンの重油を腹につめこんだ。

なお、このタンカーは戦後、かりほるにあ丸の名で、日本油槽船KKがペルシャ湾より原油の輸入に使用している。

航海中に乗組員は純白な夏服に衣替えを行なった。そして一一日目の二十八日、大和は目的地である南洋群島のトラック島に接近しつつあった。

この基地の沖合もすでに米潜水艦の跳梁がはげしく、大和としても十分に注意しなければならなかった。そこで対潜警戒に艦尾のカタパルトから水上機を発射させた。大和は二つのカタパルトと六機の水上機および、その格納庫を米国式に艦尾に設け、搭載機は複葉の零式水上観測機と双舟の零式二座水上偵察機の計六機を搭載することができたのである。

ところが、パイロットの不足から、実際には奥田重信少佐を飛行長とする二座水上偵察機三機を積んでいただけであった。予定の約半分である。

それでも他の戦艦が二機しか搭載していないことを考えれば、まだ一機おおかった。

ガダルカナル島へぞくぞくと上陸する友軍を援護砲撃する米駆逐艦

その一号二型カタパルトは、水上機母艦日進や航空戦艦伊勢のものと同型で、普通の射出機より三メートルも長かった。そして水上機はもちろん、偵察用および着弾観測用であるが、対潜戦闘にも使用できたのである。

午前一一時、水上機母艦千歳も対潜警戒に加わった。だが、水上機の見張りを頼りにしてばかりはいられず、大和は念のため、変針をこころみた。これが思いがけなく大和を救ったのだ。

米潜フライング・フィッシュが付近海面に待ち伏せしていたのである。ハワイを基地とする同艦は進水から一年もたたぬ新鋭艦で、まだ一隻の日本艦船も沈める戦果をあげていなかった。

そのフライング・フィッシュにチャンスが訪れたのである。

「ブー・ブー・ブー！」

けたたましくブザーが鳴り、艦は急速潜航にうつった。ペリスコープで見ると、まぎれもない日本の戦艦で、しかも大型である。

艦長G・R・ドナホー中佐は、おそらく大和をみた最初のアメリカ人であろう。しかし彼は、この相手がそれほどの大ものとは知らなかった。

「ファイア！（射てッ）」

蒸気魚雷は勢いよく飛びだし、大和に肉薄した。だが、大和は午後一時三一分、右舷ななめ後方三五〇〇メートルに発射の気泡を発見した。

ところが、米魚雷のマーク六型信管は鋭敏すぎ、三本のうち二本が途中で自爆してしまったのである。しかし、一本は真っしぐらに向かってきた。

このときの艦長高柳儀八大佐の操艦は見事だった。すかさず転舵したので一本の魚雷は危機一髪で艦尾をすぎさって行った。艦齢八ヵ月目の大和が体験するはじめての敵襲だった。

これに対し、上空の水上機はすばやく対潜爆弾を投下、また駆逐艦二隻も爆雷を敵潜に投射した。

このためフライング・フィッシュの艦内では瀬戸物が割れ、電線の絶縁体もばらばらになってしまった。だが、同艦は深々度にひそんで、じっと息をひそめてこの爆雷に耐え、やがて足をひきずるように、やっとのことで真珠湾に帰っていった。

「ヒドイ目にあった」とつぶやきながら……。

十七年八月二十八日の午後三時三〇分、大和はぶじトラックに入港した。同地の海軍将兵はたのもしい大和の姿に、思わず頬をほころばせていた。

内南洋警備の第四艦隊司令長官と潜水艦を指揮する第六艦隊司令長官が、さっそく連絡のため大和にきたが、その大きさに思わず目をみはっていた。

トラック島の海は美しくすみ、海底まで見通せるほどだった。高い甲板から派手な熱帯魚を眺めおろすことは、水兵たちの楽しみの一つとなった。

また月に一回ほど、上陸がゆるされると、水兵たちは先をあらそって艦載水雷艇に乗り、土の香りをかいできたり、あるいは広い甲板で映画会が催されたりして、明日への英気を養ったのである。

アダ名は大和ホテル

トラック島からガダルカナル島へ南下し、そのまま帰ってこない艦が続出するようになった。

山本長官が大和をトラック島へ進めたのは、第一線将兵の士気を高めるためだった。しかし、勤務のきつい潜水艦や駆逐艦乗組員は、誰いうとなく、トラック島に錨をおろす大和にたいして、「大和ホテル」とアダ名するようになった。

何もしないで投錨している点を批難したのである。とくにソロモン方面の死闘が一層はげしくなると、ますますこの傾向は強くなっていた。

「いまに見ろ、俺たちだって……」

大和乗組の二三〇〇名の将兵は、このアダ名に毎日、歯を喰いしばってくやしがっていたのだ。事実、大和は十七年八月二十六日から翌年五月八日までの九ヵ月間、ほとんどトラック島で眠っていたのである。

一方、アメリカ側では、大和とおなじ年に進水した新戦艦ノースカロライナ、ワシントン、さらに一年新しいサウスダコタの三隻をガダルカナル作戦に投入している。そして、三隻は勇敢にも、わが艦隊に肉薄夜戦を挑んだ。

これと対決したわが戦艦は、艦齢二八年にも達する金剛級で、アメリカの新鋭戦艦に敵することなく、霧島、比叡が沈められた。やはり大和を出し惜しみした観は否めなかった。

出撃のチャンスがあたえられなかった最大の理由は、同艦が連合艦隊旗艦

トラック泊地の大和。昭和17年2月12日に連合艦隊の旗艦となった

にえらばれていたことと、大将旗をひるがえし、太平洋に君臨する総旗艦ともなれば、軽々しく局地戦に出るわけにはゆかなかったのである。

トラック島は艦隊泊地といってもハワイほど港湾、通信などの設備がととのっていたわけではないから、山本五十六長官は陸上へ司令部を移すことができなかったのだろう。

やがて、十七年も押し迫った十二月十七日、大和の艦長が交代した。

高柳大佐は第一艦隊参謀長に昇格し、かわってやはり砲術科出身の松田千秋大佐が着任した。機械好きの松田大佐は、日向艦長をつとめていたころから、とくにレーダーに深い関心を抱いていたのである。なお松田大佐は、前任者の高柳大佐より兵学校が三期も若く、大正五年の卒業だった。

それから約一ヵ月後の昭和十八年一月二十二日、大和の弟分にあたる武蔵がトラック島に到着し、兄貴とコンビを組んで第一戦隊に編入された。

だが、日本軍がガダルカナルから退却したのも、ちょうどその頃だった。

やがて二月十一日を迎え、山本長官は旗艦を武蔵に変更した。

武蔵は大和と同型であるが、建造中に旗艦設備が増設され、司令部要員の居住区がくわえられていた。

建造時、大和は工事がすすみすぎていたので、同艦への旗艦設備設置はお流れとなっていたのである。

旗艦には約三〇名の軍楽隊が座乗していた。そして彼らは、長官が大和を去るとき、お定まりの「将官礼式」の曲を演奏した。

総員は甲板に集合し、山本大将にむかって一斉に敬礼した。一年間ひるがえっていた白と赤の大将旗が後マストからスルスルと降下され、大和から純白の一五メートル長官艇に乗り移った長官は、武蔵に向かって白波を蹴立てていった。それは連合艦隊司令長官が大和をさった最後の光景であった。

対空火器を増設して

トラック島における大和と武蔵は、砲戦訓練に余念がなかった。ひさしぶりに外洋へ出て、二隻とも標的に初弾命中という好成績をおさめたこともある。

進水いらい一年半を経過した大和は、トラック島での九ヵ月の停泊生活から別れるときがきた。というのは、どんな船でも長い間には、船底にカキがつくて速力が落ちるし、またペンキもはげて船体の傷みをはやめる。

そのため一定の期間がくるとドックに入らねばならないのだ。大和にもそろそろこの「ひげをそる」時期がきたのだった。

そこで十八年五月八日の夜一二時半、大和は内地へむけ帰途についた。道づれは護送空母冲鷹、雲鷹、重巡妙高、戦艦榛名であり、直衛は駆逐艦五月雨、夕暮、潮、長波である。

そして五日ののち、大和はぶじ瀬戸内海の柱島に到着し、二十一日に呉の第四ドックに入った。同艦にとっては懐かしの生まれ故郷である。

十一日後にいちど出渠し、ふたたび七月十二日から十七日までドック入りした。そして八月十七日までの一ヵ月間、各種の修理、改造をうけたのである。

この入渠で注目すべきことは、二一号対空レーダーを装備したことだ。時機としては戦艦伊勢よりちょうど一ヵ年、また武蔵より八ヵ月おそかったのだが……。

この二一号レーダーは大型なため、小型艦には搭載できないのである。

幸いなことに、大和の前檣には幅一五メートルという巨大な測距儀（敵艦との距離を計る望遠鏡）が装備してあった。

もちろん、測距儀はぐるぐると回転するので、これ幸いとばかり左右の両腕の上に四角いレーダー・アンテナをのせることができた。

したがって、大和には二一号レーダーは一基しかつんでなかったが、アンテナだけは頭の上に二基のせていたのである。

艦長松田大佐は戦略理論家として有名で、また日本海軍の中にあって数少ないレーダーに対する知識の持ち主だったから、さぞやうれしかったに違いない。このほかに、大和に捕音器三〇個よりなる零式水中聴音機もつけられたのである。

艦首水面下の突出部には、水の抵抗をやわらげるための球状艦首がついていたが、ここが水中聴音機を装備するのに持ってこいの場所だったのである。

忍びよる敵潜水艦の足音に聞き耳をたてるには、騒音を発する機関室や、艦尾のプロペラからなるべく離れた方がよいからだ。

この水中聴音機は、それまでの九三式より七年も新しい型だった。

大和はまだ一度も空襲をうけたことがない。しかし、対空火器の増設が行なわれたことは、言をまつまでもなかろう。ところが、高角砲を搭載するには、それだけの重量を艦からおろさなければ重心が上がってしまう。

だが、スペースもない。そのため中央部両舷に装備してあった一五・五センチの三連装砲塔各一基の計六門を思いきりよくおろしてしまった。

前後にある一番および四番砲塔にくらべると、この二番、三番砲塔は射界がせまく、したがって射撃のチャンスも少ないからだ。その砲塔の跡の前後部に、三連装の九六式二五ミリ機銃が増設された。

この機銃は日本海軍がかねてより愛用したもので、フランスの機械メーカーであるホチキス社の型からヒントを得たものである。もちろん空冷式で、ペダルをふむと弾がでる仕組みになっていた。

この増設により、それまで二四門だった二五ミリ機銃は、いちはやく三六門にはね上がった。そしてその射撃手である新しい水兵も乗艦してきた。

改造を終わった大和は、十八年八月十五日、戦艦部隊に復帰し、二日後に呉を出港してトラック島に向かった。そして八月二十三日、ふたたび懐かしのトラック島に到着した。だがそのころ、すでにソロモン方面では、日本軍の撤退が相次ぎ、戦況は苦しいものに変わっていた。

この戦況に即応するかのように、大和ではきびしい特訓がつづけられ、大和気質というべきものが、艦内にかもし出されるようになった。

一般に、戦艦ほど水兵が苦労する艦種はない。というのは、潜水艦や駆逐艦では小家族だけに、「死なばもろとも」的な意識が強く、下級者への肉体制裁もそれほどではない。しかし、二〇〇〇余名も乗っている戦艦となればそうはゆかないのである。

悪名高き「鬼の金剛」ほどでもあるまいが、とかく水兵はベッドで、しのび泣きをしたという。

トラック島に到着してから二週間後の九月七日、艦長が交代した。

松田大佐が軍令部員となって内地へ転勤することになったので、大野竹二大佐が三代目艦長として着任した。

大野大佐は、江田島の兵学校では松田大佐とクラスメートだった。

さて、トラック島の防衛体勢はまだまだ不完全なものだった。そこで大和らの水兵は陸上陣地の設営にかりだされ、不平不満に満ちた日々を送ったのである。

ところが、その単調を破る日がついに到来した。モンゴメリー少将の率いる六隻の米空母が、忍び足で東方から近寄ってきたからだ。

彼らは、はるか北東のウエーク島を奇襲してきた。時に昭和十八年十月五日であった。

同地のわが航空部隊は、あっという間に壊滅的な打撃をうけてしまった。そして、米空母群のつぎの目標は、どうやらエニウエトク島らしかった。そこはトラック島とウエーク島との中間にあり、わが第七五二、七五三航空隊の陸上攻撃機が守備していたのだ。

そこへ大和らが先回りして待ち伏せしていれば、米空母を捕捉できる可能性が十分あるというのだ。

「われにつづけ!」

旗艦武蔵のマストに信号旗が上がった。ウエーク島被爆より十二日後の十月十七日、大和らは駆逐艦に守られて北東にむかった。やがて起こるかもしれぬ大海戦に、大和乗組員は緊張していた。

「今度こそ敵艦隊に四六センチ砲をお見舞いするときだ!」

彼らは砲身をたたいて腕まくりし、しだいに士気は高まっていった。艦首にくだける波がしぶきとなって美しく空中に舞う。

ところが、彼らの張り切った気持はすぐ、背負投げを喰わされた。

「米空母はエニウエトクに向かいつつあり!」のニュースは、誤報とわかったからだ。

彼らは一発喰わすとすぐに、さっと引き揚げてしまったのである。

おっとり刀でかけつけた大和、武蔵は二日後、エニウエトクへ到着した。

大和がマーシャル群島に足をふみ入れたのは、これがはじめてで、また最後でもあった。ピンク色のサンゴにかこまれた大和の姿は、さぞや堂々たるものであったに違いない。水兵たちはここに上陸し、ちょっとしたピクニック気分を味わったのである。

それから四日後の十月二十三日、索敵行動をとりながらトラックに引きかえし、三日後に投錨した。

このとき、大和に肩すかしを喰わせた敵艦隊の旗艦は、二万七〇〇〇トンの空母エセックスであった。そして二年後の沖縄特攻で、大和をはじめて発見したのもエセックスの艦載機であった。まことに不思議な因縁だ。

けっきょく、エニウエトク巡航は貴重な燃料を浪費した結果に終わったけれど、「失業中」の大和乗組員に刺激をあたえた点で、有意義だったといえよう。

戦艦が輸送屋に……

すでにギルバート諸島のタラワ、マキン両島は米軍の手に占領されていた。そこで、十八年九月、中部太平洋孤島の防衛を強化する方針が大本営から明らかにされたが、ついでにニューアイルランド島にも強力な兵力を送ろうということになった。

なぜなら、敵は西のニューギニアと東のブーゲンビル島の両方からニューブリテン島のラバウルをねらう気配を見せたからである。

ラバウルを守るには、そのすぐ北方にあるニューアイルランド島の防衛も強化しなければならない。この島には第一七軍の第三八師団（沼兵団）の一部と、海軍の第八連合特別陸戦隊がいたが、それだけでは米軍が上陸してきたときに、とても防戦できる兵力ではなかった。

そこであらたに応援兵力をおくることとなり、宇都宮の第五一師団（基兵団）は十一月二十二日、二八〇〇名よりなる独立混成第一連隊を編成した。この部隊の主力はラバウルからニューギニアへ転戦していたから、この第一連隊は留守部隊による兵力であった。

さて、中部太平洋における米潜水艦の活躍はいちじるしく、そのうえ輸送船も不足していた。そこで陸軍に泣きつかれた海軍では、戦艦大和を使って陸兵輸送をしようというのである。もったいないことに、戦艦という艦籍にある大和が軍隊輸送船に身を落としたのである。そのための内地帰還命令がでて、大和は昭和十八年十二月十二日、トラック島を抜錨した。僚艦武蔵ともお別れである。

水兵たちにすれば、四ヵ月ぶりで内地に帰れると大喜びだった。

それから五日後に横須賀に到着すると、待ちかまえたようにどやどやとカーキー色の陸兵約一〇〇〇名が乗りこんできた。

板本康一大佐に率いられる独立混成第一連隊は二つにわかれ、一隊は横須賀で大和へ乗艦、残りは呉にて三日おくれて他の艦艇で南下することになっていた。

この部隊は歩兵のほか三個中隊よりなる砲兵一個大隊も持っていた。そのため野砲やトラック一〇数台、大型発動機艇一〇数隻が上甲板にぎっしりとつまれ、海に落ちぬよう綱で固定された。

やっと主砲の旋回ができるギリギリまで搭載したのだ。もちろん、三機の水上偵察機もおろされた。艦尾のひろい格納庫には、陸軍の弾薬と食糧とが山とつまれた。

積みこみは水兵により、クレーンとエレベーターを利用して行なわれた。水兵たちはほとんど休まず、数時間ぶっ通しで働かされた。それこそ四ヵ月ぶりの内地上陸どころではなく、出港をいそぐからであるが、みなはフラフラになるまで働いた。

生まれてはじめて戦艦に乗る陸軍将兵は、大和の巨大さに驚きの舌をまいた。

「大きいなあ！」

それはいかにもたのもし気な姿だった。

「大丈夫、大船に乗った気でいたまえ！」

艦長大野竹二大佐は、こういってやりたかったろう。事実、これが大和だったからこそ陸兵は命びろいしたのである。

もし小っぽけな輸送船だったら、米潜水艦スケートの魚雷で沈没していたにちがいない。

十八年の暮れもおしつまった十二月二十日の朝六時、大和は横須賀を出港した。護衛は第一〇戦隊の第一〇駆逐隊秋雲、第一七駆逐隊の谷風、山雲の三隻である。第一〇戦隊はかねてより戦艦の護衛に使用されていた水雷戦隊だ。

このときの陸兵輸送を戊作戦という。それは数回にわたって行なわれたが、大和による輸送が一番はやかったので一号戊作戦と称せられている。

さすがの大和も外洋へ出るとゆれだした。陸の猛者も心配顔で海を眺めている。しかし、大部分の者は毛布にくるまって横になってしまった。

五日目の十八年十二月二十四日の夜おそく、あと数時間でトラック島入港というときのことだった。ベテラン艦長マッキネンニ中佐の米潜水艦スケートは、トラック島の北方で大和を発見した。

この潜水艦は四日前、五洋商船の海軍給油艦照川丸（六四三二トン）を沈めたばかりである。大和とこのスケートとは不思議な因縁を持っていた。二ヵ月前、大和が米空母迎撃にきりきり舞いさせられたことを述べたが、あのとき、ウエーク島沖に待機していて、撃墜された米空母機搭乗員の救出にあたったのが、このスケートなのだ。

前に米潜水艦フライング・フィッシュに狙われたとき、艦長は大和を巡洋艦か何かと誤認したらしい。ところが、ロスコーの戦記によると、今回は旧約聖書の「大男ゴリアテに向かうダビデ」にたとえている。

したがって、マッキネンニ中佐は自分がペリスコープでみている相手が、まぎれもない日本の新戦艦とさとったらしい。そして、おそらく興奮のあまり彼の膝はガクガクふるえたことであろう。

「最大のクリスマス・プレゼントだッ！」

この敵に気づかぬ大和は、右舷を見せてのん気に走っていた。「百里を行く者は九十九里をもって中端とす」のことわざどおり、あと一歩で目的地というところであった。やがて大和めがけて、スケートの魚雷三本が発射された。

一本が後部の第三主砲塔ちかくの右舷水線下、約四メートルの個所に命中した。

〔第53図〕

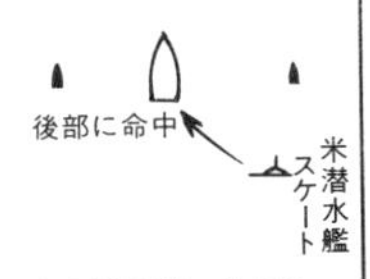

大和被雷時における陣型予想図
（昭和18年12月25日未明 トラック島沖にて）

だが、

戦艦を狙うつもりなら、もっとふかく深度を調節した方がよかったのだ。艦内にはちょっとしたショックが起こった。

　陸軍将兵は目をこすりながら水兵に、「どうした」と聞いたが、しかし、前部に寝ていた者はそのまま眠りつづけていたという。

「対潜戦闘！」スピーカーから緊急の声が流れた。

　独立混成第一連隊の将兵は明らかに動揺の色を浮かべた。浸水がはじまったが、大和にとってはほんのかすり傷だ。事実、ただ一人の戦死者、負傷者さえでなかったのだ。さすが名にしおう大和である。

　三ヵ月前、弟分の武蔵が潜水艦タニーの魚雷一本をうけたとき、七名の戦死者を出したことを考えればまったく幸運な艦といえよう。

　それからしばらくして大和はぐんぐん速力をあげ、速力計が二六ノットを示した。

　潜水艦スケートの艦長は首をかしげた。ふつう、魚雷が命中すると、がっくり速力が落ちるものなのに、大和は船足をはやめて危険水域を走りさったのである。

　水上でも二一ノットしかでないスケートは、もう追いつけない。

　マッキネンニ中佐は呆然として彼方へ小さくなってゆく大和を見送った。

空母護衛に格下げ

　幸いトラック島には第四工作部があり、すぐれた修理能力を備える工作艦明石も停泊していた。二十五日の朝、目的地に入るとすぐに陸兵をおろし、さっそく被害調査がはじまった。

　後部主砲の弾火薬庫への浸水量は約四〇〇〇トン弱。駆逐艦二隻分の重さの水が入っていたのだ。明石の潜水艇で外周をしらべると案の定、長さ一〇数メートル、最大幅五メートルの穴がぽっかりとあいていた。こんな大穴があいていたとは！

　明石工作部でも手のつけられぬほどの大仕事だ。

　やがて十九年の正月を迎え、後甲板で餅つきがはじまった。娯楽の少ない水兵には、餅つきは楽しいレクレーションだった。

　なお大和をおりた陸兵たちは、巡洋艦熊野、鈴谷、大淀に乗り換え、ぶじカビエンに到着した。かりに大和がスケートの魚雷一本をうけず、カビエンに南下していたらどうだっただろう？

　元旦、同地は米空母バンカーヒル、モンテレーの二空母からの奇襲をうけている。したがって、マリアナ海戦やレイテ沖海戦を待つまでもなく、大和と米空母とが対決したにちがいない。

　さて、トラック島にはドックがなかった。そこで水線下の破口を修理するには、どうしても内地へ帰らねばならない。そこで十九年一月十日、大和は右舷後部に大穴をあけたまま呉に向かった。

　内地へ帰れる！　こう思うと損傷したとはいえ、誰もがよろこびの色をかくしきれなかった。そして六日後に大和は呉に到着した。

　それから十二日後の一月二十八日に、同艦は産みの母である呉工廠の第四ドックに入った。この修理は約一ヵ月半もかかり、出渠したのは三月十八日であった。

この船体修理と併行して、対空装備も強化され、三連装のものはもちろん、合計二六門の単装九六式二五ミリ機銃も増設された。

面白いことは後部一五・五センチ砲わきの機銃だ。左舷のものは三連装なのに、右舷は単装なのである。おそらく生産が間にあわなかったのだろう。

また、一二・七センチ二連装高角砲も片舷三基ずつ計一二門が増設され、合計二四門で、それまでの二倍になったわけである。

新設の高角砲も以前の高角砲とおなじように、船体中央部におかれたが、従来の高角砲より低い位置——上甲板上におかれた。

すなわち高角砲の数では、おなじ第一戦隊に所属する長門の三倍になり、レーダーも新しくなった。それまで対空レーダー二一号しか持たなかった同艦に、敵水上艦艇を発見する二二号レーダー二基がつけられたのだ。

黒いラッパのようなそのアンテナは、艦橋上方に左右一対となっておかれた。これはのちに出力を向上して、射撃用レーダーとしても、使用できたのである。それがサマール島沖海戦で活躍するのだが、そのことは後に述べる。

同時に、ひょろ長い棒状の一三号簡易式対空レーダー二基もつけられた。これは取り扱いが簡単なので、二一号の補助としての意味を持っていた。

この一三号は東芝や安立電気で製作され、敵機の編隊を約一〇〇キロの距離で捕捉することができた。これは後部のマストの中段、左右に装備された。

かくて大和は二度目の整形手術を終わった。

この修理中、下士官は手持ちぶさたとなり、水兵に当たることが多かった。水兵こそとんだ迷惑である。

話がやや前後するが、同艦が呉に入港すると同時に、大野竹二大佐が軍令部員として艦を去った。そして四代目艦長として森下信衛大佐が赴任してきた。彼はそれまで戦艦榛名の艦長をつとめていた人物で、兵学校は四五期。

大正六年の卒業で、大野、松田の前艦長より一クラス下だった。

四月十二日、各種のテストを終えた大和は、満足げな顔つきで瀬戸内海柱島に到着した。

なお、このとき現在、水上偵察機は二座のもの二機で、同じ第一戦隊の武蔵、長門と同様だった。

当時の飛行長は岡本環大尉（兵学校六〇期、昭和七年卒業）である。

この修理中に大和らの第一戦隊は、それまでの第一艦隊から第二艦隊にくら替えされた。というよりも、十九年二月二十五日をもって、戦艦部隊である第一艦隊は消滅したのである。

すでに海上の覇者は空母に移っていたのである。つまり、大和がまだ一発の砲弾を敵に射たぬうちに、すでに戦艦の時代は去っていたのだ。皮肉な運命である。

これからは戦艦も重巡の第二艦隊に入れられ、ともに砲戦部隊となるか、あるいは空母と組んでその護衛をつとめるよりほかに、仕方がなかったのである。すなわち戦艦の格下げが行なわれたのだ。

ビアク島の敵を叩け

この間、米軍のニューギニア西部およびマリアナ群島上陸への危険がひしひしと迫った。そこで連合艦隊はスマトラ島北部のリンガ泊地に集結を命ぜられた。

大和もおっとり刀でかけつけることとなり、十九年四月二十一日、人員や機材を満載して呉を出港した。

重巡摩耶と駆逐艦二隻に守られた同艦は、二四ノットの高速でひたすら南下する。その翌日は沖の島を通過した。だが、集結地に到着まえ、大和はとんだアルバイトを命ぜられた。

第三南遣艦隊司令部のあるフィリピンのマニラへ、軍需品を輸送せよというのだ。輸送船が不足していたから、どうせ大和が南下するなら、ついでに機材を運ばせようとしたのである。そして五日ののち、大和はマニラに到着した。

そして機材の一部をおろし、二十八日の朝八時、いよいよ集合地であるリンガに向かった。

五月一日の夜七時、大和と重巡摩耶は目的地リンガに入港し、長門以下の艦隊と合流した。

大和のリンガ泊地入港は、すでに集結していた艦から歓迎をうけた。ひさしぶりにみる連合艦隊の勇姿である。彼らは内南洋のパラオから後退してきたものだった。

大和は内地から乗せてきた人員一六〇〇名、軍需品二〇〇〇トンを荷揚げした。

それまでは長門が第一戦隊（戦艦三隻）の旗艦だったが、五月四日を契機に大和が旗艦に変更された。そして豪将として知られた第一戦隊司令官宇垣中将も移乗し、かつて山本元帥が毎日を送った部屋に、起臥するようになった。

「光栄とはいわん。本艦をもって安らけき死場所とし、ただただ使命達成に邁進せんのみ」

彼は日記『戦藻録』に、その感激をこう述べている。大和を語るとき、われわれは強気一点張りの宇垣中将を忘れてはならない。大和という馬は、宇垣という名代の乗り手を迎え、いっそう生彩を放ったのだから……。いずれにせよ、第一戦隊といえば昔から日本海軍の華であり、大艦巨砲主義の権化だった。

ここリンガ泊地は浅いので、敵潜水艦が侵入する心配はなく、そのうえスマトラの油田地帯に近いため、燃料を気にする必要もなかった。

太陽がぎらぎら照りつける赤道直下のため、リンガでの一〇日間は水兵たちにこたえた。彼らの唯一の楽しみは、昼飯後に二時間だけゆるされる昼寝である。原地人と同様、午睡をとらねば暑さのため体がまいってしまうのだ。

司令部では、「来るべき海戦は六月ごろパラオ近海で行なわれる」と判断した。この中部太平洋における艦隊決戦を「あ号作戦」と称した。そのため早手まわしのために艦隊を付近に集めておく必要があった。

その秘密の前進基地として、ボルネオの北東タウイタウイがえらばれた。

聞いたこともない泊地だった。

「タウイタウイへ行け！」

これを合言葉に大和は、第二水雷戦隊を先陣にして、金剛、榛名につづいて五月十一日の未明三時にリンガを出港した。

すでに武蔵、隼鷹、千代田らも内地からタウイタウイをめざして航海中だった。

大和は一八ノットで北東に進む。この付近には敵潜水艦がかくれているから厳重な警戒が必要だ。現にその付近で船団護衛中の駆逐艦電《いなずま》が米潜水艦ボーン・フィッシュの犠牲となっている。

この被害より一二時間後の五月四日の夕方四時、大和らは目的地に入港した。

ところが、結果的には進出が早すぎたのだ。そのためなかなか出撃のチャンスは訪れない。

一二日後の五月二十八日、とつじょ入った無電は日本艦隊を驚かせた。

「ビアク島に米船団あらわれ、上陸を開始す」

ビアク島は日本海軍が決戦を予想したパラオより九〇〇キロも南の島だ。九〇〇キロといえば、東京から九州の熊本までの距離で、わが軍にとっては完全に意表をつかれた作戦だった。

ビアク島のわが第三六師団（雪兵団）の一部は、勇敢にも反撃をこころみた。そこで陸軍は満州から南下してきた海上機動第二旅団を応援とし、これに逆上陸をやらせようと考えた。

当然、海軍に輸送の依頼がきた。

「いまフィリピンのダバオにいる海上機動第二旅団を、ビアク島まで乗せてやってくれ」

そこで青葉と鬼怒、それに敷設艦厳島らがこの作戦に投入された。この輸送を「渾《こん》作戦」という。

第一回目の作戦は敵の阻止にあって中止となり、駆逐艦七隻による二回目も失敗した。

第三艦隊司令長官小沢治三郎中将は空母大鳳の作戦室で六月十日夜、次のように考えた。

「よし、三度目の正直だ。今度は思いきって武蔵、大和もビアク島に投入しよう。そうすれば姿をみせぬ敵空母も、のこのこ出てくるにちがいない。そのときこそ、わが空母部隊が敵空母と決戦を交えるのだ」

大和らは第二水雷戦隊旗艦能代、島風、沖波および第四駆逐隊の山雲、野分に守られ、六月十日の午後四時、一ヵ月近くをすごしたタウイタウイを抜錨した。

翔鶴、隼鷹、千代田などの空母乗組員が、さかんに手をふって見送る。

「しっかりたのむぞッ！」

全艦隊の歓呼の声は、大和を奮起させずにはおかなかった。大和も非番の水兵をずらりと甲板に整列させ、登舷礼式をもって答えた。

今回の目的は、ビアク島に上陸した米陸軍に対し、壮烈な艦砲射撃をくわえることであった。そのスキに青葉らが陸軍を上陸させるというヒット・アンド・ラン方式である。

大和らの艦砲射撃という点では、ちょうどレイテ湾海戦や、沖縄特攻の場合とおなじ要旨の作戦だ。敵はまさに動かない大地である。得意の四六センチ砲弾を浴びたら、さぞや米兵は肝をつぶすであろう。

この出撃に乗組員一同の張り切りようといったらなかった。環礁外へでると旗艦大和は二三ノットで突っ走り、第二艦隊の水上偵察機が夕刻まで対潜警戒をやってくれた。

敵潜にねらわれる

このとき、大和の姿をペリスコープでじっとみているアメリカ人がいた。米潜水艦ハーダーの艦長デーレイ中佐である。彼は南下中の日本艦隊を、「戦艦三、巡洋艦四、駆逐艦六～八隻」と過大評価した。

大和が米潜水艦にみられたのは、これで三度目だが、すでにその秘密は敵側にもれていたらしい。ロスコーの潜水艦戦史は、「その戦艦はスーパー・ムサシのようであった」と述べているからだ。

夜六時ころ、大和は左舷真横八〇〇〇メートルに潜望鏡を発見した。だが、八〇〇〇メートルでは遠すぎて、敵は魚雷を射つことができなかった。

左舷にいた駆逐艦沖波がハーダーに突進した。このハーダーは、「日本駆逐艦殺し」の異名をとった潜水艦だ。

沖波は一四〇〇メートルから魚雷三本のお見舞いをうけたが、これを回避反撃し、敵潜水艦を損傷させた。戦艦も機銃や副砲を水平にたおして敵潜水艦を警戒する。

大和はこの小ぜりあいを横目で見ながら、危険海面を通り抜けていった。

翌日、大和らは真東に向かってセベレス海を横断した。この日、大和はみずからの水上偵察をカタパルトから発射し、対潜警戒を行なった。

さて、作戦指揮官となった第一戦隊司令官宇垣中将は、先発の輸送隊に対し、ひとまずハルマヘラ島南西部のバチヤン泊地に集合するよう命じた。

そして、みずからも六月十二日の朝八時、同地に入港した。すでに重巡妙高、羽黒、青葉、敷設艦津軽、厳島らも大和を待ちかまえており、さっそく打ち合わせが行なわれる。

この泊地はどこまでも水が清く澄み、椰子のグリーンが目にしみるような美しい島だった。

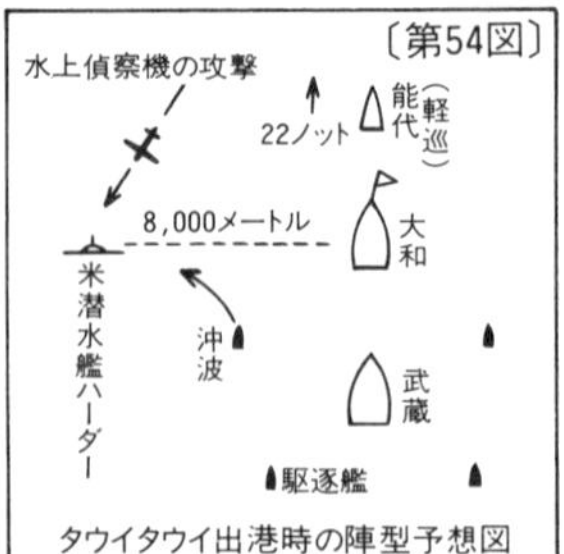

タウイタウイ出港時の陣型予想図
（昭和19年6月10日）

いよいよビアク島奪回戦である。それはちょうど二年前の、ガダルカナル島逆上陸の艦砲射撃を思わす危険な戦いだった。

給油艦玄洋丸（浅野物産のタンカー）から大和は最後の補給をうけ、腹も一杯になった。あとは出撃命令を待つのみだ。

カーキー色の軍服を着た第二軍参謀が最後の連絡に到着した。突入は二回以上、行なうこととなり、まず最初はこっそりと陸軍を輸送する。

上陸地点はビアク島北岸のコリムしかない。ここは港がないので、大和や駆逐艦には青葉から借りた大発艇が山のように搭載された。

陸兵の輸送を終えたら、身軽になった大和、武蔵は二度目の突入を行なう予定だ。そのときこそ敵陣を射って射って、射ちまくり、あわてて出てきた敵艦隊を撃滅しようというのである。

六月十三日の太陽が、西の水平線に沈んだ。どの艦も軍艦旗がおろされ、水兵は不動の姿勢をとる。

そのとき、とつぜん意外な無電が入った。

「敵船団はサイパン島沖にあらわれ、艦砲射撃を開始す。あ号作戦用意！

海中にひそんで肉薄してくる敵潜水艦は油断ならなかった

渾作戦は中止す」

やはり敵は予想どおり、中部太平洋にあらわれたのだ。もうビアク島などにかまってはいられない。たった四日間で渾作戦は立ち消えとなり、大和乗組員はふり上げたコブシのやり場に困った。

「ビアクの陸軍は、さぞがっかりするだろうな？」

と宇垣中将はつぶやく。だが、新しい事態のためにはやむを得ない。

夜一〇時、大和は抜錨した。第二水雷戦隊、第一戦隊、重巡の順で出港し、二〇ノットで小沢治三郎中将の機動部隊に向かったのだ。

翌十四日の午前一一時、B25らしき大型機が前方を西へ横切った。もし、このB25双発爆撃機が大和を認めたとすれば、それは同艦が敵航空機に発見された最初であろう。

対潜警戒機はつねに二～四機が頭上を旋回していた。しかし、風向きが艦隊の後方からだったため、クレーンで水上機を海面からつまみ上げるのに、わざわざ転舵しなければならなかった。


時間のロスも相当なものであったろう。

二日後の六月十六日の未明、いくらさがしても合流すべき第二補給部隊の姿が見えない。決戦をひかえてそろそろ燃料も心配になってくる。補給隊はタンカー玄洋丸、清洋丸、国洋丸、給油艦速吸よりなり、海防艦四、駆逐艦二隻が護衛していた。

下手に無電を発すれば、たちまち敵に傍受され、ミッドウェー海戦の給油艦鳴戸のようなヘマをやりかねない。

大和はカタパルトより水上偵察機を発進させた。水上機は目を皿のようにして友軍をさがした。そのおかげで朝九時、艦隊はやっとタンカーと合流することができた。搭載機が意外なところで役立ったのだ。

やがて、二三ノットで洋上補給が開始される。ただし、大和だけは水上機揚収のため給油開始がおくれ、そのうえ、ホースの具合が悪く取り替えねばならなかったため、夕方までにわずか九〇トンを受けとっただけであった。

やがて午後四時、戦艦部隊は、タウイタウイから出てきた空母を左舷真横に認めることができ、めでたくランデヴーを終わった。

味方の編隊に誤射

かつて大和が基地としたカロリン群島トラック島より、はるか内側のマリアナ群島サイパン島に、火がついたのだ。いまや米軍は、わが内懐にせまったのである。

もし、サイパン島が占領されれば、硫黄島、小笠原もあぶなくなる。それにもましてサイパン島にB25の基地ができれば、東京空襲はまぬがれない。だからわが海軍は全力投球によって、これを防がねばならない。

幸い米船団は、仇敵第五八機動部隊をともなっているらしい。そのため、もしかするとサイパン島沖海戦――マリアナ群島沖の大海戦により、米空母を一網打尽にできる可能性もあった。

これは日、米の海軍がたがいにその死力をつくして、精いっぱい戦う最初の大艦隊決戦でもあった。空母大鳳のマストにひらひらとZ旗が上がった。

〔第55図〕

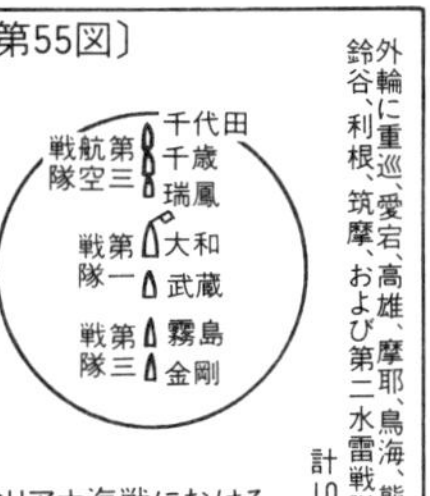

マリアナ海戦における前衛部隊陣型図
（昭和19年6月20日）

「皇国ノ興廃、コノ一戦ニアリ。各員一層、奮励努力セヨ！」

わが方の空母は九、米国側は一五隻だ。

知将として知られる小沢治三郎中将は、空母を三つのグループにわけた。一番まえに千代田、千歳、瑞鳳の第三航空戦隊、その三〇カイリ後方に隼鷹らの第二航空戦隊、さらに三〇カイリ後方には大鳳、翔鶴らの第一航空戦隊を布陣した。総計一〇〇カイリにもおよぶ単縦陣だ。

「装甲を張った旗艦が一番あとにかくれている」と酷評する人もいる。しかし、小型空母をオトリにしても主力の三大空母を温存し、くり返し攻撃を反覆させようとするアイデアはさすが知将小沢中将の名に恥じない。

将棋でも捨て駒をしなければ、敵の王将を取ることができない。

しかし、機動部隊司令官として、第三航空機隊などどうなってもよいと考えたわけではない。それ相応の「手」はうってあったのだ。

戦艦大和、武蔵、金剛、霧島、さらに重巡愛宕以下、八隻による強力な護衛が、小型空母についたのがこれである。

もし、敵空母機が弱い第三航空戦隊に殺到すれば、戦艦四、重巡八、軽巡一、駆逐艦九隻よりなる艦隊の対空砲火をくぐらねばならないのだ。

しかも、もしわが方の航空攻撃がある程度、功を奏したならば、これら前衛部隊は全速力で突進し、夜戦に持ち込んで敵空母にとどめを刺す計画である。卓越した作戦ではないか。

前衛部隊の指揮は、重巡愛宕の第二艦隊司令長官栗田健男中将がとった。すなわち大和はずっと小さい重巡愛宕の指揮をうけることになっていたのである。

十九年（一九四四年）六月十九日、前衛部隊はグアム島の西方六〇〇カイリに到達し、北東に向かって二〇ノットで進んだ。

当時の大和は、戦艦部隊の先頭に立ち、小型空母瑞鳳のうしろを走った。もちろん、外側の輪型陣には重巡や駆逐艦がずらりと配置についている。

「敵艦見ゆ！」

すでに索敵機からの報告は入っていた。先陣をうけたまわる第三航空戦隊は、零戦に二五〇キロ爆弾をつんだもの四三機、艦上攻撃機天山七機、零戦一四機を朝七時二五分に勇躍発進させた。

「たのんだぞッ！」

大和艦上では水兵たちが空を仰いでさけんだ。敵との距離はまだ三〇〇カイリ余（東京～岡山間）もあり、どう考えても遠すぎる。

しかし、空母同士の決闘では、一発でも先に命中させた方が有利だから功をあせらねばならない。

彼らの大部分は三時間ののち、オトリの米戦艦に目をつけた。残念なことに、その後方に位置していた空母には気づかなかったのだ。

唯一の戦果は新戦艦サウス・ダコタの艦首に一発の爆弾を命中させ、二七名を戦死させただけで、重巡ミネアポリス、ウイチタは至近弾でかすり傷だった。

そうこうするうちに、空母エセックス、バンカーヒル、カウペンスより発進したF6Fヘルキャット戦闘機が殺倒し、日本機は壊滅的な打撃をうけてわずか数機が生還しただけで、大和乗組員らの期待は空振りに終わった。

話は前後するが、第三航空戦隊機の発進を見送って約一時間、後方から空母機一二八機があらわれ、大和らの頭上にせまった。

高度三〇〇〇メートル、そろそろ敵空母機の来襲するころである。

黒点の群れはぞくぞくと前衛部隊に近づき、まず重巡高雄が高角砲の砲門をひらいた。

「対空戦闘！」のラッパが鳴りわたる。つづいて武蔵をのぞく前衛部隊の全部が、待ちかねたように砲門から火をふいた。

黒点の群れのうち二機が火を吐いて海面に激突した。すると、その大編隊はあわてて翼を左右に振りはじめた。味方機の合図をしている。

大鳳、翔鶴らから発進した空母機が、うっかり禁じられているはずの、味方艦の上空を横切ろうとしたのだった。

「馬鹿めッ！」宇垣中将の腹の中は、煮えくり返るようであったにちがいない。

この日、わが空母機はご難つづきで、そのうえ、二空母が敵潜水艦の犠牲と

あ号作戦において千代田から出撃直前の九九式艦上爆撃機

なってしまった。

はじめて開いた砲門

翌六月二十日、こんどは米空母が艦上機を送りこむ番だ。しかし、大部分が小沢中将の本隊や第二航空戦隊に向かったため、最前方にいた前衛部隊はかえって狙われていない。

大和らのグループを襲ったのは、全来襲機の七分の一にすぎぬ二〇機だった。

それは第五八機動部隊のうち、モンゴメリー少将の率いる第二空母隊機である。すなわち空母バンカーヒルおよび中型空母モンテレー、カボットより発進したアベンジャー雷撃機と、やはりバンカーヒルより発進したグラマンF6Fヘルキャット戦闘機の一隊だった。

このとき、大和の対空レーダーはよく働き、九〇キロの距離でつぎからつぎへと敵編隊の来襲をキャッチしている。

「くるぞッ！」

待ちかまえていると案の定、午後五時四七分、敵約二〇機の姿があらわれた。

彼らは降下して一二・七ミリ機銃を掃射したり、マーク一三型魚雷一二本を投下したりした。

大和からは、かなり距離があったけれど、艦長森下信衛大佐は主砲の射撃を命ずる。

「射てッ！」

このとき、大和の四六センチ砲が、はじめて敵に対して砲門をひらいたのである。開戦いらいじつに二年半ぶりのことだった。

それは三式弾という対空弾で焼夷実包をふくみ、一発で一編隊を墜《お》とすといわれていた。

つづいて一五センチ副砲、一二・七センチ高角砲も負けじと射撃を開始した。雷撃機が多いから仰角も低い。

猛烈な対空砲火におどろいた敵機群は、たちまち退散した。しかし、気がつくと空母千代田と戦艦榛名が、後甲板に爆弾の直撃一発をうけ、さかんに黒煙を上げているではないか。

約二〇分後の夜六時一〇分、べつの敵編隊が南方を通過するのが認められた。飛鷹に向かうレキシントン（二世）の搭載機である。

どうせ遠すぎて、むだとはわかっていても、大和は主砲を射ってみた。敵空母機はもう大和には目もくれず、ひたすら後方の空母群に殺到した。

それよりややまえの夕刻五時、小沢中将から前衛部隊司令官栗田中将に命令が下った。

「夕刻のわが航空攻撃に呼応し、重巡、戦艦を率い、至急突撃、敵空母を捕捉せよ！」

いままで空母を守っていた大和らは輪型陣をとき、二四ノットで東進した。

「よし、いよいよ俺たちの番だ！」

いままでのわが航空攻撃で、敵空母にいくらかの損害をあたえたものと大和乗組員は信じきっていた。

夜戦のため妙高、羽黒、軽巡矢矧以下の第一〇戦隊（駆逐艦）、航空巡洋艦最上が後方から大和に追いついてきた。

矢矧と大和とのコンビは、このとき

にはじまる。そして沖縄特攻で二隻とも枕をならべて討死したのだ。

「今に夜間雷撃隊から入電がある。それまでに少しでも敵空母に接近しなければ！」

途中、炎上しつつある給油艦清洋丸（国洋汽船、一ＴＬ型戦標タンカー）の

米機の攻撃をうける機動部隊。円内の白煙につつまれているのは千代田

姿が認められた。

「仇はとってやるぞ！」

大和らは歯を喰いしばって走りつづけた。

ところが偵察機からの報告は、

「ワレ、敵ヲ見ズ」であった。

栗田、宇垣両中将の失望も大きかったことであろう。

小沢中将からも無電が入った。

「夜戦に望みなければ引き返せ」

むりして深追いするな、というのである。

夜九時、大和らは反転し、北西北へ艦首をむけた。四時間にわたる敵空母への追撃戦だった。

明けて二十一日になったが、油断はできない。敵空母が追ってくるからだ。

それに二機の敵偵察機は、二〇キロの距離を保っていつまでもついてくる。

その電話を大和の通信室が傍受したところ、

「ヤマト、ナガト……」

などの文句が認められた。位置や速力の報告も正確である。

「なかなかやるわい」

宇垣中将は苦笑した。

すでに大和は、いな全艦隊はすっかり元気をなくしている。あまりにも明白な敗北だった。

彼らは沖縄の中城《なかぐすく》湾へ二〇ノットで後退した。六月二十二日の一時、大和は入港し、ほっと一息ついたのちただちに給油を開始した。

補給後、艦隊ははじめは中部フィリピンのギラマスへ回航の予定だったが、連合艦隊の命令が急に変更となり、ひとまず内地へ帰投することとなった。

はじめから期待していなかっただけに、乗組員の喜びようといったらない。

翌二十三日の朝一〇時一五分、大和は沖縄を出港し、翌日は瀬戸内海に到着した。油の乗りきった大和にとって五回目の内地帰着である。

行く手に網をはる敵潜

水兵たちは、マリアナの敗戦を口にしてはいけない、と念をおされつつ上

陸をゆるされた。その間に、呉で大和はまたしても対空装備を増した。二五ミリ機銃三連装五基の計一五梃を新設、全艦これハリネズミのような姿となった。

しかし、そのころ内地では重油の不足が目立っていた。訓練をしようにも燃料が気になって思うにまかせない。

そこで艦隊を思いきって油の豊富な南方へ派遣し、そこで訓練しようということになった。

そのついでに、前回とおなじように、途中まで陸軍将兵を輸送する計画がたてられた。乗船するのは第四九師団(垣兵団)の第一〇六連隊三〇〇〇名だった。

彼らは朝鮮半島の竜山で編成されたばかりの兵力で、ビルマ戦線へ投入するものであった。

七月五日、呉で軍需品の積載がはじまり、連隊長十時《とじ》和彦大佐が挨拶にやってきた。

「よろしくお願いします」

名誉の連隊旗も乗艦し、大発六隻が搭載された。

大和にはこのほか、スマトラ方面の第二南遣艦隊に送るべき軍需品も山とつまれた。

そして七月八日、薄曇りのなかを大和は朝八時四五分に出港し、二日後に沖縄で燃料補給して、ふたたび一八ノットで南下した。

護衛は矢矧以下の第二水雷戦隊の駆逐艦四隻だ。十月十二日、ときどきスコールを浴びながらも、艦隊はルソン海峡を東から西へ突破、南シナ海に足をふみ入れた。

同航するのは愛宕級四隻と熊野級四隻、そして武蔵、そのほかの駆逐艦群という堂々たる陣容である。

ところが、敵潜水艦同士の電話が、数回も聞こえた。

「いるな」艦隊はぎくりとする。おしゃべりは、なおもつづいた。そこで翌日の午後三時から五時の間に敵潜水艦の電波より、その位置と距離を推定する訓練をやってみた。

「どうもうまくゆかない」

大和の通信長は舌打ちした。

七月十五日、風速一五メートルの風が吹き、水しぶきは艦橋にまでおよんだ。向かい風のため海はひどく荒れ、陸兵たちは心細いような顔になる。

そのころ日本陸軍の軍歌のなかで「歩兵の本領」という歌があった。その中に、〽……港を出でて、輸送船、しばし守れや海の人、という一節がある。

まさに海上にあっては、さしもの陸の精鋭も、海軍に生命をまかせるよりほか、仕方がないのだ。嵐のなかで駆逐艦五月雨が一時は行方不明になるという一幕もあり、大和の艦橋は緊張した空気が流れた。

それでも七月十六日、大和、武蔵は五月雨、時雨、島風とともに、午後四時一〇分、リンガ泊地に到着し、残りの艦艇は分離してシンガポールに向かった。リンガ入港は三ヵ月ぶりであった。

同地には埠頭がないので、陸軍徴用船、機帆船、大発などが大和を待ちうけ、入港と同時にわっと横づけしてきた。それでも陸兵や軍需品の荷上げには、二日後の午前中までかかってしまった。

第一〇六連隊は感謝しつつ、瑞祥丸に移乗してシンガポールに向かった。陸兵輸送のお礼という意味か、陸軍タンカー国輝丸が大和、武蔵に重油を補給してくれた。

以後、空母をのぞく日本艦隊がぞくぞくとリンガに集結してきた。そして三ヵ月もここで、血のにじむような訓練がくり返されたのである。

空母がいないので、つぎの戦いは自己の対空砲火だけで自衛しなければならない。主砲のレーダー射撃もだんだんと実用的になった。二二号水上見張レーダーは出力を向上させ、射撃用レーダーとしても使用できるようになったのだ。きびしい特訓はなおもつづく。

一方、欲求不満から下士官の水兵に対する制裁は、そのはげしさを増し、大和の艦上でも、そっと涙をぬぐう中年の応召兵の姿が見られるようになっていた。

彼らの唯一の楽しみは、ときおりシンガポールから送られてくる映画を見ることだった。その映画会は甲板上で行なわれるのが常である。だから、ときどきスコールが降ると映画会もお流れとなってしまうのだ。

どの軍艦にも小さな神棚が祭ってあるものだが、大和でも十月八日の朝、大和神社祭が行なわれた。少しでも単調な生活に変化をつけ乗組員の士気を高めようとしたのであろう。

前甲板に爆弾命中！

この間、日本はじりじりと後退をくり返していた。大本営はフィリピン―台湾―沖縄―日本本土をむすぶ線をもって最後の防衛線とし、もしこの一角に米軍が上陸した場合、陸海軍の全力を投入して反撃しようと手ぐすね引いて待ちかまえた。いわゆる「捷《しょう》号作戦」である。

今回の強みは、多くの陸上飛行場が使えることだ。すなわち航空機の掩護のもとに、わが艦隊が行動できるわけである。しかし、せっかくの計画を根本からくつがえす事件が起こった。

十九年十月十三日～十六日の台湾沖大航空戦がこれである。米空母に殺到した海軍航空部隊は、戦果をあげぬうち、ほとんど全滅にひんしてしまったからだ。これによって航空機の掩護は期待できない。

この直後、大和らに出撃準備が命ぜられた。「ひとまずボルネオのブルネイに前進し、そこで命令を待て」というのだ。

十月十八日、第二艦隊はしずしずとリンガ泊地を後にした。そして第一戦隊の大和らは一番うしろからオミコシをあげ、未明の二時五分に出港した。

この日、ついに捷号作戦が発令されたのである。

大本営よりの命令は、さっそくスピーカーで大和の全乗組員に伝達された。そのとき、たまたま一羽の小さな鷹が前檣楼の主砲指揮所にとまった。

「しめたッ！　縁起がいいぞ！」

むかし、日清戦争のときに、黄海海戦でわが海軍が大勝したことがある。この海戦の帰りに巡洋艦高千穂のマストに、一羽の鷹が舞い降りたことはあまりにも有名だ。あの故事を思い出し

第二艦隊被雷時の陣型図（後衛部隊は省略）
（昭和19年10月23日朝）
〔第56図〕

てか、宇垣中将はこの鷹を捕らえさせ、籠に入れてマスコットにしたという。

　十月二十日の一二時、ブルネイへ入港した栗田艦隊は、二日後の朝八時に同地を出港した。

　今回の目的は、レイテ島タクロバンに上陸した米第一騎兵師団に艦砲射撃をくわえることにより、わが第一六師団（垣兵団）を助け、あわせて沖に停泊中の敵輸送船団を撃滅しようというのである。

　決行予定は三日後の十月二十五日の早朝であった。すなわち陸軍部隊の作戦に協力することであり、いかなる犠牲をはらっても、フィリピンから米兵を追い払おうというハラだった。もちろん、二十四日の夜、かならず敵艦隊に遭遇するから、これも得意の夜戦により、なぎ倒すねらいもあった。

　ブルネイ出港の翌二十三日のまだ早朝、第二艦隊旗艦愛宕と高雄および大和のすぐ前を走っていた摩耶にとつじょ魚雷が命中した。潜水艦デイスの艦長クラゲット中佐は、

「前の二隻は重巡だった。三番目、四番目のが戦艦らしかったので、重巡をやりすごし、三番目の艦をねらった」

といっている。

　上図にしめすように、四番艦が大和だったのである。

　クラゲット中佐は斜め前からちょっと見ただけなので、大和、武蔵を識別できなかったのだろう。

　この雷撃に、すかさず大和は取舵《とりかじ》で左によけたが、大爆発を起こした摩耶の左舷一五〇〇メートルに魚雷の発射源を認めた。さらに左前方にも愛宕を沈めた潜水艦ダーターの潜望鏡を見つけ緊張した。

　両面の敵！　まさに四面楚歌である。

　しかし、潜水艦さわぎもどうやらおさまった。

　それから約七時間後、旗艦を失った第二艦隊司令長官栗田健男中将が、大和に移乗してきた。この瞬間から大和は艦隊旗艦となり、二つの中将旗を上げるようになった。

　本来なら当然、もっと前から大和が旗艦となるべきだったが、「第二艦隊旗艦は重巡」という日本海軍の慣例により実現をみなかったのである。

　二十四日は午前から蜿蜒五時間の、計四回にわたる未曽有の大空襲がくり返された。同艦が初体験する死物狂いの対空戦だ。もちろん敵は、米第三八機動部隊の艦載機である。

　しかし、困ったことには主砲を射つとき、外に出ている機銃員が爆風でとばされぬために、そのたびに艦内に入らねばならぬことだった。そのため、ブザーが鳴るたびに機銃の射撃は一時、沈黙してしまうのだ。

　約八〇機よりなる三回目の空襲のと

きに、大和はついに被爆してしまった。カーチス急降下爆撃機SB2Cヘルダイバーの投下した爆弾二発が、第一砲塔の前部に命中したのだった。

おそらく米空母機の愛用した二五〇ポンド（約一〇〇キロ相当）のGP通常爆弾だったろう。

この相手は空母エセックスから発進したものだった。被害は軽く、二五ミリ機銃一基が兵員とともに吹きとばされて、火災が発生しただけだった。もちろん、この火はすぐ消し止められた。

とうじ大和は陣型の中央にあり、前方に重巡、後方に戦艦を配置、さらにその外側に駆逐艦を布陣していた。

三〇分ばかりたつとまた二五機による第四回目の空襲がはじまった。

空母フランクリンの急降下爆撃機が、またしても大和の前甲板、揚錨機付近に直撃一発をくわえた。だが爆弾は、はじきとばしてしまう。さすが不沈艦大和だ。

大和は機銃の銃身が真っ赤に焼けただれるほど射ちまくった。もうギザギザした空冷式冷却装置など役に立たない。

あっちこっちに機銃の薬莢が散らばっている。だが疲労のあまり、片付ける者もいない。とにかく壮烈な戦いだった。

すでに弟分の武蔵は落伍し、後刻に沈没してしまった。恐ろしい大空襲が終わると、大和は一度は退却すると見せかけ、ふたたびレイテ湾へのコースをとりはじめた。

敵駆逐艦の肉薄攻撃

レイテ湾の米艦隊は二つの系統からなっていた。一つは日本艦隊との海戦を目的とした第三艦隊（その主力は第三八機動部隊）、他は上陸軍の掩護や船団護衛にあたる第七艦隊である。

この第七艦隊は一六隻からなる商船改造の護送空母を持っていた。その護送空母は三つのグループにわかれ、そのうちの第三小隊が、レイテ島北方のサマール島沖に遊弋していた。彼らは例のように、わが垣兵団の陣地に爆弾の雨をお見舞しようと準備中だったのである。

十二月二十五日の早朝六時四五分といえば、もうわが艦隊はレイテ島を艦砲射撃する予定時刻だった。

だが、前日の大空襲でスケジュールがすっかり狂っていた。しかしこのとき、栗田艦隊の見張員は予想していなかった南の水平線に、敵空母のマストを発見したのである。夢ではないか？絶好のチャンスが訪れたのだ。しかし、もっと驚いたのは米空母群である。退却したはずの日本艦隊がぽっかりと目の前にあらわれたのだ。そして隊伍堂々と、こちらへ向かってくるではないか。

彼らは一目散に逃げ出した。

そのとき、大和の砲塔が左へ回転した。一三分後の六時五八分、戦艦は前部主砲に高い仰角をかけ、三万メートルあまりの距離から砲撃を開始した。だいぶ遠いがやむを得ない。

ついに米空母に一矢を報いるときがきたのだ。第一戦隊は二、三斉射をくわえた後、すぐ目標を変えてべつの空母を射ちはじめたが、こうなると敵は無我夢中で逃げまわるのみであった。

日本側でも追うのに必死だった。もう隊列もへったくれもない。

早いもの勝ちで、てんでばらばらに突進しだした。スピードの早い戦艦榛名が、大和の艦首をすれすれに横切る。危ない！　もうちょっとで衝突だ。普段ならば、とてもゆるされないことである。

一刻をあらそう時なので、両軍とも無線電話では暗号を用いず、そのままの言葉で伝達された。通信兵も興奮にうわずった声で、マイクにがなり立てる。

敵空母は悲鳴をあげ、しきりに第三艦隊へ助けをもとめていた。世の中にこれほど痛快な追撃戦があろうか。

「突撃セヨ！」

おそまきながら大和のマストに信号旗がひるがえった。

この砲戦で、自分の着弾を観測、修正するためわが砲弾には、各艦ごとに黄、青、赤などの塗料がいっぱいつまっていた。大和の砲弾は無色である。だから敵艦の周囲に立ちのぼる水柱は、色とりどりの美しい色をしていた。

「ジャップのヤツらは天然色で攻撃してきた」

このときの司令官クリフトン・スプラーグ少将がこう述べているのはそのためである。

突進する羽黒や利根などの高速艦が、ぐんぐん大和を追い抜いて行った。

それにしても敵艦隊は逃げ方がうまかった。彼らは東方のスコール雲に姿をかくし、そのうえ、護送空母がかわるがわる煙幕を張るので、大和の砲撃は思うにまかせなかった。

だから大和は、二二号レーダーをつかって煤煙と雲のなかへレーダー射撃を行なったが、しかし、さっぱり反応がなかった。

敵第三小隊は護送駆逐艦四隻をつれていた。彼らはなかなか勇敢で、空母の危機を救うため、自己の身を犠牲にして煙幕のなかから反撃してきたのである。

一度、舵を北へとった駆逐艦ジョンストン（自衛艦の「ありあけ」と同型でフレッチャー級）が大和の左手に、同じく駆逐隊旗艦のホエルが右舷にそれぞれ姿をあらわした。そこで大和は一五センチ副砲をもって、ホエルに射撃を開始した。砲弾はおもしろいようにホエルの艦橋に命中し、その上の射撃指揮装置を破壊した。

それでもホエルは九〇〇〇メートルから一二・七センチ砲で大和に応戦してきた。けなげなる戦いぶりである。

大和は朝の七時二五分、ついに「伝家の宝刀」四六センチ砲をお見舞いした。

「みごと撃沈！」

と見張員がさけんだが、実際はまだ沈まなかったのである。

そのころ、敵駆逐艦の一二・七センチ砲弾二発が大和の右舷の後部料理室

〔第57図〕

サマール島沖海戦後期の陣型図
（19年10月25日朝）8時25分ごろ

と外側ボート庫に命中した。しかし、ボート庫の砲弾は幸いにも不発弾に終わった。三番目の駆逐艦ヒーアマンは大和に対し、七時四五分、戦艦榛名とその後方の大和に対し、七本の魚雷を発射した。

これに危うく気づいた榛名は、敵のいる南（右方）へ避けたのに対し、大和は北（左方）へ舵をきった。これが失敗だった。せっかくの追撃のチャンスを逃がし、七カイリも逆の方向に走ったからだ。

このヒーアマンに対して、大和は七時五一分、一万メートルから副砲で応戦した。

「こんな小僧子は副砲で十分」

とでもいいた気なようだった。

主砲の命中弾なし

七時五〇分をすぎたころ、一本煙突の米護送駆逐艦（自衛艦の「あさひ」クラスと同型）までが魚雷攻撃を行なってきた。

だが、その乗組員はまだ一度も魚雷を射った経験がなく、さらに編隊を組んでの突撃訓練さえも教わっていなかったのだ。そのために、一隻ずつがばらばらにあらわれては、入れ替わり、立ち替わり魚雷を発射したのである。

二四ノットしかでぬレイモンドが、煙幕からひょっこり顔をだした。

大和はこの護送駆逐艦を右舷正横たった三カイリに認め、一五センチ砲と一二・七センチ高角砲とで応戦した。

そのころ、大和の右に四本、左に二本の雷跡が大和をかこむように、のろのろと同航してきた。これは先のヒーアマンの射った魚雷だが、これを大和は、新しい敵レイモンドが放ったものと勘ぐってしまった。

もうまったくの乱戦で、何がなんだかさっぱりわからない。そこで八時一四分、大和は水上偵察機をカタパルトから射出した。これは二機目の搭載機で、最初の一機は朝七時半に「初弾命中！　敵空母沈没す」と打電したまま行方不明となっていたのである。

同機はすでに護送空母マニラ・ベイのアベンジャー雷撃機と遭遇し、袋だたきにあって撃墜されていたのだ。

さて、二号機も、「敵艦隊の針路は南東なり」と打電したまま、やがて行方不明になった。やはり敵情は不明のままである。

大和はふたたび右はるか前方の煙幕の中に、レーダー射撃を行なったが、やがて護送空母ガンビア・ベイが、はげしく炎上している姿がちらりと見えた。

「空母撃沈！」のニュースがスピーカーで艦内に放送されると、乗組員は肩をたたきあって喜んだ。

しかし、実際にこれを沈めたのは金剛だったのである。

八時三四分、大和は同航しつつ斜め前方の煙幕からあらわれた駆逐艦に副砲の猛射を浴びせ、六分後にこれが爆沈するのを認めた。

この犠牲になったのは、二時間のあいだに四〇発以上もパンチを食った駆逐艦ホエルで、同艦は左側に傾いて沈没、二五三名の生命を海底にのみ込んでしまった。

すでにかなり前から、米空母機の反撃が散発的にはじまっていた。

それはわが重巡にかなりの被害をあたえていた。そして九時六分より一五分間、大和にも四回ばかり襲いかかってきたが、宇垣中将は敵が少数だったため、さして気にしている様子もなかった。この敵機は他のグループの護送空母から発進したものだった。

アベンジャー雷撃機でも、魚雷を抱いているものは少なく、たいていは一〇〇ポンド（約五〇キロ）の小型爆弾しか持っていなかったのである。

大和は南下中、いつの間にか護送駆逐艦サミュエル・B・ロバートを追い抜いてしまっていた。このように敵味方がたがいに入り乱れ、戦況は雲をつかむようだったのである。

そこで栗田中将は追撃を断念し、大和の通信室から、「あつまれ！」を発令させた。

わが艦隊は陣型を立てなおして、九時二五分、いちおう北方へ向かった。かくて世にサマール島海戦といわれる戦いは、その幕を閉じたのである。

この千載一遇のチャンスにも、大和は期待されたほどの戦果をあげていない。

護送空母ファンショー・ベイ、カリニン・ベイなどは穴だらけになったけれど、いずれも重巡の二〇センチ砲弾によるものであり、大和の四六センチ砲弾のあとは見られなかった。

いかに二七ノットでるといっても、しょせんは戦艦で、追撃戦では三五ノットの重巡に及ばなかったのである。

レイテを目前に回頭

ふたたび、南下してレイテ湾に向かった大和は、さきほど米艦が沈没した海面あたりを通りすぎた。すると何百名もの米水兵が、漂流物につかまって浮かんでいた。

彼らは大和の大きさを目のあたりにし、その恐ろしさに絶叫したことであろう。

「ハウ・ビッグ！（なんて大きいんだろう）」

しかしその後、マニラの南西方面艦隊から、

「敵第三艦隊の大型空母がレイテ湾の北方一一三カイリにあり」

という無電を送ってきた。

栗田中将は考えあぐんだ。

「当初の目的であるレイテ湾へ向かうべきか？」

「あるいは、突然あらわれた宿敵の機動部隊を倒すべきか？」

彼はついに決断をくだした。

この機会を逃がすと、敵空母撃滅のチャンスはあるまい、と決心し、艦隊は北へ舵をとり、せっかく近づいたレイテ島から遠ざかっていた。

ところが後になって、さきの報告は誤りであることが判明したのだ。

だから大和は艦砲射撃も敵大型空母追撃のどちらも果たすことなく、むなしくボルネオのブルネイに向かったのである。

翌十月二十六日の朝八時三〇分、約八〇機の敵空母機が後退中の日本艦隊に追い打ちをかけてきた。こんどは日本艦隊が追われる立場になった。

この敵は名にし負う第三八機動部隊である。

敵も長距離から背のびをしての攻撃

で、対空射撃をくぐりぬけた敵機は、大和の前甲板に急降下で五〇〇ポンド（わが国の二五〇キロに相当）爆弾二発を命中させた。それから約二時間の後、またもやワスプ、カウペンスより発進した二〇機が大和に殺到してきた。

その一発をうけて、揚錨機室以下に浸水が起こり、また他の一発は一番砲塔の左舷水線下に穴をあけた。

それと同時に第一三空軍（米陸軍）のリベレーターB24の四発重爆二四機が足なみをそろえるかのようにモロタイ島を発進して、大和の上空に来襲してきた。

だが、B24は艦載機のように勇敢でなく、へっぴり腰で高々度から大型の五〇〇キロ爆弾を投下したのだった。

「面舵一杯！」

森下艦長の腕の見せどころである。

同じ艦橋には、栗田、宇垣の両中将がいたが、回避運動は艦長にすっかりまかせっきりで、艦の運命を艦長の腕にあずけているのか、信頼の色が将官たちの顔にあらわれていた。

大和は爆弾をゆったりと右によけた。だが、至近弾でまた浸水が起こった。

この二回目の浸水は三〇〇〇トンにも達した。このままでは左に傾くので艦のバランスをとるため、右舷に二〇〇〇トンの水を入れて修正しなければならなかった。そこで森下艦長はさけんだ。

「右舷前部に注水せよ！」

だから大和は、合計五〇〇〇トンの水を飲んだまま走ったことになる。

やがて日もおちて夜になった。

大和は非番の水兵を後甲板に整列させ、被弾したときに戦死した乗組員二九名の水葬を行なった。

軍艦旗をかけられた遺体は、砲弾の重りをつけられてつぎつぎと海底に沈んでいった。儀仗兵が虚空に射つ弔銃も音がしめっぽかった。言葉にあらわせぬ悲しい一瞬である。

しかし、あれほどの大空襲をうけても、戦死者二九名ですんだとはさすが大和であった。

乗組員はこの三日間の戦闘による疲労で、すっかり目はくぼみ、ぎらぎらと血走っていた。

二日後の十月二十八日夜八時半、艦隊はブルネイへ傷ついた身をかばうように入港した。

大和は揚錨機をやられているので錨をおろすことができず、やむなくTM型戦標タンカー雄鳳丸（飯野海運）の錨に艦をゆだねた。

レイテ湾海戦で大和は、重傷者五五名（うち四名はのちに死亡）、軽傷者六九名をだした。死傷者合計では全乗組員の七パーセント弱で、一五三名という数は、同じ第一戦隊の長門より、はるかに少なかった。

入港五日後の十一月三日、マニラの第一〇三工作部から矢ヶ崎正経技術少将らが損害調査のため空路到着し、数日にわたる調査の結果、大和らは内地に帰らなくては修理ができぬとわかった。

十一月六日の午後、大和乗り組みの重傷者五一名を乗せた病院船氷川丸はブルネイを出港し、ひと足さきに内地へ向かった。

それと入れちがいに入港してきたのが空母隼鷹であった。同艦は内地から弾丸の緊急輸送に従事してきたのである。弾薬庫がほとんど空《から》になりかけた大和にとって、隼鷹から四六センチ対空弾をこってりと受けとった。

「ありがとう！」水兵たちは、たがいに手を握りあっていた。

ブルネイ入港中に、大和は陸軍船団の陽動作戦に出撃したり、B24の大空襲をうけたりするなど、いろいろ面白い出来事があったのだが、紙面の関係でこれは省略する。

十一月十六日、ブルネイを出港した栗田艦隊は、七日後の二十三日、疲れきって柱島に帰投した。

翌日八時、さっそく呉の第四ドックに入り、吃水線下の傷を修理、出渠したのは、昭和二十年一月三日のことであった。

特攻出撃命令くだる

呉入港の翌日、頭のハゲた有賀幸作大佐（長野県出身）が五代目艦長として就任してきた。従来の艦長はいずれも砲術を専攻したのに対し、有賀大佐は水雷の専門家だった。

現代ふうにいえば、彼が一番貧乏クジをひいた艦長といえよう。なお四代目艦長森下少将（昇進）は第二艦隊参謀長となり、相変わらず第二艦隊旗艦大和で生活していた。

この入渠で対空火器はさらに増設され、機銃員として老兵までが乗艦してきた。

そのため、乗組員の数はいっそう増して三三〇〇名をこえた。幾多の戦火をくぐった鬼兵曹から見ると、スローモーションな老水兵たちの行動や態度は、ひどくたるんだものにみえ、そのたびに鉄拳制裁がくわえられた。

また、反対に二十歳以下の少年兵も一〇〇名近くを数えた。すでに戦況が絶望的であることは海軍軍人はもとより、誰の目にも明らかであった。

「しかし、もし敵が本土に接近してきたとき、わが特攻機の全力を投入してこれに大打撃をくわえ得れば、挽回のチャンスがないでもない」

大本営はこんな考えだった。

したがって、大和らの第二艦隊は、今回はほとんど「失業」にちかい状態であった。

だいいち、訓練しようにも燃料がなかったのだ。徳山海軍燃料廠のタンクは底がみえはじめ、またシンガポールから油を運んでくる船団が、つぎつぎと敵潜水艦の餌食になり、補給も思うようにいってなかった。

日向、伊勢、榛名、長門など、まだ戦艦が残ってはいたが、もはや「宝の持ちぐされ」で、重油不足のため、やはり動くことができなかった。

こんなときだったのである、バックナー中将指揮の米第一〇軍が沖縄に上陸してきたのは……。

わが第五航空艦隊と陸軍の第六航空軍は、南九州から連日のように多数の特攻機を出撃させ、かなりの戦果をあげたのだ。だが、あと一押しというところで、いつも息切れがしてしまっていた。

大本営にいわせれば、沖縄の第三二軍の態度は中途半端な戦いぶりにみえた。ほとんど戦わずに、中部の嘉手納《かでな》、北の読谷《よみたん》の二飛行場をかんたんに敵軍の手に明け渡してしまったからだ。

そしてここへ着陸した敵は、この基地からさかんに戦闘機を飛ばすようになった。

これが南九州から発進し、沖縄までたどりつくのに疲れきった特攻機を待ち伏せしていたのだから、わが航空部隊の被害はウナギのぼりに上がっていった。

さかんに尻をつつかれた第三二軍は、やっと重い腰をあげ、敵上陸より一週間目の昭和二十年四月七日を期して、飛行場奪回の総攻撃をかけることとなった。

このチャンスを利用して、わが航空部隊も沖の船団や敵陣めがけて一大航空攻撃をかけることとなった。すなわち、「菊水一号作戦」である。

現地では必ずや強力な援軍がきてくれるものと信じきっていた。すでに人間魚雷回天や特攻艇震洋も実戦に投入されていた。

このときにおいて、日本海軍部隊の華である第二艦隊が遊んでいてよいものだろうか？


いま死場所をあたえてやらなければ、つぎの本土決戦のさい、ますます戦艦を使うチャンスはなくなってしまう。そして大和以下の沖縄特攻は決定されようとしていた。

この無謀な出撃には、もちろん反対意見も多かった。そしていやな役をおおせつかったのは、連合艦隊参謀長草鹿龍之介中将だった。彼は気のすすまぬままに空路徳山に飛び、大和の第二艦隊司令長官を訪れた。

艦長とおなじように、艦隊長官もすでに栗田中将から、軍令部出身の伊藤整一中将に交代していた。九州男児の彼は、むりな作戦と知りつつも、草鹿中将の言葉に大きくうなずいた。

不快な面持ちを顔にださぬ点、さすが武士の末裔である。

「四月八日の未明、敵船団を撃滅したるのち、嘉手納基地に突入、艦砲射撃しつつ陸地に乗りあげよ！」

悲壮な戦いである。作家三島由紀夫氏は、「日米決戦のテルモピレー」と称している。

そのため、陸戦用の小銃が山とつまれた。

網をはっていた敵潜

すでに三月の末、乗組員に最後の上陸があたえられた。

決死の沖縄行のニュースで、乗組員の士気は沈滞してしまった。しかし、人格者である伊藤整一中将が訓示をあたえると、不平不満の顔は消えた。

胸に菊水のマークをつけた水兵は、もはや誰もが死を覚悟するようになっていた。

四月六日の午後三時二〇分、艦隊は徳山沖を南下、四国〜九州間の豊後水道を通過した。本来なら下関海峡を通過した方がはやいのだが、三月二十七日以降、サイパン島よりのB29爆撃機が、ここにパラシュートつきの磁気機雷を投下したため、下関海峡は通れないのだ。

第二艦隊といっても、第一航空戦隊の空母葛城、隼鷹などは飛行機の不足から役に立たない。だから大和の護衛は矢矧を旗艦とする第二水雷戦隊一〇隻だけだった。

だが、このうちの駆逐艦響は磁気機雷にふれて発電機がとまったので出撃が断念され、駆逐艦は艦隊用のもの六隻、防空用のもの二隻だけとなった。矢矧らは一〇ヵ月前のマリアナ海戦から、つねに大和とコンビを組んで働いた忠実なしもべでもあったのだ。

しかし当時は、すでに米潜水艦が日本近海西部に六隻がたえずパトロールしているという状況であった。

そのうちの二隻が豊後水道の入口に、一隻が和歌山~四国沖の紀伊水道の入口にひそんでいた。細い下関海峡が通れぬ以上、この出口で監視していれば、大和以下の艦艇が行動をおこしたら、すぐにキャッチできるからである。

海上護衛隊では、第三一戦隊の防空駆逐艦花月と護送駆逐艦榧《かや》、槇《まき》の三隻を投入し、大和の前路を警戒させた。しかし、この部隊は未熟であったため、敵潜水艦の潜伏にまったく気づかなかったのである。

米潜水艦スレッドフィンは四月六日の夕方五時四五分、大型艦二、小型艦六隻が二五ノットの速力で南下するのを認めた。

「艦長、射たしてください!」

「ノー」

彼は首を横にふった。

上層部よりの命令で、「日本艦隊出撃の場合、これを攻撃するよりまず連絡、報告せよ」とかたく命令されていたからである。

もし攻撃すれば、かならず駆逐艦に制圧され、それ以降の数時間は、浮上して無電を送ることができなくなることを考えたからであろう。

夜になって、潜水艦ハックルバックも四回にわたりグアム島の本部へ、「ヤマト見ユ!」の電文を送っている。

大和の通信室ではこの電波をキャッチしたが、沖縄までの片道燃料しかつんでいないので、寄り道はできず、駆逐艦を制圧に向かうことはできなかった。

「ほおっておけ、あんな小者は……」

潜水艦からの電文は沖縄へリレーされ、ハチの巣をつついたような大騒ぎとなった。

「大変だッ! スーパーマンがやってくる!」

艦砲射撃に当たっていた兵力が大急ぎでかき集められ、旧式戦艦六、巡洋艦七、駆逐艦二一隻が翌四月七日の午後三時半、沖縄を出港、北東に舵をとり大和迎撃に向かった。

かつてレイテ湾で山城、扶桑を倒した連中である。

これと同時に、空母一五隻を持つ第五八機動部隊司令官ミッチャー中将は、自己の四つの空母グループに対し、夜のうちに沖縄の北東方へ集結するように命じた。

しかし、補給をうけに行っていたデヴィソン少将の第二空母部隊だけは、とうとう戦闘に間にあわなかった。

七日、東の水平線が明るくなりかけると、待ちかねたように米空母群は索敵機をカタパルトから発進させた。夜のあいだに潜水艦が大和を見失っていたからである。

一方、大和でもただ一機の零式二座水上偵察機をカタパルトから射出し、対潜警戒に当てた。もうこのころは、一機を乗せるだけが精一杯なくらい、飛行機がなかったのである。

射ち出された機は大和の頭上を二回旋回したのち、北に消えていった。その後、同機はぶじに鹿児島湾に帰投している。

午前中は第三五二航空隊や大村航空隊の零戦隊が一〇機くらいずつ交代で南九州笠ノ原より飛来して上空を守ってくれていた。だが、それにしても護衛機はあまりに少なかった。

しかし、そのときは第五航空艦隊も敵空母を発見し、これに一大特攻攻撃をかけていたので、余分な戦闘機がなかったのである。

朝八時三二分、空母エセックスのグラマンＦ６Ｆヘルキャット戦闘機が、旗艦空母バンカーヒルに向け打電していた。

「ヤマト、見ユ！　速力……、針路……」

実際には二二ノットで走っていたのに、Ｆ６Ｆからの報告では、日本艦隊の速力を一二ノットと報告している。

もはや大和は、「俎上の鯉」であった。

沖縄の慶良間列島を基地とする米海兵隊のマーチン双発水陸両用飛行艇二機が、この無電でただちに飛び立った。

この低速機が執拗に大和の跡をつけてきたのである。砲術長黒田吉郎中佐の言によると、この飛行艇に対し何度も長距離から四六センチの三式弾を射った。するとマーチン機は、すぐ雲のなかに姿をくらまし、しばらくするとまた、のこのことついてきたという。

花の生命は短くて……

朝一〇時、第一、第三空母部隊より合計二八〇機が発進を開始した。うち九八機がアベンジャー雷撃機で、のこり一八二機が半徹甲爆弾をかかえたカーチス・ヘルダイバーＳＢ２Ｃと五〇〇ポンド爆弾を抱いたグラマンＦ６Ｆであった。

戦闘機に二五〇キロていどの爆弾を抱かせたことは、ちょうど、日本の零戦特攻機と同じであった。

大和には上空直衛機がいないとあなどってか、敵は戦闘機までもが爆弾を抱いて飛来したのである。

だが、当時は大和の頭上に雲が低くたれ、そのため彼らはなかなか日本艦隊を発見できなかった。

「いまのうちだッ！」

大和の艦上では、主計兵によってニギリ飯とタクアンの昼食がくばられたが、これが乗組員にとって最後の食事になろうとは誰も思わなかったであろう。

それから約二時間後の一二時二〇分、大和の一三号小型対空レーダーが敵大編隊をスクリーンのうえに捕らえた。

大きい方の二一号レーダーは役だたなかったらしい。すでに第二水雷戦隊の各艦は大和の周囲をグルリと囲み、旗艦を守ろうとする気がまえを見せている。

「射ち方、はじめッ！」

艦長有賀大佐はさけんだ。

と同時に、二四門の高角砲、そして一五〇もの機銃が待ちかねたようにいっせいに轟音を発した。

かくして第一次の空襲は一二時四〇分から五〇分間もつづけられたのだ。

敵機は先をあらそってあとからあとからつづいて押しよせてきた。それを大和は二四ノットで右に左に回避していたが、右へ回頭中、空母ベローウッド機の爆弾二発をついに後マスト付近にうけてしまった。それによって二番副砲、一三号レーダーおよび後部射撃指揮所が破壊された。

それから四分後、左真横から突っ込んできた同じく第一空母部隊のベニントン雷撃機隊は前部に魚雷を命中させた。

と、とつぜん矢矧がひょっこりと陣型からとびだした。大和を守るため、敵機の注意を自分の上にひきつけようというのである。

カリグの『バトル・レポート』は、矢矧の行動を「カレージアスリー（勇敢にも）」とほめている。

だから、この第二水雷戦隊旗艦の矢矧は、大和より一足さきに犠牲となり沈没してしまった。

大和の艦橋では、銀河隊が敵空母を攻撃中というニュースが入ったので、「このていどの傷なら、沖縄到着も望みなきにあらず」と思っていた。空襲のとだえた間、水兵たちは戦闘配置についたままで、サイダーをラッパ飲みした。軍医は負傷者の手当にいそがしい。

敵の第二次攻撃隊は第一波より一時間おくれ、午後一時二〇分から大和に襲いかかってきた。それはヨークタウンを旗艦とする第四空母部隊で、戦闘機四八機、急降下爆撃機二五機、雷撃機五三機よりなっていた。

この第二次空襲では、敵雷撃機は左舷ばかりを狙ってきて、そのうちの五本が中央部に命中した。

この命中で、大和は右舷に注水して傾斜をふせいだので重くなり、速力も一八ノットに下がってしまい、また操舵室への浸水によって同艦の舵はあまりきかなくなった。

午後二時をすぎたころ、またもや急降下爆撃機が襲ってきた。今度も三発の命中弾をうけてしまった。

大和では、戦死者が続出し、しだいに防御砲火も弱まっていった。そして右舷機械室にも浸水がはじまった。それ以降、つぎつぎと四本の魚雷が巨艦大和の腹にくいこみ、大きく左へ傾いた。この雷撃機はホーネットとヨークタウンのものであった。

大和は満身傷だらけとなり、もはや最後も近い。そしてあわれにも六ノットという速力しか出すことができず、左へぐるぐる回りつづけていた。舵をやられ、円運動をくり返していたのだが、それはガダルカナル島沖の戦艦比叡を思わすものがあった。乗組員はすでに傾いた艦内で、自己の持ち場を離れることなく、とどまったままタバコに火をつけた。

あらかじめ配給されていた菓子の封を切る者もいる。と、とつぜんスピーカーがなり立てた。

「総員、上甲板！」

それでも艦橋の空気は意外に落ち着いていた。艦長有賀大佐と第二艦隊司令長官伊藤中将は他の者が艦にとどまるのをゆるさず、すでに二人とも、防弾チョッキに鉄カブトの死装束であった。

断末魔の大和の生命は、あといくば

くもない。だが、正式の退艦命令はなかなか出なかった。

やがて艦は横転し、赤い艦底を上にした。だから十分まにあったはずの者までが、脱出のチャンスを失ったのである。時に昭和二十年四月七日午後二時二三分で、約二時間にわたる激烈な海空戦だった。

まもなく大和の砲塔に大爆発が起こったが、火薬庫に火がまわったためだろう。それは天地も裂くような轟音を、あたりにとどろかせた。

鉄くずとなった大和の艦底は、しばらく苦しそうにもがいていたが、九州南方の坊ノ岬沖に姿を消した。

上空を旋回していたマーチン飛行艇の二艇長、ヤング少佐とシムス少佐はニヤリと笑った。それほどドラマチックな光景だったのだ。

三三三二名の乗組員のうち、冬月、雪風に救われた者はわずか二六九名で、九一・九パーセントに当たる三〇六三名が大和と運命をともにしたのであった。

壮烈な戦いだった。いな、海戦というより一種のなぶり殺しである。この坊ノ岬海空戦は悲惨な、あまりにも悲劇的な一幕だった。

後世になって、大和の水上特攻を犬死として手きびしく批判する人も多い。

「花の生命は短くて……」わずか三年と六ヵ月の生涯であった。

かくて大艦巨砲主義のシンボルであった戦艦大和は、水面下四三〇メートルの海底に眠ったのである。しかし、帝国海軍の誇りだった大和は、今もなお歴史の上に輝ける一ページを残している。

(昭和四十五年二月収載。筆者は戦史研究家)

戦艦「大和」死闘二時間の記録

四六センチ主砲が殷々と轟いたサマール島沖海戦――森下信衛

レイテ湾沖海戦の起因

太平洋戦争も大詰めにきた感の昭和十九年十月、連合軍の進攻は、ついに比島におよび、わが軍は全力をあげてこれを阻止するため、残存艦隊の総兵力を結集した。

新たに連合艦隊を編成したとはいえ、さきにミッドウェーで敗戦を喫し、近くにはマリアナ沖海戦でこれまた惨敗に終わり、日本海軍はついに航空母艦の大半を失ってしまったのである。機動部隊とは名称だけで、その兵力、術力ともに、緒戦における赫々たる機動とはまったく比べものにならない、お粗末なものであった。

航空兵力が中枢となる海上戦闘において、翼なき海上部隊は敵情がつかめず、バランスのとれない変則的艦隊というべく、敵に艦隊決戦を挑む資格なしとの結論は、すでにわれわれがみずから敵艦隊に示した教訓だったのだ。

ソロモン方面における激烈なる航空消耗戦のため、わが方の後続の航空機はつづかず、帰趨おのずから明らかながら、その変則艦隊をあげて特攻、殴り込み作戦を実施する結果となってしまったのである。

この困難きわまる作戦を遂行する各艦長としては、ぜんぜん直掩機とか、友軍機の掩護などにたよらず、単独自艦の砲火で敵機を撃壊し、かつまた回避して、来襲した敵機動部隊との艦隊決戦を実施し、一挙に比島海域より敵艦隊を一掃する任務があたえられたのである。

対空回避方策

ガダルカナル島方面において、わが艦隊がうけた無数の被爆の経験から、艦長としての戦訓はつぎのようにあらねばならぬと考えるにいたった。すなわち、つねに明鏡止水の境地というか、つねに自由自在の心境にあり、いかなる事態に立ち至るも臨機応変の処置をとることが肝要である。

蝟集する敵航空機の水平ならびに急降下爆撃、または魚雷攻撃などにより、当方のとるべき手段はそれぞれ万変万化すべきであり、敵の大部隊にたいしては遠距離より大口径砲、三式対空弾を射ち込み、まず機先を制して敵の編成を混乱せしめ、ついで敵が近接せば全砲火をもって集中攻撃をするとともに、敵機が急降下にうつる前に一斉回避をして、突入照準および命中を困難ならしめることである。

魚雷攻撃にたいしては、来襲する雷撃機に艦を首尾線方向にむけ、射点占得を困難ならしめ、標的面を少なくする。また水平爆撃にたいしては、爆弾投下直前に変針して、命中率を少なくすることである。

戦艦大和のように艦体が非常に大きく、したがって標的面が大になり、かつ運動が鈍重なるものは、敏速な回避はきわめてむずかしく、多数の航空機を完全に回避することは、もっとも苦手とするところである。

シブヤン海の大空襲戦

捷一号作戦が発動され、栗田艦隊は二十二日、停泊地ブルネイ湾を出撃、ジグザグ航行を行ないつつパラワン水道にむかった。二十三日早朝、司令長官栗田中将座乗の旗艦愛宕（大型巡洋艦）に敵潜水艦の魚雷四本が命中、つづいて後航艦の高雄に二本命中した。高雄は航行不能となり戦列を離れた。愛宕は命中後二〇分にして沈没した。その直後、右側航行の三番艦の摩耶にまたもや魚雷四本が命中し、同艦は数分にして轟沈した。

栗田中将はただちに駆逐艦に移乗したが、のち第一戦隊（司令官宇垣纏中将）の旗艦大和を第二艦隊の旗艦として作戦を指揮した。

この敵潜水艦の奇襲が、捷号作戦初頭の大打撃となるとともに、われわれとしては、敵も緒戦いらい魚雷の精度向上のため、研鑽を行なっていることを如実に知らされた。

シブヤン海の比較的に広い海面に出るにともない、敵の空襲を予期して、昼間接敵序列、いわゆる（輪型陣）に占位する。

一〇二五、敵艦上機三〇機来襲。引きつづき三〇機から一〇〇機ずつ五波に分かれて来襲。武蔵は大なる被害を受けて、ついに落伍した。戦艦武蔵はその後間もなく、単独で一五〇機の来襲を受け、総計二〇本の魚雷、直撃弾一七、至近弾二〇以上を受け、空襲終了後五時間にして、ついに一九三五、シブヤン海北岸にて沈没した。

栗田第二艦隊司令長官は敵の空襲にかんがみ、この状況を継続すれば、日没をまたずに兵力の無力化するのを恐れ、日没一時間後にサンベルナルジノ海峡を強行突破するため、いっそう広くて自由なるシブヤン海で足踏みして形勢を見定めようと決意され、一五三〇、そのむねを連合艦隊に報告のうえ、反転して西方に向かった。

一五一五以後は敵の空襲をうけることなく、一七一五にふたたび東方に反転した。その一時間後、一八一五に連合艦隊司令長官より、「天佑を確信し、全軍突撃せよ」との返電がきた。

サマール島沖の海戦

かくして潜水艦の奇襲をうけることを覚悟のもとに、サンベルナルジノ海峡を夜間強行突破し、空襲および敵潜の襲撃をうけることなく二十五日薄明前、ぶじに通峡し、ひろびろとした海面に出て、一同、安堵の胸をなでおろした。

サマール島にそって南下の途中、日の出一時間前、敵機の攻撃にそなえて対空接敵序列にうつりつつあるとき、〇六四五、東方の水平線上に数本のマストを発見した。艦内にサーッと緊張の空気がはりつめた。まさしく敵機動部隊である。しかも、艦載機を発艦中とのことが、しだいに判明してきた。

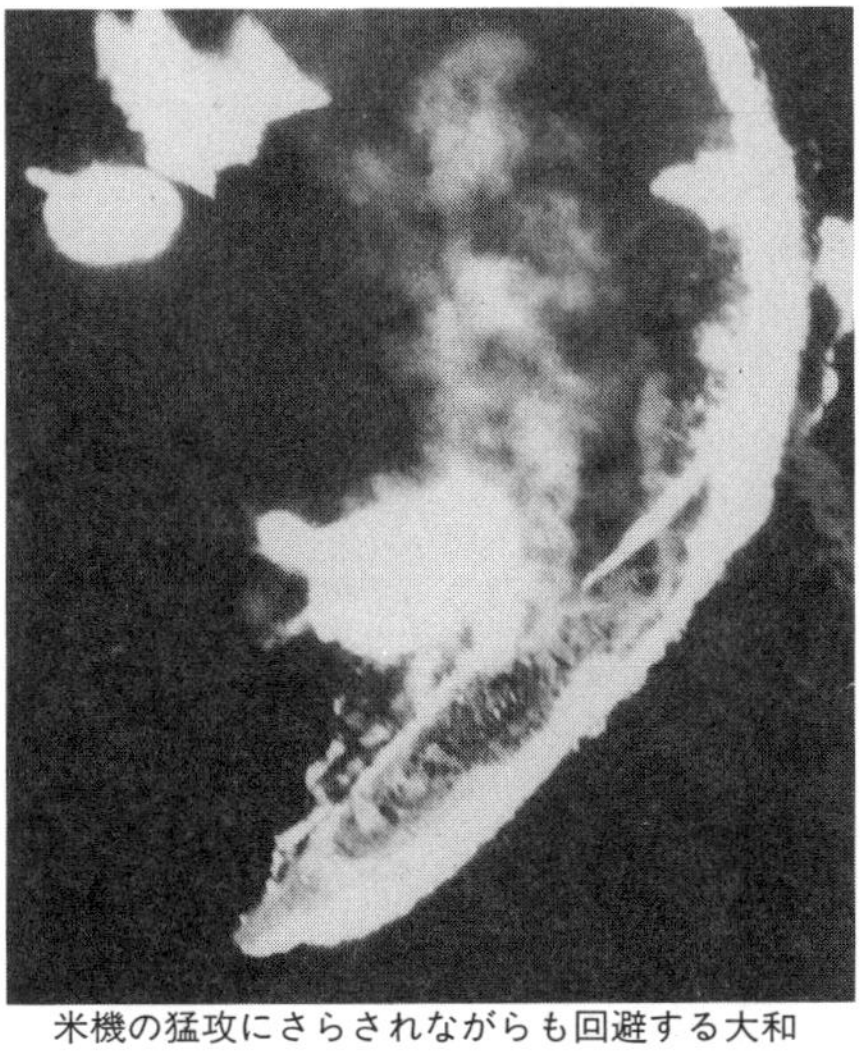

米機の猛攻にさらされながらも回避する大和

じつに思いがけないことである。さんざん痛めつけられた、憎っくき機動部隊と洋上で出遇い、このときとばかり一同、快哉を叫んだのである。

敵は正規空母の一集団と直感したが、猶予をあたえると、あらゆる手段を講じてわれより離脱し、反覆空襲をかけてくることは間違いないので、一瞬の間隙をあたえることなく、また隊形などにはこだわらず、ただちに全力即時待機とし、一三〇度方面に各隊「列向

戦艦榛名。サマール沖の戦いでは米護衛空母群に損害を与えた

変換」を行ない、同方向に変針し、なお風上側占位を考え、展開方向一一〇度とした。

大和はただちに増速し、敵に艦首をむけ、〇六五八、敵航空母艦に目標をさだめ、距離三万二〇〇〇メートルにて、主砲一八インチをもって射撃を開始した。千載一遇のこのときと、一発必中の気迫をこめた巨砲は、殷々と海空をとどろかす。

ついで第三戦隊（金剛、榛名）も砲戦に参加し、第五戦隊（妙高、羽黒）、第七戦隊（熊野、鈴谷、利根、筑摩）に突撃が令され、つづいて水雷戦隊に対しては、続行せよと命令された。航空機を飛ばしてこそ、航空母艦の強味を発揮することが出来るが、戦艦との洋上決戦では問題にならない。それッ、喰いつけとばかり、栗田中将は、「全軍突撃」を下令されたのである。

また、戦闘中は各隊、各艦に対する指令、命令は、速達を期するために、すべて平文の無線電話で行なわれた。

この洋上戦闘は敵の退却、味方の追撃で終始した。はじめ敵は東より南東に、つづいて南へと内圏をえがき、その間、駆逐艦をもってする煙幕や、時折りやってくるスコールをたくみにつかって、その艦影をかくしつつ、もっぱら戦場離脱にあせっていた。

これに対し、わが方は優速を誇る重巡を先頭に、金剛、榛名の高速戦艦、少しおくれて大和、長門の超弩級艦がつづき、敵に息つくひまもあたえず猛進撃、猛追撃をもってすること、およそ二時間におよんだのである。

断続するスコール、その間を補う煙幕に妨げられ、主砲射撃が思うように射てない。ついに日本海軍はじめてのレーダー射撃を行なった。その初弾が空母に命中したのを確認したが、その後の効果を認めることは出来なかった。

また副砲をもって、煙幕からあらわれた敵駆逐艦一隻を砲撃し、これを撃沈する。つづいてふたたび敵駆逐艦群が煙幕を張りつつ驀進してきたので、副砲一五センチをもって猛撃した。駆逐艦は間もなく退却したが、魚雷数本が白線をえがきながら向かってくるのを見て、外側に緊急一斉回頭でこれを避け、事なきを得た。しかし、敵の魚雷速力は遅く、といってこれをやりすごすことも出来ず、雷跡はあきらかなため、これの針路に復することも出来なかった。そのため約一〇分ほど同航することになったため、追撃を遅らす結果となってしまった。

〇八二〇からふたたびレーダー射撃をはじめたが、命中確認が出来ないのと、弾着観測と敵情確認のために観測機一機を射出したが、この飛行機は「敵針南東……」と報じただけで、消息を断ってしまった。

〇八五〇、最後の観測機を発進させたが、数分後、「敵戦闘機の追撃をうけつつあり」との報告をしたのち、おなじく消息を断ってしまった。

これより先〇七三〇ころより、敵の艦載機の空襲は間断なく繰りひろげられ、わが艦隊は追撃戦に専念していたこと、味方に不利なスコール、敵の煙幕などのため視界が悪く、各艦とも敵機の奇襲は避けられなかった。このため鈴谷、鳥海、筑摩は大損害をうけて沈没、または人員収容後、自沈した。

戦艦大和は一発も魚雷をうけず、ただ直撃弾数発を数えるのみであった。急降下爆撃程度のものは、防御甲板に対してはあまり威力なく、直撃をうけてもわずかに電灯が消えるくらいで、大なる被害はなかった。しかし、無防御部には、艦体にも人員にも相当の被害があったが、戦闘航行には支障はなかった。至近弾による破口浸水のため二区画に満水し、そのため艦の傾斜を増大したくらいですんだ。なお、砲、機銃などの人員には相当の被害を出したが、他艦にくらべてみるときわめて軽微であった。

追撃戦中、敵機動部隊の航空母艦、巡洋艦および駆逐艦などの沈没、損傷せる近くを通過したが、敵艦載機の散発的な空襲があり、救助を求めている光景も見えたが、つぎの敵機の襲撃と大和の異常な高速力のため、救助のために停止することは出来なかった。

かくして敵情不案内のうちに追撃二時間に及び、各艦は著しく分散したので、栗田長官は〇九三〇、追撃中止を令し、ついで各艦は逐次集合を命ぜられた。第一戦隊の針路は〇度、速力二〇ノットと指示され、北方に退避した敵機動部隊を求めて北上を開始した。

本海戦をアメリカ側ではサマール島沖海戦と呼び、日本側ではレイテ沖海戦と称している。

不沈艦と称された大和

世界最大を誇った大和は、日本海軍が大艦巨砲主義の最大にしてかつ最後を飾った戦艦である。造艦技術の粋をかたむけ、呉海軍工廠において、ものものしい警戒裡に昭和十二年十一月に起工され、十五年八月に進水、太平洋戦争の勃発した日から八日目の昭和十六年十二月十六日に竣工し、連合艦隊司令長官山本大将座乗の旗艦となった。

爾来いくたの作戦に出動し、その勇姿あるところ敵なしと思わせたが、戦局も大詰めに近づいた昭和二十年四月七日、沖縄特攻作戦に参加し、敵機動部隊の熾烈なる空襲をうけ、ついに九州南方海面にて沈没した。満載排水量七万二〇〇〇トン、一八インチ砲九門、副砲および高角砲それぞれ一二門を有し、攻撃力も防御力も、ともに列強海軍の戦艦をはるかに凌駕すると自認していた超弩級艦も、大空襲部隊の前には完全に無力の鋼鉄と化し、ついに不沈艦とは成り得なかったのである。

姉妹艦に武蔵、のち空母に改装された信濃がある。

（昭和三十二年一月号収載。筆者は大和艦長）

戦艦大和の新兵さん泣き笑い日記帳

大和艦上に展開された同じカマの食卓を賑わした水兵たち——森下　久

トロい兵隊だった私

同期生のささえがなかったら、私の軍隊生活は死をまねいていたことだろう。戦艦大和の一三ミリ機銃員として血の戦いを味わい、生還したそのかげには、忘れられない同期生や、戦友の力ぞえが数多くあった。中でも新兵の二等水兵生活で同じ海兵団の「めし」を食べた仲間の大井二水は、わすれることができない。新兵生活中、なれないこともあったろうが、私もトロかったが大井もトロい兵隊だった。

海軍に志願した同志とはいえ、私も田舎の村長をつとめる家庭の五男坊だったし、たしか大井二水も志摩半島の、片田舎のお寺の子供だったと記憶している。

同じトロい仲間の私と大井は、ともすれば落伍しかける各種戦闘訓練をたすけ合って耐えてきた。

きびしい陸戦の突っ込み追撃戦、カッターの荒天遠洋漕ぎ、艦砲演習射撃など、どの訓練をみても、まったく実戦と同じで、つらいつらいの連続で、同期のものどうし、言葉で、あるいは行動ではげまし合うので、一日一日の苦しみも耐えていけるのだった。

ある艦砲射撃などのおりは、実弾を両手にもたせて、頭上にさし上げる。もちろん落とせば爆発ものだ。十分、二十分と精神力で耐えるのみだが、汗が身体全体からしぼりおちて床までがぬれる。誰しもが耐えているのだ、自分だけが耐えられないわけはないと頑張る。こんな時のあと大井と私は無言ながら、「よかった」と目と目でよろこび合うのだった。わずか一八歳の私たち兵隊にとって、父母から遠くはなれてきて、今だれにすがって訴えて、耐えてゆけるのか？　それは同じ苦しみを味わう同期の友同士がささえ、ささえられつつするしかないのだ。

しかし、この苦難の途が国を護る防人として、無敵海軍の軍人になる途なのだと、だれもが涙をかくして耐えぬいたのだ。

日本一デカイ軍艦がのぞみ

それは、新兵訓練を終える日が近づきつつある、ある日の午後だった。乗船希望艦種、または基地があれば、班長にその旨を申し出よ、といいわたされたのは……。

トロい兵隊の私や大井とちがって、自信あるやつらはそれぞれに潜水艦、駆逐艦、などとやいやい言い合っている。

私は迷った。俺だってはなばなしい潜水艦や駆逐艦に乗りたいし、戦艦だって海軍の雄だし、当時、新兵の間では、潜水艦や駆逐艦などの小型艦は、兵隊たちに二人前も三人前もの行動が要求されるし、また戦艦などは日常のあらゆる日課がきびしいといわれていたこともあって、私や大井は名誉なことではないが、陸上基地でもと思ってはいたが、ここで一番、〝でかく打ち上げよう〟と、私は大井に進言した。

「おい大井、戦艦でも航空母艦でも良いとして、とにかくデカイ艦にしようじゃないか」といったら、大井も日本一でかい艦を、と希望を申しでた。

当時、私たち兵隊でも「戦艦大和」の存在はついぞ知られなかった。秘密だったのだ。だから私と大井は、戦艦なら伊勢、日向、長門、山城、扶桑級と案じていた。その日から数日たって、班長は乗艦と基地を発表(命令)した。私と大井二水は、そろって「大和」だった。

あとで班長は、

「大井、森下、貴様らをみなおしたぞ、大和は世界一の巨大戦艦だ、しっかりやってくれ」とはげましてくれた。

エライことになったものである。ひょうたんからコマが出たとはこのことである。

こうなった以上は、戦艦大和の日本一の水兵にならなくてはと決意を新たにして、大和乗艦の日を夢にまでみていた。

一口に同期生といってもいろいろとある。昭和十八年〇月入隊生、同じ分隊員など、しかし、それらのなかで同じカマのメシを喰ったといえる戦友とは、同じ班の同志のことだ。陸上で同班員一八名、艦内で一六名くらいの人数である。

昭和十八年八月中旬のある日のこと、広島湾の呉軍港外に小山のような艦が入港してきた。マストの上端には、カスミがかかったようにボヤッとしている。色は真っ黒、ところどころ日除けの白色天幕が見える。これが戦艦大和だったのだ。じつにデカイ、私の想像はここで完全にひっくり返ってしまっていた。

大井二水との泣きわかれ

その翌朝、大発にゆられて大和艦上に一歩を印したとき、「お父さん、お母さん、戦艦に乗りました」と感きわまって心の中で知らず知らずつぶやいていた。

じつに広い甲板、いそがしそうに右往左往する先輩たち、太い主砲、無数にならぶ機銃弾、見上げる艦橋、私たち乗艦新兵は、左の腕に赤い腕章を巻いてもらう(新兵である意味)。

すでに配置は適材適所とかに割りふりができていて、ここで二人は、私は機銃分隊、大井は高角砲分隊とにわかれた。命令は非情である。海軍へ入隊したときから今日まで同じメシを喰い、いたわり合って今日まで、やっとたどりついた私たち二人は、とうとう配置命令で、べつべつにされてしまったのだ。

せめてもの慰めは、同じ艦だということだが、これも乗員二八〇〇余名という大和では、なかなか二人が会っているヒマもなさそうだし、心ぼそいことこの上もない。これは私の案じたとおりになって、これが二人の永久の別れになってしまったのである。

乗艦一日目は、まず分隊ごとに集合して、自己紹介からはじまった。われわれの機銃分隊に配置された新兵は一八名で、同班は三名であった。これからは一人前の兵隊として、また戦艦乗員として、戦わねばならないのだ。同班の新兵三名はとうぜんのように、たがいに助け合うことになる。

その日は、艦の全長二六三メートルの艦内をまわりながら、いろいろ教えてもらったのだが、その教えてくれる分隊士も、主砲の前にくると、〝世界一〟の言葉を一きわ大きくしゃべり、いかにも信頼しているぞ、という気概をこめて説明するのだった。

乗艦二日目からは、実戦さながらの艦隊訓練がはじまるのだ。死の訓練、血の訓練ともいうやつで、連合艦隊得意の訓練だというやつである。

三人の新兵のうち、私が左一三ミリ機銃、あとの二人はそれぞれ右一三ミリ、弾倉庫とわかれたから、結局、私の配置だけでは新兵は俺一人ということになった。私の配置は、艦橋をまもることにあり、艦橋の左舷と右舷に別れて、それぞれ一三ミリ口径の二連装機銃が装備されていた。さらに弾庫は艦の中央部の艦底にあり、そのため新兵たちが会うのは、一日の日課が終わったあとの、有名な甲板整列のさいに顔を合わせる、といった程度だった。

目前にした戦争の現実

それからは、死にものぐるいの訓練が毎日のようにつづいた。その間に出撃が二度、南方へ横須賀から陸軍の上陸部隊約一〇〇〇名の輸送（トラック島へ）のときと、それから忘れることもできない、マリアナ沖海戦がそれであった。

南方シンガポールより、さらに南方に位置するリンガ諸島の泊地で猛訓練中の大和に、急ぎマリアナ諸島沖に出撃の命令が下った。

実戦にそくした、あらゆる想定での訓練はしたが、敵群とわたり合うという艦隊あげての総出撃は、私にとっては初めての経験だった。胸は高なり、いても立ってもいられないような不安な気持だったが、新しい戦闘服に身を包むと一瞬、ふしぎに身がひきしまるのを感じた。

思えば、ここにいたるまでの訓練はじつにきびしかった。手から足から血がにじむことさえあった。新兵の私には、訓練が終わってからも、いろいろと雑務があり、この間に体はすっかりやせてしまっていた。なにしろ苦しかった。だがそのたびに、たがいに慰めはげましあった同期生大井二水を想い出しては、

「大井も、高角砲分隊で頑張ってるんだ。負けてはならないのだ、頑張るのだ！」

と、食器を洗いながら、洗面器や上官の靴をみがきながら、自分自身をはげましたのだった。自分をささえる者は自分しかない、これが新兵の私が感じた戦場の人生訓だった。

このような訓練の明けくれの最中に出撃命令が下ったのだ。それは私にとっては、このうえもないよろこびだった。あの猛烈な訓練から、ここ当分はのがれられるというわけである。むしろ死のある実戦の方が、苦しみのはてない訓練よりもずっとラクにちがいない、ふしぎなことながら、これが実感であった。あるいは、こんなことが無敵艦隊をつくりあげた海軍精神というやつなのだろう。

しかし、マリアナ沖海戦はあっけなく終わってしまった。私が大和艦上の機銃台でみた実戦のもようは、またの機会にゆずることにして、忘れられない光景の一コマだけをつづってみたいと思う。

出撃まではたしかに、「見事なり連合艦隊、健在なり連合艦隊」と、つい叫びたくなるようなみごとな陣容で、戦闘航海中となると、戦艦大和はじめ武蔵、伊勢、日向などの戦艦群のほかに、駆逐艦や巡洋艦が空母群をまもっての大輪型陣をかたちづくり、それこそ文字どおり、健在なり連合艦隊というにふさわしい威容であった。つくづく海軍に志してよかったなあ、と思ったのもこんなときだった。

しかし、戦闘は思いのほかわれに不利となり、ついにはまったくの敗け戦さで、大和も沖縄中城湾に退くという結果に終わってしまった。

その間に私の目にうつったこととといえば、翼下に大型爆弾をかかえて空母から飛び立った友軍機が、戦い終わってぶじに帰りついたものの、力つきて母艦を目前にしながら着艦できず、つぎつぎと海中に姿を消して行くという場面であった。これはおそらく、索敵の失敗からくる連絡不十分の結果にちがいない。敗け戦さとは、こうも悲惨なものだろうか、私もこのときにはじめて、戦争というものの現実を知ったのであった。

この戦いのあと、デッキで南十字星をあおぎながら泣いた私であったが、艦上生活一年余をおくるうち、やがて身体もなれ、楽しい日さえあるようになっていった。

その上もう一つ楽しいニュースが私をよろこばせた。

それは新兵が、私よりも下のものがこの大和に乗艦するというニュースだった。

新しきオジサン新兵きたる

やがて大和は、沖縄から呉軍港に帰投した。すると、耳にしたニュースのとおり新兵たちがぞくぞくと乗艦してきた。そして私の配置である左一三ミリ班にも、待望の新兵一名がやってきた。この兵隊が小林一水であった。この日いらい彼は、私の艦上生活の同期生となったわけである。年齢は私よりも一二歳も上まわる、いわゆる補充兵役出身で、もちろん家庭もあるという男だった。

それからというものは、「私の責任は、すなわち小林一水の責任であり、小林一水のミスはわが森下のミスなり」という、一心同体のような日々を送ることになった。しかし現実には、「小林のミスは私のミスである」などと、のんきなことをいってはいられなかった。艦に乗り組んでくるかぎり、ミスなどは許されるはずはない。そのミスをしないために訓練はあるのだ。それでも私は、彼よりは上官だ。ときには訓練中に、小林をなぐることもある。戦力をますためには、はやく新入兵を一人前にしなければならない。新入りだといってあまえていると、懲罰があたえられるのだ。かつては私もそうだった。

たとえば、海軍では精神注入棒といわれる丸太棒、または角棒で野球の打者のように大きく振り上げて打ちつける。そのほか往復手拳ビンタや絶食などもあったが、これらはいずれも人間性を強め、苦難に耐える力をつくり上げるもの、ということで、海軍に入った者ならみんなが耐えてきた道であった。

このようにして、私と小林一水との同期の桜が、同じ大和の庭に咲くことになったのである。

そのうちに、比島沖海戦がはじまった。あらしのような敵機、あるいは敵弾が豪雨のように大和に襲いかかり、忍者然とした敵潜水艦がさかんに出没する。リンガ泊地を出てからまもなく、目の前で重巡洋艦愛宕らがはやくも沈み、レイテ湾への突入のむずかしさがひしひしと胸をしめつける。

「小林よ、死ぬのじゃないぞ、落ちつくのだ。ただ弾を射ってればいいよ」

私はこういって、しばしば小林に声をかけてはげました。

すると小林一水は、「死ぬなんて考えられません、でも艦が沈んだら……」といって、あとは絶句するのだった。

それにたいして私は、「ばか！　不沈戦艦大和なんだぞ、船はぜったいに沈まない、安心しろ」と答えてやる。しかし、重巡級が沈み、傷つくのを目の前で見た小林一水は、不安をぬぐいきれないらしい。

私も戦死は覚悟のうえだが、「船は沈まない、大和が沈むまえに敵が死ぬのだ」とあくまで信じていた。

独身の若い志願兵の私と、家庭をもつ父親たる小林とは、戦いにのぞむ人間の気持は大きくちがっているのだろう。私は小林をうんと落ちつかさねばならないと思い、機会あるたびにはげましたのであった。

これまでは、私も軍務というヤツで小林を苦しめていた。だが、いま現在死を覚悟で戦いに出ているときに、私が小林をささえてやらなければ、だれが彼をカバーしてくれるというのだ。私はいつのまにかムキになっていた。

うまくなくて、すいません

昭和十九年十月二十四日、はやくも敵機グラマンやカーチスの大群が、われわれの艦隊をおしつつんだ。彼らは雲のように群がってやってきた。急降下爆撃、水平爆撃、航空魚雷投下と、たてつづけに襲ってきた。敵もさるものである。

戦闘中はもちろん食事は期待できな

い。ある程度の戦いなら、握り飯と梅干の戦闘食がくばられるが、まあ配食はないと決めてかからねばならない。そのために艦内の要所要所に四斗ダルに満まんとミルクがたくわえられる。戦闘のあいまをみて、このミルクを吸い、生きつづけ、戦えというわけである。このミルクだけが戦闘中の命の綱であった。

　敵機の来襲は、大和と武蔵に集中されている。「武蔵あやうし、武蔵あやうし」とだれかが叫ぶ。見れば、武蔵は左舷に大きくかたむき、浸水しているではないか。せまい水道の戦いゆえに手にとるように武蔵の奮戦ぶりがわかる。群がる敵機は武蔵にしつこく喰いさがっていた。

高速航行で対空戦闘中の日向。上空には弾幕が張られている

　大和は大きく左に右にかたむきながら進路をかえ、敵の魚雷をかわしつつレイテ湾への強行突破をする。

　大和の主砲、副砲、高角砲、機銃弾は、天を真っ黒にそめるばかりの弾幕をうち上げて必死に防戦する。

　わが一三ミリも右に左に飛び交い、逃散する敵機をめがけて射ちつづける。銃身が真っ赤に焼けて、いまにもとけくずれんばかりになってくる。それを水で冷しては射ちつづける。

　やがて弾庫からは、「弾不足」をつたえてくる。そこで指揮官は、「逃げる奴は射つな、向かってくる奴だけ射て！」という。弾を節約するためである。逃げる奴はもう爆弾を落としたあとだから、そんなのはほうっておけというのだろう。

　やがて夜になるころ、ようやく空襲は終わり、あとは潜水艦だけが当面の敵となった。

　そこではじめて、われわれはホッとして居住区に帰った。そのとき私はふと、「小林よかったなあ」ともらしてしまっていた。あくまで無事でよかったという意味であった。聞けば、右一三ミリでは二名の戦死があり、二五ミリ機銃においては多数の戦死傷者を出しているとのことだった。

　翌二十五日は朝の四時から見張りとなった。私は小林と機銃配置について潜水艦見張りと、一般見張りをつづけた。この見張り当直のとき、小林一水が、

「森下さん、私はシャバにいてもトロい方でした。一生懸命やってるつもりですが、どうもうまくできなくて……すみません」

　と言うのである。

　私は、今日の戦闘で死ぬかもわからないと思ったさいに、この小林は何を考えていたのだろう、と思った。

「いいんだよ、俺だってそうだったん

だ。トロいのは育ちが良いためかも知れないからな」

といいながら、自分の新兵時代を想って小林の肩をたたいてやった。

私どもは「死ぬ」という言葉は一度も使ったおぼえがなかった。今から思えば、よほど死が恐ろしくて、使わなかったのではなかろうか。

弾雨のなかからミルク

やがて陽が上るころ、またまた電探が敵機をみつけた。数はどうせ、昨日の戦力より二倍も三倍も来るだろうと覚悟はしていた。

やはり、敵の一波は七〇余機であった。ふたたび轟音が大和から起こったが、このとき私は、舞い下りてくる敵機中のカーチス一機が艦橋に向かって急降下して来るのを発見した。よし、と銃身を向ける、照準を合わす、ところが、なんとその敵は、私の一三ミリに向かって真っしぐらに降りてくるではないか。

「くそ！　やられてたまるか」つぎの瞬間、私は足に力を入れて、全身をふんばって引金を引いていた。

ふっと気がつくと、私は銃台にすがって一回転して転んでいた。とっさにやられた？　と思った。この間、何分間か何秒間かはわからない。首に手をやる、血だ、ゴックゴックと音がするようである。そのうちに戦闘服が真っ赤になってきた。

「くそ、負けてたまるか」ともう一度銃座につこうと努力するが、頭がふらついて、体全体の自由がきかない。そして、しだいに気が遠くなってしまった。死ぬときはこんなになるのだろうか、などとボンヤリと考えているうちに、軍医長の応急手当を受けた私は、艦内エレベーターで傷病兵収容室にまわされていた。

「一度は故郷へ帰りたい。もう一度、父母に会いたい。もう一度、氏神様にお参りしたい」

そして口もとに何かあたるものがある。「水だ！」私はよろこびを口に出す前に、口をあけて一気に吸いこむようにノドにおくりこんでいた。ところが、それは水ではなくミルクだった。

血を多く流した私には、水よりもミルクが必要だと、小林が空襲のあいまをぬって、危険をおかして、ここまで運んでくれたのだ。このミルクがその日、一日中たえまなく私の口をうるおしたのであった。だが、その小林も、後の戦闘でついに戦死してしまった。

私はいまになっても、小林のこのときの友情をわすれることはできない。なぜなら私は、戦友小林のミルクで元気づき、助かったからだ。

その小林を殴りつけたこともあったのに、その私にこれほどまでに……。私は彼の戦死を知ったとき、しぜんと小林よありがとう、と手を合わせていた。

その小林の戦死のもようはじつに立派だったということであった。私はその小林が五回も運んでくれた戦闘食ミルクと、「森下さん、森下さん」と私を呼んでくれた声を一生忘れることはできないだろう。

朋友、大井もこのときの戦いで戦死した、とあとで聞いたのであった。

朦朧とした私の頭にいつか、日常思いをめぐらしていた故郷のことが、つぎつぎと浮かんできた。そのくせ、自分の身は何百メートルもの海底に落ちてゆくように、スッと軽やかに沈んで行くのだった。死ぬときはやはり、このようなものなんだ、と今でもそう信じている。

どれほど時間がたったのか、右の顔面がひどく痛いので気がついたところ、私の手術がおこなわれていた。軍医がさかんに、「出血がひどい、出血がひどい」といっているのが耳に入る。そんな声もやがてきこえて、私はまた気を失っていた。どれくらいたったか、だれかが呼んでいるように思え、また元気をとりもどした。その声は、傷ついた他の兵隊の叫び声であった。そのうちに、「水だ、水をくれ！」という声が、そこここから聞こえて来る。この「水を、水を」の声を聞き、私も水がほしくなる。たまらなく水がほしくなってくる。戦いはますますはげしいのか、艦が大きくゆれる。同時にドーンと音が聞こえてくる。

大和はいま必死に戦ってるのだろう。そんなときにすぐに水をくれるほど、手のあいている兵隊はいるはずはなかった。

しかし、私は恥も外聞もなかった。他の傷病兵といっしょになって、「水を、水を」と叫びつづけていた。

それからどれほどたったのか、耳もとで、「森下さん、森下さん」と呼ぶ声がした。

（昭和四十二年五月号収載。筆者は大和乗組員）

未曾有の戦艦大和レイテ沖に咆哮す

作戦参謀が初めて明かす太平洋戦争最大のナゾの真相——大谷藤之助

不思議と命ながらえて

開戦劈頭、「ニイタカヤマノボレ」の暗号電報によって命ぜられた真珠湾空襲における機動部隊（第五航空戦隊参謀、旗艦は新鋭空母瑞鶴）作戦から、昭和十九年十二月のレイテ沖海戦（第二艦隊作戦参謀、旗艦大和）をおえて大本営参謀（海軍省副官）に帰任するまでのまる三ヵ年、じつに太平洋戦争全期間の四分の三を、連合艦隊の主力とともに第一線にあって海上戦闘に終始した。

この三ヵ年を共に歩んできた者は、ほとんどいまは生存していないといってもよい。前半あるいは後半をともに歩んだおおくの戦友も、ことごとくといえるほど戦死している。

まさに、「死なばもろとも、海底のもくず」といわれるいくたの戦闘をへて、今日こうして生きながらえていることが、われながら不思議に思われる。静かに瞑目回想すれば、万感無量の思いがする。

海上生活の前半は、帝国海軍のほこる母艦航空部隊の精鋭である五航戦において、真珠湾空襲、ついで南方のラエ、サラモア、アンボン、オーストラリアのポートダーウィン空襲、つづいてインド洋に出て、セイロン島のコロンボ、ツリンコマリー空襲、さらにおり返してポートモレスビー攻略、ＭＯ作戦の支援部隊として珊瑚海に転戦した。

珊瑚海海戦においては、世界戦史はじめての空母対空母の決戦に参加し、堂々と四つに組んだ母艦航空決戦において、米のほこる最大空母レキシントンを撃沈、ヨークタウンを大破し、われは瑞鶴無傷、翔鶴微傷という一方的な戦果をおさめた。上陸作戦の戦略目的は達成できなかったが、空母決戦の戦術的な勝利の意義は大きなものがあった。

われわれは意気揚々と、修理補給のため呉に帰投した。一方、一、二航戦（空母赤城、加賀、蒼龍、飛龍）はその直後、ミッドウェー作戦に参加したが不幸にして全滅し、呉に帰投してきた。旗艦大和における機動艦隊司令部との再会には、心中まことに複雑なものをおぼえた。

その後さらに、アリューシャン作戦の支援部隊として、霧のたちこめる北太平洋へと、文字どおり太平洋、インド洋を縦横に転戦また転戦、まさに帝国海軍のほこる母艦航空部隊の精鋭、栄光にかがやく進攻作戦を満喫したのであった。

この間、もし、五航戦が珊瑚海海戦にゆかず、ミッドウェー作戦に参加していたとすれば、結果はどうなったのか。私の運命もどうなったか……。おそらく、今日はあり得なかったであろう。

つづく後半の戦いは、航空母艦から足をあらって本来の海上部隊に転じ、戦艦大和、武蔵をふくむ全水上決戦兵力をあつめた第二艦隊の作戦参謀となり、旗艦愛宕にうつった。

昭和十八年のなかば、第二艦隊はその全力をあげて、トラック島に進出した。いまやミッドウェー海戦の敗退をきっかけとした母艦航空部隊の大喪失は、彼我の戦勢におおきな転換をもたらした。敵の反攻は日をおってはげしくなり、母艦航空兵力の支援をもたない海上部隊の作戦は転落と後退をよぎなくされ、苦難の時代のはじまりとなった。

トラックに前進待機中、第二艦隊はガダルカナル撤退の支援部隊としてラバウル沖に突入、ついで敵機動部隊のトラック大空襲に先だって、パラオに後退したのは、昭和十九年二月であった。さらに十九年三月すえ、ダバオ、ついでリンガ泊地（シンガポール南方海面）へと転じた。

この間、敵は飛び石作戦でガダルカナルからニューブリテン、ニューギニアへと進攻してきた。その反攻は日をおって熾烈となり、わが方は悪戦苦闘

シブヤン海にて米機の攻撃をうける栗田艦隊。左下が羽黒で、その上が大和

の連続であった。

昭和十九年五月、敵のマリアナ方面反攻にそなえて、「あ」号作戦が発動され、機動部隊、水上部隊は全力をあげて、比島南方のタウイタウイ泊地をへてサイパン沖にむけ出撃、いわゆるマリアナ沖海戦に突入した。

しかしながら、この海戦において、空母は瑞鶴だけをのこして大鳳、翔鶴をうしない、開戦いらいの母艦航空兵力は、ここに壊滅同然となったのである。

先のミッドウェー海戦につぐマリアナ沖海戦は、ともに彼我の空母部隊が互角にくんで勝負した。太平洋海戦の二大決戦ともいうべき両作戦の大敗によって、わが海軍兵力は、まさに海上決戦兵力としての資格を完全にうしなってしまった。

マリアナ沖海戦がおわると、第二艦隊はじめ残存部隊は呉に帰投して修理と補給にあたり、つぎの決戦にそなえた。

このとき水上部隊にはじめてレーダーが装備された。

昭和十九年八月、第二艦隊を主力とする水上部隊はあげて呉軍港を出撃、リンガ泊地に進出して、レーダー射撃をはじめとする艦隊戦闘の訓練に昼夜をわかたず没頭したのであった。

勢ぞろいした最強艦隊

とうじ大本営は、すでにマリアナ戦線をうしない、比島、台湾、南西諸島および日本本土を絶対防衛線として、このいずれかの地点に敵が来襲した場合、ただちにわが海軍の総力をあげて決戦をいどみ、これを撃滅する方針を決定した。この作戦要綱にもとづき、連合艦隊は比島決戦に即応する「捷一号作戦」（敵の反攻上陸後、二日以内に捕捉撃滅をめざす）を準備していた。

十月十七日、比島レイテ沖の小島に敵が上陸したとの報に接し、ただちに「捷一号作戦」警戒発令、十月十九日にいたり、レイテ突入をX日（十月二十五日）として、

㈠基地航空部隊である一航艦は比島において、二航艦は南九州より比島に進出展開して決戦。

㈡機動部隊は瀬戸内海を出撃、Xマイナス一日に比島の東方海面に進出、いわば「おとり」陽動部隊として行動し、敵機動部隊を牽制するとともに、

捕捉撃滅して、水上決戦部隊の行動を容易ならしめる。

㈢第二艦隊を主力とし、とうじの残存全兵力をあつめた水上決戦部隊の第一遊撃部隊（以下「栗田艦隊」と称する）はリンガ泊地よりボルネオ北部のブルネイ前進基地に進出、サンベルナルジノ海峡をへてX日の未明、レイテに突入、敵艦隊と敵輸送船団の捕捉撃滅にあたる。

㈣第二遊撃部隊（志摩第五艦隊）は内海西部より馬公、スル海をへて、X日の未明にスリガオ海峡より第一遊撃部隊に呼応してレイテに突入する。

が下令せられた。

とうじ第二艦隊は、世界最大の巨艦としてはじめてベールを脱ぐ七万トンの戦艦大和、武蔵の第一戦隊のほか、第二戦隊長門、扶桑、山城、第三戦隊金剛、榛名の七戦艦をもち、第四戦隊愛宕、高雄、摩耶、鳥海、第五戦隊妙高、羽黒、第七戦隊熊野、鈴谷、利根、筑摩ほか最上らの重巡洋艦と、第一〇戦隊、第二水雷戦隊など帝国海軍の精鋭を網羅していた。

これより先、連合艦隊で「捷一号作戦」のための伝達、打ち合わせがマニラにおいておこなわれ、小柳参謀長とともに私は、リンガ泊地からマニラに飛んだ。着いてみると、私と同期の久住忠男君が、比島にいた南西方面艦隊の参謀をやっており、開戦いらいの出会いで、ともにきびしい戦局の前途をうれえて、語り明かしたことを思い起こす。

かくて栗田艦隊はその一部（第二戦隊山城、扶桑および最上と第四、第二七駆逐隊）をさいて、西村祥治指揮官のもとにいれ、スリガオ海峡よりX日の未明にレイテへ突入、主力との挟撃を下令した。そして十二月二十二日の未明、主力はブルネイを出撃すると、あえてレイテ湾への最短コースをとり、パラワン水道より、シブヤン海、サンベルナルジノ海峡突破への進撃を開始した。

出撃の前夜、旗艦愛宕には各艦長はじめ指揮官があつまり、いわばわが海軍の精鋭、水上兵力のすべてをあげての最後の艦隊決戦に参加する栄誉と、各隊の勇戦奮闘をちかって水杯をかわした。

その夜、スリガオ突入部隊の西村指揮官、藤間良最上艦長――海軍大学時代の教官であり、とくに親しくしていた――らと、これがこの世の別れと杯をほし、舷門で手をかたく握りあってたがいに武運を祈って別れたことが、まざまざと浮かんでくる。必死を前にした両指揮官の平然として従容たる談笑の姿が、いまも私の目にやきついている。

また、この作戦を前にして旗艦を愛宕のままか、あるいは大和にうつすべきかで、参謀長ともいろいろ検討をかさねた。

作戦、戦闘の様相、艦隊の指揮掌握などの大局から、戦艦大和に変更することが望ましいとも考えたが、水上部隊にとっては特攻攻撃にもひとしい、このなぐりこみ作戦を目前にしての旗艦変更は、全艦隊におよぼす士気への影響も考えて、あえて愛宕のままとした。

大和の第一戦隊司令部には、作戦行

動中に洋上で旗艦をかえる場面がかならず起こるとして、あらかじめそのときの心がまえと準備をさせておいた。

　また、対潜警戒から、進撃航路はパラワンの狭水道をさけ、新南群島（ナンサ諸島）方面の迂回路をとった方が有利であったが、各艦の航続距離、決戦海面での警戒艦艇の燃料保有を重視し、対潜警戒を厳重にすることとしてあえて最短コースをとり、敵潜水艦が伏在していると思われる海面に突入したのである。

　案の定、二十三日の未明、すでに日の出一時間前より、一八ノット、之字運動で航行するわが艦隊に敵潜がおそいかかった。そのため、まず旗艦の重巡愛宕、摩耶をうしない、高雄は大破のため戦列を離脱しなければならなくなった。艦隊司令部は長官を先頭に、三発の魚雷をうけて横転、沈没しつつある愛宕の左舷バルジから海中に飛びこみ、重油のなかを一キロ彼方にいる駆逐艦に泳ぎつき、大和へと将旗をうつした。

　敵潜による被害は、予想よりはるかに大きかったことは、まことに残念であった。さいわい、旗艦の変更はあらかじめ予想してあったことで、艦隊指揮、作戦行動には何らの混乱もきたさなかった。

伏兵に食われた不沈戦艦

　明けて二十四日、シブヤン海にはいるや、敵の母艦航空機の攻撃圏内となり、朝から敵艦載機は何回も反復して大空襲をあびせかけてきた。敵は数十機より百数十機と、回をかさね、時刻をかさねるにつれて、来襲機数が増大していく。そして雷撃、降爆、機銃掃射と、たえまなく攻撃をくわえてくる。

　一方、味方の上空には一機の直衛もない。また、「おとり」となった味方機動部隊や基地航空部隊からは、何の連絡通報もなく、敵情はまったくわからない。そのため牽制行動にも、疑問と不安をもたずにはいられなかった。ただ対空砲火と、雷爆撃の回避運動をたよりに悪戦苦闘をつづけ、あたかも針のむしろに座っているような一日であった。

　この空襲によって、各艦は被害や死傷者を多数だした。そして、不沈戦艦といわれた武蔵は二〇数発の魚雷、一〇数発の直撃弾により落伍、ついにその巨体をシブヤン海に沈めた。また、妙高も戦列から落伍せざるを得なくなり、大和、長門、金剛も被爆、多数の死傷者をだしたが、戦闘航海にはさしつかえなかった。

　わが艦隊は目的地へ到達する前に、二日間にわたる潜水艦と航空機の攻撃ですでに戦力の半ばを失うという悲運にみまわれたのである。

　この日（二十四日）午後三時すぎ、第五次の敵機が来襲した直後、私は八塚航海参謀に、

「このまま直行すれば、サンベルナルジノ通過はいつごろになるか」

　とたずねた。このまま東航すれば、サンベルナルジノ海峡のせまい水路に入り、敵機の来襲にたいする艦隊行動の自由に懸念があった。また敵の艦載機の用法、あるいは練度を考えれば、敵の来襲はこれきりでなく、あと一回

あるかもしれないとも考えられた。

　このさい艦隊は一時、反転して西航して足ぶみし、できれば敵機をだましたうえで、ふたたび東進した方がよいのではないかと考えた。そうすれば敵は、わが方が被害にたえかねて反転、避退とみるかもしれないからである。また、サンベルナルジノ海峡の出口にひそむと予想される敵潜もだませる可能性がある——と考え、そのことを参謀長に進言した。

　艦隊はただちに、そのような行動をとった。ときに午後三時半であった。そして、敵の第五次攻撃機はわが反転を見とどけ、こちらの思わくどおり日本艦隊は退却したと報じたのである。

　同時に参謀長より、朝いらいの戦闘をかえりみ、また、友隊より何ら敵情の通報もなく、しかも刻々と空襲がはげしくなるところからして、友隊の協力にも不安があり、目下の状況を連合艦隊に打電するよう命ぜられた。私はこれにより、友隊の奮起を期待できると考えた。そして、おなじ電文を一、二航艦長官にも通報した。午後四時である。その電文要旨はつぎのとおりであった。

「いままでのところ、航空索敵攻撃の成果も期し得ず、ちくじ被害累増するのみで、無理に突入するもいたずらに好餌となり、成算期し難きをもって一時敵機の空襲圏外に避退し、友隊の成果に策応し、進撃するを可と認む」

　とはいえ、わが艦隊としては、連合艦隊長官からのこれにたいする返電、指示をまって作戦行動をとる意志は、はじめからなかった。

　幸いにして三時半をすぎてからは敵機の来襲もなく、日没もちかくなってきた。そこで、栗田長官は、

「ころ合いはよし、もう引き返そう」

　と、一七一五にふたたび反転して、東航を命じ、サンベルナルジノ、レイテへとむかった。その途中、反転したた約二時間後の午後七時すぎ、連合艦隊長官より、「天佑を確信し、全軍突撃せよ」との電がはいった。われわれも敵情、友隊の動きはわからないが、連合艦隊の気持をさとってなおも進撃をつづけた。

　栗田艦隊は、敵の航空攻撃の被害にたえかねて反転避退したが、連合艦隊長官の電命で、あらためて予定作戦にひきかえした——という者があるが、これはまったく事実とことなっていることを、ここに明らかにしておく。

火をふいた四六センチ主砲

　艦隊は海峡の出口ふきんに伏敵のあることを予想し、夜半警戒をきびしくしつつ、サンベルナルジノ海峡を突破して比島の東方海面に進出した。しかし、予期に反して、そこにはまったく敵影を見ず、いささか拍子ぬけしてしまった。これは、ニセの反転の効果があったのかと考えながら、一路レイテをめざして夜暗の海を南下した。

　これより先、スリガオ方面から突入する西村部隊より、午前四時にレイテへ突入の予定という連絡をうけた。また、最上の偵察機からは、二十四日の朝、レイテ湾内に戦艦四隻、巡洋艦二隻、輸送船八〇隻が在泊、という敵情をしらせてきた。栗田長官は西村部隊

にたいし、

「主力は午前一一時、レイテ湾突入の予定。西村部隊は予定どおり突入して攻撃後、午前九時にスルアン島の東北海上にて主力に合同せよ」

　と電命した。

　日出一時間前の〇五三〇、昼間の対空警戒航行序列を発令し、部隊は輪型陣をくみ、針路を一五〇度にとった。第一戦隊（大和、長門）とその左よりにならんだ第三戦隊（金剛、比叡）の四戦艦を中心として、左右に第七戦隊（熊野、鈴谷、利根、筑摩）と第四戦隊（鳥海）、第五戦隊（妙高、羽黒）、第二水雷戦隊（能代、駆逐艦三）、第一〇戦隊（矢矧、駆逐艦六）が位置をしめてすすむ。

　〇六二三、太陽が比島の海をそめはじめるころ、大和の電探は敵の触接機をとらえた。それから四分後、大和の見張員は、南東方のはるかな水平線上に突如としてマストを認めた。

「それは味方の西村部隊かもしれんぞ」

　という声が私の耳にはいった。すでに西村部隊は前夜、全滅していたことを知っていたため、私は、

「見えるものはみな敵艦隊だ。よく見張れ」といい返した。

　やがてそのマストは、空母数隻をふくむ敵の機動部隊であることがわかってきた。

　まさに天佑、もとめても得られない好餌である。ついに敵の機動部隊（戦後、輸送空母と判明）に遭遇できたのだ。連日の悪戦苦闘のすえ、レイテ突入を前についにして、戦運はようやくわれにめぐりきたかと、全員こおどりした。

　長官は躊躇なく、レイテ突入をやめて、この敵機動部隊を撃滅することを決意した。

　ただちに全力即時待機とし、一三〇度に針路をかえると、展開方向を一一〇度にするよう下命された。敵の風上に位置をしめ、敵機の発進を封じこめるようにして敵に立ちむかった。

　敵はいまだ、われわれを敵とは気づかないのか、反転の気配もなく近接してくる。できるだけひきよせるのだ。

　〇六五八、約三万二〇〇〇メートルの距離で、大和の前部四六センチ砲が火をふいた。つづいて第三戦隊も、敵空母にたいし砲弾をあびせはじめた。そして、全軍に突撃が命じられた。ただし水雷戦隊には、後より続行するように下令された。

　母艦部隊は、水上戦闘となれば無力にひとしい。この弱点に乗じて敵を壊

物量にものをいわせて比島への上陸作戦を遂行する米舟艇部隊

滅するには、四つに組んでおこなう艦隊決戦のときの展開のような悠長なことはやっていられない。分秒を争って、敵に喰いさがることが先決だ。

敵は気がつきしだい、全速で避退に専念するか、風に立ちむかって艦載機を発進させ、反覆航空攻撃をくわえながら、その優速を利用して遁走するかのいずれかである。

もはや一刻の猶予もならない、拙速をとうとび、敵に殺到することがかんじんなのだ。

水雷戦隊の突撃をひかえたのは、主力同士の艦隊決戦なら別だが、なんら運動を拘束されず、変針回避、避退の自由な敵の優速部隊に対しては、どうしても射点が後落となり、有効な魚雷攻撃が非常にむずかしいからである。戦勢を見きわめ、適時、進出を下令した方が賢明と考えられるのである。

かくて戦勢は、わが方に有利に展開した。

追われて必死に逃げる敵艦は、まず空母が葬られ、駆逐艦があいついで撃破されていく。

しかし、米艦隊の反攻もなかなか勇敢であった。たくみに煙幕をはってのがれ、スコールを利用してわが艦隊の分散につとめた。

また、とうじ視界外にあるものをふくめ、一六隻の敵空母から発進した敵の艦載機は、つぎつぎと来襲し、その機数を増やしつつ、わが追撃の手をゆるめさせるため、反覆空襲をかけてきた。

巨砲に叩き潰された敵空母

栗田艦隊は、敵艦隊を追撃しての水上戦闘、また来襲する敵機との対空戦闘、さらに雷爆撃回避の運動につとめねばならず、巨砲の威力をなかなか発揮できなかった。

敵駆逐艦による肉薄攻撃もきわめてはげしく、スコールや煙幕の中から、影絵のようにわが艦隊に突進する。そして〇七五四、大和にたいし右一〇〇度方向より六射線の雷跡を発見したため、大和は外方に転舵して回避しなければならなかった。さらに約一〇分間も魚雷にはさまれて併進し、艦隊の最後尾にまで追いおとされ、一時はその四六センチ砲を沈黙させねばならないほどであった。

とうじ森下艦長の、

「敵の魚雷攻撃にたいし、射線にとびこむ向方回避はなかなかやれないものですな」

という述懐が、印象ふかくのこっている。

この戦闘で大和は、はじめてレーダー射撃をおこなった。そして、大和の四六センチ砲は、敵空母一隻を撃沈したのである。四六センチの徹甲弾で敵空母の甲板のどまん中を打ちぬき、横倒しになって沈む敵をながめながら、その舷側を全速で走りぬけていった。海上を泳いでいた乗員の姿が、いまも目の前に浮かんでくる。また、大和の副砲で、肉薄する敵駆逐艦三隻を撃沈している。

とうじこれらの駆逐艦を巡洋艦、空母を正規空母と誤認したが、戦後になって駆逐艦と護衛空母であったことが判明した。しかし、艦隊司令部から報告された各隊の総合戦果は、「空母三撃沈、巡洋艦二撃沈、駆逐艦三撃沈、一大破」であった。

一方、わが方も重巡熊野、筑摩、鳥海ほか駆逐艦数隻が損傷して、戦列からはなれた。

かくて、追撃開始より二時間、全速で追ったがついに捕捉することができなかった。敵はまさしく機動部隊の正規空母で、三〇ノットにちかい高速であった。

さらにこのうえ、レイテ突入を考えると、燃料がだんだん心配になってきた。大和よりはるか前方に進出していた巡洋艦の戦況をみても、それほどはげしくなく、すでに敵を見失っているのではないかと推測された。

先頭隊からは何の報告もなく、長時間の戦闘で電話連絡が不通となり、何回となく敵との触接状況をきいても、いっこうに返答はなかった。ついに〇九一〇、長官は追撃を中止して、艦隊に集結を発令した。

追撃を中止したとき、先頭にいた味方巡洋艦が敵空母陣に約一万メートルまで肉薄していたことが、戦後になって判明した。もしあのとき、先頭隊からこの状況が報告されていたならば、もちろん追撃はつづけられ、これの撃滅に専念していたであろう。おしくも好機を逸したのであった。

暗夜の海に消えた西村部隊

一方、十月二十四日夜、スリガオ海峡に突入した西村部隊は、旧式戦艦の山城、扶桑、重巡最上駆逐艦四隻で編成されていた。これに対するアメリカ艦隊は旧式戦艦六、重巡四、軽巡四、駆逐艦二〇、魚雷艇三九という大部隊であった。

西村部隊の行動は、敵の触接機によってすでに知られており、狭水道を北上中、日没前から水道の両岸にはりついて待ちかまえる敵魚雷艇群、および駆逐艦の連続攻撃をうけてつぎつぎとたおれていった。さらに水道の出口に待ちかまえた敵巡洋艦、戦艦戦隊のレーダーによる集中射撃をあび、遂に西村部隊は損傷した最上だけを残して、全滅の悲運にみまわれたのである。

この作戦は、主力の栗田部隊がレイテへ突入すると同時に呼応して、敵を挟撃して殲滅しようとしたもので、まさに特攻攻撃であった。また敵情によってはおたがいの突入時期がくるい、単独突入となる場面も、予想されたところである。しかし、西村部隊の全滅が、主力のレイテ突入を断念させた、ということはあり得なかった。

また、スリガオ海峡からレイテ湾をうかがった第五艦隊（那智、足柄、阿武隈、駆逐艦七隻）は、三川中将の南西方面艦隊の指揮下にあり、栗田艦隊に策応してレイテ突入の命をうけたのである。しかし、栗田、西村艦隊とは事前の打ち合わせや連絡はなく、この作戦は第五艦隊の単独作戦であった。

そのため、旗艦の那智はスリガオ海峡にはいり、レーダーでとらえた敵に魚雷攻撃をくわえたのち、先に損傷していた西村部隊の重巡最上と衝突事故をおこしてしまった。そのため、艦首を破損して速力は二〇ノット以下におち、やむを得ずいったん敵から離脱して海峡の外にでた。そして、状況を見てふたたび突入することにきめ、全軍に反転を命じたのであった。

このような事故さえなければ、志摩第五艦隊は西村部隊のあとを追ってレイテに突入したであろう。

一〇三〇ころまでに各部隊の集結をおえた栗田艦隊は、一一二〇に針路を二二五度にかえ一度はレイテ湾にむかったが、いろいろな状況を検討した結果、レイテ突入を断念したのである。そして、「〇九四五、スルアン灯台の北方一一三カイリ」にいるはずの敵機動部隊をもとめて北進に転じた。しかし、これは虚報だった。

とうじ集結したわが艦隊の戦力は戦艦四（大和、長門、金剛、比叡）、重巡二（利根、鈴谷）、駆逐艦七隻であった。

そのとき何が起こったか

作戦目的であるレイテ突入を断念したことについて、いろいろの批判や意見をきいている。どのような議論も批判も自由であり、謙虚に耳をかたむけるものである。

しかし、そのほとんどが実相をふまえないで、ただ単に興味本位にいわれたものであったり、突入成果を誇大視した机上論でしかない。艦隊司令部がなぜあのとき、目的の変更という結論にたっしたか、その理由をのべてみたい。

その日（二十五日）の未明におこなわれた不意の遭遇戦には、敵もよほどビックリしたらしく、さかんに平文で電話を交換しているようすが、大和の司令部敵信傍受班によって、手にとるように報告されてくる。

湾内のキンケード第七艦隊長官は、さかんに機動部隊の救援をもとめていた。しかし、機動部隊からは、あと二時間を要するという返事があり、第七艦隊が湾外へのがれると思わせるような電話がはいった。さらに、タクロバン飛行場も動きはじめたようだった。

そのため、たとえ栗田艦隊がレイテ湾内に突入しても、敵の第七艦隊はもちろん輸送船団も脱出して、からっぽになっているかもしれない危険があった。飛行機を持たない栗田艦隊には、これをたしかめる方法がないのだ。

一方、西村部隊や志摩艦隊の戦闘をつたえる断片的な情報ははいってきたが、その後の湾内の状況はまったくわからなかった。たとえ輸送船団が湾内にのこっていたにしても、敵が上陸をはじめてから一週間もたっており、アメリカの揚陸能力から考えると、それらはすでに陸あげをおえて空船とおなじと思われた。

また、機動部隊および急設の陸上基地から飛びたつ敵機の集中攻撃をせまい湾内でうけ、さらに敵の海上部隊とも交戦しなければならないのだ。そして、これらの反撃を排除し、散在する敵輸送船を攻撃したにしても、その輸送船が空船とおなじとあっては、何のための突入かということになる。

もっとも突入玉砕をもって足れり、というならば問題は別だが、飛んで火に入る夏の虫ではあるまいに、いたずらに敵に好餌をあたえるのでは、まさに犬死にである。

そのうえ、小沢艦隊が敵機動部隊を北方に誘致していたことは、何の連絡通報にも接していなかった。戦況については、まったく不明である。前日より、敵情に関する通報はまったくなかったのだ。

敵の機動部隊は、少なくとも三群おり、昨夜よりわれわれを追求しながら近接し、二十五日朝に遭遇したのは、最南端の一群であると考えられた。そして、あとの二群もふきんにおり、大勢力で大挙して押しよせてくるにちがいないと判断した。

このころになって、ふたたび敵艦載機による空襲がはげしくなってきたのは、そのためであると推測できた。

一方、南西方面艦隊からは、「敵の正規母艦部隊、〇九四五、スルアン島灯台の北一一三マイルにあり」という通報をうけていた。これが虚報であったことは先に述べたが、このとき艦隊司令部としては、これこそハルゼー機動部隊のもっとも近い一群であり、来襲する敵機がおおくなったのもそのためだと判断した。

ここにおいて、栗田艦隊はレイテ湾内の敵輸送船団に固執すべきか、新たな敵機動部隊に転ずべきか決断をせまられた。もともと栗田艦隊にとって、レイテ湾突入は第二義でしかなく、敵機動部隊との決戦の好機があれば、これをたたくことが「捷一号作戦」にかんする司令部の腹案であった。また、マニラの連合艦隊における作戦伝達、打ち合わせのおり連合艦隊司令部も了承しているところであった。

ルソン島に展開する第一、第二航空艦隊は、日本海軍の基地航空部隊の全力と考えられていた。これと協同すれば、洋上決戦もそれほど不利でなくなるはずであった。

たとえこの一戦で玉砕しても、敵に容易ならぬ損害をあたえ、ミッドウェーいらい劣勢をかこっていた海軍航空隊も、その最終決戦をかざることができるはずだった。旧式戦艦や価値のない輸送船とひきかえに、とっておきの艦隊をつぶすよりは、最強の敵機動部隊に体当たりして砕けた方が、航空隊にとってどれだけ有意義かしれない、

というのが長官以下幕僚の心境であった。

このようにして、栗田艦隊はレイテ突入を断念し、あらたに敵機動部隊との決戦をもとめて北に変針したのである。しかし、日没になっても敵の動静について何もわからない。午後六時ころ、サンベルナルジノ海峡ふきんにたっし、なおも沖合に変針したが、敵情

栗田艦隊が去ったあと、米艦隊には日本軍の特攻機が殺到した

にかんしてはまったく得るところがなかった。

駆逐艦の燃料がだんだん心細くなってきた。ついに栗田艦隊はいっさいの洋上戦闘を断念して、ブルネイ湾に帰港することをきめ、午後九時三〇分、サンベルナルジノ海峡を通過してシブヤン海にはいった。

ニミッツ提督の記録によれば、アメリカ艦隊は栗田部隊をたたきつぶすため、ハルゼー長官が最優速の戦艦二隻、軽巡三隻、駆逐艦八隻をひきつれて突進したが、サンベルナルジノ海峡にたっしたときには、すでに栗田艦隊は通りすぎてしまっていた。

もし、米艦隊の到着が二、三時間はやければ、彼我艦隊の精鋭による大決戦が生起していたことであろうと思われる。

死花を咲かせた日本海軍

もし、栗田艦隊がレイテに突入していたならば、敵の反攻上陸を阻止、挫折させ、戦局にも一大転機をもたらしたであろう。あるいは、海上にいたマッカーサー自身にも、身の危険をあたえたかもしれない。敵の主力輸送船団を撃破して、甚大なる損害をあたえたであろう、と世間ではいわれている。

米国側の戦史によると、二十五日のレイテ湾の実状は次のとおりである。

『アメリカ軍の主上陸は十月二十日におこなわれ、当面の陸上作戦に必要な弾薬兵器、糧食などは十月二十四日までに揚陸を完了していた。

マッカーサーは、すでにタクロバンの陸上司令部にうつっていた。ただ、十月二十四日の朝に到着した第二増援の小艦艇約七〇隻の大部がまだ積みおろしをおえておらず、二十五日も在泊していた。そして、ドラッグとタクロバンの飛行場は、二十五日の戦闘には空母機の着陸場として使用されていた（これらの状況は、わが方の推測とよく合致している）。

一方、オルデンドルフ指揮官はキンケード提督の命により、旧式戦艦六、重巡四、軽巡四、駆逐艦二一からなる護衛艦隊をひきいて、レイテ湾の東口に配備していた』

栗田艦隊がレイテ湾に向針したときの兵力は、戦艦四、重巡二、駆逐艦七であった。そのまま突入すれば、まず湾口ふきんにおいて、彼我艦隊による決定的な激闘がおこなわれたはずである。

しかし、敵にはこのほかにも分派された機動部隊の一部（正規空母三、軽空母二）と、護衛空母群（護衛空母一〇数隻、その一部と遭遇戦）の支援があった。

わが残存艦隊の精鋭が、三日間にわたる戦闘によって当面の敵を撃破し、間断ない敵艦載機の集中攻撃をうけつつ、敵の輸送船団泊地にたどりついたとしても、そこには第二次増援の小艦艇が散在しているにすぎなかったのである。それでは、栗田艦隊のすべてを犠牲にして得る、実質的な戦果がどれほどあったであろうか……。

また、敵の反攻上陸の阻止、あるいは戦局の一大転換などがはたして起こったかどうか、推察するに難くない。

かくて栗田艦隊は、シブヤン海より

新南群島に立ち寄って燃料の補給をうけたのち、修理のため呉軍港に帰投したのである。この帰航の途中、台湾海峡において夜間、敵潜の雷撃をうけ、三戦隊の旗艦金剛が一瞬にして轟沈の悲劇にみまわれた。

かえりみるにこの作戦は、参加兵力の大きいこと、作戦地域の広いこと、また戦闘時間の長さにおいて、太平洋戦争最大のものであった。

しかし、これはミッドウェーやマリアナ沖海戦のように、彼我の戦力が互角で、堂々と勝敗を争ったものではない。さきの二つの海戦の敗戦によるわが空母兵力の壊滅は、日本艦隊から決戦兵力としての資格を完全にうばってしまった。

レイテ沖海戦とうじ、日本側の戦力、とくに航空兵力はドン底にあり、一方のアメリカ側は最高度に錬成されていた。日本はもはや艦隊決戦に成算を見いだせず、いわば特攻作戦にもひとしい作戦によって、当面の危急を救おうとした窮余の作戦であった。日本海軍は、あらゆる悪条件をうけいれ、兵理を超越して、死地にとびこんだのである。たとえ作戦が順当に進んでも、おびただしい損害の出ることは、戦う前からすでに明白であった。

そして、この海戦が日本側の一方的な敗戦としておわったことは、何の不思議もない。むしろアメリカが、この作戦の成果を誇張するのは、あまりにも大人気ないように感じられる。

この作戦のねらいに、決戦兵力の資格を失ったわが艦隊を、いまさら温存することは無用の長物でしかない、むしろこれを犠牲にしても、外への面目をたてる——というような考えがあったとすれば、何をかいわんやである。

もし、はじめから艦隊特攻作戦を企図するのであるならば、作戦指導においても、とるべき手段をとったものでなければならない。

また、この時機、この地点において、このような作戦をとることが、はたして適切であったかは、もっと高度な、べつの立場から検討されるべき問題であろう。

（昭和四十六年三月号収載
筆者は第二艦隊作戦参謀）

大和行動年表

昭和12年11月4日	呉工廠第一号艦起工
昭和15年8月8日	進水
昭和16年9月5日	呉 ）艤装中、艤装委員長・宮
10月18日	佐伯）里秀徳大佐着任
10月20日	宿毛湾沖標柱間（鵜来島と沖島間）全力予行運転
10月21日	呉 ）艤装中
10月25日	佐伯）艤装中
10月29日	呉 ）艤装中
10月30日	宿毛湾標柱間全力公試運転
11月1日	呉）艤装中、艦長・高柳儀八大
11月28日	呉）佐着任
11月29日	諸公試、徳山沖
12月7日	伊予灘から徳山湾外の標的に向けて主砲9門を試射（距離4万メートル）
12月8日	呉に回航
12月9日 12月10日	呉にて艤装中
12月16日	竣工引渡式、軍艦旗掲揚、連合艦隊に編入。艦隊区分、連合艦隊第一戦隊、軍隊区分連合艦隊主隊。任務、全作戦支援
12月17日 12月20日	諸物件搭載
12月21日	柱島に回航
12月22日 昭和17年1月17日	柱島警泊、艦隊所定作業
1月18日	出動訓練（2日間）。安下庄仮泊
1月20日 2月3日	柱島警泊、艦隊所定作業
2月4日	呉に回航
2月5日 2月9日	諸物件搭載
2月10日	柱島に回航
2月12日	連合艦隊旗艦となる
2月18日	柱島警泊
2月19日	出動訓練。一番艦大和、二番艦陸奥、三番艦長門、運動比較諸訓練
2月20日 2月27日	柱島警泊
2月28日	出動訓練、安下庄着
3月1日 3月4日	柱島に回航、警泊
3月5日	呉に回航
3月6日 3月9日	諸物件搭載
3月10日	柱島に回航
3月11日 3月22日	柱島警泊
3月23日	出動訓練、主砲対空実験射撃
3月24日 3月26日	柱島警泊
3月27日	出動訓練、徳山湾着
3月28日 3月29日	徳山湾警泊
3月30日	出動訓練、主砲射撃、柱島着
3月31日 4月6日	柱島警泊、艦隊所定作業
4月7日	呉に回航
4月8日 4月10日	諸物件搭載
4月11日	柱島に回航
4月12日 4月24日	柱島警泊
4月25日 4月26日	出動訓練、射撃訓練、安下庄仮泊
4月27日 5月10日	柱島警泊、艦隊所定作業
5月11日 5月12日	出動訓練、曳航給油教練、安下庄仮泊
5月13日	呉に回航
5月14日 5月18日	諸物件搭載
5月19日	柱島に回航
5月21日 5月23日	出動訓練、安下庄仮泊
5月24日 5月28日	柱島警泊
5月29日	MI作戦のため柱島出撃
6月14日	柱島帰投（17日間）
6月15日 6月30日	全作戦支援、柱島警泊、諸物件搭載
7月1日 7月2日	柱島警泊、艦隊所定作業
7月3日	呉に回航、魚雷に対する聴音訓練
7月4日 7月6日	諸物件搭載
7月7日	柱島に回航、対潜聴音訓練
7月8日 7月30日	柱島警泊、艦隊所定作業
7月31日 8月1日	出動訓練、安下庄仮泊
8月2日 8月10日	柱島警泊
8月11日	呉に回航
8月12日 8月14日	諸物件搭載
8月15日	柱島に回航
8月17日	カ号作戦のため柱島出撃
8月23日	極東丸より給油2240トン
8月28日	カ号作戦支援。トラック入港、春島北西第二錨地

8月29日〜10月25日	トラック警泊、艦隊所定作業
10月26日	南太平洋方面作戦支援
11月30日	トラック警泊、艦隊所定作業
12月1日	全作戦支援、トラック警泊、訓練整備
12月17日	艦長・松田千秋大佐着任
昭和18年 2月11日〜4月6日	連合艦隊旗艦を武蔵に移揚
4月7日	出動訓練
4月8日〜5月7日	トラック警泊、所定作業
5月8日	内海西部に向けトラック発、各種訓練を施行しつつ回航
5月13日	柱島着
5月14日	主力部隊となる。柱島発―呉着
5月15日〜5月20日	呉警泊入渠準備
5月21日	呉工廠に入渠(10日間)、渠中作業、修理
5月30日	出渠
5月31日	呉警泊、補給、修理作業
6月27日	連合艦隊主隊となる
7月11日	修理、整備作業
7月12日	呉工廠に再入渠(6日間)、渠中作業
7月17日	出渠
7月18日〜7月20日	呉警泊、整備作業
7月21日	速力試験のため呉発、室積沖着、全作戦支援
7月22日	出動訓練のため室積沖発、柱島着
7月23日〜7月24日	柱島警泊、所定作業
7月25日	出動訓練のため柱島発、平郡島沖着
7月26日	出動訓練
7月27日	出動訓練、柱島帰投
7月28日	柱島発、兜島沖着
7月29日	兜島発、平郡島沖着
7月30日	平郡島沖発、柱島帰投、主力部隊となる
7月31日	柱島発、呉着
8月1日〜8月4日	呉警泊、補給整備作業
8月5日〜8月7日	呉発、兜島沖着、兜島警泊、所定作業
8月8日	兜島発、柱島沖着
8月9日	柱島沖発
8月10日	柱島沖帰投
8月11日	柱島沖発、呉着
8月12日	呉警泊、補給、整備作業
8月15日	戦艦部隊となる
8月16日	呉発、平郡島沖着
8月17日	トラックに向け平郡島沖発、回航(7日間)
8月23日	トラック着
8月24日	トラック警泊、所定作業
8月27日	連合艦隊主隊となる。泊地警戒、敵兵力撃破
9月7日	所定作業、艦長・大野竹二大佐着任
9月8日	出動訓練
9月9日〜9月27日	トラック警泊、所定作業
9月28日〜9月29日	出動訓練
9月30日〜10月13日	トラック警泊、所定作業
10月14日	出動訓練
10月15日〜10月16日	トラック警泊、所定作業
10月17日	ブラウンに向け出撃
10月19日	ブラウン着
10月20日〜10月22日	ブラウン警泊
10月23日	ブラウン発
10月26日	トラック着
10月27日〜12月11日	トラック警泊、補給、所定作業
12月12日	横須賀に向けトラック発
12月17日	横須賀着
12月18日	横須賀警泊、諸物件搭載
12月19日	輸送部隊主隊、戌一号輸送作戦
12月20日	トラックに向け横須賀発
12月25日	トラック島北方で米潜水艦の攻撃を受ける。雷撃三本を受け、三番砲塔右舷に一本命中、同上部火薬庫および付近に浸水したが人員載貨に異状なく損害軽微、トラック着
12月26日	トラック警泊、諸物件移載、潜水作業、所定作業
昭和19年 1月9日	呉に向けトラック発
1月10日〜1月11日	敵浮上潜水艦発見、藤波攻撃のため分派
1月16日	呉着
1月25日	艦長・森下信衛大佐着任
1月28日	損害箇所調査のため呉工廠第四船渠入渠(7日間)
2月3日	出渠、改造工事
2月25日〜3月18日	第二艦隊第一戦隊第一小隊に編入、第四船渠に再入渠(23日間)。呉廠において損害箇所修理ならびに改造工事(機銃増設)施行

3月19日	出渠
4月1日 4月10日	改造工事
4月11日	諸公試のため伊予灘に向け呉発、室積着
4月12日	諸公試のため室積発、柱島着（1日）
4月13日 4月14日	柱島警泊、配置教育
4月15日	出動訓練のため柱島発、室積着（1日）
4月16日	出動訓練のため室積発、徳山着
4月17日	徳山発、回航、呉着
4月18日 4月20日	呉警泊、輸送物件搭載、補給
4月21日	マニラに向け呉発
4月26日	マニラ着
4月27日	マニラ警泊、輸送物件揚陸
4月28日	リンガ泊地に回航のためマニラ出撃
5月1日	リンガ泊地着
5月2日 5月3日	リンガ泊地警泊、補給
5月4日	出動訓練のためリンガ泊地発、リンガ泊地帰投
5月5日	出動訓練（陣型運動）のためリンガ泊地発
5月6日	リンガ泊地帰投
5月7日	出動訓練（対空射撃）のためリンガ泊地発、飛行機回避運動
5月8日	出動訓練のためリンガ泊地発、リンガ泊地帰投
5月9日 5月10日	リンガ泊地警泊
5月11日	タウイタウイに向けリンガ泊地発。航行訓練（艦隊展開、編隊射撃）
5月14日	タウイタウイ着
5月15日	タウイタウイ警泊
5月20日	「あ」号作戦開始。機動部隊の前衛となる。タウイタウイ警泊、所定作業
6月2日	大和、武蔵礁内行動。駆逐艦を目標に35キロの編弾斉射、主砲1門2発（一斉射ち方）の散布800メートル。主砲副砲の対空射撃、高角砲弾幕射撃、機銃射撃の実施
6月10日	タウイタウイ発（「渾」作戦、ビアク島砲撃）玄洋丸から補給
6月12日	バチヤン島着
6月13日	バチヤン島発、「あ」号作戦開始用意、「渾」作戦中止
6月16日	洋上補給80トン
6月19日	マリアナ沖海戦参加（決戦第5日目）、グアム島西方海上進出
6月20日	三式対空弾射撃。副砲、高角砲射ちまくる
6月21日	在庫燃料50パーセント。急速補給（中城湾）のうえギマラスに向かう予定
6月22日	中城湾着、給油。ギマラス回航中止
6月23日	中城湾発
6月24日	柱島着、整備輸送物件搭載
6月28日	呉着
7月1日	大和神社例祭
7月8日	呉発、陸軍部隊輸送（第一〇六連隊）、臼杵港入泊
7月9日	臼杵港出港
7月10日	中城湾着、リンガに向け中城湾発
7月16日	リンガ泊地着、輸送物件揚陸、訓練に従事
7月18日	リンガ泊地警泊、補給作業
10月17日	捷一号作戦警戒発令。昼間電測教練
10月18日	ブルネイに向けリンガ泊地発、捷一号作戦発動。露天甲板を黒色に塗装する
10月20日	ブルネイ着、サリ岬37・5度、10カイリ警泊
10月21日	燃料補給。雄鳳丸より3435トン補給
10月22日	ブルネイ発、レイテ湾に向かう（パラワン島の西を迂回、シブヤン海、サンベルナルジノ海峡を突破。25日未明、レイテ湾突入の予定）
10月23日	パラワン水道付近にて愛宕、摩耶沈没。第二艦隊旗艦となる
10月24日	シブヤン海の対空戦。13時42分、左艦首部に1発、14時23分、前部甲板左錨鎖庫に被弾1発（推定浸水量3000トン、トリム3メートル）
10月25日	サマール島沖の敵空母群を砲撃（46センチ水上弾100発）。レイテ湾突入を断念
10月26日	シブヤン海対空戦。8時45分、前甲板直撃1発と一番砲塔の支基直前5メートル右で1発炸裂、砲身外面に無数の小弾痕を生ず
10月28日	ブルネイ着。燃料補給、雄鳳丸より使用可能重油タンク満載。揚錨機故障のため漂泊、パパン

	灯台の150度10カイリ。傾斜左1・3度、トリム78センチ、予備浮力５０８０トン損失
10月29日	ブルネイ警泊
11月6日	空母隼鷹より弾薬搭載
11月8日	ブルネイ発、新南群島方面行動
11月9日	Ｂ24１機に主砲2斉射
11月11日	ブルネイ着。八紘丸より燃料補給７００トン
11月15日	第一戦隊解隊、第二艦隊に編入
11月16日	呉に向けブルネイ発、Ｂ24が40機、Ｐ38が15機来襲したため距離２００００メートルで三式対空弾を10斉射
11月24日	呉着、呉工廠入渠、修理
11月25日	艦長・有賀幸作大佐着任
12月23日	伊藤整一中将が第二艦隊司令長官として着任
昭和20年 1月1日	第二艦隊第一戦隊に編入
1月3日	呉工廠出渠
1月4日	柱島泊地停泊、訓練従事
2月10日	第二艦隊第1航空戦隊に編入
3月19日	柱島沖停泊中、広島湾上空の米軍機と対空戦
3月20日	戦訓研究、輪型陣は一・五キロないし二キロの半径を適当とする
3月21日	対空戦闘に最重点の諸訓練、夜間戦闘、電測射撃
3月26日	柱島から呉着(回航)呉軍港18番ブイに繋留。燃料搭載３０００トン、戦備完成後、兜島の南側に仮泊(山頂から150度、３０００メートル)
3月29日	兜島沖発、途中、佐世保回航を中止。伊予灘において敵味方不

	明機に砲撃。夕刻、防府沖に警泊待機(佐波島沖108度、４カイリ)
3月30日	三田尻沖に仮泊
3月31日	出港(対空警戒)、三田尻沖復帰
4月1日	三田尻沖警泊
4月5日	沖縄特攻突入作戦命令受領。三田尻沖発、徳山沖に転錨、徳山沖仮泊。燃料を搭載(駆逐艦花月より６００トン、槇、榧より各２００トン)し、不必要物件を陸揚、戦闘準備完了、出撃時の燃料在庫４０００トン。 「実務練習中ノ各科少尉候補生オヨビ予備士官等ノ退艦」第二艦隊機密第０５２２０３番電受領 「出撃兵力オヨビ出撃時機ハ貴要望通リトセラレタルモ燃料ニツイテハ戦争指導ノ要求ニ基ヅキ連合艦隊機密第０５１４４６番通リ２０００トン以内トセラレ度」機密第０６０８２７番電受領
4月6日	徳山沖出撃(大和、矢矧、41駆逐隊、17駆逐隊、21駆逐隊)
4月7日	一四二三沈没
4月20日	連合艦隊付属に編入
8月31日	除籍

〈作成・原勝洋〉

＊お願い　掲載させていただきました著作ならびに資料は、著作権者（著作権継承者）の了解を得ましたが、一部にご連絡のつかなかったかたがあります。ご本人および著作権継承者のかたはお手数ですが、小社編集部にご連絡くださいますようお願い申し上げます。

＊本書は、戦艦大和が沈没五十回忌を迎えるのを記念して前年末の一九九三年十二月に刊行された『伝承・戦艦大和』〈上〉にカラー口絵写真を追加、装幀を改めて再刊したものです。

伝承 戦艦大和〈上〉

2016年11月1日　新装版印刷
2016年11月7日　新装版発行

編　者　原　勝洋

発行者　高城直一

発行所　株式会社　潮書房光人社
〒102-0073
東京都千代田区九段北1-9-11
振替番号／00170-6-54693
電話番号／03(3265)1864(代)
http://www.kojinsha.co.jp

装　幀　天野昌樹
印刷所　慶昌堂印刷株式会社
製本所　東京美術紙工

定価はカバーに表示してあります
乱丁，落丁のものはお取り替え致します。本文は中性紙を使用
 ISBN978-4-7698-1631-7 C0095